SELECTED TABLES IN MATHEMATICAL STATISTICS

Volume II

This volume was prepared with the aid of

　　Z. Govindarajulu, University of Kentucky
　　S. S. Gupta, Purdue University
　　H. O. Hartley, Texas A & M University
　　W. H. Kruskal, University of Chicago
　　P. A. W. Lewis, Naval Postgraduate School
　　G. J. Lieberman, Stanford University
　　G. P. Steck, Sandia Laboratory, Albuquerque, New Mexico
　　N. S. Urquhart, New Mexico State University
　　R. H. Wampler, National Bureau of Standards
　　E. J. Wegman, University of North Carolina, Chapel Hill

SELECTED TABLES IN MATHEMATICAL STATISTICS

Volume II

Edited by the Institute of Mathematical Statistics

Coeditors
H. L. Harter
Aerospace Research Laboratories
and
D. B. Owen
Southern Methodist University

Managing Editor
J. M. Davenport
Texas Tech University

AMERICAN MATHEMATICAL SOCIETY
PROVIDENCE, RHODE ISLAND

AMS (MOS) 1970 subject classifications. Primary 62Q05;
Secondary 62E15, 62F05, 62H99, 62L99.

Library of Congress Cataloging in Publication Data

Harter, Harman Leon, 1919– comp.
    Selected tables in mathematical statistics.

    Includes bibliographies.
    1. Mathematical statistics–Tables, etc. I. Owen, Donald B., joint comp. II. Institute of Mathematical
Statistics. III. Title.
QA 276.25.H373   519.5′021′2   74-6283
ISBN 0-8218-1902-X (v. 2)

Copyright © 1974 by the American Mathematical Society
Printed in the United States of America
All rights reserved except those granted to the United States Government.
May not be reproduced in any form without permission of the publishers.

PREFACE

This volume of mathematical tables has been prepared under the aegis of the Institute of Mathematical Statistics. The Institute of Mathematical Statistics is a professional society for mathematically oriented statisticians. The purpose of the Institute is to encourage the development, dissemination, and application of mathematical statistics. The Committee on Mathematical Tables of the Institute of Mathematical Statistics is responsible for preparing and editing this series of tables. The Institute of Mathematical Statistics has entered into an agreement with the American Mathematical Society to jointly publish this series of volumes. At the time of this writing, submissions for Volume III are being solicited. No set number of volumes has been established for this series. As many volumes as are necessary to reach publication for meritorious material will be considered and every effort will be made to get them published.

Potential authors should consider the following rules when submitting material.

1. The manuscript must be prepared by the author in a form acceptable for photo-offset. This includes both the tables and introductory material. The author should assume that nothing will be set in type although the editors reserve the right to make editorial changes.

2. While there are no fixed upper and lower limits on the length of tables, authors should be aware that the purpose of this series is to provide an outlet for tables of high quality and utility which are too long to be accepted by a technical journal but too short for separate publication in book form.

3. The author must, wherever applicable, include in his introduction the following:

(a) He should give the formula used in the calculation, and the computational procedure (or algorithm) used to generate his tables. Generally speaking, FORTRAN or ALGOL programs will not be included but the description of the algorithm used should be complete enough that such programs can be easily prepared.

(b) A recommendation for interpolation in the tables should be given. The author should give the number of figures of accuracy which can be obtained with linear (and higher degree) interpolation.

(c) Adequate references must be given.

(d) The author should give the accuracy of the table and his method of rounding.

(e) In considering possible formats for his tables, the author should attempt to give as much information as possible in as little space as possible. Generally speaking, critical values of a distribution convey more information than the distribution itself, but each case must be judged on its own merits.

(f) The table should adequately cover the entire function. Asymptotic results should be given and tabulated if informative.

(g) An example or examples of the use of the tables should be included.

4. The author should submit as accurate a tabulation as he can. The table will be checked before publication, and any excess of errors will be considered grounds for rejection. The manuscript introduction will be subjected to refereeing and an inadequate introduction may also lead to rejection.

5. Authors having tables they wish to submit should send two copies to:

> Dr. H. Leon Harter, Coeditor
> Aerospace Research Laboratories
> Wright-Patterson Air Force Base
> Ohio 45433

At the same time, a third copy should be sent to:

> Dr. D. B. Owen, Coeditor
> Department of Statistics
> Southern Methodist University
> Dallas, Texas 75275

Additional copies may be required, as needed for the editorial process. After the editorial process is complete, a camera-ready copy must be prepared for the publisher.

Authors should check several current issues of *The Institute of Mathematical Statistics Bulletin* and *The American Statistician* for any up-to-date announcements about submissions to this series.

The tables included in the present volume were checked at Wright-Patterson Air Force Base. Dr. H. L. Harter arranged for this checking which was done under the direction of Mr. James P. Hudson. The editors and the Institute of Mathematical Statistics wish to express their great appreciation for this invaluable assistance from Mr. Hudson and his group. So many other people have contributed to the instigation and preparation of this volume that it would be impossible to record their names here. To all of these people, who will remain anonymous, the editors and the Institute also wish to express their thanks.

TABLE OF CONTENTS

Preface v

Probability integral of the doubly noncentral t-distribution with degrees of freedom n and non-centrality parameters δ and λ
        by WILLIAM G. BULGREN 1

Doubly noncentral F distribution – Tables and Applications
        by M. L. TIKU 139

Tables of expected sample size for curtailed fixed sample size tests of a Bernoulli parameter
        by COLIN R. BLYTH and DAVID HUTCHINSON 177

Zonal polynomials of order 1 through 12
        by A. M. PARKHURST and A. T. JAMES 199

Contents of VOLUME I of this series:

Tables of the Cumulative Non-central Chi-square Distribution,
   by G. E. Haynam, Z. Govindarajulu, and F. C. Leone
      Introductory Material
      Table I (Power of the Chi-square Test)
      Table II (Non-centrality Parameter)

Tables of the Exact Sampling Distribution of the Two-sample
   Kolmogorov-Smirnov Criterion $D_{mn}(m \leq n)$, by P. J. Kim and R. I. Jennrich
      Introductory Material
      Table I (Upper Tail Areas)
      Table II (Critical Values)

Critical Values and Probability Levels for the Wilcoxon Rank Sum Test and the Wilcoxon
   Signed Rank Test, by Frank Wilcoxon, S. K. Katti, and Roberta A. Wilcox
      Introductory Material
      Table I (Critical Values and Probability Levels for the Wilcoxon Rank Sum Test)
      Table II (Probability Levels for the Wilcoxon Signed Rank Test)

The Null Distribution of the First Three Product-Moment Statistics for Exponential,
   Half-Gamma, and Normal Scores, by P. A. W. Lewis and A. S. Goodman
      Introductory Material
      Tables 1–3 (Normal with Lag 1, 2, 3)
      Tables 4–6 (Exponential with Lag 1, 2, 3)
      Tables 7–9 (Half-Gamma with Lag 1, 2, 3)

Tables to Facilitate the Use of Orthogonal Polynomials for Two Types of Error Structures
   by Kirkland B. Stewart
      Introductory Material
      Table I (Independent Error Model)
      Table II (Cumulative Error Model)

Selected Tables in Mathematical Statistics
Volume II, 1974

PROBABILITY INTEGRAL OF THE DOUBLY NONCENTRAL t-DISTRIBUTION WITH DEGREES OF FREEDOM n AND NON-CENTRALITY PARAMETERS δ AND λ

William G. Bulgren
University of Kansas

Introduction

1. Method of Computation of the Table. If (a) X is a normally distributed variable with expectation δ and unit variance, and (b) Y is an independent non-central chi-square variable with n degrees of freedom and non-centrality parameter λ, then the distribution function of the variable

$$T'' = X/\sqrt{Y/n}$$

assumes the form

$$P(T'' \leq t | n, \delta, \lambda) = \int_0^\infty P(X < t\sqrt{y/n} | y)\, g(y)\, dy \tag{1}$$

where $g(y) = \tfrac{1}{2}(y/\lambda)^{(n-2)/4} e^{-(y+\lambda)/2} I_{\frac{n-2}{2}}(\sqrt{\lambda y})$ and $I_\gamma(z) = \sum_{m=0}^\infty \dfrac{(z/2)^{\gamma+2m}}{m!\,\Gamma(\gamma+m+1)}$.

The algorithm used on the computer to evaluate (1) can be written as follows:

$$P(T'' \leq t | n, \delta, \lambda) = 1 - G(\theta) + \frac{e^{-\frac{1}{2}(\lambda+\theta^2)}}{\sqrt{\pi}} \left(\frac{\alpha}{\sqrt{1+\alpha^2}} \sum_{m=0}^\infty c_m \sum_{k=0}^\infty a_k y_k (c=\tfrac{1}{2}) \right.$$

$$\left. - \theta/\sqrt{2} \sum_{m=0}^\infty d_m \sum_{k=0}^\infty b_{k+1} y_k (c=3/2) \right),$$

where

(i) $\theta = \delta(1+\alpha^2)^{-\frac{1}{2}}$ and $\alpha = t/\sqrt{n}$,

(ii) $G(\cdot)$ is the value of the distribution function of a normal random variable with expectation zero and variance one.

(iii) $c_0 = [\Gamma(n+1)/2]/\Gamma(n/2)$, $c_m = c_{m-1}(\lambda/2m)(n+2m-1)/(n+2m-2)$, $(m \geq 1)$

(iv) $d_0 = 1$, $d_m = d_{m-1}(\lambda/2m)$, $(m \geq 1)$

(v) $a_0 = 1$, $a_k = a_{k-1}(\alpha^2/1+\alpha^2)(2k-2m-n)/(2k+1)(2k)$, $(k \geq 1)$

(vi) $b_0 = 1$, $b_k = b_{k-1}(\alpha^2/1+\alpha^2)(2k-2m-n-1)/(2k)$, $(k \geq 1)$

(vii) $y_0 = 1$, $y_1 = 1 - x/c$, $y_{k+1} = (1 + \underline{k-x/k+c}) y_k - (k/\underline{k+c}) y_{k-1}$, $(k \geq 1)$ with $x = \theta^2/2$.

Received by the editors May 1968 and in revised form January 1969 and April 1970.
AMS(MOS) 1970 Subject Classifications: Primary 62Q05; Secondary 62E15, 62F05.

© 1974, American Mathematical Society

For n = 2(1)20, $|\delta|$ = 0(1)5 and λ = 0,1,2(2)8, values of the probability integral were computed for t = 0, .1, .2(.2)9. Values of t = -9(.2)-.2,-.1 may be obtained by the formula $Pr(T'' \leq -t|n,\delta,\lambda) = 1 - Pr(T'' \leq t|n,-\delta,\lambda)$. Note that in the table, L and D denote λ and δ, respectively. The results were computed to ten decimal places, but in some sections of the table one can guarantee accuracy only to within a unit of the sixth decimal place. Therefore, values have been rounded to six decimal places.

A row in the table was omitted when $P \geq .999999$ for λ = 0, for example, the rows corresponding to δ = -5 have been omitted from the table for this reason. The details of the computational methods to generate the table may be obtained from [1].

2. **Methods of Interpolation in the Table.** The interval of t is small enough to make accurate interpolation possible in λ with t,n and δ fixed and in t with n, δ, and λ fixed. The maximum error for quadratic interpolation in λ is approximately 5×10^{-4}, whereas the maximum error for cubic interpolation is approximately 3×10^{-5}. This maximum error is achieved when λ is large, that is, when λ is approximately 8. The maximum error for quadratic interpolation in t is approximately 5×10^{-4}, whereas the maximum error for cubic interpolation is approximately 7×10^{-5}. This maximum error is achieved when both t and n are small.

Interpolation in δ with t, n and λ fixed is out of the question, hence the inverse probability integral transformation is suggested. This technique, in general, yields a maximum error of approximately 5×10^{-5}. Also, for values of P near .5, the maximum error is approximately 5×10^{-6}.

The following illustrates the procedure for the inverse probability integral transformation in δ with t, n and λ fixed:

1. For fixed values of n, λ and t, record in two adjacent columns the values δ = -5(1)5 and the corresponding values of P;
2. In a third column record $\Phi^{-1}(P)$, obtained by inverse interpolation in a table of the normal probability integral, such as Biometrika Table 1, carrying the interpolated values to five decimal places (the maximum number for which linear interpolation is accurate), but leaving blank the doubtful values when P is too near 0 or 1;
3. Difference the column of values $\Phi^{-1}(P)$, and record the results in a fourth column;
4. Since the differences in the fourth column are practically constant, the transformed values in column 3 can be linearly interpolated in δ and the missing values for P too near 0 or 1 can be filled in by linear extrapolation in the column of differences; interpolate linearly in column 3 to find $\Phi^{-1}(P)$ corresponding to the desired value of δ;
5. Retransform the result to the original scale by direct interpolation in the table of the normal probability integral.

The following illustrates a procedure to perform either quadratic or cubic interpolation in λ or t:

1. Let x_j denote tabular points of either λ or t ($j = 0,1,2,\ldots,n$). Let $\bar{x}$ denote a nontabular point of either λ or t. Let P_j denote a tabular value of P corresponding to either λ_j (with t, n, δ fixed) or t_j (with n, δ, λ fixed).

2. Let $P_{0,1,2,3}(x)$ be the cubic interpolating polynomial which interpolates at (x_i, P_i), $i = 0,1,2,\ldots,n$. To find $P_{0,1,2,3}(\bar{x})$ proceed as follows:

    a. Form the column $x_j - \bar{x}$ ($j = 0,1,2,\ldots,n$) as in the following table:

x_j	P_j	P_{0j}	P_{01j}	P_{0123}	$x_j - \bar{x}$
x_0	P_0				$x_0 - \bar{x}$
x_1	P_1	P_{01}			$x_1 - \bar{x}$
x_2	P_2	P_{02}	P_{012}		$x_2 - \bar{x}$
x_3	P_3	P_{03}	P_{013}	P_{0123}	$x_3 - \bar{x}$

   b. Compute the linear interpolating polynomials
   $$P_{0j} = \frac{(x_j - \bar{x})P_0 - (x_0 - \bar{x})P_j}{x_j - x_0}, \quad j = 1,2,3$$

   c. Compute the quadratic interpolating polynomials
   $$P_{01j} = \frac{(x_j - \bar{x})P_{01} - (x_1 - \bar{x})P_{0j}}{x_j - x_1}, \quad j = 2,3$$

   d. Compute the cubic interpolating polynomial
   $$P_{0123} = \frac{(x_3 - \bar{x})P_{012} - (x_2 - \bar{x})P_{013}}{x_3 - x_2}.$$

The following is an illustrative example of the procedure to perform interpolation in t with n, δ, and λ fixed:

Suppose that one wishes to find the value of P corresponding to t = 1.05 where n = 5, δ = 2, λ = 8. Here, the nontabular point, $\bar{x}$, of t is 1.05. Hence,

x_j	P_j	P_{0j}	P_{01j}	P_{0123}	$x_j - \bar{x}$
.8	.237312				-.25
1.0	.341753	.367863			-.05
1.2	.454089	.372798	.369096		+.15
1.4	.563411	.373187	.368528	.369522	+.35

The actual value of P corresponding to t = 1.05 with $(n,\delta,\lambda) = (5,2,8)$ is .369538. The estimated value of P using quadratic interpolation is P_{012} = .369096 with absolute error $|P - P_{012}|$ = .000442. The estimated value of P using cubic interpolation is P_{0123} = .369522 with absolute error $|P - P_{0123}|$ = .000016.

The following is an illustrative example of the procedure to perform interpolation in λ with t, n and δ fixed:

Suppose that one wishes to find the value of P corresponding to $\lambda = 3$ where t = 1.5, n = 2 and $\delta = 2$. Here, the nontabular point, $\bar{x}$ of λ is 3.

x_j	P_j	P_{0j}	P_{01j}	P_{0123}	$x_j - \bar{x}$
1	.383333				-2
2	.469385	.555437			-1
4	.610999	.535110	.545274		1
6	.718074	.517229	.545885	.544968	3

The actual value of P corresponding to $\lambda = 3$ with $(t,n,\delta) = (1.5,2,2)$ is .544970. The estimated value of P using quadratic interpolation is P_{012} = .545274 with absolute error $|P = P_{012}|$ = .000304. The estimated value of P using cubic interpolation is P_{0123} = .544968 with absolute error $|P - P_{0123}|$ = .000002.

The following is an illustrative example of the procedure for the inverse probability integral transformation in δ with t, n and λ fixed:

Suppose that one wishes to find the value of P corresponding to $\delta = -2.5$ where t = 0.4, n = 12 and $\lambda = 8$.

δ	P	$\Phi^{-1}(P)$	$\Delta\Phi^{-1}(P)$
-5	.999999	(-5.48261)	
-4	.999996	(-4.48701)	(.99560)
-3	.999760	(-3.49145)	(.99556)
-2	.993718	-2.49593	(.99552)
-1	.933249	-1.50044	.99548
0	.693220	-0.50500	.99544
1	.311925	0.49040	.99540
2	.068671	1.48578	.99536
3	.006549	2.48110	.99532
4	.000254	(3.47638)	(.99528)
5	.000004	(4.47162)	(.99524)

Values enclosed in parentheses were obtained by linear extrapolation in the difference column. The procedure to find the P corresponding to $\delta = -2.5$ is to go 0.5 of the way from $\Phi^{-1}(P) = -3.49145$ (for $\delta = -3$) to $\Phi^{-1}(P) = -2.49593$ (for $\delta = -2$), obtaining $\Phi^{-1}(P) = -2.99379$ (for $\delta = -2.5$). By referring to <u>Biometrika</u> Table 1 and going 0.379 of the way from $P = .9986051$ (for $X = 2.99$) to $P = .9986501$ (for $X = 3.00$), one obtains $P = .998622$ (for $X = -2.99379$, corresponding to $\delta = -2.5$). The actual value of P corresponding to $\delta = -2.5$ with $(t,n,\lambda) = (1.5,2,2)$ is .998622. The absolute error is 0.0.

3. Example of the Use of the Table. Consider the application of the t-test when two independent random samples are available from normal distributions, denoted by

$$X_{ij}, \; i = 1,2 \text{ and } j = 1,2\ldots,n_i.$$

Assume that $E(X_{ij}) = \mu_{ij}$ and Var (X_{1j}) = Var $(X_{2j}) = \sigma^2$ (unknown). The null hypothesis under consideration specifies that the means are homogeneous within samples and the same for the two populations, that is, $H_o : \mu_{ij} = \mu_i, \mu_1 = \mu_2$. Alternate hypotheses are $H_1 : \mu_{ij} = \mu_i, \mu_1 \neq \mu_2$, $H'_o : \mu_{ij} \neq \mu_i, \overline{\mu}_1 = \overline{\mu}_2$ and $H'_1 : \mu_{ij} \neq \mu_i, \overline{\mu}_1 \neq \overline{\mu}_2$, where

$$\mu_i = \sum_{j=1}^{n_i} \mu_{ij}/n_i, \quad i=1,2$$

The usual statistic for testing equality of means is

$$T = (\overline{X}_1 - \overline{X}_2)/\sqrt{[(S_1+S_2)(1/n_1+1/n_2)/(n_1+n_2-2)]}$$

$$\overline{X}_i = \sum_{j=1}^{n_i} X_{ij}/n_i, \quad S_i = \sum_{j=1}^{n_i} (X_{ij}-\overline{X}_i)^2, \quad i=1,2.$$

When H_o is true, T follows a central t-distribution with $n=n_1+n_2-2$. Let $\delta = (\mu_1-\mu_2)/[\sigma\sqrt{(1/n_1+1/n_2)}]$ and

$$\lambda = \sum_{i=1}^{2} \sum_{j=1}^{n_i} (\mu_{ij}-\overline{\mu}_i)^2/\sigma^2.$$ When $H_1(\delta\neq 0, \lambda=0)$, $H'_o(\delta=0, \lambda\neq 0)$ or $H'_1(\delta\neq 0, \lambda\neq 0)$ is true, T is distributed as a doubly noncentral t-distribution with n degrees of freedom and non-centrality parameters δ and λ.

As a numerical example suppose $\mu_{1j} > \mu_{2j}$ and let $\overline{X}_1 = 15$, $\overline{X}_2 = 5$, $S_1 = 675$, $S_2 = 725$, $n_1 = n_2 = 8$ and hence $t = 2$. Suppose one wishes to test the null hypothesis $H'_0 : \mu_{ij} \neq \mu_i, \overline{\mu}_1 = \overline{\mu}_2$ against the alternative $H'_1 : \overline{\mu}_{ij} \neq \overline{\mu}_i, \overline{\mu}_1 \neq \overline{\mu}_2$, with the noncentrality parameter λ, which is a measure of the nonhomogeneity within populations, as a nuisance parameter. Therefore, with $t = 2$ and $\lambda = 4$, we obtain from the table

$$\Pr[T'' > 2|14,0,4] = 1 - .980397 = .019603 \;.$$

When H'_1 is true, $\lambda = 4$ and $(\mu_1 - \mu_2)/\sigma = 1$, the power of the test is

$$\Pr[T'' > 2|14,2,4] = 1 - .578694 = .421306.$$

If one were to assume that the nuisance parameter $\lambda = 0$ and test the null hypothesis $H_0 : \mu_{ij} = \mu_i, \mu_1 = \mu_2$ against the alternative $H_1 : \mu_{ij} = \mu_i, \mu_1 \neq \mu_2$ using the above numerical data with $t = 2$, one obtains

$$Pr[T'' > 2|14,0,0] = 1 - .967356 = .032644 \ .$$

When H_1 is true and $(\mu_1 - \mu_2)/\sigma = 1$, the power of the test is

$$Pr[T'' > 2|14,2,0] = 1 - .486222 = .513778 \ .$$

REFERENCES

[1] Bulgren, W. G. and Amos, D. E. A note on representations of the doubly non-central t distribution. *Journal of the American Statistical Association*, 63 (1968) 1013-19.

[2] Pearson, E. S. and Hartley, H. O. (1954). *Biometrika Tables for Statisticians, 1*. Cambridge University Press.

PROBABILITY INTEGRAL OF THE DOUBLY NONCENTRAL
T-DISTRIBUTION WITH DEGREES OF FREEDOM N AND
NON-CENTRALITY PARAMETERS D AND L

T = 0.0 (ANY N,L)

D	
-4	.999968
-3	.998650
-2	.977250
-1	.841345
0	.500000
1	.158655
2	.022750
3	.001350
4	.000032
5	.000000

T = 0.1

		L	0	1	2	4	6	8
		D						
N =	2	-4	.999978	.999980	.999981	.999984	.999985	.999987
		-3	.998984	.999048	.999104	.999195	.999267	.999326
		-2	.981530	.982414	.983184	.984466	.985505	.986375
		-1	.861583	.866034	.869957	.876622	.882157	.886903
		0	.535267	.543527	.550906	.563692	.574586	.584150
		1	.181305	.186957	.192079	.201136	.209055	.216176
		2	.028112	.029538	.030850	.033219	.035345	.037305
		3	.001818	.001951	.002075	.002303	.002514	.002713
		4	.000047	.000051	.000056	.000064	.000071	.000079
		5	.000000	.000001	.000001	.000001	.000001	.000001
N =	3	-4	.999978	.999980	.999981	.999983	.999984	.999985
		-3	.998999	.999045	.999086	.999155	.999213	.999261
		-2	.981717	.982344	.982905	.983873	.984688	.985391
		-1	.862431	.865573	.868411	.873382	.877646	.881391
		0	.536674	.542471	.547765	.557176	.565406	.572768
		1	.182155	.186098	.189737	.196307	.202166	.207503
		2	.028298	.029286	.030209	.031900	.033438	.034866
		3	.001833	.001924	.002010	.002170	.002319	.002460
		4	.000047	.000050	.000053	.000059	.000064	.000069
		5	.000000	.000001	.000001	.000001	.000001	.000001
N =	4	-4	.999979	.999980	.999980	.999982	.999983	.999984
		-3	.999007	.999043	.999075	.999131	.999180	.999221
		-2	.981816	.982303	.982746	.983528	.984203	.984797
		-1	.862883	.865313	.867546	.871536	.875032	.878155
		0	.537422	.541895	.546040	.553536	.560210	.566260
		1	.182607	.185639	.188473	.193664	.198359	.202679
		2	.028397	.029155	.029869	.031193	.032410	.033547
		3	.001840	.001910	.001976	.002101	.002217	.002328
		4	.000047	.000050	.000052	.000056	.000060	.000064
		5	.000000	.000001	.000001	.000001	.000001	.000001
N =	5	-4	.999979	.999980	.999980	.999982	.999983	.999984
		-3	.999012	.999041	.999068	.999116	.999157	.999194
		-2	.981878	.982275	.982642	.983301	.983879	.984396
		-1	.863162	.865146	.866989	.870332	.873307	.875997
		0	.537885	.541529	.544940	.551189	.556828	.561989

$T = 0.1$ (CONT.)

	L\D	0	1	2	4	6	8
	1	.182887	.185352	.187677	.191980	.195916	.199565
	2	.028459	.029073	.029657	.030748	.031761	.032711
	3	.001845	.001902	.001956	.002058	.002154	.002245
	4	.000048	.000049	.000051	.000055	.000058	.000061
	5	.000000	.000000	.000001	.000001	.000001	.000001
N = 6	-4	.999979	.999980	.999980	.999981	.999982	.999983
	-3	.999015	.999040	.999063	.999104	.999141	.999173
	-2	.981919	.982256	.982569	.983138	.983646	.984104
	-1	.863351	.865028	.866599	.869480	.872076	.874445
	0	.538199	.541274	.544176	.549543	.554436	.558951
	1	.183076	.185154	.187127	.190809	.194206	.197375
	2	.028501	.029017	.029511	.030442	.031310	.032129
	3	.001849	.001896	.001941	.002028	.002110	.002188
	4	.000048	.000049	.000051	.000054	.000057	.000059
	5	.000000	.000000	.000001	.000001	.000001	.000001
N = 7	-4	.999979	.999979	.999980	.999981	.999982	.999983
	-3	.999017	.999039	.999059	.999096	.999128	.999158
	-2	.981949	.982241	.982515	.983017	.983469	.983881
	-1	.863488	.864940	.866310	.868844	.871149	.873270
	0	.538426	.541087	.543613	.548321	.552649	.556668
	1	.183213	.185009	.186723	.189944	.192937	.195743
	2	.028531	.028977	.029405	.030217	.030978	.031700
	3	.001851	.001892	.001931	.002007	.002078	.002146
	4	.000048	.000049	.000050	.000053	.000055	.000058
	5	.000000	.000000	.000001	.000001	.000001	.000001
N = 8	-4	.999979	.999979	.999980	.999981	.999982	.999982
	-3	.999019	.999038	.999056	.999089	.999119	.999145
	-2	.981972	.982229	.982472	.982922	.983330	.983705
	-1	.863592	.864872	.866087	.868350	.870425	.872346
	0	.538598	.540943	.543180	.547376	.551260	.554887
	1	.183317	.184898	.186414	.189279	.191955	.194477
	2	.028553	.028946	.029324	.030044	.030723	.031369
	3	.001853	.001889	.001923	.001990	.002054	.002114
	4	.000048	.000049	.000050	.000052	.000055	.000057
	5	.000000	.000000	.000001	.000001	.000001	.000001
N = 9	-4	.999979	.999979	.999980	.999981	.999981	.999982
	-3	.999021	.999038	.999054	.999084	.999111	.999135
	-2	.981990	.982220	.982439	.982845	.983218	.983562
	-1	.863673	.864818	.865910	.867955	.869843	.871600
	0	.538732	.540828	.542836	.546622	.550147	.553454
	1	.183398	.184811	.186170	.188750	.191173	.193465
	2	.028571	.028922	.029260	.029908	.030521	.031105
	3	.001854	.001886	.001917	.001977	.002034	.002089
	4	.000048	.000049	.000050	.000052	.000054	.000056
	5	.000000	.000000	.000001	.000001	.000001	.000001
N = 10	-4	.999979	.999979	.999980	.999981	.999981	.999982
	-3	.999022	.999037	.999052	.999079	.999104	.999127
	-2	.982004	.982213	.982411	.982783	.983125	.983443
	-1	.863738	.864774	.865765	.867631	.869364	.870984
	0	.538840	.540735	.542557	.546007	.549236	.552276
	1	.183463	.184740	.185972	.188320	.190534	.192635
	2	.028586	.028902	.029209	.029797	.030356	.030890
	3	.001855	.001884	.001912	.001967	.002019	.002069
	4	.000048	.000049	.000050	.000052	.000053	.000055
	5	.000000	.000000	.000000	.000001	.000001	.000001

DOUBLY NONCENTRAL t

T = 0.1 (CONT.)

	L/D	0	1	2	4	6	8
N = 11	-4	.999979	.999979	.999980	.999980	.999981	.999982
	-3	.999023	.999037	.999050	.999075	.999098	.999120
	-2	.982016	.982206	.982388	.982731	.983048	.983343
	-1	.863791	.864737	.865645	.867362	.868963	.870467
	0	.538928	.540658	.542326	.545496	.548474	.551290
	1	.183517	.184681	.185809	.187963	.190002	.191943
	2	.028597	.028886	.029166	.029705	.030219	.030712
	3	.001856	.001883	.001908	.001958	.002006	.002052
	4	.000048	.000049	.000050	.000051	.000053	.000054
	5	.000000	.000000	.000000	.000001	.000001	.000001
N = 12	-4	.999979	.999979	.999980	.999980	.999981	.999982
	-3	.999024	.999037	.999049	.999072	.999094	.999114
	-2	.982026	.982201	.982369	.982686	.982981	.983258
	-1	.863836	.864705	.865544	.867133	.868622	.870025
	0	.539002	.540593	.542131	.545063	.547828	.550451
	1	.183561	.184632	.185671	.187662	.189552	.191356
	2	.028607	.028872	.029130	.029628	.030104	.030560
	3	.001857	.001881	.001905	.001951	.001995	.002037
	4	.000048	.000049	.000049	.000051	.000053	.000054
	5	.000000	.000000	.000000	.000001	.000001	.000001
N = 13	-4	.999979	.999979	.999980	.999980	.999981	.999981
	-3	.999024	.999036	.999048	.999069	.999090	.999109
	-2	.982034	.982196	.982352	.982648	.982924	.983184
	-1	.863874	.864679	.865457	.866937	.868329	.869644
	0	.539065	.540538	.541964	.544692	.547273	.549728
	1	.183599	.184590	.185553	.187404	.189166	.190851
	2	.028615	.028861	.029100	.029562	.030005	.030431
	3	.001858	.001880	.001902	.001944	.001985	.002025
	4	.000048	.000049	.000049	.000051	.000052	.000054
	5	.000000	.000000	.000000	.000001	.000001	.000001
N = 14	-4	.999979	.999979	.999980	.999980	.999981	.999981
	-3	.999025	.999036	.999047	.999067	.999086	.999104
	-2	.982041	.982192	.982338	.982615	.982874	.983119
	-1	.863906	.864656	.865382	.866766	.868073	.869312
	0	.539119	.540490	.541820	.544370	.546791	.549098
	1	.183632	.184554	.185452	.187180	.188831	.190413
	2	.028623	.028851	.029074	.029505	.029919	.030319
	3	.001858	.001879	.001900	.001939	.001977	.002014
	4	.000048	.000049	.000049	.000051	.000052	.000053
	5	.000000	.000000	.000000	.000001	.000001	.000001
N = 15	-4	.999979	.999979	.999980	.999980	.999981	.999981
	-3	.999025	.999036	.999046	.999065	.999083	.999100
	-2	.982048	.982189	.982325	.982586	.982830	.983062
	-1	.863935	.864635	.865316	.866617	.867849	.869019
	0	.539166	.540448	.541694	.544089	.546368	.548545
	1	.183630	.184522	.185363	.186985	.188538	.190029
	2	.028629	.028842	.029051	.029455	.029844	.030220
	3	.001859	.001878	.001897	.001934	.001970	.002005
	4	.000048	.000049	.000049	.000050	.000052	.000053
	5	.000000	.000000	.000000	.000001	.000001	.000001
N = 16	-4	.999979	.999979	.999980	.999980	.999981	.999981
	-3	.999026	.999036	.999045	.999063	.999080	.999096
	-2	.982053	.982186	.982314	.982560	.982792	.983011
	-1	.863959	.864618	.865258	.866485	.867650	.868759
	0	.539207	.540411	.541583	.543841	.545994	.548055

$T = 0.1$ (CONT.)

	L\D	0	1	2	4	6	8
	1	.183685	.184495	.185285	.186813	.188279	.189689
	2	.028634	.028835	.029031	.029411	.029778	.030133
	3	.001859	.001878	.001895	.001930	.001964	.001997
	4	.000048	.000049	.000049	.000050	.000051	.000053
	5	.000000	.000000	.000000	.000001	.000001	.000001
N = 17	-4	.999979	.999979	.999980	.999980	.999981	.999981
	-3	.999026	.999035	.999044	.999062	.999078	.999093
	-2	.982058	.982183	.982304	.982537	.982757	.982966
	-1	.863981	.864603	.865207	.866368	.867472	.868527
	0	.539243	.540378	.541485	.543620	.545661	.547618
	1	.183707	.184470	.185216	.186661	.188048	.189386
	2	.028639	.028828	.029013	.029373	.029720	.030056
	3	.001860	.001877	.001894	.001927	.001959	.001990
	4	.000048	.000048	.000049	.000050	.000051	.000052
	5	.000000	.000000	.000000	.000001	.000001	.000001
N = 18	-4	.999979	.999979	.999980	.999980	.999980	.999981
	-3	.999026	.999035	.999044	.999060	.999075	.999090
	-2	.982062	.982181	.982296	.982516	.982726	.982925
	-1	.864001	.864588	.865161	.866263	.867313	.868318
	0	.539275	.540349	.541397	.543422	.545362	.547225
	1	.183726	.184448	.185154	.186524	.187842	.189114
	2	.028643	.028822	.028997	.029338	.029667	.029987
	3	.001860	.001876	.001892	.001923	.001954	.001983
	4	.000048	.000048	.000049	.000050	.000051	.000052
	5	.000000	.000000	.000000	.000001	.000001	.000001
N = 19	-4	.999979	.999979	.999980	.999980	.999980	.999981
	-3	.999027	.999035	.999043	.999059	.999073	.999087
	-2	.982066	.982178	.982288	.982498	.982697	.982888
	-1	.864018	.864576	.865119	.866168	.867169	.868129
	0	.539304	.540323	.541318	.543244	.545092	.546871
	1	.183744	.184428	.185099	.186401	.187656	.188869
	2	.028647	.028816	.028983	.029307	.029620	.029925
	3	.001860	.001876	.001891	.001921	.001949	.001977
	4	.000048	.000048	.000049	.000050	.000051	.000052
	5	.000000	.000000	.000000	.000001	.000001	.000001
N = 20	-4	.999979	.999979	.999980	.999980	.999980	.999981
	-3	.999027	.999035	.999043	.999057	.999072	.999085
	-2	.982069	.982176	.982280	.982481	.982672	.982854
	-1	.864034	.864564	.865082	.866082	.867039	.867957
	0	.539330	.540299	.541246	.543083	.544848	.546549
	1	.183759	.184410	.185049	.186290	.187488	.188647
	2	.028651	.028812	.028970	.029278	.029578	.029868
	3	.001861	.001875	.001890	.001918	.001945	.001972
	4	.000048	.000048	.000049	.000050	.000051	.000052
	5	.000000	.000000	.000000	.000001	.000001	.000001

$T = 0.2$

	L\D	0	1	2	4	6	8
N = 2	-4	.999984	.999986	.999988	.999991	.999993	.999994
	-3	.999223	.999315	.999391	.999507	.999593	.999657
	-2	.984931	.986315	.987483	.989347	.990769	.991893
	-1	.879453	.887202	.893906	.904987	.913851	.921179

DOUBLY NONCENTRAL t

T = 0.2 (CONT.)

N		L\D	0	1	2	4	6	8
		0	.570014	.586125	.600435	.625001	.645651	.663530
		1	.206315	.218761	.230132	.250452	.268435	.284762
		2	.034778	.038352	.041717	.047992	.053849	.059431
		3	.002476	.002858	.003229	.003953	.004666	.005381
		4	.000071	.000086	.000101	.000132	.000165	.000199
		5	.000001	.000001	.000001	.000002	.000002	.000003
N =	3	-4	.999985	.999987	.999988	.999990	.999992	.999993
		-3	.999251	.999317	.999373	.999465	.999536	.999593
		-2	.985291	.986281	.987146	.988588	.989749	.990708
		-1	.881142	.886649	.891556	.899973	.906997	.913004
		0	.572865	.584210	.594526	.612749	.628541	.642536
		1	.208025	.216680	.224722	.239367	.252564	.264690
		2	.035134	.037580	.039904	.044275	.048374	.052282
		3	.002500	.002756	.003006	.003490	.003964	.004432
		4	.000071	.000081	.000091	.000111	.000131	.000152
		5	.000001	.000001	.000001	.000001	.000002	.000002
N =	4	-4	.999985	.999987	.999988	.999990	.999991	.999992
		-3	.999266	.999317	.999362	.999438	.999500	.999550
		-2	.985482	.986254	.986943	.988127	.989111	.989948
		-1	.882041	.886318	.890202	.897028	.902881	.907996
		0	.574381	.583149	.591246	.605821	.618708	.630306
		1	.208934	.215579	.221824	.233347	.243865	.253615
		2	.035323	.037185	.038967	.042341	.045523	.048563
		3	.002513	.002706	.002895	.003261	.003617	.003969
		4	.000072	.000079	.000086	.000101	.000116	.000131
		5	.000001	.000001	.000001	.000001	.000001	.000002
N =	5	-4	.999986	.999987	.999988	.999989	.999990	.999991
		-3	.999275	.999317	.999355	.999420	.999474	.999520
		-2	.985600	.986233	.986807	.987813	.988671	.989413
		-1	.882596	.886095	.889316	.895074	.900106	.904574
		0	.575320	.582470	.589145	.601325	.612254	.622202
		1	.209496	.214893	.220006	.229533	.238315	.246513
		2	.035440	.036944	.038392	.041148	.043759	.046260
		3	.002521	.002676	.002828	.003123	.003410	.003692
		4	.000072	.000078	.000083	.000095	.000107	.000119
		5	.000001	.000001	.000001	.000001	.000001	.000001
N =	6	-4	.999986	.999987	.999987	.999989	.999990	.999991
		-3	.999281	.999317	.999349	.999406	.999454	.999496
		-2	.985681	.986217	.986709	.987586	.988346	.989014
		-1	.882974	.885935	.888689	.893675	.898097	.902070
		0	.575957	.581995	.587679	.598157	.607666	.616398
		1	.209878	.214422	.218755	.226889	.234446	.241540
		2	.035519	.036782	.038001	.040334	.042554	.044685
		3	.002527	.002656	.002783	.003030	.003271	.003508
		4	.000072	.000077	.000082	.000091	.000101	.000111
		5	.000001	.000001	.000001	.000001	.000001	.000001
N =	7	-4	.999986	.999987	.999987	.999989	.999990	.999990
		-3	.999285	.999317	.999345	.999396	.999439	.999477
		-2	.985739	.986204	.986635	.987413	.988096	.988704
		-1	.883246	.885814	.888220	.892621	.896570	.900152
		0	.576417	.581643	.586595	.595798	.604225	.612019
		1	.210153	.214079	.217840	.224944	.231586	.237850
		2	.035576	.036664	.037719	.039743	.041677	.043537
		3	.002531	.002642	.002751	.002964	.003172	.003376
		4	.000072	.000076	.000080	.000088	.000097	.000105
		5	.000001	.000001	.000001	.000001	.000001	.000001

$T = 0.2$ (CONT.)

	L Q	0	1	2	4	6	8
N = 8	-4	.999986	.999987	.999987	.999988	.999989	.999990
	-3	.999289	.999316	.999342	.999387	.999427	.999462
	-2	.985783	.986194	.986578	.987276	.987897	.988455
	-1	.883452	.885719	.887856	.891798	.895368	.898632
	0	.576765	.581372	.585761	.593971	.601544	.608590
	1	.210362	.213817	.217141	.223451	.229380	.234997
	2	.035620	.036575	.037504	.039294	.041008	.042660
	3	.002534	.002631	.002727	.002914	.003097	.003277
	4	.000072	.000076	.000079	.000086	.000094	.000101
	5	.000001	.000001	.000001	.000001	.000001	.000001
N = 9	-4	.999986	.999987	.999987	.999988	.999989	.999990
	-3	.999291	.999315	.999339	.999381	.999417	.999450
	-2	.985817	.986185	.986531	.987165	.987735	.988251
	-1	.883614	.885642	.887565	.891136	.894395	.897394
	0	.577037	.581157	.585098	.592512	.599392	.605827
	1	.210525	.213611	.216589	.222267	.227626	.232720
	2	.035654	.036506	.037336	.038940	.040480	.041968
	3	.002536	.002623	.002708	.002875	.003039	.003199
	4	.000072	.000075	.000078	.000085	.000091	.000098
	5	.000001	.000001	.000001	.000001	.000001	.000001
N = 10	-4	.999986	.999987	.999987	.999988	.999989	.999990
	-3	.999294	.999316	.999337	.999375	.999409	.999440
	-2	.985844	.986178	.986493	.987074	.987600	.988080
	-1	.883743	.885579	.887328	.890592	.893591	.896367
	0	.577255	.580982	.584559	.591319	.597626	.603549
	1	.210656	.213444	.216142	.221304	.226196	.230859
	2	.035681	.036450	.037201	.038654	.040053	.041408
	3	.002538	.002616	.002693	.002844	.002992	.003137
	4	.000072	.000075	.000078	.000084	.000089	.000095
	5	.000001	.000001	.000001	.000001	.000001	.000001
N = 11	-4	.999986	.999987	.999987	.999988	.999989	.999989
	-3	.999295	.999316	.999335	.999370	.999402	.999431
	-2	.985867	.986172	.986461	.986997	.987486	.987935
	-1	.883850	.885527	.887129	.890136	.892915	.895499
	0	.577435	.580837	.584112	.590325	.596148	.601639
	1	.210763	.213306	.215773	.220506	.225006	.229308
	2	.035703	.036404	.037089	.038418	.039701	.040944
	3	.002539	.002611	.002681	.002818	.002953	.003086
	4	.000072	.000075	.000077	.000083	.000088	.000093
	5	.000001	.000001	.000001	.000001	.000001	.000001
N = 12	-4	.999986	.999987	.999987	.999988	.999989	.999989
	-3	.999297	.999316	.999333	.999366	.999396	.999423
	-2	.985886	.986167	.986434	.986932	.987389	.987810
	-1	.883939	.885482	.886962	.889749	.892338	.894756
	0	.577585	.580714	.583734	.589484	.594894	.600012
	1	.210853	.213190	.215462	.219833	.224002	.227995
	2	.035722	.036365	.036995	.038220	.039404	.040553
	3	.002541	.002606	.002670	.002797	.002921	.003043
	4	.000072	.000074	.000077	.000082	.000087	.000091
	5	.000001	.000001	.000001	.000001	.000001	.000001
N = 13	-4	.999986	.999987	.999987	.999988	.999988	.999989
	-3	.999298	.999315	.999332	.999363	.999390	.999416
	-2	.985902	.986162	.986410	.986875	.987304	.987701
	-1	.884014	.885444	.886818	.889416	.891840	.894112
	0	.577712	.580609	.583411	.588762	.593815	.598609

DOUBLY NONCENTRAL t

T = 0.2 (CONT.)

	L \ D	0	1	2	4	6	8
	1	.210929	.213092	.215198	.219258	.223141	.226869
	2	.035738	.036333	.036916	.038052	.039151	.040220
	3	.002542	.002602	.002662	.002779	.002893	.003006
	4	.000072	.000074	.000077	.000081	.000085	.000090
	5	.000001	.000001	.000001	.000001	.000001	.000001
N = 14	-4	.999986	.999987	.999987	.999988	.999988	.999989
	-3	.999299	.999315	.999331	.999359	.999386	.999410
	-2	.985916	.986158	.986390	.986826	.987230	.987605
	-1	.884079	.885410	.886693	.889127	.891406	.893549
	0	.577822	.580518	.583132	.588137	.592877	.597386
	1	.210995	.213007	.214969	.218761	.222395	.225891
	2	.035751	.036305	.036848	.037906	.038933	.039932
	3	.002543	.002599	.002654	.002763	.002870	.002975
	4	.000072	.000074	.000076	.000080	.000084	.000089
	5	.000001	.000001	.000001	.000001	.000001	.000001
N = 15	-4	.999986	.999987	.999987	.999988	.999988	.999989
	-3	.999300	.999315	.999330	.999357	.999382	.999405
	-2	.985928	.986154	.986372	.986783	.987164	.987521
	-1	.884135	.885381	.886584	.888873	.891023	.893052
	0	.577917	.580439	.582888	.587589	.592054	.596311
	1	.211052	.212933	.214770	.218327	.221743	.225035
	2	.035763	.036280	.036788	.037780	.038743	.039681
	3	.002544	.002596	.002648	.002749	.002850	.002948
	4	.000072	.000074	.000076	.000080	.000084	.000088
	5	.000001	.000001	.000001	.000001	.000001	.000001
N = 16	-4	.999986	.999987	.999987	.999988	.999988	.999989
	-3	.999301	.999315	.999329	.999354	.999378	.999400
	-2	.985938	.986151	.986356	.986744	.987106	.987445
	-1	.884184	.885355	.886487	.888648	.890683	.892609
	0	.578000	.580369	.582674	.587105	.591325	.595358
	1	.211101	.212868	.214595	.217944	.221167	.224278
	2	.035774	.036259	.036736	.037668	.038575	.039459
	3	.002544	.002593	.002642	.002738	.002832	.002924
	4	.000072	.000074	.000076	.000079	.000083	.000087
	5	.000001	.000001	.000001	.000001	.000001	.000001
N = 17	-4	.999986	.999987	.999987	.999988	.999988	.999989
	-3	.999301	.999315	.999328	.999352	.999375	.999396
	-2	.985947	.986148	.986342	.986710	.987054	.987377
	-1	.884228	.885332	.886401	.888447	.890380	.892213
	0	.578073	.580307	.582483	.586675	.590676	.594506
	1	.211145	.212810	.214440	.217605	.220655	.223604
	2	.035783	.036240	.036690	.037570	.038426	.039263
	3	.002545	.002591	.002637	.002727	.002816	.002903
	4	.000072	.000074	.000076	.000079	.000082	.000086
	5	.000001	.000001	.000001	.000001	.000001	.000001
N = 18	-4	.999986	.999987	.999987	.999988	.999988	.999989
	-3	.999302	.999315	.999327	.999350	.999372	.999392
	-2	.985956	.986146	.986329	.986679	.987007	.987316
	-1	.884266	.885311	.886325	.888267	.890107	.891856
	0	.578139	.580252	.582312	.586290	.590093	.593741
	1	.211184	.212759	.214301	.217301	.220197	.223000
	2	.035791	.036223	.036648	.037482	.038294	.039087
	3	.002546	.002589	.002632	.002718	.002802	.002884
	4	.000072	.000074	.000075	.000079	.000082	.000085
	5	.000001	.000001	.000001	.000001	.000001	.000001

T = 0.2 (CONT.)

	L\D	0	1	2	4	6	8
N = 19	-4	.999986	.999987	.999987	.999987	.999988	.999988
	-3	.999303	.999315	.999326	.999348	.999369	.999388
	-2	.985963	.986143	.986318	.986651	.986964	.987260
	-1	.884301	.885292	.886255	.888105	.889861	.891533
	0	.578197	.580202	.582159	.585942	.589567	.593050
	1	.211219	.212712	.214177	.217028	.219785	.222456
	2	.035798	.036208	.036611	.037403	.038175	.038930
	3	.002546	.002587	.002628	.002709	.002789	.002867
	4	.000072	.000074	.000075	.000078	.000081	.000084
	5	.000001	.000001	.000001	.000001	.000001	.000001
N = 20	-4	.999986	.999987	.999987	.999987	.999988	.999988
	-3	.999303	.999315	.999326	.999347	.999367	.999385
	-2	.985970	.986141	.986308	.986626	.986926	.987209
	-1	.884332	.885275	.886193	.887958	.889637	.891239
	0	.578250	.580157	.582020	.585628	.589091	.592423
	1	.211251	.212671	.214065	.216781	.219411	.221963
	2	.035805	.036194	.036578	.037331	.038067	.038787
	3	.002546	.002586	.002625	.002702	.002777	.002852
	4	.000072	.000074	.000075	.000078	.000081	.000084
	5	.000001	.000001	.000001	.000001	.000001	.000001

T = 0.4

	L\D	0	1	2	4	6	8
N = 2	-4	.999991	.999993	.999995	.999997	.999998	.999999
	-3	.999524	.999620	.999693	.999795	.999859	.999901
	-2	.989770	.991468	.992820	.994794	.996125	.997054
	-1	.908624	.920052	.929529	.944219	.954963	.963081
	0	.636083	.665356	.690795	.732984	.766733	.794484
	1	.262681	.291320	.317573	.364543	.405941	.443161
	2	.052945	.063684	.074141	.094494	.114387	.134016
	3	.004696	.006245	.007859	.011303	.015058	.019135
	4	.000174	.000260	.000357	.000586	.000864	.001199
	5	.000003	.000004	.000007	.000013	.000021	.000032
N = 3	-4	.999992	.999994	.999995	.999996	.999997	.999998
	-3	.999568	.999636	.999692	.999774	.999830	.999870
	-2	.990402	.991625	.992644	.994227	.995384	.996253
	-1	.911895	.920119	.927208	.938786	.947819	.955046
	0	.642032	.662875	.681532	.713693	.740622	.763652
	1	.266263	.286204	.304809	.338826	.369528	.397678
	2	.053522	.060736	.067780	.081506	.094914	.108129
	3	.004682	.005670	.006685	.008801	.011047	.013433
	4	.000169	.000220	.000276	.000401	.000545	.000711
	5	.000002	.000003	.000005	.000007	.000011	.000015
N = 4	-4	.999993	.999994	.999995	.999996	.999997	.999998
	-3	.999591	.999644	.999689	.999758	.999809	.999847
	-2	.990737	.991694	.992515	.993845	.994867	.995669
	-1	.913637	.920069	.925753	.935350	.943144	.949602
	0	.645201	.661403	.676182	.702284	.724763	.744452
	1	.268163	.283477	.297927	.324715	.349252	.372017
	2	.053828	.059263	.064583	.074968	.085114	.095105
	3	.004676	.005401	.006139	.007662	.009252	.010918
	4	.000166	.000203	.000241	.000326	.000420	.000526
	5	.000002	.000003	.000004	.000006	.000008	.000010

DOUBLY NONCENTRAL t

T = 0.4 (CONT.)

	L D	0	1	2	4	6	8
N = 5	-4	.999993	.999994	.999995	.999996	.999997	.999998
	-3	.999605	.999649	.999686	.999747	.999792	.999828
	-2	.990943	.991730	.992420	.993569	.994483	.995225
	-1	.914716	.920000	.924753	.932966	.939825	.945648
	0	.647163	.660423	.672678	.694692	.714027	.731243
	1	.269337	.281772	.293602	.315746	.336244	.355420
	2	.054016	.058378	.062656	.071022	.079201	.087251
	3	.004673	.005245	.005825	.007013	.008242	.009517
	4	.000165	.000193	.000222	.000286	.000355	.000432
	5	.000002	.000003	.000003	.000005	.000006	.000008
N = 6	-4	.999993	.999994	.999995	.999996	.999997	.999997
	-3	.999615	.999652	.999684	.999737	.999779	.999813
	-2	.991083	.991751	.992346	.993360	.994188	.994875
	-1	.915447	.919933	.924022	.931210	.937338	.942636
	0	.648496	.659721	.670197	.689256	.706242	.721555
	1	.270133	.280604	.290625	.309522	.327155	.343756
	2	.054144	.057787	.061367	.068377	.075237	.081989
	3	.004670	.005143	.005621	.006595	.007595	.008626
	4	.000164	.000187	.000210	.000261	.000316	.000375
	5	.000002	.000003	.000003	.000004	.000005	.000007
N = 7	-4	.999994	.999994	.999995	.999996	.999996	.999997
	-3	.999622	.999654	.999682	.999730	.999769	.999800
	-2	.991184	.991765	.992289	.993195	.993952	.994591
	-1	.915976	.919874	.923463	.929859	.935400	.940259
	0	.649459	.659193	.668346	.685163	.700323	.714124
	1	.270707	.279752	.288447	.304942	.320431	.335087
	2	.054238	.057364	.060442	.066478	.072391	.078213
	3	.004669	.005072	.005478	.006303	.007146	.008012
	4	.000163	.000182	.000202	.000244	.000289	.000338
	5	.000002	.000003	.000003	.000004	.000005	.000006
N = 8	-4	.999994	.999994	.999995	.999996	.999996	.999997
	-3	.999627	.999655	.999681	.999724	.999760	.999790
	-2	.991260	.991774	.992242	.993063	.993759	.994357
	-1	.916376	.919823	.923022	.928786	.933845	.938332
	0	.650188	.658781	.666910	.681966	.695663	.708231
	1	.271142	.279102	.286784	.301426	.315246	.328378
	2	.054305	.057046	.059746	.065049	.070248	.075368
	3	.004668	.005019	.005372	.006087	.006817	.007562
	4	.000163	.000179	.000196	.000232	.000271	.000311
	5	.000002	.000003	.000003	.000004	.000004	.000005
N = 9	-4	.999994	.999994	.999995	.999996	.999996	.999997
	-3	.999631	.999656	.999679	.999719	.999752	.999780
	-2	.991320	.991780	.992203	.992954	.993599	.994160
	-1	.916689	.919779	.922665	.927912	.932568	.936736
	0	.650758	.658450	.665764	.679396	.691894	.703436
	1	.271482	.278590	.285472	.298639	.311122	.323025
	2	.054359	.056798	.059204	.063933	.068574	.073146
	3	.004667	.004978	.005290	.005922	.006564	.007219
	4	.000162	.000177	.000192	.000223	.000256	.000291
	5	.000002	.000002	.000003	.000003	.000004	.000005
N = 10	-4	.999994	.999994	.999995	.999996	.999996	.999997
	-3	.999634	.999657	.999678	.999715	.999746	.999773
	-2	.991367	.991785	.992171	.992862	.993464	.993991
	-1	.916940	.919740	.922370	.927187	.931500	.935392
	0	.651216	.658179	.664827	.677285	.688780	.699456

T = 0.4 (CONT.)

	L D	0	1	2	4	6	8
	1	.271755	.278177	.284410	.296376	.307762	.318652
	2	.054403	.056600	.058769	.063037	.067229	.071361
	3	.004667	.004945	.005226	.005791	.006365	.006948
	4	.000162	.000175	.000188	.000216	.000245	.000276
	5	.000002	.000002	.000003	.000003	.000004	.000004
N = 11	-4	.999994	.999994	.999995	.999995	.999996	.999996
	-3	.999637	.999658	.999677	.999711	.999741	.999766
	-2	.991407	.991788	.992143	.992784	.993347	.993846
	-1	.917147	.919706	.922122	.926575	.930593	.934243
	0	.651593	.657953	.664046	.675519	.686163	.696096
	1	.271979	.277835	.283532	.294499	.304969	.315008
	2	.054439	.056437	.058412	.062302	.066126	.069896
	3	.004666	.004919	.005173	.005685	.006204	.006730
	4	.000162	.000173	.000186	.000211	.000237	.000264
	5	.000002	.000002	.000003	.000003	.000004	.000004
N = 12	-4	.999994	.999994	.999995	.999995	.999996	.999996
	-3	.999639	.999658	.999676	.999708	.999736	.999760
	-2	.991439	.991791	.992120	.992717	.993246	.993718
	-1	.917319	.919677	.921911	.926051	.929812	.933249
	0	.651907	.657761	.663385	.674019	.683932	.693220
	1	.272166	.277549	.282794	.292918	.302610	.311925
	2	.054469	.056302	.058115	.061688	.065204	.068671
	3	.004666	.004897	.005129	.005597	.006070	.006549
	4	.000161	.000172	.000183	.000206	.000230	.000254
	5	.000002	.000002	.000003	.000003	.000003	.000004
N = 13	-4	.999994	.999994	.999995	.999995	.999996	.999996
	-3	.999641	.999659	.999675	.999705	.999731	.999754
	-2	.991467	.991793	.992099	.992659	.993158	.993606
	-1	.917465	.919651	.921729	.925598	.929133	.932381
	0	.652174	.657596	.662819	.672729	.682005	.690729
	1	.272325	.277304	.282166	.291568	.300590	.309281
	2	.054494	.056187	.057863	.061168	.064421	.067632
	3	.004665	.004879	.005092	.005523	.005958	.006398
	4	.000161	.000171	.000181	.000202	.000224	.000246
	5	.000002	.000002	.000003	.000003	.000003	.000004
N = 14	-4	.999994	.999994	.999995	.999995	.999996	.999996
	-3	.999642	.999659	.999675	.999703	.999728	.999750
	-2	.991491	.991795	.992081	.992607	.993080	.993507
	-1	.917591	.919627	.921570	.925202	.928537	.931616
	0	.652403	.657453	.662329	.671607	.680325	.688551
	1	.272461	.277094	.281624	.290401	.298842	.306987
	2	.054515	.056088	.057646	.060720	.063748	.066738
	3	.004665	.004863	.005061	.005460	.005862	.006269
	4	.000161	.000170	.000180	.000199	.000219	.000239
	5	.000002	.000002	.000002	.000003	.000003	.000004
N = 15	-4	.999994	.999994	.999995	.999995	.999996	.999996
	-3	.999644	.999659	.999674	.999701	.999724	.999745
	-2	.991511	.991796	.992065	.992562	.993011	.993418
	-1	.917700	.919606	.921430	.924852	.928010	.930935
	0	.652603	.657328	.661899	.670623	.678847	.686628
	1	.272579	.276911	.281151	.289381	.297312	.304978
	2	.054534	.056003	.057458	.060332	.063164	.065962
	3	.004665	.004849	.005034	.005405	.005780	.006158
	4	.000161	.000169	.000178	.000196	.000214	.000233
	5	.000002	.000002	.000002	.000003	.000003	.000003

DOUBLY NONCENTRAL t

T = 0.4 (CONT.)

	L D	0	1	2	4	6	8
N = 16	-4	.999994	.999994	.999995	.999995	.999996	.999996
	-3	.999645	.999660	.999673	.999699	.999721	.999741
	-2	.991529	.991797	.992051	.992521	.992948	.993338
	-1	.917796	.919588	.921306	.924542	.927539	.930327
	0	.652777	.657217	.661520	.669752	.677535	.684919
	1	.272683	.276750	.280736	.288484	.295963	.303204
	2	.054551	.055928	.057294	.059992	.062652	.065281
	3	.004665	.004837	.005010	.005358	.005708	.006061
	4	.000161	.000169	.000177	.000193	.000211	.000228
	5	.000002	.000002	.000002	.000003	.000003	.000003
N = 17	-4	.999994	.999994	.999995	.999995	.999996	.999996
	-3	.999646	.999660	.999673	.999697	.999719	.999738
	-2	.991545	.991798	.992038	.992485	.992892	.993266
	-1	.917880	.919571	.921195	.924264	.927117	.929780
	0	.652931	.657118	.661183	.668976	.676364	.683390
	1	.272775	.276608	.280368	.287687	.294764	.301625
	2	.054565	.055862	.057148	.059691	.062199	.064678
	3	.004664	.004827	.004989	.005316	.005645	.005976
	4	.000161	.000168	.000176	.000191	.000207	.000224
	5	.000002	.000002	.000002	.000003	.000003	.000003
N = 18	-4	.999994	.999994	.999995	.999995	.999996	.999996
	-3	.999647	.999660	.999673	.999695	.999716	.999735
	-2	.991560	.991798	.992026	.992452	.992841	.993200
	-1	.917955	.919556	.921096	.924014	.926736	.929284
	0	.653068	.657030	.660882	.668281	.675311	.682012
	1	.272856	.276480	.280039	.286975	.293692	.300211
	2	.054578	.055804	.057019	.059423	.061796	.064142
	3	.004664	.004817	.004971	.005279	.005589	.005901
	4	.000161	.000168	.000175	.000189	.000204	.000220
	5	.000002	.000002	.000002	.000003	.000003	.000003
N = 19	-4	.999994	.999994	.999995	.999995	.999996	.999996
	-3	.999648	.999660	.999672	.999694	.999714	.999732
	-2	.991572	.991799	.992016	.992422	.992795	.993140
	-1	.918023	.919542	.921007	.923788	.926391	.928834
	0	.653191	.656950	.660610	.667653	.674360	.680765
	1	.272929	.276366	.279744	.286335	.292726	.298936
	2	.054590	.055751	.056903	.059183	.061434	.063661
	3	.004664	.004809	.004954	.005246	.005539	.005834
	4	.000161	.000167	.000174	.000188	.000202	.000216
	5	.000002	.000002	.000002	.000003	.000003	.000003
N = 20	-4	.999994	.999994	.999995	.999995	.999995	.999996
	-3	.999649	.999660	.999672	.999693	.999712	.999729
	-2	.991584	.991800	.992006	.992395	.992753	.993085
	-1	.918083	.919529	.920925	.923582	.926076	.928422
	0	.653302	.656878	.660364	.667084	.673496	.679631
	1	.272995	.276263	.279478	.285757	.291853	.297782
	2	.054600	.055704	.056799	.058967	.061109	.063228
	3	.004664	.004801	.004939	.005216	.005494	.005774
	4	.000160	.000167	.000173	.000186	.000200	.000213
	5	.000002	.000002	.000002	.000003	.000003	.000003

T = 0.6

N	L/D	0	1	2	4	6	8
2	-4	.999995	.999996	.999997	.999999	.999999	.999999
	-3	.999690	.999770	.999828	.999901	.999942	.999965
	-2	.992838	.994428	.995630	.997251	.998224	.998826
	-1	.930331	.942709	.952530	.966757	.976197	.982647
	0	.695283	.733172	.765080	.815464	.853013	.881688
	1	.325334	.371389	.413081	.485994	.547942	.601342
	2	.078876	.101337	.123500	.167122	.209915	.251862
	3	.008929	.013371	.018218	.029116	.041583	.055551
	4	.000449	.000809	.001249	.002395	.003935	.005913
	5	.000010	.000022	.000039	.000090	.000171	.000290
3	-4	.999996	.999997	.999998	.999999	.999999	.999999
	-3	.999740	.999795	.999837	.999896	.999931	.999954
	-2	.993629	.994763	.995666	.996977	.997846	.998437
	-1	.934915	.943874	.951322	.962835	.971154	.977311
	0	.704599	.731943	.755846	.795573	.827160	.852769
	1	.331310	.363722	.393750	.447925	.495765	.538522
	2	.079500	.094501	.109349	.138718	.167761	.196527
	3	.008686	.011411	.014317	.020680	.027778	.035602
	4	.000408	.000603	.000830	.001383	.002084	.002947
	5	.000008	.000014	.000021	.000040	.000068	.000107
4	-4	.999996	.999997	.999998	.999998	.999999	.999999
	-3	.999765	.999808	.999841	.999890	.999923	.999944
	-2	.994044	.994928	.995656	.996767	.997552	.998120
	-1	.937356	.944388	.950414	.960131	.967537	.973294
	0	.709579	.730994	.750159	.783036	.810221	.833056
	1	.334471	.359493	.382997	.426184	.465169	.500713
	2	.079818	.091070	.102223	.124323	.146232	.158002
	3	.008564	.010518	.012572	.016993	.021831	.027089
	4	.000389	.000520	.000668	.001014	.001435	.001937
	5	.000007	.000011	.000015	.000025	.000040	.000059
5	-4	.999997	.999997	.999998	.999998	.999999	.999999
	-3	.999781	.999815	.999843	.999886	.999915	.999936
	-2	.994299	.995023	.995635	.996603	.997320	.997861
	-1	.938867	.944658	.949730	.958154	.964819	.970179
	0	.712670	.730279	.746296	.774380	.798231	.818752
	1	.336422	.356804	.376131	.412081	.445009	.475424
	2	.080009	.089009	.097939	.115649	.133223	.150706
	3	.008491	.010010	.011594	.014959	.018592	.022496
	4	.000378	.000476	.000584	.000831	.001123	.001462
	5	.000007	.000009	.000012	.000019	.000028	.000040
6	-4	.999997	.999997	.999998	.999998	.999999	.999999
	-3	.999791	.999820	.999844	.999882	.999909	.999929
	-2	.994470	.995084	.995613	.996472	.997131	.997645
	-1	.939892	.944817	.949201	.956646	.962700	.967694
	0	.714772	.729728	.743496	.768030	.789278	.807883
	1	.337744	.354941	.371359	.402174	.430698	.457290
	2	.080136	.087634	.095080	.109855	.124525	.139124
	3	.008443	.009684	.010970	.013679	.016573	.019656
	4	.000371	.000449	.000534	.000724	.000943	.001194
	5	.000007	.000008	.000011	.000016	.000022	.000030
7	-4	.999997	.999997	.999998	.999998	.999999	.999999
	-3	.999798	.999823	.999844	.999878	.999904	.999923
	-2	.994594	.995126	.995592	.996366	.996976	.997463
	-1	.940632	.944918	.948781	.955455	.961001	.965665
	0	.716293	.729294	.741373	.763166	.782327	.799334
	1	.338698	.353572	.367848	.394825	.419998	.443634

DOUBLY NONCENTRAL t

T = 0.6 (CONT.)

	L D	0	1	2	4	6	8
	2	.080227	.086652	.093037	.105713	.118302	.130833
	3	.008408	.009457	.010539	.012802	.015201	.017739
	4	.000366	.000431	.000500	.000654	.000828	.001025
	5	.000006	.000008	.000010	.000014	.000018	.000024
N = 8	-4	.999997	.999998	.999998	.999998	.999999	.999999
	-3	.999804	.999825	.999844	.999875	.999899	.999918
	-2	.994686	.995157	.995574	.996278	.996845	.997308
	-1	.941192	.944986	.948440	.954492	.959607	.963977
	0	.717445	.728943	.739706	.759317	.776769	.792427
	1	.339419	.352524	.365154	.389152	.411689	.432968
	2	.080294	.085916	.091504	.102604	.113630	.124607
	3	.008381	.009290	.010223	.012165	.014211	.016362
	4	.000362	.000417	.000476	.000605	.000749	.000909
	5	.000006	.000008	.000009	.000012	.000016	.000021
N = 9	-4	.999997	.999998	.999998	.999998	.999999	.999999
	-3	.999808	.999827	.999844	.999873	.999895	.999913
	-2	.994759	.995180	.995558	.996204	.996734	.997174
	-1	.941630	.945033	.948158	.953695	.958443	.962550
	0	.718347	.728655	.738362	.756193	.772218	.786724
	1	.339982	.351695	.363021	.384638	.405045	.424402
	2	.080347	.085343	.090311	.100184	.109994	.119760
	3	.008361	.009162	.009982	.011682	.013463	.015327
	4	.000359	.000407	.000458	.000569	.000691	.000826
	5	.000006	.000007	.000008	.000011	.000014	.000018
N = 10	-4	.999997	.999998	.999998	.999998	.999999	.999999
	-3	.999811	.999829	.999844	.999871	.999892	.999909
	-2	.994817	.995198	.995543	.996141	.996639	.997057
	-1	.941982	.945068	.947921	.953026	.957454	.961327
	0	.719072	.728414	.737255	.753606	.768422	.781934
	1	.340435	.351024	.361291	.380960	.399609	.417367
	2	.080388	.084885	.089357	.098248	.107084	.115880
	3	.008345	.009060	.009792	.011303	.012879	.014523
	4	.000357	.000400	.000444	.000541	.000647	.000763
	5	.000006	.000007	.000008	.000010	.000013	.000016
N = 11	-4	.999997	.999998	.999998	.999998	.999999	.999999
	-3	.999814	.999830	.999844	.999869	.999889	.999905
	-2	.994864	.995213	.995530	.996087	.996556	.996954
	-1	.942270	.945094	.947720	.952455	.956605	.960268
	0	.719668	.728210	.736327	.751427	.765206	.777852
	1	.340807	.350468	.359858	.377903	.395077	.411483
	2	.080422	.084509	.088577	.096663	.104701	.112704
	3	.008331	.008978	.009638	.010998	.012411	.013880
	4	.000355	.000393	.000433	.000519	.000613	.000714
	5	.000006	.000007	.000008	.000010	.000012	.000015
N = 12	-4	.999997	.999998	.999998	.999998	.999999	.999999
	-3	.999816	.999831	.999844	.999867	.999886	.999902
	-2	.994903	.995225	.995519	.996039	.996482	.996863
	-1	.942512	.945113	.947545	.951962	.955866	.959340
	0	.720167	.728035	.735539	.749566	.762445	.774329
	1	.341117	.350001	.358652	.375323	.391240	.406488
	2	.080451	.084197	.087926	.095342	.102715	.110056
	3	.008320	.008911	.009512	.010747	.012028	.013355
	4	.000353	.000388	.000424	.000502	.000585	.000675
	5	.000006	.000007	.000008	.000009	.000011	.000014

19

T = 0.6 (CONT.)

	L D	0	1	2	4	6	8
N = 13	-4	.999997	.999998	.999998	.999998	.999999	.999999
	-3	.999818	.999832	.999844	.999866	.999884	.999899
	-2	.994937	.995234	.995509	.995997	.996418	.996782
	-1	.942716	.945129	.947394	.951532	.955219	.958522
	0	.720590	.727883	.734860	.747959	.760049	.771258
	1	.341381	.349602	.357623	.373115	.387948	.402193
	2	.080475	.083932	.087375	.094224	.101034	.107815
	3	.008311	.008854	.009405	.010537	.011708	.012917
	4	.000352	.000384	.000417	.000487	.000562	.000643
	5	.000006	.000007	.000007	.000009	.000011	.000013
N = 14	-4	.999997	.999998	.999998	.999998	.999998	.999999
	-3	.999820	.999833	.999844	.999864	.999881	.999896
	-2	.994966	.995243	.995500	.995960	.996360	.996709
	-1	.942892	.945141	.947261	.951154	.954646	.957794
	0	.720953	.727749	.734269	.746556	.757949	.768556
	1	.341607	.349258	.356735	.371205	.385093	.398460
	2	.080495	.083706	.086903	.093265	.099592	.105893
	3	.008303	.008805	.009315	.010360	.011437	.012548
	4	.000351	.000380	.000411	.000475	.000543	.000617
	5	.000006	.000007	.000007	.000009	.000010	.000012
N = 15	-4	.999997	.999998	.999998	.999998	.999998	.999999
	-3	.999821	.999833	.999844	.999863	.999880	.999893
	-2	.994991	.995250	.995492	.995927	.996308	.996643
	-1	.943044	.945151	.947143	.950819	.954136	.957142
	0	.721269	.727632	.733750	.745320	.756093	.766160
	1	.341803	.348959	.355960	.369535	.382592	.395185
	2	.080513	.083509	.086494	.092434	.098342	.104226
	3	.008296	.008763	.009237	.010207	.011205	.012232
	4	.000350	.000377	.000405	.000464	.000527	.000594
	5	.000006	.000006	.000007	.000008	.000010	.000012
N = 16	-4	.999998	.999998	.999998	.999998	.999998	.999999
	-3	.999822	.999834	.999844	.999862	.999878	.999891
	-2	.995012	.995256	.995484	.995897	.996261	.996583
	-1	.943178	.945159	.947038	.950520	.953678	.956554
	0	.721545	.727527	.733291	.744224	.754440	.764021
	1	.341975	.348695	.355278	.368063	.380384	.392288
	2	.080528	.083337	.086136	.091706	.097248	.102767
	3	.008290	.008727	.009170	.010074	.011004	.011959
	4	.000349	.000374	.000401	.000455	.000514	.000575
	5	.000006	.000006	.000007	.000008	.000010	.000011
N = 17	-4	.999998	.999998	.999998	.999998	.999998	.999999
	-3	.999824	.999834	.999844	.999861	.999876	.999889
	-2	.995032	.995262	.995477	.995870	.996219	.996529
	-1	.943296	.945165	.946943	.950251	.953265	.956023
	0	.721790	.727433	.732882	.743245	.752960	.762098
	1	.342127	.348461	.354673	.366755	.378420	.389707
	2	.080542	.083186	.085820	.091064	.096282	.101479
	3	.008284	.008695	.009110	.009958	.010828	.011720
	4	.000348	.000372	.000397	.000448	.000502	.000559
	5	.000006	.000006	.000007	.000008	.000009	.000011
N = 18	-4	.999998	.999998	.999998	.999998	.999998	.999999
	-3	.999825	.999834	.999844	.999860	.999875	.999887
	-2	.995049	.995266	.995471	.995846	.996180	.996479
	-1	.943401	.945171	.946858	.950008	.952891	.955539
	0	.722007	.727349	.732516	.742364	.751626	.760361
	1	.342262	.348253	.354133	.365586	.376661	.387392

DOUBLY NONCENTRAL t

T = 0.6 (CONT.)

	L / D	0	1	2	4	6	8
	2	.080554	.083051	.085539	.090493	.095424	.100334
	3	.008279	.008666	.009058	.009855	.010672	.011510
	4	.000348	.000370	.000393	.000441	.000491	.000544
	5	.000006	.000006	.000007	.000008	.000009	.000010
N = 19	-4	.999998	.999998	.999998	.999998	.999998	.999999
	-3	.999825	.999835	.999844	.999859	.999873	.999885
	-2	.995064	.995271	.995466	.995824	.996144	.996433
	-1	.943495	.945175	.946781	.949788	.952550	.955097
	0	.722202	.727273	.732185	.741568	.750417	.758783
	1	.342383	.348066	.353648	.364534	.375076	.385304
	2	.080565	.082930	.085288	.089982	.094655	.099310
	3	.008275	.008641	.009011	.009764	.010534	.011323
	4	.000347	.000368	.000390	.000435	.000482	.000532
	5	.000006	.000006	.000007	.000008	.000009	.000010
N = 20	-4	.999998	.999998	.999998	.999998	.999998	.999999
	-3	.999826	.999835	.999844	.999859	.999872	.999884
	-2	.995078	.995274	.995460	.995803	.996112	.996391
	-1	.943580	.945179	.946711	.949587	.952238	.954692
	0	.722378	.727203	.731885	.740846	.749316	.757344
	1	.342492	.347896	.353210	.363583	.373641	.383412
	2	.080575	.082821	.085061	.089522	.093963	.098387
	3	.008271	.008618	.008969	.009682	.010411	.011156
	4	.000347	.000367	.000387	.000429	.000474	.000521
	5	.000006	.000006	.000007	.000008	.000009	.000010

T = 0.8

	L / D	0	1	2	4	6	8
N = 2	-4	.999996	.999998	.999998	.999999	.999999	.999999
	-3	.999787	.999850	.999893	.999945	.999972	.999985
	-2	.994821	.996183	.997169	.998414	.999091	.999468
	-1	.946266	.958121	.967143	.979409	.986821	.991413
	0	.746183	.788177	.822299	.873279	.908341	.932966
	1	.390852	.452567	.507094	.598737	.672133	.731509
	2	.113389	.151797	.189462	.262376	.331708	.397066
	3	.016496	.026830	.038318	.064495	.094469	.127640
	4	.001152	.002378	.003953	.008255	.014240	.022049
	5	.000038	.000103	.000202	.000528	.001083	.001939
N = 3	-4	.999997	.999998	.999999	.999999	.999999	.999999
	-3	.999836	.999878	.999908	.999947	.999969	.999981
	-2	.995677	.996625	.997348	.998335	.998933	.999304
	-1	.951789	.960333	.967179	.977192	.983877	.988438
	0	.758901	.789546	.815578	.856901	.887907	.911413
	1	.400096	.444276	.484531	.555207	.615146	.666423
	2	.114095	.139973	.165591	.216005	.265191	.312951
	3	.015659	.021885	.028670	.043862	.061098	.080219
	4	.000977	.001599	.002355	.004306	.006903	.010210
	5	.000027	.000053	.000089	.000196	.000365	.000613
N = 4	-4	.999998	.999998	.999999	.999999	.999999	.999999
	-3	.999861	.999891	.999915	.999947	.999966	.999978
	-2	.996119	.996846	.997422	.998253	.998795	.999156
	-1	.954721	.961413	.966965	.975495	.981570	.985979

T = 0.8 (CONT.)

	L D	0	1	2	4	6	8
	0	.765736	.789897	.811010	.845938	.873384	.895265
	1	.404998	.439414	.471344	.528833	.579188	.623626
	2	.114407	.133875	.153220	.191539	.229314	.266456
	3	.015229	.019632	.024360	.034774	.046429	.059266
	4	.000897	.001297	.001767	.002928	.004414	.006256
	5	.000023	.000037	.000056	.000110	.000189	.000299
N = 5	-4	.999998	.999999	.999999	.999999	.999999	.999999
	-3	.999875	.999899	.999918	.999946	.999963	.999975
	-2	.996387	.996976	.997457	.998180	.998678	.999027
	-1	.956532	.962036	.966721	.974176	.979736	.983948
	0	.769993	.789948	.807733	.837970	.862568	.882825
	1	.408026	.436218	.462689	.511145	.554489	.593508
	2	.114576	.130167	.145686	.176525	.207082	.237312
	3	.014968	.018358	.021959	.029791	.038446	.047900
	4	.000851	.001142	.001474	.002272	.003260	.004457
	5	.000020	.000030	.000043	.000075	.000121	.000182
N = 6	-4	.999998	.999999	.999999	.999999	.999999	.999999
	-3	.999884	.999904	.999921	.999945	.999961	.999972
	-2	.996565	.997061	.997475	.998117	.998578	.998915
	-1	.957758	.962436	.966494	.973128	.978247	.982253
	0	.772895	.789898	.805275	.831948	.854207	.872976
	1	.410081	.433958	.456570	.498456	.536482	.571198
	2	.114680	.127676	.140626	.166404	.192017	.217443
	3	.014793	.017543	.020441	.026681	.033503	.040898
	4	.000822	.001049	.001303	.001899	.002620	.003476
	5	.000019	.000026	.000035	.000058	.000088	.000127
N = 7	-3	.999891	.999908	.999922	.999944	.999959	.999970
	-2	.996693	.997121	.997485	.998064	.998493	.998816
	-1	.958642	.962711	.966294	.972275	.977016	.980820
	0	.774999	.789814	.803363	.827235	.847550	.864991
	1	.411565	.432274	.452013	.488904	.522771	.554013
	2	.114750	.125889	.136997	.159130	.181157	.203069
	3	.014667	.016978	.019399	.024567	.030170	.036201
	4	.000801	.000987	.001191	.001662	.002221	.002874
	5	.000018	.000024	.000031	.000047	.000069	.000097
N = 8	-3	.999896	.999911	.999923	.999943	.999957	.999967
	-2	.996788	.997165	.997490	.998017	.998419	.998730
	-1	.959310	.962910	.966120	.971569	.975983	.979595
	0	.776593	.789721	.801835	.823445	.842121	.858389
	1	.412687	.430971	.448487	.481453	.511980	.540371
	2	.114800	.124545	.134268	.153653	.172966	.192204
	3	.014572	.016564	.018640	.023043	.027782	.032852
	4	.000786	.000942	.001113	.001500	.001952	.002473
	5	.000017	.000022	.000028	.000041	.000057	.000078
N = 9	-3	.999900	.999913	.999924	.999942	.999955	.999965
	-2	.996862	.997199	.997493	.997977	.998355	.998653
	-1	.959832	.963061	.965970	.970976	.975103	.978537
	0	.777843	.789630	.800587	.820329	.837610	.852840
	1	.413565	.429933	.445677	.475476	.503264	.529276
	2	.114836	.123498	.132141	.149384	.166574	.183711
	3	.014499	.016248	.018063	.021895	.025992	.030353
	4	.000774	.000909	.001056	.001383	.001760	.002189
	5	.000017	.000021	.000025	.000036	.000050	.000066

T = 0.8 (CONT.)

N	L D	0	1	2	4	6	8
N = 10	-3	.999902	.999914	.999925	.999941	.999954	.999963
	-2	.996921	.997225	.997493	.997943	.998299	.998585
	-1	.960251	.963179	.965838	.970469	.974344	.977614
	0	.778850	.789545	.799547	.817722	.833800	.848109
	1	.414271	.429086	.443385	.470574	.496076	.520075
	2	.114865	.122659	.130438	.145963	.161447	.176893
	3	.014439	.015998	.017611	.020999	.024603	.028423
	4	.000765	.000884	.001012	.001295	.001617	.001980
	5	.000016	.000020	.000024	.000033	.000044	.000057
N = 11	-3	.999905	.999916	.999925	.999941	.999952	.999962
	-2	.996970	.997247	.997494	.997912	.998250	.998524
	-1	.960595	.963273	.965723	.970032	.973684	.976802
	0	.779677	.789466	.798667	.815507	.830538	.844028
	1	.414850	.428382	.441480	.466481	.490045	.512321
	2	.114887	.121971	.129044	.143161	.157246	.171302
	3	.014391	.015797	.017247	.020282	.023496	.026889
	4	.000758	.000864	.000977	.001226	.001506	.001819
	5	.000016	.000019	.000023	.000030	.000040	.000051
N = 12	-3	.999907	.999917	.999925	.999940	.999951	.999960
	-2	.997010	.997264	.997493	.997885	.998205	.998470
	-1	.960882	.963350	.965621	.969651	.973104	.976082
	0	.780369	.789394	.797914	.813603	.827715	.840471
	1	.415334	.427788	.439871	.463012	.484912	.505695
	2	.114905	.121398	.127881	.140824	.153741	.166636
	3	.014351	.015630	.016948	.019695	.022594	.025643
	4	.000752	.000847	.000949	.001170	.001418	.001693
	5	.000016	.000019	.000022	.000028	.000036	.000046
N = 13	-3	.999909	.999918	.999926	.999939	.999950	.999959
	-2	.997044	.997279	.997492	.997861	.998166	.998420
	-1	.961125	.963413	.965531	.969316	.972590	.975439
	0	.780957	.789328	.797261	.811948	.825247	.837342
	1	.415745	.427280	.438494	.460033	.480490	.499968
	2	.114920	.120913	.126897	.138846	.150773	.162682
	3	.014316	.015491	.016697	.019207	.021845	.024611
	4	.000747	.000834	.000925	.001125	.001347	.001591
	5	.000016	.000018	.000021	.000027	.000034	.000042
N = 14	-3	.999910	.999918	.999926	.999939	.999949	.999957
	-2	.997073	.997292	.997491	.997839	.998130	.998375
	-1	.961334	.963467	.965450	.969019	.972131	.974862
	0	.781462	.789268	.796690	.810496	.823070	.834569
	1	.416098	.426840	.437302	.457447	.476640	.494968
	2	.114933	.120496	.126053	.137149	.148227	.159290
	3	.014287	.015372	.016485	.018794	.021213	.023744
	4	.000742	.000822	.000906	.001088	.001288	.001507
	5	.000016	.000018	.000020	.000026	.000032	.000039
N = 15	-3	.999911	.999919	.999926	.999938	.999948	.999956
	-2	.997098	.997303	.997490	.997819	.998098	.998334
	-1	.961515	.963513	.965378	.968753	.971720	.974340
	0	.781901	.789213	.796187	.809211	.821136	.832094
	1	.416404	.426455	.436260	.455181	.473258	.490564
	2	.114943	.120135	.125321	.135678	.146020	.156348
	3	.014262	.015270	.016302	.018440	.020674	.023005
	4	.000738	.000812	.000890	.001056	.001238	.001437
	5	.000015	.000017	.000020	.000024	.000030	.000037

T = 0.8 (CONT.)

	L / D	0	1	2	4	6	8
N = 16	-3	.999912	.999920	.999926	.999938	.999947	.999955
	-2	.997120	.997312	.997489	.997802	.998068	.998297
	-1	.961674	.963552	.965313	.968515	.971349	.973867
	0	.782286	.789163	.795740	.808067	.819406	.829870
	1	.416672	.426116	.435342	.453180	.470263	.486656
	2	.114953	.119819	.124681	.134391	.144088	.153773
	3	.014239	.015181	.016144	.018133	.020208	.022367
	4	.000735	.000804	.000875	.001029	.001196	.001378
	5	.000015	.000017	.000019	.000024	.000029	.000034
N = 17	-3	.999913	.999920	.999926	.999937	.999946	.999954
	-2	.997139	.997321	.997488	.997786	.998041	.998262
	-1	.961814	.963587	.965253	.968300	.971012	.973436
	0	.782626	.789118	.795339	.807041	.817849	.827863
	1	.416909	.425815	.434526	.451399	.467593	.483164
	2	.114961	.119541	.124116	.133255	.142382	.151500
	3	.014220	.015103	.016005	.017865	.019801	.021813
	4	.000732	.000796	.000863	.001005	.001160	.001327
	5	.000015	.000017	.000019	.000023	.000027	.000033
N = 18	-3	.999914	.999921	.999927	.999937	.999946	.999953
	-2	.997156	.997328	.997487	.997771	.998017	.998230
	-1	.961939	.963617	.965200	.968105	.970705	.973041
	0	.782929	.789076	.794979	.806115	.816440	.826040
	1	.417120	.425546	.433797	.449803	.465196	.480024
	2	.114967	.119293	.123614	.132245	.140866	.149478
	3	.014202	.015034	.015882	.017629	.019444	.021325
	4	.000730	.000790	.000852	.000985	.001128	.001283
	5	.000015	.000017	.000018	.000022	.000026	.000031
N = 19	-3	.999915	.999921	.999927	.999937	.999945	.999952
	-2	.997172	.997334	.997486	.997757	.997994	.998201
	-1	.962050	.963644	.965150	.967927	.970425	.972679
	0	.783200	.789037	.794654	.805277	.815160	.824378
	1	.417309	.425305	.433141	.448366	.463034	.477187
	2	.114974	.119071	.123164	.131342	.139509	.147669
	3	.014186	.014972	.015773	.017420	.019127	.020894
	4	.000727	.000784	.000842	.000967	.001101	.001245
	5	.000015	.000016	.000018	.000022	.000026	.000030
N = 20	-3	.999915	.999921	.999927	.999936	.999944	.999951
	-2	.997185	.997340	.997484	.997745	.997973	.998173
	-1	.962151	.963668	.965105	.967764	.970167	.972344
	0	.783445	.789001	.794358	.804513	.813991	.822857
	1	.417480	.425085	.432548	.447064	.461072	.474609
	2	.114979	.118871	.122760	.130528	.138288	.146041
	3	.014172	.014917	.015675	.017232	.018844	.020510
	4	.000725	.000779	.000834	.000951	.001076	.001211
	5	.000015	.000016	.000018	.000021	.000025	.000029

T = 1.0

	L / D	0	1	2	4	6	8
N = 2	-4	.999997	.999998	.999999	.999999	.999999	.999999
	-3	.999847	.999896	.999929	.999966	.999984	.999992
	-2	.996137	.997268	.998058	.999006	.999482	.999726

DOUBLY NONCENTRAL t

T = 1.0 (CONT.)

N	L\D	0	1	2	4	6	8
	-1	.957944	.968647	.976502	.986602	.992222	.995412
	0	.788675	.831290	.864695	.911932	.941918	.961287
	1	.455746	.529255	.592210	.692975	.768185	.824696
	2	.156050	.212812	.267315	.369061	.460661	.542011
	3	.028898	.049165	.071573	.121700	.177125	.235864
	4	.002790	.006235	.010729	.023038	.039932	.061405
	5	.000139	.000424	.000872	.002399	.005013	.009008
N = 3	-4	.999998	.999999	.999999	.999999	.999999	.999999
	-3	.999892	.999923	.999944	.999971	.999984	.999991
	-2	.996995	.997752	.998309	.999030	.999433	.999663
	-1	.964023	.971622	.977503	.985666	.990718	.993905
	0	.804499	.835761	.861509	.900583	.927877	.947235
	1	.469227	.522842	.570567	.651330	.716295	.768866
	2	.157349	.196383	.234579	.308150	.377530	.442345
	3	.027000	.039284	.052734	.082806	.116535	.153227
	4	.002243	.003943	.006061	.011657	.019202	.028815
	5	.000088	.000193	.000344	.000824	.001606	.002778
N = 4	-3	.999914	.999936	.999952	.999972	.999984	.999991
	-2	.997427	.997993	.998427	.999020	.999380	.999601
	-1	.967227	.973125	.977865	.984808	.989429	.992557
	0	.813050	.837787	.858835	.892277	.917103	.935774
	1	.476442	.518659	.557109	.624349	.680839	.728548
	2	.157874	.187527	.216787	.273952	.329040	.381773
	3	.025991	.034663	.044050	.064844	.088099	.113520
	4	.001993	.003060	.004344	.007614	.011898	.017277
	5	.000069	.000125	.000201	.000425	.000771	.001273
N = 5	-3	.999927	.999943	.999956	.999973	.999983	.999989
	-2	.997684	.998135	.998492	.999001	.999329	.999544
	-1	.969193	.974016	.978004	.984080	.988343	.991380
	0	.818391	.838877	.856714	.885989	.908661	.926417
	1	.480926	.515749	.547952	.605505	.655255	.698459
	2	.158136	.182014	.205678	.252261	.297682	.341753
	3	.025367	.032024	.039161	.054814	.072195	.091160
	4	.001850	.002611	.003501	.005701	.008506	.011967
	5	.000059	.000095	.000141	.000272	.000464	.000733
N = 6	-3	.999935	.999948	.999959	.999973	.999983	.999988
	-2	.997853	.998228	.998531	.998981	.999284	.999491
	-1	.970519	.974601	.978050	.983469	.987426	.990356
	0	.822041	.839532	.855026	.881076	.901894	.918690
	1	.483980	.513616	.541323	.591614	.635975	.675262
	2	.158285	.178259	.198104	.237344	.275875	.313570
	3	.024944	.030329	.036057	.048507	.062226	.077135
	4	.001759	.002343	.003013	.004629	.006641	.009083
	5	.000054	.000079	.000111	.000197	.000319	.000486
N = 7	-3	.999940	.999951	.999960	.999973	.999982	.999988
	-2	.997972	.998293	.998558	.998961	.999243	.999443
	-1	.971472	.975012	.978055	.982953	.986645	.989462
	0	.824692	.839956	.853660	.877136	.896357	.912225
	1	.486192	.511989	.536303	.580955	.620941	.656876
	2	.158378	.175539	.192617	.226481	.259885	.292740
	3	.024638	.029152	.033922	.044211	.055466	.067641
	4	.001696	.002167	.002700	.003958	.005494	.007329
	5	.000050	.000069	.000093	.000155	.000241	.000353

$T = 1.0$ (CONT.)

	L D	0	1	2	4	6	8
N = 8	-3	.999944	.999954	.999962	.999973	.999981	.999987
	-2	.998061	.998341	.998576	.998943	.999207	.999400
	-1	.972190	.975316	.978040	.982513	.985973	.988678
	0	.826703	.840247	.852536	.873907	.891746	.906744
	1	.487869	.510707	.532371	.572519	.608896	.641961
	2	.158440	.173480	.188463	.218230	.247683	.276758
	3	.024407	.028288	.032368	.041111	.050613	.060843
	4	.001650	.002043	.002482	.003503	.004729	.006173
	5	.000047	.000063	.000082	.000129	.000192	.000275
N = 9	-3	.999947	.999955	.999963	.999973	.999981	.999986
	-2	.998129	.998378	.998589	.998926	.999175	.999361
	-1	.972750	.975549	.978017	.982135	.985390	.987985
	0	.828282	.840455	.851597	.871214	.887848	.902045
	1	.489183	.509672	.529208	.565677	.599033	.629628
	2	.158484	.171867	.185210	.211755	.238077	.264128
	3	.024226	.027628	.031188	.038776	.046974	.055762
	4	.001614	.001951	.002324	.003178	.004188	.005366
	5	.000045	.000058	.000073	.000111	.000161	.000224
N = 10	-3	.999949	.999957	.999963	.999973	.999980	.999985
	-2	.998184	.998407	.998599	.998911	.999146	.999326
	-1	.973198	.975732	.977989	.981807	.984879	.987370
	0	.829553	.840609	.850802	.868932	.884510	.897972
	1	.490240	.508819	.526608	.560016	.590808	.619263
	2	.158515	.170570	.182595	.206542	.230324	.253908
	3	.024081	.027108	.030264	.036958	.044153	.051835
	4	.001586	.001881	.002203	.002935	.003789	.004775
	5	.000043	.000055	.000067	.000099	.000139	.000189
N = 11	-3	.999951	.999958	.999964	.999973	.999979	.999984
	-2	.998228	.998430	.998607	.998897	.999120	.999294
	-1	.973566	.975881	.977960	.981520	.984428	.986821
	0	.830600	.840726	.850120	.866975	.881620	.894410
	1	.491109	.508104	.524433	.555254	.583845	.610431
	2	.158539	.169504	.180447	.202255	.223940	.245474
	3	.023962	.026687	.029520	.035504	.041905	.048716
	4	.001563	.001825	.002109	.002747	.003484	.004326
	5	.000042	.000052	.000063	.000089	.000123	.000163
N = 12	-3	.999953	.999959	.999964	.999973	.999979	.999984
	-2	.998264	.998450	.998613	.998884	.999097	.999265
	-1	.973872	.976004	.977932	.981267	.984027	.986327
	0	.831475	.840817	.849529	.865278	.879094	.891270
	1	.491836	.507495	.522587	.551193	.577875	.602817
	2	.158557	.168613	.178652	.198670	.218592	.238399
	3	.023862	.026340	.028909	.034315	.040076	.046184
	4	.001545	.001779	.002033	.002597	.003243	.003976
	5	.000041	.000050	.000059	.000082	.000110	.000145
N = 13	-3	.999954	.999960	.999965	.999973	.999979	.999983
	-2	.998295	.998466	.998618	.998873	.999075	.999238
	-1	.974132	.976106	.977909	.981041	.983668	.985882
	0	.832219	.840889	.849012	.863793	.876866	.888480
	1	.492454	.506972	.521000	.547688	.572700	.596185
	2	.158571	.167857	.177129	.195627	.214050	.232381
	3	.023777	.026049	.028398	.033327	.038560	.044091
	4	.001529	.001742	.001970	.002476	.003050	.003696
	5	.000040	.000048	.000057	.000077	.000101	.000130

T = 1.0 (CONT.)

	L D	0	1	2	4	6	8
N = 14	-3	.999955	.999960	.999965	.999972	.999978	.999983
	-2	.998321	.998480	.998622	.998862	.999056	.999213
	-1	.974354	.976194	.977878	.980840	.983346	.985478
	0	.832859	.840948	.848557	.862481	.874888	.885985
	1	.492984	.506517	.519622	.544634	.568170	.590358
	2	.158582	.167208	.175822	.193013	.210144	.227202
	3	.023705	.025802	.027965	.032493	.037283	.042332
	4	.001516	.001710	.001918	.002376	.002891	.003467
	5	.000040	.000047	.000054	.000072	.000093	.000119
N = 15	-3	.999956	.999961	.999965	.999972	.999978	.999982
	-2	.998344	.998492	.998625	.998853	.999038	.999191
	-1	.974547	.976269	.977853	.980659	.983054	.985109
	0	.833415	.840996	.848152	.861314	.873118	.883742
	1	.493445	.506118	.518414	.541947	.564172	.585197
	2	.158591	.166644	.174687	.190743	.206750	.222698
	3	.023642	.025589	.027594	.031779	.036194	.040836
	4	.001504	.001683	.001874	.002291	.002758	.003277
	5	.000039	.000045	.000052	.000068	.000087	.000110
N = 16	-3	.999957	.999961	.999965	.999972	.999977	.999982
	-2	.998363	.998502	.998628	.998844	.999022	.999170
	-1	.974716	.976334	.977829	.980495	.982789	.984773
	0	.833903	.841035	.847790	.860270	.871527	.881713
	1	.493849	.505764	.517346	.539566	.560618	.580594
	2	.158599	.166149	.173692	.188753	.203774	.218747
	3	.023587	.025403	.027271	.031161	.035255	.039549
	4	.001494	.001660	.001836	.002220	.002646	.003118
	5	.000039	.000044	.000051	.000065	.000082	.000102
N = 17	-3	.999958	.999962	.999966	.999972	.999977	.999981
	-2	.998381	.998512	.998630	.998836	.999007	.999150
	-1	.974865	.976391	.977807	.980346	.982547	.984463
	0	.834334	.841069	.847465	.859329	.870087	.879870
	1	.494206	.505450	.516395	.537441	.557437	.576463
	2	.158605	.165713	.172814	.186996	.201144	.215252
	3	.023538	.025241	.026989	.030622	.034436	.038429
	4	.001485	.001640	.001804	.002158	.002550	.002981
	5	.000038	.000044	.000049	.000062	.000078	.000096
N = 18	-3	.999958	.999962	.999966	.999972	.999977	.999981
	-2	.998396	.998520	.998632	.998829	.998994	.999132
	-1	.974998	.976442	.977787	.980210	.982325	.984178
	0	.834718	.841097	.847170	.858478	.868779	.878188
	1	.494524	.505167	.515543	.535533	.554574	.572736
	2	.158610	.165324	.172032	.185431	.198803	.212140
	3	.023494	.025097	.026740	.030148	.033717	.037447
	4	.001478	.001622	.001775	.002104	.002467	.002864
	5	.000038	.000043	.000048	.000060	.000074	.000090
N = 19	-3	.999959	.999963	.999966	.999972	.999976	.999980
	-2	.998410	.998527	.998634	.998822	.998981	.999115
	-1	.975116	.976487	.977768	.980086	.982121	.983915
	0	.835062	.841121	.846903	.857704	.867585	.876648
	1	.494809	.504913	.514775	.533809	.551983	.569356
	2	.158615	.164976	.171332	.184030	.196705	.209351
	3	.023456	.024968	.026518	.029727	.033081	.036579
	4	.001471	.001607	.001750	.002057	.002394	.002762
	5	.000037	.000042	.000047	.000058	.000071	.000086

T = 1.0 (CONT.)

	L\D	0	1	2	4	6	8
N = 20	-3	.999959	.999963	.999966	.999972	.999976	.999980
	-2	.998422	.998533	.998635	.998816	.998969	.999100
	-1	.975223	.976527	.977749	.979972	.981933	.983671
	0	.835372	.841142	.846659	.856997	.866491	.875230
	1	.495066	.504683	.514079	.532246	.549627	.566276
	2	.158619	.164662	.170702	.182769	.194815	.206837
	3	.023421	.024853	.026320	.029351	.032514	.035807
	4	.001464	.001593	.001727	.002015	.002330	.002672
	5	.000037	.000041	.000046	.000056	.000068	.000082

T = 1.2

	L\D	0	1	2	4	6	8
N = 2	-4	.999998	.999999	.999999	.999999	.999999	.999999
	-3	.999885	.999924	.999949	.999977	.999990	.999995
	-2	.997038	.997968	.998602	.999331	.999676	.999841
	-1	.966557	.975949	.982632	.990836	.995094	.997338
	0	.823498	.864504	.895587	.937369	.961998	.976721
	1	.517229	.597950	.664789	.766412	.836900	.886005
	2	.205222	.280190	.350028	.474334	.578965	.665621
	3	.047393	.081737	.118841	.198598	.281830	.364751
	4	.006181	.014247	.024631	.052248	.088411	.132005
	5	.000452	.001452	.003020	.008267	.016936	.029613
N = 3	-3	.999927	.999949	.999964	.999983	.999991	.999996
	-2	.997859	.998453	.998878	.999402	.999677	.999823
	-1	.972870	.979374	.984251	.990708	.994439	.996629
	0	.841869	.871877	.895843	.930558	.953245	.968266
	1	.535678	.595519	.647347	.731447	.795187	.843685
	2	.208175	.261129	.311904	.406509	.491542	.567021
	3	.044099	.065447	.088600	.139319	.194344	.251939
	4	.004830	.008847	.013877	.027102	.044637	.066431
	5	.000268	.000628	.001158	.002860	.005640	.009760
N = 4	-3	.999945	.999961	.999971	.999985	.999992	.999995
	-2	.998260	.998690	.999010	.999427	.999664	.999800
	-1	.976152	.981120	.984995	.990418	.993802	.995945
	0	.851824	.875550	.895185	.925107	.946048	.960872
	1	.545694	.593291	.635668	.707232	.764463	.810391
	2	.209454	.250268	.289953	.365615	.435955	.500719
	3	.042254	.057472	.073889	.109882	.149353	.191447
	4	.004196	.006704	.009753	.017573	.027807	.040537
	5	.000199	.000385	.000643	.001428	.002665	.004469
N = 5	-3	.999956	.999967	.999975	.999986	.999992	.999995
	-2	.998493	.998828	.999085	.999436	.999647	.999777
	-1	.978147	.982166	.985395	.990112	.993230	.995318
	0	.858054	.877699	.894381	.920752	.940133	.954519
	1	.551974	.591506	.627365	.689575	.741152	.784044
	2	.210132	.243289	.275784	.338559	.398080	.454089
	3	.041082	.052814	.065386	.092830	.122955	.155300
	4	.003834	.005605	.007707	.012964	.019714	.028040
	5	.000165	.000280	.000434	.000879	.001554	.002515

T = 1.2 (CONT.)

	L D	0	1	2	4	6	8
N = 6	-3	.999962	.999971	.999978	.999987	.999992	.999995
	-2	.998644	.998917	.999132	.999437	.999630	.999754
	-1	.979482	.982857	.985634	.989826	.992724	.994752
	0	.862316	.879089	.893614	.917222	.935221	.949064
	1	.556277	.590089	.621174	.676163	.722947	.762859
	2	.210539	.238439	.265915	.319437	.370824	.419862
	3	.040275	.049782	.059908	.081886	.105947	.131820
	4	.003601	.004950	.006520	.010361	.015201	.021101
	5	.000145	.000225	.000329	.000617	.001037	.001622
N = 7	-3	.999966	.999974	.999979	.999987	.999992	.999995
	-2	.998749	.998979	.999164	.999435	.999614	.999733
	-1	.980437	.983346	.985785	.989569	.992279	.994243
	0	.865414	.880053	.892927	.914313	.931092	.944357
	1	.559409	.588951	.616388	.665642	.708371	.745531
	2	.210804	.234877	.258660	.305247	.350356	.393818
	3	.039685	.047660	.056107	.074338	.094217	.115573
	4	.003439	.004520	.005758	.008730	.012410	.016843
	5	.000132	.000192	.000267	.000471	.000758	.001149
N = 8	-3	.999969	.999975	.999980	.999987	.999992	.999994
	-2	.998826	.999025	.999188	.999432	.999599	.999714
	-1	.981152	.983709	.985886	.989340	.991887	.993785
	0	.867766	.880757	.892324	.911879	.927578	.940268
	1	.561791	.588022	.612578	.657173	.696453	.731129
	2	.210989	.232152	.253109	.294319	.334462	.373406
	3	.039235	.046095	.053326	.068849	.085701	.103769
	4	.003320	.004218	.005232	.007629	.010550	.014029
	5	.000123	.000170	.000228	.000381	.000591	.000870
N = 9	-3	.999972	.999977	.999981	.999987	.999991	.999994
	-2	.998885	.999060	.999205	.999428	.999584	.999696
	-1	.981708	.983989	.985957	.989136	.991540	.993373
	0	.869613	.881292	.891796	.909814	.924556	.936690
	1	.563663	.587251	.609476	.650212	.686535	.718987
	2	.211123	.230002	.248727	.285654	.321785	.357014
	3	.038882	.044895	.051207	.064693	.079270	.094860
	4	.003229	.003994	.004849	.006843	.009239	.012062
	5	.000116	.000155	.000202	.000321	.000482	.000693
N = 10	-3	.999973	.999978	.999982	.999987	.999991	.999994
	-2	.998931	.999087	.999219	.999424	.999571	.999679
	-1	.982152	.984211	.986007	.988955	.991230	.993000
	0	.871102	.881710	.891333	.908042	.921930	.933537
	1	.565172	.586603	.606901	.644390	.678155	.708621
	2	.211225	.228262	.245182	.278621	.311448	.343580
	3	.038596	.043946	.049541	.061446	.074259	.087927
	4	.003157	.003823	.004560	.006258	.008273	.010626
	5	.000111	.000144	.000182	.000280	.000408	.000572
N = 11	-3	.999975	.999979	.999982	.999987	.999991	.999994
	-2	.998968	.999109	.999229	.999419	.999560	.999664
	-1	.982515	.984391	.986044	.988793	.990953	.992663
	0	.872327	.882045	.890925	.906504	.919629	.930740
	1	.566415	.586050	.604729	.639550	.670985	.699674
	2	.211303	.226825	.242255	.272801	.302866	.332383
	3	.038361	.043177	.048199	.058842	.070254	.082394
	4	.003099	.003687	.004333	.005807	.007537	.009539
	5	.000106	.000135	.000168	.000249	.000354	.000487

T = 1.2 (CONT.)

	L D	0	1	2	4	6	8
N = 12	-3	.999976	.999980	.999983	.999988	.999991	.999993
	-2	.998999	.999127	.999238	.999415	.999549	.999649
	-1	.982817	.984540	.986071	.988648	.990704	.992355
	0	.873353	.882319	.890564	.905157	.917595	.928244
	1	.567457	.585574	.602874	.635206	.664781	.691876
	2	.211366	.225620	.239800	.267908	.295631	.322913
	3	.038164	.042542	.047095	.056711	.066985	.077886
	4	.003051	.003577	.004152	.005450	.006959	.008692
	5	.000103	.000128	.000156	.000226	.000314	.000424
N = 13	-3	.999977	.999980	.999983	.999988	.999991	.999993
	-2	.999025	.999143	.999245	.999412	.999539	.999636
	-1	.983072	.984666	.986092	.988517	.990479	.992075
	0	.874224	.882547	.890242	.903968	.915786	.926002
	1	.568343	.585160	.601270	.631520	.659361	.685020
	2	.211417	.224593	.237710	.263737	.289450	.314804
	3	.037996	.042009	.046171	.054936	.064270	.074149
	4	.003011	.003487	.004003	.005161	.006496	.008017
	5	.000100	.000122	.000148	.000208	.000283	.000376
N = 14	-3	.999978	.999981	.999983	.999988	.999991	.999993
	-2	.999047	.999156	.999251	.999408	.999529	.999624
	-1	.983290	.984773	.986107	.988399	.990274	.991818
	0	.874974	.882740	.889954	.902911	.914167	.923980
	1	.569105	.584796	.599870	.628289	.654585	.678947
	2	.211459	.223709	.235909	.260141	.284112	.307786
	3	.037852	.041555	.045388	.053437	.061982	.071005
	4	.002977	.003411	.003879	.004923	.006117	.007469
	5	.000098	.000118	.000140	.000193	.000259	.000338
N = 15	-3	.999978	.999981	.999984	.999988	.999990	.999993
	-2	.999066	.999167	.999256	.999404	.999521	.999612
	-1	.983479	.984865	.986119	.988291	.990088	.991582
	0	.875625	.882904	.889695	.901966	.912708	.922146
	1	.569767	.584474	.598637	.625435	.650346	.673532
	2	.211494	.222939	.234343	.257008	.279456	.301654
	3	.037726	.041163	.044715	.052153	.060028	.068326
	4	.002947	.003346	.003775	.004724	.005801	.007015
	5	.000096	.000114	.000134	.000181	.000239	.000308
N = 16	-3	.999979	.999982	.999984	.999988	.999990	.999992
	-2	.999082	.999177	.999260	.999401	.999513	.999602
	-1	.983645	.984945	.986129	.988193	.989917	.991364
	0	.876197	.883047	.889461	.901114	.911388	.920475
	1	.570348	.584187	.597543	.622894	.646558	.668672
	2	.211523	.222263	.232968	.254255	.275359	.296252
	3	.037616	.040823	.044130	.051043	.058342	.066017
	4	.002922	.003291	.003685	.004555	.005535	.006634
	5	.000094	.000111	.000129	.000171	.000223	.000284
N = 17	-3	.999979	.999982	.999984	.999988	.999990	.999992
	-2	.999096	.999185	.999264	.999398	.999505	.999592
	-1	.983790	.985016	.986136	.988103	.989761	.991163
	0	.876702	.883171	.889248	.900344	.910188	.918947
	1	.570863	.583930	.596567	.620618	.643153	.664288
	2	.211549	.221665	.231750	.251818	.271728	.291457
	3	.037519	.040524	.043619	.050073	.056873	.064009
	4	.002899	.003242	.003608	.004409	.005308	.006310
	5	.000093	.000108	.000125	.000163	.000209	.000264

DOUBLY NONCENTRAL t

T = 1.2 (CONT.)

	L D	0	1	2	4	6	8
N = 18	-3	.999980	.999982	.999984	.999988	.999990	.999992
	-2	.999109	.999193	.999267	.999395	.999498	.999583
	-1	.983920	.985078	.986142	.988021	.989616	.990976
	0	.877152	.883280	.889055	.899643	.909091	.917545
	1	.571321	.583699	.595689	.618568	.640075	.660312
	2	.211571	.221131	.230666	.249644	.268487	.287174
	3	.037432	.040259	.043167	.049219	.055581	.062246
	4	.002879	.003200	.003540	.004283	.005112	.006032
	5	.000092	.000106	.000121	.000156	.000198	.000247
N = 19	-3	.999980	.999982	.999984	.999988	.999990	.999992
	-2	.999120	.999199	.999270	.999392	.999492	.999574
	-1	.984035	.985134	.986146	.987945	.989482	.990803
	0	.877556	.883376	.888877	.899004	.908086	.916253
	1	.571732	.583489	.594896	.616711	.637280	.656691
	2	.211590	.220653	.229693	.247694	.265577	.283325
	3	.037354	.040023	.042764	.048461	.054437	.060687
	4	.002862	.003162	.003481	.004173	.004942	.005790
	5	.000091	.000104	.000118	.000150	.000188	.000233
N = 20	-3	.999981	.999983	.999985	.999988	.999990	.999992
	-2	.999130	.999205	.999273	.999390	.999486	.999566
	-1	.984139	.985184	.986150	.987874	.989359	.990641
	0	.877919	.883463	.888714	.898417	.907161	.915060
	1	.572102	.583298	.594175	.615022	.634731	.653379
	2	.211607	.220221	.228815	.245935	.262951	.279848
	3	.037284	.039812	.042404	.047784	.053418	.059300
	4	.002846	.003129	.003428	.004075	.004792	.005579
	5	.000090	.000102	.000115	.000145	.000180	.000220

T = 1.4

	L D	0	1	2	4	6	8
N = 2	-3	.999912	.999942	.999962	.999984	.999993	.999997
	-2	.997671	.998440	.998952	.999524	.999782	.999899
	-1	.972983	.981121	.986766	.993438	.996709	.998332
	0	.851763	.889965	.918072	.954205	.974153	.985292
	1	.573542	.657284	.724356	.821386	.884106	.924760
	2	.258540	.349334	.431027	.569045	.677190	.760502
	3	.072573	.124057	.177824	.287542	.394322	.493455
	4	.012377	.028379	.048347	.098851	.160724	.230412
	5	.001275	.004098	.008401	.022132	.043436	.072627
N = 3	-3	.999948	.999965	.999976	.999989	.999995	.999998
	-2	.998438	.998903	.999227	.999613	.999804	.999899
	-1	.979288	.984741	.988719	.993772	.996519	.998033
	0	.871996	.899667	.921128	.950882	.969141	.980468
	1	.597241	.660015	.712831	.794875	.853349	.895124
	2	.264570	.330522	.392129	.502386	.596069	.674548
	3	.067962	.101181	.136480	.211232	.288519	.365401
	4	.009630	.017906	.028143	.054393	.087886	.127764
	5	.000739	.001786	.003323	.008186	.015908	.026965
N = 4	-3	.999964	.999975	.999982	.999991	.999995	.999998
	-2	.998799	.999123	.999357	.999651	.999808	.999893
	-1	.982505	.986580	.989670	.993820	.996260	.997713

T = 1.4 (CONT.)

	L/D	0	1	2	4	6	8
	0	.882950	.904696	.922206	.947817	.964729	.976008
	1	.610304	.660618	.704303	.775324	.829177	.870097
	2	.267423	.319096	.368328	.459244	.540045	.611030
	3	.065199	.089313	.114995	.170031	.228364	.288287
	4	.008285	.013511	.019848	.035921	.056511	.081447
	5	.000534	.001070	.001823	.004123	.007718	.012881
N = 5	-3	.999972	.999980	.999985	.999992	.999996	.999998
	-2	.999003	.999248	.999431	.999670	.999807	.999886
	-1	.984433	.987677	.990214	.993775	.995998	.997403
	0	.889798	.907734	.922584	.945186	.960934	.972006
	1	.618576	.660596	.697883	.760449	.809961	.849216
	2	.269042	.311471	.352377	.429371	.499728	.563411
	3	.063379	.082158	.102114	.144990	.190903	.238828
	4	.007500	.011202	.015602	.026575	.040514	.057427
	5	.000431	.000761	.001205	.002513	.004502	.007324
N = 6	-3	.999977	.999983	.999987	.999993	.999996	.999998
	-2	.999132	.999328	.999477	.999681	.999803	.999877
	-1	.985710	.988402	.990560	.993696	.995751	.997112
	0	.894479	.909753	.922674	.942952	.957676	.968451
	1	.624284	.660375	.692914	.748797	.794423	.831738
	2	.270069	.306038	.340983	.407588	.469586	.526843
	3	.062096	.077409	.093626	.128429	.165833	.205191
	4	.006989	.009808	.013102	.021173	.031299	.043530
	5	.000370	.000597	.000893	.001733	.002974	.004705
N = 7	-3	.999981	.999985	.999989	.999993	.999996	.999998
	-2	.999221	.999382	.999509	.999687	.999798	.999869
	-1	.986615	.988914	.990795	.993609	.995525	.996843
	0	.897879	.911185	.922635	.941050	.954863	.965298
	1	.628461	.660096	.688968	.739441	.781645	.816989
	2	.270772	.301978	.332454	.391054	.446313	.498078
	3	.061143	.074041	.087649	.116777	.148095	.181174
	4	.006632	.008887	.011483	.017743	.025494	.034789
	5	.000331	.000500	.000713	.001300	.002144	.003300
N = 8	-3	.999983	.999987	.999990	.999994	.999996	.999998
	-2	.999285	.999422	.999532	.999691	.999793	.999861
	-1	.987288	.989294	.990963	.993520	.995319	.996596
	0	.900460	.912251	.922540	.939419	.952419	.962495
	1	.631650	.659812	.685764	.731773	.770974	.804421
	2	.271281	.298830	.325839	.378103	.427858	.474958
	3	.060409	.071534	.083229	.108185	.134984	.163333
	4	.006368	.008237	.010361	.015411	.021583	.028924
	5	.000304	.000435	.000599	.001035	.001646	.002469
N = 9	-3	.999985	.999988	.999990	.999994	.999996	.999997
	-2	.999333	.999452	.999549	.999693	.999788	.999853
	-1	.987808	.989587	.991088	.993436	.995133	.996369
	0	.902486	.913073	.922420	.938008	.950280	.959995
	1	.634164	.659543	.683113	.725378	.761939	.793608
	2	.271665	.296321	.320563	.367699	.412895	.456021
	3	.059827	.069598	.079836	.101614	.124953	.149645
	4	.006167	.007756	.009544	.013740	.018807	.024784
	5	.000284	.000391	.000521	.000860	.001325	.001940
N = 10	-3	.999986	.999989	.999991	.999994	.999996	.999997
	-2	.999370	.999476	.999563	.999694	.999784	.999846
	-1	.988222	.989820	.991184	.993357	.994963	.996161

T = 1.4 (CONT.)

	L/D	0	1	2	4	6	8
	0	.904117	.913726	.922291	.936778	.948394	.957756
	1	.636197	.659295	.680885	.719965	.754198	.784221
	2	.271964	.294274	.316259	.359165	.400534	.440256
	3	.059353	.068059	.077154	.096440	.117059	.138859
	4	.006007	.007387	.008924	.012493	.016754	.021742
	5	.000269	.000358	.000465	.000738	.001105	.001583
N = 11	-3	.999987	.999989	.999991	.999994	.999996	.999997
	-2	.999400	.999495	.999573	.999694	.999779	.999839
	-1	.988559	.990008	.991260	.993283	.994809	.995969
	0	.905460	.914256	.922163	.935696	.946720	.955742
	1	.637875	.659069	.678987	.715326	.747495	.776003
	2	.272202	.292574	.312682	.352043	.390163	.426946
	3	.058961	.066808	.074983	.092268	.110702	.130171
	4	.005878	.007094	.008439	.011531	.015186	.019432
	5	.000257	.000333	.000423	.000649	.000948	.001331
N = 12	-3	.999988	.999990	.999992	.999994	.999996	.999997
	-2	.999425	.999510	.999582	.999694	.999775	.999833
	-1	.988838	.990165	.991321	.993215	.994669	.995793
	0	.906583	.914695	.922038	.934739	.945226	.953922
	1	.639284	.658865	.677351	.711306	.741636	.768755
	2	.272397	.291138	.309664	.346012	.381341	.415568
	3	.058631	.065771	.073192	.088838	.105483	.123039
	4	.005771	.006858	.008051	.010770	.013955	.017629
	5	.000247	.000313	.000391	.000582	.000831	.001145
N = 13	-3	.999988	.999990	.999992	.999994	.999996	.999997
	-2	.999445	.999523	.999589	.999694	.999771	.999827
	-1	.989073	.990296	.991371	.993152	.994541	.995630
	0	.907538	.915064	.921920	.933885	.943884	.952271
	1	.640483	.658679	.675926	.707791	.736473	.762316
	2	.272559	.289911	.307083	.340842	.373751	.405739
	3	.058349	.064897	.071689	.085971	.101128	.117091
	4	.005681	.006663	.007733	.010155	.012967	.016190
	5	.000239	.000298	.000365	.000530	.000741	.001005
N = 14	-3	.999989	.999991	.999992	.999994	.999996	.999997
	-2	.999463	.999534	.999596	.999694	.999767	.999821
	-1	.989274	.990408	.991413	.993094	.994423	.995480
	0	.908359	.915378	.921808	.933120	.942672	.950767
	1	.641516	.658511	.674675	.704690	.731890	.756561
	2	.272695	.288849	.304851	.336361	.367153	.397166
	3	.058106	.064152	.070410	.083540	.097443	.112063
	4	.005605	.006499	.007469	.009647	.012159	.015019
	5	.000232	.000285	.000344	.000489	.000671	.000896
N = 15	-3	.999989	.999991	.999992	.999994	.999996	.999997
	-2	.999477	.999543	.999601	.999693	.999763	.999816
	-1	.989447	.990505	.991448	.993040	.994315	.995340
	0	.909072	.915649	.921704	.932430	.941573	.949392
	1	.642416	.658358	.673567	.701935	.727795	.751388
	2	.272812	.287922	.302903	.332441	.361367	.389627
	3	.057894	.063508	.069310	.081456	.094287	.107761
	4	.005539	.006359	.007245	.009223	.011487	.014050
	5	.000227	.000274	.000327	.000455	.000615	.000810
N = 16	-3	.999990	.999991	.999992	.999994	.999996	.999997
	-2	.999490	.999552	.999605	.999693	.999760	.999811
	-1	.989598	.990589	.991478	.992991	.994215	.995210

T = 1.4 (CONT.)

	L D	0	1	2	4	6	8
	0	.909698	.915885	.921606	.931806	.940572	.948129
	1	.643206	.658219	.672579	.699471	.724114	.746714
	2	.272912	.287106	.301187	.328984	.356253	.382947
	3	.057707	.062947	.068354	.079648	.091556	.104042
	4	.005482	.006240	.007054	.008863	.010920	.013238
	5	.000222	.000265	.000313	.000428	.000569	.000740
N = 17	-3	.999990	.999991	.999993	.999994	.999996	.999997
	-2	.999501	.999559	.999609	.999692	.999756	.999807
	-1	.989731	.990663	.991503	.992944	.994123	.995090
	0	.910251	.916092	.921514	.931237	.939657	.946967
	1	.643906	.658091	.671693	.697254	.720788	.742471
	2	.273000	.286381	.299664	.325912	.351701	.376990
	3	.057542	.062454	.067515	.078067	.089171	.100797
	4	.005432	.006135	.006889	.008554	.010437	.012548
	5	.000218	.000257	.000301	.000404	.000530	.000682
N = 18	-3	.999990	.999992	.999993	.999995	.999996	.999997
	-2	.999511	.999565	.999612	.999692	.999753	.999802
	-1	.989849	.990729	.991525	.992902	.994037	.994977
	0	.910743	.916275	.921429	.930718	.938816	.945894
	1	.644530	.657975	.670894	.695250	.717769	.738602
	2	.273077	.285733	.298304	.323165	.347624	.371644
	3	.057394	.062017	.066773	.076673	.087071	.097942
	4	.005388	.006044	.006745	.008286	.010020	.011955
	5	.000214	.000250	.000291	.000385	.000498	.000634
N = 19	-3	.999991	.999992	.999993	.999995	.999996	.999997
	-2	.999520	.999570	.999616	.999691	.999751	.999798
	-1	.989954	.990787	.991545	.992862	.993957	.994872
	0	.911185	.916438	.921349	.930241	.938041	.944900
	1	.645089	.657867	.670170	.693429	.715015	.735060
	2	.273146	.285151	.297081	.320695	.343952	.366822
	3	.057262	.061627	.066112	.075434	.085209	.095414
	4	.005348	.005963	.006618	.008052	.009657	.011441
	5	.000211	.000244	.000282	.000368	.000471	.000593
N = 20	-3	.999991	.999992	.999993	.999995	.999996	.999997
	-2	.999527	.999575	.999618	.999690	.999748	.999794
	-1	.990049	.990840	.991562	.992825	.993883	.994773
	0	.911582	.916585	.921274	.929802	.937326	.943977
	1	.645594	.657768	.669510	.691766	.712493	.731806
	2	.273206	.284625	.295977	.318460	.340627	.362451
	3	.057142	.061276	.065520	.074327	.083546	.093159
	4	.005312	.005891	.006506	.007846	.009339	.010992
	5	.000208	.000239	.000274	.000353	.000447	.000559

T = 1.6

	L D	0	1	2	4	6	8
N = 2	-3	.999930	.999955	.999971	.999988	.999995	.999998
	-2	.998130	.998769	.999188	.999645	.999844	.999931
	-1	.977844	.984869	.989642	.995112	.997673	.998883
	0	.874634	.909547	.934579	.965550	.981715	.990228
	1	.623880	.707380	.772215	.861812	.916096	.949042
	2	.313527	.416452	.505816	.649129	.753768	.828916

DOUBLY NONCENTRAL t

T = 1.6 (CONT.)

	L\D	0	1	2	4	6	8
	3	.104176	.174022	.244153	.379335	.501507	.606977
	4	.022429	.049976	.082930	.161360	.250401	.343503
	5	.003116	.009680	.019250	.047892	.089007	.141242
N = 3	-3	.999962	.999975	.999983	.999993	.999997	.999998
	-2	.998835	.999200	.999450	.999737	.999873	.999939
	-1	.983980	.988507	.991732	.995686	.997726	.998790
	0	.896048	.920899	.939662	.964658	.979139	.987606
	1	.652637	.715526	.766938	.843451	.894802	.929313
	2	.324080	.400753	.470321	.589513	.684917	.760160
	3	.098921	.145923	.194509	.293149	.389492	.479953
	4	.017706	.032752	.050915	.095702	.149913	.211054
	5	.001828	.004421	.008155	.019558	.036821	.060326
N = 4	-3	.999976	.999983	.999988	.999994	.999997	.999999
	-2	.999154	.999398	.999570	.999779	.999885	.999940
	-1	.987037	.990328	.992762	.995914	.997669	.998658
	0	.907575	.926889	.942037	.963349	.976664	.985055
	1	.668696	.719304	.762115	.829062	.877144	.911715
	2	.329434	.390478	.447261	.548360	.633797	.705093
	3	.095478	.130400	.166860	.242547	.319307	.394622
	4	.015257	.024996	.036641	.065446	.101032	.142468
	5	.001309	.002665	.004556	.010236	.018873	.030882
N = 5	-3	.999982	.999988	.999991	.999995	.999998	.999999
	-2	.999329	.999507	.999637	.999801	.999890	.999938
	-1	.988836	.991404	.993362	.996011	.997580	.998519
	0	.914752	.930558	.943322	.962044	.974427	.982681
	1	.678957	.721358	.758110	.817650	.862520	.896368
	2	.332630	.383308	.431191	.518566	.595050	.661284
	3	.093099	.120686	.149569	.210119	.272738	.335725
	4	.013784	.020767	.029002	.049215	.074256	.103781
	5	.001043	.001880	.003010	.006314	.011269	.018163
N = 6	-3	.999986	.999990	.999993	.999996	.999998	.999999
	-2	.999437	.999575	.999678	.999814	.999892	.999936
	-1	.990011	.992108	.993749	.996049	.997481	.998381
	0	.919642	.933026	.944085	.960846	.972437	.980508
	1	.686083	.722595	.754822	.808433	.850314	.883058
	2	.334738	.378044	.419394	.496131	.564951	.626111
	3	.091369	.114080	.137855	.187898	.240190	.293569
	4	.012808	.018160	.024386	.039495	.058126	.080160
	5	.000886	.001461	.002215	.004356	.007504	.011847
N = 7	-3	.999989	.999992	.999994	.999996	.999998	.999999
	-2	.999509	.999621	.999707	.999823	.999892	.999934
	-1	.990834	.992603	.994016	.996059	.997383	.998250
	0	.923184	.934794	.944565	.959774	.970673	.978534
	1	.691322	.723394	.752104	.800857	.840017	.871496
	2	.336227	.374024	.410386	.478686	.541027	.597483
	3	.090058	.109315	.129445	.171866	.216435	.262338
	4	.012117	.016413	.021349	.033184	.047663	.064759
	5	.000784	.001208	.001751	.003251	.005410	.008351
N = 8	-3	.999990	.999993	.999994	.999997	.999998	.999999
	-2	.999560	.999654	.999727	.999829	.999892	.999931
	-1	.991441	.992969	.994212	.996053	.997289	.998126
	0	.925867	.936120	.944883	.958822	.969108	.976743
	1	.695337	.723939	.749832	.794530	.831239	.861407
	2	.337332	.370858	.403291	.464765	.521620	.573846

T = 1.6 (CONT.)

	L D	0	1	2	4	6	8
	3	.089033	.105723	.123139	.159826	.198472	.238491
	4	.011604	.015170	.019223	.028827	.040471	.054166
	5	.000712	.001042	.001455	.002569	.004138	.006247
N = 9	-3	.999992	.999993	.999995	.999997	.999998	.999999
	-2	.999598	.999678	.999742	.999833	.999891	.999928
	-1	.991906	.993250	.994359	.996040	.997201	.998010
	0	.927969	.937150	.945099	.957976	.967714	.975118
	1	.698513	.724326	.747910	.789173	.823679	.852554
	2	.338183	.368301	.397563	.453413	.505597	.554065
	3	.088209	.102923	.118246	.150489	.184487	.219806
	4	.011208	.014244	.017661	.025673	.035297	.046557
	5	.000660	.000927	.001254	.002118	.003311	.004892
N = 10	-3	.999992	.999994	.999995	.999997	.999998	.999999
	-2	.999628	.999697	.999754	.999836	.999890	.999925
	-1	.992274	.993472	.994475	.996022	.997119	.997902
	0	.929659	.937974	.945249	.957222	.966467	.973640
	1	.701087	.724610	.746266	.784581	.817109	.844739
	2	.338857	.366195	.392844	.443990	.492164	.537304
	3	.087534	.100682	.114346	.143057	.173330	.204839
	4	.010894	.013530	.016471	.023302	.031433	.040894
	5	.000620	.000842	.001110	.001803	.002743	.003973
N = 11	-3	.999993	.999995	.999996	.999997	.999998	.999999
	-2	.999651	.999713	.999763	.999838	.999888	.999923
	-1	.992571	.993652	.994567	.996002	.997043	.997801
	0	.931048	.938646	.945356	.956548	.965347	.972293
	1	.703216	.724823	.744844	.780604	.811349	.837799
	2	.339405	.364430	.388892	.436048	.480754	.522945
	3	.086970	.098848	.111169	.137014	.164249	.192622
	4	.010638	.012963	.015538	.021465	.028460	.036552
	5	.000589	.000777	.001002	.001574	.002336	.003321
N = 12	-3	.999994	.999995	.999996	.999997	.999998	.999999
	-2	.999670	.999725	.999771	.999840	.999887	.999920
	-1	.992816	.993801	.994642	.995982	.996972	.997707
	0	.932210	.939205	.945433	.955943	.964335	.971061
	1	.705006	.724988	.743604	.777126	.806263	.831602
	2	.339858	.362930	.385534	.429266	.470950	.510519
	3	.086492	.097320	.108533	.132011	.156727	.182486
	4	.010426	.012503	.014788	.020005	.026113	.033140
	5	.000563	.000727	.000919	.001402	.002034	.002842
N = 13	-3	.999994	.999995	.999996	.999997	.999998	.999999
	-2	.999685	.999735	.999777	.999841	.999886	.999918
	-1	.993022	.993925	.994705	.995962	.996906	.997620
	0	.933195	.939676	.945489	.955398	.963418	.969933
	1	.706533	.725117	.742514	.774060	.801740	.826038
	2	.340239	.361640	.382646	.423411	.462440	.499670
	3	.086083	.096029	.106311	.127805	.150406	.173958
	4	.010248	.012122	.014173	.018820	.024222	.030402
	5	.000543	.000687	.000854	.001268	.001803	.002479
N = 14	-3	.999994	.999995	.999996	.999997	.999998	.999999
	-2	.999698	.999744	.999782	.999842	.999885	.999915
	-1	.993197	.994032	.994758	.995942	.996845	.997538
	0	.934042	.940080	.945529	.954904	.962583	.968895
	1	.707850	.725220	.741548	.771338	.797692	.821018
	2	.340563	.360519	.380137	.418305	.454987	.490123

DOUBLY NONCENTRAL t

T = 1.6 (CONT.)

L\D	0	1	2	4	6	8
3	.085728	.094923	.104415	.124223	.145025	.166695
4	.010096	.011803	.013660	.017842	.022670	.028165
5	.000525	.000653	.000801	.001162	.001622	.002197

N = 15

L	0	1	2	4	6	8
-3	.999995	.999996	.999996	.999997	.999998	.999999
-2	.999709	.999751	.999787	.999843	.999883	.999913
-1	.993348	.994123	.994803	.995922	.996788	.997461
0	.934777	.940429	.945558	.954454	.961820	.967938
1	.708998	.725303	.740686	.768904	.794050	.816467
2	.340843	.359536	.377936	.413816	.448408	.481661
3	.085417	.093966	.102777	.121138	.140394	.160442
4	.009965	.011531	.013227	.017023	.021377	.026308
5	.000511	.000626	.000758	.001076	.001477	.001974

N = 16

L	0	1	2	4	6	8
-3	.999995	.999996	.999996	.999998	.999998	.999999
-2	.999719	.999757	.999791	.999843	.999882	.999911
-1	.993478	.994203	.994841	.995903	.996735	.997390
0	.935422	.940734	.945579	.954044	.961121	.967054
1	.710008	.725370	.739912	.766717	.790756	.812325
2	.341086	.358666	.375991	.409837	.442561	.474112
3	.085142	.093129	.101350	.118454	.136369	.155008
4	.009851	.011296	.012855	.016327	.020285	.024747
5	.000498	.000603	.000721	.001005	.001359	.001794

N = 17

L	0	1	2	4	6	8
-3	.999995	.999996	.999997	.999998	.999998	.999999
-2	.999727	.999763	.999794	.999844	.999881	.999909
-1	.993593	.994273	.994875	.995886	.996686	.997322
0	.935992	.941002	.945594	.953668	.960477	.966234
1	.710903	.725427	.739215	.764739	.787763	.808539
2	.341300	.357892	.374260	.406288	.437329	.467338
3	.084898	.092391	.100095	.116099	.132840	.150245
4	.009751	.011092	.012534	.015729	.019352	.023418
5	.000487	.000583	.000690	.000946	.001262	.001645

N = 18

L	0	1	2	4	6	8
-3	.999995	.999996	.999997	.999998	.999998	.999999
-2	.999734	.999768	.999797	.999844	.999880	.999907
-1	.993695	.994335	.994905	.995869	.996640	.997259
0	.936498	.941241	.945604	.953322	.959882	.965473
1	.711701	.725473	.738582	.762943	.785031	.805066
2	.341489	.357199	.372709	.403103	.432623	.461227
3	.084680	.091736	.098983	.114017	.129723	.146039
4	.009662	.010913	.012254	.015211	.018547	.022276
5	.000478	.000566	.000664	.000896	.001180	.001522

N = 19

L	0	1	2	4	6	8
-3	.999996	.999996	.999997	.999998	.999998	.999999
-2	.999740	.999772	.999799	.999844	.999879	.999905
-1	.993785	.994390	.994931	.995853	.996597	.997200
0	.936952	.941453	.945610	.953003	.959332	.964763
1	.712418	.725513	.738006	.761305	.782529	.801870
2	.341658	.356559	.371311	.400229	.428366	.455688
3	.084483	.091151	.097991	.112164	.126951	.142300
4	.009582	.010755	.012007	.014757	.017846	.021284
5	.000469	.000551	.000641	.000853	.001110	.001418

N = 20

L	0	1	2	4	6	8
-3	.999996	.999996	.999997	.999998	.999998	.999999
-2	.999746	.999776	.999802	.999845	.999878	.999904
-1	.993867	.994439	.994954	.995837	.996556	.997144
0	.937361	.941645	.945613	.952708	.958821	.964101
1	.713065	.725546	.737479	.759804	.780228	.798919

T = 1.6 (CONT.)

L\D	0	1	2	4	6	8
2	.341810	.356007	.370046	.397622	.424499	.450645
3	.084306	.090625	.097101	.110503	.124470	.138956
4	.009511	.010614	.011788	.014357	.017230	.020416
5	.000462	.000537	.000621	.000816	.001050	.001329

T = 1.8

N	L\D	0	1	2	4	6	8
N = 2	-3	.999943	.999964	.999977	.999991	.999996	.999998
	-2	.998470	.999007	.999354	.999726	.999883	.999950
	-1	.981578	.987647	.991701	.996236	.998281	.999210
	0	.893167	.924729	.946866	.973383	.986581	.993196
	1	.668142	.749154	.810317	.891458	.937856	.964418
	2	.368039	.479046	.572165	.714305	.811407	.876726
	3	.141207	.228723	.313078	.466615	.595552	.699262
	4	.037113	.079271	.127385	.234711	.347297	.456497
	5	.006662	.019602	.037494	.087332	.153111	.230315
N = 3	-3	.999972	.999982	.999988	.999995	.999998	.999999
	-2	.999114	.999402	.999596	.999815	.999914	.999960
	-1	.987444	.991192	.993807	.996918	.998453	.999218
	0	.915160	.937108	.953282	.974078	.985521	.991867
	1	.701394	.762300	.810737	.879968	.923869	.951727
	2	.384270	.468651	.542944	.664736	.756557	.824778
	3	.136526	.197908	.259386	.378531	.488011	.584781
	4	.030090	.054584	.083217	.150534	.227196	.308602
	5	.004053	.009603	.017343	.039867	.071974	.113158
N = 4	-3	.999983	.999989	.999992	.999996	.999998	.999999
	-2	.999393	.999576	.999704	.999854	.999928	.999964
	-1	.990288	.992927	.994836	.997228	.998499	.999181
	0	.926881	.943666	.956514	.973951	.984300	.990488
	1	.720138	.769134	.809525	.870326	.911730	.939940
	2	.392957	.461074	.522812	.628561	.713336	.780418
	3	.133018	.179784	.227417	.322660	.414509	.500161
	4	.026201	.042585	.061748	.107526	.161507	.221438
	5	.002926	.005938	.010063	.022071	.039580	.062879
N = 5	-3	.999988	.999992	.999994	.999997	.999999	.999999
	-2	.999540	.999670	.999762	.999876	.999935	.999965
	-1	.991926	.993935	.995433	.997393	.998499	.999129
	0	.934121	.947699	.958406	.973568	.983110	.989156
	1	.732191	.773251	.808001	.862337	.901318	.929293
	2	.398341	.455459	.508220	.601280	.679035	.743268
	3	.130425	.167983	.206534	.284912	.362641	.437538
	4	.023772	.035745	.049650	.082911	.122669	.167807
	5	.002330	.004223	.006752	.014004	.024574	.038815
N = 6	-3	.999991	.999994	.999996	.999998	.999999	.999999
	-2	.999629	.999726	.999798	.999889	.999938	.999965
	-1	.992977	.994587	.995818	.997487	.998478	.999072
	0	.939024	.950420	.959624	.973109	.982002	.987903
	1	.740601	.775974	.806514	.855678	.892378	.919780
	2	.401996	.451172	.497203	.580093	.651423	.712200
	3	.128460	.159738	.191954	.258056	.324733	.390345
	4	.022124	.031410	.042095	.067530	.098033	.133035
	5	.001971	.003281	.004991	.009793	.016719	.026855

DOUBLY NONCENTRAL t

T = 1.8 (CONT.)

	L D	0	1	2	4	6	8
N = 7	-3	.999993	.999995	.999996	.999998	.999999	.999999
	-2	.999686	.999764	.999821	.999897	.999940	.999965
	-1	.993703	.995040	.996084	.997545	.998450	.999014
	0	.942558	.952376	.960461	.972644	.980989	.986739
	1	.746807	.777893	.805159	.850070	.884660	.911305
	2	.404635	.447805	.488609	.563220	.628847	.686075
	3	.126929	.153673	.181255	.238138	.296127	.353991
	4	.020938	.028450	.037013	.057246	.081465	.109373
	5	.001734	.002705	.003945	.007351	.012191	.018681
N = 8	-3	.999994	.999996	.999997	.999998	.999999	.999999
	-2	.999727	.999790	.999838	.999903	.999942	.999965
	-1	.994232	.995372	.996279	.997581	.998417	.998958
	0	.945223	.953847	.961064	.972197	.980069	.985663
	1	.751576	.779313	.803951	.845296	.877953	.903751
	2	.406627	.445097	.481727	.549495	.610114	.663927
	3	.125706	.149034	.173098	.222862	.273934	.325383
	4	.020046	.026315	.033397	.049997	.069776	.092582
	5	.001568	.002324	.003270	.005816	.009376	.014108
N = 9	-3	.999995	.999996	.999997	.999998	.999999	.999999
	-2	.999756	.999809	.999850	.999908	.999942	.999964
	-1	.994633	.995625	.996427	.997604	.998384	.998903
	0	.947305	.954992	.961516	.971780	.979233	.984671
	1	.755356	.780401	.802881	.841189	.872083	.897000
	2	.408184	.442875	.476098	.538130	.594358	.644982
	3	.124708	.145377	.166689	.210819	.256303	.302426
	4	.019352	.024709	.030712	.044668	.061201	.080234
	5	.001446	.002056	.002807	.004790	.007516	.011105
N = 10	-3	.999996	.999997	.999998	.999999	.999999	.999999
	-2	.999778	.999824	.999860	.999911	.999943	.999963
	-1	.994947	.995824	.996542	.997619	.998351	.998852
	0	.948974	.955909	.961864	.971394	.978474	.983757
	1	.758427	.781259	.801934	.837623	.866909	.890946
	2	.409433	.441021	.471411	.528575	.580944	.628636
	3	.123879	.142422	.161528	.201108	.242011	.283679
	4	.018797	.023461	.028649	.040615	.054703	.070876
	5	.001353	.001859	.002474	.004068	.006226	.009037
N = 11	-3	.999996	.999997	.999998	.999999	.999999	.999999
	-2	.999796	.999836	.999867	.999913	.999943	.999962
	-1	.995200	.995984	.996635	.997628	.998319	.998803
	0	.950342	.956659	.962139	.971038	.977782	.982913
	1	.760971	.781952	.801094	.834498	.862320	.885496
	2	.410458	.439450	.467449	.520434	.569401	.614414
	3	.123181	.139987	.157288	.193127	.230223	.268135
	4	.018344	.022465	.027019	.037447	.049645	.063600
	5	.001279	.001710	.002225	.003541	.005295	.007555
N = 12	-3	.999997	.999997	.999998	.999999	.999999	.999999
	-2	.999810	.999845	.999873	.999915	.999943	.999961
	-1	.995406	.996116	.996712	.997633	.998288	.998756
	0	.951484	.957284	.962361	.970712	.977151	.982133
	1	.763113	.782522	.800344	.831740	.858225	.880571
	2	.411320	.438104	.464058	.513420	.559372	.601944
	3	.122584	.137946	.153746	.186461	.220354	.255070
	4	.017967	.021653	.025702	.034912	.045618	.057819
	5	.001220	.001592	.002032	.003142	.004600	.006459

$T = 1.8$ (CONT.)

N	L\D	0	1	2	4	6	8
N = 13	-3	.999997	.999998	.999998	.999999	.999999	.999999
	-2	.999821	.999853	.999878	.999917	.999943	.999961
	-1	.995579	.996227	.996775	.997636	.998259	.998712
	0	.952451	.957812	.962542	.970412	.976573	.981412
	1	.764941	.783000	.799673	.829289	.854551	.876101
	2	.412037	.436937	.461122	.507317	.550583	.590933
	3	.122068	.136212	.150744	.180817	.211983	.243956
	4	.017648	.020979	.024619	.032844	.042348	.053137
	5	.001171	.001498	.001881	.002832	.004066	.005625
N = 14	-3	.999997	.999998	.999998	.999999	.999999	.999999
	-2	.999830	.999859	.999883	.999918	.999943	.999960
	-1	.995725	.996320	.996829	.997637	.998231	.998671
	0	.953280	.958264	.962693	.970136	.976042	.980743
	1	.766521	.783404	.799069	.827096	.851236	.872031
	2	.412659	.435916	.458557	.501959	.542823	.581147
	3	.121619	.134721	.148169	.175979	.204803	.234403
	4	.017375	.020411	.023712	.031129	.039650	.049284
	5	.001130	.001421	.001758	.002586	.003647	.004976
N = 15	-3	.999997	.999998	.999998	.999999	.999999	.999999
	-2	.999838	.999864	.999886	.999919	.999943	.999959
	-1	.995850	.996401	.996875	.997636	.998205	.998632
	0	.953999	.958656	.962820	.969881	.975553	.980121
	1	.767809	.783751	.798524	.825123	.848232	.868310
	2	.413197	.435015	.456297	.497219	.535922	.572297
	3	.121223	.133424	.145937	.171791	.198581	.226112
	4	.017139	.019926	.022943	.029687	.037391	.046068
	5	.001096	.001357	.001657	.002387	.003312	.004459
N = 16	-3	.999998	.999998	.999998	.999999	.999999	.999999
	-2	.999845	.999869	.999889	.999920	.999942	.999958
	-1	.995958	.996470	.996914	.997635	.998180	.998596
	0	.954628	.958999	.962927	.969646	.975101	.979542
	1	.769111	.784052	.798029	.823339	.845697	.864898
	2	.413669	.434215	.454290	.492997	.529749	.564531
	3	.120872	.132288	.143984	.168131	.193143	.218857
	4	.016933	.019507	.022284	.028458	.035476	.043350
	5	.001066	.001303	.001572	.002222	.003038	.004041
N = 17	-3	.999998	.999998	.999998	.999999	.999999	.999999
	-2	.999851	.999873	.999892	.999921	.999942	.999957
	-1	.996053	.996532	.996949	.997633	.998157	.998561
	0	.955184	.959300	.963020	.969428	.974683	.979002
	1	.770187	.784315	.797578	.821718	.842997	.861758
	2	.414085	.433500	.452497	.489213	.524195	.557425
	3	.120559	.131283	.142261	.164906	.188352	.212460
	4	.016752	.019142	.021712	.027400	.033834	.041027
	5	.001040	.001256	.001501	.002085	.002811	.003697
N = 18	-3	.999998	.999998	.999998	.999999	.999999	.999999
	-2	.999856	.999877	.999894	.999922	.999942	.999957
	-1	.996137	.996585	.996979	.997630	.998135	.998528
	0	.955678	.959569	.963101	.969226	.974295	.978498
	1	.771147	.784547	.797166	.820239	.840705	.858860
	2	.414456	.432856	.450885	.485803	.519173	.550975
	3	.120278	.130388	.140730	.162045	.184101	.206781
	4	.016591	.018822	.021212	.026480	.032413	.039023
	5	.001018	.001216	.001440	.001969	.002621	.003411

DOUBLY NONCENTRAL t

$T_1 = 1.8$ (CONT.)

	L\D	0	1	2	4	6	8
N = 19	-3	.999998	.999998	.999999	.999999	.999999	.999999
	-2	.999861	.999880	.999896	.999922	.999942	.999956
	-1	.996211	.996633	.997006	.997628	.998114	.998497
	0	.956120	.959808	.963171	.969039	.973933	.978025
	1	.772010	.784754	.796787	.818884	.838594	.856178
	2	.414787	.432274	.449429	.482714	.514610	.545096
	3	.120024	.129587	.139361	.159489	.180306	.201708
	4	.016447	.018537	.020771	.025674	.031173	.037278
	5	.000998	.001181	.001387	.001870	.002459	.003169
N = 20	-3	.999998	.999998	.999999	.999999	.999999	.999999
	-2	.999865	.999883	.999898	.999923	.999941	.999955
	-1	.996277	.996676	.997031	.997625	.998095	.998468
	0	.956518	.960024	.963233	.968864	.973596	.977582
	1	.772790	.784938	.796439	.817638	.836645	.853688
	2	.415085	.431746	.448106	.479904	.510447	.539717
	3	.119794	.128865	.138130	.157194	.176898	.197152
	4	.016318	.018284	.020379	.024963	.030082	.035747
	5	.000981	.001151	.001341	.001784	.002321	.002964

$T = 2.0$

	L\D	0	1	2	4	6	8
N = 2	-3	.999953	.999971	.999981	.999993	.999997	.999999
	-2	.998728	.999183	.999475	.999782	.999909	.999962
	-1	.984487	.989750	.993218	.997019	.998683	.999415
	0	.908248	.936625	.956161	.978934	.989825	.995062
	1	.706662	.783805	.840620	.913339	.952865	.974363
	2	.420475	.535828	.629541	.766247	.854111	.909797
	3	.182232	.285262	.380681	.545058	.673775	.770641
	4	.056734	.115401	.179203	.312635	.442138	.558939
	5	.012659	.034923	.064019	.139297	.230577	.329629
N = 3	-3	.999979	.999986	.999991	.999996	.999998	.999999
	-2	.999313	.999544	.999697	.999865	.999940	.999973
	-1	.990031	.993137	.995266	.997736	.998910	.999472
	0	.930337	.949523	.963363	.980610	.989680	.994481
	1	.743630	.801172	.845780	.907205	.944173	.966428
	2	.443076	.532010	.608026	.727420	.812377	.871992
	3	.179670	.254683	.327352	.461627	.577608	.674132
	4	.047551	.083815	.124688	.215917	.313291	.410423
	5	.008099	.018536	.032531	.071047	.122385	.184129
N = 4	-3	.999988	.999992	.999995	.999998	.999999	.999999
	-2	.999556	.999696	.999791	.999901	.999953	.999977
	-1	.992639	.994750	.996248	.998073	.999003	.999480
	0	.941942	.956321	.967085	.981224	.989231	.993795
	1	.764509	.810642	.847695	.901477	.936292	.958829
	2	.455672	.528224	.592252	.697726	.777923	.838120
	3	.177017	.235580	.293607	.405017	.506857	.596921
	4	.042091	.067255	.095885	.161525	.234933	.312267
	5	.005972	.011912	.019831	.041961	.072604	.111333
N = 5	-3	.999992	.999995	.999996	.999998	.999999	.999999
	-2	.999679	.999774	.999841	.999920	.999960	.999979
	-1	.994104	.995667	.996810	.998260	.999044	.999471

T = 2.0 (CONT.)

	L D	0	1	2	4	6	8
	0	.949030	.960487	.969321	.981428	.988701	.993096
	1	.778075	.816571	.848392	.896453	.929313	.951775
	2	.463707	.525031	.580342	.674513	.749505	.808539
	3	.174803	.222637	.270616	.364841	.454056	.536114
	4	.038533	.057355	.078756	.128300	.185010	.246628
	5	.004797	.008631	.013663	.027666	.047285	.072664
N = 6	−3	.999994	.999996	.999997	.999999	.999999	.999999
	−2	.999751	.999820	.999870	.999932	.999964	.999981
	−1	.995025	.996250	.997168	.998375	.999061	.999454
	0	.953787	.963290	.970797	.981450	.988164	.992418
	1	.787522	.820617	.848565	.892105	.923166	.945319
	2	.469278	.522406	.571081	.655967	.725897	.782916
	3	.173007	.213336	.254068	.335187	.413776	.488010
	4	.036051	.050877	.067658	.106568	.151594	.201389
	5	.004070	.006768	.010244	.019798	.033169	.050623
N = 7	−3	.999996	.999997	.999998	.999999	.999999	.999999
	−2	.999797	.999850	.999889	.999939	.999966	.999981
	−1	.995650	.996649	.997414	.998451	.999066	.999433
	0	.957190	.965300	.971837	.981385	.987646	.991772
	1	.794505	.823548	.848496	.888340	.917747	.939446
	2	.473368	.520242	.563693	.640861	.706090	.760727
	3	.171546	.206350	.241644	.312565	.382349	.449507
	4	.034228	.046353	.059995	.091549	.128211	.169161
	5	.003583	.005601	.008156	.015069	.024670	.037216
N = 8	−3	.999997	.999998	.999998	.999999	.999999	.999999
	−2	.999828	.999871	.999902	.999944	.999968	.999981
	−1	.996100	.996939	.997593	.998504	.999064	.999412
	0	.959742	.966810	.972605	.981279	.987159	.991164
	1	.799879	.825765	.848312	.885064	.912954	.934114
	2	.476498	.518439	.557672	.628345	.689299	.741447
	3	.170342	.200921	.232004	.294828	.357314	.418263
	4	.032836	.043036	.054438	.080696	.111213	.145475
	5	.003237	.004817	.006784	.012022	.019217	.028589
N = 9	−3	.999997	.999998	.999999	.999999	.999999	.999999
	−2	.999850	.999885	.999912	.999948	.999969	.999981
	−1	.996436	.997157	.997728	.998542	.999059	.999389
	0	.961724	.967984	.973193	.981154	.986706	.990595
	1	.804144	.827498	.848077	.882197	.908696	.929271
	2	.478971	.516920	.552677	.617821	.674921	.724609
	3	.169336	.196587	.224321	.280597	.336998	.392557
	4	.031741	.040509	.050250	.072567	.098452	.127576
	5	.002980	.004261	.005831	.009947	.015532	.022765
N = 10	−3	.999998	.999998	.999999	.999999	.999999	.999999
	−2	.999867	.999897	.999919	.999951	.999970	.999981
	−1	.996698	.997327	.997834	.998570	.999051	.999367
	0	.963306	.968923	.973656	.981021	.986285	.990063
	1	.807612	.828889	.847823	.879671	.904893	.924865
	2	.480973	.515625	.548468	.608858	.662494	.709821
	3	.168486	.193049	.218064	.268954	.320238	.371131
	4	.030857	.038525	.046996	.066294	.088605	.113715
	5	.002782	.003849	.005138	.008470	.012933	.018672
N = 11	−3	.999998	.999998	.999999	.999999	.999999	.999999
	−2	.999880	.999905	.999925	.999953	.999970	.999981
	−1	.996905	.997464	.997918	.998592	.999042	.999346

DOUBLY NONCENTRAL t

T = 2.0 (CONT.)

	L D	0	1	2	4	6	8
	0	.964598	.969691	.974029	.980888	.985896	.989567
	1	.810487	.830029	.847566	.877430	.901482	.920849
	2	.482628	.514510	.544876	.601140	.651659	.696756
	3	.167758	.190108	.212876	.259271	.306212	.353057
	4	.030129	.036931	.044402	.061331	.080827	.102749
	5	.002626	.003533	.004617	.007378	.011032	.015694
N = 12	-3	.999998	.999999	.999999	.999999	.999999	.999999
	-2	.999890	.999912	.999930	.999955	.999971	.999981
	-1	.997074	.997575	.997987	.998608	.999033	.999325
	0	.965672	.970330	.974335	.980757	.985536	.989103
	1	.812909	.830980	.847315	.875432	.898408	.917179
	2	.484018	.513541	.541774	.594426	.642140	.685148
	3	.167130	.187626	.208507	.251103	.294324	.337644
	4	.029521	.035622	.042292	.057323	.074560	.093910
	5	.002499	.003285	.004213	.006548	.009600	.013463
N = 13	-3	.999998	.999999	.999999	.999999	.999999	.999999
	-2	.999898	.999918	.999933	.999956	.999971	.999981
	-1	.997214	.997667	.998045	.998621	.999023	.999305
	0	.966580	.970870	.974591	.980632	.985202	.988671
	1	.814979	.831785	.847075	.873639	.895624	.913816
	2	.485202	.512691	.539071	.588537	.633715	.674780
	3	.166581	.185505	.204780	.244127	.284136	.324370
	4	.029004	.034530	.040544	.054027	.069423	.086668
	5	.002395	.003085	.003892	.005899	.008493	.011750
N = 14	-2	.999905	.999922	.999937	.999958	.999971	.999981
	-1	.997332	.997746	.998093	.998631	.999013	.999286
	0	.967356	.971332	.974808	.980512	.984892	.988266
	1	.816767	.832476	.846847	.872022	.893093	.910725
	2	.486223	.511941	.536694	.583330	.626212	.665469
	3	.166098	.183670	.201564	.238105	.275318	.312837
	4	.028560	.033606	.039074	.051276	.065149	.080649
	5	.002308	.002921	.003633	.005382	.007619	.010405
N = 15	-2	.999910	.999926	.999939	.999959	.999972	.999980
	-1	.997432	.997812	.998135	.998640	.999004	.999268
	0	.968027	.971732	.974993	.980398	.984604	.987887
	1	.818328	.833074	.846632	.870558	.890783	.907877
	2	.487112	.511273	.534588	.578695	.619490	.657070
	3	.165670	.182069	.198763	.232858	.267619	.302735
	4	.028174	.032814	.037823	.048949	.061545	.075583
	5	.002234	.002784	.003418	.004961	.006914	.009329
N = 16	-2	.999915	.999929	.999941	.999959	.999972	.999980
	-1	.997518	.997870	.998171	.998646	.998995	.999251
	0	.968614	.972082	.975153	.980290	.984337	.987532
	1	.819702	.833597	.846429	.869225	.888667	.905246
	2	.487893	.510675	.532709	.574543	.613434	.649458
	3	.165289	.180660	.196301	.228247	.260842	.293823
	4	.027836	.032128	.036745	.046958	.058473	.071271
	5	.002170	.002669	.003239	.004614	.006338	.008454
N = 17	-2	.999919	.999932	.999943	.999960	.999972	.999980
	-1	.997593	.997921	.998202	.998652	.998986	.999234
	0	.969131	.972390	.975293	.980188	.984087	.987199
	1	.820921	.834058	.846240	.868007	.886722	.902809
	2	.488586	.510137	.531023	.570803	.607954	.642530

$T = 2.0$ (CONT.)

	L/D	0	1	2	4	6	8
	3	.164946	.179409	.194121	.224165	.254837	.285909
	4	.027537	.031529	.035808	.045237	.055826	.067564
	5	.002115	.002570	.003087	.004323	.005860	.007733
$N = 18$	-2	.999923	.999935	.999945	.999961	.999972	.999980
	-1	.997659	.997965	.998229	.998656	.998977	.999219
	0	.969589	.972664	.975416	.980092	.983853	.986885
	1	.822010	.834468	.846062	.866891	.884928	.900546
	2	.489203	.509650	.529501	.567418	.602970	.636202
	3	.164637	.178293	.192178	.220528	.249480	.278839
	4	.027272	.031000	.034986	.043736	.053526	.064348
	5	.002066	.002484	.002956	.004077	.005458	.007130
$N = 19$	-2	.999926	.999937	.999946	.999961	.999972	.999980
	-1	.997717	.998004	.998254	.998660	.998968	.999204
	0	.969999	.972908	.975525	.980001	.983635	.986590
	1	.822989	.834835	.845895	.865863	.883268	.898439
	2	.489757	.509208	.528121	.564339	.598420	.630400
	3	.164356	.177290	.190434	.217266	.244674	.272488
	4	.027034	.030531	.034260	.042417	.051510	.061536
	5	.002024	.002410	.002843	.003865	.005116	.006620
$N = 20$	-2	.999928	.999939	.999948	.999962	.999972	.999979
	-1	.997769	.998039	.998275	.998663	.998960	.999189
	0	.970367	.973128	.975622	.979915	.983430	.986312
	1	.823873	.835165	.845739	.864914	.881730	.896474
	2	.490257	.508804	.526864	.561527	.594251	.625062
	3	.164101	.176384	.188862	.214327	.240340	.266754
	4	.026820	.030112	.033614	.041249	.049731	.059059
	5	.001986	.002344	.002745	.003683	.004822	.006184

$T = 2.2$

	L/D	0	1	2	4	6	8
$N = 2$	-3	.999961	.999975	.999985	.999994	.999998	.999999
	-2	.998927	.999317	.999565	.999823	.999928	.999970
	-1	.986788	.991373	.994361	.997584	.998961	.999551
	0	.920596	.946055	.963309	.982969	.992062	.996286
	1	.739989	.812533	.864814	.929680	.963415	.980967
	2	.469801	.586404	.678415	.807266	.885652	.932744
	3	.225699	.341258	.444322	.612999	.736767	.824363
	4	.081097	.156772	.235293	.389672	.528807	.645989
	5	.021755	.056057	.098423	.200403	.314278	.428903
$N = 3$	-3	.999983	.999989	.999993	.999997	.999999	.999999
	-2	.999458	.999645	.999767	.999899	.999956	.999981
	-1	.991988	.994570	.996315	.998295	.999207	.999629
	0	.942414	.959092	.970900	.985217	.992455	.996133
	1	.779815	.833221	.873667	.927515	.958423	.976163
	2	.498966	.589586	.664884	.778468	.855006	.905914
	3	.226837	.313664	.395020	.538454	.655078	.746646
	4	.070424	.119989	.173747	.287522	.401259	.507870
	5	.014733	.032293	.054837	.113318	.186000	.267848

DOUBLY NONCENTRAL t

T = 2.2 (CONT.)

	L D	0	1	2	4	6	8
N = 4	-3	.999991	.999994	.999996	.999998	.999999	.999999
	-2	.999669	.999777	.999849	.999931	.999968	.999985
	-1	.994355	.996047	.997227	.998628	.999317	.999658
	0	.953674	.965881	.974836	.986259	.992462	.995848
	1	.802375	.844763	.878064	.924788	.953633	.971435
	2	.515720	.590138	.654108	.755544	.828796	.881045
	3	.226111	.295399	.362102	.484943	.591286	.680456
	4	.063584	.099276	.138647	.224975	.316236	.407262
	5	.011183	.021714	.035303	.071531	.118890	.175505
N = 5	-3	.999995	.999996	.999998	.999999	.999999	.999999
	-2	.999772	.999842	.999891	.999947	.999974	.999987
	-1	.995649	.996865	.997737	.998815	.999375	.999669
	0	.960453	.970002	.977215	.986806	.992326	.995520
	1	.816925	.852120	.880560	.922113	.949242	.966948
	2	.526639	.589881	.645558	.737051	.806497	.858612
	3	.225028	.282532	.338787	.445271	.541313	.625502
	4	.058917	.086290	.116642	.184339	.258186	.334694
	5	.009124	.016148	.025142	.049260	.081502	.121311
N = 6	-3	.999996	.999998	.999998	.999999	.999999	.999999
	-2	.999830	.999880	.999915	.999957	.999978	.999989
	-1	.996445	.997374	.998057	.998931	.999408	.999670
	0	.964949	.972754	.978795	.987112	.992135	.995183
	1	.827098	.857215	.882099	.919649	.945277	.962760
	2	.534334	.589367	.638677	.721899	.787473	.838612
	3	.223954	.273021	.321508	.414974	.501676	.580096
	4	.055557	.077504	.101838	.156520	.217238	.281663
	5	.007809	.012858	.019243	.036289	.059247	.088072
N = 7	-3	.999997	.999998	.999999	.999999	.999999	.999999
	-2	.999866	.999903	.999930	.999963	.999980	.999989
	-1	.996975	.997717	.998274	.999009	.999427	.999667
	0	.968134	.974716	.979916	.987287	.991923	.994851
	1	.834616	.860949	.883105	.917426	.941710	.958883
	2	.540056	.588788	.633046	.709298	.771148	.820852
	3	.222980	.265723	.308240	.391228	.469763	.542434
	4	.053032	.071217	.091327	.136619	.187406	.242114
	5	.006909	.010741	.015523	.028168	.045187	.066716
N = 8	-3	.999998	.999999	.999999	.999999	.999999	.999999
	-2	.999890	.999919	.999940	.999967	.999982	.999990
	-1	.997349	.997962	.998430	.999064	.999439	.999662
	0	.970503	.976183	.980749	.987386	.991707	.994532
	1	.840399	.863803	.883790	.915433	.938501	.955309
	2	.544480	.588218	.628365	.698676	.757039	.805080
	3	.222121	.259956	.297758	.372198	.443678	.510959
	4	.051072	.066520	.083540	.121853	.165024	.211976
	5	.006259	.009290	.013021	.022777	.035837	.052390
N = 9	-3	.999998	.999999	.999999	.999999	.999999	.999999
	-2	.999907	.999930	.999948	.999970	.999983	.999990
	-1	.997626	.998144	.998547	.999105	.999446	.999655
	0	.972330	.977319	.981390	.987440	.991496	.994227
	1	.844987	.866053	.884271	.913648	.935608	.952017
	2	.548003	.587682	.624418	.689614	.744757	.791044
	3	.221369	.255290	.289284	.356655	.422054	.484418
	4	.049508	.062890	.077574	.110557	.147792	.188527
	5	.005770	.008245	.011252	.019022	.029343	.042405

T = 2.2 (CONT.)

N	L/D	0	1	2	4	6	8
N = 10	-2	.999919	.999939	.999953	.999972	.999984	.999990
	-1	.997838	.998285	.998637	.999136	.999450	.999648
	0	.973779	.978224	.981899	.987464	.991293	.993938
	1	.848717	.867872	.884617	.912045	.932994	.948985
	2	.550876	.587189	.621048	.681800	.733988	.778511
	3	.220710	.251439	.282299	.343749	.403895	.461834
	4	.048233	.060008	.072875	.101691	.134222	.169931
	5	.005391	.007462	.009951	.016302	.024664	.035208
N = 11	-2	.999929	.999945	.999957	.999974	.999984	.999991
	-1	.998005	.998397	.998709	.999161	.999452	.999640
	0	.974957	.978962	.982312	.987470	.991100	.993664
	1	.851808	.869374	.884871	.910603	.930622	.946190
	2	.553265	.586741	.618139	.674998	.724482	.767279
	3	.220131	.248208	.276449	.332880	.388468	.442444
	4	.047174	.057668	.069090	.094581	.123323	.154928
	5	.005089	.006858	.008961	.014266	.021185	.029867
N = 12	-2	.999936	.999950	.999961	.999976	.999985	.999991
	-1	.998139	.998487	.998768	.999180	.999452	.999632
	0	.975932	.979574	.982653	.987463	.990918	.993406
	1	.854413	.870633	.885060	.909299	.928464	.943610
	2	.555282	.586333	.615605	.669027	.716038	.757172
	3	.219618	.245461	.271481	.323614	.375223	.425657
	4	.046281	.055734	.065983	.088773	.114419	.142636
	5	.004844	.006380	.008188	.012700	.018528	.025801
N = 13	-2	.999942	.999954	.999963	.999977	.999985	.999991
	-1	.998250	.998562	.998817	.999196	.999452	.999625
	0	.976751	.980091	.982939	.987448	.990745	.993163
	1	.856637	.871705	.885202	.908117	.926493	.941225
	2	.557008	.585964	.613377	.663746	.708494	.748041
	3	.219164	.243097	.267212	.315627	.363746	.411010
	4	.045518	.054109	.063390	.083952	.107035	.132426
	5	.004640	.005992	.007570	.011467	.016453	.022638
N = 14	-2	.999946	.999957	.999966	.999978	.999986	.999991
	-1	.998342	.998624	.998857	.999209	.999451	.999617
	0	.977450	.980532	.983182	.987429	.990583	.992934
	1	.858559	.872628	.885309	.907040	.924688	.939014
	2	.558502	.585627	.611404	.659044	.701717	.739760
	3	.218757	.241041	.263506	.308678	.353714	.398137
	4	.044859	.052726	.061196	.079895	.100830	.123840
	5	.004469	.005673	.007067	.010476	.014798	.020128
N = 15	-2	.999950	.999960	.999967	.999979	.999986	.999991
	-1	.998419	.998677	.998892	.999220	.999449	.999610
	0	.978052	.980913	.983392	.987405	.990431	.992717
	1	.860236	.873431	.885391	.906057	.923028	.936962
	2	.559807	.585321	.609645	.654830	.695599	.732221
	3	.218393	.239238	.260260	.302580	.344881	.386749
	4	.044284	.051536	.059319	.076440	.095555	.116540
	5	.004324	.005406	.006650	.009666	.013457	.018102
N = 16	-2	.999953	.999962	.999969	.999979	.999986	.999991
	-1	.998486	.998723	.998922	.999229	.999447	.999602
	0	.978577	.981246	.983574	.987380	.990288	.992513
	1	.861712	.874136	.885454	.905155	.921499	.935053
	2	.560958	.585041	.608068	.651035	.690050	.725333

T = 2.2 (CONT.)

	L\D	0	1	2	4	6	8
	3	.218064	.237643	.257393	.297190	.337048	.376612
	4	.043778	.050501	.057694	.073466	.091024	.110272
	5	.004198	.005180	.006300	.008994	.012352	.016443
N = 17	-2	.999956	.999964	.999970	.999980	.999986	.999991
	-1	.998544	.998763	.998948	.999237	.999445	.999595
	0	.979038	.981539	.983733	.987354	.990153	.992320
	1	.863022	.874760	.885501	.904325	.920084	.933273
	2	.561980	.584785	.606645	.647599	.684997	.719020
	3	.217766	.236223	.254844	.292391	.330060	.367539
	4	.043329	.049592	.056275	.070882	.087096	.104842
	5	.004089	.004985	.006002	.008429	.011431	.015066
N = 18	-2	.999958	.999966	.999971	.999980	.999986	.999991
	-1	.998594	.998798	.998971	.999244	.999443	.999589
	0	.979446	.981798	.983874	.987327	.990025	.992138
	1	.864191	.875315	.885537	.903560	.918773	.931611
	2	.562894	.584549	.605355	.644473	.680376	.713213
	3	.217494	.234950	.252562	.288095	.323790	.359376
	4	.042929	.048789	.055027	.068618	.083662	.100101
	5	.003993	.004817	.005747	.007949	.010653	.013908
N = 19	-2	.999960	.999967	.999972	.999981	.999986	.999990
	-1	.998638	.998828	.998991	.999250	.999441	.999582
	0	.979809	.982030	.984000	.987300	.989905	.991966
	1	.865242	.875814	.885565	.902852	.917555	.930056
	2	.563716	.584332	.604180	.641619	.676136	.707858
	3	.217246	.233803	.250508	.284226	.318135	.351997
	4	.042570	.048075	.053920	.066620	.080639	.095930
	5	.003908	.004670	.005525	.007537	.009989	.012926
N = 20	-2	.999962	.999968	.999973	.999981	.999987	.999990
	-1	.998678	.998856	.999009	.999255	.999439	.999576
	0	.980136	.982238	.984112	.987273	.989792	.991802
	1	.866192	.876263	.885585	.902195	.916420	.928598
	2	.564460	.584132	.603107	.639002	.672232	.702903
	3	.217019	.232764	.248650	.280725	.313010	.345297
	4	.042245	.047434	.052932	.064845	.077959	.092238
	5	.003833	.004540	.005331	.007179	.009417	.012084

T = 2.4

	L\D	0	1	2	4	6	8
N = 2	-3	.999967	.999979	.999987	.999995	.999998	.999999
	-2	.999084	.999421	.999633	.999853	.999941	.999976
	-1	.988631	.992649	.995243	.998003	.999159	.999645
	0	.930775	.953619	.968896	.985974	.993654	.997120
	1	.768750	.836412	.884263	.942058	.970990	.985476
	2	.515453	.630941	.719725	.839617	.909061	.948842
	3	.270173	.395017	.502557	.670503	.786608	.864313
	4	.109605	.201520	.292750	.462054	.604432	.716967
	5	.034367	.082725	.139286	.266412	.397690	.520820

T = 2.4 (CONT.)

	L\D	0	1	2	4	6	8
N = 3	-3	.999987	.999992	.999995	.999998	.999999	.999999
	-2	.999567	.999719	.999817	.999923	.999967	.999986
	-1	.993486	.995644	.997083	.998688	.999407	.999731
	0	.952063	.966526	.976598	.988527	.994353	.997210
	1	.810598	.859547	.895846	.942732	.968523	.982708
	2	.550955	.640907	.713703	.819478	.887245	.930146
	3	.276382	.372559	.459813	.606892	.719772	.803642
	4	.098560	.161941	.228086	.360929	.485473	.595384
	5	.024666	.051547	.084544	.165166	.258587	.357168
N = 4	-3	.999993	.999996	.999997	.999999	.999999	.999999
	-2	.999750	.999833	.999889	.999950	.999978	.999990
	-1	.995621	.996981	.997916	.999002	.999520	.999768
	0	.962822	.973131	.980559	.989788	.994615	.997150
	1	.834205	.872573	.902071	.942183	.965886	.979886
	2	.571794	.645856	.707927	.802834	.868083	.912423
	3	.278619	.356798	.429907	.559100	.665097	.749472
	4	.090883	.138154	.188626	.294332	.399845	.499460
	5	.019355	.036352	.057512	.111156	.177163	.251666
N = 5	-3	.999996	.999997	.999998	.999999	.999999	.999999
	-2	.999836	.999888	.999923	.999964	.999983	.999992
	-1	.996755	.997702	.998370	.999176	.999581	.999786
	0	.969190	.977086	.982939	.990511	.994702	.997032
	1	.849375	.880936	.905897	.941246	.963344	.977149
	2	.585589	.648687	.702924	.789020	.851378	.896053
	3	.279455	.345252	.407972	.522324	.620508	.702520
	4	.085379	.122548	.162643	.248576	.337677	.425542
	5	.016113	.027859	.042476	.080065	.127786	.183829
N = 6	-3	.999998	.999998	.999999	.999999	.999999	.999999
	-2	.999883	.999918	.999943	.999972	.999986	.999993
	-1	.997436	.998140	.998649	.999284	.999618	.999795
	0	.973353	.979697	.984514	.990964	.994708	.996891
	1	.859950	.886761	.908455	.940203	.960973	.974550
	2	.595428	.650458	.698675	.777438	.836814	.881125
	3	.279713	.336471	.391271	.493374	.583922	.662257
	4	.081279	.111634	.144510	.215869	.291633	.368547
	5	.013969	.022623	.033319	.060899	.096446	.139180
N = 7	-3	.999998	.999999	.999999	.999999	.999999	.999999
	-2	.999911	.999937	.999955	.999977	.999988	.999994
	-1	.997879	.998429	.998835	.999356	.999642	.999800
	0	.976267	.981541	.985629	.991264	.994672	.996741
	1	.867743	.891052	.910268	.939165	.958789	.972107
	2	.602811	.651638	.695065	.767622	.824075	.867595
	3	.279712	.329585	.378170	.470114	.553617	.627785
	4	.078122	.103626	.131267	.191666	.256756	.324151
	5	.012463	.019149	.027338	.048376	.075648	.108872
N = 8	-2	.999929	.999949	.999963	.999980	.999989	.999994
	-1	.998187	.998632	.998966	.999407	.999658	.999802
	0	.978412	.982909	.986456	.991473	.994615	.996590
	1	.873726	.894343	.911609	.938173	.956789	.969824
	2	.608562	.652463	.691979	.759213	.812880	.855356
	3	.279590	.324050	.367638	.451086	.528249	.598185
	4	.075622	.097525	.121239	.173217	.229753	.289092
	5	.011355	.016714	.023210	.039787	.061279	.087641

DOUBLY NONCENTRAL t

T = 2.4 (CONT.)

	L D	0	1	2	4	6	8
N = 9	-2	.999942	.999957	.999968	.999983	.999990	.999995
	-1	.998411	.998781	.999063	.999445	.999669	.999802
	0	.980051	.983961	.987094	.991623	.994547	.996441
	1	.878463	.896947	.912636	.937246	.954958	.967697
	2	.613172	.653060	.689318	.751941	.802989	.844283
	3	.279413	.319507	.359002	.435275	.506789	.572644
	4	.073597	.092737	.113419	.158791	.208421	.261002
	5	.010511	.014929	.020231	.033651	.050993	.072322
N = 10	-2	.999951	.999963	.999972	.999984	.999991	.999995
	-1	.998580	.998894	.999138	.999474	.999678	.999801
	0	.981342	.984795	.987598	.991732	.994473	.996297
	1	.882307	.899060	.913436	.936386	.953282	.965716
	2	.616951	.653506	.687007	.745596	.794205	.834251
	3	.279215	.315715	.351798	.421955	.488455	.550472
	4	.071926	.088887	.107172	.147266	.191261	.238174
	5	.009848	.013575	.018005	.029116	.043401	.060968
N = 11	-2	.999957	.999968	.999975	.999986	.999992	.999995
	-1	.998711	.998983	.999197	.999497	.999684	.999800
	0	.982384	.985471	.988008	.991814	.994398	.996158
	1	.885489	.900807	.914091	.935591	.951744	.963872
	2	.620107	.653846	.684982	.740016	.786362	.825142
	3	.279013	.312504	.345703	.410596	.472645	.531107
	4	.070524	.085730	.102080	.137884	.177232	.219373
	5	.009316	.012518	.016290	.025667	.037644	.052348
N = 12	-2	.999962	.999971	.999978	.999987	.999992	.999995
	-1	.998816	.999055	.999244	.999515	.999688	.999798
	0	.983241	.986029	.988346	.991876	.994323	.996026
	1	.888166	.902277	.914621	.934858	.950332	.962155
	2	.622782	.654112	.683195	.735073	.779325	.816849
	3	.278813	.309750	.340482	.400807	.458897	.514088
	4	.069332	.083096	.097856	.130123	.165596	.203696
	5	.008879	.011673	.014936	.022978	.033178	.045662
N = 13	-2	.999966	.999974	.999980	.999988	.999992	.999995
	-1	.998901	.999113	.999283	.999531	.999691	.999796
	0	.983957	.986499	.988630	.991923	.994250	.995899
	1	.890450	.903530	.915061	.934182	.949030	.960553
	2	.625079	.654323	.681609	.730666	.772979	.809278
	3	.278622	.307363	.335962	.392292	.446847	.499042
	4	.068306	.080867	.094303	.123612	.155822	.190478
	5	.008515	.010984	.013846	.020837	.029642	.040377
N = 14	-2	.999969	.999976	.999981	.999988	.999993	.999995
	-1	.998971	.999162	.999316	.999543	.999694	.999794
	0	.984566	.986898	.988872	.991960	.994179	.995779
	1	.892421	.904611	.915431	.933558	.947829	.959058
	2	.627072	.654492	.680191	.726714	.767233	.802346
	3	.278441	.305275	.332012	.384821	.436211	.485664
	4	.067414	.078958	.091275	.118083	.147517	.179217
	5	.008207	.010413	.012951	.019101	.026792	.036129
N = 15	-2	.999972	.999978	.999982	.999989	.999993	.999995
	-1	.999030	.999203	.999343	.999554	.999695	.999792
	0	.985088	.987243	.989080	.991988	.994111	.995664
	1	.894140	.905553	.915747	.932980	.946717	.957661
	2	.628819	.654630	.678916	.723150	.762007	.795982

$T = 2.4$ (CONT.)

	L/D	0	1	2	4	6	8
	3	.278271	.303433	.328532	.378218	.426762	.473705
	4	.066632	.077305	.088667	.113337	.140389	.169535
	5	.007944	.009932	.012206	.017672	.024459	.032662
N = 16	-2	.999974	.999979	.999983	.999989	.999993	.999995
	-1	.999081	.999238	.999367	.999563	.999697	.999789
	0	.985540	.987542	.989267	.992010	.994045	.995555
	1	.895651	.906382	.916019	.932444	.945685	.956353
	2	.630363	.654744	.677765	.719922	.757235	.790121
	3	.278111	.301796	.325443	.372343	.418319	.462963
	4	.065940	.075861	.086397	.109223	.134214	.161138
	5	.007717	.009523	.011577	.016479	.022523	.029795
N = 17	-2	.999976	.999981	.999984	.999990	.999993	.999996
	-1	.999124	.999268	.999388	.999570	.999698	.999787
	0	.985937	.987805	.989420	.992027	.993982	.995451
	1	.896991	.907115	.916254	.931947	.944726	.955127
	2	.631737	.654839	.676720	.716983	.752864	.784711
	3	.277961	.300332	.322683	.367084	.410732	.453268
	4	.065324	.074589	.084407	.105627	.128822	.153801
	5	.007518	.009171	.011040	.015470	.020896	.027395
N = 18	-2	.999978	.999982	.999985	.999990	.999993	.999996
	-1	.999161	.999294	.999405	.999577	.999698	.999784
	0	.986287	.988038	.989561	.992040	.993921	.995352
	1	.898187	.907770	.916460	.931484	.943832	.953975
	2	.632968	.654919	.675768	.714298	.748844	.779703
	3	.277821	.299016	.320203	.362350	.403882	.444480
	4	.064773	.073460	.082647	.102460	.124077	.147344
	5	.007343	.008865	.010577	.014609	.019515	.025364
N = 19	-2	.999979	.999983	.999986	.999990	.999993	.999996
	-1	.999194	.999317	.999421	.999583	.999699	.999782
	0	.986597	.988245	.989686	.992050	.993864	.995258
	1	.899261	.908358	.916642	.931053	.942997	.952892
	2	.634077	.654986	.674896	.711835	.745138	.775057
	3	.277690	.297825	.317963	.358067	.397669	.436482
	4	.064276	.072452	.081081	.099650	.119875	.141625
	5	.007188	.008597	.010173	.013865	.018331	.023630
N = 20	-2	.999980	.999984	.999986	.999991	.999994	.999996
	-1	.999223	.999338	.999435	.999588	.999699	.999780
	0	.986876	.988431	.989798	.992058	.993809	.995168
	1	.900231	.908889	.916803	.930650	.942216	.951872
	2	.635082	.655043	.674095	.709569	.741709	.770734
	3	.277568	.296743	.315929	.354175	.392009	.429175
	4	.063826	.071545	.079678	.097144	.116130	.136531
	5	.007050	.008360	.009819	.013219	.017306	.022134

$T = 2.6$

	L/D	0	1	2	4	6	8
N = 2	-3	.999971	.999982	.999989	.999996	.999998	.999999
	-2	.999210	.999503	.999687	.999876	.999951	.999980
	-1	.990126	.993667	.995935	.998322	.999306	.999712

DOUBLY NONCENTRAL t

T = 2.6 (CONT.)

	L D	0	1	2	4	6	8
	0	.939229	.959757	.973330	.988262	.994820	.997708
	1	.793564	.856348	.900030	.951579	.976546	.988641
	2	.557223	.669904	.754544	.865224	.926601	.960310
	3	.314462	.445489	.554844	.718537	.825747	.893960
	4	.141413	.247870	.349273	.527709	.668475	.773435
	5	.050617	.114111	.184665	.333405	.476171	.601574
N = 3	-3	.999989	.999993	.999996	.999998	.999999	.999999
	-2	.999649	.999774	.999854	.999939	.999975	.999989
	-1	.994647	.996460	.997657	.998970	.999546	.999799
	0	.959812	.972351	.980959	.990947	.995681	.997934
	1	.836681	.881158	.913525	.954223	.975777	.987188
	2	.598525	.686034	.755152	.852201	.911565	.947489
	3	.326757	.429587	.520065	.666281	.772577	.847585
	4	.131386	.208099	.285216	.432487	.562312	.670494
	5	.038424	.076442	.121072	.223908	.335194	.445477
N = 4	-3	.999995	.999997	.999998	.999999	.999999	.999999
	-2	.999808	.999873	.999916	.999963	.999984	.999993
	-1	.996565	.997664	.998409	.999260	.999654	.999838
	0	.969976	.978662	.984820	.992296	.996077	.997996
	1	.860810	.895131	.920998	.955184	.974593	.985607
	2	.623121	.695081	.753960	.840962	.898075	.935164
	3	.332810	.417615	.494701	.625586	.727545	.804752
	4	.123707	.182764	.243779	.365853	.480969	.583945
	5	.031211	.056505	.086831	.159861	.244373	.334432
N = 5	-3	.999997	.999998	.999999	.999999	.999999	.999999
	-2	.999880	.999919	.999945	.999975	.999989	.999995
	-1	.997554	.998294	.998808	.999416	.999713	.999858
	0	.975875	.982375	.987111	.993088	.996280	.997992
	1	.876211	.904101	.925720	.955460	.973314	.984025
	2	.639574	.700850	.752321	.831355	.886084	.923591
	3	.336261	.408455	.475507	.593292	.689620	.766362
	4	.117888	.165429	.215259	.317771	.418709	.513416
	5	.026577	.044696	.066545	.120292	.184926	.257007
N = 6	-3	.999998	.999999	.999999	.999999	.999999	.999999
	-2	.999918	.999943	.999961	.999981	.999991	.999996
	-1	.998132	.998667	.999047	.999511	.999748	.999870
	0	.979669	.984791	.988612	.993599	.996390	.997958
	1	.886885	.910349	.928960	.955420	.972050	.982492
	2	.651401	.704838	.750643	.823116	.875443	.912859
	3	.338420	.401270	.460529	.567201	.657609	.732420
	4	.113389	.152917	.194663	.282022	.370537	.456394
	5	.023398	.037101	.053598	.094536	.144848	.202601
N = 7	-2	.999940	.999958	.999970	.999985	.999993	.999996
	-1	.998500	.998908	.999203	.999575	.999772	.999877
	0	.982287	.986477	.989666	.993951	.996448	.997909
	1	.894714	.914951	.931312	.955227	.970841	.981028
	2	.660333	.707752	.749058	.816003	.865988	.902975
	3	.339860	.395503	.448543	.545772	.630432	.702561
	4	.109827	.143507	.179209	.254711	.332707	.410172
	5	.021105	.031902	.044834	.076980	.116943	.163665
N = 8	-2	.999954	.999967	.999976	.999988	.999994	.999997
	-1	.998751	.999074	.999312	.999619	.999788	.999882
	0	.984191	.987714	.990444	.994205	.996476	.997851
	1	.900698	.918481	.933093	.954958	.969705	.979642

T = 2.6 (CONT.)

	L D	0	1	2	4	6	8
	2	.667326	.709970	.747606	.809814	.857559	.893900
	3	.340867	.390781	.438750	.527914	.607193	.676305
	4	.106948	.136198	.167250	.233342	.302526	.372427
	5	.019383	.028166	.038614	.064527	.096906	.135192
N = 9	-2	.999963	.999973	.999980	.999990	.999994	.999997
	-1	.998930	.999193	.999391	.999652	.999800	.999885
	0	.985631	.988657	.991039	.994395	.996485	.997791
	1	.905420	.921274	.934484	.954656	.968644	.978336
	2	.672955	.711713	.746290	.804390	.850018	.885576
	3	.341599	.386849	.430608	.512836	.587169	.653171
	4	.104576	.130370	.157758	.216269	.278077	.343315
	5	.018049	.025376	.034029	.055389	.082109	.113911
N = 10	-2	.999969	.999977	.999983	.999991	.999995	.999997
	-1	.999063	.999283	.999451	.999677	.999809	.999886
	0	.986754	.989399	.991509	.994542	.996483	.997728
	1	.909240	.923540	.935600	.954342	.967657	.977107
	2	.677586	.713115	.745104	.799604	.843243	.877940
	3	.342146	.383525	.423738	.499958	.569784	.632718
	4	.102591	.125623	.150062	.202379	.257988	.315414
	5	.016988	.023226	.030539	.048487	.070902	.097672
N = 11	-2	.999974	.999981	.999986	.999992	.999995	.999997
	-1	.999165	.999353	.999497	.999696	.999816	.999888
	0	.987653	.989996	.991888	.994657	.996473	.997667
	1	.912392	.925414	.936513	.954029	.966739	.975954
	2	.681465	.714268	.744034	.795352	.837132	.870927
	3	.342565	.380680	.417867	.488846	.554581	.614562
	4	.100907	.121686	.143711	.190899	.241265	.293635
	5	.016126	.021527	.027813	.043141	.062224	.085038
N = 12	-2	.999978	.999983	.999987	.999993	.999996	.999998
	-1	.999245	.999408	.999535	.999712	.999821	.999888
	0	.988387	.990486	.992201	.994750	.996458	.997606
	1	.915039	.926991	.937273	.953723	.965886	.974870
	2	.684762	.715232	.743067	.791552	.831598	.864476
	3	.342893	.378219	.412795	.479169	.541196	.598377
	4	.099461	.118371	.138389	.181277	.227178	.275149
	5	.015413	.020154	.025635	.038911	.055369	.075036
N = 13	-2	.999980	.999985	.999989	.999993	.999996	.999998
	-1	.999310	.999452	.999565	.999725	.999825	.999888
	0	.988997	.990896	.992463	.994825	.996440	.997547
	1	.917291	.928335	.937915	.953429	.965092	.973852
	2	.687600	.716049	.742191	.788137	.826567	.858530
	3	.343154	.376070	.408371	.470673	.529335	.583884
	4	.098206	.115545	.133870	.173114	.215184	.259318
	5	.014814	.019026	.023863	.035501	.049859	.066991
N = 14	-2	.999983	.999987	.999990	.999994	.999996	.999998
	-1	.999362	.999489	.999590	.999735	.999828	.999889
	0	.989511	.991243	.992685	.994888	.996421	.997490
	1	.919231	.929494	.938464	.953148	.964353	.972896
	2	.690068	.716750	.741395	.785053	.821976	.853040
	3	.343364	.374176	.404479	.463160	.518764	.570851
	4	.097108	.113106	.129989	.166114	.204874	.245646
	5	.014305	.018084	.022397	.032708	.045362	.060427

DOUBLY NONCENTRAL t

T = 2.6 (CONT.)

	L D	0	1	2	4	6	8
N = 15	-2	.999984	.999988	.999990	.999994	.999996	.999998
	-1	.999406	.999520	.999611	.999744	.999831	.999888
	0	.989950	.991541	.992876	.994940	.996400	.997434
	1	.920920	.930505	.938938	.952881	.963663	.971996
	2	.692235	.717358	.740669	.782255	.817772	.847959
	3	.343536	.372496	.401029	.456471	.509290	.559082
	4	.096139	.110983	.126623	.160053	.195933	.233749
	5	.013866	.017286	.021167	.030386	.041640	.055001
N = 16	-2	.999986	.999989	.999991	.999994	.999997	.999998
	-1	.999443	.999546	.999629	.999752	.999834	.999888
	0	.990330	.991799	.993041	.994984	.996378	.997381
	1	.922403	.931394	.939352	.952627	.963019	.971149
	2	.694153	.717890	.740005	.779706	.813910	.843247
	3	.343679	.370996	.397952	.450481	.500758	.548413
	4	.095277	.109117	.123677	.154759	.188117	.223323
	5	.013486	.016603	.020122	.028432	.038521	.050463
N = 17	-2	.999987	.999990	.999992	.999995	.999997	.999998
	-1	.999475	.999568	.999644	.999759	.999836	.999888
	0	.990660	.992024	.993187	.995021	.996357	.997330
	1	.923716	.932181	.939715	.952387	.962416	.970350
	2	.695862	.718359	.739396	.777373	.810351	.838868
	3	.343798	.369648	.395190	.445087	.493037	.538703
	4	.094506	.107466	.121079	.150102	.181236	.214125
	5	.013152	.016012	.019226	.026769	.035880	.046627
N = 18	-2	.999988	.999990	.999992	.999995	.999997	.999998
	-1	.999502	.999587	.999658	.999764	.999837	.999887
	0	.990950	.992224	.993315	.995054	.996335	.997281
	1	.924886	.932884	.940038	.952160	.961851	.969596
	2	.697395	.718776	.738836	.775232	.807061	.834789
	3	.343898	.368430	.392697	.440206	.486021	.529835
	4	.093812	.105994	.118771	.145974	.175138	.205962
	5	.012857	.015496	.018449	.025340	.033620	.043354
N = 19	-2	.999989	.999991	.999993	.999995	.999997	.999998
	-1	.999525	.999604	.999670	.999769	.999838	.999887
	0	.991207	.992400	.993429	.995082	.996314	.997234
	1	.925935	.933514	.940325	.951945	.961321	.968884
	2	.698779	.719149	.738318	.773259	.804013	.830983
	3	.343983	.367324	.390436	.435769	.479620	.521708
	4	.093185	.104675	.116709	.142294	.169702	.198678
	5	.012594	.015043	.017769	.024101	.031669	.040537
N = 20	-2	.999989	.999991	.999993	.999995	.999997	.999998
	-1	.999546	.999619	.999680	.999774	.999840	.999886
	0	.991437	.992558	.993531	.995106	.996293	.997189
	1	.926882	.934084	.940583	.951741	.960822	.968210
	2	.700033	.719485	.737839	.771436	.801180	.827424
	3	.344055	.366316	.388377	.431719	.473758	.514238
	4	.092614	.103485	.114855	.138994	.164829	.192143
	5	.012359	.014641	.017171	.023018	.029972	.038092

T = 2.8

N	D\L	0	1	2	4	6	8
N = 2	-3	.999975	.999985	.999990	.999996	.999999	.999999
	-2	.999312	.999569	.999730	.999894	.999958	.999984
	-1	.991353	.994491	.996488	.998571	.999417	.999762
	0	.946304	.964791	.976899	.990039	.995695	.998136
	1	.814999	.873083	.912927	.959013	.980707	.990919
	2	.595142	.703884	.783908	.885627	.939902	.968621
	3	.357660	.492138	.601222	.758405	.856451	.916056
	4	.175587	.294338	.403266	.585869	.721725	.817773
	5	.070351	.149105	.232551	.398372	.547108	.670088
N = 3	-3	.999991	.999995	.999997	.999999	.999999	.999999
	-2	.999712	.999816	.999882	.999952	.999980	.999992
	-1	.995556	.997089	.998092	.999178	.999645	.999846
	0	.966074	.976957	.984337	.992747	.996633	.998433
	1	.858742	.898925	.927681	.962986	.981062	.990315
	2	.641519	.725351	.790112	.878261	.929958	.959985
	3	.376644	.483513	.574897	.716913	.815080	.881123
	4	.168030	.256784	.342879	.499652	.630034	.732971
	5	.056265	.106599	.163189	.286445	.411361	.527961
N = 4	-3	.999996	.999998	.999998	.999999	.999999	.999999
	-2	.999850	.999902	.999936	.999973	.999988	.999995
	-1	.997277	.998170	.998768	.999441	.999745	.999883
	0	.975594	.982910	.988023	.994103	.997088	.998558
	1	.882946	.913390	.935924	.964945	.980834	.989529
	2	.669370	.737975	.792865	.871438	.920847	.951611
	3	.387095	.476151	.554927	.683690	.779166	.848121
	4	.161358	.231592	.301839	.436267	.556219	.658081
	5	.047286	.082385	.122906	.215629	.316610	.418319
N = 5	-3	.999998	.999999	.999999	.999999	.999999	.999999
	-2	.999911	.999940	.999960	.999982	.999992	.999996
	-1	.998137	.998717	.999116	.999579	.999798	.999903
	0	.981003	.986342	.990172	.994899	.997345	.998614
	1	.898248	.922628	.941177	.966020	.980387	.988689
	2	.688110	.746334	.794177	.865368	.912611	.943659
	3	.393674	.470139	.539370	.656665	.748163	.817799
	4	.155936	.213682	.272476	.388582	.497175	.594187
	5	.041220	.067249	.097627	.169030	.250292	.336323
N = 6	-2	.999941	.999960	.999973	.999987	.999994	.999997
	-1	.998626	.999033	.999319	.999661	.999831	.999915
	0	.984418	.988538	.991561	.995415	.997502	.998635
	1	.908766	.929033	.944810	.966643	.979857	.987847
	2	.701641	.752292	.794795	.860016	.905192	.936197
	3	.398176	.465220	.526951	.634351	.721390	.790337
	4	.151551	.200370	.250602	.351872	.449724	.540389
	5	.036903	.057110	.080760	.137130	.203050	.275208
N = 7	-2	.999959	.999971	.999980	.999990	.999995	.999998
	-1	.998930	.999232	.999449	.999715	.999852	.999923
	0	.986738	.990047	.992524	.995773	.997604	.998638
	1	.916427	.933733	.947468	.967010	.979301	.987026
	2	.711895	.756760	.795049	.855295	.898510	.929240
	3	.401439	.461152	.516828	.615678	.698189	.765633
	4	.147968	.190123	.233774	.323001	.411234	.495214
	5	.033702	.049948	.068937	.114486	.168637	.229267
N = 8	-2	.999969	.999978	.999985	.999992	.999996	.999998
	-1	.999132	.999366	.999537	.999752	.999866	.999928

DOUBLY NONCENTRAL t

T = 2.8 (CONT.)

	L\D	0	1	2	4	6	8
	0	.988401	.991140	.993227	.996034	.997672	.998630
	1	.922247	.937327	.949494	.967223	.978749	.986235
	2	.719946	.760235	.795103	.851118	.892480	.922778
	3	.403905	.457742	.508428	.599860	.677984	.743469
	4	.145000	.182011	.220481	.299856	.379667	.457181
	5	.031245	.044673	.060311	.097886	.142989	.194262
N = 9	-2	.999976	.999983	.999988	.999994	.999997	.999998
	-1	.999274	.999462	.999600	.999779	.999877	.999931
	0	.989644	.991965	.993761	.996232	.997718	.998616
	1	.926816	.940164	.951088	.967341	.978213	.985479
	2	.726441	.763017	.795044	.847404	.887026	.916785
	3	.405831	.454850	.501354	.586313	.660289	.723581
	4	.142509	.175442	.209747	.280981	.353484	.424992
	5	.029308	.040655	.053807	.085371	.123451	.167180
N = 10	-2	.999981	.999986	.999990	.999995	.999997	.999998
	-1	.999378	.999532	.999647	.999799	.999885	.999934
	0	.990603	.992607	.994179	.996386	.997751	.998597
	1	.930494	.942459	.952374	.967396	.977700	.984761
	2	.731796	.765295	.794920	.844086	.882078	.911231
	3	.407374	.452368	.495318	.574597	.644704	.705709
	4	.140391	.170021	.200918	.265353	.331529	.397573
	5	.027745	.037508	.048764	.075703	.108265	.145901
N = 11	-2	.999984	.999988	.999991	.999995	.999997	.999999
	-1	.999456	.999585	.999683	.999815	.999891	.999936
	0	.991363	.993119	.994515	.996508	.997773	.998577
	1	.933517	.944353	.953433	.967411	.977213	.984080
	2	.736288	.767194	.794762	.841108	.877573	.906080
	3	.408636	.450218	.490110	.564376	.630899	.689612
	4	.138570	.165476	.193542	.252240	.312927	.374054
	5	.026461	.034986	.044764	.068073	.096243	.128931
N = 12	-2	.999987	.999990	.999993	.999996	.999998	.999999
	-1	.999517	.999627	.999712	.999827	.999896	.999937
	0	.991978	.993537	.994790	.996608	.997788	.998555
	1	.936046	.945943	.954319	.967398	.976752	.983436
	2	.740112	.768802	.794584	.838421	.873460	.901300
	3	.409686	.448337	.485573	.555389	.618605	.675072
	4	.136990	.161613	.187294	.241106	.297016	.353737
	5	.025388	.032927	.041528	.061939	.086568	.115206
N = 13	-2	.999988	.999991	.999993	.999996	.999998	.999999
	-1	.999565	.999660	.999735	.999837	.999900	.999938
	0	.992485	.993883	.995019	.996691	.997798	.998532
	1	.938191	.947297	.955071	.967367	.976317	.982825
	2	.743408	.770180	.794399	.835987	.869693	.896859
	3	.410573	.446680	.481586	.547430	.607599	.661897
	4	.135606	.158291	.181941	.231552	.283285	.336067
	5	.024479	.031217	.038864	.056926	.078666	.103963
N = 14	-2	.999990	.999992	.999994	.999997	.999998	.999999
	-1	.999604	.999688	.999753	.999846	.999903	.999939
	0	.992910	.994175	.995212	.996761	.997804	.998510
	1	.940034	.948464	.955717	.967324	.975906	.982248
	2	.746277	.771376	.794212	.833772	.866232	.892726
	3	.411332	.445208	.478056	.540337	.597698	.649922
	4	.134384	.155405	.177307	.223276	.271341	.320598
	5	.023700	.029777	.036640	.052771	.072125	.094640

T = 2.8 (CONT.)

	L D	0	1	2	4	6	8
N = 15	-2	.999991	.999993	.999995	.999997	.999998	.999999
	-1	.999636	.999710	.999769	.999853	.999906	.999940
	0	.993270	.994424	.995378	.996820	.997808	.998487
	1	.941633	.949479	.956278	.967272	.975519	.981701
	2	.748799	.772422	.794027	.831749	.863042	.888875
	3	.411988	.443893	.474909	.533978	.588752	.639004
	4	.133299	.152875	.173259	.216047	.260872	.306972
	5	.023025	.028550	.034759	.049282	.066646	.086826
N = 16	-2	.999992	.999994	.999995	.999997	.999998	.999999
	-1	.999663	.999729	.999782	.999859	.999908	.999940
	0	.993579	.994638	.995521	.996870	.997810	.998465
	1	.943034	.950370	.956769	.967215	.975154	.981184
	2	.751033	.773346	.793847	.829895	.860095	.885280
	3	.412560	.442711	.472087	.528247	.580633	.629017
	4	.132327	.150641	.169694	.209685	.251636	.294899
	5	.022436	.027492	.033150	.046320	.062007	.080210
N = 17	-2	.999993	.999994	.999996	.999997	.999998	.999999
	-1	.999686	.999745	.999794	.999864	.999910	.999941
	0	.993847	.994825	.995646	.996914	.997809	.998443
	1	.944271	.951159	.957203	.967156	.974810	.980693
	2	.753026	.774167	.793673	.828190	.857364	.881918
	3	.413063	.441643	.469541	.523057	.573236	.619855
	4	.131453	.148653	.166532	.204046	.243435	.284144
	5	.021917	.026572	.031760	.043780	.058041	.074558
N = 18	-2	.999993	.999995	.999996	.999997	.999998	.999999
	-1	.999705	.999759	.999803	.999869	.999912	.999941
	0	.994082	.994989	.995756	.996952	.997808	.998422
	1	.945372	.951863	.957589	.967094	.974485	.980228
	2	.754815	.774902	.793505	.826616	.854828	.878770
	3	.413509	.440673	.467235	.518336	.566472	.611426
	4	.130663	.146873	.163709	.199018	.236112	.274515
	5	.021456	.025765	.030548	.041581	.054619	.069688
N = 19	-2	.999994	.999995	.999996	.999998	.999998	.999999
	-1	.999721	.999771	.999812	.999873	.999913	.999941
	0	.994288	.995134	.995854	.996986	.997806	.998401
	1	.946357	.952493	.957934	.967032	.974178	.979786
	2	.756430	.775563	.793345	.825160	.852467	.875817
	3	.413907	.439789	.465135	.514025	.560265	.603649
	4	.129945	.145271	.161174	.194509	.229540	.265853
	5	.021044	.025052	.029484	.039663	.051644	.065460
N = 20	-2	.999994	.999996	.999996	.999998	.999999	.999999
	-1	.999736	.999782	.999819	.999876	.999915	.999941
	0	.994471	.995263	.995941	.997015	.997803	.998381
	1	.947244	.953062	.958245	.966971	.973887	.979367
	2	.757896	.776162	.793192	.823808	.850264	.873042
	3	.414265	.438980	.463215	.510072	.554551	.596455
	4	.129290	.143821	.158887	.190445	.223611	.258027
	5	.020675	.024418	.028543	.037977	.049039	.061763

DOUBLY NONCENTRAL t

T = 3.0

	L D	0	1	2	4	6	8
N = 2	-3	.999978	.999987	.999992	.999997	.999999	.999999
	-2	.999396	.999623	.999765	.999908	.999964	.999986
	-1	.992371	.995166	.996936	.998768	.999503	.999800
	0	.952267	.968963	.979809	.991443	.996367	.998455
	1	.833559	.887216	.923573	.964903	.983883	.992600
	2	.629386	.733495	.808736	.902016	.950123	.974754
	3	.399132	.534790	.642055	.791439	.880619	.932660
	4	.211215	.339795	.453768	.636601	.765551	.852406
	5	.093195	.186518	.281171	.459346	.609489	.726931
N = 3	-3	.999993	.999996	.999997	.999999	.999999	.999999
	-2	.999761	.999848	.999903	.999961	.999984	.999994
	-1	.996277	.997581	.998427	.999334	.999717	.999880
	0	.971166	.980633	.986984	.994110	.997329	.998786
	1	.877401	.913576	.939081	.969738	.984973	.992541
	2	.680027	.759406	.819506	.899045	.943948	.969079
	3	.425022	.533599	.624027	.759591	.849040	.906630
	4	.207473	.306435	.399267	.560957	.688284	.783873
	5	.078150	.141242	.209309	.349880	.483750	.601853
N = 4	-3	.999997	.999998	.999999	.999999	.999999	.999999
	-2	.999882	.999923	.999950	.999979	.999991	.999996
	-1	.997820	.998549	.999034	.999570	.999808	.999914
	0	.980029	.986197	.990454	.995424	.997801	.998941
	1	.901321	.928172	.947723	.972321	.985354	.992256
	2	.710539	.774983	.825486	.895693	.938123	.963535
	3	.440153	.531218	.609723	.733535	.821168	.881709
	4	.202851	.282986	.360669	.503121	.623676	.721095
	5	.067836	.113724	.164769	.275909	.390009	.498838
N = 5	-2	.999933	.999956	.999971	.999987	.999994	.999998
	-1	.998566	.999024	.999336	.999691	.999856	.999932
	0	.984950	.989334	.992436	.996188	.998074	.999024
	1	.916262	.937407	.953221	.973887	.985435	.991883
	2	.731110	.785474	.829229	.892448	.932756	.958229
	3	.450145	.528776	.598239	.711919	.796670	.858414
	4	.198625	.265730	.332117	.458078	.570113	.665541
	5	.060515	.095661	.135346	.224481	.320508	.417083
N = 6	-2	.999958	.999971	.999981	.999991	.999996	.999998
	-1	.998979	.999291	.999507	.999761	.999884	.999943
	0	.987996	.991303	.993694	.996679	.998246	.999072
	1	.926426	.943760	.957019	.974913	.985371	.991477
	2	.745980	.793051	.831754	.889441	.927851	.953206
	3	.457257	.526538	.588861	.693754	.775137	.836932
	4	.194977	.252553	.310260	.422351	.525666	.617157
	5	.055115	.083092	.114894	.187635	.268514	.352911
N = 7	-2	.999971	.999980	.999986	.999994	.999997	.999999
	-1	.999229	.999455	.999614	.999806	.999902	.999950
	0	.990029	.992634	.994554	.997018	.998363	.999099
	1	.933761	.948389	.959796	.975621	.985231	.991061
	2	.757259	.798795	.833549	.886697	.923375	.948480
	3	.462586	.524551	.581075	.678311	.756166	.817267
	4	.191865	.242187	.293060	.393526	.488582	.575276
	5	.050995	.073943	.100078	.160476	.229039	.302476
N = 8	-2	.999979	.999986	.999990	.999995	.999998	.999999
	-1	.999392	.999562	.999685	.999836	.999914	.999955
	0	.991464	.993584	.995174	.997264	.998446	.999115

T = 3.0 (CONT.)

	L/D	0	1	2	4	6	8
	1	.939291	.951909	.961913	.976129	.985053	.990649
	2	.766121	.803304	.834875	.884207	.919292	.944051
	3	.466731	.522804	.574516	.665046	.739392	.799330
	4	.189205	.233834	.279213	.369903	.457410	.539053
	5	.047764	.067039	.088973	.139933	.198570	.262552
N = 9	-2	.999984	.999989	.999992	.999996	.999998	.999999
	-1	.999504	.999637	.999735	.999857	.999923	.999958
	0	.992522	.994291	.995639	.997450	.998506	.999123
	1	.943602	.954673	.963579	.976503	.984855	.990248
	2	.773273	.806942	.835884	.881949	.915560	.939909
	3	.470048	.521267	.568921	.653544	.724499	.782988
	4	.186916	.226968	.267852	.350271	.430993	.507658
	5	.045170	.061673	.080411	.124032	.174658	.230635
N = 10	-2	.999988	.999991	.999994	.999997	.999998	.999999
	-1	.999584	.999692	.999771	.999874	.999930	.999961
	0	.993328	.994835	.995999	.997596	.998552	.999126
	1	.947051	.956898	.964923	.976785	.984650	.989859
	2	.779172	.809941	.836672	.879898	.912144	.936037
	3	.472763	.519910	.564095	.643486	.711216	.768097
	4	.184933	.221230	.258379	.333748	.408418	.480344
	5	.043046	.057401	.073650	.111472	.155594	.204839
N = 11	-2	.999990	.999993	.999995	.999997	.999999	.999999
	-1	.999644	.999732	.999799	.999886	.999935	.999963
	0	.993960	.995265	.996286	.997711	.998587	.999126
	1	.949871	.958729	.966030	.977001	.984443	.989487
	2	.784122	.812455	.837299	.878032	.909009	.932418
	3	.475027	.518708	.559892	.634625	.699318	.754512
	4	.183201	.216367	.250370	.319684	.388973	.456472
	5	.041278	.053931	.068201	.101371	.140170	.183758
N = 12	-2	.999992	.999994	.999996	.999998	.999999	.999999
	-1	.999689	.999764	.999820	.999896	.999939	.999964
	0	.994467	.995612	.996519	.997806	.998615	.999124
	1	.952218	.960260	.966956	.977169	.984239	.989129
	2	.788337	.814595	.837807	.876328	.906124	.929035
	3	.476944	.517637	.556200	.626764	.688612	.742097
	4	.181678	.212194	.243516	.307591	.372094	.435506
	5	.039785	.051062	.063733	.093116	.127520	.166341
N = 13	-2	.999993	.999995	.999996	.999998	.999999	.999999
	-1	.999725	.999789	.999837	.999903	.999942	.999966
	0	.994881	.995898	.996712	.997884	.998636	.999120
	1	.954200	.961559	.967743	.977301	.984041	.988788
	2	.791969	.816439	.838224	.874769	.903464	.925870
	3	.478588	.516678	.552931	.619748	.678939	.730728
	4	.180329	.208577	.237591	.297099	.357337	.416999
	5	.038509	.048656	.060013	.086275	.117017	.151804
N = 14	-2	.999994	.999996	.999997	.999998	.999999	.999999
	-1	.999754	.999809	.999851	.999910	.999945	.999967
	0	.995224	.996137	.996874	.997950	.998654	.999114
	1	.955895	.962675	.968420	.977406	.983849	.988463
	2	.795133	.818044	.838571	.873338	.901004	.922905
	3	.480013	.515815	.550018	.613449	.670164	.720293
	4	.179126	.205412	.232420	.287921	.344350	.400580
	5	.037406	.046612	.056876	.080533	.108197	.139552

DOUBLY NONCENTRAL t

T = 3.0 (CONT.)

	L D	0	1	2	4	6	8
N = 15	-2	.999995	.999996	.999997	.999998	.999999	.999999
	-1	.999777	.999825	.999863	.999915	.999947	.999967
	0	.995514	.996339	.997012	.998006	.998668	.999109
	1	.957362	.963644	.969007	.977490	.983663	.988153
	2	.797914	.819454	.838863	.872021	.898725	.920126
	3	.481260	.515035	.547406	.607766	.662173	.710693
	4	.178047	.202620	.227871	.279834	.332849	.385943
	5	.036445	.044855	.054199	.075661	.100715	.129132
N = 16	-2	.999996	.999997	.999997	.999998	.999999	.999999
	-1	.999796	.999838	.999872	.999920	.999949	.999968
	0	.995760	.996513	.997130	.998055	.998679	.999102
	1	.958642	.964493	.969522	.977557	.983486	.987857
	2	.800378	.820702	.839111	.870804	.896607	.917516
	3	.482362	.514327	.545051	.602613	.654870	.701840
	4	.177075	.200140	.223839	.272659	.322606	.372834
	5	.035599	.043332	.051891	.071485	.094307	.120197
N = 17	-2	.999996	.999997	.999998	.999999	.999999	.999999
	-1	.999812	.999850	.999880	.999923	.999951	.999968
	0	.995973	.996663	.997233	.998096	.998689	.999095
	1	.959770	.965243	.969977	.977611	.983316	.987575
	2	.802576	.821816	.839323	.869678	.894634	.915063
	3	.483341	.513681	.542917	.597922	.648174	.693657
	4	.176195	.197922	.220243	.266256	.313434	.361041
	5	.034850	.041998	.049884	.067872	.088774	.112474
N = 18	-2	.999996	.999997	.999998	.999999	.999999	.999999
	-1	.999825	.999860	.999887	.999927	.999952	.999969
	0	.996157	.996794	.997324	.998133	.998696	.999088
	1	.960770	.965910	.970382	.977655	.983153	.987307
	2	.804550	.822815	.839507	.868634	.892794	.912755
	3	.484217	.513090	.540975	.593634	.642013	.686075
	4	.175394	.195927	.217016	.260509	.305182	.350389
	5	.034183	.040823	.048124	.064723	.083959	.105751
N = 19	-2	.999997	.999997	.999998	.999999	.999999	.999999
	-1	.999837	.999868	.999893	.999930	.999954	.999969
	0	.996319	.996909	.997403	.998166	.998703	.999081
	1	.961663	.966507	.970745	.977690	.982997	.987050
	2	.806331	.823717	.839666	.867661	.891074	.910579
	3	.485006	.512548	.539199	.589699	.636329	.679035
	4	.174662	.194123	.214105	.255326	.297722	.340729
	5	.033583	.039779	.046570	.061956	.079738	.099860
N = 20	-2	.999997	.999998	.999998	.999999	.999999	.999999
	-1	.999847	.999875	.999898	.999932	.999955	.999970
	0	.996462	.997011	.997474	.998195	.998708	.999074
	1	.962465	.967045	.971071	.977718	.982849	.986806
	2	.807948	.824535	.839806	.866755	.889462	.908525
	3	.485720	.512048	.537570	.586077	.631070	.672484
	4	.173991	.192485	.211467	.250629	.290951	.331935
	5	.033043	.038846	.045188	.059509	.076014	.094666

T = 3.2

N	L\D	0	1	2	4	6	8
N = 2	-3	.999981	.999988	.999993	.999997	.999999	.999999
	-2	.999465	.999667	.999793	.999920	.999969	.999988
	-1	.993224	.995727	.997304	.998926	.999572	.999829
	0	.957330	.972453	.982210	.992571	.996894	.998699
	1	.849680	.899226	.932440	.969635	.986353	.993867
	2	.660214	.759321	.829812	.915301	.958083	.979359
	3	.438474	.573508	.677869	.818848	.899757	.945266
	4	.247488	.383460	.500307	.680440	.801456	.879459
	5	.118637	.225237	.329126	.515252	.663359	.773466
N = 3	-3	.999994	.999996	.999998	.999999	.999999	.999999
	-2	.999799	.999873	.999920	.999968	.999987	.999995
	-1	.996854	.997970	.998690	.999453	.999771	.999904
	0	.975334	.983594	.989082	.995157	.997848	.999042
	1	.893202	.925705	.948320	.974999	.987909	.994155
	2	.714298	.788804	.844199	.915683	.954671	.975774
	3	.471160	.579498	.667569	.795325	.876099	.926050
	4	.248678	.355739	.453083	.615786	.737566	.824814
	5	.103782	.179354	.257782	.411870	.550272	.666085
N = 4	-3	.999998	.999999	.999999	.999999	.999999	.999999
	-2	.999906	.999939	.999961	.999984	.999993	.999997
	-1	.998238	.998838	.999233	.999665	.999853	.999936
	0	.983550	.988762	.992318	.996404	.998313	.999207
	1	.916563	.940157	.957085	.977939	.988666	.994181
	2	.746853	.806695	.852706	.914975	.951259	.972229
	3	.490977	.582096	.658775	.775740	.855005	.907542
	4	.247056	.335374	.418475	.564833	.682622	.773443
	5	.092812	.149849	.211054	.338111	.461357	.572945
N = 5	-2	.999949	.999966	.999978	.999990	.999996	.999998
	-1	.998886	.999250	.999494	.999770	.999895	.999952
	0	.988002	.991605	.994124	.997115	.998581	.999300
	1	.930949	.949188	.962616	.979775	.989067	.994094
	2	.768767	.818824	.858342	.913893	.948018	.968809
	3	.504439	.583334	.651416	.759234	.836231	.890054
	4	.244811	.319902	.392144	.524025	.635770	.726688
	5	.084638	.129613	.178765	.284354	.392158	.495288
N = 6	-2	.999969	.999979	.999986	.999994	.999997	.999999
	-1	.999234	.999474	.999638	.999829	.999919	.999961
	0	.990700	.993354	.995248	.997566	.998751	.999358
	1	.940615	.955334	.966412	.981019	.989283	.993954
	2	.784583	.827629	.862349	.912698	.944995	.965547
	3	.514240	.583932	.645230	.745162	.819512	.873722
	4	.242547	.307790	.371507	.490840	.595857	.684842
	5	.078389	.115036	.155480	.244260	.338132	.431556
N = 7	-2	.999980	.999986	.999991	.999996	.999998	.999999
	-1	.999439	.999608	.999726	.999866	.999934	.999967
	0	.992467	.994515	.996003	.997874	.998867	.999395
	1	.947517	.959771	.969172	.981909	.989393	.993787
	2	.796561	.834331	.865341	.911496	.942194	.962456
	3	.521720	.584200	.639982	.733042	.804593	.858574
	4	.240440	.298068	.354942	.463471	.561753	.647690
	5	.073488	.104122	.138091	.213681	.295567	.379454
N = 8	-2	.999986	.999990	.999993	.999997	.999998	.999999
	-1	.999570	.999695	.999783	.999890	.999944	.999971
	0	.993694	.995329	.996539	.998096	.998950	.999420

T = 3.2 (CONT.)

	L\D	0	1	2	4	6	8
	1	.952670	.963118	.971266	.982573	.989440	.993608
	2	.805958	.839610	.867658	.910334	.939607	.959538
	3	.527628	.584288	.635484	.722508	.791241	.844579
	4	.238536	.290102	.341378	.440607	.532468	.614806
	5	.069558	.095692	.124724	.189870	.261644	.336761
N = 9	-2	.999990	.999993	.999995	.999998	.999999	.999999
	-1	.999658	.999753	.999822	.999907	.999951	.999974
	0	.994584	.995927	.996936	.998262	.999013	.999438
	1	.956652	.965726	.972907	.983083	.989447	.993423
	2	.813533	.843880	.869501	.909233	.937216	.956789
	3	.532419	.584274	.631591	.713277	.779252	.831672
	4	.236830	.283462	.330086	.421280	.507173	.585701
	5	.066344	.089014	.114196	.170977	.234272	.301579
N = 10	-2	.999992	.999994	.999996	.999998	.999999	.999999
	-1	.999720	.999795	.999850	.999919	.999957	.999977
	0	.995254	.996381	.997239	.998391	.999060	.999450
	1	.959816	.967814	.974227	.983485	.989428	.993239
	2	.819772	.847408	.871002	.908198	.935007	.954203
	3	.536387	.584203	.628192	.705127	.768447	.819775
	4	.235306	.277846	.320550	.404770	.485187	.559898
	5	.063672	.083610	.105731	.155731	.211917	.272379
N = 11	-2	.999994	.999996	.999997	.999998	.999999	.999999
	-1	.999765	.999826	.999871	.999929	.999961	.999978
	0	.995773	.996736	.997479	.998493	.999098	.999459
	1	.962384	.969521	.975310	.983809	.989393	.993057
	2	.825003	.850373	.872245	.907232	.932963	.951770
	3	.539728	.584098	.625201	.697885	.758674	.808803
	4	.233942	.273037	.312399	.390530	.465958	.536961
	5	.061419	.079158	.098802	.143241	.193445	.247950
N = 12	-2	.999995	.999996	.999997	.999999	.999999	.999999
	-1	.999799	.999849	.999887	.999936	.999964	.999980
	0	.996184	.997020	.997671	.998576	.999128	.999465
	1	.964509	.970942	.976214	.984074	.989346	.992879
	2	.829451	.852921	.873292	.906330	.931067	.949482
	3	.542581	.583976	.622549	.691409	.749803	.798676
	4	.232719	.268873	.305357	.378143	.449039	.516505
	5	.059496	.075434	.093044	.132869	.178013	.227348
N = 13	-2	.999996	.999997	.999998	.999999	.999999	.999999
	-1	.999825	.999868	.999900	.999942	.999966	.999981
	0	.996516	.997251	.997829	.998645	.999153	.999469
	1	.966293	.972142	.976981	.984294	.989293	.992707
	2	.833282	.855082	.874184	.905490	.929307	.947328
	3	.545047	.583845	.620183	.685588	.741723	.789316
	4	.231617	.265234	.299216	.367282	.434066	.498195
	5	.057836	.072278	.088194	.124151	.164989	.209834
N = 14	-2	.999997	.999997	.999998	.999999	.999999	.999999
	-1	.999846	.999882	.999910	.999947	.999969	.999981
	0	.996790	.997442	.997961	.998702	.999173	.999472
	1	.967812	.973169	.977639	.984479	.989236	.992541
	2	.836616	.856983	.874953	.904708	.927670	.945300
	3	.547201	.583711	.618059	.680328	.734337	.780651
	4	.230621	.262027	.293815	.357692	.420742	.481747
	5	.056389	.069572	.084061	.116744	.153894	.194831

T = 3.2 (CONT.)

	L D	0	1	2	4	6	8
N = 15	-2	.999997	.999998	.999998	.999999	.999999	.999999
	-1	.999863	.999894	.999918	.999951	.999970	.999982
	0	.997018	.997603	.998072	.998751	.999190	.999474
	1	.969120	.974057	.978209	.984635	.989176	.992380
	2	.839545	.858656	.875622	.903977	.926144	.943388
	3	.549097	.583578	.616143	.675554	.727565	.772616
	4	.229717	.259181	.289032	.349170	.408826	.466916
	5	.055118	.067228	.080503	.110388	.144360	.181884
N = 16	-2	.999997	.999998	.999999	.999999	.999999	.999999
	-1	.999876	.999903	.999925	.999954	.999972	.999983
	0	.997211	.997739	.998167	.998793	.999204	.999475
	1	.970257	.974832	.978708	.984770	.989114	.992226
	2	.842137	.860139	.876210	.903296	.924718	.941585
	3	.550781	.583447	.614405	.671202	.721336	.765151
	4	.228893	.256638	.284766	.341552	.398116	.453495
	5	.053993	.065181	.077412	.104886	.136101	.170636
N = 17	-2	.999998	.999998	.999999	.999999	.999999	.999999
	-1	.999887	.999911	.999930	.999957	.999973	.999983
	0	.997376	.997857	.998249	.998829	.999217	.999475
	1	.971254	.975515	.979148	.984886	.989053	.992077
	2	.844448	.861463	.876730	.902658	.923384	.939881
	3	.552286	.583320	.612822	.667220	.715590	.758203
	4	.228141	.254352	.280940	.334706	.388447	.441308
	5	.052991	.063377	.074703	.100085	.128896	.160799
N = 18	-2	.999998	.999999	.999999	.999999	.999999	.999999
	-1	.999897	.999918	.999935	.999959	.999974	.999984
	0	.997519	.997959	.998320	.998861	.999227	.999475
	1	.972135	.976120	.979539	.984987	.988992	.991934
	2	.846522	.862652	.877193	.902061	.922134	.938271
	3	.553639	.583198	.611375	.663563	.710276	.751725
	4	.227450	.252287	.277489	.328524	.379681	.430202
	5	.052092	.061778	.072313	.095866	.122566	.152145
N = 19	-2	.999998	.999999	.999999	.999999	.999999	.999999
	-1	.999905	.999924	.999939	.999961	.999975	.999984
	0	.997643	.998048	.998383	.998889	.999236	.999474
	1	.972920	.976661	.979889	.985076	.988932	.991798
	2	.848394	.863726	.877608	.901501	.920960	.936748
	3	.554862	.583080	.610046	.660194	.705348	.745674
	4	.226815	.250412	.274362	.322915	.371703	.420050
	5	.051282	.060350	.070189	.092134	.116971	.144488
N = 20	-2	.999998	.999999	.999999	.999999	.999999	.999999
	-1	.999911	.999929	.999943	.999963	.999976	.999984
	0	.997752	.998127	.998439	.998914	.999244	.999473
	1	.973622	.977147	.980204	.985154	.988873	.991666
	2	.850091	.864701	.877981	.900975	.919856	.935304
	3	.555973	.582968	.608822	.657079	.700766	.740011
	4	.226228	.248702	.271516	.317805	.364416	.410740
	5	.050549	.059068	.068292	.088812	.111998	.137678

DOUBLY NONCENTRAL t

T = 3.4

N		L/D	0	1	2	4	6	8
N =	2	-3	.999983	.999989	.999994	.999998	.999999	.999999
		-2	.999524	.999704	.999817	.999929	.999973	.999990
		-1	.993944	.996196	.997610	.999056	.999627	.999852
		0	.961657	.975399	.984211	.993490	.997313	.998889
		1	.863729	.909495	.939890	.973484	.988304	.994841
		2	.687922	.781888	.847787	.926171	.964366	.982876
		3	.475462	.608495	.709232	.841665	.915026	.954948
		4	.283732	.424838	.542757	.718127	.830853	.900665
		5	.146103	.264313	.375409	.565685	.709345	.811293
N =	3	-3	.999995	.999997	.999998	.999999	.999999	.999999
		-2	.999830	.999893	.999933	.999973	.999989	.999996
		-1	.997321	.998282	.998898	.999546	.999812	.999922
		0	.978769	.985998	.990762	.995973	.998242	.999231
		1	.906610	.935792	.955859	.979142	.990147	.995347
		2	.744664	.814145	.864964	.929070	.962964	.980764
		3	.514587	.621145	.705873	.825149	.897671	.940896
		4	.290681	.403679	.503501	.664121	.778817	.857511
		5	.132662	.219842	.307096	.470744	.609904	.720748
N =	4	-3	.999998	.999999	.999999	.999999	.999999	.999999
		-2	.999924	.999951	.999969	.999987	.999995	.999998
		-1	.998563	.999059	.999384	.999735	.999886	.999951
		0	.986361	.990778	.993761	.997140	.998687	.999396
		1	.929214	.949902	.964548	.982254	.991122	.995561
		2	.778665	.833747	.875363	.930321	.961292	.978618
		3	.538874	.628450	.702155	.811164	.882110	.927357
		4	.292832	.387392	.473899	.620585	.733178	.816248
		5	.121887	.189807	.260233	.399955	.528355	.639004
N =	5	-2	.999960	.999974	.999983	.999993	.999997	.999999
		-1	.999126	.999417	.999610	.999826	.999922	.999965
		0	.990374	.993343	.995394	.997791	.998939	.999489
		1	.942912	.958588	.969964	.984209	.991704	.995644
		2	.801451	.847040	.882389	.930836	.959585	.976518
		3	.555664	.633226	.698692	.799213	.868147	.914495
		4	.293249	.374623	.450839	.584944	.693422	.777910
		5	.113444	.168396	.226571	.346272	.462289	.568055
N =	6	-2	.999977	.999985	.999990	.999996	.999998	.999999
		-1	.999419	.999605	.999732	.999876	.999942	.999973
		0	.992752	.994885	.996389	.998197	.999098	.999548
		1	.951988	.964422	.973642	.985542	.992076	.995661
		2	.817828	.856689	.887471	.930977	.957926	.974495
		3	.568057	.636595	.695593	.788899	.855598	.902387
		4	.292956	.364385	.432403	.555370	.658841	.742861
		5	.106752	.152482	.201493	.304816	.408796	.507599
N =	7	-2	.999985	.999990	.999993	.999997	.999999	.999999
		-1	.999589	.999716	.999803	.999906	.999955	.999978
		0	.994279	.995888	.997044	.998469	.999206	.999587
		1	.958387	.968587	.976292	.986505	.992326	.995639
		2	.830185	.864030	.891323	.930916	.956346	.972563
		3	.577622	.639097	.692852	.779917	.844293	.891054
		4	.292364	.356010	.417348	.530528	.628710	.711098
		5	.101357	.140256	.182247	.272226	.365262	.456458
N =	8	-2	.999990	.999993	.999995	.999998	.999999	.999999
		-1	.999693	.999785	.999849	.999925	.999963	.999982
		0	.995320	.996581	.997501	.998663	.999283	.999615

T = 3.4 (CONT.)

	L D	0	1	2	4	6	8
	1	.963113	.971696	.978287	.987231	.992498	.995596
	2	.839846	.869810	.894346	.930742	.954857	.970726
	3	.585249	.641027	.690428	.772031	.834082	.880484
	4	.291655	.349038	.404837	.509431	.602368	.682437
	5	.096933	.130608	.167105	.246175	.329556	.413247
N = 9	-2	.999993	.999995	.999997	.999998	.999999	.999999
	-1	.999762	.999831	.999879	.999939	.999969	.999984
	0	.996063	.997081	.997834	.998806	.999341	.999635
	1	.966730	.974098	.979839	.987795	.992618	.995539
	2	.847611	.874484	.896782	.930504	.953460	.968985
	3	.591482	.642559	.688280	.765056	.824830	.870644
	4	.290916	.343148	.394286	.491335	.579238	.656614
	5	.093248	.122823	.154939	.225027	.300009	.376652
N = 10	-2	.999995	.999996	.999997	.999999	.999999	.999999
	-1	.999810	.999863	.999901	.999948	.999973	.999986
	0	.996614	.997455	.998086	.998916	.999385	.999651
	1	.969577	.976005	.981080	.988245	.992703	.995475
	2	.853990	.878344	.898786	.930232	.952152	.967336
	3	.596679	.643804	.686367	.758848	.816421	.861491
	4	.290187	.338109	.385276	.475671	.558833	.633342
	5	.090137	.116425	.144989	.207618	.275331	.345526
N = 11	-2	.999996	.999997	.999998	.999999	.999999	.999999
	-1	.999844	.999886	.999917	.999955	.999976	.999987
	0	.997035	.997744	.998282	.999002	.999420	.999662
	1	.971871	.977553	.982093	.988611	.992763	.995406
	2	.859323	.881587	.900465	.929944	.950928	.965776
	3	.601081	.644835	.684656	.753288	.808755	.852977
	4	.289488	.333750	.377496	.462002	.540746	.612342
	5	.087478	.111083	.136722	.193103	.254532	.318913
N = 12	-2	.999997	.999998	.999998	.999999	.999999	.999999
	-1	.999869	.999903	.999928	.999961	.999978	.999988
	0	.997365	.997972	.998438	.999072	.999448	.999671
	1	.973754	.978834	.982934	.988914	.992805	.995335
	2	.863850	.884350	.901891	.929651	.949783	.964301
	3	.604861	.645702	.683119	.748282	.801744	.845053
	4	.288827	.329944	.370715	.449984	.524634	.593355
	5	.085183	.106562	.129763	.180863	.236848	.296026
N = 13	-2	.999998	.999998	.999999	.999999	.999999	.999999
	-1	.999888	.999917	.999938	.999965	.999980	.999989
	0	.997629	.998155	.998564	.999129	.999471	.999678
	1	.975325	.979909	.983645	.989169	.992834	.995263
	2	.867740	.886734	.903117	.929359	.948710	.962905
	3	.608143	.646440	.681730	.743753	.795314	.837671
	4	.288206	.326591	.364754	.439346	.510217	.576145
	5	.083182	.102690	.123834	.170432	.221688	.276226
N = 14	-2	.999998	.999999	.999999	.999999	.999999	.999999
	-1	.999903	.999927	.999945	.999968	.999982	.999990
	0	.997844	.998306	.998669	.999177	.999490	.999684
	1	.976655	.980824	.984252	.989386	.992852	.995191
	2	.871120	.888811	.904183	.929072	.947705	.961585
	3	.611020	.647077	.680472	.739637	.789399	.830788
	4	.287627	.323617	.359475	.429871	.497257	.560506
	5	.081423	.099341	.118731	.161461	.208590	.258995

DOUBLY NONCENTRAL t

T = 3.4 (CONT.)

	L D	0	1	2	4	6	8
N = 15	-2	.999998	.999999	.999999	.999999	.999999	.999999
	-1	.999915	.999935	.999951	.999971	.999983	.999990
	0	.998021	.998431	.998756	.999217	.999507	.999689
	1	.977793	.981611	.984776	.989572	.992863	.995120
	2	.874083	.890638	.905117	.928794	.946762	.960334
	3	.613563	.647631	.679325	.735880	.783942	.824361
	4	.287087	.320960	.354768	.421385	.485557	.546256
	5	.079866	.096417	.114297	.153680	.197192	.243915
N = 16	-1	.999925	.999942	.999955	.999973	.999984	.999991
	0	.998170	.998537	.998830	.999251	.999520	.999692
	1	.978777	.982295	.985233	.989734	.992869	.995050
	2	.876702	.892257	.905943	.928524	.945876	.959150
	3	.615829	.648118	.678278	.732439	.778895	.818352
	4	.286584	.318574	.350547	.413745	.474953	.533234
	5	.078478	.093843	.110413	.146878	.187206	.230642
N = 17	-1	.999932	.999947	.999959	.999975	.999985	.999991
	0	.998296	.998627	.998894	.999281	.999532	.999695
	1	.979637	.982895	.985636	.989875	.992869	.994982
	2	.879034	.893702	.906679	.928265	.945042	.958026
	3	.617860	.648548	.677316	.729276	.774215	.812726
	4	.286115	.316418	.346741	.406833	.465306	.521302
	5	.077233	.091562	.106986	.140890	.178403	.218899
N = 18	-1	.999939	.999952	.999962	.999977	.999986	.999991
	0	.998404	.998705	.998949	.999307	.999543	.999698
	1	.980393	.983426	.985992	.990000	.992867	.994915
	2	.881124	.895000	.907338	.928017	.944257	.956960
	3	.619691	.648932	.676432	.726359	.769865	.807450
	4	.285677	.314461	.343292	.400554	.456496	.510340
	5	.076111	.089526	.103942	.135586	.170598	.208457
N = 19	-1	.999944	.999956	.999965	.999978	.999987	.999992
	0	.998498	.998773	.998997	.999330	.999552	.999700
	1	.981063	.983898	.986310	.990111	.992862	.994851
	2	.883007	.896172	.907932	.927779	.943516	.955947
	3	.621351	.649275	.675615	.723660	.765813	.802495
	4	.285268	.312676	.340152	.394826	.448426	.500243
	5	.075095	.087700	.101222	.130859	.163640	.199128
N = 20	-1	.999949	.999959	.999968	.999980	.999987	.999992
	0	.998579	.998832	.999040	.999350	.999560	.999701
	1	.981661	.984320	.986596	.990210	.992854	.994788
	2	.884713	.897236	.908470	.927551	.942816	.954984
	3	.622862	.649585	.674858	.721156	.762029	.797835
	4	.284886	.311043	.337283	.389582	.441008	.490918
	5	.074170	.086052	.098777	.126624	.157406	.190757

T = 3.6

	L D	0	1	2	4	6	8
N = 2	-3	.999985	.999991	.999994	.999998	.999999	.999999
	-2	.999573	.999736	.999836	.999937	.999976	.999991
	-1	.994557	.996593	.997867	.999163	.999672	.999871
	0	.965379	.977905	.985896	.994248	.997652	.999041

T = 3.6 (CONT.)

	L D	0	1	2	4	6	8
	1	.876018	.918328	.946199	.976653	.989869	.995604
	2	.712813	.801660	.863195	.935146	.969387	.985606
	3	.510007	.640026	.736705	.860749	.927311	.962472
	4	.319412	.463663	.581211	.750457	.854968	.917384
	5	.175016	.302989	.419360	.610678	.748341	.841962
N = 3	-3	.999996	.999997	.999998	.999999	.999999	.999999
	-2	.999855	.999909	.999943	.999978	.999991	.999996
	-1	.997702	.998534	.999064	.999618	.999844	.999936
	0	.981619	.987968	.992121	.996617	.998546	.999374
	1	.918018	.944222	.962053	.982440	.991876	.996243
	2	.771497	.835986	.882463	.939906	.969440	.984533
	3	.555048	.658664	.739410	.850022	.914917	.952315
	4	.332650	.449530	.550078	.706311	.813127	.883549
	5	.164174	.261653	.355989	.525463	.662410	.766600
N = 4	-3	.999998	.999999	.999999	.999999	.999999	.999999
	-2	.999938	.999961	.999975	.999990	.999996	.999998
	-1	.998818	.999231	.999500	.999788	.999910	.999962
	0	.988621	.992375	.994889	.997700	.998964	.999532
	1	.939728	.957852	.970530	.985598	.992965	.996565
	2	.806401	.856763	.894209	.942569	.969002	.983356
	3	.583421	.670225	.740182	.840734	.903770	.942567
	4	.339124	.437952	.526015	.670142	.775966	.850886
	5	.154513	.232515	.310811	.459650	.589608	.696492
N = 5	-2	.999969	.999980	.999987	.999995	.999998	.999999
	-1	.999308	.999542	.999697	.999867	.999941	.999974
	0	.992228	.994681	.996358	.998290	.999196	.999621
	1	.952658	.966102	.975733	.987569	.993637	.996745
	2	.829628	.870794	.902187	.944217	.968374	.982164
	3	.603245	.678225	.740209	.832675	.893718	.933293
	4	.342718	.428537	.506894	.640038	.743095	.820107
	5	.146503	.211028	.277275	.408077	.528678	.633667
N = 6	-2	.999983	.999989	.999993	.999997	.999999	.999999
	-1	.999556	.999701	.999799	.999908	.999958	.999981
	0	.994317	.996035	.997232	.998649	.999340	.999677
	1	.961092	.971562	.979219	.988909	.994086	.996849
	2	.846217	.880940	.907983	.945301	.967673	.980995
	3	.617998	.684135	.739914	.825632	.884627	.924526
	4	.344866	.420791	.491348	.614659	.714046	.791522
	5	.139905	.194606	.251578	.367055	.477816	.578445
N = 7	-2	.999989	.999993	.999995	.999998	.999999	.999999
	-1	.999695	.999791	.999857	.999933	.999968	.999985
	0	.995630	.996897	.997796	.998886	.999436	.999714
	1	.966958	.975408	.981701	.989875	.994402	.996908
	2	.858662	.888631	.912393	.946040	.966952	.979862
	3	.629460	.688700	.739478	.819432	.876381	.916275
	4	.346210	.414325	.478467	.593025	.688341	.765200
	5	.134430	.181693	.231373	.333949	.435254	.530358
N = 8	-2	.999993	.999995	.999997	.999999	.999999	.999999
	-1	.999779	.999847	.999893	.999948	.999975	.999988
	0	.996509	.997481	.998182	.999052	.999505	.999741
	1	.971236	.978245	.983550	.990601	.994635	.996940
	2	.868343	.894668	.915864	.946557	.966237	.978774
	3	.638647	.692341	.738986	.813937	.868881	.908529
	4	.347075	.408856	.467626	.574401	.665536	.741078
	5	.129835	.171300	.215143	.306862	.399459	.488631

DOUBLY NONCENTRAL t

T = 3.6 (CONT.)

	L D	0	1	2	4	6	8
N = 9	-2	.999995	.999997	.999998	.999999	.999999	.999999
	-1	.999833	.999883	.999917	.999959	.999979	.999990
	0	.997126	.997896	.998459	.999173	.999555	.999760
	1	.974473	.980414	.984976	.991166	.994810	.996954
	2	.876088	.899536	.918670	.946925	.965543	.977734
	3	.646191	.695319	.738479	.809035	.862038	.901269
	4	.347639	.404172	.458380	.558227	.645238	.719021
	5	.125936	.162773	.201865	.284417	.369160	.452425
N = 10	-2	.999997	.999998	.999998	.999999	.999999	.999999
	-1	.999870	.999907	.999934	.999966	.999983	.999991
	0	.997576	.998202	.998666	.999264	.999594	.999775
	1	.976996	.982120	.986106	.991616	.994946	.996956
	2	.882423	.903545	.920986	.947188	.964875	.976743
	3	.652504	.697801	.737979	.804637	.855777	.894470
	4	.348007	.400119	.450405	.544070	.627103	.698867
	5	.122592	.155661	.190831	.265599	.343338	.420947
N = 11	-2	.999997	.999998	.999999	.999999	.999999	.999999
	-1	.999896	.999925	.999946	.999971	.999985	.999992
	0	.997915	.998434	.998824	.999335	.999624	.999787
	1	.979010	.983493	.987022	.991983	.995052	.996949
	2	.887701	.906905	.922929	.947377	.964237	.975798
	3	.657870	.699904	.737497	.800671	.850033	.888103
	4	.348244	.396578	.443459	.531588	.610840	.680445
	5	.119695	.149647	.181537	.249655	.321174	.393491
N = 12	-2	.999998	.999999	.999999	.999999	.999999	.999999
	-1	.999914	.999937	.999954	.999975	.999987	.999993
	0	.998177	.998615	.998948	.999392	.999648	.999796
	1	.980650	.984620	.987778	.992287	.995137	.996937
	2	.892166	.909763	.924585	.947512	.963630	.974900
	3	.662491	.701709	.737039	.797077	.844748	.882139
	4	.348392	.393458	.437356	.520511	.596198	.663587
	5	.117164	.144500	.173616	.236013	.302020	.369450
N = 13	-2	.999998	.999999	.999999	.999999	.999999	.999999
	-1	.999928	.999947	.999961	.999979	.999988	.999994
	0	.998384	.998760	.999048	.999438	.999668	.999804
	1	.982008	.985559	.988412	.992544	.995206	.996921
	2	.895991	.912223	.926011	.947606	.963053	.974046
	3	.666514	.703276	.736605	.793806	.839873	.876548
	4	.348476	.390690	.431952	.510622	.582965	.648138
	5	.114936	.140049	.166795	.224237	.285355	.348309
N = 14	-1	.999939	.999954	.999966	.999981	.999989	.999994
	0	.998551	.998877	.999129	.999476	.999684	.999810
	1	.983149	.986354	.988951	.992762	.995263	.996902
	2	.899304	.914364	.927253	.947671	.962506	.973233
	3	.670048	.704650	.736196	.790817	.835363	.871303
	4	.348516	.388216	.427136	.501746	.570962	.633954
	5	.112960	.136164	.160865	.213990	.270764	.329635
N = 15	-1	.999947	.999960	.999970	.999983	.999990	.999994
	0	.998687	.998973	.999197	.999508	.999698	.999815
	1	.984119	.987033	.989415	.992950	.995309	.996881
	2	.902201	.916243	.928345	.947712	.961988	.972461
	3	.673180	.705864	.735813	.788075	.831182	.866378
	4	.348524	.385993	.422817	.493740	.560035	.620906
	5	.111196	.132745	.155669	.205009	.257913	.313069

T = 3.6 (CONT.)

	L D	0	1	2	4	6	8
N = 16	-1	.999954	.999965	.999973	.999985	.999991	.999995
	0	.998800	.999054	.999254	.999535	.999710	.999819
	1	.984953	.987620	.989817	.993114	.995347	.996859
	2	.904756	.917906	.929311	.947736	.961496	.971726
	3	.675975	.706946	.735452	.785551	.827296	.861749
	4	.348510	.383985	.418923	.486484	.550054	.608877
	5	.109612	.129715	.151081	.197083	.246529	.298308
N = 17	-1	.999959	.999969	.999976	.999986	.999992	.999995
	0	.998896	.999122	.999302	.999558	.999720	.999823
	1	.985678	.988133	.990169	.993258	.995380	.996836
	2	.907026	.919389	.930173	.947747	.961029	.971026
	3	.678485	.707915	.735114	.783222	.823677	.857391
	4	.348480	.382162	.415394	.479881	.540909	.597764
	5	.108182	.127012	.147004	.190045	.236393	.285099
N = 18	-1	.999964	.999972	.999978	.999987	.999992	.999995
	0	.998976	.999180	.999344	.999579	.999729	.999826
	1	.986311	.988583	.990480	.993385	.995407	.996813
	2	.909056	.920718	.930947	.947748	.960586	.970359
	3	.680751	.708788	.734796	.781064	.820298	.853285
	4	.348438	.380499	.412181	.473848	.532503	.587476
	5	.106886	.124586	.143359	.183761	.227323	.273232
N = 19	-1	.999967	.999974	.999980	.999988	.999993	.999996
	0	.999046	.999231	.999380	.999596	.999737	.999828
	1	.986871	.988983	.990757	.993498	.995429	.996789
	2	.910882	.921918	.931644	.947740	.960166	.969723
	3	.682808	.709580	.734497	.779061	.817138	.849412
	4	.348388	.378977	.409245	.468317	.524754	.577932
	5	.105706	.122398	.140082	.178121	.219169	.262527
N = 20	-1	.999970	.999977	.999982	.999989	.999993	.999996
	0	.999106	.999274	.999411	.999612	.999744	.999831
	1	.987367	.989339	.991004	.993599	.995448	.996766
	2	.912532	.923005	.932277	.947726	.959766	.969117
	3	.684684	.710301	.734216	.777196	.814176	.845753
	4	.348333	.377579	.406551	.463228	.517591	.569060
	5	.104626	.120414	.137122	.173035	.211808	.252837

T = 3.8

	L D	0	1	2	4	6	8
N = 2	-3	.999986	.999992	.999995	.999998	.999999	.999999
	-2	.999615	.999762	.999853	.999944	.999979	.999992
	-1	.995083	.996931	.998085	.999253	.999709	.999886
	0	.968600	.980054	.987327	.994881	.997930	.999163
	1	.886810	.925970	.951582	.979289	.991141	.996211
	2	.735178	.819034	.876474	.942623	.973449	.987756
	3	.542115	.668410	.760802	.876796	.937283	.968390
	4	.354129	.499829	.615895	.778191	.874823	.930659
	5	.204837	.340698	.460601	.650530	.781303	.866840

DOUBLY NONCENTRAL t

T = 3.8 (CONT.)

	L D	0	1	2	4	6	8
N = 3	-3	.999996	.999998	.999999	.999999	.999999	.999999
	-2	.999876	.999922	.999951	.999981	.999993	.999997
	-1	.998015	.998739	.999199	.999677	.999869	.999947
	0	.983998	.989593	.993230	.997133	.998784	.999484
	1	.927756	.951304	.967178	.985091	.993230	.996927
	2	.795173	.854827	.897254	.948736	.974545	.987414
	3	.592447	.692297	.768695	.870789	.928766	.961165
	4	.373908	.492822	.592660	.742897	.841578	.904285
	5	.197648	.303855	.403489	.575498	.708058	.804704
N = 4	-2	.999949	.999968	.999980	.999992	.999997	.999999
	-1	.999020	.999367	.999591	.999829	.999928	.999970
	0	.990448	.993651	.995779	.998132	.999172	.999633
	1	.948488	.964366	.975352	.988211	.994364	.997307
	2	.830504	.876321	.909896	.952383	.974968	.986903
	3	.624419	.707569	.773307	.865346	.921081	.954274
	4	.385020	.486255	.574275	.713665	.811852	.878741
	5	.190001	.276881	.361465	.515941	.644473	.745645
N = 5	-2	.999976	.999984	.999990	.999996	.999998	.999999
	-1	.999448	.999637	.999761	.999897	.999955	.999981
	0	.993686	.995718	.997096	.998662	.999383	.999715
	1	.960607	.972127	.980281	.990136	.995068	.997536
	2	.853800	.890729	.918462	.954802	.975081	.986328
	3	.646883	.718370	.776330	.860499	.914126	.947730
	4	.392118	.480570	.559410	.689044	.785293	.854463
	5	.183164	.256388	.329400	.468014	.589870	.691398
N = 6	-2	.999987	.999991	.999994	.999998	.999999	.999999
	-1	.999658	.999771	.999847	.999932	.999969	.999986
	0	.995516	.996903	.997861	.998978	.999511	.999766
	1	.968381	.977179	.983533	.991430	.995543	.997684
	2	.870302	.901077	.924671	.956513	.975031	.985734
	3	.663668	.726486	.778454	.856187	.907806	.941536
	4	.397022	.475708	.547147	.668040	.761552	.831670
	5	.177267	.240338	.304234	.428943	.543138	.642507
N = 7	-2	.999992	.999995	.999997	.999999	.999999	.999999
	-1	.999772	.999845	.999895	.999952	.999978	.999990
	0	.996643	.997642	.998344	.999181	.999595	.999799
	1	.973707	.980686	.985816	.992355	.995883	.997784
	2	.882589	.908874	.929385	.957780	.974891	.985139
	3	.676748	.732842	.780018	.852336	.902046	.935690
	4	.400597	.471537	.536860	.649928	.740298	.810432
	5	.172208	.227452	.284029	.396698	.503107	.598895
N = 8	-2	.999995	.999997	.999998	.999999	.999999	.999999
	-1	.999840	.999890	.999924	.999964	.999983	.999992
	0	.997382	.998133	.998668	.999321	.999654	.999823
	1	.977539	.983240	.987496	.993045	.996135	.997854
	2	.892083	.914961	.933089	.958750	.974700	.984555
	3	.687259	.737969	.781211	.848882	.896778	.930181
	4	.403309	.467935	.528108	.634168	.721225	.790734
	5	.167854	.216896	.267497	.369779	.468704	.560184
N = 9	-2	.999997	.999998	.999999	.999999	.999999	.999999
	-1	.999882	.999918	.999943	.999972	.999986	.999993
	0	.997891	.998475	.998896	.999422	.999696	.999840
	1	.980404	.985169	.988778	.993579	.996329	.997904
	2	.899633	.919844	.936078	.959511	.974480	.983987

T = 3.8 (CONT.)

	L D	0	1	2	4	6	8
	3	.695906	.742202	.782144	.845770	.891946	.924994
	4	.405428	.464798	.520571	.620343	.704061	.772511
	5	.164083	.208101	.253753	.347065	.439006	.525882
N = 10	-2	.999998	.999998	.999999	.999999	.999999	.999999
	-1	.999910	.999937	.999955	.999978	.999989	.999994
	0	.998257	.998723	.999064	.999496	.999729	.999854
	1	.982611	.986669	.989783	.994003	.996483	.997939
	2	.905775	.923849	.938541	.960121	.974246	.983439
	3	.703156	.745761	.782891	.842953	.887502	.920113
	4	.407125	.462045	.514014	.608128	.688567	.755671
	5	.160793	.200667	.242169	.327710	.413236	.495476
N = 11	-2	.999998	.999999	.999999	.999999	.999999	.999999
	-1	.999930	.999950	.999964	.999982	.999991	.999995
	0	.998528	.998909	.999190	.999554	.999754	.999864
	1	.984355	.987866	.990591	.994346	.996606	.997964
	2	.910867	.927193	.940606	.960619	.974005	.982912
	3	.709326	.748797	.783499	.840392	.883404	.915520
	4	.408511	.459612	.508258	.597266	.674536	.740113
	5	.157903	.194307	.232287	.311068	.390753	.468480
N = 12	-1	.999943	.999959	.999970	.999985	.999992	.999996
	0	.998735	.999051	.999288	.999599	.999774	.999872
	1	.985762	.988838	.991252	.994630	.996707	.997982
	2	.915154	.930026	.942363	.961030	.973764	.982406
	3	.714646	.751420	.784001	.838054	.879614	.911196
	4	.409662	.457446	.503165	.587550	.661789	.725732
	5	.155347	.188806	.223769	.296639	.371032	.444453
N = 13	-1	.999954	.999966	.999975	.999987	.999993	.999996
	0	.998896	.999164	.999366	.999635	.999790	.999879
	1	.986917	.989643	.991803	.994869	.996791	.997994
	2	.918811	.932457	.943875	.961374	.973525	.981921
	3	.719283	.753710	.784422	.835913	.876101	.907124
	4	.410630	.455507	.498628	.578813	.650171	.712426
	5	.153071	.184004	.216359	.284036	.353640	.423006
N = 14	-1	.999961	.999971	.999979	.999988	.999994	.999997
	0	.999025	.999254	.999429	.999665	.999803	.999885
	1	.987879	.990318	.992267	.995071	.996861	.998003
	2	.921967	.934566	.945191	.961665	.973291	.981457
	3	.723361	.755727	.784778	.833945	.872838	.903285
	4	.411455	.453761	.494560	.570917	.639549	.700101
	5	.151034	.179778	.209859	.272949	.338223	.403800
N = 15	-1	.999967	.999975	.999982	.999990	.999994	.999997
	0	.999128	.999327	.999480	.999690	.999815	.999889
	1	.988692	.990891	.992664	.995245	.996921	.998008
	2	.924718	.936412	.946346	.961913	.973063	.981013
	3	.726977	.757519	.785082	.832129	.869799	.899664
	4	.412165	.452181	.490894	.563750	.629808	.688668
	5	.149200	.176032	.204115	.263135	.324490	.386546
N = 16	-1	.999972	.999979	.999984	.999991	.999995	.999997
	0	.999214	.999388	.999523	.999711	.999824	.999893
	1	.989386	.991384	.993007	.995397	.996972	.998010
	2	.927135	.938042	.947368	.962126	.972842	.980589
	3	.730206	.759121	.785345	.830450	.866963	.896245

DOUBLY NONCENTRAL t

T = 3.8 (CONT.)

	L\D	0	1	2	4	6	8
	4	.412782	.450745	.487571	.557217	.620850	.678045
	5	.147541	.172688	.199007	.254396	.312199	.370991
N = 17	-1	.999975	.999981	.999986	.999992	.999995	.999997
	0	.999285	.999439	.999559	.999728	.999832	.999896
	1	.989984	.991811	.993305	.995529	.997017	.998011
	2	.929277	.939491	.948279	.962311	.972628	.980182
	3	.733108	.760561	.785573	.828893	.864311	.893013
	4	.413322	.449433	.484547	.551240	.612589	.668159
	5	.146034	.169686	.194436	.246573	.301150	.356923
N = 18	-1	.999978	.999983	.999987	.999993	.999996	.999997
	0	.999344	.999482	.999590	.999744	.999839	.999899
	1	.990505	.992184	.993568	.995646	.997055	.998010
	2	.931186	.940788	.949096	.962473	.972422	.979794
	3	.735730	.761865	.785772	.827445	.861826	.889956
	4	.413798	.448231	.481783	.545753	.604950	.658944
	5	.144658	.166978	.190323	.239535	.291176	.344158
N = 19	-1	.999981	.999985	.999989	.999993	.999996	.999998
	0	.999395	.999518	.999617	.999757	.999846	.999902
	1	.990962	.992513	.993800	.995750	.997089	.998007
	2	.932899	.941956	.949833	.962614	.972224	.979421
	3	.738112	.763050	.785948	.826095	.859494	.887061
	4	.414221	.447125	.479248	.540698	.597869	.650340
	5	.143398	.164521	.186605	.233174	.282136	.332538
N = 20	-1	.999983	.999987	.999990	.999994	.999996	.999998
	0	.999439	.999550	.999640	.999768	.999851	.999904
	1	.991365	.992805	.994007	.995843	.997119	.998004
	2	.934444	.943012	.950500	.962739	.972033	.979065
	3	.740285	.764131	.786103	.824834	.857301	.884316
	4	.414599	.446105	.476913	.536027	.591290	.642293
	5	.142240	.162284	.183228	.227400	.273914	.321928

T = 4.0

	L\D	0	1	2	4	6	8
N = 2	-3	.999988	.999992	.999995	.999998	.999999	.999999
	-2	.999651	.999785	.999867	.999950	.999981	.999993
	-1	.995538	.997222	.998271	.999329	.999740	.999899
	0	.971405	.981909	.988553	.995414	.998161	.999262
	1	.896321	.932620	.956210	.981504	.992188	.996701
	2	.755291	.834352	.887977	.948906	.976773	.989473
	3	.571855	.693954	.781984	.890368	.945448	.973099
	4	.387601	.533347	.647101	.802018	.891249	.941281
	5	.235092	.377040	.498965	.685672	.809143	.887072
N = 3	-3	.999997	.999998	.999999	.999999	.999999	.999999
	-2	.999892	.999933	.999958	.999984	.999994	.999998
	-1	.998275	.998909	.999310	.999723	.999889	.999955
	0	.985996	.990945	.994144	.997549	.998973	.999569
	1	.936097	.957282	.971446	.987244	.994302	.997456
	2	.816050	.871107	.909799	.955980	.978609	.989645
	3	.626808	.722344	.794236	.888167	.939946	.968080
	4	.413934	.533293	.631294	.774500	.865152	.920838
	5	.232426	.345672	.448905	.620704	.747401	.836194

$T = 4.0$ (CONT.)

	L\D	0	1	2	4	6	8
N = 4	-2	.999958	.999973	.999983	.999993	.999997	.999999
	-1	.999182	.999474	.999662	.999860	.999942	.999976
	0	.991935	.994678	.996487	.998468	.999331	.999708
	1	.955805	.969724	.979262	.990273	.995439	.997863
	2	.851407	.892941	.922974	.960285	.979620	.989586
	3	.661838	.740747	.802041	.885808	.934942	.963326
	4	.429785	.531766	.618435	.751557	.841776	.901071
	5	.227599	.321894	.411109	.568055	.692863	.787141
N = 5	-2	.999981	.999988	.999992	.999997	.999999	.999999
	-1	.999555	.999710	.999810	.999919	.999965	.999985
	0	.994838	.996529	.997665	.998943	.999520	.999782
	1	.967102	.976974	.983885	.992111	.996140	.998112
	2	.874466	.907430	.931838	.963195	.980226	.989423
	3	.686492	.753881	.807541	.883541	.930388	.958827
	4	.440522	.529938	.607854	.732082	.820773	.882214
	5	.222641	.303343	.381610	.524792	.645097	.741249
N = 6	-2	.999990	.999993	.999996	.999998	.999999	.999999
	-1	.999734	.999823	.999883	.999948	.999977	.999990
	0	.996441	.997565	.998333	.999218	.999633	.999827
	1	.974222	.981610	.986882	.993329	.996610	.998278
	2	.890637	.917742	.938221	.965296	.980603	.989207
	3	.704928	.763816	.811657	.881428	.926230	.954573
	4	.448331	.528137	.599006	.715328	.801859	.864393
	5	.218052	.288495	.357989	.488811	.603395	.699071
N = 7	-2	.999994	.999996	.999998	.999999	.999999	.999999
	-1	.999828	.999884	.999922	.999965	.999984	.999993
	0	.997405	.998196	.998745	.999392	.999705	.999857
	1	.979022	.984777	.988955	.994189	.996945	.998395
	2	.902570	.925449	.943039	.966882	.980839	.988964
	3	.719299	.771636	.814867	.879480	.922421	.950554
	4	.454291	.526458	.591499	.700759	.784787	.847654
	5	.213933	.276353	.338685	.458559	.566979	.660704
N = 8	-2	.999997	.999998	.999998	.999999	.999999	.999999
	-1	.999883	.999920	.999945	.999975	.999988	.999994
	0	.998025	.998607	.999016	.999509	.999755	.999878
	1	.982426	.987050	.990459	.994825	.997195	.998481
	2	.911716	.931422	.946805	.968119	.980985	.988709
	3	.730849	.777971	.817445	.877688	.918922	.946759
	4	.458999	.524926	.585050	.687978	.769336	.831994
	5	.210271	.266249	.322639	.432868	.535113	.626002
N = 9	-2	.999998	.999998	.999999	.999999	.999999	.999999
	-1	.999916	.999942	.999960	.999981	.999991	.999996
	0	.998445	.998888	.999204	.999592	.999791	.999892
	1	.984936	.988744	.991592	.995311	.997387	.998545
	2	.918935	.936183	.949830	.969111	.981071	.988449
	3	.740350	.783218	.819564	.876043	.915697	.943176
	4	.462818	.523537	.579449	.676677	.755315	.817378
	5	.207018	.257713	.309110	.410851	.507136	.594699
N = 10	-2	.999998	.999999	.999999	.999999	.999999	.999999
	-1	.999938	.999956	.999968	.999985	.999993	.999996
	0	.998741	.999088	.999339	.999653	.999817	.999904
	1	.986847	.990047	.992470	.995693	.997539	.998595
	2	.924768	.940064	.952313	.969922	.981114	.988190

DOUBLY NONCENTRAL t

T = 4.0 (CONT.)

	L / D	0	1	2	4	6	8
	3	.748314	.787642	.821337	.874529	.912717	.939795
	4	.465980	.522279	.574539	.666618	.742554	.803752
	5	.204123	.250411	.297563	.391820	.482479	.566486
N = 11	-1	.999952	.999966	.999976	.999988	.999994	.999997
	0	.998957	.999235	.999439	.999698	.999837	.999912
	1	.988340	.991074	.993169	.996002	.997662	.998633
	2	.929575	.943287	.954386	.970596	.981127	.987934
	3	.755091	.791426	.822843	.873134	.909956	.936602
	4	.468644	.521140	.570199	.657611	.730908	.791055
	5	.201537	.244095	.287601	.375244	.460657	.541044
N = 12	-1	.999962	.999973	.999981	.999990	.999995	.999997
	0	.999119	.999347	.999516	.999734	.999853	.999919
	1	.989532	.991901	.993736	.996254	.997762	.998664
	2	.933599	.946004	.956144	.971165	.981119	.987684
	3	.760933	.794702	.824140	.871845	.907392	.933585
	4	.470919	.520105	.566336	.649502	.720249	.779221
	5	.199216	.238581	.278927	.360703	.441259	.518070
N = 13	-1	.999970	.999978	.999984	.999992	.999996	.999998
	0	.999244	.999434	.999576	.999762	.999866	.999925
	1	.990502	.992579	.994203	.996465	.997847	.998689
	2	.937014	.948325	.957652	.971650	.981096	.987441
	3	.766023	.797568	.825266	.870653	.905006	.930734
	4	.472886	.519163	.562874	.642165	.710465	.768187
	5	.197125	.233726	.271311	.347863	.423944	.497287
N = 14	-1	.999975	.999982	.999987	.999993	.999996	.999998
	0	.999342	.999503	.999624	.999785	.999877	.999929
	1	.991302	.993143	.994595	.996644	.997918	.998709
	2	.939948	.950330	.958961	.972069	.981062	.987205
	3	.770499	.800097	.826255	.869547	.902780	.928037
	4	.474603	.518302	.559755	.635497	.701461	.757889
	5	.195233	.229419	.264576	.336456	.408421	.478444
N = 15	-1	.999979	.999985	.999989	.999994	.999997	.999998
	0	.999420	.999558	.999663	.999804	.999886	.999933
	1	.991973	.993618	.994927	.996796	.997979	.998726
	2	.942492	.952078	.960107	.972434	.981021	.986976
	3	.774466	.802345	.827130	.868519	.900700	.925484
	4	.476116	.517512	.556930	.629412	.693153	.748267
	5	.193513	.225574	.258578	.326267	.394450	.461319
N = 16	-1	.999982	.999987	.999990	.999995	.999997	.999998
	0	.999484	.999603	.999695	.999819	.999893	.999936
	1	.992541	.994023	.995211	.996928	.998031	.998739
	2	.944720	.953617	.961119	.972755	.980974	.986756
	3	.778009	.804359	.827910	.867561	.898751	.923065
	4	.477458	.516787	.554359	.623839	.685466	.739268
	5	.191945	.222121	.253207	.317119	.381826	.445715
N = 17	-1	.999985	.999989	.999992	.999995	.999997	.999999
	0	.999536	.999641	.999721	.999832	.999899	.999939
	1	.993027	.994372	.995458	.997044	.998077	.998750
	2	.946686	.954980	.962019	.973038	.980923	.986543
	3	.781191	.806172	.828609	.866667	.896922	.920771
	4	.478657	.516118	.552009	.618715	.678339	.730840
	5	.190509	.219003	.248370	.308867	.370376	.431461

T = 4.0 (CONT.)

	L D	0	1	2	4	6	8
N = 18	-1	.999987	.999990	.999993	.999996	.999998	.999999
	0	.999580	.999672	.999744	.999844	.999904	.999942
	1	.993447	.994675	.995673	.997145	.998117	.998760
	2	.948432	.956196	.962824	.973290	.980869	.986338
	3	.784067	.807814	.829239	.865830	.895204	.918593
	4	.479736	.515499	.549854	.613991	.671715	.722936
	5	.189189	.216174	.243993	.301390	.359956	.418408
N = 19	-1	.999989	.999991	.999993	.999996	.999998	.999999
	0	.999617	.999699	.999763	.999853	.999909	.999944
	1	.993814	.994940	.995862	.997234	.998153	.998767
	2	.949994	.957288	.963549	.973515	.980814	.986140
	3	.786678	.809309	.829810	.865045	.893585	.916525
	4	.480710	.514925	.547869	.609621	.665544	.715515
	5	.187973	.213596	.240014	.294588	.350440	.406423
N = 20	-1	.999990	.999992	.999994	.999997	.999998	.999999
	0	.999648	.999722	.999780	.999862	.999913	.999945
	1	.994136	.995174	.996030	.997314	.998184	.998774
	2	.951398	.958274	.964205	.973718	.980758	.985950
	3	.789059	.810675	.830329	.864309	.892059	.914557
	4	.481596	.514392	.546036	.605569	.659784	.708537
	5	.186848	.211237	.236383	.288377	.341722	.395391

T = 4.2

	L D	0	1	2	4	6	8
N = 2	-3	.999989	.999993	.999996	.999998	.999999	.999999
	-2	.999683	.999805	.999880	.999954	.999983	.999993
	-1	.995933	.997474	.998431	.999394	.999766	.999910
	0	.973858	.983520	.989609	.995867	.998355	.999345
	1	.904737	.938435	.960213	.983383	.993060	.997102
	2	.773403	.847903	.897995	.954227	.979520	.990861
	3	.599338	.716956	.800653	.901915	.952193	.976887
	4	.419638	.564302	.675147	.822539	.904914	.949852
	5	.265375	.411753	.534428	.716591	.832683	.903593
N = 3	-3	.999997	.999998	.999999	.999999	.999999	.999999
	-2	.999906	.999942	.999964	.999986	.999995	.999998
	-1	.998492	.999050	.999401	.999762	.999905	.999962
	0	.987684	.992078	.994903	.997889	.999125	.999637
	1	.943266	.962356	.975023	.989006	.995162	.997871
	2	.834463	.885204	.920481	.961962	.981874	.991392
	3	.658235	.749135	.816509	.902756	.949025	.973529
	4	.452351	.570835	.666152	.801743	.884706	.934100
	5	.267897	.386496	.491789	.661189	.781122	.862150
N = 4	-2	.999965	.999978	.999986	.999994	.999998	.999999
	-1	.999312	.999560	.999718	.999884	.999953	.999981
	0	.993152	.995510	.997056	.998733	.999454	.999765
	1	.961937	.974154	.982451	.991912	.996274	.998284
	2	.869517	.907074	.933904	.966680	.983274	.991637
	3	.695769	.770094	.826899	.902829	.946073	.970365
	4	.472856	.574169	.658472	.784348	.866645	.918959
	5	.266552	.366678	.458918	.615618	.735056	.821864

T = 4.2 (CONT.)

N	L / D	0	1	2	4	6	8
N = 5	-2	.999984	.999990	.999994	.999997	.999999	.999999
	-1	.999639	.999766	.999848	.999936	.999973	.999988
	0	.995755	.997167	.998109	.999157	.999623	.999832
	1	.972424	.980887	.986755	.993642	.996949	.998537
	2	.892093	.921412	.942841	.969875	.984195	.991742
	3	.722147	.785088	.834373	.902581	.943349	.967380
	4	.487198	.576126	.651990	.769515	.850390	.904520
	5	.264087	.350833	.432787	.577570	.694126	.783690
N = 6	-2	.999992	.999995	.999997	.999999	.999999	.999999
	-1	.999791	.999862	.999909	.999961	.999983	.999993
	0	.997157	.998071	.998691	.999397	.999722	.999871
	1	.978912	.985114	.989494	.994770	.997398	.998706
	2	.907747	.931506	.949216	.972187	.984838	.991769
	3	.741836	.796444	.840060	.902183	.940837	.964562
	4	.497910	.577374	.646478	.756686	.835694	.890835
	5	.261360	.337899	.411518	.545424	.657839	.748083
N = 7	-2	.999996	.999997	.999998	.999999	.999999	.999999
	-1	.999869	.999913	.999942	.999974	.999988	.999995
	0	.997982	.998610	.999042	.999545	.999783	.999897
	1	.983212	.987953	.991357	.995554	.997714	.998826
	2	.919179	.938977	.953987	.973937	.985305	.991749
	3	.757154	.805386	.844554	.901717	.938519	.961899
	4	.506267	.578214	.641742	.745466	.822361	.877921
	5	.258677	.327148	.393877	.517987	.625664	.715194
N = 8	-2	.999997	.999998	.999999	.999999	.999999	.999999
	-1	.999913	.999941	.999960	.999982	.999992	.999996
	0	.998502	.998953	.999268	.999642	.999825	.999914
	1	.986215	.989960	.992689	.996125	.997948	.998914
	2	.927858	.944715	.957689	.975308	.985655	.991701
	3	.769440	.812631	.848207	.901223	.936374	.959383
	4	.512996	.578801	.637630	.735565	.810226	.865771
	5	.256149	.318073	.379019	.494357	.597089	.684990
N = 9	-2	.999998	.999999	.999999	.999999	.999999	.999999
	-1	.999940	.999959	.999972	.999987	.999994	.999997
	0	.998847	.999183	.999422	.999710	.999854	.999927
	1	.988398	.991434	.993677	.996557	.998127	.998982
	2	.934650	.949252	.960641	.976410	.985923	.991634
	3	.779529	.818633	.851239	.900723	.934384	.957004
	4	.518545	.579223	.634028	.726761	.799147	.854360
	5	.253809	.310312	.366340	.473838	.571648	.657341
N = 10	-1	.999956	.999970	.999979	.999990	.999995	.999998
	0	.999086	.999345	.999530	.999758	.999875	.999936
	1	.990039	.992554	.994435	.996894	.998267	.999034
	2	.940096	.952923	.963049	.977314	.986131	.991555
	3	.787970	.823692	.853800	.900230	.932536	.954754
	4	.523208	.579532	.630845	.718880	.789003	.843654
	5	.251660	.303600	.355401	.455888	.548928	.632068
N = 11	-1	.999967	.999977	.999984	.999992	.999996	.999998
	0	.999257	.999461	.999609	.999794	.999892	.999943
	1	.991305	.993426	.995030	.997162	.998381	.999077
	2	.944550	.955951	.965049	.978069	.986295	.991468
	3	.795142	.828020	.855993	.899751	.930815	.952624
	4	.527188	.579762	.628012	.711785	.779690	.833613
	5	.249693	.297739	.345872	.440077	.528570	.608973

T = 4.2 (CONT.)

N	L/D	0	1	2	4	6	8
N = 12	-1	.999975	.999982	.999987	.999994	.999997	.999998
	0	.999384	.999549	.999669	.999822	.999904	.999948
	1	.992304	.994120	.995508	.997380	.998473	.999111
	2	.948255	.958489	.966736	.978709	.986426	.991378
	3	.801315	.831765	.857894	.899289	.929209	.950607
	4	.530626	.579934	.625475	.705364	.771116	.824195
	5	.247893	.292576	.337500	.426063	.510265	.587857
N = 13	-1	.999980	.999986	.999990	.999995	.999997	.999999
	0	.999480	.999615	.999715	.999844	.999914	.999953
	1	.993109	.994683	.995898	.997561	.998551	.999139
	2	.951380	.960644	.968177	.979257	.986531	.991284
	3	.806685	.835041	.859558	.898846	.927707	.948695
	4	.533630	.580065	.623189	.699527	.763203	.815358
	5	.246242	.287995	.330090	.413571	.493749	.568528
N = 14	-1	.999984	.999988	.999992	.999996	.999998	.999999
	0	.999555	.999667	.999751	.999861	.999922	.999956
	1	.993767	.995147	.996222	.997712	.998616	.999163
	2	.954049	.962496	.969422	.979733	.986615	.991191
	3	.811401	.837931	.861027	.898424	.926300	.946882
	4	.536277	.580164	.621119	.694197	.755882	.807060
	5	.244727	.283903	.323487	.402377	.478795	.550810
N = 15	-1	.999987	.999990	.999993	.999996	.999998	.999999
	0	.999614	.999709	.999780	.999875	.999929	.999959
	1	.994313	.995535	.996495	.997841	.998672	.999183
	2	.956352	.964104	.970508	.980148	.986684	.991097
	3	.815576	.840021	.862334	.898021	.924980	.945161
	4	.538629	.580238	.619236	.689312	.749091	.799264
	5	.243333	.280225	.317568	.392296	.465211	.534540
N = 16	-1	.999989	.999992	.999994	.999997	.999998	.999999
	0	.999661	.999742	.999804	.999887	.999934	.999962
	1	.994772	.995862	.996726	.997952	.998720	.999200
	2	.958358	.965512	.971463	.980514	.986739	.991004
	3	.819299	.842801	.863505	.897638	.923739	.943527
	4	.540733	.580295	.617514	.684820	.742779	.791930
	5	.242047	.276903	.312234	.383177	.452830	.519573
N = 17	-1	.999991	.999993	.999995	.999997	.999998	.999999
	0	.999699	.999770	.999823	.999896	.999939	.999964
	1	.995161	.996143	.996925	.998048	.998761	.999215
	2	.960120	.966754	.972310	.980840	.986784	.990912
	3	.822641	.844872	.864559	.897273	.922570	.941972
	4	.542627	.580337	.615935	.680674	.736899	.785026
	5	.240859	.273886	.307403	.374893	.441511	.505777
N = 18	-1	.999992	.999994	.999996	.999998	.999999	.999999
	0	.999731	.999792	.999840	.999904	.999943	.999966
	1	.995496	.996384	.997098	.998132	.998798	.999227
	2	.961679	.967859	.973065	.981130	.986821	.990822
	3	.825657	.846748	.865514	.896927	.921468	.940492
	4	.544341	.580368	.614481	.676837	.731410	.778518
	5	.239757	.271136	.303008	.367339	.431131	.493036
N = 19	-1	.999993	.999995	.999996	.999998	.999999	.999999
	0	.999757	.999811	.999853	.999911	.999946	.999967
	1	.995785	.996595	.997249	.998206	.998831	.999238

DOUBLY NONCENTRAL t

T = 4.2 (CONT.)

	L\D	0	1	2	4	6	8
	2	.963068	.968847	.973743	.981391	.986850	.990734
	3	.828393	.848454	.866383	.896597	.920427	.939083
	4	.545901	.580390	.613138	.673276	.726275	.772377
	5	.238734	.268618	.298992	.360426	.421586	.481244
N = 20	-1	.999994	.999996	.999997	.999998	.999999	.999999
	0	.999780	.999828	.999865	.999917	.999949	.999969
	1	.996038	.996779	.997382	.998271	.998860	.999248
	2	.964311	.969735	.974354	.981627	.986874	.990648
	3	.830886	.850013	.867178	.896283	.919442	.937740
	4	.547325	.580405	.611893	.669963	.721463	.766577
	5	.237781	.266304	.295311	.354078	.412784	.470311

T = 4.4

	L\D	0	1	2	4	6	8
N = 2	-3	.999990	.999994	.999996	.999999	.999999	.999999
	-2	.999710	.999822	.999890	.999959	.999984	.999994
	-1	.996279	.997693	.998570	.999450	.999789	.999919
	0	.976017	.984928	.990527	.996257	.998520	.999415
	1	.912211	.943547	.963697	.984988	.993793	.997433
	2	.789738	.859932	.906761	.958769	.981814	.991997
	3	.624698	.737690	.817156	.911797	.957810	.979967
	4	.450130	.592821	.700349	.840270	.916348	.956824
	5	.295358	.444686	.567069	.743773	.852630	.917149
N = 3	-3	.999998	.999999	.999999	.999999	.999999	.999999
	-2	.999918	.999949	.999968	.999988	.999995	.999998
	-1	.998675	.999167	.999477	.999793	.999918	.999968
	0	.989118	.993032	.995538	.998169	.999248	.999691
	1	.949451	.966682	.978041	.990462	.995858	.998202
	2	.850715	.897442	.929613	.966937	.984522	.992776
	3	.686883	.772995	.835949	.915049	.956446	.977861
	4	.488905	.605458	.697487	.825216	.900960	.944776
	5	.303523	.425875	.531892	.697223	.809930	.883532
N = 4	-2	.999970	.999981	.999988	.999995	.999998	.999999
	-1	.999418	.999629	.999764	.999904	.999961	.999984
	0	.994154	.996190	.997516	.998943	.999550	.999808
	1	.967092	.977832	.985068	.993226	.996928	.998608
	2	.885203	.919109	.943065	.971883	.986169	.993220
	3	.726382	.795974	.848375	.917007	.955048	.975873
	4	.513835	.613329	.694515	.812609	.887284	.933303
	5	.306154	.410520	.504310	.658551	.771541	.850754
N = 5	-2	.999987	.999992	.999995	.999998	.999999	.999999
	-1	.999705	.999810	.999877	.999949	.999978	.999991
	0	.996489	.997673	.998457	.999321	.999701	.999868
	1	.976796	.984061	.989053	.994838	.997567	.998854
	2	.907111	.933121	.951906	.975213	.987278	.993495
	3	.754030	.812379	.857364	.918300	.953695	.973997
	4	.531611	.618846	.691806	.801839	.874994	.922403
	5	.306668	.397933	.482062	.625891	.737099	.819444

T = 4.4 (CONT.)

	L D	0	1	2	4	6	8
N = 6	-2	.999994	.999996	.999997	.999999	.999999	.999999
	-1	.999835	.999892	.999929	.999970	.999987	.999994
	0	.997716	.998462	.998964	.999530	.999786	.999903
	1	.982685	.987897	.991541	.995870	.997984	.999017
	2	.922111	.942864	.958140	.977608	.988073	.993672
	3	.774584	.824773	.864228	.919199	.952411	.972225
	4	.545089	.622985	.689402	.792497	.863874	.912077
	5	.306261	.387464	.463714	.597968	.706220	.789935
N = 7	-2	.999997	.999998	.999999	.999999	.999999	.999999
	-1	.999900	.999933	.999956	.999981	.999991	.999996
	0	.998422	.998922	.999263	.999656	.999839	.999925
	1	.986520	.990427	.993203	.996575	.998275	.999132
	2	.932939	.949993	.962757	.979414	.988669	.993788
	3	.790513	.834507	.869668	.919846	.951199	.970550
	4	.555736	.626230	.687277	.784299	.853761	.902316
	5	.305437	.378628	.448316	.573855	.678517	.762362
N = 8	-2	.999998	.999999	.999999	.999999	.999999	.999999
	-1	.999935	.999957	.999971	.999987	.999994	.999997
	0	.998857	.999208	.999452	.999737	.999873	.999939
	1	.989155	.992186	.994371	.997081	.998487	.999216
	2	.941074	.955414	.966305	.980822	.989131	.993863
	3	.803242	.842376	.874099	.920322	.950059	.968965
	4	.564399	.628856	.685393	.777037	.844526	.893105
	5	.304431	.371072	.435204	.552854	.653626	.736739
N = 9	-1	.999956	.999970	.999980	.999991	.999996	.999998
	0	.999140	.999397	.999577	.999792	.999897	.999949
	1	.991043	.993460	.995226	.997458	.998647	.999281
	2	.947378	.959660	.969112	.981951	.989497	.993911
	3	.813659	.848879	.877784	.920676	.948988	.967463
	4	.571607	.631031	.683715	.770554	.836063	.884421
	5	.303359	.364537	.423906	.534422	.631213	.713005
N = 10	-1	.999969	.999979	.999985	.999993	.999997	.999998
	0	.999332	.999526	.999664	.999830	.999914	.999957
	1	.992441	.994414	.995873	.997748	.998772	.999331
	2	.952388	.963066	.971382	.982875	.989793	.993939
	3	.822348	.854349	.880901	.920943	.947982	.966041
	4	.577712	.632866	.682213	.764727	.828283	.876240
	5	.302282	.358829	.414069	.518136	.610978	.691060
N = 11	-1	.999977	.999984	.999989	.999995	.999997	.999999
	0	.999468	.999619	.999726	.999859	.999927	.999962
	1	.993507	.995147	.996374	.997977	.998872	.999372
	2	.956453	.965854	.973255	.983644	.990037	.993952
	3	.829708	.859018	.883574	.921144	.947035	.964692
	4	.582956	.634437	.680860	.759461	.821110	.868532
	5	.301232	.353801	.405429	.503656	.592659	.670782
N = 12	-1	.999983	.999988	.999992	.999996	.999998	.999999
	0	.999567	.999686	.999772	.999880	.999937	.999967
	1	.994338	.995724	.996772	.998161	.998953	.999405
	2	.959808	.968173	.974824	.984295	.990240	.993955
	3	.836025	.863052	.885893	.921296	.946144	.963411
	4	.587515	.635799	.679638	.754677	.814479	.861269
	5	.300223	.349336	.397781	.490710	.576026	.652046

DOUBLY NONCENTRAL t

T = 4.4 (CONT.)

	L D	0	1	2	4	6	8
N = 13	-1	.999987	.999991	.999993	.999997	.999998	.999999
	0	.999641	.999737	.999808	.999897	.999944	.999970
	1	.995000	.996187	.997094	.998312	.999021	.999432
	2	.962618	.970130	.976157	.984852	.990411	.993951
	3	.841506	.866574	.887925	.921411	.945306	.962195
	4	.591519	.636992	.678527	.750311	.808334	.854422
	5	.299264	.345347	.390964	.479076	.560881	.634723
N = 14	-1	.999990	.999993	.999995	.999997	.999999	.999999
	0	.999698	.999776	.999835	.999910	.999951	.999973
	1	.995535	.996565	.997358	.998438	.999077	.999455
	2	.965002	.971801	.977301	.985334	.990557	.993940
	3	.846309	.869676	.889721	.921496	.944514	.961038
	4	.595065	.638045	.677513	.746311	.802624	.847964
	5	.298356	.341759	.384851	.468571	.547050	.618691
N = 15	-1	.999992	.999994	.999996	.999998	.999999	.999999
	0	.999742	.999807	.999856	.999920	.999955	.999975
	1	.995975	.996877	.997578	.998543	.999125	.999475
	2	.967047	.973243	.978295	.985755	.990683	.993925
	3	.850552	.872431	.891321	.921558	.943767	.959938
	4	.598230	.638983	.676584	.742632	.797308	.841868
	5	.297500	.338517	.379339	.459045	.534383	.603838
N = 16	-1	.999993	.999995	.999996	.999998	.999999	.999999
	0	.999776	.999832	.999874	.999928	.999960	.999977
	1	.996342	.997139	.997763	.998634	.999166	.999491
	2	.968818	.974499	.979164	.986126	.990792	.993907
	3	.854328	.874893	.892754	.921603	.943061	.958891
	4	.601072	.639824	.675730	.739237	.792347	.836109
	5	.296693	.335571	.374344	.450370	.522750	.590058
N = 17	-1	.999994	.999996	.999997	.999998	.999999	.999999
	0	.999804	.999852	.999888	.999935	.999963	.999979
	1	.996650	.997361	.997922	.998711	.999202	.999506
	2	.970365	.975602	.979931	.986455	.990886	.993886
	3	.857710	.877107	.894046	.921633	.942393	.957892
	4	.603640	.640582	.674942	.736095	.787708	.830664
	5	.295934	.332883	.369796	.442442	.512039	.577254
N = 18	-1	.999995	.999996	.999997	.999999	.999999	.999999
	0	.999827	.999868	.999899	.999941	.999966	.999980
	1	.996913	.997551	.998058	.998779	.999233	.999518
	2	.971728	.976578	.980613	.986749	.990970	.993863
	3	.860756	.879109	.895218	.921652	.941759	.956940
	4	.605973	.641269	.674213	.733178	.783363	.825511
	5	.295219	.330421	.365640	.435170	.502152	.565339
N = 19	-1	.999996	.999997	.999998	.999999	.999999	.999999
	0	.999846	.999882	.999909	.999946	.999968	.999981
	1	.997138	.997715	.998176	.998838	.999260	.999530
	2	.972935	.977447	.981223	.987013	.991043	.993839
	3	.863516	.880929	.896284	.921661	.941159	.956031
	4	.608101	.641895	.673536	.730463	.779284	.820629
	5	.294546	.328157	.361827	.428480	.493001	.554233
N = 20	-1	.999997	.999997	.999998	.999999	.999999	.999999
	0	.999862	.999893	.999917	.999950	.999970	.999982
	1	.997334	.997858	.998279	.998890	.999285	.999539

T = 4.4 (CONT.)

	L D	0	1	2	4	6	8
	2	.974012	.978226	.981771	.987251	.991108	.993815
	3	.866026	.882590	.897259	.921664	.940588	.955162
	4	.610051	.642467	.672907	.727930	.775450	.815999
	5	.293911	.326069	.358315	.422305	.484513	.543866

T = 4.6

	L D	0	1	2	4	6	8
N = 2	-3	.999991	.999994	.999996	.999999	.999999	.999999
	-2	.999734	.999837	.999900	.999962	.999986	.999995
	-1	.996583	.997885	.998691	.999499	.999808	.999926
	0	.977924	.986165	.991329	.996593	.998661	.999473
	1	.918872	.948061	.966748	.986371	.994414	.997711
	2	.804497	.870647	.914470	.962673	.983746	.992937
	3	.648079	.756407	.831790	.920304	.962526	.982496
	4	.479025	.619062	.723009	.855644	.925973	.962544
	5	.324781	.475767	.597023	.767681	.869586	.928335
N = 3	-3	.999998	.999999	.999999	.999999	.999999	.999999
	-2	.999928	.999955	.999972	.999989	.999996	.999998
	-1	.998830	.999267	.999540	.999819	.999929	.999972
	0	.990344	.993842	.996072	.998401	.999349	.999735
	1	.954806	.970390	.980601	.991675	.996428	.998467
	2	.865077	.908094	.937451	.971100	.986687	.993885
	3	.712937	.794240	.852937	.925451	.962550	.981334
	4	.523445	.637249	.725583	.845452	.914514	.953418
	5	.338851	.463496	.569113	.729160	.834506	.901165
N = 4	-2	.999975	.999984	.999990	.999996	.999998	.999999
	-1	.999504	.999685	.999800	.999919	.999967	.999987
	0	.994985	.996748	.997891	.999112	.999626	.999842
	1	.971442	.980900	.987227	.994289	.997447	.998859
	2	.898796	.929376	.950766	.976141	.988478	.994454
	3	.753897	.818752	.866921	.928843	.962317	.980211
	4	.552468	.649240	.726793	.836909	.904413	.944833
	5	.345781	.452873	.546917	.696981	.802908	.874708
N = 5	-2	.999990	.999993	.999996	.999998	.999999	.999999
	-1	.999758	.999844	.999900	.999958	.999983	.999993
	0	.997080	.998076	.998732	.999449	.999761	.999896
	1	.980399	.986646	.990903	.995780	.998043	.999093
	2	.919900	.942936	.959391	.979497	.989687	.994831
	3	.782393	.836160	.877020	.931282	.961976	.979140
	4	.573400	.657991	.727448	.829608	.895376	.936731
	5	.349611	.443888	.528809	.669600	.774400	.849340
N = 6	-2	.999995	.999997	.999998	.999999	.999999	.999999
	-1	.999868	.999914	.999944	.999976	.999990	.999996
	0	.998154	.998766	.999175	.999631	.999835	.999926
	1	.985730	.990114	.993152	.996715	.998425	.999246
	2	.934153	.952235	.965391	.981888	.990558	.995095
	3	.803454	.849245	.884715	.933130	.961586	.978120
	4	.589410	.664759	.727827	.823269	.887214	.929080
	5	.351858	.436255	.513723	.645996	.748649	.825272

T = 4.6 (CONT.)

	L D	0	1	2	4	6	8
N = 7	-2	.999998	.999998	.999999	.999999	.999999	.999999
	-1	.999922	.999949	.999966	.999985	.999994	.999997
	0	.998758	.999158	.999429	.999737	.999879	.999944
	1	.989138	.992360	.994626	.997343	.998687	.999352
	2	.944314	.958956	.969783	.983674	.991214	.995289
	3	.819684	.859474	.890800	.934579	.961175	.977150
	4	.602144	.670196	.728053	.817696	.879790	.921855
	5	.353213	.429709	.500945	.625437	.725352	.802603
N = 8	-1	.999951	.999968	.999978	.999990	.999996	.999998
	0	.999122	.999397	.999586	.999804	.999908	.999956
	1	.991441	.993895	.995646	.997786	.998875	.999429
	2	.951860	.964008	.973121	.985056	.991724	.995434
	3	.832588	.867705	.895745	.935746	.960758	.976227
	4	.612564	.674681	.728186	.812749	.873004	.915033
	5	.354032	.424038	.489972	.607376	.704235	.781351
N = 9	-1	.999968	.999978	.999985	.999993	.999997	.999999
	0	.999355	.999551	.999688	.999849	.999927	.999965
	1	.993064	.994989	.996380	.998112	.999016	.999488
	2	.957646	.967924	.975734	.986156	.992132	.995545
	3	.843097	.874479	.899849	.936704	.960346	.975350
	4	.621276	.678459	.728261	.808321	.866774	.908592
	5	.354513	.419078	.480442	.591395	.685052	.761487
N = 10	-1	.999978	.999985	.999990	.999995	.999998	.999999
	0	.999510	.999655	.999758	.999880	.999941	.999970
	1	.994250	.995796	.996927	.998359	.999124	.999533
	2	.962199	.971035	.977830	.987051	.992465	.995631
	3	.851823	.880156	.903314	.937504	.959942	.974516
	4	.628683	.681691	.728297	.804331	.861034	.902510
	5	.354774	.414705	.472085	.577162	.667585	.742953
N = 11	-1	.999984	.999989	.999993	.999996	.999998	.999999
	0	.999618	.999728	.999807	.999902	.999950	.999975
	1	.995142	.996409	.997346	.998551	.999210	.999569
	2	.965859	.973559	.979544	.987792	.992742	.995699
	3	.859185	.884984	.906280	.938181	.959549	.973721
	4	.635069	.684493	.728307	.800715	.855728	.896764
	5	.354888	.410820	.464695	.564412	.651639	.725675
N = 12	-1	.999988	.999992	.999994	.999997	.999999	.999999
	0	.999695	.999781	.999842	.999919	.999958	.999978
	1	.995828	.996885	.997674	.998704	.999279	.999599
	2	.968855	.975641	.980969	.988416	.992974	.995753
	3	.865479	.889143	.908849	.938761	.959170	.972965
	4	.640638	.686948	.728300	.797420	.850809	.891333
	5	.354903	.407345	.458113	.552931	.637046	.709571
N = 13	-1	.999991	.999994	.999996	.999998	.999999	.999999
	0	.999751	.999820	.999869	.999931	.999964	.999981
	1	.996368	.997262	.997936	.998828	.999335	.999623
	2	.971344	.977385	.982170	.988947	.993172	.995796
	3	.870921	.892762	.911097	.939262	.958805	.972244
	4	.645542	.689118	.728280	.794405	.846237	.886198
	5	.354850	.404218	.452213	.542544	.623656	.694558
N = 14	-1	.999993	.999995	.999997	.999998	.999999	.999999
	0	.999794	.999849	.999890	.999941	.999968	.999983

T = 4.6 (CONT.)

	L D	0	1	2	4	6	8
	1	.996801	.997566	.998149	.998930	.999382	.999643
	2	.973441	.978864	.983195	.989405	.993343	.995830
	3	.875673	.895941	.913081	.939698	.958454	.971557
	4	.649896	.691053	.728251	.791635	.841978	.881339
	5	.354751	.401390	.446893	.533106	.611339	.680553
N = 15	-1	.999995	.999996	.999997	.999999	.999999	.999999
	0	.999827	.999872	.999906	.999948	.999972	.999985
	1	.997152	.997816	.998325	.999015	.999422	.999661
	2	.975227	.980131	.984079	.989804	.993491	.995857
	3	.879859	.898757	.914845	.940082	.958117	.970901
	4	.653790	.692788	.728217	.789081	.838000	.876737
	5	.354620	.398819	.442073	.524495	.599982	.667477
N = 16	-1	.999996	.999997	.999998	.999999	.999999	.999999
	0	.999852	.999890	.999918	.999955	.999975	.999986
	1	.997442	.998022	.998471	.999087	.999455	.999675
	2	.976764	.981229	.984849	.990154	.993621	.995879
	3	.883573	.901267	.916424	.940421	.957795	.970275
	4	.657295	.694355	.728180	.786718	.834278	.872376
	5	.354468	.396471	.437685	.516611	.589484	.655258
N = 17	-1	.999996	.999997	.999998	.999999	.999999	.999999
	0	.999872	.999904	.999928	.999960	.999977	.999987
	1	.997684	.998196	.998595	.999149	.999485	.999688
	2	.978099	.982187	.985524	.990463	.993736	.995897
	3	.886890	.903520	.917846	.940722	.957485	.969677
	4	.660467	.695776	.728139	.784525	.830788	.868238
	5	.354303	.394319	.433673	.509368	.579758	.643826
N = 18	-1	.999997	.999998	.999998	.999999	.999999	.999999
	0	.999889	.999916	.999937	.999964	.999979	.999988
	1	.997888	.998344	.998701	.999202	.999510	.999699
	2	.979267	.983030	.986121	.990738	.993837	.995910
	3	.889872	.905553	.919134	.940992	.957189	.969105
	4	.663353	.697072	.728097	.782484	.827509	.864310
	5	.354129	.392339	.429990	.502691	.570727	.633117
N = 19	-1	.999998	.999998	.999999	.999999	.999999	.999999
	0	.999902	.999926	.999943	.999967	.999981	.999989
	1	.998062	.998470	.998792	.999248	.999532	.999709
	2	.980297	.983777	.986652	.990985	.993928	.995921
	3	.892565	.907397	.920305	.941235	.956905	.968557
	4	.665990	.698259	.728055	.780580	.824424	.860578
	5	.353950	.390510	.426599	.496519	.562323	.623073
N = 20	-1	.999998	.999998	.999999	.999999	.999999	.999999
	0	.999913	.999934	.999949	.999970	.999983	.999990
	1	.998211	.998579	.998871	.999288	.999552	.999718
	2	.981211	.984443	.987128	.991207	.994010	.995929
	3	.895010	.909077	.921375	.941454	.956633	.968033
	4	.668410	.699351	.728012	.778800	.821516	.857027
	5	.353769	.388818	.423466	.490798	.554487	.613641

DOUBLY NONCENTRAL t

T = 4.8

		L D	0	1	2	4	6	8
N =	2	-3	.999991	.999995	.999997	.999999	.999999	.999999
		-2	.999756	.999850	.999908	.999965	.999987	.999995
		-1	.996851	.998055	.998798	.999541	.999825	.999933
		0	.979616	.987258	.992034	.996885	.998782	.999523
		1	.924829	.952065	.969433	.987571	.994946	.997945
		2	.817858	.880224	.921280	.966051	.985388	.993722
		3	.669628	.773331	.844809	.927669	.966516	.984592
		4	.506314	.643187	.743408	.869027	.934125	.967273
		5	.353446	.504989	.624464	.788733	.884052	.937618
N =	3	-3	.999998	.999999	.999999	.999999	.999999	.999999
		-2	.999936	.999960	.999976	.999991	.999996	.999999
		-1	.998962	.999351	.999594	.999841	.999938	.999976
		0	.991396	.994533	.996526	.998596	.999433	.999771
		1	.959460	.973583	.982786	.992692	.996898	.998683
		2	.877786	.917393	.944208	.974606	.988473	.994781
		3	.736595	.813161	.867811	.934290	.967603	.984142
		4	.555901	.666345	.750741	.862921	.925858	.960453
		5	.373512	.499162	.603464	.757392	.855468	.915739
N =	4	-2	.999979	.999987	.999992	.999997	.999999	.999999
		-1	.999576	.999732	.999830	.999932	.999973	.999989
		0	.995676	.997209	.998198	.999249	.999687	.999869
		1	.975125	.983472	.989019	.995154	.997862	.999057
		2	.910585	.938156	.957264	.979645	.990336	.995425
		3	.778558	.838776	.882942	.938752	.968235	.983652
		4	.588613	.681993	.755588	.857779	.918647	.954130
		5	.384901	.493338	.586546	.731164	.829773	.894539
N =	5	-2	.999992	.999995	.999997	.999999	.999999	.999999
		-1	.999799	.999871	.999918	.999966	.999986	.999994
		0	.997558	.998400	.998952	.999550	.999806	.999917
		1	.983379	.988761	.992401	.996527	.998413	.999275
		2	.930793	.951174	.965587	.982953	.991584	.995858
		3	.807525	.856831	.893806	.942017	.968626	.983158
		4	.612355	.693593	.759159	.853380	.912238	.948218
		5	.392238	.488110	.572621	.708763	.806544	.874208
N =	6	-2	.999996	.999998	.999998	.999999	.999999	.999999
		-1	.999894	.999932	.999956	.999981	.999992	.999997
		0	.998500	.999003	.999338	.999707	.999871	.999943
		1	.988193	.991888	.994427	.997370	.998760	.999415
		2	.944244	.959973	.971294	.985279	.992477	.996169
		3	.828773	.870307	.902038	.944529	.968871	.982670
		4	.630592	.702664	.761949	.849559	.906472	.942667
		5	.397341	.483514	.560933	.689353	.785474	.854859
N =	7	-2	.999998	.999999	.999999	.999999	.999999	.999999
		-1	.999940	.999960	.999974	.999989	.999995	.999998
		0	.999017	.999338	.999554	.999798	.999908	.999958
		1	.991215	.993875	.995730	.997926	.998993	.999511
		2	.953705	.966246	.975416	.986997	.993147	.996401
		3	.845035	.880770	.908512	.946529	.969023	.982194
		4	.645146	.710011	.764209	.846196	.901240	.937441
		5	.401079	.479479	.550965	.672351	.766310	.836544
N =	8	-1	.999963	.999976	.999984	.999993	.999997	.999999
		0	.999322	.999538	.999685	.999854	.999932	.999968
		1	.993221	.995209	.996615	.998311	.999158	.999580
		2	.960644	.970904	.978511	.988313	.993667	.996580

T = 4.8 (CONT.)

	L\D	0	1	2	4	6	8
	3	.857879	.889139	.913748	.948161	.969109	.981732
	4	.657084	.716113	.766089	.843206	.896461	.932514
	5	.403923	.475922	.542352	.657326	.748833	.819272
N = 9	-1	.999976	.999984	.999989	.999995	.999998	.999999
	0	.999513	.999664	.999768	.999890	.999947	.999975
	1	.994613	.996145	.997242	.998589	.999279	.999632
	2	.965905	.974473	.980907	.989350	.994081	.996721
	3	.868277	.895988	.918074	.949519	.969151	.981287
	4	.667083	.721279	.767683	.840524	.892072	.927864
	5	.406150	.472769	.534828	.643951	.732856	.803023
N = 10	-1	.999984	.999989	.999993	.999997	.999998	.999999
	0	.999638	.999748	.999824	.999914	.999958	.999980
	1	.995614	.996825	.997703	.998797	.999371	.999671
	2	.970000	.977279	.982809	.990187	.994418	.996835
	3	.876862	.901698	.921711	.950667	.969160	.980858
	4	.675600	.725719	.769053	.838103	.888026	.923470
	5	.407933	.469957	.528194	.631969	.718213	.787760
N = 11	-1	.999989	.999992	.999995	.999998	.999999	.999999
	0	.999723	.999805	.999863	.999932	.999966	.999983
	1	.996356	.997334	.998050	.998957	.999443	.999702
	2	.973260	.979533	.984349	.990874	.994697	.996929
	3	.884068	.906531	.924812	.951651	.969147	.980446
	4	.682951	.729582	.770247	.835903	.884281	.919316
	5	.409388	.467433	.522298	.621174	.704761	.773433
N = 12	-1	.999992	.999994	.999996	.999998	.999999	.999999
	0	.999783	.999846	.999890	.999944	.999972	.999986
	1	.996920	.997724	.998319	.999083	.999500	.999727
	2	.975903	.981376	.985619	.991449	.994932	.997006
	3	.890198	.910675	.927490	.952504	.969116	.980050
	4	.689369	.732978	.771296	.833894	.880805	.915384
	5	.410594	.465157	.517021	.611400	.692373	.759989
N = 13	-1	.999994	.999996	.999997	.999999	.999999	.999999
	0	.999827	.999875	.999911	.999954	.999976	.999988
	1	.997359	.998030	.998530	.999183	.999546	.999748
	2	.978081	.982906	.986681	.991935	.995133	.997071
	3	.895475	.914267	.929824	.953250	.969073	.979670
	4	.695026	.735989	.772227	.832052	.877568	.911660
	5	.411606	.463094	.512270	.602511	.680937	.747371
N = 14	-1	.999996	.999997	.999998	.999999	.999999	.999999
	0	.999859	.999898	.999926	.999961	.999979	.999989
	1	.997705	.998273	.998701	.999265	.999584	.999765
	2	.979900	.984193	.987580	.992352	.995305	.997127
	3	.900064	.917411	.931879	.953907	.969021	.979305
	4	.700052	.738680	.773059	.830355	.874547	.908128
	5	.412465	.461215	.507968	.594392	.670356	.735525
N = 15	-1	.999997	.999998	.999998	.999999	.999999	.999999
	0	.999883	.999915	.999938	.999967	.999982	.999990
	1	.997984	.998470	.998840	.999332	.999616	.999780
	2	.981438	.985288	.988350	.992712	.995455	.997174
	3	.904090	.920184	.933701	.954492	.968962	.978955
	4	.704550	.741099	.773807	.828786	.871721	.904777
	5	.413201	.459496	.504055	.586951	.660544	.724395

T = 4.8 (CONT.)

	L\D	0	1	2	4	6	8
N = 16	-1	.999997	.999998	.999999	.999999	.999999	.999999
	0	.999902	.999928	.999947	.999971	.999984	.999991
	1	.998211	.998632	.998954	.999389	.999643	.999792
	2	.982752	.986230	.989016	.993027	.995587	.997214
	3	.907649	.922649	.935327	.955014	.968899	.978619
	4	.708601	.743288	.774483	.827331	.869071	.901593
	5	.413838	.457919	.500479	.580105	.651426	.713931
N = 17	-1	.999998	.999998	.999999	.999999	.999999	.999999
	0	.999917	.999938	.999954	.999975	.999986	.999992
	1	.998399	.998767	.999050	.999437	.999666	.999803
	2	.983886	.987047	.989596	.993304	.995703	.997250
	3	.910817	.924855	.936789	.955483	.968833	.978296
	4	.712270	.745278	.775098	.825978	.866581	.898567
	5	.414393	.456465	.497199	.573789	.642935	.704084
N = 18	-1	.999998	.999999	.999999	.999999	.999999	.999999
	0	.999928	.999946	.999960	.999978	.999987	.999993
	1	.998556	.998880	.999132	.999478	.999686	.999812
	2	.984872	.987761	.990107	.993549	.995806	.997280
	3	.913655	.926839	.938109	.955908	.968764	.977986
	4	.715609	.747095	.775659	.824717	.864238	.895687
	5	.414880	.455122	.494178	.567943	.635012	.694808
N = 19	0	.999938	.999953	.999965	.999980	.999989	.999994
	1	.998689	.998976	.999201	.999513	.999704	.999820
	2	.985736	.988391	.990558	.993768	.995898	.997307
	3	.916210	.928634	.939307	.956293	.968695	.977688
	4	.718661	.748762	.776174	.823537	.862028	.892945
	5	.415310	.453876	.491388	.562519	.627605	.686062
N = 20	0	.999945	.999959	.999969	.999982	.999990	.999994
	1	.998802	.999059	.999261	.999544	.999719	.999827
	2	.986498	.988948	.990961	.993965	.995981	.997331
	3	.918524	.930265	.940400	.956645	.968624	.977402
	4	.721463	.750297	.776647	.822432	.859941	.890330
	5	.415691	.452718	.488802	.557471	.620667	.677807

T = 5.0

	L\D	0	1	2	4	6	8
N = 2	-3	.999992	.999995	.999997	.999999	.999999	.999999
	-2	.999774	.999862	.999915	.999968	.999988	.999995
	-1	.997090	.998204	.998892	.999578	.999839	.999939
	0	.981125	.988227	.992656	.997141	.998887	.999567
	1	.930174	.955632	.971808	.988618	.995405	.998145
	2	.829977	.888811	.927322	.968991	.986793	.994384
	3	.689491	.788663	.856430	.934079	.969916	.986345
	4	.532021	.665366	.761798	.880723	.941071	.971213
	5	.381209	.532384	.649577	.807305	.896442	.945370
N = 3	-3	.999998	.999999	.999999	.999999	.999999	.999999
	-2	.999943	.999965	.999978	.999992	.999997	.999999
	-1	.999075	.999423	.999640	.999860	.999945	.999979
	0	.992304	.995126	.996913	.998761	.999503	.999800

T = 5.0 (CONT.)

	L\D	0	1	2	4	6	8
	1	.963519	.976343	.984660	.993550	.997289	.998860
	2	.889052	.925535	.950055	.977576	.989957	.995512
	3	.758057	.830025	.880861	.941834	.971813	.986430
	4	.586263	.692915	.773252	.878031	.935391	.966215
	5	.407220	.532767	.635028	.782311	.873365	.927819
N = 4	-2	.999982	.999989	.999993	.999997	.999999	.999999
	-1	.999635	.999770	.999855	.999942	.999977	.999991
	0	.996255	.997593	.998453	.999360	.999735	.999891
	1	.978255	.985638	.990514	.995863	.998196	.999214
	2	.920823	.945681	.962766	.982544	.991840	.996196
	3	.800618	.856372	.896795	.947074	.973077	.986401
	4	.622224	.711738	.781207	.875699	.930497	.961658
	5	.423085	.531652	.623136	.761432	.852729	.910954
N = 5	-2	.999993	.999996	.999997	.999999	.999999	.999999
	-1	.999833	.999893	.999932	.999972	.999989	.999995
	0	.997948	.998662	.999128	.999629	.999842	.999933
	1	.985852	.990498	.993619	.997123	.998703	.999416
	2	.940078	.958103	.970732	.985753	.993087	.996655
	3	.829725	.874771	.908136	.950911	.973986	.986315
	4	.648388	.725776	.787244	.873685	.926186	.957445
	5	.433983	.530176	.613274	.743591	.834099	.894829
N = 6	-2	.999997	.999998	.999999	.999999	.999999	.999999
	-1	.999915	.999945	.999964	.999985	.999994	.999997
	0	.998774	.999190	.999465	.999766	.999898	.999955
	1	.990194	.993313	.995440	.997881	.999015	.999543
	2	.952700	.966369	.976110	.987977	.993969	.996984
	3	.850890	.888383	.916661	.953863	.974671	.986196
	4	.668511	.736794	.792056	.871926	.922329	.953519
	5	.442017	.528664	.604953	.728102	.817181	.879480
N = 7	-1	.999953	.999969	.999980	.999991	.999996	.999998
	0	.999217	.999477	.999650	.999843	.999930	.999968
	1	.992868	.995068	.996589	.998370	.999221	.999628
	2	.961454	.972179	.979939	.989597	.994624	.997230
	3	.866955	.898867	.923317	.956213	.975203	.986059
	4	.684577	.745738	.796014	.870371	.918843	.949842
	5	.448224	.527219	.597825	.714495	.801753	.864921
N = 8	-1	.999972	.999981	.999988	.999995	.999998	.999999
	0	.999474	.999644	.999759	.999889	.999949	.999977
	1	.994611	.996225	.997355	.998703	.999364	.999688
	2	.967240	.976435	.982776	.990824	.995127	.997421
	3	.879547	.907190	.928662	.958132	.975625	.985910
	4	.697756	.753179	.799343	.868982	.915665	.946387
	5	.453185	.525875	.591640	.702429	.787633	.851145
N = 9	-1	.999982	.999988	.999992	.999997	.999998	.999999
	0	.999631	.999747	.999827	.999919	.999962	.999982
	1	.995801	.997023	.997889	.998940	.999468	.999733
	2	.972535	.979657	.984947	.991779	.995526	.997572
	3	.889667	.913954	.933051	.959730	.975966	.985755
	4	.708793	.759485	.802192	.867730	.912751	.943133
	5	.457251	.524637	.586217	.691648	.774673	.838131
N = 10	-1	.999988	.999992	.999995	.999998	.999999	.999999
	0	.999731	.999814	.999871	.999938	.999970	.999986

T = 5.0 (CONT.)

	L\D	0	1	2	4	6	8
	1	.996644	.997594	.998275	.999114	.999545	.999766
	2	.976187	.982162	.986650	.992542	.995848	.997695
	3	.897969	.919557	.936719	.961082	.976245	.985598
	4	.718190	.764909	.804662	.866595	.910066	.940062
	5	.460651	.523500	.581418	.681951	.762743	.825851
N = 11	-1	.999992	.999995	.999996	.999998	.999999	.999999
	0	.999799	.999859	.999902	.999952	.999976	.999988
	1	.997260	.998014	.998561	.999245	.999604	.999793
	2	.979063	.984152	.988015	.993164	.996113	.997797
	3	.904893	.924272	.939831	.962241	.976476	.985440
	4	.726299	.769631	.806827	.865559	.907581	.937160
	5	.463540	.522457	.577138	.673180	.751733	.814268
N = 12	-1	.999994	.999996	.999997	.999999	.999999	.999999
	0	.999845	.999891	.999923	.999962	.999981	.999990
	1	.997721	.998332	.998780	.999347	.999651	.999814
	2	.981372	.985764	.989130	.993678	.996335	.997882
	3	.910751	.928293	.942504	.963246	.976669	.985283
	4	.733375	.773783	.808743	.864609	.905272	.934412
	5	.466027	.521498	.573295	.665209	.741547	.803343
N = 13	-1	.999996	.999997	.999998	.999999	.999999	.999999
	0	.999879	.999914	.999938	.999969	.999984	.999992
	1	.998075	.998578	.998950	.999428	.999689	.999831
	2	.983257	.987090	.990053	.994111	.996524	.997954
	3	.915766	.931760	.944825	.964126	.976831	.985128
	4	.739607	.777467	.810452	.863734	.903121	.931808
	5	.468192	.520615	.569824	.657930	.732101	.793039
N = 14	-1	.999997	.999998	.999999	.999999	.999999	.999999
	0	.999903	.999930	.999950	.999974	.999987	.999993
	1	.998351	.998772	.999085	.999493	.999719	.999844
	2	.984818	.988195	.990829	.994478	.996685	.998016
	3	.920105	.934780	.946859	.964903	.976969	.984976
	4	.745143	.780759	.811986	.862924	.901112	.929337
	5	.470095	.519799	.566673	.651259	.723323	.783316
N = 15	-1	.999998	.999998	.999999	.999999	.999999	.999999
	0	.999921	.999943	.999958	.999978	.999989	.999994
	1	.998571	.998927	.999194	.999546	.999744	.999856
	2	.986127	.989128	.991488	.994794	.996825	.998069
	3	.923893	.937432	.948655	.965594	.977087	.984827
	4	.750095	.783720	.813371	.862173	.899229	.926990
	5	.471782	.519045	.563798	.645121	.715147	.774137
N = 16	-1	.999998	.999999	.999999	.999999	.999999	.999999
	0	.999935	.999952	.999965	.999981	.999990	.999995
	1	.998749	.999053	.999283	.999590	.999765	.999866
	2	.987236	.989925	.992053	.995068	.996947	.998116
	3	.927227	.939780	.950253	.966212	.977187	.984681
	4	.754552	.786399	.814630	.861473	.897462	.924757
	5	.473287	.518345	.561163	.639456	.707517	.765464
N = 17	0	.999945	.999960	.999970	.999984	.999991	.999995
	1	.998894	.999157	.999357	.999627	.999783	.999874
	2	.988186	.990610	.992543	.995307	.997055	.998157
	3	.930183	.941872	.951683	.966769	.977274	.984539

T = 5.0 (CONT.)

	L D	0	1	2	4	6	8
	4	.758586	.788835	.815778	.860820	.895800	.922632
	5	.474639	.517694	.558740	.634211	.700383	.757265
N = 18	0	.999954	.999966	.999975	.999986	.999992	.999996
	1	.999014	.999243	.999419	.999658	.999799	.999882
	2	.989006	.991206	.992971	.995519	.997151	.998193
	3	.932820	.943748	.952971	.967273	.977349	.984402
	4	.762257	.791060	.816830	.860208	.894233	.920607
	5	.475860	.517088	.556504	.629341	.693700	.749506
N = 19	0	.999960	.999970	.999978	.999988	.999993	.999996
	1	.999114	.999315	.999471	.999685	.999812	.999888
	2	.989720	.991727	.993347	.995706	.997236	.998225
	3	.935186	.945439	.954137	.967731	.977414	.984268
	4	.765610	.793101	.817797	.859635	.892753	.918676
	5	.476968	.516521	.554434	.624808	.687428	.742158
N = 20	0	.999966	.999974	.999981	.999989	.999994	.999997
	1	.999199	.999377	.999516	.999708	.999823	.999894
	2	.990347	.992186	.993680	.995873	.997312	.998254
	3	.937321	.946970	.955197	.968149	.977470	.984138
	4	.768687	.794980	.818690	.859096	.891354	.916832
	5	.477979	.515991	.552511	.620578	.681532	.735193

T = 5.2

	L D	0	1	2	4	6	8
N = 2	-3	.999992	.999995	.999997	.999999	.999999	.999999
	-2	.999791	.999872	.999922	.999971	.999989	.999996
	-1	.997302	.998338	.998976	.999611	.999852	.999944
	0	.982475	.989091	.993208	.997367	.998979	.999604
	1	.934986	.958822	.973919	.989537	.995803	.998316
	2	.840994	.896535	.932705	.971566	.988005	.994947
	3	.707806	.802579	.866835	.939688	.972833	.987823
	4	.556191	.685759	.778407	.890985	.947023	.974521
	5	.407971	.558013	.672554	.823724	.907101	.951880
N = 3	-2	.999949	.999969	.999981	.999993	.999997	.999999
	-1	.999172	.999485	.999679	.999876	.999952	.999981
	0	.993091	.995637	.997245	.998901	.999561	.999825
	1	.967071	.978741	.986276	.994280	.997617	.999007
	2	.899058	.932684	.955136	.980107	.991199	.996114
	3	.777518	.845072	.892337	.948302	.975343	.988310
	4	.614567	.717140	.793395	.891130	.943438	.970963
	5	.439761	.564275	.663942	.804294	.888669	.937869
N = 4	-2	.999984	.999990	.999994	.999998	.999999	.999999
	-1	.999684	.999801	.999875	.999950	.999980	.999992
	0	.996742	.997914	.998664	.999452	.999775	.999908
	1	.980925	.987469	.991769	.996449	.998468	.999340
	2	.929726	.952149	.967441	.984957	.993068	.996813
	3	.820325	.871837	.908788	.954087	.977059	.988612
	4	.653323	.738664	.803959	.891095	.940389	.967779
	5	.460001	.567662	.656725	.788147	.872326	.924554

DOUBLY NONCENTRAL t

T = 5.2 (CONT.)

	L D	0	1	2	4	6	8
N = 5	-2	.999994	.999996	.999998	.999999	.999999	.999999
	-1	.999860	.999911	.999943	.999977	.999991	.999996
	0	.998266	.998875	.999270	.999693	.999870	.999945
	1	.987912	.991932	.994616	.997603	.998933	.999525
	2	.948000	.963943	.975017	.988034	.994285	.997278
	3	.849295	.890327	.920374	.958296	.978325	.988811
	4	.681508	.754730	.812031	.891007	.937732	.964874
	5	.474396	.569808	.650690	.774388	.857635	.911896
N = 6	-2	.999998	.999998	.999999	.999999	.999999	.999999
	-1	.999931	.999955	.999971	.999988	.999995	.999998
	0	.998993	.999338	.999565	.999812	.999919	.999965
	1	.991824	.994463	.996251	.998281	.999213	.999639
	2	.959791	.971665	.980049	.990133	.995135	.997608
	3	.870151	.903868	.928997	.961515	.979301	.988943
	4	.703158	.767334	.818488	.890900	.935372	.962193
	5	.485321	.571300	.645578	.762456	.844316	.899880
N = 7	-1	.999963	.999976	.999984	.999993	.999997	.999999
	0	.999373	.999583	.999723	.999877	.999946	.999976
	1	.994187	.996010	.997262	.998711	.999393	.999715
	2	.967848	.977011	.983578	.991640	.995757	.997853
	3	.885834	.914201	.935669	.964063	.980078	.989031
	4	.720414	.777555	.823809	.890784	.933249	.959699
	5	.493976	.572403	.641190	.751971	.832169	.888487
N = 8	-1	.999978	.999986	.999991	.999996	.999998	.999999
	0	.999589	.999723	.999814	.999916	.999962	.999983
	1	.995700	.997012	.997923	.998998	.999516	.999767
	2	.973600	.980874	.986156	.992765	.996231	.998042
	3	.898021	.922333	.940982	.966133	.980711	.989088
	4	.734544	.786046	.828289	.890665	.931320	.957367
	5	.501044	.573253	.637376	.742666	.821039	.877696
N = 9	-1	.999987	.999991	.999994	.999997	.999999	.999999
	0	.999718	.999808	.999870	.999940	.999972	.999987
	1	.996716	.997691	.998377	.999198	.999604	.999805
	2	.977852	.983761	.988103	.993631	.996601	.998191
	3	.907737	.928890	.945312	.967849	.981237	.989121
	4	.746355	.793233	.832125	.890543	.929555	.955178
	5	.506949	.573930	.634027	.734338	.810804	.867483
N = 10	-1	.999992	.999994	.999996	.999998	.999999	.999999
	0	.999799	.999862	.999905	.999955	.999979	.999990
	1	.997424	.998169	.998698	.999343	.999668	.999833
	2	.981086	.985977	.989613	.994315	.996898	.998312
	3	.915647	.934281	.948906	.969296	.981679	.989138
	4	.756393	.799406	.835453	.890423	.927930	.953117
	5	.511970	.574481	.631859	.726833	.801359	.857820
N = 11	-1	.999994	.999996	.999997	.999999	.999999	.999999
	0	.999853	.999898	.999929	.999966	.999984	.999992
	1	.997933	.998515	.998934	.999451	.999717	.999854
	2	.983604	.987719	.990810	.994866	.997140	.998412
	3	.922198	.938786	.951934	.970531	.982057	.989142
	4	.765038	.804773	.838371	.890303	.926426	.951172
	5	.516303	.574938	.628409	.720032	.792619	.848678

T = 5.2 (CONT.)

	L D	0	1	2	4	6	8
N = 12	-1	.999996	.999997	.999998	.999999	.999999	.999999
	0	.999889	.999922	.999946	.999973	.999987	.999994
	1	.998309	.998774	.999111	.999533	.999755	.999872
	2	.985604	.989115	.991776	.995317	.997341	.998495
	3	.927703	.942603	.954520	.971599	.982382	.989136
	4	.772569	.809487	.840953	.890185	.925030	.949333
	5	.520085	.575324	.626026	.713835	.784509	.840028
N = 13	-1	.999997	.999998	.999999	.999999	.999999	.999999
	0	.999914	.999940	.999957	.999979	.999989	.999995
	1	.998594	.998971	.999247	.999598	.999785	.999885
	2	.987220	.990251	.992569	.995693	.997511	.998565
	3	.932387	.945875	.956752	.972532	.982665	.989123
	4	.779192	.813663	.843256	.890070	.923728	.947590
	5	.523419	.575653	.623870	.708164	.776966	.831841
N = 14	-1	.999998	.999999	.999999	.999999	.999999	.999999
	0	.999933	.999952	.999966	.999983	.999991	.999996
	1	.998813	.999124	.999354	.999649	.999809	.999896
	2	.988546	.991190	.993229	.996010	.997655	.998626
	3	.936416	.948709	.958698	.973352	.982912	.989104
	4	.785065	.817390	.845324	.889957	.922511	.945937
	5	.526383	.575937	.621910	.702954	.769934	.824087
N = 15	0	.999946	.999961	.999972	.999986	.999993	.999996
	1	.998986	.999246	.999439	.999690	.999829	.999906
	2	.989648	.991976	.993785	.996280	.997779	.998678
	3	.939915	.951185	.960408	.974080	.983131	.989081
	4	.790310	.820739	.847192	.889848	.921370	.944367
	5	.529037	.576185	.620120	.698149	.763364	.816740
N = 16	0	.999956	.999968	.999977	.999988	.999994	.999997
	1	.999123	.999343	.999508	.999724	.999845	.999913
	2	.990575	.992641	.994258	.996512	.997887	.998723
	3	.942979	.953366	.961923	.974731	.983326	.989055
	4	.795024	.823765	.848888	.889742	.920298	.942872
	5	.531430	.576402	.618477	.693704	.757214	.809775
N = 17	0	.999964	.999974	.999981	.999990	.999995	.999997
	1	.999235	.999422	.999564	.999752	.999859	.999920
	2	.991361	.993209	.994665	.996714	.997982	.998764
	3	.945682	.955300	.963273	.975315	.983499	.989026
	4	.799285	.826514	.850435	.889639	.919288	.941449
	5	.533598	.576594	.616964	.689579	.751446	.803165
N = 18	0	.999970	.999978	.999984	.999991	.999995	.999997
	1	.999326	.999488	.999611	.999775	.999870	.999925
	2	.992036	.993698	.995017	.996891	.998065	.998799
	3	.948082	.957107	.964483	.975842	.983655	.988995
	4	.803157	.829023	.851853	.889539	.918335	.940092
	5	.535574	.576765	.615565	.685740	.746026	.796889
N = 19	0	.999975	.999981	.999986	.999992	.999996	.999998
	1	.999401	.999542	.999650	.999795	.999880	.999930
	2	.992619	.994124	.995325	.997047	.998140	.998831
	3	.950226	.958576	.965575	.976321	.983796	.988962
	4	.806690	.831322	.853158	.889442	.917434	.938797
	5	.537381	.576918	.614269	.682159	.740925	.790925

T = 5.2 (CONT.)

	L D	0	1	2	4	6	8
N = 20	0	.999978	.999984	.999988	.999993	.999996	.999998
	1	.999464	.999588	.999683	.999812	.999889	.999934
	2	.993127	.994496	.995596	.997186	.998206	.998859
	3	.952152	.959975	.966564	.976758	.983923	.988929
	4	.809928	.833437	.854362	.889349	.916581	.937559
	5	.539042	.577055	.613063	.678810	.736117	.785252

T = 5.4

	L D	0	1	2	4	6	8
N = 2	-3	.999993	.999996	.999997	.999999	.999999	.999999
	-2	.999806	.999881	.999927	.999973	.999990	.999996
	-1	.997493	.998457	.999050	.999640	.999864	.999948
	0	.983688	.989863	.993701	.997567	.999060	.999637
	1	.939330	.961685	.975802	.990349	.996151	.998465
	2	.851028	.903504	.937519	.973833	.989057	.995429
	3	.724705	.815237	.876181	.944619	.975352	.989078
	4	.578887	.704521	.793436	.900026	.952152	.977318
	5	.433667	.581958	.693580	.838276	.916309	.957382
N = 3	-2	.999955	.999972	.999983	.999993	.999997	.999999
	-1	.999257	.999538	.999713	.999889	.999957	.999983
	0	.993776	.996080	.997531	.999020	.999611	.999846
	1	.970191	.980833	.987675	.994905	.997894	.999129
	2	.907962	.938981	.959568	.982276	.992245	.996613
	3	.795165	.858515	.902455	.953872	.978320	.989866
	4	.640881	.739208	.811426	.902517	.950259	.974899
	5	.470984	.593703	.690368	.823693	.901785	.946264
N = 4	-2	.999986	.999991	.999995	.999998	.999999	.999999
	-1	.999725	.999828	.999892	.999957	.999983	.999993
	0	.997154	.998184	.998841	.999528	.999808	.999922
	1	.983210	.989025	.992826	.996936	.998691	.999441
	2	.937483	.957723	.971428	.986975	.994076	.997311
	3	.837918	.885435	.919188	.960018	.980352	.990403
	4	.681982	.762982	.824144	.904338	.948671	.972780
	5	.495403	.601302	.687421	.811677	.889053	.935841
N = 5	-2	.999995	.999997	.999998	.999999	.999999	.999999
	-1	.999882	.999925	.999953	.999981	.999992	.999997
	0	.998529	.999050	.999386	.999744	.999893	.999955
	1	.989634	.993121	.995436	.997991	.999116	.999611
	2	.954770	.968876	.978599	.989902	.995247	.997769
	3	.866519	.903811	.930833	.964445	.981852	.990795
	4	.711791	.780683	.833854	.905780	.947303	.970875
	5	.513136	.606847	.684899	.801504	.877690	.926016
N = 6	-2	.999998	.999999	.999999	.999999	.999999	.999999
	-1	.999943	.999964	.999977	.999990	.999996	.999998
	0	.999168	.999456	.999644	.999848	.999935	.999972
	1	.993157	.995395	.996902	.998598	.999366	.999713
	2	.965743	.976058	.983280	.991864	.996052	.998089
	3	.886886	.917119	.939403	.967799	.983010	.991093
	4	.734614	.794524	.841604	.906967	.946099	.969137
	5	.526820	.611169	.682752	.792719	.867432	.916736

T = 5.4 (CONT.)

	L\D	0	1	2	4	6	8
N = 7	-1	.999970	.999981	.999988	.999995	.999998	.999999
	0	.999496	.999667	.999779	.999903	.999958	.999981
	1	.995244	.996758	.997791	.998974	.999524	.999779
	2	.973127	.980954	.986512	.993251	.996632	.998324
	3	.902046	.927170	.945965	.970430	.983934	.991326
	4	.752743	.805712	.847975	.907966	.945020	.967533
	5	.537809	.614680	.680911	.785022	.858101	.907963
N = 8	-1	.999983	.999989	.999993	.999997	.999999	.999999
	0	.999677	.999784	.999856	.999935	.999971	.999987
	1	.996556	.997624	.998361	.999221	.999630	.999824
	2	.978324	.984440	.988839	.994272	.997068	.998503
	3	.913714	.935003	.951142	.972552	.984688	.991511
	4	.767537	.814977	.853325	.908820	.944042	.966043
	5	.546887	.617612	.679316	.778202	.849560	.899663
N = 9	-1	.999990	.999993	.999996	.999998	.999999	.999999
	0	.999783	.999854	.999901	.999955	.999979	.999991
	1	.997421	.998201	.998745	.999390	.999703	.999856
	2	.982114	.987010	.990573	.995047	.997405	.998644
	3	.922933	.941262	.955323	.974298	.985315	.991661
	4	.779864	.822794	.857895	.909560	.943149	.964650
	5	.554546	.620112	.677920	.772104	.841706	.891809
N = 10	-1	.999994	.999996	.999997	.999999	.999999	.999999
	0	.999849	.999897	.999930	.999967	.999985	.999993
	1	.998015	.998600	.999013	.999510	.999757	.999879
	2	.984961	.988958	.991900	.995651	.997672	.998757
	3	.930376	.946366	.958765	.975760	.985845	.991784
	4	.790306	.829487	.861849	.910207	.942326	.963343
	5	.561116	.622276	.676687	.766611	.834456	.884372
N = 11	-1	.999996	.999997	.999998	.999999	.999999	.999999
	0	.999892	.999925	.999949	.999976	.999988	.999994
	1	.998435	.998886	.999207	.999598	.999797	.999897
	2	.987151	.990471	.992939	.996132	.997887	.998849
	3	.936491	.950598	.961645	.977001	.986299	.991886
	4	.799273	.835291	.865309	.910777	.941563	.962112
	5	.566827	.624172	.675590	.761630	.827739	.877327
N = 12	-1	.999997	.999998	.999999	.999999	.999999	.999999
	0	.999920	.999944	.999961	.999981	.999991	.999996
	1	.998741	.999095	.999350	.999665	.999827	.999911
	2	.988871	.991670	.993770	.996522	.998064	.998925
	3	.941593	.954158	.964085	.978069	.986691	.991970
	4	.807061	.840374	.868365	.911283	.940854	.960950
	5	.571845	.625851	.674606	.757091	.821498	.870650
N = 13	-1	.999998	.999999	.999999	.999999	.999999	.999999
	0	.999939	.999958	.999970	.999985	.999993	.999996
	1	.998970	.999253	.999458	.999716	.999851	.999922
	2	.990247	.992636	.994444	.996844	.998212	.998990
	3	.945904	.957189	.966179	.978996	.987034	.992041
	4	.813892	.844866	.871085	.911735	.940192	.959851
	5	.576296	.627350	.673718	.752934	.815685	.864317
N = 14	0	.999953	.999967	.999977	.999988	.999994	.999997
	1	.999143	.999374	.999542	.999756	.999870	.999930
	2	.991364	.993426	.994999	.997112	.998337	.999045

T = 5.4 (CONT.)

	L\D	0	1	2	4	6	8
	3	.949588	.959797	.967992	.979808	.987336	.992100
	4	.819933	.848867	.873522	.912142	.939572	.958808
	5	.580275	.628698	.672912	.749110	.810255	.858307
N = 15	0	.999963	.999974	.999981	.999991	.999995	.999998
	1	.999278	.999468	.999608	.999787	.999885	.999938
	2	.992284	.994081	.995463	.997339	.998444	.999092
	3	.952767	.962062	.969577	.980525	.987604	.992150
	4	.825316	.852453	.875721	.912509	.938989	.957818
	5	.583856	.629918	.672178	.745581	.805173	.852599
N = 16	0	.999971	.999979	.999985	.999992	.999996	.999998
	1	.999385	.999543	.999661	.999813	.999897	.999943
	2	.993050	.994630	.995854	.997533	.998536	.999133
	3	.955535	.964046	.970973	.981163	.987843	.992193
	4	.830143	.855688	.877714	.912842	.938439	.956877
	5	.587098	.631027	.671505	.742312	.800406	.847174
N = 17	0	.999976	.999983	.999987	.999993	.999997	.999998
	1	.999470	.999603	.999704	.999834	.999908	.999948
	2	.993696	.995095	.996187	.997700	.998616	.999169
	3	.957963	.965796	.972211	.981734	.988057	.992229
	4	.834497	.858620	.879530	.913145	.937921	.955980
	5	.590048	.632041	.670886	.739275	.795927	.842014
N = 18	0	.999980	.999986	.999990	.999994	.999997	.999998
	1	.999539	.999653	.999739	.999852	.999916	.999953
	2	.994244	.995493	.996474	.997845	.998686	.999201
	3	.960108	.967350	.973316	.982249	.988251	.992260
	4	.838443	.861291	.881192	.913422	.937431	.955124
	5	.592746	.632972	.670314	.736445	.791709	.837101
N = 19	0	.999984	.999988	.999991	.999995	.999997	.999999
	1	.999595	.999693	.999768	.999867	.999924	.999956
	2	.994715	.995837	.996722	.997972	.998748	.999229
	3	.962016	.968739	.974308	.982714	.988426	.992286
	4	.842039	.863735	.882718	.913676	.936966	.954307
	5	.595224	.633830	.669785	.733802	.787732	.832421
N = 20	0	.999986	.999990	.999993	.999996	.999998	.999999
	1	.999642	.999727	.999792	.999879	.999930	.999959
	2	.995122	.996135	.996939	.998084	.998804	.999255
	3	.963721	.969986	.975202	.983136	.988586	.992308
	4	.845327	.865979	.884126	.913911	.936525	.953526
	5	.597508	.634623	.669293	.731327	.783976	.827959

T = 5.6

	L\D	0	1	2	4	6	8
N = 2	-3	.999993	.999996	.999997	.999999	.999999	.999999
	-2	.999820	.999890	.999932	.999975	.999991	.999996
	-1	.997664	.998563	.999117	.999666	.999874	.999952
	0	.984780	.990558	.994142	.997744	.999131	.999665
	1	.943265	.964263	.977490	.991069	.996457	.998594

T = 5.6 (CONT.)

	L D	0	1	2	4	6	8
	2	.860186	.909810	.941841	.975839	.989975	.995845
	3	.740309	.826773	.884602	.948976	.977540	.990153
	4	.600178	.721797	.807064	.908021	.956597	.979698
	5	.458263	.604308	.712832	.851209	.924298	.962057
N = 3	-2	.999959	.999975	.999984	.999994	.999998	.999999
	-1	.999330	.999584	.999742	.999901	.999962	.999985
	0	.994375	.996466	.997780	.999123	.999654	.999863
	1	.972940	.982664	.988694	.995442	.998129	.999232
	2	.915902	.944544	.963449	.984144	.993133	.997031
	3	.811170	.870543	.911397	.958688	.980845	.991163
	4	.665294	.759300	.827581	.912443	.956068	.978182
	5	.500794	.621108	.714485	.840823	.913055	.953305
N = 4	-2	.999988	.999993	.999995	.999998	.999999	.999999
	-1	.999760	.999850	.999906	.999963	.999986	.999994
	0	.997504	.998413	.998990	.999591	.999835	.999933
	1	.985173	.990352	.993722	.997343	.998875	.999524
	2	.944255	.962539	.974841	.988671	.994910	.997717
	3	.853618	.897403	.928225	.965053	.983090	.991862
	4	.708310	.784907	.842045	.915747	.955628	.976885
	5	.529125	.632573	.715374	.832376	.903340	.945230
N = 5	-2	.999996	.999997	.999998	.999999	.999999	.999999
	-1	.999900	.999937	.999960	.999984	.999994	.999997
	0	.998746	.999193	.999481	.999785	.999911	.999963
	1	.991079	.994311	.996113	.998307	.999263	.999679
	2	.960565	.973055	.981601	.991438	.996025	.998158
	3	.881665	.915502	.939782	.969581	.984733	.992382
	4	.739363	.803878	.853035	.918383	.955255	.975741
	5	.549964	.641232	.716009	.825302	.894757	.937702
N = 6	-2	.999998	.999999	.999999	.999999	.999999	.999999
	-1	.999953	.999970	.999981	.999992	.999997	.999999
	0	.999310	.999551	.999707	.999876	.999947	.999978
	1	.994251	.996154	.997428	.998849	.999486	.999770
	2	.970746	.979711	.985939	.993260	.996777	.998463
	3	.901405	.928453	.948184	.972970	.985993	.992784
	4	.763023	.818636	.861762	.920559	.954927	.974709
	5	.566202	.648143	.716529	.819247	.887064	.930644
N = 7	-1	.999976	.999985	.999990	.999996	.999998	.999999
	0	.999592	.999732	.999823	.999923	.999967	.999986
	1	.996093	.997354	.998208	.999179	.999624	.999828
	2	.977490	.984177	.988885	.994527	.997312	.998683
	3	.915936	.938123	.954544	.975602	.986991	.993105
	4	.781726	.830505	.868900	.922395	.954633	.973766
	5	.579341	.653853	.716982	.813976	.880100	.924004
N = 8	-1	.999987	.999992	.999994	.999998	.999999	.999999
	0	.999745	.999830	.999887	.999950	.999978	.999990
	1	.997231	.998103	.998700	.999390	.999714	.999866
	2	.982167	.987308	.990974	.995445	.997707	.998849
	3	.927005	.945582	.959509	.977703	.987802	.993366
	4	.796917	.840287	.874868	.923971	.954362	.972896
	5	.590263	.658686	.717388	.809329	.873747	.917743
N = 9	-1	.999992	.999995	.999997	.999999	.999999	.999999
	0	.999833	.999888	.999925	.999966	.999985	.999993

DOUBLY NONCENTRAL t

T = 5.6 (CONT.)

N	L\D	0	1	2	4	6	8
	1	.997968	.998593	.999025	.999533	.999776	.999893
	2	.985531	.989585	.992508	.996132	.998008	.998977
	3	.935667	.951484	.963481	.979418	.988474	.993583
	4	.809517	.848502	.879942	.925339	.954111	.972086
	5	.599526	.662848	.717758	.805190	.867919	.911830
N = 10	-1	.999995	.999997	.999998	.999999	.999999	.999999
	0	.999886	.999923	.999948	.999976	.999989	.999995
	1	.998465	.998926	.999249	.999632	.999820	.999912
	2	.988025	.991288	.993667	.996661	.998244	.999079
	3	.942595	.956252	.966721	.980841	.989039	.993765
	4	.820145	.855507	.884315	.926540	.953876	.971328
	5	.607506	.666483	.718098	.801472	.862545	.906238
N = 11	-1	.999997	.999998	.999999	.999999	.999999	.999999
	0	.999920	.999945	.999962	.999982	.999992	.999996
	1	.998811	.999160	.999407	.999704	.999853	.999927
	2	.989919	.992594	.994564	.997077	.998432	.999161
	3	.948240	.960172	.969408	.982041	.989521	.993920
	4	.829234	.861556	.888128	.927604	.953655	.970617
	5	.614468	.669692	.718411	.798109	.857571	.900942
N = 12	-1	.999998	.999999	.999999	.999999	.999999	.999999
	0	.999942	.999960	.999972	.999987	.999994	.999997
	1	.999060	.999330	.999522	.999758	.999877	.999938
	2	.991391	.993617	.995271	.997410	.998585	.999229
	3	.952911	.963443	.971669	.983065	.989937	.994053
	4	.837098	.866835	.891482	.928552	.953445	.969946
	5	.620607	.672551	.718701	.795048	.852950	.895922
N = 13	0	.999957	.999970	.999979	.999990	.999995	.999998
	1	.999243	.999456	.999609	.999798	.999896	.999946
	2	.992554	.994432	.995840	.997682	.998712	.999286
	3	.956829	.966208	.973593	.983949	.990299	.994168
	4	.843971	.871484	.894459	.929403	.953246	.969313
	5	.626067	.675117	.718971	.792249	.848644	.891158
N = 14	0	.999967	.999977	.999984	.999992	.999996	.999998
	1	.999380	.999551	.999674	.999829	.999910	.999953
	2	.993489	.995092	.996303	.997906	.998817	.999334
	3	.960152	.968569	.975248	.984718	.990618	.994269
	4	.850028	.875610	.897119	.930172	.953056	.968712
	5	.630961	.677435	.719221	.789676	.844622	.886633
N = 15	0	.999975	.999982	.999987	.999994	.999997	.999998
	1	.999485	.999624	.999725	.999854	.999922	.999958
	2	.994251	.995633	.996686	.998094	.998907	.999375
	3	.963001	.970607	.976685	.985394	.990899	.994358
	4	.855407	.879298	.899511	.930869	.952875	.968142
	5	.635375	.679541	.719454	.787303	.840854	.882330
N = 16	0	.999980	.999986	.999990	.999995	.999997	.999999
	1	.999567	.999682	.999766	.999873	.999931	.999963
	2	.994880	.996083	.997006	.998253	.998984	.999410
	3	.965465	.972380	.977943	.985992	.991150	.994436
	4	.860216	.882614	.901674	.931504	.952702	.967599
	5	.639380	.681465	.719673	.785105	.837318	.878236

T = 5.6 (CONT.)

	L D	0	1	2	4	6	8
N = 17	0	.999984	.999989	.999992	.999996	.999998	.999999
	1	.999632	.999727	.999798	.999889	.999939	.999967
	2	.995405	.996461	.997276	.998389	.999050	.999441
	3	.967614	.973935	.979053	.986525	.991376	.994506
	4	.864541	.885612	.903640	.932086	.952536	.967083
	5	.643032	.683230	.719877	.783064	.833992	.874336
N = 18	0	.999987	.999991	.999993	.999996	.999998	.999999
	1	.999684	.999764	.999824	.999902	.999946	.999970
	2	.995847	.996781	.997506	.998506	.999107	.999468
	3	.969501	.975308	.980037	.987002	.991578	.994568
	4	.868451	.888336	.905435	.932621	.952378	.966589
	5	.646377	.684855	.720068	.781162	.830857	.870618
N = 19	0	.999989	.999992	.999994	.999997	.999998	.999999
	1	.999726	.999794	.999845	.999913	.999951	.999972
	2	.996224	.997055	.997705	.998608	.999158	.999492
	3	.971169	.976528	.980916	.987432	.991762	.994624
	4	.872003	.890822	.907080	.933114	.952225	.966118
	5	.649454	.686357	.720248	.779385	.827897	.867070
N = 20	0	.999991	.999994	.999995	.999997	.999999	.999999
	1	.999760	.999819	.999863	.999922	.999956	.999975
	2	.996547	.997291	.997876	.998697	.999202	.999513
	3	.972653	.977618	.981706	.987821	.991929	.994674
	4	.875244	.893099	.908594	.933570	.952079	.965668
	5	.652294	.687749	.720417	.777721	.825099	.863681

T = 5.8

	L D	0	1	2	4	6	8
N = 2	-3	.999994	.999996	.999998	.999999	.999999	.999999
	-2	.999832	.999897	.999937	.999976	.999991	.999997
	-1	.997818	.998659	.999176	.999689	.999883	.999956
	0	.985768	.991183	.994538	.997903	.999195	.999691
	1	.946838	.966593	.979008	.991711	.996727	.998708
	2	.868562	.915532	.945734	.977621	.990782	.996207
	3	.754731	.837308	.892211	.952842	.979451	.991078
	4	.620140	.737719	.819446	.915120	.960468	.981736
	5	.481748	.625160	.730474	.862733	.931260	.966053
N = 3	-2	.999963	.999977	.999986	.999995	.999998	.999999
	-1	.999394	.999625	.999768	.999911	.999966	.999987
	0	.994901	.996803	.997996	.999212	.999690	.999878
	1	.975370	.984273	.989958	.995906	.998331	.999320
	2	.922998	.949472	.966859	.985760	.993891	.997383
	3	.825695	.881323	.919321	.962870	.982999	.992251
	4	.687910	.777593	.842071	.921122	.961037	.980935
	5	.529134	.646570	.736473	.855967	.922767	.959236
N = 4	-2	.999990	.999994	.999996	.999998	.999999	.999999
	-1	.999790	.999869	.999918	.999968	.999987	.999995
	0	.997803	.998607	.999116	.999644	.999857	.999942
	1	.986866	.991489	.994485	.997685	.999028	.999592

T = 5.8 (CONT.)

	L D	0	1	2	4	6	8
	2	.950178	.966714	.977774	.990105	.995603	.998050
	3	.867630	.907948	.936094	.969344	.985377	.993060
	4	.732435	.804652	.857919	.925596	.961493	.980272
	5	.561064	.661529	.740764	.850575	.915559	.953063
N = 5	-2	.999996	.999998	.999999	.999999	.999999	.999999
	-1	.999915	.999946	.999966	.999987	.999995	.999998
	0	.998926	.999311	.999558	.999818	.999925	.999969
	1	.992295	.994939	.996675	.998566	.999381	.999733
	2	.965535	.976604	.984128	.992708	.996657	.998470
	3	.894978	.925645	.947451	.973883	.987097	.993659
	4	.764381	.824564	.869875	.929143	.961877	.979701
	5	.584727	.672978	.744181	.846145	.909276	.947384
N = 6	-1	.999961	.999975	.999984	.999994	.999997	.999999
	0	.999424	.999627	.999758	.999898	.999957	.999982
	1	.995152	.996775	.997854	.999051	.999580	.999814
	2	.974958	.982756	.988134	.994391	.997355	.998755
	3	.913987	.938146	.955600	.977237	.988401	.994122
	4	.788569	.839951	.879303	.932053	.962204	.979193
	5	.603262	.682193	.747042	.842412	.903702	.942111
N = 7	-1	.999981	.999988	.999992	.999997	.999999	.999999
	0	.999668	.999783	.999858	.999939	.999974	.999989
	1	.996779	.997832	.998540	.999339	.999701	.999864
	2	.981101	.986816	.990809	.995541	.997842	.998958
	3	.927818	.947369	.961694	.979811	.989424	.994491
	4	.807574	.852246	.886964	.934496	.962484	.978733
	5	.618317	.689849	.749502	.839206	.898694	.937187
N = 8	-1	.999990	.999993	.999996	.999998	.999999	.999999
	0	.999797	.999866	.999911	.999961	.999983	.999993
	1	.997765	.998478	.998964	.999520	.999778	.999897
	2	.985297	.989620	.992676	.996362	.998197	.999108
	3	.938238	.954404	.966399	.981843	.990248	.994791
	4	.822920	.862318	.893328	.936582	.962725	.978311
	5	.630868	.696355	.751656	.836409	.894153	.932567
N = 9	-1	.999994	.999996	.999998	.999999	.999999	.999999
	0	.999870	.999913	.999942	.999974	.999988	.999995
	1	.998392	.998894	.999239	.999640	.999830	.999920
	2	.988273	.991628	.994028	.996967	.998463	.999223
	3	.946308	.959912	.970122	.983484	.990925	.995040
	4	.835578	.870729	.898709	.938386	.962934	.977919
	5	.641535	.701975	.753565	.833940	.890005	.928222
N = 10	-1	.999997	.999998	.999999	.999999	.999999	.999999
	0	.999914	.999942	.999961	.999982	.999992	.999996
	1	.998808	.999172	.999425	.999723	.999866	.999936
	2	.990448	.993111	.995035	.997426	.998669	.999313
	3	.952700	.964318	.973129	.984834	.991490	.995250
	4	.846198	.877863	.903323	.939964	.963115	.977553
	5	.650741	.706894	.755273	.831739	.886193	.924123
N = 11	-1	.999998	.999999	.999999	.999999	.999999	.999999
	0	.999940	.999959	.999972	.999987	.999994	.999997
	1	.999094	.999364	.999554	.999781	.999893	.999947
	2	.992080	.994233	.995804	.997783	.998831	.999385

T = 5.8 (CONT.)

	L\D	0	1	2	4	6	8
	3	.957860	.967908	.975601	.985962	.991969	.995430
	4	.855236	.883992	.907324	.941357	.963273	.977209
	5	.658785	.711244	.756813	.829760	.882674	.920249
N = 12	0	.999958	.999971	.999980	.999991	.999996	.999998
	1	.999295	.999502	.999648	.999824	.999912	.999956
	2	.993332	.995101	.996403	.998065	.998962	.999444
	3	.962093	.970877	.977661	.986916	.992380	.995584
	4	.863019	.889316	.910829	.942596	.963411	.976885
	5	.665885	.715125	.758210	.827968	.879411	.916582
N = 13	0	.999969	.999979	.999985	.999993	.999997	.999998
	1	.999442	.999602	.999716	.999856	.999927	.999963
	2	.994311	.995785	.996879	.998292	.999068	.999492
	3	.965614	.973365	.979402	.987734	.992736	.995719
	4	.869790	.893984	.913926	.943706	.963532	.976578
	5	.672207	.718613	.759483	.826336	.876376	.913105
N = 14	0	.999977	.999984	.999989	.999995	.999997	.999999
	1	.999550	.999676	.999767	.999880	.999938	.999968
	2	.995089	.996332	.997263	.998478	.999156	.999533
	3	.968577	.975475	.980887	.988441	.993047	.995837
	4	.875732	.898110	.916683	.944706	.963639	.976286
	5	.677876	.721768	.760650	.824842	.873542	.909803
N = 15	0	.999982	.999988	.999991	.999996	.999998	.999999
	1	.999632	.999733	.999807	.999899	.999947	.999972
	2	.995716	.996777	.997576	.998632	.999230	.999567
	3	.971099	.977282	.982168	.989058	.993321	.995942
	4	.880988	.901783	.919152	.945612	.963733	.976009
	5	.682994	.724637	.761723	.823468	.870890	.906665
N = 16	0	.999986	.999990	.999993	.999997	.999998	.999999
	1	.999695	.999777	.999838	.999914	.999954	.999976
	2	.996229	.997142	.997836	.998761	.999293	.999597
	3	.973265	.978843	.983281	.989601	.993564	.996035
	4	.885669	.905073	.921377	.946436	.963816	.975744
	5	.687639	.727259	.762714	.822198	.868401	.903677
N = 17	0	.999989	.999992	.999995	.999997	.999999	.999999
	1	.999744	.999812	.999862	.999925	.999960	.999978
	2	.996653	.997447	.998053	.998871	.999346	.999622
	3	.975141	.980204	.984256	.990081	.993781	.996118
	4	.889864	.908038	.923393	.947190	.963890	.975492
	5	.691878	.729666	.763632	.821022	.866061	.900830
N = 18	0	.999991	.999994	.999996	.999998	.999999	.999999
	1	.999783	.999839	.999881	.999935	.999965	.999981
	2	.997007	.997702	.998237	.998964	.999392	.999645
	3	.976779	.981397	.985117	.990509	.993976	.996193
	4	.893643	.910723	.925228	.947882	.963955	.975250
	5	.695761	.731883	.764485	.819928	.863855	.898115
N = 19	0	.999993	.999995	.999996	.999998	.999999	.999999
	1	.999814	.999862	.999897	.999943	.999968	.999983
	2	.997306	.997919	.998393	.999044	.999433	.999664
	3	.978217	.982452	.985881	.990892	.994152	.996260
	4	.897065	.913165	.926905	.948519	.964014	.975018
	5	.699335	.733934	.765280	.818907	.861773	.895522

DOUBLY NONCENTRAL t

T = 5.8 (CONT.)

	L D	0	1	2	4	6	8
N = 20	0	.999994	.999996	.999997	.999998	.999999	.999999
	1	.999839	.999880	.999910	.999950	.999972	.999984
	2	.997560	.998104	.998528	.999114	.999468	.999681
	3	.979490	.983389	.986563	.991238	.994311	.996322
	4	.900177	.915397	.928443	.949108	.964066	.974797
	5	.702634	.735837	.766022	.817953	.859803	.893044

T = 6.0

	L D	0	1	2	4	6	8
N = 2	-3	.999994	.999997	.999998	.999999	.999999	.999999
	-2	.999842	.999904	.999941	.999978	.999992	.999997
	-1	.997958	.998746	.999230	.999710	.999891	.999959
	0	.986664	.991749	.994895	.998046	.999252	.999713
	1	.950091	.968706	.980377	.992285	.996967	.998807
	2	.876239	.920739	.949252	.979213	.991494	.996522
	3	.768075	.846950	.899108	.956286	.981129	.991880
	4	.638850	.752410	.830722	.921446	.963857	.983493
	5	.504126	.644611	.746659	.873033	.937353	.969487
N = 3	-2	.999967	.999979	.999987	.999995	.999998	.999999
	-1	.999451	.999660	.999790	.999919	.999969	.999988
	0	.995364	.997100	.998185	.999290	.999722	.999891
	1	.977525	.985693	.990892	.996310	.998505	.999394
	2	.929351	.953851	.969866	.987166	.994542	.997682
	3	.838885	.891002	.926361	.966516	.984845	.993169
	4	.708836	.794251	.855083	.928732	.965306	.983259
	5	.555986	.670186	.756512	.869376	.931161	.964255
N = 4	-2	.999991	.999994	.999996	.999999	.999999	.999999
	-1	.999815	.999885	.999928	.999972	.999989	.999996
	0	.998059	.998772	.999223	.999689	.999876	.999950
	1	.988330	.992466	.995137	.997974	.999156	.999648
	2	.955370	.970343	.980302	.991322	.996183	.998324
	3	.880140	.917251	.942960	.973013	.987298	.994049
	4	.754499	.822423	.872002	.934115	.966455	.983081
	5	.591170	.688254	.763780	.866577	.926025	.959618
N = 5	-2	.999997	.999998	.999999	.999999	.999999	.999999
	-1	.999927	.999954	.999971	.999989	.999995	.999998
	0	.999077	.999410	.999623	.999846	.999937	.999974
	1	.993323	.995634	.997145	.998779	.999478	.999777
	2	.969805	.979627	.986261	.993762	.997173	.998721
	3	.906678	.934452	.954034	.977498	.989045	.994693
	4	.787020	.842985	.884654	.938341	.967406	.982937
	5	.617344	.702154	.769607	.864372	.921629	.955421
N = 6	-1	.999968	.999980	.999987	.999995	.999998	.999999
	0	.999518	.999689	.999799	.999916	.999965	.999985
	1	.995897	.997284	.998202	.999213	.999655	.999849
	2	.978511	.985301	.989951	.995311	.997817	.998985
	3	.924887	.946439	.961871	.980767	.990353	.995186
	4	.811461	.858748	.894546	.941777	.968211	.982812
	5	.637888	.713368	.774476	.862584	.917785	.951570

T = 6.0 (CONT.)

N	L\D	0	1	2	4	6	8
N = 7	-1	.999984	.999990	.999994	.999997	.999999	.999999
	0	.999729	.999823	.999885	.999951	.999979	.999991
	1	.997334	.998215	.998805	.999465	.999760	.999893
	2	.984095	.988983	.992373	.996351	.998258	.999170
	3	.937973	.955173	.967658	.983243	.991367	.995575
	4	.830528	.871250	.902520	.944637	.968902	.982699
	5	.654594	.722695	.778646	.861098	.914369	.948008
N = 8	-1	.999992	.999995	.999997	.999999	.999999	.999999
	0	.999838	.999894	.999930	.999970	.999987	.999994
	1	.998188	.998774	.999171	.999620	.999826	.999921
	2	.987850	.991486	.994038	.997081	.998574	.999305
	3	.947718	.961756	.972071	.985174	.992174	.995890
	4	.845820	.881417	.909098	.947062	.969501	.982595
	5	.668527	.730622	.782279	.859839	.911300	.944691
N = 9	-1	.999996	.999997	.999998	.999999	.999999	.999999
	0	.999899	.999933	.999955	.999980	.999991	.999996
	1	.998723	.999127	.999403	.999721	.999870	.999939
	2	.990474	.993253	.995224	.997612	.998808	.999407
	3	.955182	.966853	.975524	.986716	.992830	.996150
	4	.858351	.889852	.914620	.949146	.970026	.982496
	5	.680371	.737469	.785482	.858755	.908516	.941588
N = 10	-1	.999997	.999998	.999999	.999999	.999999	.999999
	0	.999934	.999956	.999970	.999987	.999994	.999997
	1	.999071	.999359	.999558	.999790	.999900	.999952
	2	.992366	.994539	.996096	.998008	.998986	.999485
	3	.961034	.970888	.978285	.987971	.993374	.996368
	4	.868801	.896961	.919325	.950959	.970489	.982401
	5	.690592	.743460	.788335	.857810	.905973	.938675
N = 11	-1	.999998	.999999	.999999	.999999	.999999	.999999
	0	.999955	.999970	.999980	.999991	.999996	.999998
	1	.999306	.999517	.999664	.999837	.999921	.999962
	2	.993767	.995499	.996752	.998312	.999125	.999547
	3	.965712	.974143	.980531	.989010	.993830	.996553
	4	.877641	.903034	.923382	.952550	.970900	.982309
	5	.699519	.748755	.790895	.856976	.903636	.935932
N = 12	0	.999969	.999979	.999986	.999993	.999997	.999999
	1	.999470	.999628	.999739	.999871	.999937	.999969
	2	.994828	.996233	.997257	.998549	.999234	.999597
	3	.969514	.976810	.982386	.989882	.994218	.996712
	4	.885213	.908279	.926916	.953959	.971267	.982221
	5	.707395	.753476	.793209	.856233	.901478	.933342
N = 13	0	.999978	.999985	.999990	.999995	.999998	.999999
	1	.999587	.999707	.999793	.999896	.999948	.999974
	2	.995648	.996804	.997654	.998738	.999323	.999638
	3	.972649	.979026	.983940	.990622	.994552	.996850
	4	.891765	.912854	.930023	.955215	.971598	.982135
	5	.714404	.757716	.795311	.855566	.899477	.930891
N = 14	0	.999984	.999989	.999992	.999996	.999998	.999999
	1	.999672	.999766	.999833	.999915	.999957	.999978
	2	.996292	.997255	.997970	.998891	.999396	.999671
	3	.975266	.980889	.985255	.991257	.994842	.996971

T = 6.0 (CONT.)

	L/D	0	1	2	4	6	8
	4	.897487	.916878	.932774	.956343	.971896	.982051
	5	.720686	.761548	.797232	.854964	.897613	.928569
N = 15	0	.999988	.999992	.999994	.999997	.999999	.999999
	1	.999736	.999810	.999864	.999930	.999964	.999981
	2	.996806	.997618	.998225	.999016	.999456	.999700
	3	.977475	.982472	.986379	.991807	.995096	.997078
	4	.902525	.920444	.935229	.957361	.972166	.981970
	5	.726354	.765032	.798994	.854415	.895873	.926363
N = 16	0	.999991	.999993	.999995	.999998	.999999	.999999
	1	.999784	.999844	.999887	.999941	.999969	.999984
	2	.997222	.997914	.998434	.999120	.999506	.999724
	3	.979358	.983830	.987350	.992287	.995320	.997172
	4	.906991	.923624	.937431	.958284	.972413	.981891
	5	.731496	.768213	.800617	.853914	.894243	.924266
N = 17	0	.999993	.999995	.999996	.999998	.999999	.999999
	1	.999821	.999870	.999905	.999950	.999973	.999986
	2	.997562	.998157	.998608	.999207	.999549	.999744
	3	.980977	.985004	.988194	.992709	.995518	.997257
	4	.910976	.926478	.939417	.959126	.972638	.981814
	5	.736184	.771132	.802117	.853453	.892712	.922269
N = 18	0	.999994	.999996	.999997	.999999	.999999	.999999
	1	.999850	.999890	.999920	.999957	.999977	.999988
	2	.997844	.998360	.998753	.999280	.999586	.999762
	3	.982380	.986028	.988934	.993083	.995696	.997333
	4	.914552	.929052	.941219	.959896	.972844	.981739
	5	.740478	.773820	.803508	.853028	.891271	.920365
N = 19	0	.999996	.999997	.999998	.999999	.999999	.999999
	1	.999874	.999907	.999931	.999963	.999980	.999989
	2	.998079	.998530	.998876	.999343	.999617	.999777
	3	.983606	.986926	.989587	.993416	.995855	.997401
	4	.917778	.931385	.942859	.960603	.973034	.981666
	5	.744426	.776304	.804802	.852634	.889911	.918548
N = 20	0	.999996	.999997	.999998	.999999	.999999	.999999
	1	.999892	.999920	.999941	.999967	.999982	.999990
	2	.998277	.998674	.998980	.999397	.999645	.999791
	3	.984683	.987719	.990166	.993714	.995999	.997463
	4	.920701	.933509	.944359	.961256	.973210	.981595
	5	.748070	.778608	.806009	.852267	.888626	.916811

T = 6.2

	L/D	0	1	2	4	6	8
N = 2	-3	.999995	.999997	.999998	.999999	.999999	.999999
	-2	.999852	.999909	.999945	.999979	.999992	.999997
	-1	.998085	.998825	.999279	.999729	.999898	.999962
	0	.987479	.992263	.995219	.998174	.999302	.999734
	1	.953061	.970626	.981618	.992801	.997181	.998896
	2	.883288	.925489	.952443	.980640	.992125	.996800

T = 6.2 (CONT.)

N	L\D	0	1	2	4	6	8
	3	.780433	.855790	.905375	.959368	.982610	.992579
	4	.656385	.765981	.841012	.927103	.966837	.985015
	5	.525418	.662756	.761524	.882264	.942706	.972453
N = 3	-2	.999970	.999981	.999989	.999996	.999998	.999999
	-1	.999500	.999691	.999809	.999927	.999972	.999989
	0	.995773	.997361	.998352	.999357	.999749	.999902
	1	.979442	.986949	.991715	.996662	.998655	.999458
	2	.935053	.957751	.972526	.988394	.995103	.997937
	3	.850875	.899706	.932631	.969708	.986437	.993950
	4	.728186	.809428	.866786	.935425	.968990	.985229
	5	.581356	.692063	.774773	.881268	.938439	.968521
N = 4	-2	.999992	.999995	.999997	.999999	.999999	.999999
	-1	.999837	.999898	.999937	.999975	.999990	.999996
	0	.998279	.998914	.999315	.999727	.999891	.999957
	1	.989600	.993310	.995697	.998219	.999263	.999695
	2	.959931	.973505	.982488	.992360	.996672	.998552
	3	.891316	.925472	.948965	.976162	.988918	.994871
	4	.774651	.838413	.884504	.941501	.970668	.985421
	5	.619437	.712860	.784616	.880654	.935009	.965123
N = 5	-2	.999997	.999998	.999999	.999999	.999999	.999999
	-1	.999938	.999961	.999975	.999990	.999996	.999998
	0	.999203	.999492	.999676	.999868	.999947	.999978
	1	.994195	.996219	.997538	.998956	.999557	.999812
	2	.973482	.982208	.988069	.994642	.997598	.998925
	3	.916965	.942107	.959697	.980548	.990659	.995535
	4	.807462	.859372	.897621	.946216	.972037	.985593
	5	.647792	.728869	.792495	.880300	.932149	.962105
N = 6	-1	.999973	.999983	.999989	.999996	.999998	.999999
	0	.999594	.999739	.999832	.999930	.999971	.999988
	1	.996515	.997704	.998487	.999343	.999715	.999876
	2	.981514	.987433	.991461	.996063	.998189	.999168
	3	.934327	.953540	.967183	.983696	.991942	.996036
	4	.831917	.875296	.907779	.950008	.973181	.985743
	5	.670043	.741773	.799050	.880113	.929699	.959379
N = 7	-1	.999987	.999992	.999995	.999998	.999999	.999999
	0	.999777	.999855	.999906	.999960	.999983	.999993
	1	.997785	.998525	.999017	.999564	.999807	.999914
	2	.986581	.990766	.993650	.997001	.998587	.999335
	3	.946646	.961761	.972636	.986048	.992924	.996428
	4	.850841	.887818	.915896	.953136	.974154	.985875
	5	.688119	.752488	.804636	.880033	.927560	.956887
N = 8	-1	.999994	.999996	.999997	.999999	.999999	.999999
	0	.999870	.999915	.999944	.999976	.999990	.999996
	1	.998526	.999008	.999333	.999698	.999863	.999938
	2	.989935	.992996	.995130	.997648	.998867	.999455
	3	.955709	.967881	.976743	.987859	.993695	.996742
	4	.865902	.897921	.922535	.955764	.974993	.985989
	5	.703176	.761578	.809479	.880022	.925665	.954589
N = 9	-1	.999997	.999998	.999999	.999999	.999999	.999999
	0	.999921	.999947	.999965	.999985	.999993	.999997
	1	.998981	.999308	.999530	.999783	.999900	.999954
	2	.992244	.994547	.996168	.998111	.999071	.999544

DOUBLY NONCENTRAL t

T = 6.2 (CONT.)

	L\D	0	1	2	4	6	8
	3	.962572	.972565	.979920	.989289	.994316	.996998
	4	.878155	.906239	.928066	.958005	.975724	.986089
	5	.715955	.769413	.813731	.880056	.923966	.952457
N = 10	-1	.999998	.999999	.999999	.999999	.999999	.999999
	0	.999949	.999966	.999977	.999990	.999996	.999998
	1	.999273	.999502	.999658	.999839	.999925	.999965
	2	.993886	.995659	.996920	.998452	.999224	.999612
	3	.967895	.976232	.982431	.990439	.994824	.997211
	4	.888301	.913201	.932745	.959940	.976366	.986176
	5	.726965	.776254	.817501	.880119	.922430	.950467
N = 11	0	.999966	.999977	.999985	.999993	.999997	.999999
	1	.999467	.999631	.999745	.999878	.999942	.999972
	2	.995085	.996479	.997479	.998710	.999341	.999664
	3	.972106	.979160	.984452	.991382	.995247	.997391
	4	.896829	.919109	.936752	.961628	.976935	.986251
	5	.736565	.782288	.820873	.880201	.921029	.948604
N = 12	0	.999977	.999984	.999989	.999995	.999998	.999999
	1	.999600	.999721	.999805	.999905	.999954	.999978
	2	.995981	.997096	.997903	.998908	.999433	.999706
	3	.975495	.981535	.986106	.992165	.995603	.997544
	4	.904087	.924179	.940221	.963114	.977443	.986317
	5	.745022	.787658	.823910	.880294	.919745	.946852
N = 13	0	.999984	.999989	.999992	.999996	.999998	.999999
	1	.999693	.999784	.999848	.999925	.999963	.999982
	2	.996666	.997571	.998232	.999065	.999506	.999740
	3	.978264	.983490	.987478	.992824	.995907	.997676
	4	.910332	.928575	.943252	.964431	.977898	.986374
	5	.752534	.792472	.826661	.880394	.918560	.945201
N = 14	0	.999988	.999992	.999995	.999997	.999999	.999999
	1	.999760	.999830	.999880	.999940	.999970	.999985
	2	.997197	.997943	.998491	.999189	.999565	.999767
	3	.980555	.985120	.988628	.993384	.996169	.997791
	4	.915754	.932420	.945922	.965608	.978310	.986424
	5	.759257	.796816	.829166	.880498	.917463	.943640
N = 15	0	.999991	.999994	.999996	.999998	.999999	.999999
	1	.999810	.999864	.999903	.999951	.999975	.999987
	2	.997616	.998238	.998698	.999290	.999614	.999790
	3	.982472	.986493	.989604	.993865	.996396	.997892
	4	.920503	.935810	.948291	.966665	.978682	.986468
	5	.765313	.800757	.831459	.880603	.916442	.942162
N = 16	0	.999994	.999996	.999997	.999998	.999999	.999999
	1	.999847	.999890	.999921	.999959	.999979	.999989
	2	.997952	.998475	.998866	.999373	.999654	.999810
	3	.984094	.987661	.990440	.994282	.996595	.997981
	4	.924691	.938817	.950406	.967619	.979022	.986506
	5	.770799	.804351	.833566	.880707	.915489	.940759
N = 17	0	.999995	.999997	.999998	.999999	.999999	.999999
	1	.999875	.999910	.999935	.999966	.999982	.999991
	2	.998224	.998669	.999003	.999442	.999688	.999826
	3	.985477	.988663	.991161	.994646	.996771	.998060

T = 6.2 (CONT.)

	L\D	0	1	2	4	6	8
	4	.928410	.941503	.952305	.968485	.979333	.986539
	5	.775793	.807643	.835509	.880810	.914598	.939426
N = 18	0	.999996	.999997	.999998	.999999	.999999	.999999
	1	.999897	.999925	.999945	.999971	.999985	.999992
	2	.998446	.998829	.999117	.999499	.999717	.999840
	3	.986668	.989531	.991789	.994966	.996927	.998131
	4	.931732	.943915	.954019	.969275	.979618	.986569
	5	.780360	.810670	.837307	.880911	.913760	.938157
N = 19	0	.999997	.999998	.999999	.999999	.999999	.999999
	1	.999914	.999937	.999954	.999975	.999987	.999993
	2	.998631	.998961	.999213	.999548	.999741	.999852
	3	.987700	.990287	.992339	.995249	.997066	.998195
	4	.934716	.946091	.955574	.969998	.979880	.986594
	5	.784554	.813465	.838976	.881009	.912972	.936946
N = 20	0	.999998	.999998	.999999	.999999	.999999	.999999
	1	.999927	.999947	.999961	.999979	.999988	.999994
	2	.998785	.999073	.999293	.999590	.999762	.999863
	3	.988601	.990950	.992823	.995501	.997191	.998252
	4	.937408	.948064	.956989	.970662	.980123	.986617
	5	.788419	.816052	.840530	.881105	.912229	.935791

T = 6.4

	L\D	0	1	2	4	6	8
N = 2	-3	.999995	.999997	.999998	.999999	.999999	.999999
	-2	.999861	.999915	.999948	.999981	.999993	.999997
	-1	.998200	.998896	.999323	.999746	.999904	.999964
	0	.988223	.992730	.995512	.998290	.999348	.999752
	1	.955779	.972377	.982745	.993267	.997373	.998975
	2	.889771	.929832	.955343	.981923	.992688	.997045
	3	.791894	.863913	.911086	.962135	.983923	.993192
	4	.672821	.778532	.850422	.932180	.969469	.986341
	5	.545652	.679689	.775196	.890561	.947429	.975029
N = 3	-2	.999972	.999983	.999990	.999996	.999999	.999999
	-1	.999544	.999719	.999826	.999934	.999975	.999990
	0	.996136	.997591	.998498	.999416	.999773	.999912
	1	.981151	.988065	.992443	.996971	.998786	.999513
	2	.940181	.961236	.974888	.989471	.995590	.998155
	3	.861785	.907550	.938231	.972512	.987815	.994617
	4	.746069	.823265	.877327	.941330	.972182	.986909
	5	.605273	.712312	.791417	.891836	.944770	.972163
N = 4	-2	.999993	.999996	.999997	.999999	.999999	.999999
	-1	.999855	.999910	.999944	.999978	.999992	.999997
	0	.998470	.999036	.999393	.999759	.999905	.999962
	1	.990707	.994041	.996179	.998429	.999354	.999735
	2	.963946	.976270	.984387	.993249	.997085	.998743
	3	.901309	.932747	.954229	.978875	.990293	.995557
	4	.793036	.852801	.895615	.947921	.974260	.987381
	5	.645889	.735470	.803463	.893048	.942738	.969761

DOUBLY NONCENTRAL t

T = 6.4 (CONT.)

N	L\D	0	1	2	4	6	8
N = 5	-2	.999998	.999999	.999999	.999999	.999999	.999999
	-1	.999946	.999966	.999979	.999992	.999997	.999999
	0	.999310	.999561	.999721	.999887	.999954	.999982
	1	.994937	.996715	.997869	.999103	.999623	.999841
	2	.976655	.984419	.989605	.995379	.997949	.999091
	3	.926013	.948771	.964577	.983128	.992001	.996224
	4	.825892	.873940	.909004	.952970	.975927	.987782
	5	.676095	.753258	.813057	.894215	.941117	.967679
N = 6	-1	.999977	.999986	.999991	.999996	.999999	.999999
	0	.999657	.999780	.999859	.999942	.999976	.999990
	1	.997029	.998051	.998722	.999450	.999763	.999898
	2	.984058	.989224	.992719	.996681	.998490	.999314
	3	.942505	.959626	.971689	.986134	.993241	.996720
	4	.850155	.889845	.919265	.956984	.977303	.988126
	5	.699748	.767550	.820994	.895326	.939780	.965835
N = 7	-1	.999990	.999993	.999996	.999998	.999999	.999999
	0	.999816	.999881	.999923	.999968	.999986	.999994
	1	.998153	.998776	.999188	.999644	.999843	.999931
	2	.988649	.992238	.994694	.997525	.998848	.999464
	3	.954053	.967326	.976798	.988347	.994176	.997102
	4	.868767	.902235	.927384	.960260	.978461	.988425
	5	.718914	.779378	.827720	.896371	.938650	.964175
N = 8	-1	.999995	.999997	.999998	.999999	.999999	.999999
	0	.999895	.999932	.999955	.999981	.999992	.999997
	1	.998796	.999194	.999461	.999758	.999892	.999952
	2	.991641	.994222	.996008	.998097	.999095	.999570
	3	.962443	.972985	.980596	.990029	.994901	.997404
	4	.883454	.912146	.933965	.962986	.979449	.988685
	5	.734834	.789377	.833519	.897348	.937675	.962664
N = 9	-1	.999997	.999998	.999999	.999999	.999999	.999999
	0	.999937	.999959	.999973	.999988	.999995	.999998
	1	.999185	.999449	.999628	.999830	.999922	.999965
	2	.993670	.995580	.996915	.998509	.999272	.999647
	3	.968721	.977265	.983498	.991340	.995477	.997649
	4	.895307	.920238	.939402	.965291	.980303	.988914
	5	.748308	.797966	.838585	.898259	.936822	.961277
N = 10	0	.999961	.999974	.999983	.999992	.999997	.999999
	1	.999429	.999611	.999735	.999877	.999943	.999973
	2	.995091	.996540	.997563	.998792	.999403	.999705
	3	.973536	.980577	.985765	.992383	.995944	.997850
	4	.905049	.926958	.943964	.967264	.981048	.989116
	5	.759883	.805441	.843057	.899106	.936065	.959995
N = 11	0	.999975	.999983	.999989	.999995	.999998	.999999
	1	.999589	.999717	.999806	.999908	.999957	.999980
	2	.996116	.997238	.998037	.999010	.999502	.999750
	3	.977304	.983192	.987570	.993228	.996328	.998017
	4	.913177	.932618	.947842	.968973	.981704	.989296
	5	.769949	.812014	.847039	.899894	.935386	.958802
N = 12	0	.999983	.999989	.999992	.999996	.999998	.999999
	1	.999697	.999790	.999854	.999930	.999966	.999984
	2	.996871	.997757	.998392	.999176	.999578	.999784
	3	.980306	.985293	.989032	.993922	.996648	.998159

T = 6.4 (CONT.)

	L D	0	1	2	4	6	8
	4	.920048	.937443	.951176	.970467	.982287	.989457
	5	.778791	.817846	.850612	.900628	.934773	.957688
N = 13	0	.999988	.999992	.999995	.999998	.999999	.999999
	1	.999771	.999840	.999888	.999946	.999973	.999987
	2	.997441	.998150	.998664	.999304	.999638	.999812
	3	.982734	.987005	.990232	.994501	.996918	.998280
	4	.925920	.941599	.954070	.971783	.982806	.989601
	5	.786626	.823060	.853837	.901313	.934214	.956643
N = 14	0	.999992	.999994	.999996	.999998	.999999	.999999
	1	.999824	.999876	.999913	.999957	.999979	.999989
	2	.997878	.998455	.998875	.999405	.999686	.999835
	3	.984725	.988418	.991229	.994989	.997149	.998385
	4	.930988	.945211	.956603	.972951	.983274	.989732
	5	.793620	.827751	.856764	.901951	.933701	.955661
N = 15	0	.999994	.999996	.999997	.999999	.999999	.999999
	1	.999863	.999903	.999931	.999965	.999983	.999991
	2	.998219	.998694	.999043	.999486	.999725	.999853
	3	.986376	.989598	.992068	.995404	.997348	.998476
	4	.935400	.948376	.958838	.973994	.983696	.989850
	5	.799904	.831997	.859435	.902548	.933229	.954734
N = 16	0	.999996	.999997	.999998	.999999	.999999	.999999
	1	.999891	.999922	.999945	.999972	.999986	.999993
	2	.998488	.998884	.999177	.999552	.999757	.999868
	3	.987761	.990594	.992780	.995760	.997521	.998556
	4	.939269	.951169	.960821	.974931	.984078	.989957
	5	.805583	.835860	.861882	.903107	.932792	.953857
N = 17	0	.999997	.999998	.999998	.999999	.999999	.999999
	1	.999912	.999937	.999955	.999977	.999988	.999994
	2	.998705	.999037	.999285	.999606	.999784	.999881
	3	.988933	.991442	.993390	.996069	.997672	.998627
	4	.942687	.953650	.962593	.975778	.984428	.990055
	5	.810742	.839389	.864133	.903631	.932385	.953025
N = 18	0	.999997	.999998	.999999	.999999	.999999	.999999
	1	.999929	.999948	.999963	.999981	.999990	.999995
	2	.998880	.999163	.999374	.999651	.999806	.999892
	3	.989934	.992170	.993916	.996338	.997805	.998689
	4	.945724	.955866	.964184	.976546	.984747	.990144
	5	.815450	.842628	.866211	.904123	.932006	.952236
N = 19	0	.999998	.999999	.999999	.999999	.999999	.999999
	1	.999941	.999957	.999969	.999984	.999991	.999995
	2	.999024	.999266	.999448	.999689	.999825	.999901
	3	.990799	.992800	.994373	.996575	.997923	.998746
	4	.948437	.957856	.965621	.977245	.985040	.990226
	5	.819764	.845611	.868136	.904586	.931650	.951485
N = 20	0	.999998	.999999	.999999	.999999	.999999	.999999
	1	.999951	.999964	.999974	.999986	.999993	.999996
	2	.999143	.999352	.999510	.999720	.999841	.999909
	3	.991542	.993348	.994774	.996784	.998029	.998796
	4	.950874	.959652	.966923	.977886	.985311	.990302
	5	.823732	.848368	.869923	.905022	.931316	.950769

DOUBLY NONCENTRAL t

T = 6.6

	L D	0	1	2	4	6	8
N = 2	-3	.999995	.999997	.999998	.999999	.999999	.999999
	-2	.999869	.999920	.999951	.999982	.999993	.999997
	-1	.998305	.998962	.999364	.999761	.999910	.999966
	0	.988902	.993157	.995780	.998395	.999390	.999768
	1	.958272	.973977	.983772	.993689	.997546	.999045
	2	.895748	.933813	.957988	.983082	.993192	.997263
	3	.802534	.871391	.916302	.964629	.985092	.993733
	4	.688231	.790156	.859044	.936750	.971804	.987503
	5	.564863	.695497	.787788	.898039	.951612	.977275
N = 3	-2	.999975	.999984	.999990	.999996	.999999	.999999
	-1	.999583	.999743	.999841	.999940	.999977	.999991
	0	.996460	.997796	.998628	.999468	.999794	.999920
	1	.982680	.989059	.993089	.997242	.998900	.999561
	2	.944802	.964357	.976991	.990419	.996015	.998344
	3	.871722	.914630	.943243	.974985	.989014	.995190
	4	.762594	.835890	.886839	.946556	.974959	.988349
	5	.627778	.731045	.806596	.901245	.950295	.975285
N = 4	-2	.999994	.999996	.999998	.999999	.999999	.999999
	-1	.999871	.999920	.999950	.999981	.999993	.999997
	0	.998635	.999142	.999461	.999787	.999916	.999967
	1	.991673	.994676	.996597	.998609	.999432	.999768
	2	.967489	.978692	.986040	.994014	.997436	.998903
	3	.910252	.939197	.958855	.981221	.991463	.996133
	4	.809799	.865751	.905499	.953515	.977332	.989030
	5	.670576	.756216	.820501	.903972	.949403	.973683
N = 5	-2	.999998	.999999	.999999	.999999	.999999	.999999
	-1	.999953	.999971	.999982	.999993	.999997	.999999
	0	.999400	.999619	.999759	.999903	.999961	.999984
	1	.995571	.997136	.998149	.999226	.999677	.999865
	2	.979401	.986318	.990916	.996000	.998241	.999228
	3	.933978	.954580	.968792	.985318	.993122	.996791
	4	.842487	.886889	.919000	.958775	.979206	.989594
	5	.702311	.775469	.831504	.906374	.948774	.972340
N = 6	-1	.999981	.999988	.999992	.999997	.999999	.999999
	0	.999709	.999814	.999881	.999951	.999980	.999992
	1	.997460	.998340	.998915	.999537	.999802	.999916
	2	.986217	.990733	.993772	.997191	.998735	.999431
	3	.949593	.964848	.975519	.988168	.994307	.997272
	4	.866389	.902626	.929232	.962905	.980731	.990071
	5	.727070	.790866	.840544	.908518	.948315	.971181
N = 7	-1	.999991	.999995	.999997	.999999	.999999	.999999
	0	.999848	.999902	.999937	.999974	.999989	.999995
	1	.998454	.998980	.999327	.999707	.999872	.999944
	2	.990374	.993455	.995552	.997949	.999055	.999566
	3	.960380	.972032	.980283	.990236	.995187	.997637
	4	.884550	.914764	.937245	.966237	.981998	.990479
	5	.747054	.803547	.848155	.910444	.947970	.970162
N = 8	-1	.999996	.999997	.999998	.999999	.999999	.999999
	0	.999915	.999945	.999964	.999985	.999994	.999997
	1	.999013	.999343	.999562	.999806	.999914	.999962
	2	.993040	.995219	.996717	.998454	.999273	.999659
	3	.968117	.977242	.983777	.991786	.995860	.997922
	4	.898752	.924382	.943676	.968981	.983069	.990831
	5	.763588	.814217	.854677	.912182	.947703	.969251

T = 6.6 (CONT.)

N	L\D	0	1	2	4	6	8
N = 9	-1	.999998	.999999	.999999	.999999	.999999	.999999
	0	.999950	.999967	.999979	.999991	.999996	.999998
	1	.999345	.999559	.999704	.999866	.999940	.999973
	2	.994820	.996407	.997509	.998804	.999427	.999726
	3	.973835	.981132	.986412	.992979	.996388	.998150
	4	.910115	.932165	.948940	.971279	.983985	.991139
	5	.777527	.823342	.860343	.913758	.947494	.968428
N = 10	0	.999970	.999980	.999987	.999994	.999997	.999999
	1	.999550	.999695	.999793	.999905	.999956	.999980
	2	.996050	.997234	.998065	.999054	.999538	.999775
	3	.978169	.984109	.988447	.993916	.996810	.998335
	4	.919377	.938575	.953320	.973230	.984778	.991410
	5	.789455	.831249	.865318	.915193	.947326	.967676
N = 11	0	.999981	.999987	.999991	.999996	.999998	.999999
	1	.999682	.999782	.999851	.999931	.999968	.999985
	2	.996923	.997827	.998467	.999237	.999621	.999812
	3	.981524	.986432	.990049	.994666	.997154	.998487
	4	.927045	.943931	.957013	.974905	.985471	.991650
	5	.799789	.838174	.869727	.916505	.947188	.966985
N = 12	0	.999987	.999991	.999994	.999997	.999999	.999999
	1	.999769	.999841	.999890	.999948	.999975	.999988
	2	.997559	.998262	.998764	.999375	.999685	.999841
	3	.984168	.988278	.991332	.995276	.997437	.998615
	4	.933478	.948461	.960164	.976358	.986081	.991865
	5	.808834	.844294	.873665	.917708	.947075	.966345
N = 13	0	.999991	.999994	.999996	.999998	.999999	.999999
	1	.999829	.999881	.999918	.999960	.999981	.999991
	2	.998032	.998588	.998988	.999480	.999734	.999864
	3	.986286	.989767	.992374	.995779	.997674	.998723
	4	.938938	.952336	.962879	.977628	.986622	.992057
	5	.816821	.849745	.877205	.918815	.946979	.965750
N = 14	0	.999994	.999996	.999997	.999999	.999999	.999999
	1	.999870	.999909	.999937	.999969	.999985	.999993
	2	.998390	.998837	.999160	.999562	.999772	.999882
	3	.988005	.990985	.993232	.996199	.997874	.998816
	4	.943618	.955681	.965240	.978749	.987105	.992230
	5	.823927	.854634	.880406	.919838	.946898	.965194
N = 15	0	.999996	.999997	.999998	.999999	.999999	.999999
	1	.999900	.999930	.999951	.999976	.999988	.999994
	2	.998667	.999030	.999294	.999627	.999803	.999897
	3	.989418	.991992	.993947	.996553	.998045	.998895
	4	.947666	.958593	.967308	.979743	.987540	.992387
	5	.830292	.859043	.883316	.920784	.946828	.964672
N = 16	0	.999997	.999998	.999999	.999999	.999999	.999999
	1	.999922	.999945	.999961	.999980	.999990	.999995
	2	.998883	.999182	.999401	.999679	.999829	.999909
	3	.990592	.992834	.994548	.996854	.998192	.998965
	4	.951194	.961147	.969134	.980631	.987932	.992529
	5	.836027	.863042	.885973	.921663	.946767	.964182

DOUBLY NONCENTRAL t

T = 6.6 (CONT.)

	L D	0	1	2	4	6	8
N = 17	0	.999998	.999998	.999999	.999999	.999999	.999999
	1	.999938	.999956	.999969	.999984	.999992	.999996
	2	.999054	.999303	.999486	.999722	.999849	.999919
	3	.991578	.993545	.995059	.997113	.998320	.999026
	4	.954292	.963402	.970754	.981428	.988287	.992660
	5	.841221	.866685	.888409	.922481	.946713	.963718
N = 18	0	.999998	.999999	.999999	.999999	.999999	.999999
	1	.999950	.999964	.999974	.999987	.999993	.999997
	2	.999192	.999401	.999556	.999756	.999866	.999927
	3	.992413	.994151	.995496	.997337	.998432	.999080
	4	.957029	.965405	.972202	.982148	.988611	.992779
	5	.845947	.870019	.890651	.923245	.946666	.963280
N = 19	1	.999960	.999971	.999979	.999989	.999994	.999997
	2	.999304	.999480	.999613	.999785	.999881	.999934
	3	.993125	.994671	.995873	.997533	.998530	.999128
	4	.959462	.967195	.973501	.982800	.988908	.992889
	5	.850266	.873081	.892722	.923959	.946623	.962864
N = 20	1	.999967	.999976	.999983	.999991	.999995	.999997
	2	.999395	.999546	.999660	.999809	.999893	.999940
	3	.993738	.995120	.996201	.997704	.998617	.999170
	4	.961635	.968801	.974674	.983394	.989180	.992990
	5	.854229	.875903	.894640	.924628	.946585	.962469

T = 6.8

	L D	0	1	2	4	6	8
N = 2	-3	.999995	.999997	.999998	.999999	.999999	.999999
	-2	.999877	.999925	.999954	.999983	.999994	.999998
	-1	.998401	.999021	.999401	.999775	.999916	.999968
	0	.989525	.993547	.996024	.998491	.999427	.999782
	1	.960563	.975444	.984709	.994072	.997701	.999109
	2	.901267	.937471	.960406	.984133	.993645	.997457
	3	.812424	.878286	.921078	.966883	.986138	.994211
	4	.702685	.800935	.866962	.940878	.973884	.988525
	5	.583090	.710263	.799402	.904797	.955331	.979244
N = 3	-2	.999977	.999986	.999991	.999997	.999999	.999999
	-1	.999618	.999764	.999855	.999945	.999979	.999992
	0	.996748	.997979	.998744	.999515	.999812	.999927
	1	.984051	.989947	.993664	.997483	.999000	.999603
	2	.948975	.967159	.978868	.991257	.996386	.998508
	3	.880785	.921033	.947742	.977173	.990061	.995685
	4	.777865	.847421	.895435	.951193	.977385	.989589
	5	.648924	.748370	.820447	.909641	.955133	.977974
N = 4	-2	.999994	.999997	.999998	.999999	.999999	.999999
	-1	.999885	.999929	.999956	.999983	.999993	.999997
	0	.998778	.999234	.999520	.999811	.999926	.999971
	1	.992519	.995230	.996959	.998764	.999498	.999796
	2	.970623	.980821	.987484	.994674	.997736	.999039
	3	.918263	.944925	.962930	.983256	.992464	.996620

T = 6.8 (CONT.)

	L D	0	1	2	4	6	8
	4	.825077	.877413	.914304	.958402	.979970	.990423
	5	.693565	.775230	.835903	.913613	.955166	.977012
N = 5	-2	.999998	.999999	.999999	.999999	.999999	.999999
	-1	.999959	.999975	.999984	.999994	.999998	.999999
	0	.999476	.999669	.999790	.999916	.999966	.999987
	1	.996113	.997495	.998386	.999330	.999722	.999885
	2	.981780	.987953	.992037	.996525	.998485	.999341
	3	.940996	.959651	.972440	.987183	.994063	.997260
	4	.857418	.898399	.927786	.963774	.981978	.991101
	5	.726521	.795658	.848038	.917004	.955324	.976248
N = 6	-1	.999984	.999990	.999994	.999997	.999999	.999999
	0	.999752	.999842	.999899	.999959	.999983	.999993
	1	.997820	.998581	.999076	.999609	.999834	.999930
	2	.988054	.992008	.994656	.997613	.998935	.999526
	3	.955336	.969336	.978780	.989872	.995186	.997720
	4	.880820	.913849	.937885	.967938	.983590	.991663
	5	.752106	.811898	.857930	.919955	.955547	.975619
N = 7	-1	.999993	.999996	.999997	.999999	.999999	.999999
	0	.999873	.999919	.999948	.999978	.999991	.999996
	1	.998702	.999147	.999439	.999758	.999895	.999955
	2	.991816	.994466	.996259	.998293	.999222	.999646
	3	.965787	.976015	.983205	.991794	.996007	.998065
	4	.898422	.925642	.945707	.971257	.984911	.992138
	5	.772655	.825195	.866198	.922551	.955802	.975087
N = 8	-1	.999997	.999998	.999999	.999999	.999999	.999999
	0	.999931	.999955	.999971	.999988	.999995	.999998
	1	.999188	.999462	.999643	.999843	.999931	.999970
	2	.994190	.996032	.997290	.998739	.999414	.999728
	3	.972898	.980794	.986406	.993213	.996626	.998329
	4	.912056	.934893	.951920	.973961	.986015	.992545
	5	.789571	.836319	.873236	.924857	.956070	.974627
N = 9	-1	.999998	.999999	.999999	.999999	.999999	.999999
	0	.999960	.999974	.999983	.999993	.999997	.999999
	1	.999471	.999646	.999763	.999894	.999953	.999979
	2	.995751	.997070	.997981	.999042	.999546	.999786
	3	.978088	.984317	.988789	.994291	.997105	.998538
	4	.922864	.942309	.956957	.976202	.986950	.992896
	5	.803762	.845782	.879311	.926919	.956339	.974222
N = 10	0	.999976	.999984	.999990	.999996	.999998	.999999
	1	.999644	.999760	.999838	.999926	.999966	.999985
	2	.996813	.997783	.998458	.999256	.999641	.999827
	3	.981975	.986980	.990606	.995127	.997483	.998705
	4	.931597	.948361	.961109	.978086	.987751	.993202
	5	.815849	.853939	.884615	.928775	.956604	.973862
N = 11	0	.999985	.999990	.999994	.999997	.999999	.999999
	1	.999752	.999832	.999886	.999947	.999976	.999989
	2	.997557	.998286	.998798	.999410	.999711	.999859
	3	.984949	.989034	.992020	.995789	.997787	.998841
	4	.938767	.953375	.964580	.979690	.988445	.993472
	5	.826273	.861049	.889290	.930454	.956859	.973537

DOUBLY NONCENTRAL t

T = 6.8 (CONT.)

N	L / D	0	1	2	4	6	8
N = 12	0	.999990	.999994	.999996	.999998	.999999	.999999
	1	.999824	.999879	.999917	.999961	.999982	.999991
	2	.998091	.998650	.999046	.999524	.999763	.999882
	3	.987267	.990649	.993140	.996320	.998034	.998954
	4	.944734	.957583	.967517	.981069	.989051	.993711
	5	.835357	.867303	.893443	.931981	.957105	.973241
N = 13	0	.999994	.999996	.999997	.999999	.999999	.999999
	1	.999871	.999911	.999939	.999971	.999986	.999993
	2	.998483	.998919	.999231	.999610	.999803	.999901
	3	.989104	.991937	.994040	.996754	.998239	.999049
	4	.949760	.961154	.970029	.982266	.989584	.993924
	5	.843345	.872850	.897160	.933375	.957340	.972970
N = 14	0	.999996	.999997	.999998	.999999	.999999	.999999
	1	.999904	.999933	.999954	.999978	.999989	.999995
	2	.998777	.999122	.999371	.999677	.999834	.999915
	3	.990581	.992980	.994774	.997112	.998411	.999129
	4	.954037	.964214	.972196	.983314	.990058	.994115
	5	.850423	.877802	.900505	.934653	.957563	.972720
N = 15	0	.999997	.999998	.999999	.999999	.999999	.999999
	1	.999927	.999949	.999964	.999983	.999992	.999996
	2	.999000	.999278	.999479	.999729	.999859	.999927
	3	.991783	.993834	.995378	.997412	.998556	.999197
	4	.957710	.966860	.974082	.984237	.990480	.994287
	5	.856739	.882252	.903533	.935829	.957775	.972488
N = 16	0	.999998	.999999	.999999	.999999	.999999	.999999
	1	.999944	.999961	.999972	.999986	.999993	.999997
	2	.999173	.999399	.999563	.999770	.999879	.999936
	3	.992773	.994542	.995883	.997664	.998680	.999256
	4	.960891	.969164	.975735	.985056	.990859	.994443
	5	.862408	.886272	.906287	.936915	.957976	.972271
N = 17	0	.999998	.999999	.999999	.999999	.999999	.999999
	1	.999956	.999969	.999978	.999989	.999994	.999997
	2	.999309	.999494	.999630	.999802	.999895	.999944
	3	.993596	.995134	.996307	.997879	.998786	.999308
	4	.963666	.971187	.977194	.985787	.991201	.994585
	5	.867524	.889922	.908803	.937920	.958167	.972069
N = 18	1	.999965	.999975	.999982	.999991	.999995	.999998
	2	.999416	.999570	.999684	.999829	.999908	.999950
	3	.994287	.995634	.996667	.998063	.998878	.999353
	4	.966102	.972972	.978488	.986443	.991510	.994715
	5	.872164	.893250	.911110	.938854	.958347	.971878
N = 19	1	.999972	.999980	.999986	.999993	.999996	.999998
	2	.999503	.999632	.999728	.999851	.999919	.999956
	3	.994872	.996060	.996975	.998222	.998959	.999392
	4	.968256	.974557	.979644	.987034	.991792	.994834
	5	.876390	.896297	.913234	.939724	.958519	.971698
N = 20	1	.999977	.999984	.999988	.999994	.999997	.999998
	2	.999573	.999682	.999763	.999869	.999928	.999960
	3	.995372	.996425	.997241	.998361	.999030	.999428
	4	.970169	.975973	.980680	.987569	.992049	.994943
	5	.880256	.899097	.915195	.940535	.958681	.971528

$T = 7.0$

N	L\D	0	1	2	4	6	8
N = 2	-3	.999996	.999997	.999998	.999999	.999999	.999999
	-2	.999884	.999929	.999957	.999984	.999994	.999998
	-1	.998490	.999076	.999434	.999788	.999921	.999970
	0	.990098	.993905	.996248	.998578	.999461	.999796
	1	.962674	.976791	.985569	.994420	.997843	.999166
	2	.906372	.940838	.962623	.985088	.994054	.997630
	3	.821628	.884657	.925462	.968928	.987076	.994636
	4	.716248	.810943	.874247	.944618	.975744	.989429
	5	.600376	.724066	.810130	.910921	.958649	.980977
N = 3	-2	.999979	.999987	.999992	.999997	.999999	.999999
	-1	.999648	.999784	.999867	.999949	.999981	.999993
	0	.997007	.998142	.998847	.999555	.999829	.999934
	1	.985284	.990743	.994177	.997696	.999088	.999639
	2	.952751	.969681	.980550	.992001	.996713	.998650
	3	.889061	.926835	.951788	.979116	.990980	.996115
	4	.791979	.857962	.903217	.955319	.979512	.990662
	5	.668770	.764393	.833097	.917148	.959382	.980298
N = 4	-2	.999995	.999997	.999998	.999999	.999999	.999999
	-1	.999897	.999936	.999961	.999985	.999994	.999998
	0	.998904	.999314	.999570	.999832	.999934	.999974
	1	.993262	.995715	.997275	.998898	.999555	.999820
	2	.973399	.982698	.988749	.995247	.997994	.999154
	3	.925450	.950022	.966527	.985026	.993324	.997033
	4	.838999	.887922	.922157	.962683	.982243	.991606
	5	.714935	.792645	.849827	.922135	.960161	.979848
N = 5	-2	.999998	.999999	.999999	.999999	.999999	.999999
	-1	.999965	.999978	.999986	.999995	.999998	.999999
	0	.999542	.999711	.999817	.999927	.999971	.999988
	1	.996579	.997802	.998588	.999417	.999760	.999901
	2	.983848	.989365	.993000	.996970	.998690	.999434
	3	.947186	.964087	.975605	.988777	.994856	.997650
	4	.870846	.908632	.935517	.968089	.984330	.992358
	5	.748823	.813984	.862846	.926305	.960938	.979536
N = 6	-1	.999986	.999991	.999995	.999998	.999999	.999999
	0	.999788	.999865	.999914	.999965	.999986	.999994
	1	.998124	.998783	.999210	.999668	.999860	.999941
	2	.989620	.993088	.995399	.997964	.999100	.999603
	3	.961078	.973198	.981564	.991303	.995913	.998086
	4	.893638	.923704	.945402	.972224	.985980	.992973
	5	.774978	.830830	.873371	.929870	.961684	.979311
N = 7	-1	.999994	.999996	.999998	.999999	.999999	.999999
	0	.999894	.999932	.999956	.999982	.999993	.999997
	1	.998906	.999284	.999531	.999799	.999914	.999963
	2	.993024	.995306	.996843	.998574	.999356	.999710
	3	.970412	.979391	.985661	.993081	.996674	.998407
	4	.910600	.935081	.952970	.975479	.987315	.993484
	5	.795858	.844530	.882098	.932962	.962390	.979144
N = 8	-1	.999997	.999998	.999999	.999999	.999999	.999999
	0	.999944	.999964	.999976	.999990	.999996	.999998
	1	.999330	.999557	.999708	.999873	.999944	.999976
	2	.995137	.996696	.997756	.998967	.999525	.999782
	3	.976929	.983762	.988584	.994375	.997240	.998650
	4	.923606	.943913	.958918	.978100	.988417	.993916
	5	.812947	.855917	.889471	.935673	.963049	.979017

T = 7.0 (CONT.)

	L D	0	1	2	4	6	8
N = 9	0	.999968	.999979	.999987	.999994	.999998	.999999
	1	.999572	.999715	.999810	.999916	.999963	.999983
	2	.996505	.997604	.998358	.999230	.999639	.999831
	3	.981625	.986942	.990731	.995344	.997671	.998839
	4	.933817	.950922	.963690	.980250	.989340	.994286
	5	.827202	.865544	.895791	.938071	.963664	.978918
N = 10	0	.999981	.999988	.999992	.999997	.999999	.999999
	1	.999717	.999810	.999872	.999943	.999974	.999988
	2	.997422	.998217	.998768	.999412	.999720	.999867
	3	.985099	.989315	.992347	.996086	.998006	.998988
	4	.941992	.956589	.967586	.982039	.990122	.994605
	5	.839277	.873794	.901274	.940209	.964235	.978839
N = 11	0	.999989	.999993	.999995	.999998	.999999	.999999
	1	.999807	.999869	.999912	.999960	.999982	.999992
	2	.998055	.998644	.999055	.999542	.999778	.999893
	3	.987726	.991125	.993590	.996666	.998273	.999108
	4	.948644	.961242	.970813	.983547	.990794	.994883
	5	.849635	.880944	.906077	.942127	.964765	.978775
N = 12	0	.999993	.999995	.999997	.999999	.999999	.999999
	1	.999865	.999908	.999937	.999971	.999986	.999994
	2	.998503	.998948	.999262	.999636	.999821	.999912
	3	.989751	.992531	.994562	.997127	.998488	.999207
	4	.954135	.965114	.973520	.984833	.991375	.995127
	5	.858617	.887201	.910321	.943857	.965258	.978722
N = 13	0	.999995	.999997	.999998	.999999	.999999	.999999
	1	.999903	.999933	.999954	.999978	.999990	.999995
	2	.998828	.999171	.999413	.999707	.999854	.999927
	3	.991338	.993641	.995336	.997499	.998664	.999288
	4	.958721	.968372	.975816	.985940	.991883	.995344
	5	.866476	.892722	.914097	.945427	.965716	.978678
N = 14	0	.999997	.999998	.999999	.999999	.999999	.999999
	1	.999929	.999951	.999966	.999984	.999992	.999996
	2	.999068	.999336	.999527	.999760	.999879	.999939
	3	.992601	.994529	.995959	.997802	.998809	.999357
	4	.962595	.971143	.977781	.986901	.992330	.995536
	5	.873408	.897628	.917480	.946856	.966143	.978640
N = 15	0	.999998	.999999	.999999	.999999	.999999	.999999
	1	.999947	.999963	.999974	.999988	.999994	.999997
	2	.999249	.999461	.999614	.999802	.999898	.999948
	3	.993618	.995250	.996468	.998053	.998931	.999415
	4	.965897	.973520	.979479	.987741	.992725	.995709
	5	.879565	.902015	.920526	.948164	.966542	.978607
N = 16	1	.999960	.999972	.999980	.999990	.999995	.999998
	2	.999387	.999557	.999680	.999834	.999914	.999955
	3	.994448	.995842	.996889	.998263	.999034	.999464
	4	.968736	.975577	.980956	.988482	.993078	.995865
	5	.885068	.905962	.923285	.949365	.966914	.978578
N = 17	1	.999969	.999978	.999985	.999992	.999996	.999998
	2	.999494	.999632	.999733	.999859	.999926	.999961
	3	.995132	.996332	.997239	.998440	.999121	.999507

T = 7.0 (CONT.)

	L D	0	1	2	4	6	8
	4	.971195	.977369	.982251	.989138	.993394	.996005
	5	.890014	.909530	.925794	.950472	.967263	.978552
N = 18	1	.999976	.999983	.999988	.999994	.999997	.999998
	2	.999578	.999691	.999775	.999880	.999936	.999966
	3	.995702	.996742	.997534	.998590	.999197	.999544
	4	.973342	.978941	.983393	.989722	.993678	.996133
	5	.894482	.912771	.928086	.951495	.967590	.978529
N = 19	1	.999981	.999986	.999990	.999995	.999998	.999999
	2	.999644	.999739	.999808	.999897	.999944	.999970
	3	.996179	.997089	.997784	.998719	.999262	.999576
	4	.975226	.980328	.984405	.990246	.993935	.996250
	5	.898536	.915726	.930188	.952443	.967897	.978508
N = 20	1	.999985	.999989	.999992	.999996	.999998	.999999
	2	.999698	.999777	.999835	.999910	.999951	.999974
	3	.996584	.997383	.997997	.998830	.999319	.999604
	4	.976890	.981559	.985308	.990718	.994169	.996357
	5	.902231	.918432	.932121	.953324	.968185	.978489

T = 7.2

	L D	0	1	2	4	6	8
N = 2	-3	.999996	.999997	.999998	.999999	.999999	.999999
	-2	.999890	.999933	.999959	.999985	.999994	.999998
	-1	.998571	.999126	.999465	.999800	.999925	.999972
	0	.990625	.994234	.996453	.998658	.999492	.999808
	1	.964622	.978031	.986357	.994739	.997971	.999218
	2	.911102	.943945	.964659	.985958	.994424	.997787
	3	.830204	.890554	.929495	.970789	.987922	.995016
	4	.728983	.820249	.880963	.948016	.977413	.990231
	5	.616766	.736977	.820054	.916485	.961619	.982509
N = 3	-2	.999980	.999988	.999993	.999997	.999999	.999999
	-1	.999676	.999801	.999877	.999954	.999982	.999993
	0	.997239	.998288	.998939	.999592	.999843	.999940
	1	.986395	.991458	.994637	.997886	.999167	.999671
	2	.956174	.971957	.982060	.992662	.997001	.998775
	3	.896626	.932101	.955437	.980846	.991789	.996489
	4	.805029	.867609	.910274	.959002	.981384	.991594
	5	.687382	.779214	.844661	.923875	.963126	.982316
N = 4	-2	.999995	.999997	.999998	.999999	.999999	.999999
	-1	.999908	.999943	.999965	.999986	.999995	.999998
	0	.999014	.999384	.999615	.999850	.999941	.999977
	1	.993918	.996141	.997552	.999015	.999604	.999840
	2	.975865	.984355	.989861	.995745	.998216	.999253
	3	.931903	.954564	.969711	.986573	.994066	.997385
	4	.851687	.897400	.929172	.966441	.984209	.992615
	5	.734770	.808588	.862418	.929680	.964503	.982273

DOUBLY NONCENTRAL t

T = 7.2 (CONT.)

	L D	0	1	2	4	6	8
N = 5	-1	.999969	.999981	.999988	.999995	.999998	.999999
	0	.999597	.999746	.999840	.999937	.999975	.999990
	1	.996982	.998066	.998761	.999492	.999791	.999914
	2	.985649	.990587	.993828	.997349	.998863	.999513
	3	.952652	.967973	.978358	.990144	.995527	.997976
	4	.882918	.917736	.942326	.971822	.986332	.993413
	5	.769327	.830600	.876106	.934451	.965759	.982310
N = 6	-1	.999988	.999993	.999995	.999998	.999999	.999999
	0	.999818	.999885	.999927	.999970	.999988	.999995
	1	.998380	.998952	.999323	.999717	.999882	.999951
	2	.990960	.994006	.996028	.998257	.999236	.999666
	3	.965717	.976527	.983944	.992510	.996518	.998386
	4	.905015	.932358	.951936	.975880	.987985	.994054
	5	.795817	.847842	.887071	.938469	.966900	.982390
N = 7	-1	.999995	.999997	.999998	.999999	.999999	.999999
	0	.999911	.999943	.999964	.999985	.999994	.999998
	1	.999075	.999397	.999606	.999833	.999929	.999970
	2	.994039	.996008	.997328	.998804	.999465	.999761
	3	.974370	.982257	.987729	.994148	.997219	.998683
	4	.921281	.943270	.959207	.979035	.989305	.994580
	5	.816823	.861759	.896086	.941910	.967934	.982493
N = 8	-1	.999998	.999999	.999999	.999999	.999999	.999999
	0	.999954	.999970	.999981	.999992	.999997	.999999
	1	.999444	.999635	.999760	.999896	.999955	.999981
	2	.995919	.997242	.998136	.999150	.999613	.999824
	3	.980331	.986245	.990390	.995324	.997733	.998905
	4	.933621	.951648	.964856	.981546	.990380	.995018
	5	.833901	.873244	.903641	.944893	.968872	.982607
N = 9	0	.999975	.999984	.999989	.999995	.999998	.999999
	1	.999652	.999769	.999847	.999933	.999970	.999987
	2	.997117	.998034	.998660	.999378	.999712	.999867
	3	.984570	.989108	.992319	.996192	.998119	.999074
	4	.943213	.958230	.969341	.983581	.991270	.995388
	5	.848055	.882887	.910069	.947506	.969726	.982725
N = 10	0	.999985	.999990	.999994	.999997	.999999	.999999
	1	.999774	.999849	.999899	.999955	.999980	.999991
	2	.997909	.998562	.999012	.999534	.999780	.999897
	3	.987666	.991217	.993752	.996848	.998415	.999206
	4	.950817	.963498	.972966	.985257	.992017	.995705
	5	.859972	.891097	.915607	.949814	.970504	.982844
N = 11	0	.999991	.999994	.999996	.999998	.999999	.999999
	1	.999849	.999898	.999931	.999969	.999986	.999994
	2	.998447	.998924	.999255	.999643	.999829	.999918
	3	.989979	.992806	.994840	.997354	.998648	.999311
	4	.956949	.967783	.975940	.986657	.992651	.995978
	5	.870134	.898168	.920425	.951867	.971215	.982960
N = 12	0	.999995	.999996	.999998	.999999	.999999	.999999
	1	.999896	.999929	.999952	.999978	.999990	.999995
	2	.998823	.999178	.999427	.999721	.999864	.999934
	3	.991742	.994026	.995682	.997751	.998833	.999396
	4	.961964	.971317	.978412	.987839	.993195	.996216
	5	.878895	.904319	.924656	.953706	.971868	.983072

T = 7.2 (CONT.)

	L D	0	1	2	4	6	8
N = 13	0	.999997	.999998	.999998	.999999	.999999	.999999
	1	.999926	.999950	.999966	.999984	.999993	.999997
	2	.999092	.999362	.999551	.999779	.999891	.999946
	3	.993109	.994978	.996344	.998068	.998982	.999466
	4	.966119	.974265	.980490	.988847	.993666	.996425
	5	.886519	.909716	.928399	.955362	.972468	.983180
N = 14	0	.999998	.999998	.999999	.999999	.999999	.999999
	1	.999947	.999964	.999975	.999988	.999994	.999997
	2	.999288	.999496	.999643	.999822	.999911	.999956
	3	.994184	.995733	.996872	.998324	.999105	.999524
	4	.969599	.976752	.982255	.989715	.994077	.966609
	5	.893209	.914486	.931733	.956862	.973021	.983283
N = 15	0	.999998	.999999	.999999	.999999	.999999	.999999
	1	.999961	.999973	.999981	.999991	.999996	.999998
	2	.999434	.999597	.999713	.999854	.999926	.999963
	3	.995042	.996338	.997298	.998533	.999206	.999572
	4	.972543	.978869	.983766	.990468	.994438	.996773
	5	.899121	.918731	.934721	.958225	.973532	.983381
N = 16	1	.999971	.999980	.999986	.999993	.999997	.999998
	2	.999544	.999673	.999766	.999880	.999938	.999968
	3	.995735	.996830	.997647	.998706	.999291	.999613
	4	.975055	.980686	.985072	.991126	.994757	.996920
	5	.904380	.922530	.937412	.959470	.974006	.983475
N = 17	1	.999978	.999985	.999989	.999995	.999997	.999999
	2	.999628	.999732	.999807	.999900	.999948	.999973
	3	.996300	.997234	.997934	.998851	.999363	.999648
	4	.977216	.982258	.986208	.991705	.995041	.997052
	5	.909084	.925948	.939848	.960611	.974447	.983563
N = 18	1	.999983	.999988	.999992	.999996	.999998	.999999
	2	.999694	.999778	.999839	.999915	.999956	.999977
	3	.996767	.997569	.998174	.998972	.999424	.999678
	4	.979088	.983628	.987203	.992218	.995295	.997171
	5	.913315	.929039	.942063	.961660	.974857	.983647
N = 19	1	.999987	.999991	.999993	.999997	.999998	.999999
	2	.999745	.999814	.999864	.999928	.999962	.999980
	3	.997155	.997849	.998376	.999076	.999476	.999704
	4	.980721	.984828	.988080	.992674	.995523	.997279
	5	.917138	.931846	.944085	.962629	.975240	.983727
N = 20	1	.999990	.999993	.999995	.999997	.999999	.999999
	2	.999786	.999843	.999885	.999938	.999967	.999982
	3	.997480	.998085	.998547	.999164	.999521	.999726
	4	.982154	.985887	.988856	.993082	.995729	.997377
	5	.920607	.934405	.945937	.963525	.975599	.983802

$T = 7.4$

		L\D	0	1	2	4	6	8
N =	2	-3	.999996	.999998	.999998	.999999	.999999	.999999
		-2	.999896	.999937	.999961	.999986	.999995	.999998
		-1	.998646	.999172	.999494	.999811	.999929	.999974
		0	.991112	.994537	.996642	.998731	.999521	.999819
		1	.966425	.979175	.987083	.995031	.998088	.999265
		2	.915491	.946816	.966534	.986754	.994760	.997928
		3	.838204	.896021	.933212	.972486	.988687	.995356
		4	.740948	.828913	.887165	.951111	.978916	.990946
		5	.632303	.749064	.829248	.921552	.964286	.983869
N =	3	-2	.999983	.999989	.999993	.999998	.999999	.999999
		-1	.999701	.999816	.999887	.999957	.999984	.999994
		0	.997448	.998419	.999021	.999624	.999856	.999945
		1	.987399	.992102	.995049	.998055	.999236	.999700
		2	.959285	.974015	.983420	.993253	.997257	.998885
		3	.903553	.936890	.958734	.982391	.992505	.996817
		4	.817099	.876449	.916686	.962298	.983037	.992408
		5	.704824	.792928	.855243	.929915	.966435	.984074
N =	4	-2	.999996	.999997	.999998	.999999	.999999	.999999
		-1	.999917	.999949	.999968	.999988	.999995	.999998
		0	.999111	.999445	.999654	.999865	.999947	.999980
		1	.994496	.996516	.997795	.999116	.999646	.999858
		2	.978060	.985823	.990841	.996180	.998409	.999337
		3	.937707	.958620	.972534	.987928	.994709	.997687
		4	.863252	.905956	.935449	.969750	.985914	.993478
		5	.753160	.823180	.873811	.936371	.968288	.984353
N =	5	-1	.999973	.999983	.999990	.999996	.999998	.999999
		0	.999645	.999777	.999860	.999945	.999978	.999991
		1	.997329	.998293	.998910	.999555	.999818	.999926
		2	.987221	.991649	.994544	.997673	.999009	.999578
		3	.957485	.971384	.980756	.991319	.996096	.998250
		4	.893772	.925839	.948331	.975059	.988041	.994300
		5	.788147	.845654	.887980	.941594	.969910	.984658
N =	6	-1	.999990	.999994	.999996	.999998	.999999	.999999
		0	.999844	.999901	.999937	.999975	.999990	.999996
		1	.998597	.999096	.999417	.999758	.999899	.999958
		2	.992107	.994788	.996560	.998502	.999349	.999717
		3	.969754	.979402	.985985	.993529	.997022	.998634
		4	.915112	.939960	.957622	.979007	.989672	.994950
		5	.814765	.863110	.899221	.945932	.971339	.984965
N =	7	-1	.999996	.999997	.999998	.999999	.999999	.999999
		0	.999925	.999952	.999970	.999988	.999995	.999998
		1	.999215	.999490	.999668	.999860	.999941	.999975
		2	.994893	.996595	.997731	.998993	.999554	.999802
		3	.977762	.984693	.989474	.995036	.997667	.998907
		4	.930643	.950374	.964565	.982036	.990955	.995474
		5	.835715	.877085	.908379	.949602	.972606	.985264
N =	8	-1	.999998	.999999	.999999	.999999	.999999	.999999
		0	.999962	.999976	.999984	.999994	.999997	.999999
		1	.999538	.999697	.999802	.999915	.999963	.999984
		2	.996566	.997690	.998447	.999298	.999683	.999857
		3	.983203	.988325	.991892	.996101	.998131	.999107
		4	.942298	.958281	.969898	.984417	.991988	.995906
		5	.852624	.888527	.915989	.952750	.973734	.985548

T = 7.4 (CONT.)

N	L\D	0	1	2	4	6	8
N = 9	0	.999979	.999987	.999991	.999996	.999998	.999999
	1	.999716	.999812	.999876	.999946	.999976	.999990
	2	.997616	.998383	.998903	.999496	.999769	.999894
	3	.987022	.990896	.993620	.996876	.998475	.999258
	4	.951262	.964426	.974086	.986325	.992832	.996266
	5	.866541	.898063	.922412	.955479	.974744	.985816
N = 10	0	.999988	.999992	.999995	.999998	.999999	.999999
	1	.999819	.999880	.999920	.999965	.999984	.999993
	2	.998299	.998837	.999205	.999629	.999827	.999919
	3	.989776	.992767	.994888	.997454	.998736	.999374
	4	.958298	.969294	.977434	.987879	.993533	.996570
	5	.878178	.906124	.927904	.957869	.975652	.986067
N = 11	0	.999993	.999996	.999997	.999999	.999999	.999999
	1	.999881	.999920	.999946	.999976	.999989	.999995
	2	.998757	.999143	.999410	.999720	.999868	.999937
	3	.991808	.994158	.995838	.997894	.998937	.999466
	4	.963917	.973215	.980154	.989164	.994121	.996830
	5	.888037	.913020	.932649	.959977	.976473	.986302
N = 12	0	.999996	.999997	.999998	.999999	.999999	.999999
	1	.999919	.999946	.999963	.999983	.999992	.999997
	2	.999073	.999356	.999553	.999785	.999897	.999950
	3	.993339	.995214	.996565	.998235	.999096	.999539
	4	.968471	.976418	.982394	.990238	.994621	.997054
	5	.896484	.918980	.936786	.961851	.977218	.986522
N = 13	0	.999997	.999998	.999999	.999999	.999999	.999999
	1	.999944	.999962	.999974	.999988	.999995	.999997
	2	.999295	.999507	.999656	.999832	.999918	.999960
	3	.994512	.996029	.997129	.998504	.999223	.999597
	4	.972210	.979067	.984260	.991145	.995050	.997249
	5	.903792	.924177	.940424	.963526	.977896	.986727
N = 14	0	.999998	.999999	.999999	.999999	.999999	.999999
	1	.999960	.999973	.999981	.999991	.999996	.999998
	2	.999455	.999617	.999730	.999867	.999934	.999968
	3	.995425	.996667	.997574	.998718	.999325	.999646
	4	.975316	.981281	.985830	.991920	.995421	.997419
	5	.910166	.928744	.943644	.965033	.978517	.986918
N = 15	1	.999971	.999980	.999986	.999994	.999997	.999999
	2	.999573	.999697	.999786	.999893	.999946	.999973
	3	.996145	.997174	.997930	.998892	.999409	.999686
	4	.977921	.983151	.987165	.992587	.995744	.997569
	5	.915769	.932785	.946513	.966394	.979086	.987097
N = 16	1	.999979	.999985	.999990	.999995	.999998	.999999
	2	.999660	.999758	.999828	.999913	.999956	.999978
	3	.996722	.997582	.998218	.999034	.999479	.999719
	4	.980127	.984744	.988308	.993164	.996027	.997703
	5	.920726	.936382	.949083	.967630	.979610	.987264
N = 17	1	.999984	.999989	.999992	.999996	.999998	.999999
	2	.999727	.999804	.999860	.999928	.999963	.999981
	3	.997187	.997913	.998453	.999152	.999537	.999747
	4	.982010	.986111	.989295	.993669	.996277	.997822
	5	.925138	.939602	.951397	.968756	.980094	.987421

DOUBLY NONCENTRAL t   119

T = 7.4 (CONT.)

	L\D	0	1	2	4	6	8
N = 18	1	.999988	.999992	.999994	.999997	.999999	.999999
	2	.999778	.999840	.999884	.999940	.999969	.999984
	3	.997568	.998185	.998647	.999250	.999586	.999772
	4	.983630	.987294	.990153	.994112	.996499	.997929
	5	.929086	.942498	.953491	.969787	.980543	.987568
N = 19	1	.999991	.999994	.999995	.999998	.999999	.999999
	2	.999817	.999867	.999904	.999950	.999974	.999986
	3	.997881	.998411	.998809	.999333	.999627	.999792
	4	.985032	.988323	.990904	.994504	.996697	.998025
	5	.932636	.945117	.955393	.970733	.980959	.987707
N = 20	1	.999993	.999995	.999996	.999998	.999999	.999999
	2	.999848	.999889	.999920	.999957	.999977	.999988
	3	.998142	.998599	.998945	.999403	.999663	.999810
	4	.986255	.989224	.991564	.994852	.996874	.998112
	5	.935843	.947493	.957128	.971605	.981346	.987837

T = 7.6

	L\D	0	1	2	4	6	8
N = 2	-3	.999996	.999998	.999999	.999999	.999999	.999999
	-2	.999901	.999940	.999963	.999986	.999995	.999998
	-1	.998715	.999215	.999520	.999821	.999933	.999975
	0	.991562	.994817	.996817	.998799	.999547	.999829
	1	.968094	.980233	.987753	.995299	.998196	.999307
	2	.919572	.949475	.968264	.987483	.995066	.998055
	3	.845677	.901097	.936646	.974039	.989380	.995663
	4	.752196	.836989	.892904	.953938	.980274	.991585
	5	.647032	.760389	.837778	.926179	.966690	.985080
N = 3	-2	.999984	.999990	.999994	.999998	.999999	.999999
	-1	.999723	.999830	.999896	.999961	.999985	.999994
	0	.997636	.998538	.999095	.999654	.999867	.999949
	1	.988308	.992683	.995421	.998207	.999298	.999725
	2	.962115	.975880	.984647	.993782	.997484	.998982
	3	.909901	.941253	.961719	.983775	.993139	.997105
	4	.828270	.884557	.922520	.965255	.984502	.993120
	5	.721163	.805621	.864936	.935352	.969368	.985612
N = 4	-2	.999996	.999998	.999999	.999999	.999999	.999999
	-1	.999925	.999954	.999971	.999989	.999996	.999998
	0	.999196	.999499	.999688	.999879	.999953	.999982
	1	.995009	.996847	.998008	.999205	.999683	.999873
	2	.980017	.987126	.991708	.996562	.998576	.999410
	3	.942933	.962248	.975044	.989118	.995267	.997947
	4	.873798	.913687	.941073	.972669	.987399	.994221
	5	.770196	.836534	.884126	.942316	.971595	.986144
N = 5	-1	.999976	.999985	.999991	.999996	.999999	.999999
	0	.999687	.999803	.999877	.999951	.999981	.999992
	1	.997631	.998490	.999037	.999609	.999841	.999935
	2	.988597	.992573	.995165	.997952	.999133	.999633
	3	.961764	.974383	.982852	.992333	.996582	.998480

T = 7.6 (CONT.)

	L D	0	1	2	4	6	8
	4	.903531	.933058	.953634	.977872	.989505	.995050
	5	.805400	.859287	.898613	.947866	.973491	.986652
N = 6	-1	.999991	.999995	.999997	.999999	.999999	.999999
	0	.999865	.999915	.999946	.999978	.999991	.999997
	1	.998781	.999217	.999496	.999792	.999914	.999964
	2	.993093	.995457	.997012	.998709	.999443	.999760
	3	.973270	.981888	.987738	.994393	.997444	.998838
	4	.924071	.946642	.962575	.981686	.991095	.995695
	5	.831963	.876799	.909991	.952415	.975126	.987125
N = 7	-1	.999997	.999998	.999999	.999999	.999999	.999999
	0	.999937	.999960	.999974	.999990	.999996	.999998
	1	.999332	.999567	.999720	.999882	.999951	.999979
	2	.995613	.997088	.998067	.999149	.999626	.999836
	3	.980673	.986768	.990949	.995776	.998035	.999088
	4	.938846	.956540	.969173	.984573	.992329	.996208
	5	.852702	.890697	.919173	.956218	.976548	.987561
N = 8	0	.999968	.999980	.999987	.999995	.999998	.999999
	1	.999615	.999748	.999836	.999930	.999970	.999987
	2	.997103	.998060	.998701	.999418	.999740	.999884
	3	.985632	.990070	.993143	.996739	.998454	.999269
	4	.949810	.963968	.974181	.986813	.993308	.996624
	5	.869310	.901982	.926735	.959444	.977796	.987961
N = 9	0	.999983	.999989	.999993	.999997	.999999	.999999
	1	.999768	.999847	.999899	.999956	.999981	.999992
	2	.998023	.998665	.999099	.999590	.999814	.999915
	3	.989066	.992376	.994689	.997429	.998759	.999403
	4	.958152	.969677	.978069	.988588	.994099	.996966
	5	.882876	.911311	.933063	.962214	.978898	.988328
N = 10	0	.999991	.999994	.999996	.999998	.999999	.999999
	1	.999854	.999904	.999936	.999972	.999988	.999995
	2	.998613	.999056	.999358	.999703	.999863	.999937
	3	.991511	.994032	.995808	.997937	.998988	.999505
	4	.964632	.974153	.981145	.990017	.994748	.997252
	5	.894138	.919138	.938430	.964616	.979878	.988664
N = 11	0	.999995	.999997	.999998	.999999	.999999	.999999
	1	.999906	.999937	.999958	.999981	.999992	.999996
	2	.999002	.999316	.999531	.999780	.999897	.999952
	3	.993293	.995248	.996636	.998319	.999162	.999584
	4	.969756	.977721	.983617	.991186	.995287	.997494
	5	.903612	.925785	.943033	.966719	.980755	.988973
N = 12	0	.999997	.999998	.999999	.999999	.999999	.999999
	1	.999937	.999958	.999972	.999987	.999994	.999997
	2	.999267	.999494	.999651	.999834	.999921	.999963
	3	.994619	.996159	.997261	.998611	.999298	.999646
	4	.973869	.980607	.985633	.992153	.995740	.997700
	5	.911675	.931490	.947018	.968572	.981542	.989256
N = 13	0	.999998	.999999	.999999	.999999	.999999	.999999
	1	.999957	.999971	.999980	.999991	.999996	.999998
	2	.999451	.999618	.999735	.999872	.999938	.999970

T = 7.6 (CONT.)

	L D	0	1	2	4	6	8
	3	.995623	.996855	.997741	.998838	.999404	.999695
	4	.977215	.982973	.987296	.992963	.996125	.997877
	5	.918605	.936432	.950496	.970217	.982254	.989518
N = 14	1	.999970	.999980	.999986	.999994	.999997	.999999
	2	.999582	.999707	.999795	.999900	.999951	.999976
	3	.996397	.997393	.998116	.999018	.999490	.999736
	4	.979970	.984932	.988684	.993647	.996454	.998031
	5	.924612	.940746	.953556	.971685	.982899	.989759
N = 15	1	.999979	.999985	.999990	.999995	.999998	.999999
	2	.999676	.999772	.999840	.999921	.999961	.999981
	3	.997000	.997816	.998412	.999162	.999559	.999768
	4	.982261	.986573	.989853	.994231	.996739	.998166
	5	.929861	.944541	.956265	.973004	.983487	.989982
N = 16	1	.999985	.999989	.999993	.999997	.999998	.999999
	2	.999746	.999820	.999873	.999936	.999968	.999984
	3	.997478	.998153	.998648	.999278	.999615	.999796
	4	.984185	.987959	.990846	.994733	.996986	.998284
	5	.934477	.947899	.958677	.974193	.984024	.990190
N = 17	1	.999989	.999992	.999995	.999997	.999999	.999999
	2	.999798	.999856	.999898	.999948	.999974	.999987
	3	.997860	.998424	.998840	.999373	.999662	.999818
	4	.985815	.989139	.991697	.995168	.997203	.998389
	5	.938564	.950888	.960837	.975270	.984517	.990382
N = 18	1	.999992	.999994	.999996	.999998	.999999	.999999
	2	.999838	.999884	.999917	.999957	.999978	.999989
	3	.998170	.998644	.998997	.999452	.999701	.999838
	4	.987206	.990152	.992430	.995547	.997394	.998482
	5	.942201	.953563	.962781	.976251	.984971	.990562
N = 19	1	.999994	.999995	.999997	.999998	.999999	.999999
	2	.999868	.999905	.999932	.999965	.999982	.999991
	3	.998422	.998825	.999126	.999517	.999734	.999854
	4	.988402	.991027	.993068	.995879	.997563	.998566
	5	.945455	.955968	.964537	.977146	.985390	.990729
N = 20	1	.999995	.999997	.999998	.999999	.999999	.999999
	2	.999892	.999922	.999944	.999970	.999985	.999992
	3	.998630	.998975	.999234	.999572	.999762	.999868
	4	.989437	.991788	.993624	.996172	.997713	.998640
	5	.948380	.958140	.966131	.977966	.985778	.990886

T = 7.8

	L D	0	1	2	4	6	8
N = 2	-3	.999996	.999998	.999999	.999999	.999999	.999999
	-2	.999906	.999943	.999965	.999987	.999995	.999998
	-1	.998779	.999254	.999544	.999830	.999937	.999976
	0	.991979	.995076	.996978	.998861	.999571	.999838

T = 7.8 (CONT.)

N	L\D	0	1	2	4	6	8
	1	.969644	.981212	.988372	.995546	.998294	.999346
	2	.923371	.951943	.969864	.988154	.995345	.998172
	3	.852665	.905819	.939823	.975463	.990011	.995939
	4	.762779	.844527	.898223	.956527	.981505	.992160
	5	.660996	.771010	.845704	.930413	.968863	.986162
N = 3	-2	.999985	.999991	.999994	.999998	.999999	.999999
	-1	.999744	.999843	.999903	.999964	.999986	.999995
	0	.997807	.998645	.999162	.999680	.999878	.999953
	1	.989133	.993210	.995757	.998343	.999353	.999747
	2	.964695	.977574	.985757	.994257	.997686	.999068
	3	.915729	.945233	.964429	.985019	.993704	.997359
	4	.838615	.892005	.927839	.967914	.985804	.993747
	5	.736465	.817377	.873826	.940255	.971976	.986962
N = 4	-2	.999997	.999998	.999999	.999999	.999999	.999999
	-1	.999932	.999958	.999974	.999990	.999996	.999999
	0	.999271	.999546	.999718	.999891	.999958	.999984
	1	.995464	.997140	.998197	.999283	.999715	.999887
	2	.981767	.988286	.992475	.996897	.998721	.999473
	3	.947646	.965499	.977280	.990166	.995754	.998171
	4	.883419	.920680	.946120	.975253	.988696	.994862
	5	.785969	.848758	.893471	.947606	.974493	.987692
N = 5	-1	.999979	.999987	.999992	.999997	.999999	.999999
	0	.999723	.999826	.999891	.999957	.999983	.999993
	1	.997893	.998660	.999148	.999655	.999861	.999944
	2	.989803	.993380	.995703	.998191	.999239	.999680
	3	.965558	.977025	.984686	.993211	.996998	.998676
	4	.912310	.939495	.958324	.980322	.990763	.995687
	5	.821200	.871629	.908140	.953381	.976588	.988350
N = 6	-1	.999993	.999995	.999997	.999999	.999999	.999999
	0	.999883	.999926	.999953	.999981	.999993	.999997
	1	.998939	.999319	.999564	.999821	.999926	.999970
	2	.993941	.996029	.997398	.998884	.999522	.999795
	3	.976339	.984043	.989247	.995128	.997799	.999008
	4	.932022	.952520	.966895	.983986	.992299	.996317
	5	.847551	.889064	.919540	.958052	.978361	.988941
N = 7	-1	.999997	.999998	.999999	.999999	.999999	.999999
	0	.999946	.999966	.999978	.999991	.999996	.999999
	1	.999430	.999632	.999762	.999901	.999959	.999983
	2	.996223	.997502	.998349	.999279	.999685	.999863
	3	.983174	.988539	.992200	.996395	.998339	.999237
	4	.946034	.961894	.973140	.986721	.993475	.996811
	5	.867949	.902774	.928648	.961910	.979880	.989470
N = 8	0	.999974	.999983	.999989	.999996	.999998	.999999
	1	.999677	.999790	.999863	.999942	.999975	.999990
	2	.997550	.998366	.998911	.999516	.999785	.999905
	3	.987689	.991537	.994187	.997264	.998716	.999399
	4	.956312	.968845	.977822	.988817	.994395	.997206
	5	.884149	.913808	.936079	.965148	.981194	.989945
N = 9	0	.999986	.999991	.999994	.999998	.999999	.999999
	1	.999809	.999875	.999918	.999965	.999985	.999993
	2	.998357	.998895	.999258	.999665	.999849	.999932
	3	.990773	.993603	.995568	.997878	.998987	.999518

DOUBLY NONCENTRAL t   123

T = 7.8 (CONT.)

	L D	0	1	2	4	6	8
	4	.964046	.974128	.981415	.990457	.995129	.997527
	5	.897275	.922854	.942243	.967900	.982341	.990373
N = 10	0	.999993	.999995	.999997	.999999	.999999	.999999
	1	.999883	.999922	.999949	.999978	.999990	.999996
	2	.998866	.999232	.999480	.999762	.999891	.999950
	3	.992940	.995066	.996554	.998323	.999187	.999607
	4	.969991	.978225	.984226	.991763	.995724	.997792
	5	.908087	.930381	.947426	.970265	.983349	.990758
N = 11	0	.999996	.999997	.999998	.999999	.999999	.999999
	1	.999925	.999950	.999967	.999985	.999994	.999997
	2	.999197	.999452	.999626	.999826	.999919	.999963
	3	.994500	.996127	.997275	.998654	.999337	.999674
	4	.974643	.981457	.986462	.992818	.996212	.998013
	5	.917116	.936725	.951835	.972316	.984241	.991107
N = 12	0	.999998	.999998	.999999	.999999	.999999	.999999
	1	.999951	.999967	.999978	.999990	.999996	.999998
	2	.999419	.999601	.999726	.999871	.999939	.999971
	3	.995647	.996912	.997812	.998904	.999452	.999727
	4	.978341	.984046	.988267	.993683	.996619	.998199
	5	.924745	.942130	.955624	.974109	.985036	.991424
N = 13	1	.999967	.999978	.999985	.999993	.999997	.999999
	2	.999571	.999704	.999795	.999902	.999953	.999978
	3	.996505	.997504	.998219	.999096	.999542	.999769
	4	.981321	.986146	.989741	.994400	.996960	.998358
	5	.931256	.946778	.958908	.975688	.985747	.991714
N = 14	1	.999978	.999985	.999990	.999995	.999998	.999999
	2	.999678	.999776	.999844	.999925	.999964	.999982
	3	.997158	.997958	.998533	.999245	.999613	.999802
	4	.983752	.987871	.990960	.995000	.997250	.998495
	5	.936863	.950809	.961776	.977087	.986387	.991978
N = 15	1	.999984	.999989	.999993	.999997	.999998	.999999
	2	.999754	.999828	.999880	.999941	.999971	.999986
	3	.997663	.998310	.998779	.999364	.999670	.999829
	4	.985756	.989302	.991977	.995507	.997498	.998613
	5	.941730	.954331	.964298	.978335	.986966	.992221
N = 16	1	.999989	.999992	.999995	.999998	.999999	.999999
	2	.999810	.999866	.999906	.999953	.999977	.999989
	3	.998058	.998587	.998973	.999459	.999716	.999851
	4	.987425	.990500	.992834	.995940	.997711	.998716
	5	.945985	.957429	.966530	.979452	.987492	.992444
N = 17	1	.999992	.999994	.999996	.999998	.999999	.999999
	2	.999851	.999895	.999925	.999963	.999981	.999991
	3	.998371	.998808	.999129	.999536	.999753	.999869
	4	.988827	.991513	.993562	.996311	.997897	.998807
	5	.949729	.960169	.968516	.980459	.987970	.992650
N = 18	1	.999994	.999996	.999997	.999999	.999999	.999999
	2	.999882	.999916	.999940	.999970	.999985	.999992
	3	.998622	.998986	.999255	.999598	.999784	.999884

T = 7.8 (CONT.)

	L/D	0	1	2	4	6	8
	4	.990014	.992374	.994185	.996632	.998059	.998886
	5	.953042	.962607	.970293	.981369	.988408	.992840
N = 19	1	.999995	.999997	.999998	.999999	.999999	.999999
	2	.999905	.999932	.999951	.999975	.999987	.999994
	3	.998824	.999131	.999358	.999650	.999810	.999897
	4	.991026	.993113	.994721	.996911	.998201	.998957
	5	.955989	.964788	.971889	.982196	.988810	.993017
N = 20	1	.999997	.999998	.999998	.999999	.999999	.999999
	2	.999923	.999945	.999960	.999979	.999989	.999995
	3	.998990	.999250	.999443	.999693	.999832	.999908
	4	.991896	.993750	.995187	.997156	.998327	.999020
	5	.958625	.966746	.973330	.982949	.989180	.993181

T = 8.0

	L/D	0	1	2	4	6	8
N = 2	-3	.999997	.999998	.999999	.999999	.999999	.999999
	-2	.999911	.999946	.999967	.999988	.999995	.999998
	-1	.998839	.999291	.999567	.999838	.999940	.999978
	0	.992366	.995317	.997127	.998919	.999593	.999847
	1	.971085	.982121	.988945	.995774	.998384	.999382
	2	.926913	.954236	.971347	.988771	.995601	.998277
	3	.859207	.910217	.942769	.976772	.990586	.996190
	4	.772742	.851572	.903162	.958904	.982623	.992677
	5	.674237	.780978	.853080	.934297	.970832	.987133
N = 3	-2	.999986	.999992	.999995	.999998	.999999	.999999
	-1	.999762	.999854	.999910	.999966	.999987	.999995
	0	.997962	.998741	.999223	.999704	.999887	.999957
	1	.989883	.993687	.996061	.998466	.999403	.999768
	2	.967052	.979115	.986763	.994685	.997867	.999145
	3	.921084	.948872	.966893	.986140	.994209	.997584
	4	.848201	.898853	.932696	.970312	.986965	.994300
	5	.750795	.828270	.881988	.944685	.974301	.988151
N = 4	-2	.999997	.999998	.999999	.999999	.999999	.999999
	-1	.999938	.999962	.999977	.999991	.999997	.999999
	0	.999338	.999589	.999744	.999901	.999962	.999985
	1	.995869	.997400	.998364	.999352	.999743	.999898
	2	.983334	.989320	.993157	.997192	.998849	.999528
	3	.951901	.968418	.979277	.991093	.996180	.998365
	4	.892202	.927013	.950657	.977544	.989832	.995418
	5	.800565	.859950	.901947	.952324	.977039	.989034
N = 5	-1	.999981	.999988	.999993	.999997	.999999	.999999
	0	.999754	.999846	.999903	.999962	.999985	.999994
	1	.998121	.998808	.999243	.999695	.999877	.999951
	2	.990862	.994086	.996173	.998398	.999330	.999720
	3	.968927	.979357	.986295	.993972	.997355	.998842
	4	.920210	.945240	.962479	.982462	.991847	.996228
	5	.835658	.882802	.916680	.958238	.979273	.989802

DOUBLY NONCENTRAL t

T = 8.0 (CONT.)

N		L\D	0	1	2	4	6	8
N =	6	-1	.999994	.999996	.999997	.999999	.999999	.999999
		0	.999898	.999936	.999960	.999984	.999994	.999997
		1	.999073	.999407	.999621	.999845	.999937	.999974
		2	.994674	.996521	.997728	.999032	.999588	.999825
		3	.979020	.985914	.990550	.995755	.998098	.999150
		4	.939081	.957694	.970669	.985965	.993321	.996838
		5	.861665	.900049	.928006	.962960	.981132	.990473
N =	7	-1	.999998	.999998	.999999	.999999	.999999	.999999
		0	.999954	.999971	.999982	.999993	.999997	.999999
		1	.999512	.999685	.999797	.999916	.999965	.999986
		2	.996740	.997852	.998585	.999387	.999734	.999885
		3	.985325	.990052	.993262	.996915	.998591	.999358
		4	.952332	.966545	.976559	.988544	.994433	.997309
		5	.881615	.913481	.936962	.966813	.982701	.991062
N =	8	0	.999978	.999986	.999991	.999996	.999999	.999999
		1	.999729	.999824	.999886	.999952	.999980	.999991
		2	.997922	.998620	.999083	.999596	.999822	.999922
		3	.989432	.992772	.995060	.997698	.998930	.999504
		4	.961939	.973030	.980921	.990495	.995292	.997680
		5	.897321	.924192	.944198	.970011	.984041	.991580
N =	9	0	.999989	.999993	.999995	.999998	.999999	.999999
		1	.999843	.999897	.999933	.999971	.999988	.999995
		2	.998630	.999083	.999386	.999725	.999877	.999945
		3	.992199	.994620	.996293	.998243	.999170	.999609
		4	.969088	.977902	.984229	.992003	.995968	.997977
		5	.909940	.932896	.950145	.972702	.985196	.992040
N =	10	0	.999994	.999996	.999998	.999999	.999999	.999999
		1	.999905	.999937	.999959	.999982	.999992	.999997
		2	.999070	.999373	.999577	.999808	.999913	.999961
		3	.994118	.995912	.997161	.998634	.999344	.999686
		4	.974522	.981638	.986787	.993190	.996509	.998219
		5	.920250	.940077	.955102	.974991	.986200	.992449
N =	11	0	.999997	.999998	.999999	.999999	.999999	.999999
		1	.999941	.999961	.999974	.999989	.999995	.999998
		2	.999352	.999560	.999701	.999863	.999937	.999971
		3	.995482	.996837	.997787	.998919	.999474	.999744
		4	.978731	.984554	.988801	.994138	.996948	.998419
		5	.928791	.946081	.959284	.976959	.987080	.992815
N =	12	0	.999998	.999999	.999999	.999999	.999999	.999999
		1	.999962	.999975	.999983	.999992	.999997	.999999
		2	.999538	.999684	.999784	.999899	.999953	.999978
		3	.996472	.997513	.998248	.999132	.999571	.999789
		4	.982043	.986866	.990408	.994907	.997310	.998586
		5	.935953	.951156	.962848	.978664	.987857	.993144
N =	13	1	.999975	.999983	.999989	.999995	.999998	.999999
		2	.999664	.999769	.999841	.999925	.999965	.999983
		3	.997205	.998016	.998593	.999294	.999647	.999824
		4	.984685	.988723	.991709	.995537	.997610	.998727
		5	.942022	.955488	.965914	.980154	.988546	.993441

T = 8.0 (CONT.)

	L D	0	1	2	4	6	8
N = 14	1	.999983	.999989	.999992	.999996	.999998	.999999
	2	.999752	.999828	.999881	.999943	.999973	.999987
	3	.997756	.998397	.998856	.999419	.999705	.999851
	4	.986821	.990234	.992774	.996060	.997863	.998846
	5	.947211	.959218	.968572	.981465	.989161	.993710
N = 15	1	.999988	.999992	.999995	.999998	.999999	.999999
	2	.999813	.999870	.999909	.999956	.999979	.999990
	3	.998177	.998690	.999059	.999516	.999752	.999873
	4	.988566	.991476	.993654	.996498	.998077	.998949
	5	.951685	.962454	.970893	.982624	.989712	.993955
N = 16	1	.999992	.999994	.999996	.999998	.999999	.999999
	2	.999857	.999900	.999930	.999966	.999983	.999992
	3	.998503	.998918	.999219	.999593	.999789	.999891
	4	.990006	.992507	.994390	.996867	.998259	.999037
	5	.955570	.965281	.972933	.983656	.990210	.994178
N = 17	1	.999994	.999996	.999997	.999999	.999999	.999999
	2	.999890	.999922	.999945	.999973	.999987	.999993
	3	.998759	.999098	.999345	.999655	.999819	.999905
	4	.991205	.993370	.995008	.997182	.998417	.999114
	5	.958967	.967767	.974737	.984578	.990659	.994383
N = 18	1	.999996	.999997	.999998	.999999	.999999	.999999
	2	.999913	.999939	.999957	.999978	.999989	.999995
	3	.998961	.999241	.999446	.999705	.999844	.999917
	4	.992212	.994098	.995534	.997452	.998553	.999182
	5	.961955	.969965	.976340	.985408	.991068	.994571
N = 19	1	.999997	.999998	.999998	.999999	.999999	.999999
	2	.999931	.999951	.999965	.999982	.999991	.999996
	3	.999123	.999356	.999528	.999746	.999864	.999927
	4	.993065	.994718	.995983	.997684	.998671	.999241
	5	.964598	.971918	.977772	.986156	.991441	.994744
N = 20	1	.999998	.999998	.999999	.999999	.999999	.999999
	2	.999945	.999961	.999972	.999986	.999993	.999996
	3	.999255	.999450	.999594	.999780	.999881	.999936
	4	.993791	.995249	.996369	.997887	.998776	.999294
	5	.966947	.973663	.979057	.986834	.991782	.994904

T = 8.2

	L D	0	1	2	4	6	8
N = 2	-3	.999997	.999998	.999999	.999999	.999999	.999999
	-2	.999915	.999948	.999968	.999988	.999996	.999998
	-1	.998894	.999325	.999588	.999846	.999943	.999979
	0	.992726	.995540	.997265	.998972	.999613	.999855
	1	.972427	.982966	.989477	.995984	.998467	.999415
	2	.930220	.956370	.972723	.989341	.995836	.998374
	3	.865339	.914321	.945506	.977979	.991113	.996418
	4	.782129	.858164	.907754	.961090	.983643	.993145
	5	.686796	.790343	.859952	.937867	.972621	.988008

DOUBLY NONCENTRAL t

T = 8.2 (CONT.)

		L D	0	1	2	4	6	8
N =	3	-2	.999987	.999992	.999995	.999998	.999999	.999999
		-1	.999779	.999864	.999917	.999969	.999988	.999996
		0	.998102	.998829	.999278	.999725	.999895	.999960
		1	.990567	.994122	.996337	.998577	.999448	.999785
		2	.969208	.980520	.987678	.995072	.998030	.999213
		3	.926012	.952203	.969138	.987152	.994660	.997785
		4	.857091	.905158	.937137	.972480	.988003	.994791
		5	.764213	.838372	.889491	.948698	.976379	.989202
N =	4	-2	.999997	.999998	.999999	.999999	.999999	.999999
		-1	.999944	.999966	.999979	.999992	.999997	.999999
		0	.999397	.999626	.999768	.999910	.999965	.999987
		1	.996231	.997632	.998512	.999412	.999768	.999908
		2	.984740	.990244	.993765	.997454	.998961	.999576
		3	.955749	.971044	.981063	.991914	.996555	.998535
		4	.900225	.932755	.954742	.979580	.990831	.995900
		5	.814069	.870201	.909640	.956539	.979282	.990201
N =	5	-1	.999983	.999990	.999994	.999998	.999999	.999999
		0	.999781	.999863	.999914	.999967	.999987	.999995
		1	.998321	.998937	.999327	.999730	.999892	.999957
		2	.991796	.994705	.996583	.998578	.999409	.999754
		3	.971923	.981418	.987711	.994634	.997663	.998984
		4	.927324	.950374	.966164	.984335	.992784	.996692
		5	.848882	.892918	.924340	.962522	.981607	.991046
N =	6	-1	.999994	.999997	.999998	.999999	.999999	.999999
		0	.999911	.999944	.999965	.999986	.999995	.999998
		1	.999188	.999482	.999669	.999865	.999945	.999978
		2	.995307	.996944	.998011	.999157	.999643	.999849
		3	.981365	.987542	.991676	.996292	.998352	.999269
		4	.945351	.962254	.973969	.987672	.994192	.997276
		5	.874433	.909886	.935515	.967238	.983510	.991769
N =	7	-1	.999998	.999999	.999999	.999999	.999999	.999999
		0	.999961	.999975	.999984	.999994	.999998	.999999
		1	.999581	.999731	.999827	.999928	.999970	.999988
		2	.997179	.998148	.998784	.999476	.999775	.999903
		3	.987179	.991348	.994166	.997352	.998801	.999459
		4	.957854	.970590	.979509	.990095	.995238	.997721
		5	.893851	.922969	.944259	.971040	.985094	.992391
N =	8	0	.999982	.999988	.999993	.999997	.999999	.999999
		1	.999772	.999852	.999904	.999960	.999983	.999993
		2	.998234	.998831	.999227	.999662	.999852	.999935
		3	.990912	.993814	.995793	.998057	.999105	.999589
		4	.966811	.976624	.983560	.991904	.996034	.998066
		5	.908998	.933302	.951252	.974160	.986429	.992931
N =	9	0	.999991	.999994	.999996	.999998	.999999	.999999
		1	.999870	.999915	.999945	.999977	.999990	.999996
		2	.998855	.999236	.999491	.999774	.999900	.999956
		3	.993393	.995467	.996892	.998542	.999317	.999681
		4	.973399	.981103	.986596	.993284	.996653	.998340
		5	.921060	.941621	.956945	.976757	.987566	.993402
N =	10	0	.999995	.999997	.999998	.999999	.999999	.999999
		1	.999923	.999949	.999967	.999986	.999994	.999997
		2	.999235	.999486	.999655	.999845	.999930	.999969

T = 8.2 (CONT.)

	L D	0	1	2	4	6	8
	3	.995091	.996606	.997655	.998883	.999469	.999748
	4	.978353	.984499	.988917	.994358	.997142	.998560
	5	.930832	.948426	.961647	.978946	.988545	.993817
N = 11	0	.999997	.999998	.999999	.999999	.999999	.999999
	1	.999953	.999969	.999979	.999991	.999996	.999998
	2	.999475	.999645	.999760	.999891	.999950	.999977
	3	.996282	.997411	.998198	.999129	.999580	.999798
	4	.982149	.987122	.990723	.995206	.997535	.998739
	5	.938861	.954066	.965579	.980809	.989393	.994183
N = 12	1	.999970	.999980	.999987	.999994	.999997	.999999
	2	.999632	.999750	.999830	.999921	.999964	.999983
	3	.997136	.997992	.998593	.999311	.999663	.999836
	4	.985104	.989179	.992150	.995886	.997855	.998887
	5	.945540	.958795	.968902	.982410	.990135	.994509
N = 13	1	.999981	.999987	.999991	.999996	.999998	.999999
	2	.999736	.999820	.999876	.999942	.999973	.999987
	3	.997761	.998420	.998886	.999447	.999726	.999865
	4	.987440	.990815	.993293	.996438	.998117	.999010
	5	.951156	.962801	.971738	.983797	.990787	.994801
N = 14	1	.999987	.999991	.999994	.999997	.999999	.999999
	2	.999808	.999868	.999909	.999957	.999980	.999990
	3	.998225	.998740	.999106	.999551	.999775	.999887
	4	.989308	.992133	.994219	.996891	.998336	.999113
	5	.955923	.966223	.974177	.985006	.991364	.995062
N = 15	1	.999991	.999994	.999996	.999998	.999999	.999999
	2	.999857	.999901	.999932	.999967	.999984	.999992
	3	.998576	.998983	.999274	.999631	.999813	.999905
	4	.990821	.993206	.994978	.997266	.998519	.999201
	5	.960003	.969171	.976292	.986069	.991878	.995298
N = 16	1	.999994	.999996	.999997	.999999	.999999	.999999
	2	.999893	.999925	.999948	.999975	.999988	.999994
	3	.998844	.999170	.999404	.999694	.999843	.999920
	4	.992058	.994088	.995605	.997580	.998674	.999277
	5	.963523	.971729	.978138	.987007	.992337	.995512
N = 17	1	.999996	.999997	.999998	.999999	.999999	.999999
	2	.999918	.999943	.999960	.999980	.999990	.999995
	3	.999053	.999316	.999506	.999743	.999867	.999931
	4	.993080	.994821	.996129	.997845	.998806	.999341
	5	.966579	.973963	.979759	.987841	.992750	.995706
N = 18	1	.999997	.999998	.999999	.999999	.999999	.999999
	2	.999937	.999955	.999969	.999984	.999992	.999996
	3	.999216	.999431	.999587	.999783	.999886	.999941
	4	.993930	.995434	.996570	.998071	.998920	.999398
	5	.969250	.975925	.981190	.988584	.993122	.995884
N = 19	1	.999998	.999998	.999999	.999999	.999999	.999999
	2	.999950	.999965	.999975	.999988	.999994	.999997
	3	.999346	.999523	.999652	.999815	.999902	.999948

DOUBLY NONCENTRAL t

T = 8.2 (CONT.)

	L\D	0	1	2	4	6	8
	4	.994644	.995951	.996943	.998263	.999018	.999447
	5	.971597	.977658	.982460	.989251	.993459	.996046
N = 20	1	.999998	.999999	.999999	.999999	.999999	.999999
	2	.999961	.999972	.999980	.999990	.999995	.999997
	3	.999450	.999596	.999704	.999842	.999915	.999955
	4	.995248	.996391	.997262	.998430	.999103	.999490
	5	.973671	.979196	.983593	.989852	.993766	.996195

T = 8.4

	L\D	0	1	2	4	6	8
N = 2	-3	.999997	.999998	.999999	.999999	.999999	.999999
	-2	.999919	.999951	.999970	.999989	.999996	.999998
	-1	.998945	.999356	.999607	.999854	.999945	.999980
	0	.993061	.995747	.997394	.999021	.999632	.999862
	1	.973679	.983753	.989972	.996179	.998544	.999445
	2	.933312	.958360	.974002	.989868	.996053	.998463
	3	.871093	.918154	.948052	.979093	.991596	.996626
	4	.790980	.864339	.912032	.963106	.984575	.993570
	5	.698711	.799148	.866365	.941156	.974252	.988797
N = 3	-2	.999988	.999993	.999996	.999998	.999999	.999999
	-1	.999794	.999874	.999923	.999971	.999989	.999996
	0	.998230	.998909	.999327	.999744	.999903	.999963
	1	.991191	.994517	.996587	.998678	.999488	.999802
	2	.971184	.981804	.988512	.995422	.998177	.999274
	3	.930553	.955258	.971188	.988068	.995066	.997963
	4	.865341	.910970	.941206	.974443	.988935	.995226
	5	.776781	.847745	.896397	.952339	.978243	.990134
N = 4	-2	.999998	.999998	.999999	.999999	.999999	.999999
	-1	.999949	.999969	.999981	.999993	.999997	.999999
	0	.999450	.999659	.999789	.999919	.999969	.999988
	1	.996554	.997838	.998644	.999466	.999790	.999917
	2	.986004	.991073	.994307	.997686	.999060	.999618
	3	.959233	.973409	.982665	.992644	.996884	.998683
	4	.907559	.937967	.958426	.981395	.991711	.996322
	5	.826561	.879596	.916631	.960311	.981263	.991219
N = 5	-1	.999985	.999991	.999994	.999998	.999999	.999999
	0	.999804	.999878	.999924	.999970	.999988	.999995
	1	.998497	.999050	.999399	.999760	.999904	.999962
	2	.992619	.995249	.996942	.998734	.999476	.999783
	3	.974590	.983245	.988958	.995212	.997929	.999106
	4	.933733	.954966	.969438	.985978	.993597	.997089
	5	.860972	.902079	.931216	.966308	.983639	.992116
N = 6	-1	.999995	.999997	.999998	.999999	.999999	.999999
	0	.999922	.999951	.999969	.999988	.999995	.999998
	1	.999287	.999546	.999711	.999883	.999953	.999981
	2	.995856	.997310	.998254	.999265	.999691	.999870
	3	.983421	.988960	.992653	.996752	.998567	.999369
	4	.950922	.966276	.976859	.989147	.994935	.997646
	5	.885977	.918693	.942179	.970973	.985555	.992868

T = 8.4 (CONT.)

	L D	0	1	2	4	6	8
N = 7	-1	.999998	.999999	.999999	.999999	.999999	.999999
	0	.999967	.999979	.999987	.999995	.999998	.999999
	1	.999639	.999769	.999852	.999939	.999975	.999990
	2	.997554	.998399	.998952	.999552	.999808	.999918
	3	.988779	.992460	.994937	.997721	.998977	.999542
	4	.962696	.974110	.982058	.991417	.995914	.998064
	5	.904795	.931373	.950664	.974688	.987127	.993505
N = 8	0	.999985	.999990	.999994	.999998	.999999	.999999
	1	.999807	.999875	.999920	.999967	.999986	.999994
	2	.998494	.999007	.999345	.999716	.999877	.999946
	3	.992171	.994695	.996408	.998356	.999249	.999658
	4	.971030	.979711	.985811	.993089	.996650	.998384
	5	.919336	.941289	.957380	.977702	.988436	.994049
N = 9	0	.999993	.999995	.999997	.999999	.999999	.999999
	1	.999892	.999930	.999954	.999981	.999992	.999997
	2	.999040	.999362	.999577	.999813	.999918	.999964
	3	.994394	.996172	.997387	.998786	.999437	.999739
	4	.977088	.983820	.988590	.994348	.997214	.998633
	5	.930811	.949197	.962793	.980185	.989537	.994518
N = 10	0	.999996	.999998	.999998	.999999	.999999	.999999
	1	.999937	.999959	.999973	.999989	.999995	.999998
	2	.999369	.999578	.999718	.999874	.999944	.999975
	3	.995895	.997176	.998059	.999084	.999569	.999798
	4	.981592	.986899	.990689	.995316	.997655	.998831
	5	.940023	.955606	.967223	.982255	.990474	.994925
N = 11	0	.999998	.999999	.999999	.999999	.999999	.999999
	1	.999962	.999975	.999984	.999993	.999997	.999999
	2	.999574	.999713	.999807	.999913	.999961	.999982
	3	.996935	.997877	.998530	.999297	.999665	.999840
	4	.985006	.989251	.992305	.996072	.998004	.998991
	5	.947529	.960872	.970893	.984002	.991279	.995281
N = 12	1	.999976	.999984	.999990	.999995	.999998	.999999
	2	.999706	.999801	.999865	.999938	.999972	.999987
	3	.997671	.998376	.998868	.999451	.999735	.999872
	4	.987636	.991076	.993567	.996671	.998285	.999120
	5	.953721	.965250	.973969	.985488	.991975	.995594
N = 13	1	.999985	.999990	.999993	.999997	.999999	.999999
	2	.999792	.999859	.999904	.999955	.999979	.999990
	3	.998203	.998739	.999116	.999566	.999787	.999896
	4	.989693	.992513	.994568	.997152	.998513	.999228
	5	.958886	.968928	.976571	.986765	.992582	.995872
N = 14	1	.999990	.999993	.999996	.999998	.999999	.999999
	2	.999851	.999898	.999930	.999967	.999985	.999993
	3	.998594	.999007	.999300	.999652	.999828	.999915
	4	.991323	.993658	.995371	.997542	.998701	.999317
	5	.963236	.972046	.978792	.987869	.993114	.996119
N = 15	1	.999993	.999996	.999997	.999999	.999999	.999999
	2	.999891	.999925	.999948	.999975	.999988	.999994
	3	.998885	.999209	.999438	.999718	.999859	.999929

T = 8.4 (CONT.)

	L\D	0	1	2	4	6	8
	4	.992630	.994582	.996022	.997863	.998857	.999392
	5	.966932	.974712	.980703	.988831	.993584	.996339
N = 16	1	.999995	.999997	.999998	.999999	.999999	.999999
	2	.999919	.999944	.999961	.999981	.999991	.999996
	3	.999106	.999362	.999545	.999769	.999883	.999941
	4	.993689	.995335	.996555	.998129	.998988	.999455
	5	.970097	.977008	.982358	.989675	.994001	.996537
N = 17	1	.999997	.999998	.999999	.999999	.999999	.999999
	2	.999939	.999957	.999970	.999986	.999993	.999997
	3	.999276	.999480	.999627	.999809	.999902	.999950
	4	.994555	.995954	.996997	.998351	.999099	.999509
	5	.972826	.978998	.983801	.990418	.994372	.996716
N = 18	1	.999998	.999998	.999999	.999999	.999999	.999999
	2	.999953	.999967	.999977	.999989	.999995	.999997
	3	.999408	.999573	.999692	.999840	.999917	.999957
	4	.995271	.996467	.997365	.998538	.999193	.999556
	5	.975195	.980735	.985067	.991077	.994705	.996878
N = 19	1	.999998	.999999	.999999	.999999	.999999	.999999
	2	.999964	.999975	.999982	.999991	.999996	.999998
	3	.999511	.999646	.999743	.999865	.999930	.999963
	4	.995866	.996897	.997674	.998697	.999273	.999596
	5	.977264	.982258	.986182	.991664	.995004	.997025
N = 20	2	.999972	.999980	.999986	.999993	.999996	.999998
	3	.999593	.999704	.999784	.999886	.999940	.999968
	4	.996365	.997259	.997935	.998832	.999342	.999631
	5	.979080	.983602	.987171	.992189	.995275	.997159

T = 8.6

	L\D	0	1	2	4	6	8
N = 2	-3	.999997	.999998	.999999	.999999	.999999	.999999
	-2	.999923	.999953	.999971	.999989	.999996	.999999
	-1	.998993	.999386	.999625	.999860	.999948	.999981
	0	.993374	.995941	.997514	.999067	.999650	.999869
	1	.974849	.984487	.990432	.996360	.998615	.999473
	2	.936208	.960219	.975194	.990357	.996252	.998544
	3	.876498	.921740	.950424	.980123	.992040	.996815
	4	.799332	.870132	.916022	.964968	.985429	.993955
	5	.710020	.807436	.872356	.944191	.975742	.989511
N = 3	-2	.999989	.999993	.999996	.999998	.999999	.999999
	-1	.999807	.999882	.999928	.999973	.999990	.999996
	0	.998347	.998982	.999373	.999762	.999910	.999966
	1	.991762	.994878	.996816	.998769	.999524	.999816
	2	.972998	.982979	.989272	.995740	.998309	.999329
	3	.934742	.958064	.973063	.988899	.995432	.998123
	4	.873003	.916334	.944940	.976225	.989772	.995615
	5	.788552	.856450	.902761	.955650	.979917	.990963

T = 8.6 (CONT.)

N		L D	0	1	2	4	6	8
N =	4	-2	.999998	.999999	.999999	.999999	.999999	.999999
		-1	.999954	.999971	.999982	.999993	.999997	.999999
		0	.999498	.999689	.999807	.999926	.999972	.999989
		1	.996844	.998023	.998761	.999514	.999809	.999925
		2	.987142	.991816	.994792	.997892	.999147	.999655
		3	.962393	.975544	.984104	.993294	.997176	.998813
		4	.914269	.942704	.961754	.983016	.992489	.996691
		5	.838118	.888210	.922989	.963693	.983016	.992110
N =	5	-1	.999987	.999992	.999995	.999998	.999999	.999999
		0	.999825	.999891	.999932	.999974	.999990	.999996
		1	.998651	.999149	.999463	.999786	.999915	.999966
		2	.993348	.995728	.997258	.998870	.999535	.999809
		3	.976970	.984865	.990059	.995718	.998159	.999210
		4	.939513	.959079	.972351	.987423	.994304	.997431
		5	.872024	.910378	.937394	.969658	.985414	.993039
N =	6	-1	.999996	.999997	.999998	.999999	.999999	.999999
		0	.999932	.999957	.999973	.999990	.999996	.999998
		1	.999373	.999601	.999747	.999898	.999959	.999983
		2	.996333	.997626	.998463	.999356	.999731	.999887
		3	.985226	.990199	.993501	.997148	.998751	.999454
		4	.955877	.969828	.979395	.990425	.995571	.997960
		5	.896411	.926581	.948096	.974237	.987318	.993803
N =	7	-1	.999998	.999999	.999999	.999999	.999999	.999999
		0	.999971	.999982	.999989	.999995	.999998	.999999
		1	.999688	.999801	.999872	.999948	.999979	.999991
		2	.997874	.998613	.999095	.999615	.999836	.999931
		3	.990162	.993416	.995597	.998034	.999124	.999610
		4	.966946	.977177	.984263	.992546	.996485	.998350
		5	.914580	.938818	.956288	.977840	.988859	.994440
N =	8	0	.999987	.999992	.999995	.999998	.999999	.999999
		1	.999836	.999895	.999932	.999972	.999988	.999995
		2	.998714	.999155	.999444	.999760	.999897	.999955
		3	.993243	.995441	.996926	.998605	.999368	.999715
		4	.974685	.982366	.987734	.994087	.997163	.998644
		5	.928483	.948290	.962704	.980730	.990125	.994976
N =	9	0	.999994	.999996	.999997	.999999	.999999	.999999
		1	.999910	.999942	.999962	.999984	.999993	.999997
		2	.999193	.999466	.999647	.999845	.999932	.999970
		3	.995234	.996760	.997799	.998986	.999534	.999786
		4	.980245	.986127	.990271	.995233	.997675	.998871
		5	.939350	.955770	.967823	.983083	.991178	.995433
N =	10	0	.999997	.999998	.999999	.999999	.999999	.999999
		1	.999948	.999966	.999978	.999991	.999996	.999998
		2	.999478	.999653	.999769	.999897	.999955	.999980
		3	.996561	.997645	.998389	.999247	.999649	.999837
		4	.984331	.988913	.992166	.996103	.998070	.999048
		5	.947996	.961776	.971971	.985027	.992065	.995825
N =	11	0	.999998	.999999	.999999	.999999	.999999	.999999
		1	.999969	.999980	.999987	.999994	.999998	.999999
		2	.999653	.999768	.999844	.999930	.999969	.999986
		3	.997468	.998255	.998798	.999430	.999731	.999873

T = 8.6 (CONT.)

	L\D	0	1	2	4	6	8
	4	.987394	.991017	.993607	.996774	.998380	.999189
	5	.954978	.966666	.975376	.986649	.992818	.996163
N = 12	1	.999981	.999988	.999992	.999996	.999998	.999999
	2	.999764	.999841	.999893	.999951	.999978	.999990
	3	.998102	.998684	.999087	.999562	.999790	.999900
	4	.989729	.992632	.994722	.997300	.998625	.999303
	5	.960689	.970696	.978205	.988018	.993463	.996458
N = 13	1	.999988	.999992	.999995	.999998	.999999	.999999
	2	.999836	.999889	.999925	.999965	.999984	.999993
	3	.998555	.998991	.999296	.999658	.999834	.999920
	4	.991536	.993890	.995595	.997718	.998823	.999396
	5	.965413	.974053	.980577	.989182	.994020	.996716
N = 14	1	.999992	.999995	.999997	.999999	.999999	.999999
	2	.999884	.999921	.999946	.999975	.999988	.999995
	3	.998884	.999216	.999450	.999730	.999867	.999935
	4	.992954	.994883	.996289	.998054	.998984	.999472
	5	.969361	.976876	.982585	.990181	.994504	.996944
N = 15	1	.999995	.999997	.999998	.999999	.999999	.999999
	2	.999916	.999942	.999961	.999981	.999991	.939996
	3	.999126	.999383	.999565	.999784	.999893	.999947
	4	.994080	.995676	.996846	.998327	.999117	.999535
	5	.972688	.979271	.984299	.991044	.994928	.997146
N = 16	1	.999997	.999998	.999998	.999999	.999999	.999999
	2	.999939	.999958	.999971	.999986	.999993	.999997
	3	.999308	.999509	.999651	.999825	.999912	.999956
	4	.994983	.996315	.997298	.998551	.999226	.999588
	5	.975516	.981317	.985772	.991795	.995300	.997325
N = 17	1	.999998	.999998	.999999	.999999	.999999	.999999
	2	.999954	.999968	.999978	.999989	.999995	.999998
	3	.999446	.999605	.999718	.999857	.999927	.999963
	4	.995716	.996837	.997668	.998736	.999318	.999633
	5	.977938	.983079	.987047	.992451	.995630	.997486
N = 18	1	.999998	.999999	.999999	.999999	.999999	.999999
	2	.999966	.999976	.999983	.999992	.999996	.999998
	3	.999552	.999679	.999770	.999882	.999940	.999969
	4	.996315	.997266	.997974	.998891	.999395	.999672
	5	.980025	.984605	.988157	.993029	.995924	.997631
N = 19	2	.999974	.999982	.999987	.999994	.999997	.999998
	3	.999634	.999736	.999810	.999902	.999949	.999974
	4	.996810	.997622	.998229	.999021	.999461	.999704
	5	.981834	.985934	.989129	.993540	.996185	.997761
N = 20	2	.999980	.999986	.999990	.999995	.999998	.999999
	3	.999699	.999782	.999842	.999917	.999957	.999978
	4	.997221	.997919	.998443	.999131	.999517	.999733
	5	.983412	.987099	.989984	.993993	.996420	.997879

$T = 8.8$

			L D	0	1	2	4	6	8
N	=	2	-3	.999997	.999998	.999999	.999999	.999999	.999999
			-2	.999926	.999955	.999973	.999990	.999996	.999999
			-1	.999038	.999413	.999642	.999867	.999950	.999982
			0	.993666	.996122	.997625	.999110	.999666	.999875
			1	.975943	.985173	.990862	.996529	.998681	.999499
			2	.938922	.961957	.976306	.990811	.996437	.998619
			3	.881580	.925100	.952639	.981079	.992449	.996989
			4	.807220	.875571	.919750	.966693	.986213	.994307
			5	.720758	.815243	.877962	.946998	.977107	.990160
N	=	3	-2	.999990	.999994	.999996	.999999	.999999	.999999
			-1	.999820	.999890	.999933	.999975	.999991	.999996
			0	.998454	.999048	.999414	.999778	.999916	.999968
			1	.992285	.995209	.997024	.998852	.999557	.999829
			2	.974666	.984056	.989967	.996028	.998428	.999378
			3	.938612	.960645	.974780	.989655	.995762	.998266
			4	.880127	.921291	.948370	.977847	.990527	.995962
			5	.799583	.864540	.908632	.958666	.981426	.991703
N	=	4	-2	.999998	.999999	.999999	.999999	.999999	.999999
			-1	.999957	.999974	.999984	.999994	.999998	.999999
			0	.999540	.999715	.999824	.999932	.999974	.999990
			1	.997105	.998189	.998867	.999556	.999826	.999932
			2	.988169	.992485	.995227	.998076	.999224	.999688
			3	.965262	.977474	.985399	.993874	.997434	.998927
			4	.920413	.947014	.964764	.984466	.993178	.997015
			5	.848810	.896114	.928778	.966730	.984573	.992893
N	=	5	-1	.999988	.999993	.999995	.999998	.999999	.999999
			0	.999843	.999902	.999939	.999976	.999991	.999996
			1	.998787	.999235	.999518	.999809	.999924	.999970
			2	.993993	.996152	.997535	.998989	.999586	.999830
			3	.979095	.986306	.991034	.996162	.998360	.999301
			4	.944729	.962766	.974947	.988696	.994920	.997726
			5	.882127	.917900	.942950	.972628	.986968	.993837
N	=	6	-1	.999996	.999998	.999999	.999999	.999999	.999999
			0	.999940	.999963	.999977	.999991	.999996	.999999
			1	.999447	.999649	.999777	.999910	.999964	.999986
			2	.996749	.997901	.998645	.999435	.999765	.999902
			3	.986813	.991282	.994240	.997489	.998908	.999526
			4	.960287	.972968	.981622	.991535	.996117	.998226
			5	.905838	.933648	.953354	.977096	.988841	.994601
N	=	7	0	.999975	.999984	.999990	.999996	.999998	.999999
			1	.999730	.999828	.999890	.999955	.999982	.999993
			2	.998147	.998795	.999216	.999669	.999860	.999941
			3	.991360	.994240	.996162	.998299	.999247	.999668
			4	.970677	.979853	.986174	.993512	.996969	.998589
			5	.923323	.945412	.961229	.980568	.990336	.995228
N	=	8	0	.999989	.999993	.999996	.999998	.999999	.999999
			1	.999861	.999911	.999943	.999976	.999990	.999996
			2	.998898	.999278	.999527	.999797	.999913	.999963
			3	.994157	.996074	.997363	.998813	.999467	.999761
			4	.977853	.984653	.989378	.994930	.997590	.998859
			5	.936569	.954425	.967331	.983320	.991549	.995748

T = 8.8 (CONT.)

	L D	0	1	2	4	6	8
N = 9	0	.999995	.999997	.999998	.999999	.999999	.999999
	1	.999925	.999951	.999969	.999987	.999995	.999998
	2	.999321	.999552	.999704	.999872	.999944	.999976
	3	.995941	.997252	.998141	.999151	.999613	.999824
	4	.982947	.988089	.991691	.995970	.998054	.999064
	5	.946823	.961472	.972149	.985537	.992547	.996186
N = 10	0	.999997	.999998	.999999	.999999	.999999	.999999
	1	.999958	.999973	.999982	.999992	.999997	.999999
	2	.999568	.999713	.999809	.999916	.999963	.999984
	3	.997113	.998032	.998660	.999379	.999713	.999868
	4	.986648	.990605	.993398	.996751	.998408	.999223
	5	.954905	.967075	.976014	.987348	.993377	.996556
N = 11	1	.999975	.999984	.999989	.999995	.999998	.999999
	2	.999717	.999811	.999874	.999944	.999975	.999989
	3	.997905	.998562	.999014	.999537	.999783	.999899
	4	.989392	.992484	.994681	.997346	.998681	.999347
	5	.961372	.971595	.979157	.988846	.994074	.996873
N = 12	1	.999985	.999990	.999994	.999997	.999999	.999999
	2	.999810	.999873	.999914	.999961	.999983	.999992
	3	.998451	.998930	.999262	.999649	.999834	.999921
	4	.991460	.993910	.995662	.997807	.998896	.999446
	5	.966615	.975286	.981744	.990096	.994666	.997146
N = 13	1	.999991	.999994	.999996	.999998	.999999	.999999
	2	.999870	.999912	.999941	.999973	.999988	.999994
	3	.998836	.999191	.999439	.999730	.999870	.999938
	4	.993044	.995009	.996423	.998169	.999066	.999526
	5	.970916	.978335	.983895	.991151	.995172	.997383
N = 14	1	.999994	.999996	.999997	.999999	.999999	.999999
	2	.999909	.999938	.999958	.999981	.999991	.999996
	3	.999112	.999380	.999567	.999789	.999898	.999950
	4	.994275	.995868	.997021	.998457	.999204	.999591
	5	.974479	.980877	.985700	.992048	.995608	.997590
N = 15	1	.999996	.999997	.999998	.999999	.999999	.999999
	2	.999935	.999956	.999970	.999986	.999993	.999997
	3	.999314	.999518	.999662	.999834	.999918	.999960
	4	.995242	.996546	.997496	.998688	.999315	.999644
	5	.977459	.983016	.987227	.992816	.995986	.997771
N = 16	1	.999997	.999998	.999999	.999999	.999999	.999999
	2	.999953	.999968	.999978	.999990	.999995	.999998
	3	.999463	.999621	.999732	.999867	.999934	.999967
	4	.996010	.997089	.997878	.998876	.999407	.999688
	5	.979973	.984829	.988530	.993478	.996316	.997932
N = 17	1	.999998	.999999	.999999	.999999	.999999	.999999
	2	.999966	.999976	.999984	.999992	.999996	.999998
	3	.999575	.999698	.999786	.999893	.999946	.999973
	4	.996628	.997527	.998188	.999030	.999483	.999725
	5	.982108	.986378	.989649	.994053	.996605	.998074

T = 8.8 (CONT.)

	L D	0	1	2	4	6	8
N = 18	2	.999975	.999982	.999988	.999994	.999997	.999999
	3	.999660	.999758	.999827	.999912	.999956	.999978
	4	.997128	.997883	.998442	.999158	.999547	.999757
	5	.983935	.987710	.990615	.994555	.996861	.998200
N = 19	2	.999981	.999987	.999991	.999995	.999998	.999999
	3	.999726	.999803	.999859	.999928	.999963	.999981
	4	.997538	.998177	.998651	.999264	.999600	.999783
	5	.985508	.988863	.991456	.994996	.997087	.998314
N = 20	2	.999985	.999990	.999993	.999996	.999998	.999999
	3	.999777	.999839	.999884	.999940	.999969	.999984
	4	.997875	.998419	.998825	.999353	.999645	.999806
	5	.986871	.989865	.992190	.995384	.997288	.998416

T = 9.0

	L D	0	1	2	4	6	8
N = 2	-3	.999997	.999998	.999999	.999999	.999999	.999999
	-2	.999929	.999957	.999974	.999990	.999996	.999999
	-1	.999080	.999439	.999658	.999873	.999953	.999982
	0	.993939	.996290	.997730	.999149	.999691	.999881
	1	.976968	.985814	.991263	.996686	.998743	.999523
	2	.941469	.963584	.977345	.991233	.996608	.998688
	3	.886365	.928251	.954709	.981967	.992827	.997149
	4	.814674	.880684	.923238	.968292	.986935	.994629
	5	.730957	.822604	.883213	.949599	.978360	.990751
N = 3	-2	.999990	.999994	.999996	.999999	.999999	.999999
	-1	.999832	.999897	.999937	.999976	.999991	.999997
	0	.998552	.999109	.999452	.999792	.999921	.999970
	1	.992766	.995512	.997215	.998928	.999587	.999841
	2	.976202	.985046	.990604	.996292	.998537	.999423
	3	.942192	.963023	.976357	.990344	.996061	.998395
	4	.886753	.925876	.951528	.979326	.991210	.996274
	5	.809921	.872064	.914056	.961418	.982789	.992365
N = 4	-2	.999998	.999999	.999999	.999999	.999999	.999999
	-1	.999961	.999976	.999985	.999994	.999998	.999999
	0	.999578	.999739	.999839	.999938	.999976	.999991
	1	.997339	.998337	.998961	.999594	.999842	.999938
	2	.989098	.993088	.995618	.998240	.999293	.999716
	3	.967871	.979221	.986567	.994393	.997663	.999028
	4	.926043	.950941	.967491	.985767	.993791	.997300
	5	.858704	.903371	.934056	.969464	.985958	.993582
N = 5	-1	.999989	.999993	.999996	.999998	.999999	.999999
	0	.999859	.999912	.999945	.999979	.999992	.999997
	1	.998906	.999312	.999567	.999829	.999932	.999973
	2	.994567	.996527	.997780	.999094	.999630	.999849
	3	.980996	.987589	.991898	.996552	.998535	.999379
	4	.949441	.966077	.977265	.989820	.995459	.997982
	5	.891363	.924721	.947951	.975266	.988330	.994530

DOUBLY NONCENTRAL t

T = 9.0 (CONT.)

	L D	0	1	2	4	6	8
N = 6	-1	.999997	.999998	.999999	.999999	.999999	.999999
	0	.999947	.999967	.999979	.999992	.999997	.999999
	1	.999511	.999690	.999804	.999921	.999969	.999987
	2	.997112	.998139	.998802	.999503	.999794	.999915
	3	.988210	.992232	.994884	.997784	.999042	.999587
	4	.964215	.975748	.983582	.992500	.996588	.998453
	5	.914356	.939980	.958031	.979603	.990159	.995283
N = 7	0	.999979	.999987	.999992	.999997	.999999	.999999
	1	.999766	.999851	.999905	.999961	.999984	.999994
	2	.998382	.998951	.999319	.999714	.999880	.999949
	3	.992398	.994950	.996647	.998524	.999352	.999716
	4	.973957	.982189	.987833	.994341	.997379	.998790
	5	.931134	.951255	.965573	.982931	.991600	.995893
N = 8	0	.999991	.999994	.999996	.999999	.999999	.999999
	1	.999881	.999924	.999951	.999980	.999992	.999997
	2	.999054	.999382	.999596	.999828	.999927	.999969
	3	.994938	.996612	.997733	.998987	.999548	.999799
	4	.980602	.986623	.990786	.995643	.997948	.999037
	5	.943716	.959802	.971353	.985539	.992753	.996392
N = 9	0	.999996	.999997	.999998	.999999	.999999	.999999
	1	.999937	.999959	.999974	.999989	.999995	.999998
	2	.999426	.999623	.999752	.999893	.999954	.999980
	3	.996536	.997665	.998427	.999287	.999677	.999854
	4	.985263	.989759	.992891	.996586	.998367	.999222
	5	.953359	.966417	.975870	.987616	.993690	.996806
N = 10	0	.999998	.999999	.999999	.999999	.999999	.999999
	1	.999965	.999977	.999985	.999994	.999997	.999999
	2	.999641	.999762	.999843	.999931	.999970	.999987
	3	.997572	.998352	.998882	.999486	.999765	.999892
	4	.988610	.992028	.994426	.997285	.998683	.999363
	5	.960887	.971624	.979457	.989295	.994461	.997153
N = 11	1	.999980	.999987	.999992	.999996	.999998	.999999
	2	.999768	.999846	.999897	.999955	.999980	.999991
	3	.998262	.998813	.999190	.999623	.999825	.999919
	4	.991063	.993702	.995567	.997811	.998923	.999472
	5	.966854	.975785	.982345	.990669	.995103	.997446
N = 12	1	.999988	.999992	.999995	.999998	.999999	.999999
	2	.999847	.999898	.999932	.999969	.999986	.999994
	3	.998733	.999129	.999402	.999718	.999868	.999938
	4	.992892	.994959	.996429	.998214	.999110	.999558
	5	.971649	.979152	.984700	.991805	.995641	.997696
N = 13	1	.999993	.999995	.999997	.999999	.999999	.999999
	2	.999897	.999931	.999953	.999979	.999990	.999996
	3	.999060	.999350	.999551	.999786	.999898	.999952
	4	.994278	.995918	.997091	.998527	.999257	.999627
	5	.975547	.981908	.986640	.992754	.996097	.997910
N = 14	1	.999995	.999997	.999998	.999999	.999999	.999999
	2	.999929	.999952	.999967	.999985	.999993	.999997
	3	.999293	.999508	.999658	.999835	.999921	.999962
	4	.995343	.996659	.997605	.998773	.999374	.999682
	5	.978750	.984186	.988254	.993554	.996486	.998095

T = 9.0 (CONT.)

N	L\D	0	1	2	4	6	8
N = 15	1	.999997	.999998	.999999	.999999	.999999	.999999
	2	.999950	.999966	.999977	.999989	.999995	.999998
	3	.999460	.999623	.999736	.999872	.999938	.999970
	4	.996172	.997238	.998010	.998969	.999468	.999727
	5	.981407	.986087	.989609	.994233	.996820	.998257
N = 16	1	.999998	.999999	.999999	.999999	.999999	.999999
	2	.999964	.999976	.999983	.999992	.999996	.999998
	3	.999583	.999707	.999794	.999899	.999950	.999976
	4	.996825	.997697	.998332	.999127	.999545	.999763
	5	.983629	.987686	.990754	.994814	.997109	.998398
N = 17	2	.999974	.999982	.999988	.999994	.999997	.999999
	3	.999674	.999770	.999837	.999919	.999960	.999980
	4	.997344	.998064	.998590	.999255	.999607	.999794
	5	.985503	.989041	.991730	.995314	.997361	.998522
N = 18	2	.999981	.999987	.999991	.999996	.999998	.999999
	3	.999742	.999817	.999870	.999935	.999967	.999984
	4	.997761	.998360	.998800	.999359	.999659	.999819
	5	.987094	.990197	.992567	.995747	.997581	.998632
N = 19	2	.999986	.999990	.999993	.999997	.999998	.999999
	3	.999794	.999853	.999895	.999947	.999973	.999986
	4	.998099	.998601	.998972	.999446	.999702	.999841
	5	.988453	.991190	.993289	.996124	.997775	.998729
N = 20	2	.999989	.999993	.999995	.999998	.999999	.999999
	3	.999834	.999881	.999915	.999957	.999978	.999989
	4	.998375	.998799	.999113	.999518	.999739	.999859
	5	.989623	.992048	.993916	.996455	.997946	.998816

DOUBLY NONCENTRAL F DISTRIBUTION - TABLES AND APPLICATIONS

By M.L. Tiku

Department of Applied Mathematics
McMaster University, Ontario, Canada

ABSTRACT

The probability density function of doubly noncentral F, say F", is obtained from Laguerre series expansions of noncentral chi-square distributions. The moments of F" are derived. The probability integral of F" is tabulated for a wide range of values of its parameters. A few examples illustrating the usefulness of these tables are discussed.

1. PROBABILITY DENSITY FUNCTION OF DOUBLY NONCENTRAL F

The probability density functions (pdf) of $X = \frac{1}{2}\chi'^2$, where χ'^2 is a noncentral chi-square variate having f degrees of freedom (df) and noncentrality parameter λ is given by [17]; see also [3] and [4]:

(1) $\quad p(X) = \{ \sum_{r=0}^{\infty} \frac{1}{\Gamma(m+r)} (-\frac{1}{2}\lambda)^r L_r^{(m)}(X) \} e^{-X} X^{m-1} \quad (m=\frac{1}{2}f)$.

Here

(2) $\quad L_r^{(m)}(X) = \frac{1}{r!} \sum_{j=0}^{r} (-1)^j \binom{r}{j} \frac{\Gamma(m+r)}{\Gamma(m+j)} X^j \quad (r=0,1,2,\ldots)$

is the r-th Laguerre polynomial associated with Gamma distribution

(3) $\quad \frac{1}{\Gamma(m)} e^{-X} X^{m-1}, \quad 0 < X < \infty, \quad (m>0)$.

Received by the editors November 1970 and in revised form March 1972, June 1972, and August 1973.
AMS (MOS) 1970 Subject Classifications: Primary 62Q05; Secondary 62E15, 62F05.
Research supported by National Research Council of Canada, Grant No. A7448.

© 1974, American Mathematical Society

Let $\chi_1'^2$ and $\chi_2'^2$ be two independent noncentral chi-square variates having f_1 and f_2 df and noncentrality parameters λ_1 and λ_2, respectively. The distribution of the statistic

(4) $$F'' = \frac{\chi_1'^2/f_1}{\chi_2'^2/f_2}$$

is called the doubly noncentral F distribution. This distribution has been used in the evaluation of the power function of analysis-of-variance tests in which interaction or bias effects occur (see [14, pp. 129-39] and [5]). The distribution of F'' has also been encountered in engineering problems in the context of information theory; see references [9] to [12]. For example, the doubly noncentral F distribution gives the probability of error for a particular binary signalling system in which the receiver tries to learn the state of a multiple parallel-link noise perturbed channel [12].

To obtain the pdf of F'' consider the joint pdf of $X=\tfrac{1}{2}\chi_1'^2$ and $Y=\tfrac{1}{2}\chi_2'^2$ ($m=\tfrac{1}{2}f_1$, $k=\tfrac{1}{2}f_2$)

(5) $$p(X,Y) = p(X)p(Y)$$
$$= \{\sum_{r=0}^{\infty} \sum_{s=0}^{\infty} \frac{(-\tfrac{1}{2}\lambda_1)^r (-\tfrac{1}{2}\lambda_2)^s}{\Gamma(m+r)\Gamma(k+s)} L_r^{(m)}(X) L_s^{(k)}(Y)\} e^{-(X+Y)} X^{m-1} Y^{k-1}.$$

Submitting (5) to the transformation $F''=f_2X/f_1Y$ and integrating for Y from zero to infinity we obtain the pdf of F''

(6) $$g(F'') = \sum_{r=0}^{\infty} \sum_{s=0}^{\infty} \frac{(-\tfrac{1}{2}\lambda_1)^r (-\tfrac{1}{2}\lambda_2)^s}{r!\, s!}$$
$$\{\sum_{i=0}^{r} \sum_{j=0}^{s} (-1)^{i+j} \binom{r}{i}\binom{s}{j} p(F''; \tfrac{1}{2}f_1+i, \tfrac{1}{2}f_2+j)\}, \quad 0<F''<\infty,$$

where

(7) $$p(F; \tfrac{1}{2}f_1+i, \tfrac{1}{2}f_2+j) = \frac{(f_1/f_2)^{\tfrac{1}{2}f_1+i}}{B(\tfrac{1}{2}f_1+i, \tfrac{1}{2}f_2+j)} \frac{F^{\tfrac{1}{2}f_1+i-1}}{(1+f_1F/f_2)^{\tfrac{1}{2}(f_1+f_2)+i+j}}$$

2. MOMENTS OF F"

For $a \geq 0$ (see also [16])

$$(8) \quad \int_0^\infty F^a p(F; \tfrac{1}{2}f_1+i, \tfrac{1}{2}f_2+j) \, dF = B(\tfrac{1}{2}f_1+i+a, \tfrac{1}{2}f_2+j-a)/\{(f_1/f_2)^a B(\tfrac{1}{2}f_1+i, \tfrac{1}{2}f_2+j)\}.$$

From (6) and (8) we obtain the following expression for the r-th moment of F"

$$(9) \quad \mu_r' = E(F'')^r = \mu_r'(F') M(r, \tfrac{1}{2}f_2, -\tfrac{1}{2}\lambda_2)$$

where

$$(10) \quad \mu_r'(F') = E(F')^r = \frac{f_2^r (f_1+2)(f_1+4)\ldots(f_1+2r-2)}{f_1^{r-1}(f_2-2)(f_2-4)\ldots(f_2-2r)} \{1 + \sum_{i=1}^r \binom{r}{i}$$

$$\lambda_1^i / [f_1(f_1+2)\ldots(f_1+2i-2)]\}$$

is the r-th moment of noncentral F, say F' [18], and

$$M(a,b,z) = 1 + \sum_{i=1}^\infty \frac{\Gamma(a+i)\Gamma(b)}{\Gamma(b+i)\Gamma(a)} \frac{z^i}{i!}$$

is the confluent hypergeometric function. The methods of evaluating $M(a,b,z)$ are discussed in [1]. Calculations show that for $(\lambda_2/f_2) < \tfrac{1}{2}$

$$(11) \quad M(r, \tfrac{1}{2}f_2, -\tfrac{1}{2}\lambda_2) \simeq (1+\lambda_2/f_2)^{-r}$$

provides close approximations. For $(\lambda_2/f_2) < \tfrac{1}{2}$, the r-th central moment of F" can therefore be successfully approximated by (see Table 4)

$$(12) \quad \mu_r = E(F''-\mu_1')^r \simeq \mu_r(F')/(1+\lambda_2/f_2)^r$$

where $\mu_r(F')$ is the r-th central moment of F'. For r=1,2,3 and 4 these are given in [8].

The values of the mean and variance of F" and its Pearson coefficients $\beta_1 = \mu_3^2/\mu_2^3$ and $\beta_2 = \mu_4/\mu_2^2$ calcualted from (9) for $f_1=4$ and $f_2=60$ and a few representative values of

(13) $$\phi_1 = \sqrt{\{\lambda_1/(f_1+1)\}} \text{ and } \phi_2 = \lambda_2/\sqrt{f_2}$$

are given in Table 4. It is clear the distribution of F" is extremely non-normal.

Table 4. The exact and approximate values of the first four moments of F" for $f_1=4$ and $f_2=60$; difference=(10^3) (Approximate-Exact).

ϕ_1	ϕ_2	Mean Exact	Diff.	Variance Exact	Diff.	β_1 Exact	Diff.	β_2 Exact	Diff.
0	0	1.035	0	0.592	0	2.699	0	7.434	0
	1	.916	1	.464	0	2.690	9	7.416	18
	2	.821	2	.372	2	2.669	30	7.375	59
	3	.744	2	.304	4	2.643	56	7.321	113
1	0	2.328	0	2.133	0	1.644	0	5.690	0
	1	2.061	1	1.669	4	1.637	7	5.675	15
	2	1.847	3	1.337	10	1.619	25	5.640	50
	3	1.673	5	1.092	16	1.597	47	5.595	95
2	0	6.207	0	7.472	0	0.914	0	4.617	0
	1	5.495	2	5.840	21	.907	7	4.604	13
	2	4.926	7	4.666	54	.892	22	4.573	44
	3	4.463	9	3.799	83	.872	42	4.534	83
3	0	12.672	0	18.759	0	0.718	0	4.337	0
	1	11.219	4	14.641	73	.712	6	4.326	11
	2	10.058	14	11.656	194	.697	21	4.297	40
	3	9.111	23	9.450	297	.677	41	4.260	77

3. PROBABILITY INTEGRAL OF DOUBLY NONCENTRAL F

From (6) we obtain the expression for the probability

$$(14) \quad P(\tfrac{1}{2}f_1,\tfrac{1}{2}f_2,\lambda_1,\lambda_2,u_0) = \int_{F_0}^{\infty} g(F")dF"$$

$$= \sum_{r=0}^{\infty} \sum_{s=0}^{\infty} \frac{(-\tfrac{1}{2}\lambda_1)^r (-\tfrac{1}{2}\lambda_2)^s}{r!\,s!} \left\{ \sum_{i=0}^{r} \sum_{j=0}^{s} (-1)^{i+j} \binom{r}{i}\binom{s}{j} I_{u_0}(\tfrac{1}{2}f_2+j, \tfrac{1}{2}f_1+i) \right\}$$

where

$u_0 = 1/(1+f_1 F_0/f_2)$, i.e., $F_0 = f_2(1-u_0)/f_1 u_0$, and $I_x(a,b) = \int_0^x u^{a-1}(1-u)^{b-1} du/B(a,b)$

is Karl Pearsons's [7] Incomplete B-function.

Writing

$$(15) \quad I_s^*(u) = \sum_{r=0}^{\infty} \frac{(-\tfrac{1}{2}\lambda_1)^r}{r!} \left\{ \sum_{i=0}^{r} (-1)^i \binom{r}{i} I_u(\tfrac{1}{2}f_2+s, \tfrac{1}{2}f_1+i) \right\}$$

we obtain from (14)

(16) $$P(\tfrac{1}{2}f_1,\tfrac{1}{2}f_2,\lambda_1,\lambda_2,u_0) = \sum_{s=0}^{\infty} \frac{(-\tfrac{1}{2}\lambda_2)^s}{s!} (1-E)^s I_0^*(u_0)$$

where $EI_s^* = I_{s+1}^*$. The values of (16) for any combination of values of the parameters f_1, f_2, λ_1, λ_2 and u_0 can therefore be calculated from the leading differences in the difference-table of I_s^*, $s=0,1,2,\ldots$

To calculate $I_s^*(u)$ we note that [17, p. 421]

(17) $$I_s^*(u) = I_u(\tfrac{1}{2}f_2+s, \tfrac{1}{2}f_1) + \sum_{r=1}^{\infty} \frac{(-\tfrac{1}{2}\lambda_1)^{r-1}}{r!} A(1-E)^{r-1} T_1$$

where $A = (\lambda_1/f_1)\{u^{\tfrac{1}{2}f_2+s}(1-u)^{\tfrac{1}{2}f_1}/B(\tfrac{1}{2}f_2+s, \tfrac{1}{2}f_1)\}$ is a multiple of the Beta-ordinate, and $T_1=1$, $T_2 = T_1(f_1+f_2+2s)(1-u)/(f_1+2)$, $T_3 = T_2(f_1+f_2+2s+2)(1-u)/(f_1+4)$, ... The functions $I_s^*(u)$ can therefore be calculated from the difference-table of T's in a straightforward fashion. However, for $k=\tfrac{1}{2}f_2$ an integer (see [17, p.426])

(18) $$I_s^*(u) = 1-\exp(-\tfrac{1}{2}\lambda_1 u)(1-u)^m \sum_{j=0}^{k+s-1} u^j L_j^{(m)}(-w)$$

an expression in terms of Laguerre polynomials; $m=\tfrac{1}{2}f_1$, $k=\tfrac{1}{2}f_2$, $w=\tfrac{1}{2}\lambda_1(1-u)$. This can be easily claculated from the recurrence relation [13]

(19) $$L_0^{(m)}(x)=1,\ L_1^{(m)}(x)=m-x,\ rL_r^{(m)}(x)=(m+2r-2-x)L_{r-1}^{(m)}(x)-(m+r-2)L_{r-2}^{(m)}(x).$$

Price [12] and Bulgren [2] obtained expansions for the probability integral of F" in terms of Bessel functions and Gauss hypergeometric functions. The computations of their expansions seem to be more involved than equations (14) to (19). Tiku [21] obtained a three-moment F-approximation for the probability integral of F" (see also [17, p.425]) but this approximation is useful only for very small values of $\lambda_2/f_2 < \tfrac{1}{2}$ (see [21, Table 1]).

The values of the probability $P(\tfrac{1}{2}f_1,\tfrac{1}{2}f_2,\lambda_1,\lambda_2,u_0)$ calculated from (14) to (19) are given in Tables 1, 2 and 3. The computation was terminated when the values of the probability no longer changed in the sixth decimal place. Table 1 and Table 2 give the values of the probability for values of u_0 for which Type I error of the F-test [20, p. 526], i.e. $I_{u_0}(\frac{1}{2}f_2,\frac{1}{2}f_1)$ =0.05 and 0.01 (Biometrika Tables), and for the following values of the parameters

$$f_1 = 1(1)8, 10, 12, 24$$
$$f_2 = 2(2)12, 16, 20, 24, 30, 40, 60$$
$$\phi_1 = 0(.5)3$$
$$\phi_2 = 0(1)8.$$

Table 3 gives the values of $P(\frac{1}{2}f_1,\frac{1}{2}f_2,\lambda_1,\lambda_2,u_0)$ for the above values of ϕ_1 and ϕ_2, and

$$f_1 = f_2 = 4(2)12$$
$$u_0 = 0.02(.08).50, .60, .75, .95 \ .$$

The computations were carried out on the CDC 6400 Computer of McMaster University. For small ϕ_2 the series (16) coverges very rapidly. For large ϕ_2 the convergence is rather slow. For ϕ_2 and f_2 both large, the convergence is very slow and therefore the computation (16) is prohibitively time consuming. This is the reason why the values of the probability for $\phi_2=8$ and $f_2=60$ do not appear in Tables 1 and 2. The computations were not carried out beyond $\phi_2=8$ as the values of the probability $P(F''\geq F_0)$ for $\phi_2>8$ are relatively very small.

For any combination of values of the parameters f_1, f_2, λ_1, λ_2 and u within the range of Tables 1, 2 and 3, three-point Lagrangian interpolation may be used. This gives reasonably accurate values of the probability generally correct to two decimal places. For example for $f_1=f_2=4$, $\phi_1=\phi_2=2.0$ and $u_0=0.25$, the exact and interpolated values are 0.538 and 0.539, respectively.

To illustrate the usefulness of Tables 1, 2 and 3 we consider the following examples:

Example 1: In case of two-way-classification for analysis-of-variance (see also [2] and [22])

(1.1)
$$y_{ij} = a + b_i + c_j + \gamma_{ij} + e_{ij} \quad (i=1,2,\ldots,r; \; j=1,2,\ldots,n)$$
e_{ij}'s are independently distributed as $N(0,\sigma^2)$
$$\sum_i b_i = \sum_j c_j = \sum_i \gamma_{ij} = \sum_j \gamma_{ij} = 0$$

the hypothesis that all $\gamma_{ij}=0$ cannot be tested because there are no "error degrees of freedom" available. If $\gamma_{ij} = G\, b_i c_j$, G being a constant, then to test that $b_i = 0$ for all $i=1,2,\ldots,r$, the statistic

$$F = \frac{n\sum_i (y_{i.} - y_{..})^2 / (r-1)}{\sum_i \sum_j (y_{ij} - y_{i.} - y_{.j} + y_{..})^2 / (r-1)(n-1)}$$

has F distribution with $f_1 = r-1$ and $f_2 = (r-1)(n-1)$ df. Here

$$y_{i.} = \sum_j y_{ij}/n, \quad y_{.j} = \sum_i y_{ij}/r \quad \text{and} \quad y_{..} = \sum_i \sum_j y_{ij}/rn .$$

The power of this test is given by $P(F'' \geq F_0) = P(\tfrac{1}{2}f_1, \tfrac{1}{2}f_2, \lambda_1, \lambda_2, u_0)$ where F'' is the doubly noncentral F with noncentrality parameters $\lambda_1 = n\sum_i (b_i/\sigma)^2$ and $\lambda_2 = \sum_i \sum_j (\gamma_{ij}/\sigma)^2$. For values of $u_0 = 1/(1 + f_1 F_0/f_2)$ for which Type I error of F-test $I_{u_0}(\tfrac{1}{2}f_2, \tfrac{1}{2}f_1) = P(\tfrac{1}{2}f_1, \tfrac{1}{2}f_2, 0, 0, u_0) = 0.05$ and 0.01, the values of the power can be obtained from Tables 1 and 2. For example for $f_1 = 4$, $f_2 = 20$ and Type I error 0.05 we have the following values of the power (Table 1)

$$\phi_1 = \sqrt{\{\lambda_1/f_1 + 1)\}}$$

$\phi_2 = \lambda_2/\sqrt{f_2}$	0.0	1.0	2.0	3.0
0.0	.0500	.3189	.9074	.9993
4.0	.0028	.0572	.5641	.9751
8.0	.0001	.0080	.2470	.8640

Note that the power is an increasing function of ϕ_1 but a decreasing function of ϕ_2.

Scheffe [14, p.130] gives a test for $\gamma_{ij} = G\, b_i c_j$.

Example 2. In one-way-classification for analysis-of-variance let y_{ij} ($i=1,2,\ldots,r; \; j=1,2,\ldots,n$) be the j-th observation in the i-th group, and let the expected value of y_{ij} be a_{ij} (see [5]). Then the usual null hypothesis is

(2.1) $\quad a_{ij} = a \quad (i=1,2,\ldots,r; \; j=1,2,\ldots,n)$

and the class of alternative hypothesis against which the null hypothesis is tested is

(2.2) $\quad a_{ij} = a_i \quad (j=1,2,\ldots,n)$

Both (2.1) and (2.2) require that

(2.3) $\quad a_{i1} = a_{i2} = \ldots = a_{in} \quad (i=1,2,\ldots,r).$

Since our experiments are rarely in such perfect statistical control that (2.3) holds whether or not the null hypothesis (2.1) is true, a_{ij} may therefore vary and assume any values. In such situations it is reasonable to consider the following average null hypothesis [5, p. 351]

(2.4) $\quad a_{i.} = a_{..} \quad (i=1,2,\ldots,r)$

where $a_{i.} = \sum_j a_{ij}/n$ and $a_{..} = \sum_i a_{i.}/r$; the alternatives to the average null hypothesis (2.4) being

(2.5) $\quad a_{i.} \neq a_{..} \quad \text{for at leat one value of } i \;.$

The pdf of the statistic

(2.6) $\quad F = \dfrac{n \sum_i (y_{i.} - y_{..})^2/(r-1)}{\sum_i \sum_j (y_{ij} - y_{i.})^2/r(n-1)}, \quad y_{i.} = \sum_j y_{ij}/n, \; y_{..} = \sum_i y_{i.}/r$

under the alternatives (2.5) is a doubly noncentral F distribution having $f_1 = r-1$ and $f_2 = r(n-1)$ df and noncentrality parameters

$$\lambda_1 = n \sum_i (a_{i.} - a_{..})^2/(r-1) \quad \text{and} \quad \lambda_2 = \sum_i \sum_j (a_{ij} - a_{i.})^2/r(n-1).$$

For given λ_1 and λ_2, the values of $P(F'' > F_0)$ can be obtained from Tables 1 and 2. Note that since this probability is a decreasing function of λ_2, the values of $P(F'' > F_0)$ are smaller under (2.5) than under (2.2). Therefore the lack of statistical control represented by variation of expected values within a group has the effect of making it less likely than the standard F-test indicates that the null hypothesis will be rejected whether it be true or false. Furthermore, even for relatively low values of λ_2, this reduction in the probabilities will be substantial.

Example 3. In calculating error probabilities for adaptive multichannel reception of binary signals it is required to find the probability that the sum of a number (v+1) of squared envelopes of sine-wave-plus-narrow-band-noise processes is less than a constant times another such sum where all the noises are independent and have unit variances. In terms of statistical distributions (see [9, p. 46]), this is equivalent to finding the probability that the ratio of the lengths of two (2v+2)-dimensional random vectors, all of whose components are independently distributed as $N(0,\sigma^2)$, and whose two mean vectors are of specified lengths, is less than a constant R^2. This probability is given by [12]

$$(3.1) \qquad 1-P(F'' \geq R^2) = 1-P(\tfrac{1}{2}f_1, \tfrac{1}{2}f_2, \lambda_1, \lambda_2, u_0), \quad u_0 = 1/(1+R^2)$$

where doubly noncentral F, F'', has df $f_1=f_2=2v+2$, and noncentrality parameters λ_1 and λ_2 proportional to the lengths of the two mean vectors. These probabilities can be obtained from Table 3 for v=1(1)5.

For other possible applications of doubly noncentral F distribution to problems in communications, radar, and pattern recognition where quadratic-form operations on normal data are involved, see [23], [24] and the references given in [12].

In the context of analysis-of-variance, doubly noncentral F distribution will have applications where the denominator of the F-statistic has an expected value greater than σ^2 in fixed-effects models, see also [4, p. 197].

ACKNOWLEDGEMENT

My thanks are due to Professor D.B. Owen and Dr. Leon Harter for their invaluable comments, and to Mr. Walt Summers for checking my computations. Thanks are also due to Dr. G. Field for refreshing my knowledge of confluent hypergeometric functions and my students Mr. Edward Cheung, Mr. William Bell and Mr. Sushil Kumra for assistance in computations. I would also like to thank Professor Henry Scheffe and Professor William Krushkal for helpful comments and suggestions. Thanks are due to Miss Linda Westfall for the typing.

REFERENCES

[1] Abramowitz, M. & Stegun, I.A. Handbook of Mathematical Functions with Formulas, Graphs and Mathematical Tables, 1964. National Bureau of Standards, Applied Mathematics Series 55, U.S. Government Printing Office, Washington, D.C.

[2] Bulgren, W.G. "On representations of the doubly noncentral F distribution. J.Amer.Stat.Assn., (1971) 66, 184-6.

[3] Haynam, G.E., Govindarajulu, Z. & Leone, F.C. Tables of the cumulative noncentral chi-square distribution, 1962. Case Statistical Laboratory, Publication No. 104.

[4] Johnson, N.L. & Kotz, S. Continuous Univariate Distributions, Vol. 2, 1970. Houghton Mifflin Company, Boston.

[5] Madow, W.G. "On a source of downward bias in the analysis-of-variance and covariance". Ann.Math.Statist., (1948) 19, 351-9.

[6] Patnaik, P.E. "The noncentral chi-square and F distributions and their applications". Biometrika, (1949) 36, 202-32.

[7] Pearson, Karl. Tables of the Incomplete Beta-Function, 1934. University College, London.

[8] Pearson, E.S. & Tiku, M.L. "Some notes on the relationship between the distributions of central and noncentral F". Biometrika, (1970) 57, 175-9.

[9] Price, R. "Error probaiblities for Adaptive Multichannel reception of binary signals". IRE Trans.Inf.Th., (1962) IT-8, 305-16.

[10] ---------. "Error probabilities for Adaptive Multichannel Reception of Binary Signals". Technical Report 258, Lincoln Laboratory, M.I.T., Boston.

[11] ---------. "Error probabilities for adaptive multichannel receiption of binary signals". Addendum. IRE Trans. Inf.Th., (1962) IT-8, 387-9.

[12] ---------. "Some noncentral F distributions expressed in closed form". Biometrika, (1964) 51, 107-22.

[13] Sansone, G. Orthoogonal Functions, 1959. New York: Interscience Publishers.

[14] Scheffe, H. The Analysis of Variance, 1959. New York: John Wiley & Sons, Inc.

[15] Szego, G. Orthogonal Polynomials, 1959. New York: American Math. Soc. Colloquium Publications, No. 23.

[16] Tiku, M.L. "Approximating to the general nonnormal variance-ratio sampling distributions". Biometrika, (1964) 51, 83-95.

[17] ---------. "Laguerre series forms of noncentral chi-square and F distributions". Biometrika, (1965) 52, 415-27.

[18] ---------. "Series expansions of the doubly noncentral F distributions". Aust.J.Stat., (1965) 7, 78-89.

[19] ---------. "A note on approximating to the noncentral F distribution". Biometrika, (1966) 53, 606-10.

[20] ---------. "Tables of the power of the F-test". J.Amer.Stat.Assn., (1967) 63, 525-39.

[21] ---------. "A note on approximating to the doubly noncentral F distribution". Aust.J.Stat., (1972) 14, 37-40.

[22] Tang, P.C. "The power function of the analysis of variance tests with tables and applications". Statist. Res.Mem., (1938) 2, 126-57.

[23] Turin, G.L. "Some computations of error rates for selectively fading multipath channels". Proc.Nat.Electron.Conf., (1959) 15, 431-40.

[24] Wishner, R.P. "Distribution of the normalized periodogram detector". IRE Trans.on Inf.Th., (1962) IT-8, 342-9.

TABLE 1. VALUES OF $P(F'' \geq F_0)$, $F_0 = f_2(1-U)/f_1 U$; TYPE I ERROR OF F-TEST $I_U(\tfrac{1}{2}f_2, \tfrac{1}{2}f_1) = 0.05$.

$\phi_2 \backslash \phi_1$	0.0	0.5	1.0	1.5	2.0	2.5	3.0
			F1=1,F2=2,U=.09750				
0.0	.0500	.0729	.1383	.2371	.3568	.4835	.6050
1.0	.0260	.0386	.0757	.1351	.2135	.3061	.4070
2.0	.0135	.0204	.0414	.0769	.1272	.1921	.2699
3.0	.0070	.0108	.0226	.0437	.0755	.1196	.1768
4.0	.0036	.0057	.0124	.0248	.0446	.0740	.1147
5.0	.0019	.0030	.0068	.0140	.0263	.0455	.0737
6.0	.0010	.0016	.0037	.0079	.0154	.0278	.0470
7.0	.0005	.0009	.0020	.0045	.0090	.0169	.0298
8.0	.0003	.0005	.0011	.0025	.0053	.0103	.0188
			F1=1,F2=4,U=.34163				
0.0	.0500	.0859	.1952	.3692	.5716	.7228	.8802
1.0	.0246	.0452	.1131	.2365	.4067	.5928	.7570
2.0	.0122	.0238	.0653	.1499	.2838	.4542	.6311
3.0	.0060	.0126	.0376	.0941	.1948	.3403	.5126
4.0	.0030	.0067	.0216	.0586	.1319	.2502	.4071
5.0	.0015	.0035	.0123	.0363	.0883	.1810	.3171
6.0	.0007	.0019	.0070	.0223	.0585	.1291	.2429
7.0	.0004	.0010	.0040	.0136	.0384	.0909	.1832
8.0	.0002	.0005	.0023	.0083	.0250	.0634	.1364
			F1=1,F2=6,U=.50053				
0.0	.0500	.0923	.2232	.4300	.6569	.8360	.9389
1.0	.0255	.0514	.1396	.3017	.5149	.7216	.8713
2.0	.0130	.0287	.0869	.2089	.3951	.6075	.7903
3.0	.0067	.0161	.0539	.1429	.2978	.5006	.7019
4.0	.0035	.0090	.0332	.0968	.2210	.4048	.6116
5.0	.0018	.0051	.0204	.0650	.1619	.3219	.5237
6.0	.0009	.0028	.0125	.0433	.1172	.2523	.4413
7.0	.0005	.0016	.0076	.0287	.0840	.1952	.3665
8.0	.0003	.0009	.0046	.0188	.0596	.1492	.3003
			F1=1,F2=8,U=.60071				
0.0	.0500	.0960	.2390	.4627	.6985	.8707	.9587
1.0	.0266	.0562	.1582	.3437	.5767	.7839	.9152
2.0	.0142	.0331	.1042	.2518	.4670	.6914	.8598
3.0	.0077	.0195	.0682	.1824	.3720	.5987	.7951
4.0	.0041	.0115	.0445	.1307	.2920	.5100	.7243
5.0	.0022	.0068	.0289	.0929	.2263	.4281	.6505
6.0	.0012	.0040	.0187	.0655	.1734	.3545	.5764
7.0	.0007	.0024	.0120	.0458	.1315	.2900	.5044
8.0	.0004	.0014	.0077	.0319	.0989	.2346	.4361
			F1=1,F2=10,U=.66824				
0.0	.0500	.0983	.2490	.4828	.7225	.8889	.9678
1.0	.0276	.0601	.1718	.3725	.6157	.8189	.9364
2.0	.0154	.0368	.1179	.2837	.5158	.7417	.8953
3.0	.0086	.0226	.0805	.2138	.4257	.6616	.8459
4.0	.0049	.0139	.0547	.1595	.3467	.5838	.7897
5.0	.0027	.0086	.0370	.1180	.2791	.5049	.7287
6.0	.0016	.0053	.0250	.0866	.2223	.4331	.6649
7.0	.0009	.0033	.0168	.0632	.1754	.3673	.6003
8.0	.0005	.0020	.0112	.0458	.1371	.3084	.5365
			F1=1,F2=12,U=.71654				
0.0	.0500	.1000	.2560	.4964	.7380	.9000	.9728
1.0	.0286	.0632	.1823	.3935	.6425	.8409	.9484
2.0	.0165	.0401	.1292	.3083	.5509	.7747	.9161
3.0	.0096	.0255	.0911	.2392	.4661	.7044	.8765
4.0	.0056	.0162	.0639	.1838	.3896	.6326	.8306
5.0	.0033	.0104	.0447	.1402	.3222	.5617	.7796
6.0	.0019	.0066	.0311	.1061	.2639	.4934	.7249
7.0	.0011	.0042	.0216	.0798	.2142	.4292	.6679
8.0	.0007	.0027	.0149	.0597	.1724	.3698	.6100

$\phi_2 \backslash \phi_1$	0.0	0.5	1.0	1.5	2.0	2.5	3.0
			F1=1,F2=16,U=.78072				
0.0	.0500	.1021	.2649	.5134	.7567	.9126	.9781
1.0	.0302	.0680	.1974	.4222	.6766	.8668	.9611
2.0	.0184	.0454	.1464	.3439	.5977	.8148	.9386
3.0	.0113	.0304	.1081	.2776	.5223	.7583	.9107
4.0	.0069	.0204	.0795	.2224	.4519	.6990	.8776
5.0	.0043	.0137	.0583	.1768	.3874	.6385	.8399
6.0	.0027	.0092	.0426	.1398	.3293	.5782	.7983
7.0	.0016	.0062	.0310	.1098	.2779	.5194	.7535
8.0	.0010	.0041	.0225	.0858	.2328	.4629	.7065
			F1=1,F2=20,U=.82131				
0.0	.0500	.1034	.2703	.5236	.7675	.9194	.9808
1.0	.0315	.0715	.2078	.4411	.6976	.8815	.9676
2.0	.0200	.0496	.1591	.3685	.6277	.8382	.9502
3.0	.0128	.0345	.1214	.3055	.5597	.7906	.9287
4.0	.0082	.0240	.0922	.2515	.4948	.7400	.9030
5.0	.0053	.0167	.0699	.2058	.4341	.6875	.8734
6.0	.0034	.0117	.0527	.1674	.3781	.6341	.8403
7.0	.0022	.0081	.0397	.1355	.3271	.5809	.8040
8.0	.0014	.0057	.0298	.1091	.2812	.5287	.7652
			F1=1,F2=24,U=.84927				
0.0	.0500	.1043	.2740	.5304	.7745	.9238	.9825
1.0	.0326	.0743	.2156	.4546	.7119	.8909	.9715
2.0	.0214	.0531	.1690	.3867	.6488	.8535	.9573
3.0	.0141	.0380	.1321	.3268	.5866	.8122	.9397
4.0	.0093	.0272	.1028	.2744	.5265	.7678	.9187
5.0	.0062	.0195	.0798	.2292	.4693	.7214	.8945
6.0	.0041	.0140	.0618	.1905	.4157	.6736	.8670
7.0	.0028	.0100	.0477	.1575	.3660	.6254	.8368
8.0	.0018	.0072	.0368	.1297	.3205	.5773	.8040
			F1=1,F2=30,U=.87794				
0.0	.0500	.1052	.2771	.5372	.7814	.9279	.9840
1.0	.0339	.0775	.2242	.4689	.7265	.9001	.9751
2.0	.0231	.0572	.1804	.4068	.6708	.8686	.9638
3.0	.0158	.0423	.1448	.3509	.6153	.8337	.9499
4.0	.0109	.0313	.1158	.3011	.5610	.7961	.9334
5.0	.0075	.0231	.0924	.2571	.5085	.7563	.9143
6.0	.0052	.0171	.0736	.2186	.4585	.7150	.8925
7.0	.0036	.0127	.0584	.1851	.4113	.6727	.8684
8.0	.0025	.0094	.0463	.1562	.3672	.6299	.8419
			F1=1,F2=40,U=.90734				
0.0	.0500	.1061	.2815	.5439	.7881	.9318	.9853
1.0	.0355	.0812	.2339	.4844	.7416	.9092	.9784
2.0	.0253	.0623	.1939	.4294	.6942	.8836	.9699
3.0	.0181	.0478	.1604	.3788	.6465	.8554	.9594
4.0	.0130	.0367	.1323	.3328	.5992	.8250	.9471
5.0	.0094	.0283	.1090	.2913	.5529	.7925	.9329
6.0	.0068	.0217	.0895	.2540	.5080	.7585	.9167
7.0	.0049	.0167	.0734	.2208	.4648	.7233	.8986
8.0	.0035	.0129	.0601	.1913	.4237	.6872	.8787
			F1=1,F2=60,U=.93748				
0.0	.0500	.1070	.2853	.5507	.7947	.9355	.9866
1.0	.0376	.0859	.2454	.5018	.7577	.9182	.9816
2.0	.0284	.0690	.2107	.4557	.7198	.8989	.9755
3.0	.0215	.0555	.1806	.4126	.6814	.8778	.9683
4.0	.0163	.0447	.1545	.3724	.6429	.8550	.9599
5.0	.0124	.0360	.1320	.3351	.6047	.8306	.9503
6.0	.0095	.0290	.1126	.3008	.5670	.8050	.9394
7.0	.0072	.0233	.0959	.2694	.5301	.7781	.9273

DOUBLY NONCENTRAL F DISTRIBUTION

F1=2, F2=2, U=.05000

φ2\φ1	0.0	0.5	1.0	1.5	2.0	2.5	3.0
0.0	.0500	.0676	.1186	.1975	.2962	.4055	.5163
1.0	.0255	.0349	.0627	.1079	.1684	.2418	.3246
2.0	.0130	.0180	.0332	.0588	.0954	.1432	.2017
3.0	.0067	.0093	.0175	.0320	.0539	.0843	.1242
4.0	.0034	.0048	.0093	.0174	.0304	.0494	.0758
5.0	.0017	.0025	.0049	.0095	.0170	.0288	.0460
6.0	.0009	.0013	.0026	.0051	.0096	.0167	.0277
7.0	.0005	.0007	.0014	.0028	.0053	.0097	.0166
8.0	.0002	.0003	.0007	.0015	.0030	.0056	.0099

F1=2, F2=4, U=.22361

φ2\φ1	0.0	0.5	1.0	1.5	2.0	2.5	3.0
0.0	.0500	.0799	.1761	.3395	.5402	.7279	.8647
1.0	.0230	.0387	.0934	.2002	.3579	.5414	.7135
2.0	.0106	.0187	.0492	.1164	.2313	.3889	.5652
3.0	.0049	.0090	.0258	.0669	.1466	.2717	.4330
4.0	.0022	.0044	.0135	.0381	.0913	.1854	.3226
5.0	.0010	.0021	.0070	.0215	.0561	.1241	.2347
6.0	.0005	.0010	.0036	.0120	.0340	.0817	.1672
7.0	.0002	.0005	.0019	.0067	.0204	.0530	.1170
8.0	.0001	.0002	.0010	.0037	.0121	.0339	.0806

F1=2, F2=6, U=.36840

φ2\φ1	0.0	0.5	1.0	1.5	2.0	2.5	3.0
0.0	.0500	.0871	.2109	.4214	.6604	.8467	.9480
1.0	.0231	.0434	.1194	.2738	.4920	.7116	.8711
2.0	.0106	.0216	.0669	.1741	.3550	.5763	.7745
3.0	.0049	.0107	.0372	.1088	.2495	.4524	.6680
4.0	.0023	.0053	.0205	.0669	.1716	.3457	.5607
5.0	.0010	.0026	.0112	.0407	.1158	.2581	.4590
6.0	.0005	.0013	.0061	.0244	.0769	.1888	.3675
7.0	.0002	.0006	.0033	.0145	.0503	.1357	.2884
8.0	.0001	.0003	.0018	.0086	.0325	.0959	.2222

F1=2, F2=8, U=.47287

φ2\φ1	0.0	0.5	1.0	1.5	2.0	2.5	3.0
0.0	.0500	.0917	.2328	.4701	.7227	.8958	.9727
1.0	.0237	.0477	.1398	.3269	.5765	.7981	.9299
2.0	.0113	.0247	.0829	.2220	.4457	.6891	.8691
3.0	.0053	.0128	.0486	.1478	.3356	.5785	.7940
4.0	.0025	.0066	.0282	.0968	.2470	.4737	.7094
5.0	.0012	.0034	.0163	.0625	.1783	.3792	.6206
6.0	.0006	.0017	.0093	.0399	.1265	.2976	.5321
7.0	.0003	.0009	.0053	.0251	.0884	.2293	.4479
8.0	.0001	.0005	.0030	.0157	.0609	.1738	.3705

F1=2, F2=10, U=.54928

φ2\φ1	0.0	0.5	1.0	1.5	2.0	2.5	3.0
0.0	.0500	.0948	.2477	.5017	.7592	.9202	.9825
1.0	.0245	.0514	.1558	.3657	.6319	.8460	.9556
2.0	.0120	.0277	.0967	.2605	.5110	.7580	.9150
3.0	.0059	.0149	.0593	.1819	.4031	.6629	.8614
4.0	.0029	.0080	.0360	.1250	.3112	.5671	.7970
5.0	.0014	.0043	.0217	.0846	.2357	.4753	.7248
6.0	.0007	.0023	.0130	.0565	.1756	.3910	.6480
7.0	.0003	.0012	.0077	.0374	.1288	.3162	.5701
8.0	.0002	.0006	.0045	.0244	.0932	.2517	.4938

F1=2, F2=12, U=.60696

φ2\φ1	0.0	0.5	1.0	1.5	2.0	2.5	3.0
0.0	.0500	.0970	.2583	.5235	.7827	.9343	.9874
1.0	.0253	.0545	.1686	.3951	.6702	.8751	.9687
2.0	.0128	.0305	.1086	.2916	.5591	.8024	.9397
3.0	.0065	.0170	.0691	.2112	.4560	.7208	.9001
4.0	.0033	.0094	.0436	.1505	.3645	.6350	.8504
5.0	.0017	.0052	.0272	.1057	.2861	.5493	.7922
6.0	.0008	.0029	.0169	.0734	.2210	.4672	.7276
7.0	.0004	.0016	.0104	.0503	.1683	.3911	.6591
8.0	.0002	.0009	.0064	.0342	.1264	.3226	.5889

F1=2, F2=16, U=.68766

φ2\φ1	0.0	0.5	1.0	1.5	2.0	2.5	3.0
0.0	.0500	.1000	.2726	.5515	.8108	.9494	.9918
1.0	.0268	.0595	.1879	.4363	.7190	.9075	.9809
2.0	.0143	.0353	.1279	.3385	.6243	.8544	.9638
3.0	.0077	.0208	.0861	.2581	.5318	.7922	.9395
4.0	.0041	.0123	.0574	.1940	.4453	.7235	.9077
5.0	.0022	.0072	.0380	.1439	.3670	.6513	.8685
6.0	.0012	.0042	.0249	.1055	.2982	.5781	.8227
7.0	.0006	.0025	.0163	.0765	.2392	.5064	.7714
8.0	.0003	.0014	.0105	.0550	.1895	.4380	.7157

F1=2, F2=20, U=.74113

φ2\φ1	0.0	0.5	1.0	1.5	2.0	2.5	3.0
0.0	.0500	.1020	.2816	.5687	.8268	.9571	.9937
1.0	.0280	.0634	.2018	.4639	.7485	.9246	.9863
2.0	.0157	.0393	.1429	.3719	.6659	.8830	.9747
3.0	.0088	.0243	.1002	.2937	.5829	.8332	.9579
4.0	.0049	.0149	.0696	.2289	.5027	.7769	.9357
5.0	.0028	.0092	.0480	.1763	.4276	.7158	.9076
6.0	.0016	.0056	.0329	.1343	.3592	.6519	.8738
7.0	.0009	.0034	.0224	.1013	.2982	.5872	.8347
8.0	.0005	.0021	.0151	.0757	.2449	.5232	.7910

F1=2, F2=24, U=.77908

φ2\φ1	0.0	0.5	1.0	1.5	2.0	2.5	3.0
0.0	.0500	.1033	.2878	.5802	.8371	.9617	.9948
1.0	.0291	.0665	.2123	.4837	.7682	.9359	.9892
2.0	.0169	.0427	.1550	.3971	.6946	.9007	.9806
3.0	.0099	.0273	.1121	.3217	.6194	.8593	.9681
4.0	.0057	.0174	.0804	.2574	.5452	.8118	.9514
5.0	.0033	.0111	.0572	.2038	.4741	.7594	.9301
6.0	.0019	.0070	.0405	.1597	.4077	.7035	.9041
7.0	.0011	.0045	.0285	.1241	.3469	.6455	.8735
8.0	.0007	.0028	.0199	.0956	.2923	.5867	.8384

F1=2, F2=30, U=.81896

φ2\φ1	0.0	0.5	1.0	1.5	2.0	2.5	3.0
0.0	.0500	.1047	.2942	.5918	.8470	.9659	.9957
1.0	.0305	.0702	.2242	.5049	.7880	.9446	.9916
2.0	.0185	.0469	.1693	.4252	.7243	.9173	.9855
3.0	.0113	.0313	.1267	.3539	.6581	.8842	.9766
4.0	.0069	.0208	.0942	.2915	.5916	.8458	.9648
5.0	.0042	.0138	.0696	.2378	.5263	.8029	.9496
6.0	.0026	.0091	.0511	.1923	.4638	.7561	.9308
7.0	.0016	.0060	.0373	.1543	.4050	.7066	.9083
8.0	.0009	.0040	.0271	.1229	.3506	.6552	.8822

F1=2, F2=40, U=.86089

φ2\φ1	0.0	0.5	1.0	1.5	2.0	2.5	3.0
0.0	.0500	.1062	.3008	.6035	.8566	.9697	.9965
1.0	.0322	.0747	.2378	.5278	.8079	.9534	.9936
2.0	.0207	.0525	.1866	.4569	.7550	.9327	.9895
3.0	.0134	.0368	.1454	.3918	.6994	.9078	.9836
4.0	.0086	.0257	.1126	.3331	.6424	.8786	.9759
5.0	.0055	.0179	.0868	.2810	.5853	.8456	.9659
6.0	.0036	.0125	.0665	.2353	.5293	.8092	.9535
7.0	.0023	.0087	.0507	.1957	.4750	.7698	.9385
8.0	.0015	.0060	.0385	.1618	.4234	.7281	.9209

F1=2, F2=60, U=.90497

φ2\φ1	0.0	0.5	1.0	1.5	2.0	2.5	3.0
0.0	.0500	.1077	.3076	.6152	.8659	.9732	.9971
1.0	.0346	.0805	.2541	.5532	.8282	.9615	.9953
2.0	.0240	.0601	.2088	.4939	.7873	.9471	.9927
3.0	.0166	.0448	.1706	.4380	.7440	.9299	.9893
4.0	.0115	.0333	.1388	.3860	.6990	.9100	.9848
5.0	.0079	.0247	.1124	.3382	.6531	.8872	.9790
6.0	.0055	.0183	.0907	.2946	.6068	.8619	.9720
7.0	.0038	.0136	.0729	.2554	.5609	.8341	.9634

$\phi_2\backslash\phi_1$	0.0	0.5	1.0	1.5	2.0	2.5	3.0
F1=3, F2=2, U=.03362							
0.0	.0500	.0658	.1118	.1834	.2740	.3760	.4813
1.0	.0254	.0337	.0584	.0987	.1530	.2193	.2950
2.0	.0129	.0173	.0305	.0530	.0851	.1272	.1790
3.0	.0065	.0088	.0159	.0284	.0472	.0733	.1077
4.0	.0033	.0045	.0083	.0152	.0262	.0421	.0643
5.0	.0017	.0023	.0043	.0082	.0144	.0241	.0381
6.0	.0009	.0012	.0023	.0044	.0080	.0137	.0225
7.0	.0004	.0006	.0012	.0023	.0044	.0078	.0132
8.0	.0002	.0003	.0006	.0012	.0024	.0044	.0077
F1=3, F2=4, U=.16825							
0.0	.0500	.0779	.1698	.3304	.5317	.7220	.8616
1.0	.0223	.0363	.0866	.1878	.3414	.5242	.6990
2.0	.0100	.0169	.0438	.1051	.2133	.3661	.5417
3.0	.0044	.0079	.0220	.0581	.1304	.2479	.4046
4.0	.0020	.0036	.0110	.0317	.0783	.1637	.2930
5.0	.0009	.0017	.0055	.0172	.0462	.1058	.2068
6.0	.0004	.0008	.0027	.0092	.0270	.0672	.1427
7.0	.0002	.0004	.0013	.0049	.0155	.0420	.0965
8.0	.0001	.0002	.0007	.0026	.0089	.0259	.0642
F1=3, F2=6, U=.29599							
0.0	.0500	.0856	.2091	.4263	.6736	.8608	.9565
1.0	.0220	.0404	.1127	.2671	.4916	.7181	.8792
2.0	.0096	.0190	.0600	.1630	.3451	.5732	.7778
3.0	.0042	.0089	.0315	.0974	.2347	.4408	.6642
4.0	.0018	.0041	.0164	.0571	.1556	.3284	.5492
5.0	.0008	.0019	.0085	.0330	.1008	.2381	.4412
6.0	.0003	.0009	.0043	.0188	.0641	.1686	.3453
7.0	.0002	.0004	.0022	.0106	.0401	.1169	.2640
8.0	.0001	.0002	.0011	.0059	.0247	.0795	.1976
F1=3, F2=8, U=.39607							
0.0	.0500	.0908	.2357	.4871	.7496	.9105	.9816
1.0	.0223	.0443	.1345	.3285	.5918	.8187	.9437
2.0	.0099	.0215	.0755	.2148	.4489	.7041	.8849
3.0	.0044	.0104	.0417	.1370	.3295	.5851	.8083
4.0	.0019	.0050	.0227	.0856	.2351	.4716	.7192
5.0	.0009	.0024	.0123	.0525	.1638	.3699	.6240
6.0	.0004	.0011	.0066	.0317	.1117	.2831	.5285
7.0	.0002	.0005	.0035	.0189	.0748	.2119	.4378
8.0	.0001	.0003	.0018	.0111	.0492	.1555	.3551
F1=3, F2=10, U=.47338							
0.0	.0500	.0944	.2546	.5278	.7941	.9427	.9902
1.0	.0229	.0479	.1524	.3752	.6586	.8729	.9694
2.0	.0105	.0241	.0895	.2586	.5264	.7839	.9339
3.0	.0047	.0120	.0517	.1736	.4075	.6835	.8831
4.0	.0021	.0060	.0295	.1140	.3069	.5799	.8186
5.0	.0010	.0029	.0166	.0735	.2255	.4797	.7435
6.0	.0004	.0014	.0092	.0466	.1623	.3877	.6617
7.0	.0002	.0007	.0051	.0291	.1146	.3068	.5774
8.0	.0001	.0003	.0028	.0180	.0795	.2380	.4944
F1=3, F2=12, U=.53402							
0.0	.0500	.0972	.2686	.5564	.8224	.9569	.9939
1.0	.0236	.0510	.1672	.4114	.7048	.9045	.9812
2.0	.0110	.0265	.1021	.2951	.5841	.8341	.9583
3.0	.0052	.0137	.0612	.2063	.4700	.7504	.9236
4.0	.0024	.0070	.0362	.1411	.3683	.6592	.8769
5.0	.0011	.0036	.0212	.0947	.2820	.5660	.8191
6.0	.0005	.0018	.0122	.0625	.2115	.4757	.7525
7.0	.0002	.0009	.0070	.0406	.1557	.3919	.6798
8.0	.0001	.0005	.0040	.0261	.1126	.3170	.6040

$\phi_2\backslash\phi_1$	0.0	0.5	1.0	1.5	2.0	2.5	3.0
F1=3, F2=16, U=.62217							
0.0	.0500	.1010	.2878	.5938	.8556	.9710	.9969
1.0	.0248	.0561	.1902	.4632	.7632	.9376	.9908
2.0	.0123	.0309	.1232	.3516	.6624	.8904	.9794
3.0	.0060	.0169	.0785	.2606	.5608	.8306	.9611
4.0	.0030	.0092	.0494	.1892	.4641	.7609	.9348
5.0	.0014	.0049	.0306	.1349	.3761	.6847	.9000
6.0	.0007	.0026	.0188	.0946	.2991	.6054	.8567
7.0	.0003	.0014	.0114	.0655	.2338	.5263	.8058
8.0	.0002	.0008	.0069	.0447	.1798	.4502	.7486
F1=3, F2=20, U=.68271							
0.0	.0500	.1035	.3003	.6169	.8741	.9776	.9980
1.0	.0260	.0603	.2071	.4983	.7976	.9537	.9944
2.0	.0135	.0348	.1403	.3927	.7118	.9192	.9876
3.0	.0069	.0199	.0935	.3030	.6219	.8743	.9766
4.0	.0036	.0113	.0615	.2293	.5327	.8199	.9602
5.0	.0018	.0064	.0400	.1707	.4481	.7580	.9376
6.0	.0009	.0036	.0257	.1252	.3706	.6908	.9085
7.0	.0005	.0020	.0164	.0906	.3017	.6207	.8726
8.0	.0002	.0011	.0103	.0647	.2420	.5500	.8305
F1=3, F2=24, U=.72669							
0.0	.0500	.1053	.3091	.6325	.8857	.9813	.9985
1.0	.0270	.0637	.2202	.5235	.8201	.9628	.9961
2.0	.0145	.0381	.1542	.4239	.7453	.9360	.9916
3.0	.0078	.0227	.1064	.3367	.6651	.9006	.9842
4.0	.0042	.0134	.0725	.2629	.5835	.8569	.9731
5.0	.0022	.0079	.0489	.2020	.5036	.8058	.9574
6.0	.0012	.0046	.0326	.1531	.4282	.7488	.9367
7.0	.0006	.0027	.0216	.1146	.3589	.6876	.9106
8.0	.0003	.0016	.0141	.0848	.2968	.6239	.8791
F1=3, F2=30, U=.77386							
0.0	.0500	.1072	.3182	.6482	.8967	.9846	.9989
1.0	.0284	.0677	.2351	.5505	.8421	.9708	.9973
2.0	.0160	.0425	.1711	.4588	.7791	.9509	.9945
3.0	.0090	.0264	.1228	.3761	.7102	.9244	.9899
4.0	.0050	.0164	.0872	.3036	.6382	.8912	.9829
5.0	.0028	.0101	.0613	.2418	.5658	.8515	.9729
6.0	.0016	.0062	.0426	.1901	.4951	.8061	.9595
7.0	.0009	.0038	.0294	.1478	.4280	.7559	.9422
8.0	.0005	.0023	.0202	.1137	.3656	.7020	.9207
F1=3, F2=40, U=.82447							
0.0	.0500	.1091	.3277	.6640	.9070	.9873	.9992
1.0	.0301	.0728	.2524	.5795	.8635	.9775	.9983
2.0	.0181	.0482	.1919	.4983	.8130	.9637	.9966
3.0	.0108	.0318	.1443	.4227	.7569	.9452	.9940
4.0	.0065	.0208	.1074	.3540	.6970	.9219	.9900
5.0	.0038	.0136	.0793	.2932	.6351	.8937	.9844
6.0	.0023	.0088	.0580	.2402	.5727	.8606	.9767
7.0	.0013	.0057	.0422	.1949	.5113	.8231	.9666
8.0	.0008	.0037	.0304	.1567	.4521	.7818	.9538
F1=3, F2=60, U=.87881							
0.0	.0500	.1112	.3376	.6798	.9167	.9897	.9994
1.0	.0327	.0794	.2731	.6113	.8844	.9833	.9989
2.0	.0213	.0564	.2189	.5439	.8471	.9745	.9981
3.0	.0138	.0399	.1739	.4792	.8054	.9630	.9967
4.0	.0089	.0281	.1371	.4184	.7601	.9487	.9948
5.0	.0058	.0197	.1074	.3621	.7121	.9311	.9921
6.0	.0037	.0138	.0836	.3109	.6624	.9104	.9885
7.0	.0024	.0096	.0646	.2649	.6118	.8864	.9837

DOUBLY NONCENTRAL F DISTRIBUTION

$\phi_2 \backslash \phi_1$	0.0	0.5	1.0	1.5	2.0	2.5	3.0	$\phi_2 \backslash \phi_1$	0.0	0.5	1.0	1.5	2.0	2.5	3.0
		$F_1=4, F_2=2, U=.02532$								$F_1=4, F_2=16, U=.57086$					
0.0	.0500	.0649	.1083	.1761	.2625	.3604	.4626	0.0	.0500	.1025	.3030	.6308	.8882	.9827	.9987
1.0	.0253	.0331	.0563	.0940	.1452	.2078	.2798	1.0	.0235	.0543	.1947	.4896	.7992	.9569	.9953
2.0	.0128	.0169	.0292	.0502	.0800	.1192	.1676	2.0	.0110	.0283	.1220	.3673	.6968	.9164	.9878
3.0	.0065	.0086	.0152	.0267	.0440	.0680	.0996	3.0	.0051	.0146	.0748	.2675	.5900	.8614	.9745
4.0	.0033	.0044	.0079	.0142	.0242	.0387	.0588	4.0	.0023	.0075	.0451	.1899	.4861	.7938	.9535
5.0	.0017	.0022	.0041	.0076	.0132	.0219	.0345	5.0	.0011	.0038	.0267	.1319	.3907	.7169	.9237
6.0	.0008	.0011	.0021	.0040	.0072	.0123	.0201	6.0	.0005	.0019	.0156	.0898	.3069	.6346	.8845
7.0	.0004	.0006	.0011	.0021	.0039	.0069	.0117	7.0	.0002	.0009	.0090	.0601	.2362	.5508	.8364
8.0	.0002	.0003	.0006	.0011	.0021	.0039	.0068	8.0	.0001	.0005	.0051	.0396	.1783	.4692	.7802
		$F_1=4, F_2=4, U=.13535$								$F_1=4, F_2=20, U=.63564$					
0.0	.0500	.0768	.1668	.3265	.5286	.7204	.8611	0.0	.0500	.1055	.3189	.6589	.9074	.9880	.9993
1.0	.0220	.0351	.0831	.1817	.3334	.5161	.6924	1.0	.0246	.0586	.2145	.5312	.8364	.9710	.9976
2.0	.0096	.0160	.0411	.0995	.2043	.3548	.5302	2.0	.0120	.0321	.1408	.4153	.7515	.9436	.9938
3.0	.0042	.0073	.0202	.0537	.1223	.2361	.3904	3.0	.0058	.0174	.0906	.3161	.6588	.9049	.9867
4.0	.0018	.0033	.0099	.0287	.0719	.1529	.2782	4.0	.0028	.0093	.0572	.2349	.5641	.8550	.9751
5.0	.0008	.0015	.0048	.0151	.0415	.0969	.1929	5.0	.0013	.0049	.0356	.1710	.4725	.7953	.9577
6.0	.0004	.0007	.0023	.0079	.0237	.0603	.1307	6.0	.0006	.0026	.0219	.1222	.3878	.7279	.9337
7.0	.0002	.0003	.0011	.0041	.0133	.0368	.0867	7.0	.0003	.0014	.0133	.0858	.3122	.6554	.9025
8.0	.0001	.0001	.0005	.0021	.0074	.0222	.0565	8.0	.0001	.0007	.0080	.0593	.2470	.5809	.8640
		$F_1=4, F_2=6, U=.24860$								$F_1=4, F_2=24, U=.68366$					
0.0	.0500	.0849	.2094	.4326	.6857	.8719	.9625	0.0	.0500	.1077	.3302	.6779	.9192	.9907	.9995
1.0	.0213	.0388	.1096	.2653	.4950	.7260	.8867	1.0	.0256	.0622	.2300	.5611	.8601	.9784	.9985
2.0	.0091	.0176	.0564	.1580	.3421	.5755	.7837	2.0	.0130	.0354	.1566	.4519	.7879	.9585	.9963
3.0	.0038	.0079	.0286	.0918	.2283	.4377	.6664	3.0	.0065	.0199	.1045	.3552	.7068	.9297	.9920
4.0	.0016	.0036	.0144	.0523	.1480	.3215	.5469	4.0	.0032	.0111	.0686	.2731	.6213	.8916	.9849
5.0	.0007	.0016	.0071	.0292	.0936	.2291	.4349	5.0	.0016	.0061	.0444	.2060	.5357	.8445	.9740
6.0	.0003	.0007	.0035	.0161	.0580	.1591	.3360	6.0	.0008	.0034	.0283	.1526	.4534	.7894	.9584
7.0	.0001	.0003	.0017	.0088	.0352	.1079	.2530	7.0	.0004	.0018	.0179	.1113	.3772	.7280	.9374
8.0	.0000	.0001	.0008	.0047	.0211	.0718	.1862	8.0	.0002	.0010	.0112	.0800	.3087	.6624	.9106
		$F_1=4, F_2=8, U=.34259$								$F_1=4, F_2=30, U=.73604$					
0.0	.0500	.0906	.2398	.5030	.7714	.9309	.9868	0.0	.0500	.1101	.3421	.6970	.9300	.9929	.9997
1.0	.0215	.0425	.1326	.3333	.6070	.8357	.9536	1.0	.0269	.0666	.2477	.5930	.8825	.9845	.9991
2.0	.0092	.0197	.0717	.2130	.4562	.7192	.8980	2.0	.0143	.0398	.1758	.4929	.8237	.9708	.9979
3.0	.0039	.0091	.0381	.1322	.3301	.5955	.8222	3.0	.0076	.0235	.1225	.4010	.7559	.9507	.9956
4.0	.0016	.0042	.0199	.0801	.2312	.4763	.7316	4.0	.0040	.0137	.0841	.3201	.6822	.9236	.9917
5.0	.0007	.0019	.0103	.0475	.1575	.3694	.6330	5.0	.0021	.0080	.0569	.2510	.6058	.8892	.9855
6.0	.0003	.0009	.0053	.0277	.1048	.2787	.5333	6.0	.0011	.0046	.0381	.1937	.5295	.8476	.9765
7.0	.0001	.0004	.0027	.0159	.0682	.2051	.4381	7.0	.0006	.0026	.0252	.1474	.4560	.7996	.9640
8.0	.0001	.0002	.0014	.0090	.0436	.1476	.3516	8.0	.0003	.0015	.0165	.1106	.3871	.7463	.9474
		$F_1=4, F_2=10, U=.41820$								$F_1=4, F_2=40, U=.79327$					
0.0	.0500	.0948	.2622	.5511	.8212	.9572	.9941	0.0	.0500	.1126	.3546	.7161	.9399	.9947	.9998
1.0	.0219	.0459	.1521	.3866	.6825	.8932	.9780	1.0	.0286	.0721	.2686	.6272	.9036	.9892	.9995
2.0	.0095	.0220	.0861	.2612	.5432	.8061	.9474	2.0	.0163	.0457	.1999	.5391	.8583	.9805	.9989
3.0	.0041	.0104	.0477	.1710	.4165	.7040	.9006	3.0	.0092	.0287	.1466	.4554	.8052	.9678	.9978
4.0	.0018	.0049	.0260	.1091	.3093	.5961	.8382	4.0	.0051	.0178	.1060	.3786	.7459	.9504	.9959
5.0	.0008	.0023	.0140	.0681	.2232	.4903	.7629	5.0	.0029	.0110	.0757	.3101	.6824	.9278	.9929
6.0	.0003	.0011	.0074	.0417	.1571	.3926	.6789	6.0	.0016	.0068	.0535	.2506	.6166	.8998	.9885
7.0	.0001	.0005	.0039	.0251	.1082	.3069	.5910	7.0	.0009	.0041	.0375	.2000	.5504	.8664	.9822
8.0	.0001	.0002	.0020	.0148	.0731	.2345	.5036	8.0	.0005	.0025	.0260	.1577	.4857	.8279	.9736
		$F_1=4, F_2=12, U=.47930$								$F_1=4, F_2=60, U=.85591$					
0.0	.0500	.0980	.2792	.5856	.8525	.9705	.9968	0.0	.0500	.1152	.3678	.7352	.9489	.9961	.9999
1.0	.0224	.0490	.1686	.4287	.7346	.9253	.9881	1.0	.0312	.0795	.2937	.6641	.9232	.9928	.9998
2.0	.0100	.0242	.0992	.3023	.6086	.8595	.9702	2.0	.0193	.0544	.2316	.5919	.8915	.9879	.9995
3.0	.0044	.0118	.0572	.2067	.4870	.7770	.9406	3.0	.0119	.0369	.1804	.5211	.8541	.9809	.9990
4.0	.0019	.0057	.0324	.1376	.3778	.6837	.8981	4.0	.0073	.0249	.1391	.4534	.8115	.9713	.9983
5.0	.0008	.0027	.0180	.0895	.2851	.5861	.8430	5.0	.0044	.0167	.1062	.3901	.7646	.9589	.9971
6.0	.0004	.0013	.0099	.0571	.2099	.4903	.7770	6.0	.0027	.0111	.0804	.3322	.7143	.9431	.9954
7.0	.0002	.0006	.0054	.0358	.1512	.4008	.7030	7.0	.0016	.0074	.0604	.2801	.6618	.9240	.9930
8.0	.0001	.0003	.0029	.0221	.1068	.3206	.6242								

φ2\φ1	0.0	0.5	1.0	1.5	2.0	2.5	3.0
\multicolumn{8}{c}{F1=5,F2=2,U=.02031}
0.0	.0500	.0644	.1062	.1717	.2555	.3509	.4510
1.0	.0253	.0328	.0550	.0913	.1405	.2009	.2705
2.0	.0128	.0167	.0285	.0485	.0770	.1145	.1608
3.0	.0065	.0085	.0147	.0257	.0421	.0649	.0949
4.0	.0033	.0043	.0076	.0136	.0230	.0367	.0556
5.0	.0016	.0022	.0039	.0072	.0125	.0206	.0324
6.0	.0008	.0011	.0020	.0038	.0068	.0116	.0188
7.0	.0004	.0006	.0011	.0020	.0037	.0065	.0108
8.0	.0002	.0003	.0005	.0011	.0020	.0036	.0062
\multicolumn{8}{c}{F1=5,F2=4,U=.11338}
0.0	.0500	.0762	.1651	.3244	.5273	.7202	.8614
1.0	.0217	.0344	.0811	.1781	.3288	.5115	.6888
2.0	.0094	.0155	.0395	.0961	.1990	.3481	.5235
3.0	.0041	.0069	.0191	.0511	.1176	.2290	.3819
4.0	.0018	.0031	.0092	.0269	.0681	.1466	.2694
5.0	.0008	.0014	.0044	.0140	.0388	.0917	.1847
6.0	.0003	.0006	.0021	.0072	.0218	.0562	.1236
7.0	.0001	.0003	.0010	.0037	.0121	.0339	.0810
8.0	.0001	.0001	.0005	.0019	.0066	.0201	.0521
\multicolumn{8}{c}{F1=5,F2=6,U=.21477}
0.0	.0500	.0846	.2103	.4384	.6956	.8804	.9667
1.0	.0209	.0378	.1078	.2651	.4991	.7331	.8928
2.0	.0087	.0167	.0543	.1552	.3415	.5790	.7893
3.0	.0036	.0074	.0269	.0885	.2250	.4375	.6698
4.0	.0015	.0032	.0132	.0494	.1437	.3184	.5475
5.0	.0006	.0014	.0064	.0270	.0894	.2244	.4326
6.0	.0002	.0006	.0031	.0146	.0544	.1538	.3315
7.0	.0001	.0003	.0015	.0077	.0324	.1028	.2473
8.0	.0000	.0001	.0007	.0041	.0190	.0673	.1799
\multicolumn{8}{c}{F1=5,F2=8,U=.30260}
0.0	.0500	.0907	.2439	.5166	.7885	.9412	.9900
1.0	.0209	.0413	.1318	.3384	.6203	.8491	.9605
2.0	.0086	.0186	.0695	.2130	.4638	.7322	.9082
3.0	.0035	.0083	.0359	.1297	.3325	.6056	.8340
4.0	.0014	.0037	.0182	.0769	.2301	.4825	.7430
5.0	.0006	.0016	.0091	.0446	.1544	.3716	.6425
6.0	.0002	.0007	.0045	.0253	.1010	.2778	.5398
7.0	.0001	.0003	.0022	.0141	.0645	.2021	.4415
8.0	.0000	.0001	.0011	.0078	.0404	.1435	.3521
\multicolumn{8}{c}{F1=5,F2=10,U=.37553}
0.0	.0500	.0952	.2692	.5710	.8421	.9667	.9962
1.0	.0212	.0447	.1526	.3974	.7025	.9083	.9834
2.0	.0089	.0206	.0841	.2649	.5586	.8241	.9569
3.0	.0037	.0094	.0453	.1705	.4261	.7218	.9139
4.0	.0015	.0042	.0239	.1065	.3135	.6112	.8541
5.0	.0006	.0019	.0124	.0649	.2235	.5015	.7798
6.0	.0003	.0008	.0064	.0387	.1550	.3996	.6951
7.0	.0001	.0004	.0032	.0226	.1049	.3099	.6049
8.0	.0000	.0002	.0016	.0130	.0694	.2345	.5144
\multicolumn{8}{c}{F1=5,F2=12,U=.43590}
0.0	.0500	.0988	.2889	.6103	.8751	.9789	.9982
1.0	.0216	.0477	.1706	.4445	.7589	.9400	.9920
2.0	.0092	.0227	.0978	.3101	.6302	.8791	.9779
3.0	.0039	.0106	.0547	.2088	.5032	.7989	.9526
4.0	.0016	.0049	.0299	.1363	.3881	.7052	.9143
5.0	.0007	.0023	.0161	.0868	.2902	.6051	.8623
6.0	.0003	.0010	.0085	.0540	.2111	.5053	.7980
7.0	.0001	.0005	.0045	.0329	.1497	.4113	.7239
8.0	.0000	.0002	.0023	.0197	.1039	.3269	.6437

φ2\φ1	0.0	0.5	1.0	1.5	2.0	2.5	3.0
\multicolumn{8}{c}{F1=5,F2=16,U=.52872}
0.0	.0500	.1040	.3171	.6623	.9117	.9893	.9994
1.0	.0226	.0531	.1998	.5135	.8278	.9693	.9975
2.0	.0101	.0266	.1221	.3826	.7261	.9350	.9925
3.0	.0044	.0131	.0727	.2755	.6163	.8852	.9827
4.0	.0019	.0064	.0424	.1926	.5073	.8208	.9660
5.0	.0008	.0031	.0242	.1312	.4060	.7449	.9407
6.0	.0004	.0015	.0136	.0873	.3166	.6613	.9059
7.0	.0002	.0007	.0076	.0570	.2410	.5746	.8612
8.0	.0001	.0003	.0041	.0365	.1796	.4889	.8072
\multicolumn{8}{c}{F1=5,F2=20,U=.59605}
0.0	.0500	.1076	.3362	.6945	.9307	.9933	.9997
1.0	.0236	.0576	.2222	.5608	.8662	.9813	.9989
2.0	.0109	.0302	.1425	.4368	.7844	.9598	.9967
3.0	.0050	.0156	.0892	.3297	.6911	.9270	.9922
4.0	.0023	.0080	.0546	.2420	.5931	.8822	.9840
5.0	.0010	.0040	.0328	.1733	.4964	.8259	.9708
6.0	.0005	.0020	.0194	.1214	.4059	.7599	.9513
7.0	.0002	.0010	.0113	.0834	.3246	.6870	.9247
8.0	.0001	.0005	.0065	.0563	.2544	.6102	.8902
\multicolumn{8}{c}{F1=5,F2=24,U=.64684}
0.0	.0500	.1102	.3499	.7162	.9420	.9952	.9999
1.0	.0245	.0613	.2399	.5948	.8900	.9872	.9994
2.0	.0118	.0335	.1599	.4783	.8223	.9726	.9983
3.0	.0056	.0180	.1040	.3737	.7425	.9496	.9958
4.0	.0027	.0096	.0663	.2845	.6555	.9171	.9913
5.0	.0012	.0050	.0415	.2117	.5660	.8747	.9838
6.0	.0006	.0026	.0256	.1542	.4786	.8229	.9723
7.0	.0003	.0014	.0155	.1103	.3967	.7631	.9557
8.0	.0001	.0007	.0093	.0775	.3227	.6973	.9334
\multicolumn{8}{c}{F1=5,F2=30,U=.70311}
0.0	.0500	.1130	.3646	.7380	.9521	.9967	.9999
1.0	.0257	.0660	.2604	.6310	.9119	.9916	.9997
2.0	.0130	.0379	.1814	.5248	.8586	.9823	.9992
3.0	.0065	.0214	.1235	.4256	.7939	.9676	.9980
4.0	.0033	.0120	.0826	.3373	.7208	.9460	.9958
5.0	.0016	.0066	.0543	.2618	.6425	.9170	.9921
6.0	.0008	.0036	.0351	.1994	.5625	.8801	.9862
7.0	.0004	.0020	.0224	.1492	.4841	.8356	.9773
8.0	.0002	.0011	.0141	.1099	.4098	.7844	.9649
\multicolumn{8}{c}{F1=5,F2=40,U=.76559}
0.0	.0500	.1160	.3802	.7598	.9610	.9977	1.000
1.0	.0274	.0720	.2847	.6693	.9316	.9948	.9999
2.0	.0149	.0440	.2086	.5768	.8925	.9894	.9996
3.0	.0080	.0265	.1500	.4870	.8439	.9809	.9992
4.0	.0042	.0158	.1061	.4034	.7872	.9683	.9983
5.0	.0022	.0093	.0739	.3283	.7242	.9509	.9968
6.0	.0012	.0055	.0507	.2628	.6570	.9280	.9943
7.0	.0006	.0032	.0344	.2072	.5879	.8993	.9904
8.0	.0003	.0018	.0231	.1611	.5191	.8649	.9849
\multicolumn{8}{c}{F1=5,F2=60,U=.83517}
0.0	.0500	.1193	.3967	.7812	.9687	.9985	1.000
1.0	.0300	.0800	.3142	.7101	.9491	.9969	.9999
2.0	.0178	.0530	.2448	.6356	.9233	.9943	.9999
3.0	.0105	.0347	.1879	.5606	.8910	.9901	.9997
4.0	.0061	.0226	.1423	.4875	.8525	.9841	.9994
5.0	.0036	.0145	.1065	.4183	.8084	.9755	.9990
6.0	.0021	.0093	.0788	.3545	.7595	.9642	.9982
7.0	.0012	.0059	.0578	.2969	.7069	.9495	.9970

DOUBLY NONCENTRAL F DISTRIBUTION

$\phi_2\backslash\phi_1$	0.0	0.5	1.0	1.5	2.0	2.5	3.0
\multicolumn{8}{c}{F1=6,F2=2,U=.01695}
0.0	.0500	.0640	.1047	.1687	.2507	.3443	.4430
1.0	.0252	.0325	.0541	.0894	.1373	.1963	.2643
2.0	.0127	.0165	.0279	.0473	.0750	.1113	.1563
3.0	.0064	.0084	.0144	.0250	.0409	.0628	.0917
4.0	.0032	.0043	.0074	.0132	.0222	.0353	.0535
5.0	.0016	.0022	.0038	.0070	.0121	.0198	.0310
6.0	.0008	.0011	.0020	.0037	.0065	.0111	.0179
7.0	.0004	.0006	.0010	.0019	.0035	.0062	.0103
8.0	.0002	.0003	.0005	.0010	.0019	.0034	.0059
\multicolumn{8}{c}{F1=6,F2=4,U=.09761}
0.0	.0500	.0758	.1639	.3232	.5267	.7203	.8619
1.0	.0216	.0339	.0797	.1757	.3258	.5087	.6866
2.0	.0093	.0151	.0384	.0939	.1954	.3437	.5191
3.0	.0040	.0067	.0184	.0494	.1144	.2243	.3763
4.0	.0017	.0030	.0087	.0257	.0656	.1423	.2635
5.0	.0007	.0013	.0041	.0132	.0370	.0882	.1793
6.0	.0003	.0006	.0019	.0067	.0205	.0536	.1190
7.0	.0001	.0003	.0009	.0034	.0113	.0320	.0773
8.0	.0001	.0001	.0004	.0017	.0061	.0188	.0493
\multicolumn{8}{c}{F1=6,F2=6,U=.18926}
0.0	.0500	.0844	.2113	.4435	.7038	.8870	.9699
1.0	.0206	.0371	.1066	.2655	.5030	.7391	.8976
2.0	.0084	.0161	.0528	.1535	.3418	.5825	.7943
3.0	.0034	.0070	.0257	.0863	.2232	.4382	.6734
4.0	.0014	.0030	.0124	.0474	.1410	.3169	.5490
5.0	.0006	.0013	.0059	.0256	.0867	.2215	.4320
6.0	.0002	.0005	.0028	.0136	.0520	.1504	.3292
7.0	.0001	.0002	.0013	.0071	.0306	.0996	.2439
8.0	.0000	.0001	.0006	.0036	.0177	.0644	.1760
\multicolumn{8}{c}{F1=6,F2=8,U=.27134}
0.0	.0500	.0908	.2475	.5281	.8022	.9487	.9920
1.0	.0204	.0405	.1315	.3433	.6315	.8597	.9656
2.0	.0083	.0178	.0680	.2136	.4708	.7432	.9161
3.0	.0033	.0077	.0344	.1283	.3354	.6147	.8436
4.0	.0013	.0033	.0171	.0748	.2301	.4886	.7528
5.0	.0005	.0014	.0084	.0426	.1527	.3747	.6512
6.0	.0002	.0006	.0040	.0237	.0986	.2782	.5465
7.0	.0001	.0003	.0019	.0130	.0621	.2008	.4457
8.0	.0000	.0001	.0009	.0070	.0382	.1412	.3539
\multicolumn{8}{c}{F1=6,F2=10,U=.34126}
0.0	.0500	.0958	.2755	.5879	.8583	.9733	.9974
1.0	.0206	.0438	.1535	.4070	.7191	.9197	.9870
2.0	.0084	.0197	.0829	.2688	.5720	.8385	.9638
3.0	.0034	.0087	.0436	.1707	.4350	.7368	.9242
4.0	.0014	.0038	.0225	.1050	.3181	.6247	.8670
5.0	.0005	.0017	.0114	.0629	.2249	.5120	.7940
6.0	.0002	.0007	.0057	.0367	.1542	.4067	.7092
7.0	.0001	.0003	.0028	.0210	.1030	.3138	.6177
8.0	.0000	.0001	.0013	.0118	.0672	.2358	.5249
\multicolumn{8}{c}{F1=6,F2=12,U=.40031}
0.0	.0500	.0997	.2976	.6313	.8923	.9844	.9989
1.0	.0210	.0468	.1729	.4586	.7788	.9506	.9944
2.0	.0087	.0216	.0971	.3176	.6487	.8942	.9830
3.0	.0035	.0098	.0530	.2114	.5179	.8168	.9613
4.0	.0014	.0044	.0283	.1360	.3980	.7236	.9265
5.0	.0006	.0019	.0148	.0851	.2957	.6220	.8777
6.0	.0002	.0008	.0076	.0519	.2132	.5193	.8154
7.0	.0001	.0004	.0038	.0310	.1495	.4218	.7421
8.0	.0000	.0002	.0019	.0181	.1024	.3339	.6612
\multicolumn{8}{c}{F1=6,F2=16,U=.49310}
0.0	.0500	.1054	.3298	.6888	.9290	.9931	.9997
1.0	.0218	.0523	.2047	.5347	.8504	.9775	.9985
2.0	.0094	.0253	.1226	.3968	.7505	.9483	.9952
3.0	.0040	.0121	.0714	.2834	.6393	.9034	.9878
4.0	.0017	.0057	.0405	.1958	.5266	.8426	.9745
5.0	.0007	.0026	.0225	.1314	.4205	.7685	.9531
6.0	.0003	.0012	.0123	.0859	.3263	.6848	.9221
7.0	.0001	.0005	.0066	.0550	.2467	.5962	.8809
8.0	.0000	.0002	.0035	.0344	.1820	.5074	.8296
\multicolumn{8}{c}{F1=6,F2=20,U=.56189}
0.0	.0500	.1095	.3520	.7245	.9472	.9961	.9999
1.0	.0227	.0568	.2295	.5870	.8892	.9875	.9995
2.0	.0101	.0289	.1446	.4566	.8113	.9707	.9982
3.0	.0045	.0144	.0885	.3428	.7189	.9431	.9952
4.0	.0019	.0071	.0529	.2494	.6190	.9031	.9894
5.0	.0008	.0034	.0309	.1764	.5186	.8506	.9793
6.0	.0004	.0016	.0177	.1217	.4233	.7870	.9636
7.0	.0002	.0008	.0100	.0821	.3372	.7146	.9409
8.0	.0001	.0004	.0056	.0543	.2626	.6368	.9104
\multicolumn{8}{c}{F1=6,F2=24,U=.61461}
0.0	.0500	.1125	.3681	.7484	.9577	.9974	.9999
1.0	.0236	.0608	.2494	.6246	.9125	.9921	.9998
2.0	.0109	.0321	.1635	.5026	.8499	.9814	.9992
3.0	.0050	.0167	.1042	.3914	.7727	.9632	.9978
4.0	.0023	.0085	.0649	.2960	.6855	.9358	.9949
5.0	.0010	.0043	.0395	.2180	.5936	.8981	.9897
6.0	.0004	.0021	.0237	.1568	.5023	.8501	.9811
7.0	.0002	.0011	.0139	.1104	.4157	.7928	.9682
8.0	.0001	.0005	.0081	.0762	.3369	.7279	.9498
\multicolumn{8}{c}{F1=6,F2=30,U=.67381}
0.0	.0500	.1157	.3855	.7724	.9667	.9984	1.000
1.0	.0248	.0657	.2726	.6643	.9332	.9953	.9999
2.0	.0121	.0365	.1871	.5538	.8858	.9891	.9997
3.0	.0058	.0199	.1251	.4487	.8252	.9783	.9991
4.0	.0027	.0107	.0818	.3541	.7538	.9614	.9979
5.0	.0013	.0057	.0524	.2729	.6751	.9372	.9956
6.0	.0006	.0030	.0330	.2057	.5929	.9050	.9917
7.0	.0003	.0015	.0205	.1520	.5108	.8645	.9855
8.0	.0001	.0008	.0125	.1103	.4321	.8162	.9763
\multicolumn{8}{c}{F1=6,F2=40,U=.74053}
0.0	.0500	.1193	.4040	.7960	.9744	.9990	1.000
1.0	.0265	.0720	.3002	.7060	.9512	.9974	1.000
2.0	.0138	.0426	.2174	.6109	.9180	.9942	.9999
3.0	.0071	.0248	.1539	.5164	.8745	.9886	.9997
4.0	.0036	.0143	.1068	.4272	.8213	.9796	.9993
5.0	.0018	.0081	.0728	.3462	.7602	.9664	.9985
6.0	.0009	.0046	.0488	.2754	.6930	.9480	.9971
7.0	.0004	.0025	.0323	.2152	.6223	.9239	.9948
8.0	.0002	.0014	.0211	.1655	.5506	.8936	.9913
\multicolumn{8}{c}{F1=6,F2=60,U=.81606}
0.0	.0500	.1232	.4240	.8192	.9807	.9994	1.000
1.0	.0290	.0807	.3340	.7498	.9662	.9987	1.000
2.0	.0166	.0520	.2580	.6746	.9457	.9973	1.000
3.0	.0094	.0331	.1958	.5970	.9185	.9949	.9999
4.0	.0053	.0208	.1462	.5198	.8846	.9911	.9998
5.0	.0029	.0130	.1076	.4458	.8442	.9855	.9996
6.0	.0016	.0080	.0781	.3769	.7978	.9774	.9993
7.0	.0009	.0049	.0561	.3142	.7464	.9665	.9987

$\phi_2\backslash\phi_1$	0.0	0.5	1.0	1.5	2.0	2.5	3.0
\multicolumn{8}{c}{F1=7,F2=2,U=.01455}
0.0	.0500	.0637	.1037	.1666	.2473	.3397	.4374
1.0	.0252	.0323	.0535	.0881	.1351	.1930	.2599
2.0	.0127	.0164	.0276	.0465	.0736	.1091	.1531
3.0	.0064	.0083	.0142	.0246	.0400	.0614	.0896
4.0	.0032	.0042	.0073	.0129	.0217	.0344	.0520
5.0	.0016	.0021	.0038	.0068	.0117	.0192	.0301
6.0	.0008	.0011	.0019	.0036	.0063	.0107	.0173
7.0	.0004	.0006	.0010	.0019	.0034	.0059	.0099
8.0	.0002	.0003	.0005	.0010	.0018	.0033	.0056
\multicolumn{8}{c}{F1=7,F2=4,U=.08573}
0.0	.0500	.0755	.1632	.3225	.5265	.7207	.8224
1.0	.0214	.0335	.0787	.1741	.3238	.5068	.6853
2.0	.0092	.0148	.0376	.0923	.1930	.3407	.5161
3.0	.0039	.0065	.0179	.0482	.1121	.2210	.3724
4.0	.0017	.0029	.0084	.0249	.0638	.1393	.2594
5.0	.0007	.0013	.0040	.0127	.0357	.0858	.1755
6.0	.0003	.0006	.0018	.0064	.0197	.0517	.1157
7.0	.0001	.0002	.0009	.0032	.0107	.0307	.0747
8.0	.0001	.0001	.0004	.0016	.0058	.0179	.0473
\multicolumn{8}{c}{F1=7,F2=6,U=.16927}
0.0	.0500	.0843	.2122	.4478	.7105	.8923	.9722
1.0	.0203	.0365	.1059	.2661	.5064	.7441	.9016
2.0	.0082	.0157	.0518	.1524	.3424	.5857	.7985
3.0	.0033	.0067	.0249	.0848	.2221	.4392	.6767
4.0	.0013	.0028	.0118	.0461	.1392	.3161	.5507
5.0	.0005	.0012	.0055	.0245	.0848	.2197	.4320
6.0	.0002	.0005	.0026	.0128	.0504	.1482	.3280
7.0	.0001	.0002	.0012	.0066	.0293	.0973	.2417
8.0	.0000	.0001	.0005	.0034	.0167	.0624	.1734
\multicolumn{8}{c}{F1=7,F2=8,U=.24613}
0.0	.0500	.0910	.2508	.5379	.8132	.9543	.9935
1.0	.0201	.0399	.1314	.3477	.6411	.8683	.9694
2.0	.0080	.0172	.0670	.2145	.4770	.7523	.9223
3.0	.0031	.0073	.0333	.1274	.3384	.6226	.8515
4.0	.0012	.0031	.0163	.0734	.2305	.4942	.7613
5.0	.0005	.0013	.0078	.0412	.1518	.3778	.6589
6.0	.0002	.0005	.0037	.0226	.0970	.2793	.5527
7.0	.0001	.0002	.0017	.0122	.0604	.2003	.4500
8.0	.0000	.0001	.0008	.0064	.0368	.1398	.3562
\multicolumn{8}{c}{F1=7,F2=10,U=.31301}
0.0	.0500	.0962	.2811	.6022	.8712	.9779	.9981
1.0	.0202	.0431	.1545	.4156	.7330	.9285	.9895
2.0	.0080	.0189	.0821	.2725	.5837	.8502	.9689
3.0	.0032	.0082	.0424	.1714	.4431	.7495	.9322
4.0	.0012	.0035	.0214	.1041	.3227	.6365	.8774
5.0	.0005	.0015	.0106	.0614	.2266	.5216	.8060
6.0	.0002	.0006	.0052	.0353	.1541	.4136	.7214
7.0	.0001	.0003	.0025	.0199	.1019	.3180	.6291
8.0	.0000	.0001	.0012	.0110	.0657	.2377	.5347
\multicolumn{8}{c}{F1=7,F2=12,U=.37044}
0.0	.0500	.1004	.3053	.6491	.9056	.9880	.9993
1.0	.0205	.0462	.1750	.4710	.7952	.9585	.9959
2.0	.0082	.0208	.0967	.3244	.6646	.9061	.9866
3.0	.0033	.0092	.0518	.2140	.5309	.8315	.9676
4.0	.0013	.0040	.0270	.1362	.4072	.7393	.9360
5.0	.0005	.0017	.0138	.0840	.3012	.6369	.8901
6.0	.0002	.0007	.0069	.0504	.2156	.5320	.8299
7.0	.0001	.0003	.0034	.0296	.1500	.4317	.7576
8.0	.0000	.0001	.0017	.0170	.1016	.3407	.6765

$\phi_2\backslash\phi_1$	0.0	0.5	1.0	1.5	2.0	2.5	3.0
\multicolumn{8}{c}{F1=7,F2=16,U=.46242}
0.0	.0500	.1067	.3412	.7114	.9418	.9953	.9999
1.0	.0212	.0516	.2093	.5534	.8685	.9830	.9991
2.0	.0088	.0244	.1234	.4098	.7711	.9581	.9968
3.0	.0036	.0113	.0705	.2910	.6594	.9175	.9912
4.0	.0015	.0051	.0391	.1992	.5440	.8604	.9803
5.0	.0006	.0023	.0212	.1321	.4341	.7884	.9621
6.0	.0002	.0010	.0113	.0852	.3358	.7052	.9345
7.0	.0001	.0004	.0059	.0536	.2524	.6155	.8966
8.0	.0000	.0002	.0030	.0330	.1849	.5245	.8480
\multicolumn{8}{c}{F1=7,F2=20,U=.53194}
0.0	.0500	.1112	.3664	.7499	.9591	.9976	1.000
1.0	.0220	.0563	.2364	.6101	.9071	.9915	.9997
2.0	.0095	.0278	.1468	.4747	.8334	.9782	.9990
3.0	.0040	.0134	.0882	.3551	.7427	.9548	.9970
4.0	.0017	.0064	.0516	.2566	.6420	.9192	.9928
5.0	.0007	.0030	.0294	.1798	.5388	.8706	.9850
6.0	.0003	.0014	.0165	.1225	.4396	.8097	.9722
7.0	.0001	.0006	.0090	.0815	.3493	.7386	.9530
8.0	.0000	.0003	.0049	.0530	.2708	.6604	.9260
\multicolumn{8}{c}{F1=7,F2=24,U=.58596}
0.0	.0500	.1146	.3848	.7756	.9686	.9986	1.000
1.0	.0229	.0604	.2583	.6507	.9295	.9950	.9999
2.0	.0102	.0310	.1671	.5246	.8720	.9872	.9996
3.0	.0045	.0156	.1047	.4079	.7980	.9727	.9987
4.0	.0020	.0077	.0639	.3070	.7116	.9496	.9969
5.0	.0008	.0037	.0381	.2244	.6185	.9163	.9932
6.0	.0004	.0018	.0222	.1597	.5242	.8722	.9869
7.0	.0001	.0008	.0127	.1110	.4337	.8177	.9767
8.0	.0001	.0004	.0072	.0755	.3507	.7544	.9616
\multicolumn{8}{c}{F1=7,F2=30,U=.64738}
0.0	.0500	.1183	.4048	.8011	.9766	.9992	1.000
1.0	.0240	.0655	.2841	.6934	.9488	.9973	1.000
2.0	.0113	.0354	.1927	.5801	.9069	.9931	.9999
3.0	.0052	.0187	.1269	.4702	.8507	.9852	.9996
4.0	.0024	.0097	.0815	.3702	.7820	.9720	.9989
5.0	.0011	.0050	.0511	.2838	.7039	.9520	.9975
6.0	.0005	.0025	.0315	.2123	.6204	.9240	.9949
7.0	.0002	.0013	.0190	.1553	.5356	.8876	.9906
8.0	.0001	.0006	.0113	.1113	.4532	.8425	.9838
\multicolumn{8}{c}{F1=7,F2=40,U=.71758}
0.0	.0500	.1224	.4263	.8261	.9830	.9996	1.000
1.0	.0256	.0722	.3150	.7379	.9648	.9987	1.000
2.0	.0129	.0416	.2260	.6416	.9370	.9968	1.000
3.0	.0064	.0235	.1579	.5437	.8985	.9931	.9999
4.0	.0031	.0131	.1079	.4498	.8495	.9867	.9997
5.0	.0015	.0072	.0722	.3637	.7909	.9768	.9993
6.0	.0007	.0039	.0474	.2879	.7248	.9622	.9985
7.0	.0003	.0021	.0307	.2234	.6536	.9421	.9971
8.0	.0002	.0011	.0195	.1703	.5800	.9160	.9949
\multicolumn{8}{c}{F1=7,F2=60,U=.79824}
0.0	.0500	.1270	.4496	.8502	.9881	.9998	1.000
1.0	.0282	.0814	.3530	.7837	.9774	.9994	1.000
2.0	.0156	.0513	.2708	.7092	.9614	.9987	1.000
3.0	.0085	.0318	.2036	.6301	.9390	.9973	1.000
4.0	.0046	.0194	.1502	.5501	.9096	.9950	.9999
5.0	.0025	.0117	.1090	.4720	.8732	.9913	.9999
6.0	.0013	.0070	.0779	.3986	.8299	.9857	.9997
7.0	.0007	.0041	.0549	.3313	.7806	.9777	.9994

DOUBLY NONCENTRAL F DISTRIBUTION

ϕ_2\\ϕ_1	0.0	0.5	1.0	1.5	2.0	2.5	3.0
F1=8, F2=2, U=.01274							
0.0	.0500	.0635	.1029	.1650	.2447	.3361	.4329
1.0	.0252	.0322	.0530	.0871	.1334	.1905	.2565
2.0	.0127	.0163	.0273	.0459	.0725	.1074	.1507
3.0	.0064	.0083	.0141	.0242	.0393	.0603	.0879
4.0	.0032	.0042	.0072	.0127	.0213	.0337	.0509
5.0	.0016	.0021	.0037	.0067	.0115	.0188	.0294
6.0	.0008	.0011	.0019	.0035	.0062	.0104	.0168
7.0	.0004	.0005	.0010	.0018	.0033	.0058	.0096
8.0	.0002	.0003	.0005	.0010	.0018	.0032	.0055
F1=8, F2=4, U=.07644							
0.0	.0500	.0753	.1626	.3220	.5265	.7210	.8629
1.0	.0213	.0332	.0780	.1729	.3223	.5054	.6843
2.0	.0091	.0146	.0371	.0911	.1911	.3384	.5139
3.0	.0039	.0064	.0175	.0473	.1105	.2185	.3694
4.0	.0016	.0028	.0082	.0242	.0625	.1371	.2563
5.0	.0007	.0012	.0038	.0123	.0348	.0839	.1726
6.0	.0003	.0005	.0018	.0062	.0190	.0503	.1133
7.0	.0001	.0002	.0008	.0031	.0103	.0297	.0727
8.0	.0001	.0001	.0004	.0015	.0055	.0172	.0458
F1=8, F2=6, U=.15316							
0.0	.0500	.0842	.2131	.4515	.7161	.8965	.9741
1.0	.0201	.0361	.1053	.2667	.5094	.7483	.9048
2.0	.0081	.0154	.0510	.1517	.3432	.5885	.8020
3.0	.0032	.0065	.0243	.0837	.2214	.4403	.6796
4.0	.0013	.0027	.0114	.0451	.1379	.3158	.5524
5.0	.0005	.0011	.0053	.0238	.0834	.2185	.4325
6.0	.0002	.0005	.0024	.0123	.0491	.1465	.3273
7.0	.0001	.0002	.0011	.0063	.0283	.0956	.2403
8.0	.0000	.0001	.0005	.0032	.0160	.0609	.1716
F1=8, F2=8, U=.22532							
0.0	.0500	.0912	.2536	.5462	.8223	.9587	.9945
1.0	.0198	.0394	.1315	.3516	.6492	.8752	.9724
2.0	.0078	.0167	.0662	.2154	.4825	.7600	.9274
3.0	.0030	.0070	.0325	.1269	.3411	.6295	.8581
4.0	.0012	.0029	.0156	.0723	.2312	.4993	.7684
5.0	.0004	.0012	.0074	.0401	.1512	.3809	.6656
6.0	.0002	.0005	.0034	.0218	.0959	.2805	.5583
7.0	.0001	.0002	.0016	.0116	.0592	.2003	.4540
8.0	.0000	.0001	.0007	.0060	.0357	.1390	.3587
F1=8, F2=10, U=.28924							
0.0	.0500	.0967	.2860	.6145	.8816	.9814	.9986
1.0	.0199	.0426	.1555	.4231	.7446	.9354	.9913
2.0	.0078	.0184	.0815	.2759	.5938	.8599	.9728
3.0	.0030	.0078	.0415	.1722	.4504	.7603	.9385
4.0	.0011	.0033	.0206	.1036	.3269	.6467	.8860
5.0	.0004	.0013	.0100	.0604	.2284	.5302	.8160
6.0	.0002	.0006	.0048	.0343	.1543	.4198	.7320
7.0	.0001	.0002	.0022	.0190	.1012	.3220	.6392
8.0	.0000	.0001	.0010	.0103	.0646	.2398	.5434
F1=8, F2=12, U=.34494							
0.0	.0500	.1011	.3122	.6645	.9162	.9906	.9995
1.0	.0201	.0456	.1771	.4820	.8089	.9644	.9969
2.0	.0079	.0201	.0965	.3307	.6783	.9156	.9891
3.0	.0031	.0087	.0509	.2167	.5424	.8437	.9724
4.0	.0012	.0037	.0261	.1366	.4155	.7527	.9435
5.0	.0004	.0015	.0131	.0833	.3063	.6499	.9001
6.0	.0002	.0006	.0064	.0494	.2182	.5435	.8421
7.0	.0001	.0003	.0031	.0285	.1507	.4407	.7709
8.0	.0000	.0001	.0015	.0161	.1012	.3472	.6900

ϕ_2\\ϕ_1	0.0	0.5	1.0	1.5	2.0	2.5	3.0
F1=8, F2=16, U=.43563							
0.0	.0500	.1080	.3516	.7808	.9515	.9968	.9999
1.0	.0207	.0512	.2136	.5700	.8832	.9869	.9994
2.0	.0084	.0236	.1243	.4216	.7886	.9654	.9977
3.0	.0034	.0106	.0698	.2980	.6770	.9287	.9934
4.0	.0013	.0047	.0381	.2026	.5597	.8750	.9845
5.0	.0005	.0020	.0202	.1330	.4465	.8053	.9688
6.0	.0002	.0009	.0105	.0848	.3447	.7230	.9442
7.0	.0001	.0004	.0054	.0526	.2581	.6328	.9093
8.0	.0000	.0002	.0027	.0319	.1879	.5400	.8633
F1=8, F2=20, U=.50535							
0.0	.0500	.1129	.3795	.7715	.9677	.9985	1.000
1.0	.0215	.0559	.2429	.6305	.9212	.9940	.9999
2.0	.0090	.0269	.1490	.4911	.8517	.9834	.9994
3.0	.0037	.0127	.0882	.3666	.7632	.9636	.9980
4.0	.0015	.0058	.0506	.2635	.6623	.9319	.9949
5.0	.0006	.0026	.0283	.1832	.5571	.8869	.9889
6.0	.0002	.0012	.0155	.1236	.4547	.8288	.9784
7.0	.0001	.0005	.0083	.0812	.3608	.7593	.9620
8.0	.0000	.0002	.0044	.0520	.2788	.6814	.9382
F1=8, F2=24, U=.56022							
0.0	.0500	.1166	.4001	.7986	.9763	.9992	1.000
1.0	.0222	.0601	.2667	.6738	.9426	.9968	.9999
2.0	.0097	.0301	.1706	.5446	.8900	.9909	.9998
3.0	.0041	.0147	.1054	.4232	.8194	.9794	.9993
4.0	.0017	.0070	.0632	.3174	.7345	.9599	.9980
5.0	.0007	.0033	.0369	.2306	.6408	.9305	.9955
6.0	.0003	.0015	.0211	.1628	.5443	.8901	.9907
7.0	.0001	.0007	.0118	.1119	.4506	.8386	.9827
8.0	.0000	.0003	.0065	.0752	.3639	.7772	.9703
F1=8, F2=30, U=.62332							
0.0	.0500	.1207	.4226	.8252	.9832	.9996	1.000
1.0	.0233	.0654	.2950	.7190	.9603	.9984	1.000
2.0	.0106	.0344	.1981	.6039	.9235	.9956	.9999
3.0	.0047	.0177	.1288	.4902	.8717	.9898	.9998
4.0	.0021	.0089	.0814	.3854	.8060	.9794	.9994
5.0	.0009	.0044	.0501	.2943	.7292	.9629	.9985
6.0	.0004	.0022	.0302	.2188	.6453	.9388	.9968
7.0	.0002	.0010	.0179	.1587	.5585	.9061	.9938
8.0	.0001	.0005	.0104	.1125	.4731	.8644	.9887
F1=8, F2=40, U=.69636							
0.0	.0500	.1254	.4470	.8510	.9886	.9998	1.000
1.0	.0249	.0724	.3290	.7655	.9744	.9993	1.000
2.0	.0121	.0408	.2342	.6691	.9512	.9982	1.000
3.0	.0058	.0224	.1619	.5688	.9175	.9957	.9999
4.0	.0027	.0121	.1091	.4709	.8726	.9912	.9999
5.0	.0013	.0064	.0718	.3803	.8171	.9838	.9996
6.0	.0006	.0034	.0464	.3000	.7527	.9723	.9992
7.0	.0003	.0017	.0294	.2316	.6817	.9557	.9984
8.0	.0001	.0009	.0183	.1752	.6069	.9332	.9969
F1=8, F2=60, U=.78150							
0.0	.0500	.1306	.4736	.8756	.9926	.9999	1.000
1.0	.0274	.0822	.3710	.8126	.9848	.9997	1.000
2.0	.0147	.0507	.2832	.7397	.9724	.9994	1.000
3.0	.0078	.0307	.2113	.6602	.9541	.9986	1.000
4.0	.0041	.0182	.1543	.5781	.9290	.9972	1.000
5.0	.0021	.0107	.1106	.4968	.8965	.9948	.9999
6.0	.0011	.0062	.0779	.4194	.8567	.9909	.9999
7.0	.0005	.0036	.0540	.3480	.8100	.9851	.9998

$\phi_2\backslash\phi_1$	0.0	0.5	1.0	1.5	2.0	2.5	3.0	$\phi_2\backslash\phi_1$	0.0	0.5	1.0	1.5	2.0	2.5	3.0
			F1=10,F2=2,U=.01021								F1=10,F2=16,U=.39086				
0.0	.0500	.0633	.1019	.1628	.2711	.3312	.4269	0.0	.0500	.1101	.3695	.7620	.9650	.9983	1.000
1.0	.0252	.0320	.0524	.0857	.1311	.1870	.2518	1.0	.0200	.0504	.2212	.5978	.9053	.9917	.9998
2.0	.0127	.0162	.0269	.0451	.0711	.1051	.1474	2.0	.0078	.0224	.1261	.4420	.8162	.9753	.9988
3.0	.0064	.0082	.0138	.0237	.0384	.0588	.0856	3.0	.0030	.0097	.0690	.3106	.7060	.9448	.9961
4.0	.0032	.0042	.0071	.0124	.0208	.0328	.0495	4.0	.0011	.0041	.0365	.2088	.5862	.8971	.9898
5.0	.0016	.0021	.0037	.0065	.0112	.0182	.0284	5.0	.0004	.0017	.0188	.1351	.4681	.8320	.9779
6.0	.0008	.0011	.0019	.0034	.0060	.0101	.0162	6.0	.0001	.0007	.0094	.0845	.3605	.7520	.9580
7.0	.0004	.0005	.0010	.0018	.0032	.0056	.0092	7.0	.0001	.0003	.0046	.0513	.2685	.6617	.9280
8.0	.0002	.0003	.0005	.0009	.0017	.0031	.0052	8.0	.0000	.0001	.0022	.0303	.1938	.5667	.8868
			F1=10,F2=4,U=.06285								F1=10,F2=20,U=.45999				
0.0	.0500	.0750	.1619	.3215	.5266	.7218	.8638	0.0	.0500	.1157	.4024	.8061	.9790	.9994	1.000
1.0	.0212	.0328	.0770	.1712	.3203	.5036	.6831	1.0	.0206	.0554	.2544	.6648	.9414	.9968	1.000
2.0	.0090	.0143	.0362	.0894	.1885	.3353	.5109	2.0	.0082	.0256	.1531	.5195	.8798	.9899	.9997
3.0	.0038	.0062	.0169	.0460	.1081	.2151	.3654	3.0	.0032	.0115	.0884	.3869	.7961	.9753	.9991
4.0	.0016	.0027	.0079	.0234	.0607	.1340	.2520	4.0	.0012	.0051	.0493	.2761	.6963	.9499	.9973
5.0	.0007	.0012	.0036	.0117	.0335	.0814	.1686	5.0	.0005	.0022	.0266	.1897	.5886	.9114	.9935
6.0	.0003	.0005	.0017	.0058	.0182	.0484	.1099	6.0	.0002	.0009	.0140	.1259	.4815	.8588	.9863
7.0	.0001	.0002	.0008	.0029	.0097	.0283	.0700	7.0	.0001	.0004	.0072	.0811	.3816	.7930	.9742
8.0	.0000	.0001	.0003	.0014	.0052	.0163	.0438	8.0	.0000	.0002	.0036	.0508	.2936	.7165	.9554
			F1=10,F2=6,U=.12876								F1=10,F2=24,U=.51560				
0.0	.0500	.0842	.2146	.4576	.7249	.9030	.9767	0.0	.0500	.1201	.4271	.8350	.9859	.9997	1.000
1.0	.0199	.0356	.1046	.2680	.5145	.7551	.9098	1.0	.0212	.0597	.2818	.7123	.9605	.9985	1.000
2.0	.0078	.0149	.0499	.1508	.3447	.5934	.8078	2.0	.0088	.0287	.1771	.5791	.9166	.9952	.9999
3.0	.0031	.0062	.0234	.0822	.2207	.4426	.6846	3.0	.0035	.0134	.1069	.4504	.8529	.9877	.9997
4.0	.0012	.0025	.0108	.0436	.1362	.3159	.5557	4.0	.0014	.0061	.0623	.3364	.7719	.9736	.9992
5.0	.0005	.0010	.0049	.0227	.0814	.2171	.4337	5.0	.0005	.0027	.0352	.2423	.6786	.9506	.9978
6.0	.0002	.0004	.0022	.0116	.0474	.1444	.3268	6.0	.0002	.0012	.0194	.1688	.5794	.9167	.9950
7.0	.0001	.0002	.0010	.0058	.0270	.0934	.2386	7.0	.0001	.0005	.0104	.1141	.4807	.8711	.9899
8.0	.0000	.0001	.0004	.0029	.0151	.0589	.1693	8.0	.0000	.0002	.0055	.0751	.3880	.8141	.9814
			F1=10,F2=8,U=.19290								F1=10,F2=30,U=.58088				
0.0	.0500	.0915	.2583	.5597	.8362	.9649	.9958	0.0	.0500	.1251	.4544	.8630	.9911	.9999	1.000
1.0	.0194	.0387	.1318	.3581	.6622	.8858	.9766	1.0	.0222	.0654	.3147	.7613	.9754	.9994	1.000
2.0	.0074	.0161	.0651	.2172	.4916	.7723	.9349	2.0	.0096	.0330	.2083	.6450	.9470	.9981	1.000
3.0	.0028	.0066	.0313	.1263	.3460	.6408	.8683	3.0	.0041	.0162	.1326	.5256	.9034	.9948	.9999
4.0	.0011	.0027	.0147	.0709	.2328	.5079	.7799	4.0	.0017	.0078	.0816	.4130	.8442	.9884	.9998
5.0	.0004	.0011	.0068	.0387	.1508	.3863	.6768	5.0	.0007	.0036	.0488	.3138	.7712	.9771	.9995
6.0	.0001	.0004	.0031	.0206	.0945	.2832	.5678	6.0	.0003	.0017	.0284	.2312	.6879	.9591	.9987
7.0	.0001	.0002	.0014	.0107	.0575	.2007	.4612	7.0	.0001	.0008	.0161	.1655	.5989	.9330	.9971
8.0	.0000	.0001	.0006	.0055	.0342	.1381	.3633	8.0	.0000	.0003	.0090	.1155	.5090	.8977	.9943
			F1=10,F2=10,U=.25137								F1=10,F2=40,U=.65819				
0.0	.0500	.0974	.2943	.6344	.8972	.9859	.9991	0.0	.0500	.1308	.4843	.8893	.9947	1.000	1.000
1.0	.0193	.0418	.1573	.4357	.7632	.9456	.9936	1.0	.0237	.0730	.3547	.8105	.9861	.9998	1.000
2.0	.0074	.0176	.0808	.2819	.6105	.8747	.9782	2.0	.0109	.0394	.2497	.7160	.9701	.9994	1.000
3.0	.0028	.0072	.0402	.1738	.4627	.7774	.9478	3.0	.0049	.0207	.1697	.6131	.9444	.9983	1.000
4.0	.0010	.0029	.0194	.1030	.3344	.6636	.8991	4.0	.0022	.0107	.1118	.5094	.9074	.9960	1.000
5.0	.0004	.0012	.0092	.0590	.2320	.5446	.8319	5.0	.0009	.0054	.0717	.4112	.8585	.9918	.9999
6.0	.0001	.0005	.0043	.0328	.1551	.4308	.7491	6.0	.0004	.0027	.0448	.3230	.7987	.9847	.9998
7.0	.0000	.0002	.0019	.0178	.1005	.3293	.6559	7.0	.0002	.0013	.0274	.2474	.7296	.9734	.9995
8.0	.0000	.0001	.0009	.0094	.0632	.2439	.5584	8.0	.0001	.0006	.0164	.1851	.6542	.9570	.9989
			F1=10,F2=12,U=.30354								F1=10,F2=60,U=.75070				
0.0	.0500	.1024	.3239	.6893	.9317	.9937	.9998	0.0	.0500	.1373	.5173	.9135	.9971	1.000	1.000
1.0	.0195	.0449	.1807	.5004	.8302	.9726	.9981	1.0	.0261	.0838	.4046	.8585	.9931	.9999	1.000
2.0	.0074	.0191	.0964	.3415	.7006	.9297	.9923	2.0	.0133	.0498	.3067	.7904	.9857	.9998	1.000
3.0	.0028	.0080	.0496	.2216	.5617	.8626	.9790	3.0	.0067	.0289	.2260	.7122	.9737	.9996	1.000
4.0	.0010	.0033	.0247	.1377	.4299	.7743	.9543	4.0	.0033	.0164	.1624	.6281	.9557	.9991	1.000
5.0	.0004	.0013	.0120	.0825	.3156	.6714	.9153	5.0	.0016	.0092	.1140	.5421	.9306	.9980	1.000
6.0	.0001	.0005	.0057	.0479	.2231	.5628	.8610	6.0	.0008	.0050	.0784	.4584	.8977	.9962	1.000
7.0	.0000	.0002	.0027	.0271	.1525	.4565	.7923	7.0	.0004	.0027	.0528	.3798	.8568	.9932	.9999
8.0	.0000	.0001	.0012	.0149	.1011	.3589	.7123								

DOUBLY NONCENTRAL F DISTRIBUTION

F1=12, F2=2, U=.00851

φ2\φ1	0.0	0.5	1.0	1.5	2.0	2.5	3.0
0.0	.0500	.0630	.1011	.1612	.2386	.3277	.4225
1.0	.0252	.0319	.0519	.0848	.1294	.1846	.2485
2.0	.0127	.0161	.0267	.0445	.0700	.1035	.1450
3.0	.0064	.0082	.0137	.0234	.0378	.0578	.0840
4.0	.0032	.0041	.0070	.0122	.0204	.0321	.0484
5.0	.0016	.0021	.0036	.0064	.0110	.0178	.0277
6.0	.0008	.0011	.0018	.0034	.0059	.0098	.0158
7.0	.0004	.0005	.0009	.0018	.0032	.0054	.0090
8.0	.0002	.0003	.0005	.0009	.0017	.0030	.0051

F1=12, F2=4, U=.05338

φ2\φ1	0.0	0.5	1.0	1.5	2.0	2.5	3.0
0.0	.0500	.0748	.1615	.3212	.5269	.7225	.8645
1.0	.0211	.0326	.0763	.1701	.3191	.5026	.6825
2.0	.0089	.0141	.0357	.0883	.1869	.3333	.5090
3.0	.0037	.0061	.0166	.0452	.1066	.2129	.3628
4.0	.0016	.0026	.0077	.0228	.0595	.1320	.2492
5.0	.0007	.0011	.0035	.0114	.0326	.0798	.1660
6.0	.0003	.0005	.0016	.0056	.0176	.0472	.1077
7.0	.0001	.0002	.0007	.0027	.0094	.0274	.0683
8.0	.0000	.0001	.0003	.0013	.0049	.0157	.0424

F1=12, F2=6, U=.11111

φ2\φ1	0.0	0.5	1.0	1.5	2.0	2.5	3.0
0.0	.0500	.0841	.2158	.4622	.7314	.9075	.9786
1.0	.0197	.0352	.1042	.2691	.5183	.7601	.9133
2.0	.0077	.0145	.0492	.1502	.3460	.5971	.8120
3.0	.0030	.0060	.0228	.0812	.2204	.4445	.6884
4.0	.0011	.0024	.0104	.0427	.1351	.3162	.5583
5.0	.0004	.0010	.0047	.0220	.0802	.2163	.4350
6.0	.0002	.0004	.0021	.0111	.0463	.1431	.3268
7.0	.0001	.0002	.0009	.0055	.0261	.0919	.2377
8.0	.0000	.0001	.0004	.0027	.0144	.0576	.1679

F1=12, F2=8, U=.16875

φ2\φ1	0.0	0.5	1.0	1.5	2.0	2.5	3.0
0.0	.0500	.0918	.2621	.5701	.8464	.9691	.9966
1.0	.0191	.0382	.1322	.3633	.6721	.8935	.9794
2.0	.0072	.0156	.0644	.2189	.4988	.7815	.9403
3.0	.0027	.0063	.0305	.1261	.3501	.6495	.8759
4.0	.0010	.0025	.0141	.0700	.2344	.5148	.7886
5.0	.0004	.0010	.0064	.0377	.1508	.3909	.6855
6.0	.0001	.0004	.0029	.0198	.0937	.2856	.5754
7.0	.0000	.0001	.0013	.0102	.0565	.2015	.4671
8.0	.0000	.0001	.0005	.0051	.0332	.1378	.3674

F1=12, F2=10, U=.22244

φ2\φ1	0.0	0.5	1.0	1.5	2.0	2.5	3.0
0.0	.0500	.0981	.3009	.6497	.9083	.9888	.9994
1.0	.0190	.0413	.1589	.4458	.7771	.9525	.9950
2.0	.0071	.0170	.0804	.2869	.6235	.8854	.9818
3.0	.0026	.0068	.0393	.1754	.4726	.7904	.9543
4.0	.0009	.0027	.0187	.1028	.3407	.6767	.9085
5.0	.0003	.0011	.0086	.0581	.2351	.5562	.8437
6.0	.0001	.0004	.0039	.0318	.1561	.4398	.7622
7.0	.0000	.0002	.0017	.0170	.1002	.3355	.6690
8.0	.0000	.0001	.0008	.0089	.0624	.2476	.5704

F1=12, F2=12, U=.27125

φ2\φ1	0.0	0.5	1.0	1.5	2.0	2.5	3.0
0.0	.0500	.1034	.3334	.7085	.9423	.9955	.9999
1.0	.0190	.0443	.1838	.5152	.8460	.9779	.9987
2.0	.0071	.0184	.0965	.3505	.7178	.9395	.9943
3.0	.0026	.0075	.0487	.2258	.5772	.8765	.9832
4.0	.0009	.0030	.0238	.1389	.4418	.7906	.9616
5.0	.0003	.0012	.0113	.0822	.3234	.6884	.9261
6.0	.0001	.0005	.0053	.0470	.2275	.5784	.8750
7.0	.0000	.0002	.0024	.0261	.1543	.4695	.8086
8.0	.0000	.0001	.0011	.0141	.1014	.3688	.7296

F1=12, F2=16, U=.35480

φ2\φ1	0.0	0.5	1.0	1.5	2.0	2.5	3.0
0.0	.0500	.1118	.3843	.7858	.9735	.9990	1.000
1.0	.0194	.0499	.2277	.6202	.9207	.9943	.9999
2.0	.0073	.0215	.1278	.4590	.8369	.9815	.9993
3.0	.0027	.0090	.0686	.3213	.7287	.9556	.9975
4.0	.0010	.0037	.0355	.2144	.6077	.9128	.9929
5.0	.0003	.0015	.0178	.1372	.4862	.8519	.9835
6.0	.0001	.0006	.0087	.0846	.3741	.7746	.9670
7.0	.0000	.0002	.0041	.0505	.2776	.6849	.9410
8.0	.0000	.0001	.0019	.0293	.1993	.5887	.9037

F1=12, F2=20, U=.42256

φ2\φ1	0.0	0.5	1.0	1.5	2.0	2.5	3.0
0.0	.0500	.1182	.4217	.8323	.9856	.9997	1.000
1.0	.0199	.0550	.2644	.6923	.9548	.9982	1.000
2.0	.0077	.0246	.1568	.5432	.9001	.9934	.9999
3.0	.0029	.0107	.0888	.4044	.8213	.9824	.9995
4.0	.0011	.0045	.0484	.2872	.7234	.9617	.9985
5.0	.0004	.0019	.0255	.1956	.6147	.9284	.9960
6.0	.0001	.0008	.0130	.1284	.5042	.8808	.9908
7.0	.0000	.0003	.0065	.0814	.3997	.8188	.9816
8.0	.0000	.0001	.0032	.0501	.3068	.7444	.9664

F1=12, F2=24, U=.47808

φ2\φ1	0.0	0.5	1.0	1.5	2.0	2.5	3.0
0.0	.0500	.1232	.4502	.8621	.9912	.9999	1.000
1.0	.0205	.0595	.2950	.7430	.9718	.9993	1.000
2.0	.0081	.0277	.1830	.6079	.9349	.9973	1.000
3.0	.0031	.0124	.1084	.4738	.8777	.9922	.9999
4.0	.0012	.0054	.0618	.3532	.8010	.9818	.9996
5.0	.0004	.0023	.0340	.2528	.7092	.9636	.9989
6.0	.0002	.0010	.0182	.1745	.6088	.9351	.9972
7.0	.0001	.0004	.0095	.1165	.5067	.8947	.9938
8.0	.0000	.0002	.0048	.0754	.4092	.8421	.9877

F1=12, F2=30, U=.54442

φ2\φ1	0.0	0.5	1.0	1.5	2.0	2.5	3.0
0.0	.0500	.1290	.4818	.8904	.9950	1.000	1.000
1.0	.0214	.0655	.3321	.7944	.9841	.9998	1.000
2.0	.0088	.0319	.2174	.6788	.9621	.9991	1.000
3.0	.0036	.0151	.1362	.5559	.9255	.9972	1.000
4.0	.0014	.0069	.0821	.4373	.8726	.9931	.9999
5.0	.0005	.0031	.0479	.3314	.8039	.9852	.9998
6.0	.0002	.0014	.0271	.2426	.7225	.9717	.9994
7.0	.0001	.0006	.0149	.1721	.6329	.9508	.9986
8.0	.0000	.0002	.0080	.1185	.5401	.9210	.9969

F1=12, F2=40, U=.62460

φ2\φ1	0.0	0.5	1.0	1.5	2.0	2.5	3.0
0.0	.0500	.1357	.5169	.9163	.9974	1.000	1.000
1.0	.0228	.0736	.3778	.8449	.9921	.9999	1.000
2.0	.0100	.0384	.2638	.7539	.9811	.9998	1.000
3.0	.0043	.0194	.1769	.6505	.9616	.9993	1.000
4.0	.0018	.0096	.1145	.5430	.9314	.9981	1.000
5.0	.0007	.0046	.0718	.4389	.8889	.9957	1.000
6.0	.0003	.0022	.0438	.3442	.8341	.9912	.9999
7.0	.0001	.0010	.0260	.2623	.7683	.9836	.9998
8.0	.0000	.0005	.0151	.1946	.6938	.9716	.9995

F1=12, F2=60, U=.72282

φ2\φ1	0.0	0.5	1.0	1.5	2.0	2.5	3.0
0.0	.0500	.1435	.5557	.9391	.9988	1.000	1.000
1.0	.0251	.0853	.4350	.8921	.9967	1.000	1.000
2.0	.0122	.0491	.3284	.8299	.9924	1.000	1.000
3.0	.0058	.0275	.2399	.7549	.9846	.9999	1.000
4.0	.0027	.0150	.1702	.6707	.9719	.9997	1.000
5.0	.0012	.0080	.1175	.5821	.9528	.9992	1.000
6.0	.0006	.0042	.0791	.4936	.9261	.9984	1.000
7.0	.0002	.0022	.0521	.4092	.8912	.9968	1.000

$\phi_2 \backslash \phi_1$	0.0	0.5	1.0	1.5	2.0	2.5	3.0
			F1=24,F2=2,U=.00427				
0.0	.0500	.0626	.0994	.1575	.2326	.3193	.4121
1.0	.0252	.0316	.0509	.0825	.1256	.1788	.2407
2.0	.0126	.0160	.0261	.0432	.0677	.0997	.1396
3.0	.0064	.0081	.0134	.0226	.0364	.0554	.0804
4.0	.0032	.0041	.0068	.0118	.0195	.0306	.0460
5.0	.0016	.0021	.0035	.0062	.0104	.0169	.0262
6.0	.0008	.0010	.0018	.0032	.0056	.0093	.0149
7.0	.0004	.0005	.0009	.0017	.0030	.0051	.0084
8.0	.0002	.0003	.0005	.0009	.0016	.0028	.0047
			F1=24,F2=4,U=.02805				
0.0	.0500	.0742	.1604	.3208	.5280	.7246	.8666
1.0	.0209	.0319	.0746	.1673	.3160	.5001	.6811
2.0	.0087	.0136	.0343	.0856	.1826	.3283	.5044
3.0	.0036	.0058	.0157	.0431	.1027	.2072	.3563
4.0	.0015	.0025	.0071	.0214	.0565	.1268	.2422
5.0	.0006	.0010	.0032	.0105	.0305	.0756	.1594
6.0	.0003	.0004	.0014	.0051	.0162	.0441	.1021
7.0	.0001	.0002	.0006	.0024	.0085	.0252	.0639
8.0	.0000	.0001	.0003	.0012	.0044	.0142	.0392
			F1=24,F2=6,U=.06110				
0.0	.0500	.0842	.2198	.4764	.7505	.9202	.9833
1.0	.0192	.0342	.1033	.2730	.5305	.7752	.9235
2.0	.0073	.0137	.0473	.1494	.3510	.6092	.8249
3.0	.0027	.0054	.0212	.0788	.2205	.4515	.7007
4.0	.0010	.0021	.0094	.0404	.1328	.3184	.5676
5.0	.0004	.0008	.0041	.0202	.0772	.2153	.4403
6.0	.0001	.0003	.0017	.0099	.0436	.1404	.3285
7.0	.0001	.0001	.0007	.0047	.0240	.0886	.2366
8.0	.0000	.0000	.0003	.0022	.0129	.0544	.1651
			F1=24,F2=8,U=.09666				
0.0	.0500	.0928	.2744	.6024	.8752	.9795	.9984
1.0	.0183	.0369	.1339	.3805	.7024	.9148	.9863
2.0	.0066	.0144	.0628	.2250	.5221	.8090	.9547
3.0	.0024	.0055	.0285	.1263	.3641	.6769	.8975
4.0	.0008	.0021	.0126	.0680	.2406	.5376	.8149
5.0	.0003	.0008	.0054	.0353	.1519	.4069	.7128
6.0	.0001	.0003	.0023	.0178	.0922	.2950	.6004
7.0	.0000	.0001	.0010	.0088	.0541	.2056	.4875
8.0	.0000	.0000	.0004	.0042	.0308	.1384	.3822
			F1=24,F2=10,U=.13211				
0.0	.0500	.1003	.3232	.6978	.9379	.9948	.9998
1.0	.0179	.0399	.1648	.4791	.8187	.9700	.9978
2.0	.0063	.0154	.0797	.3044	.6649	.9155	.9900
3.0	.0022	.0058	.0370	.1818	.5057	.8292	.9707
4.0	.0007	.0021	.0166	.1032	.3627	.7181	.9345
5.0	.0002	.0008	.0072	.0561	.2472	.5944	.8784
6.0	.0001	.0003	.0031	.0294	.1610	.4709	.8026
7.0	.0000	.0001	.0013	.0149	.1008	.3580	.7112
8.0	.0000	.0000	.0005	.0074	.0609	.2619	.6105
			F1=24,F2=12,U=.16636				
0.0	.0500	.1069	.3664	.7682	.9684	.9986	1.000
1.0	.0177	.0428	.1951	.5645	.8910	.9896	.9997
2.0	.0061	.0165	.0977	.3820	.7716	.9643	.9979
3.0	.0020	.0062	.0466	.2415	.6284	.9153	.9924
4.0	.0007	.0023	.0213	.1442	.4829	.8400	.9793
5.0	.0002	.0008	.0094	.0821	.3519	.7424	.9544
6.0	.0001	.0003	.0041	.0448	.2444	.6306	.9143
7.0	.0000	.0001	.0017	.0236	.1625	.5149	.8573
8.0	.0000	.0000	.0007	.0121	.1039	.4047	.7843

$\phi_2 \backslash \phi_1$	0.0	0.5	1.0	1.5	2.0	2.5	3.0
			F1=24,F2=16,U=.22972				
0.0	.0500	.1182	.4381	.8580	.9909	.9999	1.000
1.0	.0176	.0486	.2522	.6953	.9599	.9987	1.000
2.0	.0060	.0191	.1349	.5197	.8968	.9938	.9999
3.0	.0020	.0072	.0680	.3616	.8009	.9806	.9995
4.0	.0006	.0026	.0327	.2365	.6810	.9538	.9982
5.0	.0002	.0009	.0151	.1465	.5511	.9089	.9946
6.0	.0001	.0003	.0067	.0865	.4252	.8440	.9869
7.0	.0000	.0001	.0029	.0490	.3136	.7610	.9724
8.0	.0000	.0000	.0012	.0267	.2217	.6647	.9484
			F1=24,F2=20,U=.28580				
0.0	.0500	.1275	.4941	.9077	.9970	1.000	1.000
1.0	.0178	.0541	.3031	.7829	.9842	.9998	1.000
2.0	.0061	.0217	.1720	.6282	.9527	.9988	1.000
3.0	.0020	.0084	.0915	.4708	.8953	.9955	1.000
4.0	.0006	.0031	.0461	.3314	.8111	.9871	.9998
5.0	.0002	.0011	.0222	.2206	.7054	.9699	.9994
6.0	.0001	.0004	.0103	.1396	.5878	.9401	.9982
7.0	.0000	.0001	.0046	.0845	.4695	.8949	.9953
8.0	.0000	.0000	.0020	.0491	.3599	.8332	.9895
			F1=24,F2=24,U=.33515				
0.0	.0500	.1353	.5383	.9366	.9988	1.000	1.000
1.0	.0180	.0592	.3478	.8413	.9932	1.000	1.000
2.0	.0062	.0245	.2076	.7102	.9773	.9997	1.000
3.0	.0021	.0096	.1159	.5631	.9441	.9989	1.000
4.0	.0007	.0037	.0612	.4205	.8889	.9963	1.000
5.0	.0002	.0013	.0308	.2971	.8108	.9900	.9999
6.0	.0001	.0005	.0148	.1996	.7138	.9775	.9997
7.0	.0000	.0002	.0069	.1280	.6052	.9557	.9992
8.0	.0000	.0001	.0031	.0787	.4940	.9218	.9979
			F1=24,F2=30,U=.39842				
0.0	.0500	.1447	.5889	.9606	.9996	1.000	1.000
1.0	.0186	.0663	.4042	.8955	.9978	1.000	1.000
2.0	.0065	.0286	.2567	.7955	.9916	1.000	1.000
3.0	.0022	.0117	.1526	.6703	.9768	.9998	1.000
4.0	.0007	.0046	.0856	.5354	.9485	.9993	1.000
5.0	.0002	.0017	.0456	.4060	.9026	.9979	1.000
6.0	.0001	.0006	.0233	.2932	.8375	.9946	1.000
7.0	.0000	.0002	.0114	.2023	.7550	.9878	.9999
8.0	.0000	.0001	.0054	.1338	.6596	.9755	.9998
			F1=24,F2=40,U=.48175				
0.0	.0500	.1566	.6465	.9786	.9999	1.000	1.000
1.0	.0195	.0765	.4762	.9411	.9995	1.000	1.000
2.0	.0072	.0352	.3267	.8768	.9979	1.000	1.000
3.0	.0026	.0153	.2104	.7861	.9935	1.000	1.000
4.0	.0009	.0064	.1281	.6755	.9838	.9999	1.000
5.0	.0003	.0026	.0742	.5557	.9654	.9998	1.000
6.0	.0001	.0010	.0411	.4378	.9351	.9994	1.000
7.0	.0000	.0004	.0219	.3307	.8906	.9984	1.000
8.0	.0000	.0001	.0112	.2400	.8310	.9961	1.000
			F1=24,F2=60,U=.59522				
0.0	.0500	.1720	.7109	.9904	1.000	1.000	1.000
1.0	.0213	.0926	.5681	.9739	.9999	1.000	1.000
2.0	.0086	.0471	.4287	.9430	.9997	1.000	1.000
3.0	.0034	.0228	.3066	.8941	.9991	1.000	1.000
4.0	.0013	.0106	.2087	.8260	.9974	1.000	1.000
5.0	.0005	.0047	.1358	.7412	.9937	1.000	1.000
6.0	.0002	.0020	.0848	.6445	.9866	1.000	1.000
7.0	.0001	.0009	.0510	.5426	.9743	.9999	1.000

TABLE 2. VALUES OF $P(F'' \geq F_0)$, $F_0 = f_2(1-U)/f_1 U$; **TYPE I ERROR OF F-TEST** $I_U(\frac{1}{2}f_2, \frac{1}{2}f_1) = 0.01$.

$\phi_2 \backslash \phi_1$	0.0	0.5	1.0	1.5	2.0	2.5	3.0
\multicolumn{8}{c}{F1=1,F2=2,U=.01990}
0.0	.0100	.0149	.0295	.0533	.0857	.1258	.1723
1.0	.0050	.0075	.0149	.0271	.0442	.0658	.0917
2.0	.0025	.0037	.0075	.0138	.0227	.0344	.0488
3.0	.0012	.0019	.0038	.0070	.0117	.0180	.0259
4.0	.0006	.0009	.0019	.0036	.0060	.0094	.0137
5.0	.0003	.0005	.0010	.0018	.0031	.0049	.0073
6.0	.0002	.0002	.0005	.0009	.0016	.0025	.0039
7.0	.0001	.0001	.0002	.0005	.0008	.0013	.0020
8.0	.0000	.0001	.0001	.0002	.0004	.0007	.0011
\multicolumn{8}{c}{F1=1,F2=4,U=.15875}
0.0	.0100	.0191	.0508	.1145	.2157	.3491	.4986
1.0	.0042	.0083	.0234	.0564	.1143	.2011	.3137
2.0	.0018	.0036	.0108	.0276	.0600	.1139	.1924
3.0	.0007	.0016	.0050	.0135	.0313	.0636	.1156
4.0	.0003	.0007	.0023	.0065	.0162	.0351	.0683
5.0	.0001	.0003	.0011	.0032	.0083	.0192	.0397
6.0	.0001	.0001	.0005	.0015	.0042	.0104	.0228
7.0	.0000	.0001	.0002	.0007	.0021	.0056	.0130
8.0	.0000	.0000	.0001	.0004	.0011	.0030	.0073
\multicolumn{8}{c}{F1=1,F2=6,U=.30387}
0.0	.0100	.0218	.0660	.1608	.3130	.5023	.6875
1.0	.0041	.0096	.0317	.0855	.1857	.3337	.5102
2.0	.0017	.0042	.0152	.0450	.1080	.2154	.3645
3.0	.0007	.0018	.0073	.0234	.0618	.1357	.2525
4.0	.0003	.0008	.0035	.0121	.0349	.0838	.1704
5.0	.0001	.0004	.0016	.0062	.0195	.0509	.1126
6.0	.0000	.0002	.0008	.0032	.0108	.0304	.0729
7.0	.0000	.0001	.0004	.0016	.0059	.0180	.0465
8.0	.0000	.0000	.0002	.0008	.0032	.0105	.0292
\multicolumn{8}{c}{F1=1,F2=8,U=.41540}
0.0	.0100	.0236	.0764	.1923	.3758	.5907	.7789
1.0	.0042	.0107	.0388	.1099	.2428	.4305	.6333
2.0	.0017	.0049	.0196	.0620	.1532	.3038	.4961
3.0	.0007	.0022	.0099	.0345	.0948	.2088	.3766
4.0	.0003	.0010	.0049	.0190	.0578	.1403	.2783
5.0	.0001	.0005	.0025	.0104	.0347	.0925	.2009
6.0	.0001	.0002	.0012	.0056	.0206	.0600	.1421
7.0	.0000	.0001	.0006	.0030	.0121	.0383	.0987
8.0	.0000	.0000	.0003	.0016	.0070	.0241	.0674
\multicolumn{8}{c}{F1=1,F2=10,U=.49889}
0.0	.0100	.0248	.0837	.2142	.4176	.6445	.8275
1.0	.0043	.0118	.0448	.1297	.2865	.4983	.7088
2.0	.0018	.0056	.0238	.0773	.1920	.3735	.5875
3.0	.0008	.0026	.0126	.0455	.1260	.2727	.4731
4.0	.0003	.0013	.0066	.0265	.0813	.1947	.3713
5.0	.0001	.0006	.0035	.0153	.0517	.1364	.2850
6.0	.0001	.0003	.0018	.0087	.0325	.0938	.2143
7.0	.0000	.0001	.0009	.0049	.0201	.0636	.1583
8.0	.0000	.0001	.0005	.0028	.0124	.0425	.1150
\multicolumn{8}{c}{F1=1,F2=12,U=.56258}
0.0	.0100	.0257	.0891	.2301	.4468	.6797	.8563
1.0	.0044	.0127	.0497	.1457	.3204	.5469	.7576
2.0	.0020	.0062	.0276	.0908	.2244	.4276	.6513
3.0	.0009	.0031	.0152	.0559	.1541	.3261	.5457
4.0	.0004	.0015	.0083	.0340	.1041	.2435	.4466
5.0	.0002	.0007	.0045	.0205	.0692	.1783	.3579
6.0	.0001	.0004	.0025	.0122	.0454	.1285	.2814
7.0	.0000	.0002	.0013	.0072	.0295	.0911	.2175
8.0	.0000	.0001	.0007	.0043	.0189	.0638	.1654
\multicolumn{8}{c}{F1=1,F2=16,U=.65224}
0.0	.0100	.0270	.0964	.2515	.4844	.7222	.8879
1.0	.0047	.0142	.0575	.1699	.3686	.6106	.8146
2.0	.0022	.0075	.0341	.1131	.2746	.5039	.7312
3.0	.0011	.0039	.0201	.0743	.2008	.4071	.6431
4.0	.0005	.0021	.0118	.0483	.1446	.3227	.5549
5.0	.0002	.0011	.0068	.0311	.1027	.2515	.4703
6.0	.0001	.0006	.0040	.0198	.0720	.1930	.3921
7.0	.0001	.0003	.0023	.0126	.0499	.1461	.3220
8.0	.0000	.0002	.0013	.0079	.0342	.1092	.2607
\multicolumn{8}{c}{F1=1,F2=20,U=.71185}
0.0	.0100	.0277	.1011	.2651	.5075	.7465	.9043
1.0	.0050	.0154	.0634	.1873	.4010	.6498	.8458
2.0	.0025	.0085	.0395	.1305	.3110	.5543	.7777
3.0	.0012	.0047	.0244	.0898	.2373	.4642	.7033
4.0	.0006	.0026	.0150	.0612	.1785	.3824	.6261
5.0	.0003	.0015	.0092	.0414	.1325	.3102	.5490
6.0	.0002	.0008	.0056	.0277	.0972	.2482	.4746
7.0	.0001	.0004	.0034	.0184	.0706	.1961	.4048
8.0	.0000	.0002	.0021	.0122	.0508	.1532	.3411
\multicolumn{8}{c}{F1=1,F2=24,U=.75417}
0.0	.0100	.0283	.1044	.2745	.5229	.7620	.9142
1.0	.0052	.0163	.0680	.2003	.4242	.6762	.8653
2.0	.0027	.0094	.0440	.1444	.3386	.5897	.8076
3.0	.0014	.0055	.0283	.1030	.2663	.5061	.7434
4.0	.0007	.0032	.0181	.0727	.2067	.4281	.6753
5.0	.0004	.0018	.0115	.0509	.1585	.3572	.6056
6.0	.0002	.0011	.0073	.0354	.1203	.2944	.5364
7.0	.0001	.0006	.0046	.0244	.0904	.2398	.4696
8.0	.0001	.0004	.0029	.0167	.0674	.1933	.4066
\multicolumn{8}{c}{F1=1,F2=30,U=.79867}
0.0	.0100	.0289	.1078	.2841	.5383	.7771	.9233
1.0	.0055	.0175	.0733	.2149	.4491	.7029	.8835
2.0	.0030	.0106	.0495	.1608	.3694	.6268	.8363
3.0	.0016	.0064	.0333	.1192	.3000	.5516	.7831
4.0	.0009	.0039	.0223	.0876	.2409	.4794	.7255
5.0	.0005	.0024	.0149	.0639	.1914	.4119	.6651
6.0	.0003	.0014	.0099	.0463	.1507	.3501	.6036
7.0	.0002	.0009	.0065	.0333	.1176	.2946	.5424
8.0	.0001	.0005	.0043	.0238	.0910	.2456	.4829
\multicolumn{8}{c}{F1=1,F2=40,U=.84541}
0.0	.0100	.0295	.1114	.2939	.5538	.7916	.9317
1.0	.0058	.0190	.0796	.2314	.4758	.7298	.9006
2.0	.0034	.0122	.0566	.1806	.4043	.6656	.8638
3.0	.0020	.0079	.0401	.1399	.3400	.6009	.8220
4.0	.0012	.0051	.0283	.1075	.2833	.5371	.7761
5.0	.0007	.0033	.0199	.0821	.2340	.4757	.7270
6.0	.0004	.0021	.0139	.0623	.1917	.4177	.6757
7.0	.0002	.0014	.0097	.0470	.1560	.3638	.6233
8.0	.0001	.0009	.0068	.0353	.1260	.3144	.5707
\multicolumn{8}{c}{F1=1,F2=60,U=.89449}
0.0	.0100	.0301	.1150	.3040	.5692	.8055	.9392
1.0	.0064	.0208	.0873	.2508	.5052	.7574	.9166
2.0	.0041	.0145	.0661	.2055	.4448	.7070	.8902
3.0	.0026	.0100	.0498	.1674	.3888	.6553	.8602
4.0	.0017	.0070	.0374	.1357	.3376	.6032	.8270
5.0	.0011	.0048	.0281	.1094	.2912	.5517	.7909
6.0	.0007	.0034	.0210	.0878	.2497	.5014	.7525
7.0	.0004	.0023	.0156	.0701	.2129	.4530	.7123

$F_1=2, F_2=2, U=.01000$

$\phi_2 \backslash \phi_1$	0.0	0.5	1.0	1.5	2.0	2.5	3.0
0.0	.0100	.0137	.0247	.0429	.0677	.0986	.1350
1.0	.0050	.0068	.0124	.0216	.0344	.0507	.0704
2.0	.0025	.0034	.0062	.0109	.0175	.0261	.0367
3.0	.0012	.0017	.0031	.0055	.0089	.0134	.0191
4.0	.0006	.0008	.0015	.0028	.0045	.0069	.0099
5.0	.0003	.0004	.0008	.0014	.0023	.0035	.0052
6.0	.0001	.0002	.0004	.0007	.0012	.0018	.0027
7.0	.0001	.0001	.0002	.0004	.0006	.0009	.0014
8.0	.0000	.0001	.0001	.0002	.0003	.0005	.0007

$F_1=2, F_2=4, U=.10000$

$\phi_2 \backslash \phi_1$	0.0	0.5	1.0	1.5	2.0	2.5	3.0
0.0	.0100	.0172	.0433	.0985	.1900	.3149	.4599
1.0	.0041	.0072	.0190	.0459	.0952	.1715	.2739
2.0	.0017	.0030	.0083	.0213	.0472	.0918	.1590
3.0	.0007	.0012	.0036	.0098	.0232	.0484	.0904
4.0	.0003	.0005	.0016	.0045	.0113	.0253	.0505
5.0	.0001	.0002	.0007	.0021	.0055	.0130	.0278
6.0	.0000	.0001	.0003	.0009	.0027	.0067	.0151
7.0	.0000	.0000	.0001	.0004	.0013	.0034	.0081
8.0	.0000	.0000	.0001	.0002	.0006	.0017	.0043

$F_1=2, F_2=6, U=.21544$

$\phi_2 \backslash \phi_1$	0.0	0.5	1.0	1.5	2.0	2.5	3.0
0.0	.0100	.0197	.0591	.1503	.3049	.5019	.6948
1.0	.0038	.0080	.0262	.0743	.1703	.3187	.5003
2.0	.0015	.0032	.0116	.0363	.0929	.1952	.3439
3.0	.0006	.0013	.0051	.0175	.0497	.1162	.2277
4.0	.0002	.0005	.0022	.0084	.0261	.0675	.1462
5.0	.0001	.0002	.0010	.0040	.0136	.0385	.0915
6.0	.0000	.0001	.0004	.0019	.0069	.0215	.0560
7.0	.0000	.0000	.0002	.0009	.0035	.0119	.0336
8.0	.0000	.0000	.0001	.0004	.0018	.0065	.0198

$F_1=2, F_2=8, U=.31623$

$\phi_2 \backslash \phi_1$	0.0	0.5	1.0	1.5	2.0	2.5	3.0
0.0	.0100	.0216	.0712	.1906	.3890	.6206	.8131
1.0	.0038	.0089	.0330	.1013	.2390	.4404	.6566
2.0	.0014	.0036	.0152	.0528	.1423	.2995	.5052
3.0	.0005	.0015	.0069	.0271	.0826	.1967	.3732
4.0	.0002	.0006	.0031	.0137	.0469	.1255	.2664
5.0	.0001	.0002	.0014	.0069	.0262	.0781	.1846
6.0	.0000	.0001	.0006	.0034	.0144	.0476	.1246
7.0	.0000	.0000	.0003	.0017	.0078	.0284	.0822
8.0	.0000	.0000	.0001	.0008	.0041	.0167	.0531

$F_1=2, F_2=10, U=.39811$

$\phi_2 \backslash \phi_1$	0.0	0.5	1.0	1.5	2.0	2.5	3.0
0.0	.0100	.0230	.0804	.2210	.4485	.6944	.8732
1.0	.0039	.0097	.0391	.1249	.2960	.5304	.7531
2.0	.0015	.0041	.0188	.0691	.1888	.3882	.6221
3.0	.0006	.0017	.0090	.0375	.1170	.2741	.4946
4.0	.0002	.0007	.0042	.0200	.0708	.1877	.3802
5.0	.0001	.0003	.0020	.0105	.0420	.1252	.2836
6.0	.0000	.0001	.0009	.0055	.0245	.0817	.2061
7.0	.0000	.0001	.0004	.0028	.0140	.0522	.1462
8.0	.0000	.0000	.0002	.0014	.0079	.0327	.1015

$F_1=2, F_2=12, U=.46416$

$\phi_2 \backslash \phi_1$	0.0	0.5	1.0	1.5	2.0	2.5	3.0
0.0	.0100	.0240	.0876	.2442	.4915	.7423	.9066
1.0	.0040	.0105	.0445	.1452	.3420	.5960	.8133
2.0	.0016	.0046	.0223	.0843	.2299	.4596	.7033
3.0	.0006	.0020	.0111	.0480	.1502	.3423	.5877
4.0	.0002	.0009	.0055	.0269	.0957	.2474	.4760
5.0	.0001	.0004	.0027	.0148	.0597	.1742	.3748
6.0	.0000	.0002	.0013	.0081	.0366	.1198	.2876
7.0	.0000	.0001	.0006	.0043	.0220	.0807	.2156
8.0	.0000	.0000	.0003	.0023	.0131	.0534	.1582

$F_1=2, F_2=16, U=.56234$

$\phi_2 \backslash \phi_1$	0.0	0.5	1.0	1.5	2.0	2.5	3.0
0.0	.0100	.0255	.0979	.2769	.5481	.7986	.9397
1.0	.0042	.0119	.0534	.1775	.4098	.6812	.8789
2.0	.0017	.0055	.0288	.1111	.2967	.5616	.8007
3.0	.0007	.0026	.0153	.0681	.2089	.4492	.7105
4.0	.0003	.0012	.0081	.0410	.1437	.3496	.6147
5.0	.0001	.0005	.0042	.0243	.0968	.2656	.5192
6.0	.0001	.0002	.0022	.0143	.0640	.1973	.4287
7.0	.0000	.0001	.0011	.0082	.0416	.1438	.3467
8.0	.0000	.0001	.0006	.0047	.0267	.1028	.2749

$F_1=2, F_2=20, U=.63096$

$\phi_2 \backslash \phi_1$	0.0	0.5	1.0	1.5	2.0	2.5	3.0
0.0	.0100	.0265	.1049	.2985	.5830	.8295	.9551
1.0	.0044	.0130	.0605	.2016	.4562	.7322	.9115
2.0	.0019	.0064	.0344	.1331	.3468	.6283	.8531
3.0	.0008	.0031	.0194	.0862	.2570	.5252	.7823
4.0	.0004	.0015	.0108	.0549	.1864	.4286	.7029
5.0	.0002	.0007	.0059	.0344	.1325	.3422	.6191
6.0	.0001	.0004	.0033	.0213	.0925	.2678	.5349
7.0	.0000	.0002	.0018	.0130	.0636	.2057	.4537
8.0	.0000	.0001	.0010	.0079	.0431	.1554	.3782

$F_1=2, F_2=24, U=.68129$

$\phi_2 \backslash \phi_1$	0.0	0.5	1.0	1.5	2.0	2.5	3.0
0.0	.0100	.0272	.1099	.3137	.6064	.8487	.9636
1.0	.0046	.0140	.0662	.2202	.4896	.7655	.9300
2.0	.0021	.0072	.0393	.1513	.3852	.6742	.8842
3.0	.0010	.0037	.0231	.1021	.2962	.5804	.8272
4.0	.0004	.0019	.0135	.0678	.2231	.4893	.7611
5.0	.0002	.0009	.0078	.0444	.1651	.4044	.6886
6.0	.0001	.0005	.0044	.0287	.1201	.3283	.6129
7.0	.0000	.0002	.0025	.0183	.0861	.2620	.5368
8.0	.0000	.0001	.0014	.0116	.0609	.2058	.4630

$F_1=2, F_2=30, U=.73564$

$\phi_2 \backslash \phi_1$	0.0	0.5	1.0	1.5	2.0	2.5	3.0
0.0	.0100	.0279	.1152	.3296	.6299	.8665	.9707
1.0	.0048	.0152	.0729	.2413	.5252	.7978	.9460
2.0	.0024	.0082	.0456	.1734	.4283	.7206	.9119
3.0	.0011	.0045	.0282	.1225	.3424	.6389	.8685
4.0	.0006	.0024	.0173	.0853	.2688	.5565	.8167
5.0	.0003	.0013	.0105	.0587	.2076	.4767	.7580
6.0	.0001	.0007	.0064	.0399	.1580	.4019	.6943
7.0	.0001	.0004	.0038	.0268	.1186	.3339	.6277
8.0	.0000	.0002	.0023	.0178	.0879	.2736	.5603

$F_1=2, F_2=40, U=.79433$

$\phi_2 \backslash \phi_1$	0.0	0.5	1.0	1.5	2.0	2.5	3.0
0.0	.0100	.0287	.1209	.3462	.6532	.8831	.9767
1.0	.0052	.0168	.0811	.2656	.5630	.8289	.9594
2.0	.0027	.0097	.0539	.2006	.4768	.7671	.9357
3.0	.0014	.0056	.0355	.1494	.3973	.6999	.9052
4.0	.0007	.0032	.0232	.1099	.3262	.6300	.8680
5.0	.0004	.0019	.0150	.0799	.2642	.5596	.8247
6.0	.0002	.0011	.0097	.0575	.2112	.4908	.7760
7.0	.0001	.0006	.0062	.0410	.1669	.4253	.7231
8.0	.0001	.0004	.0039	.0290	.1305	.3643	.6673

$F_1=2, F_2=60, U=.85770$

$\phi_2 \backslash \phi_1$	0.0	0.5	1.0	1.5	2.0	2.5	3.0
0.0	.0100	.0296	.1269	.3634	.6763	.8982	.9817
1.0	.0058	.0188	.0915	.2941	.6037	.8586	.9706
2.0	.0033	.0120	.0655	.2353	.5323	.8133	.9557
3.0	.0019	.0076	.0465	.1862	.4639	.7632	.9367
4.0	.0011	.0048	.0328	.1460	.3999	.7096	.9133
5.0	.0006	.0030	.0230	.1135	.3412	.6538	.8857
6.0	.0004	.0019	.0161	.0875	.2883	.5971	.8538
7.0	.0002	.0012	.0111	.0669	.2415	.5405	.8181

$\phi_2 \backslash \phi_1$	0.0	0.5	1.0	1.5	2.0	2.5	3.0	$\phi_2 \backslash \phi_1$	0.0	0.5	1.0	1.5	2.0	2.5	3.0
	\multicolumn{7}{c}{F1=3,F2=2,U=.00668}		\multicolumn{7}{c}{F1=3,F2=16,U=.50194}
0.0	.0100	.0133	.0231	.0393	.0615	.0893	.1222	0.0	.0100	.0254	.1039	.3082	.6090	.8555	.9675
1.0	.0050	.0066	.0115	.0197	.0311	.0457	.0633	1.0	.0039	.0111	.0541	.1933	.4570	.7437	.9219
2.0	.0025	.0033	.0058	.0099	.0158	.0234	.0327	2.0	.0015	.0048	.0276	.1175	.3292	.6212	.8555
3.0	.0012	.0016	.0029	.0050	.0080	.0119	.0169	3.0	.0006	.0020	.0138	.0695	.2291	.5004	.7718
4.0	.0006	.0008	.0014	.0025	.0040	.0061	.0088	4.0	.0002	.0009	.0069	.0402	.1547	.3900	.6769
5.0	.0003	.0004	.0007	.0013	.0020	.0031	.0045	5.0	.0001	.0004	.0034	.0228	.1018	.2951	.5776
6.0	.0001	.0002	.0004	.0006	.0010	.0016	.0023	6.0	.0000	.0002	.0016	.0127	.0655	.2173	.4800
7.0	.0001	.0001	.0002	.0003	.0005	.0008	.0012	7.0	.0000	.0001	.0008	.0070	.0412	.1562	.3892
8.0	.0000	.0000	.0001	.0002	.0003	.0004	.0006	8.0	.0000	.0000	.0004	.0038	.0255	.1099	.3082
	\multicolumn{7}{c}{F1=3,F2=4,U=.07396}		\multicolumn{7}{c}{F1=3,F2=20,U=.57447}
0.0	.0100	.0165	.0408	.0934	.1819	.3046	.4483	0.0	.0100	.0266	.1132	.3377	.6529	.8875	.9791
1.0	.0040	.0068	.0175	.0425	.0890	.1621	.2614	1.0	.0041	.0122	.0624	.2242	.5154	.8001	.9503
2.0	.0016	.0028	.0075	.0192	.0431	.0848	.1484	2.0	.0016	.0056	.0337	.1445	.3921	.6983	.9058
3.0	.0006	.0011	.0032	.0087	.0207	.0437	.0825	3.0	.0007	.0025	.0179	.0907	.2889	.5909	.8458
4.0	.0003	.0005	.0014	.0039	.0099	.0223	.0450	4.0	.0003	.0011	.0094	.0557	.2069	.4857	.7728
5.0	.0001	.0002	.0006	.0017	.0047	.0112	.0242	5.0	.0001	.0005	.0049	.0335	.1445	.3887	.6907
6.0	.0000	.0001	.0002	.0008	.0022	.0056	.0128	6.0	.0000	.0002	.0025	.0198	.0987	.3035	.6038
7.0	.0000	.0000	.0001	.0003	.0010	.0028	.0067	7.0	.0000	.0001	.0013	.0116	.0661	.2317	.5167
8.0	.0000	.0000	.0000	.0002	.0005	.0014	.0035	8.0	.0000	.0000	.0006	.0067	.0435	.1732	.4331
	\multicolumn{7}{c}{F1=3,F2=6,U=.16979}		\multicolumn{7}{c}{F1=3,F2=24,U=.62903}
0.0	.0100	.0191	.0573	.1496	.3094	.5135	.7101	0.0	.0100	.0275	.1201	.3588	.6822	.9064	.9849
1.0	.0037	.0074	.0245	.0716	.1685	.3208	.5077	1.0	.0042	.0132	.0693	.2486	.5572	.8353	.9648
2.0	.0014	.0029	.0104	.0337	.0893	.1926	.3446	2.0	.0018	.0063	.0392	.1673	.4404	.7495	.9330
3.0	.0005	.0011	.0044	.0157	.0463	.1120	.2245	3.0	.0008	.0030	.0218	.1099	.3380	.6550	.8886
4.0	.0002	.0004	.0018	.0072	.0236	.0634	.1413	4.0	.0003	.0014	.0120	.0707	.2527	.5582	.8320
5.0	.0001	.0002	.0008	.0033	.0118	.0351	.0865	5.0	.0001	.0007	.0065	.0446	.1846	.4645	.7653
6.0	.0000	.0001	.0003	.0015	.0059	.0191	.0517	6.0	.0001	.0003	.0035	.0277	.1320	.3780	.6911
7.0	.0000	.0000	.0001	.0007	.0029	.0102	.0302	7.0	.0000	.0001	.0019	.0169	.0926	.3012	.6129
8.0	.0000	.0000	.0001	.0003	.0014	.0054	.0173	8.0	.0000	.0001	.0010	.0102	.0638	.2354	.5338
	\multicolumn{7}{c}{F1=3,F2=8,U=.25997}		\multicolumn{7}{c}{F1=3,F2=30,U=.68919}
0.0	.0100	.0210	.0709	.1970	.4098	.6525	.8424	0.0	.0100	.0284	.1275	.3810	.7111	.9231	.9893
1.0	.0036	.0082	.0314	.1012	.2471	.4613	.6852	1.0	.0045	.0145	.0776	.2764	.6012	.8678	.9762
2.0	.0013	.0032	.0138	.0508	.1435	.3103	.5275	2.0	.0020	.0073	.0464	.1954	.4942	.7990	.9550
3.0	.0005	.0012	.0060	.0250	.0809	.2004	.3877	3.0	.0009	.0037	.0273	.1351	.3960	.7205	.9246
4.0	.0002	.0005	.0026	.0121	.0445	.1252	.2739	4.0	.0004	.0018	.0159	.0915	.3101	.6363	.8844
5.0	.0001	.0002	.0011	.0058	.0239	.0760	.1871	5.0	.0002	.0009	.0091	.0610	.2377	.5508	.8348
6.0	.0000	.0001	.0005	.0027	.0126	.0450	.1241	6.0	.0001	.0004	.0052	.0400	.1787	.4677	.7771
7.0	.0000	.0000	.0002	.0013	.0066	.0261	.0801	7.0	.0000	.0002	.0029	.0258	.1321	.3900	.7130
8.0	.0000	.0000	.0001	.0006	.0034	.0149	.0506	8.0	.0000	.0001	.0016	.0165	.0960	.3196	.6447
	\multicolumn{7}{c}{F1=3,F2=10,U=.33719}		\multicolumn{7}{c}{F1=3,F2=40,U=.75561}
0.0	.0100	.0225	.0819	.2348	.4834	.7388	.9059	0.0	.0100	.0295	.1355	.4044	.7394	.9378	.9926
1.0	.0036	.0090	.0379	.1286	.3154	.5678	.7932	1.0	.0048	.0161	.0879	.3086	.6471	.8972	.9846
2.0	.0013	.0036	.0173	.0685	.1974	.4147	.6615	2.0	.0023	.0087	.0561	.2304	.5539	.8458	.9718
3.0	.0005	.0014	.0078	.0357	.1193	.2902	.5281	3.0	.0011	.0047	.0353	.1688	.4645	.7854	.9531
4.0	.0002	.0006	.0035	.0182	.0701	.1959	.4055	4.0	.0005	.0025	.0220	.1215	.3821	.7180	.9277
5.0	.0001	.0002	.0015	.0091	.0402	.1282	.3008	5.0	.0003	.0013	.0135	.0862	.3088	.6463	.8953
6.0	.0000	.0001	.0007	.0045	.0226	.0817	.2163	6.0	.0001	.0007	.0083	.0602	.2454	.5730	.8559
7.0	.0000	.0000	.0003	.0022	.0124	.0508	.1513	7.0	.0001	.0004	.0050	.0416	.1922	.5006	.8100
8.0	.0000	.0000	.0001	.0011	.0067	.0310	.1033	8.0	.0000	.0002	.0030	.0284	.1483	.4312	.7586
	\multicolumn{7}{c}{F1=3,F2=12,U=.40191}		\multicolumn{7}{c}{F1=3,F2=60,U=.82898}
0.0	.0100	.0237	.0907	.2648	.5375	.7937	.9385	0.0	.0100	.0306	.1442	.4288	.7668	.9504	.9950
1.0	.0037	.0097	.0439	.1531	.3722	.6453	.8574	1.0	.0054	.0184	.1011	.3465	.6949	.9231	.9906
2.0	.0014	.0040	.0208	.0858	.2468	.4999	.7525	2.0	.0029	.0110	.0700	.2754	.6201	.8886	.9838
3.0	.0005	.0016	.0098	.0469	.1580	.3716	.6355	3.0	.0015	.0065	.0480	.2158	.5454	.8474	.9740
4.0	.0002	.0006	.0045	.0251	.0981	.2664	.5177	4.0	.0008	.0039	.0325	.1668	.4730	.8001	.9606
5.0	.0001	.0003	.0021	.0132	.0594	.1851	.4081	5.0	.0004	.0023	.0219	.1274	.4049	.7478	.9431
6.0	.0000	.0001	.0009	.0068	.0352	.1250	.3121	6.0	.0002	.0013	.0146	.0962	.3422	.6918	.9213
7.0	.0000	.0000	.0004	.0035	.0204	.0824	.2323	7.0	.0001	.0008	.0097	.0719	.2859	.6334	.8948
8.0	.0000	.0000	.0002	.0018	.0116	.0531	.1686								

$\phi_2\backslash\phi_1$	0.0	0.5	1.0	1.5	2.0	2.5	3.0
			F1=4,F2=2,U=.00501				
0.0	.0100	.0131	.0223	.0375	.0584	.0845	.1155
1.0	.0050	.0065	.0111	.0188	.0295	.0431	.0596
2.0	.0025	.0032	.0055	.0094	.0149	.0220	.0307
3.0	.0012	.0016	.0028	.0047	.0075	.0112	.0158
4.0	.0006	.0008	.0014	.0024	.0038	.0057	.0082
5.0	.0003	.0004	.0007	.0012	.0019	.0029	.0042
6.0	.0001	.0002	.0003	.0006	.0010	.0015	.0022
7.0	.0001	.0001	.0002	.0003	.0005	.0008	.0011
8.0	.0000	.0000	.0001	.0001	.0002	.0004	.0006
			F1=4,F2=4,U=.05890				
0.0	.0100	.0162	.0396	.0909	.1783	.3000	.4434
1.0	.0040	.0066	.0168	.0408	.0861	.1577	.2555
2.0	.0016	.0027	.0071	.0182	.0412	.0814	.1433
3.0	.0006	.0011	.0030	.0081	.0195	.0415	.0787
4.0	.0002	.0004	.0013	.0036	.0092	.0208	.0424
5.0	.0001	.0002	.0005	.0016	.0043	.0104	.0225
6.0	.0000	.0001	.0002	.0007	.0020	.0051	.0118
7.0	.0000	.0000	.0001	.0003	.0009	.0025	.0061
8.0	.0000	.0000	.0000	.0001	.0004	.0012	.0031
			F1=4,F2=6,U=.14087				
0.0	.0100	.0188	.0567	.1507	.3152	.5246	.7233
1.0	.0036	.0071	.0237	.0707	.1692	.3253	.5163
2.0	.0013	.0027	.0098	.0326	.0883	.1932	.3487
3.0	.0005	.0010	.0040	.0149	.0450	.1109	.2253
4.0	.0002	.0004	.0017	.0067	.0225	.0619	.1404
5.0	.0001	.0001	.0007	.0030	.0111	.0337	.0849
6.0	.0000	.0001	.0003	.0013	.0054	.0180	.0501
7.0	.0000	.0000	.0001	.0006	.0026	.0095	.0289
8.0	.0000	.0000	.0000	.0003	.0012	.0049	.0163
			F1=4,F2=8,U=.22207				
0.0	.0100	.0208	.0716	.2040	.4284	.6781	.8637
1.0	.0035	.0079	.0308	.1027	.2560	.4803	.7087
2.0	.0012	.0030	.0131	.0504	.1467	.3219	.5480
3.0	.0004	.0011	.0055	.0242	.0813	.2064	.4028
4.0	.0002	.0004	.0023	.0114	.0439	.1275	.2837
5.0	.0001	.0002	.0009	.0053	.0231	.0764	.1926
6.0	.0000	.0001	.0004	.0024	.0119	.0445	.1266
7.0	.0000	.0000	.0002	.0011	.0061	.0254	.0809
8.0	.0000	.0000	.0001	.0005	.0030	.0142	.0504
			F1=4,F2=10,U=.29431				
0.0	.0100	.0224	.0840	.2482	.5135	.7727	.9274
1.0	.0035	.0086	.0377	.1335	.3340	.5994	.8232
2.0	.0012	.0033	.0166	.0695	.2071	.4392	.6940
3.0	.0004	.0012	.0072	.0352	.1235	.3069	.5581
4.0	.0001	.0005	.0031	.0175	.0713	.2060	.4300
5.0	.0001	.0002	.0013	.0085	.0401	.1335	.3190
6.0	.0000	.0001	.0006	.0041	.0220	.0840	.2287
7.0	.0000	.0000	.0002	.0019	.0118	.0515	.1591
8.0	.0000	.0000	.0001	.0009	.0062	.0308	.1077
			F1=4,F2=12,U=.35664				
0.0	.0100	.0237	.0944	.2842	.5764	.8313	.9576
1.0	.0035	.0093	.0441	.1617	.3999	.6854	.8881
2.0	.0013	.0036	.0202	.0888	.2640	.5357	.7906
3.0	.0004	.0014	.0091	.0473	.1673	.3995	.6755
4.0	.0002	.0005	.0040	.0246	.1024	.2862	.5552
5.0	.0001	.0002	.0018	.0125	.0609	.1978	.4400
6.0	.0000	.0001	.0008	.0063	.0353	.1325	.3373
7.0	.0000	.0000	.0003	.0031	.0200	.0863	.2508
8.0	.0000	.0000	.0001	.0015	.0111	.0549	.1814

$\phi_2\backslash\phi_1$	0.0	0.5	1.0	1.5	2.0	2.5	3.0
			F1=4,F2=16,U=.45597				
0.0	.0100	.0257	.1104	.3376	.6595	.8942	.9816
1.0	.0037	.0106	.0556	.2095	.4994	.7916	.9480
2.0	.0013	.0043	.0273	.1251	.3606	.6711	.8932
3.0	.0005	.0018	.0132	.0724	.2501	.5464	.8183
4.0	.0002	.0007	.0062	.0408	.1675	.4286	.7279
5.0	.0001	.0003	.0029	.0225	.1088	.3251	.6287
6.0	.0000	.0001	.0013	.0121	.0688	.2391	.5276
7.0	.0000	.0000	.0006	.0064	.0425	.1711	.4308
8.0	.0000	.0000	.0003	.0034	.0257	.1193	.3427
			F1=4,F2=20,U=.53018				
0.0	.0100	.0270	.1220	.3746	.7099	.9246	.9899
1.0	.0038	.0118	.0651	.2471	.5677	.8494	.9713
2.0	.0015	.0051	.0340	.1570	.4349	.7542	.9385
3.0	.0006	.0022	.0173	.0968	.3208	.6474	.8898
4.0	.0002	.0009	.0087	.0580	.2289	.5381	.8257
5.0	.0001	.0004	.0043	.0340	.1586	.4339	.7489
6.0	.0000	.0002	.0021	.0195	.1071	.3402	.6636
7.0	.0000	.0001	.0010	.0110	.0706	.2598	.5744
8.0	.0000	.0000	.0005	.0061	.0455	.1936	.4860
			F1=4,F2=24,U=.58717				
0.0	.0100	.0281	.1307	.4013	.7430	.9415	.9936
1.0	.0040	.0128	.0732	.2769	.6161	.8837	.9820
2.0	.0016	.0058	.0400	.1845	.4918	.8072	.9608
3.0	.0006	.0026	.0215	.1193	.3792	.7169	.9278
4.0	.0002	.0011	.0113	.0752	.2835	.6193	.8819
5.0	.0001	.0005	.0059	.0463	.2062	.5209	.8236
6.0	.0000	.0002	.0030	.0279	.1462	.4271	.7549
7.0	.0000	.0001	.0015	.0166	.1013	.3419	.6787
8.0	.0000	.0000	.0008	.0097	.0688	.2676	.5984
			F1=4,F2=30,U=.65116				
0.0	.0100	.0292	.1403	.4297	.7751	.9557	.9960
1.0	.0042	.0141	.0832	.3114	.6662	.9137	.9894
2.0	.0018	.0067	.0482	.2187	.5545	.8561	.9770
3.0	.0007	.0032	.0274	.1494	.4479	.7850	.9568
4.0	.0003	.0015	.0153	.0996	.3520	.7040	.9275
5.0	.0001	.0007	.0084	.0649	.2698	.6176	.8882
6.0	.0001	.0003	.0046	.0416	.2021	.5302	.8392
7.0	.0000	.0001	.0024	.0261	.1482	.4457	.7814
8.0	.0000	.0001	.0013	.0162	.1066	.3674	.7165
			F1=4,F2=40,U=.72316				
0.0	.0100	.0305	.1509	.4597	.8058	.9672	.9977
1.0	.0046	.0159	.0957	.3515	.7173	.9389	.9942
2.0	.0021	.0082	.0594	.2617	.6227	.8992	.9877
3.0	.0009	.0042	.0362	.1902	.5278	.8485	.9771
4.0	.0004	.0021	.0218	.1353	.4374	.7879	.9610
5.0	.0002	.0011	.0129	.0944	.3549	.7198	.9386
6.0	.0001	.0005	.0075	.0648	.2824	.6467	.9091
7.0	.0000	.0003	.0044	.0437	.2206	.5715	.8723
8.0	.0000	.0001	.0025	.0291	.1694	.4970	.8284
			F1=4,F2=60,U=.80433				
0.0	.0100	.0318	.1626	.4911	.8347	.9764	.9987
1.0	.0051	.0184	.1120	.3986	.7686	.9592	.9971
2.0	.0026	.0105	.0758	.3170	.6958	.9352	.9943
3.0	.0013	.0059	.0506	.2476	.6195	.9041	.9897
4.0	.0007	.0033	.0334	.1902	.5428	.8657	.9827
5.0	.0003	.0019	.0217	.1438	.4682	.8205	.9727
6.0	.0002	.0010	.0140	.1072	.3979	.7694	.9591
7.0	.0001	.0006	.0090	.0789	.3334	.7137	.9414

DOUBLY NONCENTRAL F DISTRIBUTION

$\phi_2\backslash\phi_1$	0.0	0.5	1.0	1.5	2.0	2.5	3.0
			F1=5,F2=2,U=.00401				
0.0	.0100	.0130	.0218	.0364	.0565	.0817	.1116
1.0	.0050	.0064	.0109	.0182	.0285	.0416	.0575
2.0	.0025	.0032	.0054	.0091	.0144	.0212	.0296
3.0	.0012	.0016	.0027	.0046	.0073	.0108	.0152
4.0	.0006	.0008	.0013	.0023	.0037	.0055	.0078
5.0	.0003	.0004	.0007	.0011	.0018	.0028	.0040
6.0	.0001	.0002	.0003	.0006	.0009	.0014	.0021
7.0	.0001	.0001	.0002	.0003	.0005	.0007	.0011
8.0	.0000	.0000	.0001	.0001	.0002	.0004	.0005
			F1=5,F2=4,U=.04901				
0.0	.0100	.0160	.0389	.0895	.1762	.2976	.4409
1.0	.0040	.0065	.0163	.0399	.0844	.1552	.2523
2.0	.0016	.0026	.0069	.0177	.0400	.0795	.1405
3.0	.0006	.0010	.0029	.0078	.0188	.0401	.0765
4.0	.0002	.0004	.0012	.0034	.0088	.0200	.0409
5.0	.0001	.0002	.0005	.0015	.0041	.0099	.0216
6.0	.0000	.0001	.0002	.0007	.0019	.0048	.0112
7.0	.0000	.0000	.0001	.0003	.0009	.0023	.0058
8.0	.0000	.0000	.0000	.0001	.0004	.0011	.0029
			F1=5,F2=6,U=.12065				
0.0	.0100	.0186	.0565	.1521	.3205	.5339	.7337
1.0	.0036	.0070	.0232	.0704	.1705	.3298	.5240
2.0	.0013	.0026	.0095	.0320	.0880	.1946	.3530
3.0	.0005	.0010	.0038	.0144	.0444	.1108	.2271
4.0	.0002	.0004	.0015	.0064	.0219	.0613	.1407
5.0	.0001	.0001	.0006	.0028	.0106	.0331	.0845
6.0	.0000	.0000	.0002	.0012	.0051	.0175	.0494
7.0	.0000	.0000	.0001	.0005	.0024	.0091	.0282
8.0	.0000	.0000	.0000	.0002	.0011	.0046	.0158
			F1=5,F2=8,U=.19437				
0.0	.0100	.0207	.0724	.2103	.4441	.6985	.8793
1.0	.0035	.0076	.0305	.1041	.2641	.4964	.7274
2.0	.0012	.0028	.0127	.0504	.1501	.3325	.5651
3.0	.0004	.0010	.0052	.0238	.0823	.2123	.4163
4.0	.0001	.0004	.0021	.0110	.0438	.1303	.2930
5.0	.0000	.0001	.0009	.0050	.0228	.0774	.1983
6.0	.0000	.0000	.0003	.0022	.0116	.0447	.1297
7.0	.0000	.0000	.0001	.0010	.0058	.0251	.0824
8.0	.0000	.0000	.0000	.0004	.0028	.0139	.0509
			F1=5,F2=10,U=.26191				
0.0	.0100	.0224	.0862	.2601	.5385	.7986	.9419
1.0	.0034	.0083	.0378	.1382	.3503	.6253	.8457
2.0	.0012	.0031	.0162	.0708	.2162	.4604	.7200
3.0	.0004	.0011	.0069	.0353	.1279	.3220	.5833
4.0	.0001	.0004	.0029	.0171	.0730	.2156	.4516
5.0	.0000	.0001	.0012	.0082	.0405	.1391	.3357
6.0	.0000	.0001	.0005	.0038	.0219	.0868	.2407
7.0	.0000	.0000	.0002	.0018	.0116	.0527	.1670
8.0	.0000	.0000	.0000	.0008	.0060	.0312	.1125
			F1=5,F2=12,U=.32153				
0.0	.0100	.0238	.0979	.3015	.6086	.8589	.9694
1.0	.0034	.0090	.0447	.1698	.4242	.7175	.9097
2.0	.0012	.0034	.0199	.0919	.2798	.5658	.8195
3.0	.0004	.0013	.0087	.0481	.1763	.4243	.7078
4.0	.0001	.0005	.0038	.0245	.1070	.3044	.5869
5.0	.0000	.0002	.0016	.0122	.0629	.2101	.4682
6.0	.0000	.0001	.0007	.0060	.0359	.1401	.3604
7.0	.0000	.0000	.0003	.0029	.0200	.0907	.2684
8.0	.0000	.0000	.0001	.0013	.0109	.0571	.1940

$\phi_2\backslash\phi_1$	0.0	0.5	1.0	1.5	2.0	2.5	3.0
			F1=5,F2=16,U=.41899				
0.0	.0100	.0260	.1165	.3641	.7006	.9205	.9891
1.0	.0035	.0104	.0573	.2246	.5361	.8278	.9642
2.0	.0012	.0041	.0274	.1327	.3891	.7116	.9191
3.0	.0004	.0016	.0128	.0756	.2699	.5858	.8529
4.0	.0001	.0006	.0059	.0418	.1800	.4632	.7683
5.0	.0001	.0002	.0026	.0225	.1160	.3530	.6713
6.0	.0000	.0001	.0012	.0119	.0726	.2600	.5690
7.0	.0000	.0000	.0005	.0061	.0442	.1858	.4683
8.0	.0000	.0000	.0002	.0031	.0263	.1291	.3748
			F1=5,F2=20,U=.49366				
0.0	.0100	.0275	.1304	.4080	.7554	.9483	.9949
1.0	.0037	.0115	.0681	.2686	.6125	.8848	.9828
2.0	.0013	.0048	.0345	.1694	.4734	.7978	.9589
3.0	.0005	.0019	.0171	.1031	.3508	.6943	.9198
4.0	.0002	.0008	.0083	.0608	.2503	.5839	.8646
5.0	.0001	.0003	.0040	.0349	.1728	.4750	.7945
6.0	.0000	.0001	.0019	.0196	.1158	.3747	.7129
7.0	.0000	.0000	.0009	.0108	.0756	.2871	.6242
8.0	.0000	.0000	.0004	.0058	.0481	.2142	.5335
			F1=5,F2=24,U=.55204				
0.0	.0100	.0287	.1410	.4400	.7907	.9627	.9971
1.0	.0038	.0126	.0773	.3038	.6659	.9168	.9905
2.0	.0014	.0054	.0412	.2014	.5376	.8503	.9765
3.0	.0005	.0023	.0214	.1290	.4176	.7665	.9524
4.0	.0002	.0010	.0109	.0801	.3132	.6712	.9160
5.0	.0001	.0004	.0055	.0485	.2277	.5710	.8665
6.0	.0000	.0002	.0027	.0286	.1608	.4725	.8048
7.0	.0000	.0001	.0013	.0166	.1107	.3807	.7329
8.0	.0000	.0000	.0006	.0094	.0744	.2992	.6540
			F1=5,F2=30,U=.61862				
0.0	.0100	.0300	.1528	.4741	.8242	.9741	.9985
1.0	.0040	.0140	.0889	.3448	.7202	.9431	.9952
2.0	.0016	.0064	.0503	.2416	.6074	.8964	.9880
3.0	.0006	.0029	.0278	.1638	.4956	.8342	.9750
4.0	.0002	.0013	.0150	.1080	.3920	.7589	.9542
5.0	.0001	.0006	.0080	.0695	.3014	.6747	.9240
6.0	.0000	.0002	.0042	.0437	.2257	.5860	.8838
7.0	.0000	.0001	.0022	.0269	.1650	.4975	.8335
8.0	.0000	.0000	.0011	.0163	.1180	.4132	.7743
			F1=5,F2=40,U=.69482				
0.0	.0100	.0315	.1661	.5102	.8554	.9827	.9993
1.0	.0044	.0158	.1036	.3924	.7739	.9636	.9978
2.0	.0019	.0078	.0630	.2924	.6816	.9341	.9946
3.0	.0008	.0038	.0375	.2118	.5847	.8933	.9888
4.0	.0003	.0018	.0219	.1496	.4891	.8411	.9790
5.0	.0001	.0009	.0126	.1034	.3995	.7790	.9641
6.0	.0001	.0004	.0071	.0699	.3191	.7091	.9429
7.0	.0000	.0002	.0040	.0465	.2496	.6342	.9146
8.0	.0000	.0001	.0022	.0303	.1914	.5575	.8789
			F1=5,F2=60,U=.78233				
0.0	.0100	.0332	.1811	.5481	.8837	.9889	.9997
1.0	.0049	.0185	.1231	.4481	.8258	.9785	.9991
2.0	.0024	.0102	.0820	.3578	.7581	.9627	.9980
3.0	.0011	.0055	.0537	.2796	.6837	.9404	.9959
4.0	.0005	.0030	.0346	.2142	.6057	.9108	.9925
5.0	.0003	.0016	.0220	.1611	.5274	.8737	.9871
6.0	.0001	.0008	.0138	.1192	.4516	.8295	.9791
7.0	.0001	.0004	.0085	.0868	.3805	.7789	.9678

$\phi_2\backslash\phi_1$	0.0	0.5	1.0	1.5	2.0	2.5	3.0
\multicolumn{8}{c}{F1=6,F2=2,U=.00334}
0.0	.0100	.0129	.0215	.0357	.0552	.0797	.1089
1.0	.0049	.0064	.0107	.0179	.0278	.0406	.0560
2.0	.0025	.0032	.0053	.0089	.0140	.0206	.0288
3.0	.0012	.0016	.0027	.0045	.0071	.0105	.0148
4.0	.0006	.0008	.0013	.0022	.0036	.0053	.0076
5.0	.0003	.0004	.0007	.0011	.0018	.0027	.0039
6.0	.0001	.0002	.0003	.0006	.0009	.0014	.0020
7.0	.0001	.0001	.0002	.0003	.0005	.0007	.0010
8.0	.0000	.0000	.0001	.0001	.0002	.0004	.0005
\multicolumn{8}{c}{F1=6,F2=4,U=.04200}
0.0	.0100	.0159	.0384	.0887	.1750	.2962	.4395
1.0	.0039	.0064	.0161	.0393	.0834	.1536	.2503
2.0	.0016	.0026	.0067	.0173	.0393	.0783	.1387
3.0	.0006	.0010	.0028	.0076	.0184	.0393	.0751
4.0	.0002	.0004	.0012	.0033	.0085	.0195	.0400
5.0	.0001	.0002	.0005	.0014	.0039	.0096	.0209
6.0	.0000	.0001	.0002	.0006	.0018	.0046	.0108
7.0	.0000	.0000	.0001	.0003	.0008	.0022	.0055
8.0	.0000	.0000	.0000	.0001	.0004	.0011	.0028
\multicolumn{8}{c}{F1=6,F2=6,U=.10564}
0.0	.0100	.0185	.0565	.1534	.3251	.5417	.7422
1.0	.0036	.0068	.0229	.0704	.1719	.3338	.5305
2.0	.0013	.0025	.0092	.0317	.0881	.1962	.3570
3.0	.0004	.0009	.0037	.0141	.0440	.1111	.2291
4.0	.0002	.0003	.0015	.0062	.0216	.0611	.1414
5.0	.0001	.0001	.0006	.0027	.0104	.0327	.0845
6.0	.0000	.0000	.0002	.0012	.0049	.0171	.0491
7.0	.0000	.0000	.0001	.0005	.0023	.0088	.0278
8.0	.0000	.0000	.0000	.0002	.0011	.0045	.0155
\multicolumn{8}{c}{F1=6,F2=8,U=.17307}
0.0	.0100	.0206	.0733	.2158	.4572	.7146	.8910
1.0	.0034	.0075	.0304	.1061	.2712	.5098	.7422
2.0	.0012	.0027	.0124	.0506	.1533	.3416	.5794
3.0	.0004	.0010	.0050	.0236	.0834	.2177	.4278
4.0	.0001	.0003	.0020	.0108	.0440	.1331	.3012
5.0	.0000	.0001	.0008	.0048	.0226	.0786	.2036
6.0	.0000	.0000	.0003	.0021	.0114	.0450	.1328
7.0	.0000	.0000	.0001	.0009	.0056	.0251	.0840
8.0	.0000	.0000	.0000	.0004	.0027	.0137	.0516
\multicolumn{8}{c}{F1=6,F2=10,U=.23632}
0.0	.0100	.0224	.0882	.2705	.5594	.8186	.9520
1.0	.0033	.0082	.0380	.1425	.3645	.6465	.8627
2.0	.0011	.0029	.0160	.0722	.2244	.4785	.7408
3.0	.0004	.0011	.0066	.0355	.1320	.3353	.6042
4.0	.0001	.0004	.0027	.0170	.0748	.2244	.4701
5.0	.0000	.0001	.0011	.0079	.0411	.1443	.3505
6.0	.0000	.0000	.0004	.0037	.0219	.0896	.2515
7.0	.0000	.0000	.0002	.0016	.0114	.0540	.1744
8.0	.0000	.0000	.0001	.0007	.0058	.0317	.1172
\multicolumn{8}{c}{F1=6,F2=12,U=.29323}
0.0	.0100	.0239	.1012	.3167	.6353	.8796	.9770
1.0	.0034	.0089	.0453	.1772	.4451	.7432	.9252
2.0	.0011	.0032	.0198	.0949	.2938	.5912	.8418
3.0	.0004	.0012	.0085	.0491	.1846	.4458	.7340
4.0	.0001	.0004	.0036	.0246	.1114	.3207	.6135
5.0	.0000	.0001	.0015	.0120	.0649	.2214	.4925
6.0	.0000	.0001	.0006	.0058	.0367	.1473	.3809
7.0	.0000	.0000	.0002	.0027	.0202	.0949	.2845
8.0	.0000	.0000	.0001	.0012	.0108	.0594	.2058

$\phi_2\backslash\phi_1$	0.0	0.5	1.0	1.5	2.0	2.5	3.0
\multicolumn{8}{c}{F1=6,F2=16,U=.38826}
0.0	.0100	.0263	.1222	.3876	.7341	.9389	.9932
1.0	.0034	.0102	.0590	.2385	.5677	.8555	.9744
2.0	.0012	.0039	.0276	.1399	.4145	.7445	.9373
3.0	.0004	.0015	.0126	.0789	.2880	.6193	.8788
4.0	.0001	.0005	.0056	.0430	.1918	.4936	.8002
5.0	.0000	.0002	.0025	.0228	.1230	.3782	.7065
6.0	.0000	.0001	.0011	.0118	.0764	.2795	.6044
7.0	.0000	.0000	.0004	.0059	.0461	.1998	.5015
8.0	.0000	.0000	.0002	.0029	.0271	.1386	.4039
\multicolumn{8}{c}{F1=6,F2=20,U=.46266}
0.0	.0100	.0280	.1383	.4380	.7918	.9636	.9973
1.0	.0035	.0114	.0709	.2885	.6505	.9104	.9894
2.0	.0012	.0045	.0352	.1811	.5075	.8317	.9717
3.0	.0004	.0018	.0170	.1092	.3782	.7330	.9404
4.0	.0001	.0007	.0080	.0637	.2704	.6232	.8932
5.0	.0001	.0003	.0037	.0360	.1865	.5116	.8301
6.0	.0000	.0001	.0017	.0198	.1244	.4063	.7531
7.0	.0000	.0000	.0008	.0107	.0806	.3128	.6665
8.0	.0000	.0000	.0003	.0056	.0509	.2339	.5751
\multicolumn{8}{c}{F1=6,F2=24,U=.52174}
0.0	.0100	.0293	.1507	.4748	.8281	.9757	.9987
1.0	.0037	.0124	.0813	.3288	.7076	.9395	.9948
2.0	.0013	.0052	.0425	.2175	.5778	.8825	.9855
3.0	.0005	.0021	.0216	.1383	.4525	.8059	.9679
4.0	.0002	.0009	.0107	.0851	.3410	.7145	.9393
5.0	.0001	.0003	.0052	.0508	.2483	.6146	.8978
6.0	.0000	.0001	.0025	.0295	.1751	.5134	.8431
7.0	.0000	.0001	.0012	.0168	.1201	.4168	.7766
8.0	.0000	.0000	.0005	.0093	.0802	.3293	.7008
\multicolumn{8}{c}{F1=6,F2=30,U=.59008}
0.0	.0100	.0308	.1649	.5142	.8617	.9846	.9994
1.0	.0039	.0139	.0945	.3759	.7644	.9620	.9977
2.0	.0015	.0061	.0524	.2634	.6532	.9246	.9936
3.0	.0006	.0026	.0283	.1780	.5385	.8712	.9852
4.0	.0002	.0011	.0149	.1165	.4292	.8029	.9706
5.0	.0001	.0005	.0077	.0741	.3316	.7225	.9478
6.0	.0000	.0002	.0039	.0459	.2488	.6347	.9154
7.0	.0000	.0001	.0020	.0279	.1818	.5443	.8727
8.0	.0000	.0000	.0010	.0165	.1296	.4559	.8198
\multicolumn{8}{c}{F1=6,F2=40,U=.66950}
0.0	.0100	.0325	.1809	.5558	.8920	.9908	.9998
1.0	.0042	.0158	.1115	.4306	.8189	.9782	.9991
2.0	.0017	.0075	.0667	.3218	.7311	.9567	.9976
3.0	.0007	.0035	.0389	.2330	.6348	.9246	.9944
4.0	.0003	.0016	.0222	.1640	.5364	.8808	.9886
5.0	.0001	.0007	.0124	.1124	.4416	.8257	.9788
6.0	.0000	.0003	.0068	.0753	.3546	.7607	.9640
7.0	.0000	.0002	.0037	.0494	.2782	.6883	.9429
8.0	.0000	.0001	.0020	.0318	.2135	.6115	.9146
\multicolumn{8}{c}{F1=6,F2=60,U=.76227}
0.0	.0100	.0345	.1992	.5993	.9184	.9948	.9999
1.0	.0047	.0187	.1342	.4942	.8692	.9887	.9997
2.0	.0022	.0099	.0883	.3969	.8083	.9786	.9993
3.0	.0010	.0052	.0569	.3110	.7379	.9631	.9984
4.0	.0005	.0027	.0360	.2382	.6611	.9410	.9968
5.0	.0002	.0014	.0224	.1787	.5814	.9116	.9939
6.0	.0001	.0007	.0137	.1315	.5021	.8747	.9894
7.0	.0000	.0004	.0083	.0951	.4259	.8303	.9825

DOUBLY NONCENTRAL F DISTRIBUTION

ϕ_2\ϕ_1	0.0	0.5	1.0	1.5	2.0	2.5	3.0
F1=7,F2=2,U=.00287							
0.0	.0100	.0128	.0213	.0353	.0544	.0786	.1072
1.0	.0050	.0064	.0106	.0176	.0274	.0399	.0551
2.0	.0025	.0032	.0053	.0088	.0138	.0203	.0283
3.0	.0012	.0016	.0026	.0044	.0070	.0103	.0145
4.0	.0006	.0008	.0013	.0022	.0035	.0052	.0074
5.0	.0003	.0004	.0006	.0011	.0018	.0027	.0038
6.0	.0001	.0002	.0003	.0006	.0009	.0013	.0020
7.0	.0001	.0001	.0001	.0002	.0004	.0007	.0010
8.0	.0000	.0000	.0001	.0001	.0002	.0003	.0005
F1=7,F2=4,U=.03675							
0.0	.0100	.0158	.0381	.0880	.1742	.2952	.4386
1.0	.0039	.0063	.0159	.0388	.0826	.1525	.2489
2.0	.0015	.0025	.0066	.0170	.0388	.0774	.1373
3.0	.0006	.0010	.0027	.0074	.0180	.0387	.0741
4.0	.0002	.0004	.0011	.0032	.0083	.0191	.0393
5.0	.0001	.0002	.0005	.0014	.0038	.0093	.0205
6.0	.0000	.0001	.0002	.0006	.0017	.0045	.0105
7.0	.0000	.0000	.0001	.0003	.0008	.0022	.0054
8.0	.0000	.0000	.0000	.0001	.0004	.0010	.0027
F1=7,F2=6,U=.09401							
0.0	.0100	.0184	.0565	.1547	.3290	.5481	.7489
1.0	.0035	.0068	.0227	.0704	.1732	.3373	.5360
2.0	.0012	.0025	.0091	.0315	.0883	.1977	.3605
3.0	.0004	.0009	.0036	.0139	.0439	.1115	.2309
4.0	.0002	.0003	.0014	.0060	.0213	.0610	.1421
5.0	.0001	.0001	.0006	.0026	.0102	.0325	.0846
6.0	.0000	.0000	.0002	.0011	.0048	.0169	.0490
7.0	.0000	.0000	.0001	.0005	.0022	.0087	.0276
8.0	.0000	.0000	.0000	.0002	.0010	.0044	.0153
F1=7,F2=8,U=.15612							
0.0	.0100	.0206	.0740	.2206	.4683	.7278	.9000
1.0	.0034	.0074	.0304	.1077	.2773	.5211	.7543
2.0	.0011	.0026	.0123	.0509	.1562	.3495	.5913
3.0	.0004	.0009	.0049	.0235	.0845	.2225	.4377
4.0	.0001	.0003	.0019	.0106	.0443	.1356	.3085
5.0	.0000	.0001	.0007	.0047	.0226	.0797	.2084
6.0	.0000	.0000	.0003	.0020	.0112	.0455	.1357
7.0	.0000	.0000	.0001	.0009	.0055	.0252	.0855
8.0	.0000	.0000	.0000	.0004	.0026	.0137	.0524
F1=7,F2=10,U=.21551							
0.0	.0100	.0225	.0900	.2796	.5769	.8345	.9593
1.0	.0033	.0080	.0382	.1463	.3767	.6641	.8760
2.0	.0011	.0029	.0159	.0735	.2316	.4939	.7577
3.0	.0003	.0010	.0065	.0357	.1358	.3469	.6218
4.0	.0001	.0003	.0026	.0169	.0765	.2322	.4860
5.0	.0000	.0001	.0010	.0078	.0417	.1490	.3634
6.0	.0000	.0000	.0004	.0035	.0221	.0923	.2611
7.0	.0000	.0000	.0002	.0016	.0114	.0554	.1811
8.0	.0000	.0000	.0001	.0007	.0057	.0323	.1215
F1=7,F2=12,U=.26981							
0.0	.0100	.0240	.1041	.3301	.6577	.8954	.9822
1.0	.0033	.0087	.0460	.1839	.4633	.7641	.9367
2.0	.0011	.0031	.0198	.0978	.3063	.6127	.8593
3.0	.0003	.0011	.0083	.0500	.1922	.4645	.7553
4.0	.0001	.0004	.0034	.0248	.1155	.3352	.6359
5.0	.0000	.0001	.0014	.0120	.0668	.2316	.5136
6.0	.0000	.0000	.0006	.0056	.0375	.1540	.3990
7.0	.0000	.0000	.0002	.0026	.0204	.0989	.2989
8.0	.0000	.0000	.0001	.0012	.0109	.0617	.2166

ϕ_2\ϕ_1	0.0	0.5	1.0	1.5	2.0	2.5	3.0
F1=7,F2=16,U=.36214							
0.0	.0100	.0265	.1274	.4086	.7615	.9519	.9956
1.0	.0033	.0100	.0606	.2512	.5948	.8769	.9812
2.0	.0011	.0037	.0278	.1466	.4370	.7714	.9502
3.0	.0004	.0014	.0124	.0819	.3045	.6478	.8984
4.0	.0001	.0005	.0054	.0441	.2027	.5203	.8256
5.0	.0000	.0002	.0023	.0231	.1296	.4009	.7356
6.0	.0000	.0001	.0010	.0117	.0801	.2973	.6347
7.0	.0000	.0000	.0004	.0058	.0479	.2129	.5306
8.0	.0000	.0000	.0002	.0028	.0279	.1476	.4300
F1=7,F2=20,U=.43581							
0.0	.0100	.0284	.1456	.4648	.8209	.9738	.9985
1.0	.0034	.0112	.0736	.3067	.6828	.9291	.9932
2.0	.0012	.0043	.0359	.1921	.5377	.8582	.9800
3.0	.0004	.0017	.0170	.1151	.4030	.7648	.9548
4.0	.0001	.0006	.0078	.0664	.2891	.6569	.9145
5.0	.0000	.0002	.0035	.0371	.1993	.5440	.8578
6.0	.0000	.0001	.0016	.0202	.1327	.4350	.7859
7.0	.0000	.0000	.0007	.0107	.0856	.3365	.7021
8.0	.0000	.0000	.0003	.0055	.0536	.2524	.6114
F1=7,F2=24,U=.49514							
0.0	.0100	.0299	.1599	.5061	.8575	.9838	.9994
1.0	.0036	.0123	.0852	.3519	.7425	.9552	.9970
2.0	.0012	.0050	.0437	.2326	.6130	.9066	.9908
3.0	.0004	.0020	.0218	.1473	.4840	.8373	.9779
4.0	.0001	.0008	.0105	.0899	.3668	.7505	.9554
5.0	.0000	.0003	.0050	.0531	.2678	.6524	.9207
6.0	.0000	.0001	.0023	.0305	.1889	.5498	.8728
7.0	.0000	.0000	.0011	.0170	.1292	.4497	.8119
8.0	.0000	.0000	.0005	.0093	.0859	.3574	.7399
F1=7,F2=30,U=.56464							
0.0	.0100	.0316	.1763	.5502	.8904	.9907	.9998
1.0	.0037	.0138	.0999	.4047	.8005	.9742	.9989
2.0	.0014	.0059	.0546	.2842	.6925	.9446	.9965
3.0	.0005	.0025	.0289	.1917	.5768	.8992	.9911
4.0	.0002	.0010	.0149	.1248	.4634	.8378	.9808
5.0	.0001	.0004	.0075	.0787	.3600	.7624	.9637
6.0	.0000	.0002	.0037	.0483	.2710	.6769	.9378
7.0	.0000	.0001	.0018	.0289	.1981	.5861	.9018
8.0	.0000	.0000	.0009	.0169	.1410	.4951	.8554
F1=7,F2=40,U=.64656							
0.0	.0100	.0335	.1952	.5967	.9190	.9950	.9999
1.0	.0040	.0158	.1191	.4660	.8545	.9867	.9997
2.0	.0016	.0073	.0703	.3499	.7725	.9713	.9989
3.0	.0006	.0033	.0403	.2536	.6786	.9464	.9972
4.0	.0002	.0015	.0226	.1780	.5791	.9102	.9937
5.0	.0001	.0007	.0124	.1215	.4806	.8622	.9874
6.0	.0000	.0003	.0066	.0808	.3884	.8029	.9771
7.0	.0000	.0001	.0035	.0524	.3060	.7343	.9616
8.0	.0000	.0001	.0018	.0333	.2353	.6590	.9395
F1=7,F2=60,U=.74376							
7.0	.0100	.0358	.2170	.6450	.9428	.9975	1.000
1.0	.0045	.0189	.1452	.5369	.9019	.9941	.9999
2.0	.0020	.0098	.0946	.4340	.8482	.9877	.9997
3.0	.0009	.0050	.0601	.3414	.7832	.9771	.9994
4.0	.0004	.0025	.0374	.2618	.7093	.9610	.9986
5.0	.0002	.0012	.0229	.1962	.6300	.9383	.9971
6.0	.0001	.0006	.0137	.1439	.5488	.9081	.9946
7.0	.0000	.0003	.0081	.1035	.4690	.8702	.9905

$\phi_2\backslash\phi_1$	0.0	0.5	1.0	1.5	2.0	2.5	3.0
F1=8,F2=2,U=.00251							
0.0	.0100	.0128	.0211	.0348	.0537	.0775	.1057
1.0	.0050	.0063	.0105	.0174	.0271	.0394	.0542
2.0	.0025	.0031	.0052	.0087	.0136	.0200	.0278
3.0	.0012	.0016	.0026	.0044	.0069	.0101	.0143
4.0	.0006	.0008	.0013	.0022	.0034	.0051	.0073
5.0	.0003	.0004	.0006	.0011	.0017	.0026	.0037
6.0	.0001	.0002	.0003	.0005	.0009	.0013	.0019
7.0	.0001	.0001	.0002	.0003	.0004	.0007	.0010
8.0	.0000	.0000	.0001	.0001	.0002	.0003	.0005
F1=8,F2=4,U=.03268							
0.0	.0100	.0157	.0379	.0876	.1736	.2946	.4381
1.0	.0039	.0063	.0157	.0385	.0821	.1517	.2479
2.0	.0015	.0025	.0065	.0168	.0384	.0768	.1364
3.0	.0006	.0010	.0027	.0073	.0178	.0383	.0734
4.0	.0002	.0004	.0011	.0032	.0082	.0188	.0388
5.0	.0001	.0002	.0005	.0014	.0037	.0092	.0202
6.0	.0000	.0001	.0002	.0006	.0017	.0044	.0104
7.0	.0000	.0000	.0001	.0003	.0008	.0021	.0052
8.0	.0000	.0000	.0000	.0001	.0003	.0010	.0026
F1=8,F2=6,U=.08473							
0.0	.0100	.0183	.0565	.1558	.3324	.5536	.7546
1.0	.0035	.0067	.0226	.0705	.1744	.3404	.5407
2.0	.0012	.0024	.0090	.0314	.0886	.1991	.3636
3.0	.0004	.0009	.0035	.0137	.0438	.1120	.2326
4.0	.0001	.0003	.0014	.0059	.0212	.0610	.1429
5.0	.0001	.0001	.0005	.0025	.0101	.0324	.0848
6.0	.0000	.0000	.0002	.0011	.0047	.0168	.0489
7.0	.0000	.0000	.0001	.0004	.0022	.0085	.0275
8.0	.0000	.0000	.0000	.0002	.0010	.0043	.0152
F1=8,F2=8,U=.14227							
0.0	.0100	.0206	.0748	.2248	.4777	.7386	.9072
1.0	.0033	.0073	.0304	.1091	.2827	.5306	.7642
2.0	.0011	.0026	.0121	.0512	.1587	.3563	.6013
3.0	.0004	.0009	.0048	.0234	.0856	.2267	.4462
4.0	.0001	.0003	.0019	.0105	.0446	.1379	.3148
5.0	.0000	.0001	.0007	.0046	.0226	.0808	.2126
6.0	.0000	.0000	.0003	.0020	.0112	.0459	.1383
7.0	.0000	.0000	.0001	.0008	.0054	.0253	.0870
8.0	.0000	.0000	.0000	.0026	.0137	.0531	
F1=8,F2=10,U=.19820							
0.0	.0100	.0225	.0916	.2875	.5918	.8473	.9648
1.0	.0033	.0079	.0385	.1498	.3873	.6788	.8866
2.0	.0010	.0028	.0158	.0748	.2381	.5071	.7716
3.0	.0003	.0010	.0063	.0360	.1392	.3571	.6366
4.0	.0001	.0003	.0025	.0169	.0780	.2391	.4997
5.0	.0000	.0001	.0010	.0077	.0423	.1533	.3748
6.0	.0000	.0000	.0004	.0035	.0222	.0947	.2697
7.0	.0000	.0000	.0001	.0015	.0114	.0566	.1871
8.0	.0000	.0000	.0001	.0007	.0057	.0329	.1255
F1=8,F2=12,U=.25003							
0.0	.0100	.0242	.1067	.3419	.6766	.9078	.9858
1.0	.0032	.0086	.0466	.1899	.4791	.7814	.9454
2.0	.0010	.0030	.0197	.1003	.3174	.6309	.8732
3.0	.0003	.0011	.0082	.0509	.1990	.4808	.7730
4.0	.0001	.0004	.0033	.0250	.1192	.3481	.6550
5.0	.0000	.0001	.0013	.0119	.0687	.2408	.5319
6.0	.0000	.0000	.0005	.0055	.0383	.1601	.4150
7.0	.0000	.0000	.0002	.0025	.0207	.1027	.3118
8.0	.0000	.0000	.0001	.0011	.0109	.0638	.2263

$\phi_2\backslash\phi_1$	0.0	0.5	1.0	1.5	2.0	2.5	3.0
F1=8,F2=16,U=.33958							
0.0	.0100	.0268	.1322	.4274	.7843	.9614	.9970
1.0	.0033	.0099	.0621	.2627	.6183	.8936	.9858
2.0	.0011	.0036	.0281	.1527	.4570	.7935	.9597
3.0	.0003	.0013	.0124	.0848	.3194	.6721	.9136
4.0	.0001	.0005	.0053	.0453	.2127	.5437	.8461
5.0	.0000	.0002	.0022	.0234	.1358	.4213	.7599
6.0	.0000	.0001	.0009	.0117	.0835	.3135	.6607
7.0	.0000	.0000	.0004	.0058	.0497	.2249	.5561
8.0	.0000	.0000	.0001	.0028	.0287	.1560	.4534
F1=8,F2=20,U=.41224							
0.0	.0100	.0289	.1523	.4889	.8446	.9808	.9991
1.0	.0034	.0111	.0762	.3235	.7104	.9430	.9955
2.0	.0011	.0042	.0366	.2023	.5643	.8792	.9855
3.0	.0004	.0016	.0170	.1206	.4256	.7912	.9651
4.0	.0001	.0006	.0077	.0691	.3063	.6858	.9305
5.0	.0000	.0002	.0034	.0382	.2114	.5726	.8796
6.0	.0000	.0001	.0015	.0205	.1405	.4609	.8127
7.0	.0000	.0000	.0006	.0107	.0903	.3584	.7323
8.0	.0000	.0000	.0003	.0055	.0563	.2697	.6429
F1=8,F2=24,U=.47149							
0.0	.0100	.0305	.1684	.5342	.8807	.9890	.9997
1.0	.0035	.0123	.0888	.3732	.7717	.9663	.9982
2.0	.0012	.0048	.0449	.2468	.6438	.9248	.9940
3.0	.0004	.0019	.0220	.1558	.5125	.8623	.9845
4.0	.0001	.0007	.0105	.0945	.3906	.7806	.9666
5.0	.0000	.0003	.0048	.0553	.2860	.6850	.9377
6.0	.0000	.0001	.0022	.0314	.2020	.5823	.8957
7.0	.0000	.0000	.0010	.0174	.1380	.4798	.8403
8.0	.0000	.0000	.0094	.0914	.3836	.7726	
F1=8,F2=30,U=.54170							
0.0	.0100	.0323	.1871	.5824	.9124	.9942	.9999
1.0	.0036	.0138	.1050	.4313	.8301	.9822	.9994
2.0	.0013	.0057	.0566	.3037	.7262	.9587	.9980
3.0	.0005	.0023	.0295	.2047	.6109	.9203	.9945
4.0	.0002	.0009	.0150	.1327	.4947	.8657	.9873
5.0	.0001	.0004	.0074	.0832	.3865	.7956	.9744
6.0	.0000	.0001	.0036	.0506	.2920	.7132	.9537
7.0	.0000	.0001	.0017	.0299	.2138	.6232	.9237
8.0	.0000	.0000	.0008	.0173	.1521	.5307	.8831
F1=8,F2=40,U=.62555							
0.0	.0100	.0345	.2089	.6332	.9389	.9972	1.000
1.0	.0039	.0159	.1265	.4987	.8825	.9919	.9999
2.0	.0015	.0072	.0739	.3764	.8070	.9808	.9995
3.0	.0006	.0032	.0418	.2733	.7165	.9616	.9985
4.0	.0002	.0014	.0230	.1917	.6174	.9320	.9965
5.0	.0001	.0006	.0123	.1303	.5167	.8906	.9924
6.0	.0000	.0002	.0065	.0861	.4202	.8372	.9853
7.0	.0000	.0001	.0033	.0555	.3326	.7731	.9739
8.0	.0000	.0000	.0017	.0349	.2566	.7004	.9569
F1=8,F2=60,U=.72651							
0.0	.0100	.0370	.2342	.6854	.9598	.9988	1.000
1.0	.0044	.0191	.1560	.5759	.9264	.9969	1.000
2.0	.0019	.0096	.1007	.4689	.8798	.9929	.9999
3.0	.0008	.0048	.0633	.3706	.8207	.9858	.9997
4.0	.0003	.0023	.0389	.2849	.7508	.9742	.9994
5.0	.0001	.0011	.0234	.2135	.6732	.9569	.9986
6.0	.0001	.0005	.0138	.1563	.5915	.9327	.9972
7.0	.0000	.0002	.0080	.1119	.5093	.9008	.9948

DOUBLY NONCENTRAL F DISTRIBUTION

ϕ2\ϕ1	0.0	0.5	1.0	1.5	2.0	2.5	3.0
F1=10, F2=2, U=.00201							
0.0	.0100	.0127	.0209	.0343	.0528	.0761	.1038
1.0	.0050	.0063	.0104	.0172	.0266	.0386	.0532
2.0	.0025	.0031	.0052	.0086	.0134	.0196	.0273
3.0	.0012	.0016	.0026	.0043	.0067	.0099	.0140
4.0	.0006	.0008	.0013	.0021	.0034	.0050	.0072
5.0	.0003	.0004	.0006	.0011	.0017	.0026	.0037
6.0	.0001	.0002	.0003	.0005	.0009	.0013	.0019
7.0	.0001	.0001	.0002	.0003	.0004	.0007	.0010
8.0	.0000	.0000	.0001	.0001	.0002	.0003	.0005
F1=10, F2=4, U=.02676							
0.0	.0100	.0156	.0375	.0870	.1728	.2938	.4374
1.0	.0039	.0062	.0155	.0380	.0813	.1507	.2466
2.0	.0015	.0025	.0064	.0165	.0379	.0759	.1352
3.0	.0006	.0010	.0026	.0072	.0175	.0377	.0724
4.0	.0002	.0004	.0011	.0031	.0080	.0184	.0381
5.0	.0001	.0002	.0004	.0013	.0036	.0089	.0197
6.0	.0000	.0001	.0002	.0006	.0016	.0043	.0101
7.0	.0000	.0000	.0001	.0002	.0007	.0020	.0051
8.0	.0000	.0000	.0000	.0001	.0003	.0010	.0025
F1=10, F2=6, U=.07080							
0.0	.0100	.0183	.0567	.1576	.3378	.5621	.7632
1.0	.0035	.0066	.0224	.0708	.1764	.3453	.5481
2.0	.0012	.0024	.0088	.0312	.0890	.2014	.3686
3.0	.0004	.0009	.0034	.0135	.0437	.1128	.2355
4.0	.0001	.0003	.0013	.0058	.0210	.0611	.1442
5.0	.0000	.0001	.0005	.0024	.0099	.0323	.0853
6.0	.0000	.0000	.0002	.0010	.0046	.0166	.0490
7.0	.0000	.0000	.0001	.0004	.0021	.0084	.0274
8.0	.0000	.0000	.0000	.0002	.0009	.0042	.0150
F1=10, F2=8, U=.12095							
0.0	.0100	.0206	.0760	.2317	.4928	.7554	.9177
1.0	.0033	.0072	.0304	.1115	.2914	.5459	.7795
2.0	.0011	.0025	.0120	.0518	.1630	.3674	.6173
3.0	.0003	.0009	.0046	.0234	.0873	.2337	.4599
4.0	.0001	.0003	.0018	.0103	.0452	.1418	.3252
5.0	.0000	.0001	.0007	.0045	.0227	.0828	.2197
6.0	.0000	.0000	.0003	.0019	.0111	.0467	.1427
7.0	.0000	.0000	.0001	.0008	.0053	.0256	.0895
8.0	.0000	.0000	.0000	.0003	.0025	.0137	.0545
F1=10, F2=10, U=.17097							
0.0	.0100	.0226	.0943	.3008	.6158	.8665	.9723
1.0	.0032	.0078	.0390	.1557	.4049	.7021	.9022
2.0	.0010	.0027	.0157	.0769	.2489	.5287	.7932
3.0	.0003	.0009	.0062	.0366	.1450	.3740	.6603
4.0	.0001	.0003	.0024	.0169	.0808	.2509	.5221
5.0	.0000	.0001	.0009	.0076	.0434	.1607	.3936
6.0	.0000	.0000	.0003	.0033	.0226	.0990	.2843
7.0	.0000	.0000	.0001	.0014	.0114	.0589	.1974
8.0	.0000	.0000	.0000	.0006	.0056	.0340	.1324
F1=10, F2=12, U=.21834							
0.0	.0100	.0244	.1112	.3619	.7065	.9255	.9903
1.0	.0031	.0085	.0477	.2001	.5052	.8079	.9575
2.0	.0010	.0029	.0198	.1048	.3360	.6602	.8938
3.0	.0003	.0010	.0080	.0525	.2107	.5078	.8002
4.0	.0001	.0003	.0032	.0254	.1257	.3698	.6854
5.0	.0000	.0001	.0012	.0119	.0719	.2566	.5619
6.0	.0000	.0000	.0005	.0054	.0397	.1706	.4417
7.0	.0000	.0000	.0002	.0024	.0212	.1092	.3338
8.0	.0000	.0000	.0001	.0011	.0110	.0675	.2432

ϕ2\ϕ1	0.0	0.5	1.0	1.5	2.0	2.5	3.0
F1=10, F2=16, U=.30240							
0.0	.0100	.0273	.1406	.4593	.8195	.9738	.9985
1.0	.0032	.0098	.0648	.2828	.6566	.9178	.9913
2.0	.0010	.0034	.0287	.1636	.4909	.8276	.9721
3.0	.0003	.0012	.0123	.0899	.3454	.7112	.9350
4.0	.0001	.0004	.0051	.0474	.2305	.5827	.8766
5.0	.0000	.0001	.0021	.0241	.1469	.4560	.7976
6.0	.0000	.0000	.0008	.0118	.0899	.3419	.7026
7.0	.0000	.0000	.0003	.0057	.0530	.2463	.5985
8.0	.0000	.0000	.0001	.0026	.0303	.1711	.4931
F1=10, F2=20, U=.37257							
0.0	.0100	.0296	.1645	.5301	.8799	.9889	.9997
1.0	.0032	.0110	.0808	.3530	.7545	.9615	.9978
2.0	.0010	.0040	.0380	.2206	.6090	.9096	.9919
3.0	.0003	.0014	.0172	.1307	.4647	.8317	.9781
4.0	.0001	.0005	.0075	.0740	.3369	.7324	.9522
5.0	.0000	.0002	.0032	.0403	.2332	.6203	.9111
6.0	.0000	.0001	.0013	.0212	.1549	.5056	.8532
7.0	.0000	.0000	.0005	.0109	.0991	.3971	.7799
8.0	.0000	.0000	.0002	.0054	.0613	.3010	.6943
F1=10, F2=24, U=.43103							
0.0	.0100	.0315	.1840	.5822	.9142	.9946	.9999
1.0	.0033	.0122	.0954	.4108	.8174	.9800	.9993
2.0	.0011	.0046	.0472	.2726	.6945	.9496	.9973
3.0	.0003	.0017	.0225	.1715	.5613	.8988	.9919
4.0	.0001	.0006	.0104	.1031	.4327	.8271	.9804
5.0	.0000	.0002	.0046	.0596	.3192	.7377	.9600
6.0	.0000	.0001	.0020	.0333	.2261	.6368	.9278
7.0	.0000	.0000	.0009	.0180	.1544	.5318	.8822
8.0	.0000	.0000	.0004	.0095	.1019	.4300	.8230
F1=10, F2=30, U=.50175							
0.0	.0100	.0336	.2071	.6375	.9426	.9976	1.000
1.0	.0035	.0138	.1146	.4786	.8745	.9912	.9998
2.0	.0012	.0055	.0606	.3394	.7803	.9763	.9993
3.0	.0004	.0021	.0308	.2290	.6683	.9489	.9978
4.0	.0001	.0008	.0151	.1478	.5495	.9059	.9941
5.0	.0000	.0003	.0072	.0918	.4344	.8463	.9867
6.0	.0000	.0001	.0034	.0550	.3309	.7715	.9735
7.0	.0000	.0000	.0015	.0320	.2434	.6852	.9526
8.0	.0000	.0000	.0007	.0181	.1733	.5923	.9220
F1=10, F2=40, U=.58819							
0.0	.0100	.0362	.2345	.6949	.9645	.9991	1.000
1.0	.0037	.0160	.1406	.5566	.9223	.9968	1.000
2.0	.0013	.0069	.0807	.4248	.8595	.9911	.9999
3.0	.0005	.0029	.0446	.3103	.7778	.9798	.9996
4.0	.0002	.0012	.0238	.2178	.6824	.9602	.9988
5.0	.0001	.0005	.0124	.1475	.5801	.9300	.9971
6.0	.0000	.0002	.0063	.0966	.4780	.8878	.9937
7.0	.0000	.0001	.0031	.0615	.3823	.8332	.9876
8.0	.0000	.0000	.0015	.0380	.2970	.7676	.9776
F1=10, F2=60, U=.69511							
0.0	.0100	.0394	.2672	.7527	.9800	.9997	1.000
1.0	.0042	.0195	.1768	.6442	.9582	.9991	1.000
2.0	.0017	.0094	.1128	.5323	.9244	.9976	1.000
3.0	.0007	.0044	.0697	.4252	.8771	.9944	1.000
4.0	.0003	.0021	.0418	.3291	.8167	.9886	.9999
5.0	.0001	.0009	.0245	.2473	.7451	.9788	.9997
6.0	.0000	.0004	.0140	.1807	.6655	.9637	.9993
7.0	.0000	.0002	.0078	.1288	.5816	.9419	.9984

$\phi_2\backslash\phi_1$	0.0	0.5	1.0	1.5	2.0	2.5	3.0
\multicolumn{8}{c}{F1=12,F2=2,U=.00167}
0.0	.0100	.0127	.0207	.0339	.0521	.0750	.1023
1.0	.0049	.0063	.0103	.0169	.0262	.0380	.0523
2.0	.0024	.0031	.0051	.0085	.0132	.0193	.0268
3.0	.0012	.0015	.0025	.0042	.0066	.0098	.0137
4.0	.0006	.0008	.0013	.0021	.0033	.0049	.0070
5.0	.0003	.0004	.0006	.0011	.0017	.0025	.0036
6.0	.0001	.0002	.0003	.0005	.0008	.0013	.0018
7.0	.0001	.0001	.0002	.0003	.0004	.0006	.0009
8.0	.0000	.0000	.0001	.0001	.0002	.0003	.0005
\multicolumn{8}{c}{F1=12,F2=4,U=.02267}
0.0	.0100	.0156	.0373	.0867	.1725	.2936	.4373
1.0	.0039	.0062	.0154	.0378	.0809	.1501	.2459
2.0	.0015	.0024	.0063	.0164	.0376	.0754	.1345
3.0	.0006	.0010	.0026	.0071	.0173	.0373	.0719
4.0	.0002	.0004	.0011	.0030	.0079	.0182	.0377
5.0	.0001	.0002	.0004	.0013	.0036	.0088	.0195
6.0	.0000	.0001	.0002	.0006	.0016	.0042	.0099
7.0	.0000	.0000	.0001	.0002	.0007	.0020	.0050
8.0	.0000	.0000	.0000	.0001	.0003	.0009	.0025
\multicolumn{8}{c}{F1=12,F2=6,U=.06084}
0.0	.0100	.0182	.0568	.1591	.3419	.5685	.7696
1.0	.0035	.0065	.0223	.0711	.1781	.3491	.5538
2.0	.0012	.0023	.0087	.0311	.0895	.2033	.3726
3.0	.0004	.0008	.0034	.0134	.0437	.1136	.2378
4.0	.0001	.0003	.0013	.0057	.0209	.0613	.1454
5.0	.0000	.0001	.0005	.0024	.0098	.0322	.0858
6.0	.0000	.0000	.0002	.0010	.0045	.0165	.0491
7.0	.0000	.0000	.0001	.0004	.0020	.0083	.0274
8.0	.0000	.0000	.0000	.0002	.0009	.0041	.0149
\multicolumn{8}{c}{F1=12,F2=8,U=.10526}
0.0	.0100	.0206	.0769	.2371	.5044	.7677	.9250
1.0	.0032	.0071	.0305	.1134	.2983	.5575	.7907
2.0	.0010	.0024	.0119	.0523	.1665	.3761	.6293
3.0	.0003	.0008	.0045	.0235	.0888	.2392	.4705
4.0	.0001	.0003	.0017	.0103	.0457	.1450	.3333
5.0	.0000	.0001	.0006	.0044	.0228	.0844	.2254
6.0	.0000	.0000	.0002	.0019	.0111	.0474	.1463
7.0	.0000	.0000	.0001	.0008	.0052	.0259	.0916
8.0	.0000	.0000	.0000	.0003	.0024	.0138	.0556
\multicolumn{8}{c}{F1=12,F2=10,U=.15044}
0.0	.0100	.0227	.0965	.3114	.6339	.8800	.9772
1.0	.0031	.0077	.0394	.1604	.4186	.7194	.9131
2.0	.0010	.0026	.0156	.0787	.2575	.5453	.8089
3.0	.0003	.0009	.0061	.0371	.1497	.3873	.6782
4.0	.0001	.0003	.0023	.0169	.0831	.2603	.5393
5.0	.0000	.0001	.0009	.0075	.0443	.1668	.4085
6.0	.0000	.0000	.0003	.0033	.0229	.1025	.2959
7.0	.0000	.0000	.0001	.0014	.0115	.0608	.2058
8.0	.0000	.0000	.0000	.0006	.0056	.0349	.1381
\multicolumn{8}{c}{F1=12,F2=12,U=.19398}
0.0	.0100	.0246	.1150	.3779	.7292	.9375	.9929
1.0	.0031	.0084	.0486	.2086	.5257	.8272	.9654
2.0	.0009	.0028	.0198	.1086	.3511	.6826	.9082
3.0	.0003	.0009	.0079	.0539	.2203	.5290	.8201
4.0	.0001	.0003	.0031	.0258	.1312	.3873	.7085
5.0	.0000	.0001	.0012	.0119	.0747	.2696	.5853
6.0	.0000	.0000	.0004	.0054	.0410	.1795	.4630
7.0	.0000	.0000	.0002	.0024	.0217	.1147	.3517
8.0	.0000	.0000	.0001	.0010	.0112	.0708	.2571

$\phi_2\backslash\phi_1$	0.0	0.5	1.0	1.5	2.0	2.5	3.0
\multicolumn{8}{c}{F1=12,F2=16,U=.27289}
0.0	.0100	.0277	.1477	.4853	.8451	.9811	.9991
1.0	.0031	.0097	.0671	.2997	.6864	.9340	.9942
2.0	.0009	.0033	.0292	.1729	.5183	.8521	.9796
3.0	.0003	.0011	.0122	.0944	.3670	.7410	.9490
4.0	.0001	.0004	.0050	.0492	.2456	.6136	.8978
5.0	.0000	.0001	.0020	.0247	.1564	.4844	.8252
6.0	.0000	.0000	.0008	.0120	.0954	.3656	.7344
7.0	.0000	.0000	.0003	.0056	.0560	.2646	.6319
8.0	.0000	.0000	.0001	.0026	.0317	.1843	.5253
\multicolumn{8}{c}{F1=12,F2=20,U=.34029}
0.0	.0100	.0302	.1750	.5638	.9042	.9932	.9999
1.0	.0031	.0109	.0849	.3780	.7877	.9727	.9988
2.0	.0010	.0038	.0392	.2365	.6446	.9298	.9951
3.0	.0003	.0013	.0173	.1396	.4971	.8607	.9854
4.0	.0001	.0004	.0074	.0784	.3629	.7677	.9656
5.0	.0000	.0001	.0031	.0422	.2522	.6582	.9318
6.0	.0000	.0000	.0012	.0219	.1676	.5423	.8816
7.0	.0000	.0000	.0005	.0110	.1070	.4297	.8148
8.0	.0000	.0000	.0002	.0054	.0659	.3280	.7338
\multicolumn{8}{c}{F1=12,F2=24,U=.39749}
0.0	.0100	.0323	.1977	.6214	.9362	.9971	1.000
1.0	.0032	.0121	.1013	.4429	.8506	.9875	.9997
2.0	.0010	.0044	.0493	.2951	.7341	.9647	.9986
3.0	.0003	.0016	.0230	.1855	.6013	.9233	.9954
4.0	.0001	.0005	.0103	.1110	.4684	.8605	.9879
5.0	.0000	.0002	.0045	.0635	.3481	.7778	.9731
6.0	.0000	.0001	.0019	.0350	.2476	.6802	.9481
7.0	.0000	.0000	.0008	.0186	.1693	.5749	.9105
8.0	.0000	.0000	.0003	.0096	.1115	.4697	.8590
\multicolumn{8}{c}{F1=12,F2=30,U=.46789}
0.0	.0100	.0348	.2250	.6820	.9611	.9990	1.000
1.0	.0033	.0138	.1233	.5189	.9051	.9953	1.000
2.0	.0011	.0053	.0641	.3709	.8207	.9857	.9997
3.0	.0003	.0020	.0319	.2509	.7139	.9660	.9990
4.0	.0001	.0007	.0153	.1617	.5951	.9322	.9971
5.0	.0000	.0003	.0071	.0997	.4758	.8819	.9927
6.0	.0000	.0001	.0032	.0592	.3654	.8150	.9841
7.0	.0000	.0000	.0014	.0340	.2702	.7338	.9694
8.0	.0000	.0000	.0006	.0189	.1929	.6428	.9463
\multicolumn{8}{c}{F1=12,F2=40,U=.55573}
0.0	.0100	.0378	.2581	.7440	.9788	.9997	1.000
1.0	.0036	.0162	.1536	.6056	.9475	.9987	1.000
2.0	.0012	.0067	.0870	.4677	.8961	.9957	1.000
3.0	.0004	.0027	.0472	.3440	.8238	.9890	.9999
4.0	.0001	.0011	.0247	.2421	.7341	.9760	.9996
5.0	.0000	.0004	.0125	.1637	.6332	.9542	.9988
6.0	.0000	.0002	.0061	.1067	.5284	.9212	.9972
7.0	.0000	.0001	.0029	.0672	.4269	.8758	.9939
8.0	.0000	.0000	.0014	.0411	.3342	.8179	.9880
\multicolumn{8}{c}{F1=12,F2=60,U=.66701}
0.0	.0100	.0416	.2981	.8048	.9899	.9999	1.000
1.0	.0040	.0200	.1966	.7007	.9760	.9997	1.000
2.0	.0015	.0093	.1243	.5873	.9519	.9992	1.000
3.0	.0006	.0042	.0758	.4745	.9151	.9978	1.000
4.0	.0002	.0019	.0447	.3702	.8645	.9948	1.000
5.0	.0001	.0008	.0256	.2793	.8007	.9894	.9999
6.0	.0000	.0003	.0143	.2044	.7257	.9801	.9998
7.0	.0000	.0001	.0078	.1452	.6431	.9657	.9995

φ2\φ1	0.0	0.5	1.0	1.5	2.0	2.5	3.0
\multicolumn{8}{c}{F1=24, F2=2, U=.00084}						
0.0	.0100	.0126	.0204	.0331	.0507	.0728	.0990
1.0	.0050	.0063	.0101	.0165	.0255	.0369	.0507
2.0	.0025	.0031	.0050	.0083	.0128	.0187	.0260
3.0	.0012	.0015	.0025	.0041	.0064	.0095	.0133
4.0	.0006	.0008	.0012	.0021	.0032	.0048	.0068
5.0	.0003	.0004	.0006	.0010	.0016	.0024	.0035
6.0	.0001	.0002	.0003	.0005	.0008	.0012	.0018
7.0	.0001	.0001	.0002	.0003	.0004	.0006	.0009
8.0	.0000	.0000	.0001	.0001	.0002	.0003	.0005
\multicolumn{8}{c}{F1=24, F2=4, U=.01182}						
0.0	.0100	.0154	.0368	.0857	.1714	.2926	.4367
1.0	.0039	.0061	.0150	.0370	.0797	.1485	.2440
2.0	.0015	.0024	.0061	.0159	.0367	.0740	.1324
3.0	.0006	.0009	.0025	.0068	.0167	.0363	.0703
4.0	.0002	.0004	.0010	.0029	.0076	.0176	.0366
5.0	.0001	.0001	.0004	.0012	.0034	.0084	.0187
6.0	.0000	.0001	.0002	.0005	.0015	.0040	.0095
7.0	.0000	.0000	.0001	.0002	.0007	.0019	.0047
8.0	.0000	.0000	.0000	.0001	.0003	.0009	.0023
\multicolumn{8}{c}{F1=24, F2=6, U=.03306}						
0.0	.0100	.0181	.0574	.1639	.3547	.5875	.7879
1.0	.0034	.0064	.0221	.0721	.1833	.3609	.5707
2.0	.0012	.0022	.0084	.0311	.0912	.2094	.3848
3.0	.0004	.0008	.0032	.0131	.0440	.1162	.2454
4.0	.0001	.0003	.0012	.0055	.0207	.0622	.1495
5.0	.0000	.0001	.0004	.0023	.0095	.0323	.0877
6.0	.0000	.0000	.0002	.0009	.0043	.0164	.0498
7.0	.0000	.0000	.0001	.0004	.0019	.0081	.0276
8.0	.0000	.0000	.0000	.0001	.0008	.0040	.0149
\multicolumn{8}{c}{F1=24, F2=8, U=.05939}						
0.0	.0100	.0207	.0802	.2545	.5400	.8031	.9442
1.0	.0031	.0069	.0309	.1199	.3201	.5928	.8227
2.0	.0010	.0023	.0116	.0542	.1778	.4034	.6654
3.0	.0003	.0007	.0043	.0237	.0939	.2573	.5036
4.0	.0001	.0002	.0016	.0101	.0476	.1556	.3595
5.0	.0000	.0001	.0006	.0042	.0233	.0900	.2440
6.0	.0000	.0000	.0002	.0017	.0111	.0501	.1584
7.0	.0000	.0000	.0001	.0007	.0051	.0270	.0989
8.0	.0000	.0000	.0000	.0003	.0023	.0141	.0597
\multicolumn{8}{c}{F1=24, F2=10, U=.08784}						
0.0	.0100	.0230	.1041	.3464	.6897	.9163	.9879
1.0	.0030	.0075	.0410	.1766	.4632	.7708	.9413
2.0	.0009	.0024	.0156	.0850	.2865	.5974	.8535
3.0	.0003	.0008	.0058	.0391	.1660	.4309	.7320
4.0	.0001	.0002	.0021	.0173	.0912	.2921	.5939
5.0	.0000	.0001	.0008	.0074	.0479	.1876	.4571
6.0	.0000	.0000	.0003	.0031	.0242	.1150	.3350
7.0	.0000	.0000	.0001	.0013	.0119	.0677	.2348
8.0	.0000	.0000	.0000	.0005	.0056	.0384	.1580
\multicolumn{8}{c}{F1=24, F2=12, U=.11681}						
0.0	.0100	.0252	.1281	.4323	.7965	.9663	.9976
1.0	.0029	.0081	.0520	.2380	.5920	.8809	.9830
2.0	.0008	.0025	.0203	.1221	.4025	.7504	.9446
3.0	.0002	.0008	.0076	.0592	.2542	.5974	.8756
4.0	.0001	.0002	.0028	.0274	.1509	.4464	.7775
5.0	.0000	.0001	.0010	.0122	.0850	.3150	.6592
6.0	.0000	.0000	.0003	.0053	.0458	.2111	.5336
7.0	.0000	.0000	.0001	.0022	.0237	.1351	.4130
8.0	.0000	.0000	.0000	.0009	.0119	.0829	.3064

φ2\φ1	0.0	0.5	1.0	1.5	2.0	2.5	3.0
\multicolumn{8}{c}{F1=24, F2=16, U=.17327}						
0.0	.0100	.0292	.1744	.5754	.9140	.9946	.9999
1.0	.0028	.0094	.0760	.3613	.7787	.9712	.9988
2.0	.0008	.0029	.0313	.2080	.6110	.9175	.9937
3.0	.0002	.0009	.0123	.1117	.4444	.8293	.9795
4.0	.0001	.0003	.0047	.0566	.3019	.7128	.9501
5.0	.0000	.0001	.0017	.0273	.1932	.5817	.9003
6.0	.0000	.0000	.0006	.0126	.1172	.4510	.8286
7.0	.0000	.0000	.0002	.0056	.0678	.3331	.7376
8.0	.0000	.0000	.0001	.0024	.0376	.2350	.6336
\multicolumn{8}{c}{F1=24, F2=20, U=.22567}						
0.0	.0100	.0327	.2166	.6799	.9623	.9990	1.000
1.0	.0028	.0107	.1011	.4718	.8829	.9931	.9999
2.0	.0008	.0034	.0441	.2989	.7599	.9748	.9993
3.0	.0002	.0010	.0182	.1755	.6116	.9355	.9971
4.0	.0001	.0003	.0072	.0966	.4613	.8700	.9908
5.0	.0000	.0001	.0027	.0503	.3273	.7788	.9767
6.0	.0000	.0000	.0010	.0250	.2197	.6684	.9508
7.0	.0000	.0000	.0004	.0119	.1401	.5492	.9092
8.0	.0000	.0000	.0001	.0055	.0853	.4321	.8503
\multicolumn{8}{c}{F1=24, F2=24, U=.27329}						
0.0	.0100	.0358	.2542	.7541	.9823	.9998	1.000
1.0	.0028	.0121	.1260	.5637	.9371	.9983	1.000
2.0	.0008	.0039	.0580	.3856	.8540	.9922	.9999
3.0	.0002	.0012	.0252	.2441	.7370	.9764	.9996
4.0	.0001	.0004	.0104	.1444	.6005	.9445	.9984
5.0	.0000	.0001	.0041	.0806	.4622	.8917	.9950
6.0	.0000	.0000	.0016	.0427	.3368	.8167	.9874
7.0	.0000	.0000	.0006	.0216	.2332	.7225	.9726
8.0	.0000	.0000	.0002	.0105	.1540	.6159	.9474
\multicolumn{8}{c}{F1=24, F2=30, U=.33612}						
0.0	.0100	.0397	.3023	.8274	.9935	1.000	1.000
1.0	.0029	.0140	.1617	.6689	.9735	.9997	1.000
2.0	.0008	.0047	.0801	.4988	.9294	.9985	1.000
3.0	.0002	.0015	.0372	.3453	.8555	.9946	1.000
4.0	.0001	.0005	.0164	.2235	.7538	.9847	.9999
5.0	.0000	.0001	.0069	.1362	.6332	.9647	.9995
6.0	.0000	.0000	.0028	.0787	.5067	.9302	.9984
7.0	.0000	.0000	.0011	.0433	.3865	.8784	.9958
8.0	.0000	.0000	.0004	.0228	.2816	.8085	.9903
\multicolumn{8}{c}{F1=24, F2=40, U=.42144}						
0.0	.0100	.0449	.3642	.8937	.9983	1.000	1.000
1.0	.0030	.0170	.2145	.7802	.9923	1.000	1.000
2.0	.0009	.0061	.1170	.6387	.9764	.9999	1.000
3.0	.0002	.0021	.0598	.4902	.9441	.9994	1.000
4.0	.0001	.0007	.0289	.3538	.8905	.9979	1.000
5.0	.0000	.0002	.0133	.2411	.8142	.9942	1.000
6.0	.0000	.0001	.0058	.1559	.7184	.9862	.9999
7.0	.0000	.0000	.0025	.0960	.6101	.9712	.9998
8.0	.0000	.0000	.0010	.0565	.4982	.9464	.9994
\multicolumn{8}{c}{F1=24, F2=60, U=.54167}						
0.0	.0100	.0521	.4441	.9461	.9997	1.000	1.000
1.0	.0033	.0221	.2952	.8833	.9987	1.000	1.000
2.0	.0010	.0089	.1833	.7923	.9957	1.000	1.000
3.0	.0003	.0034	.1072	.6796	.9884	1.000	1.000
4.0	.0001	.0012	.0594	.5564	.9736	.9999	1.000
5.0	.0000	.0004	.0314	.4348	.9478	.9997	1.000
6.0	.0000	.0002	.0159	.3247	.9080	.9992	1.000
7.0	.0000	.0001	.0077	.2323	.8526	.9979	1.000

TABLE 3. VALUES OF $P(F''>F)$, $F = f_2(1-u)/f_1 u$.

$f_1 = f_2 = 4$

U	.02	.10	.18	.26	.34	.42	.50	.60	.75	.95
PHI2					PHI1=0.0					
0	.0012	.0280	.0855	.1676	.2682	.3810	.5000	.6480	.8438	.9928
1	.0004	.0117	.0398	.0862	.1520	.2374	.3412	.4923	.7393	.9851
2	.0002	.0049	.0184	.0441	.0855	.1464	.2299	.3688	.6397	.9759
3	.0001	.0021	.0085	.0224	.0478	.0895	.1534	.2732	.5480	.9652
4	.0000	.0009	.0039	.0114	.0265	.0543	.1015	.2006	.4656	.9532
5	.0000	.0004	.0018	.0058	.0147	.0328	.0667	.1462	.3928	.9401
6	.0000	.0002	.0008	.0029	.0081	.0197	.0436	.1058	.3295	.9260
7	.0000	.0001	.0004	.0015	.0044	.0118	.0283	.0762	.2749	.9110
8	.0000	.0000	.0002	.0007	.0024	.0070	.0183	.0546	.2284	.8953
PHI2					PHI1=0.5					
0	.0020	.0441	.1274	.2365	.3589	.4845	.6056	.7416	.8976	.9960
1	.0008	.0191	.0623	.1295	.2184	.3251	.4443	.6007	.8190	.9916
2	.0003	.0082	.0303	.0703	.1315	.2152	.3211	.4793	.7390	.9861
3	.0001	.0036	.0147	.0380	.0784	.1409	.2292	.3777	.6606	.9798
4	.0000	.0015	.0071	.0204	.0464	.0914	.1620	.2946	.5859	.9725
5	.0000	.0007	.0034	.0109	.0273	.0588	.1135	.2279	.5162	.9645
6	.0000	.0003	.0016	.0058	.0159	.0376	.0789	.1750	.4521	.9557
7	.0000	.0001	.0008	.0031	.0093	.0239	.0546	.1335	.3939	.9463
8	.0000	.0001	.0004	.0016	.0054	.0151	.0375	.1013	.3416	.9362
PHI2					PHI1=1.0					
0	.0051	.1011	.2587	.4280	.5828	.7117	.8120	.9000	.9715	.9993
1	.0020	.0468	.1405	.2666	.4081	.5497	.6793	.8125	.9408	.9985
2	.0008	.0216	.0754	.1632	.2798	.4151	.5563	.7212	.9040	.9974
3	.0003	.0099	.0401	.0985	.1885	.3077	.4476	.6309	.8625	.9961
4	.0001	.0045	.0212	.0587	.1252	.2246	.3547	.5449	.8175	.9945
5	.0000	.0021	.0111	.0347	.0821	.1618	.2775	.4655	.7702	.9927
6	.0000	.0009	.0058	.0203	.0533	.1152	.2146	.3938	.7216	.9906
7	.0000	.0004	.0030	.0118	.0342	.0812	.1644	.3302	.6725	.9883
8	.0000	.0002	.0015	.0068	.0218	.0567	.1248	.2747	.6237	.9857
PHI2					PHI1=1.5					
0	.0128	.2125	.4649	.6699	.8107	.8983	.9489	.9806	.9967	1.000
1	.0051	.1077	.2874	.4832	.6565	.7904	.8830	.9511	.9913	.9999
2	.0020	.0540	.1737	.3382	.5154	.6768	.8051	.9121	.9833	.9998
3	.0008	.0268	.1030	.2311	.3944	.5661	.7206	.8649	.9726	.9997
4	.0003	.0132	.0602	.1548	.2954	.4642	.6344	.8115	.9591	.9996
5	.0001	.0065	.0347	.1019	.2172	.3741	.5503	.7536	.9427	.9995
6	.0000	.0031	.0197	.0661	.1573	.2968	.4709	.6932	.9237	.9993
7	.0000	.0015	.0111	.0424	.1123	.2323	.3981	.6319	.9021	.9991
8	.0000	.0007	.0062	.0268	.0792	.1796	.3329	.5712	.8780	.9989
PHI2					PHI1=2.0					
0	.0281	.3742	.6848	.8599	.9430	.9784	.9924	.9982	.9998	1.000
1	.0114	.2110	.4859	.7110	.8564	.9363	.9748	.9934	.9995	1.000
2	.0046	.1165	.3326	.5657	.7539	.8780	.9472	.9850	.9987	1.000
3	.0019	.0632	.2213	.4362	.6458	.8073	.9098	.9724	.9975	1.000
4	.0008	.0338	.1438	.3276	.5400	.7288	.8637	.9552	.9957	1.000
5	.0003	.0179	.0916	.2405	.4420	.6466	.8103	.9333	.9933	1.000
6	.0001	.0094	.0574	.1732	.3550	.5646	.7516	.9066	.9900	1.000
7	.0001	.0048	.0354	.1226	.2803	.4858	.6893	.8755	.9858	1.000
8	.0000	.0025	.0216	.0855	.2180	.4123	.6256	.8403	.9805	1.000
PHI2					PHI1=2.5					
0	.0541	.5575	.8520	.9574	.9889	.9973	.9994	.9999	1.000	1.000
1	.0228	.3526	.6867	.8763	.9584	.9879	.9969	.9995	1.000	1.000
2	.0095	.2159	.5294	.7743	.9106	.9702	.9917	.9987	1.000	1.000
3	.0040	.1288	.3936	.6628	.8475	.9433	.9826	.9971	.9999	1.000
4	.0017	.0752	.2841	.5517	.7731	.9069	.9691	.9943	.9998	1.000
5	.0007	.0431	.1999	.4479	.6916	.8615	.9504	.9902	.9997	1.000
6	.0003	.0244	.1376	.3556	.6075	.8085	.9262	.9844	.9994	1.000
7	.0001	.0136	.0930	.2768	.5246	.7496	.8965	.9766	.9991	1.000
8	.0000	.0075	.0618	.2116	.4457	.6867	.8617	.9664	.9986	1.000
PHI2					PHI1=3.0					
0	.0931	.7247	.9452	.9908	.9986	.9998	1.000	1.000	1.000	1.000
1	.0408	.5143	.8419	.9604	.9919	.9986	.9998	1.000	1.000	1.000
2	.0178	.3492	.7180	.9100	.9775	.9955	.9993	.9999	1.000	1.000
3	.0077	.2290	.5897	.8420	.9537	.9894	.9981	.9998	1.000	1.000
4	.0033	.1460	.4687	.7608	.9196	.9794	.9959	.9996	1.000	1.000
5	.0014	.0909	.3621	.6720	.8753	.9644	.9924	.9993	1.000	1.000
6	.0006	.0555	.2729	.5810	.8219	.9440	.9870	.9987	1.000	1.000
7	.0003	.0333	.2012	.4924	.7613	.9176	.9792	.9977	1.000	1.000
8	.0001	.0197	.1454	.4096	.6955	.8853	.9688	.9963	1.000	1.000

$f_1 = f_2 = 6$

U	.02	.10	.18	.26	.34	.42	.50	.60	.75	.95
PHI2					PHI1=0.0					
0	.0001	.0086	.0437	.1143	.2199	.3525	.5000	.6826	.8965	.9988
1	.0000	.0030	.0177	.0530	.1161	.2110	.3364	.5251	.8109	.9972
2	.0000	.0011	.0071	.0243	.0604	.1238	.2213	.3942	.7201	.9947
3	.0000	.0004	.0029	.0111	.0311	.0715	.1429	.2902	.6297	.9915
4	.0000	.0001	.0011	.0050	.0158	.0408	.0909	.2103	.5434	.9874
5	.0000	.0000	.0005	.0022	.0080	.0230	.0571	.1503	.4637	.9824
6	.0000	.0000	.0002	.0010	.0040	.0128	.0355	.1063	.3917	.9766
7	.0000	.0000	.0001	.0004	.0020	.0071	.0219	.0744	.3281	.9698
8	.0000	.0000	.0000	.0002	.0010	.0039	.0134	.0516	.2727	.9622
PHI2					PHI1=.5					
0	.0002	.0159	.0745	.1791	.3175	.4714	.6223	.7844	.9409	.9995
1	.0000	.0058	.0321	.0899	.1832	.3087	.4563	.6483	.8836	.9987
2	.0000	.0021	.0137	.0445	.1036	.1974	.3260	.5229	.8178	.9976
3	.0000	.0008	.0058	.0217	.0577	.1239	.2282	.4133	.7471	.9960
4	.0000	.0003	.0025	.0105	.0317	.0765	.1570	.3214	.6748	.9940
5	.0000	.0001	.0010	.0050	.0172	.0466	.1065	.2464	.6033	.9915
6	.0000	.0000	.0004	.0024	.0092	.0281	.0714	.1866	.5345	.9886
7	.0000	.0000	.0002	.0011	.0049	.0167	.0473	.1398	.4698	.9851
8	.0000	.0000	.0001	.0005	.0026	.0099	.0311	.1038	.4099	.9811
PHI2					PHI1=1.0					
0	.0006	.0493	.1906	.3824	.5736	.7323	.8478	.9360	.9893	1.000
1	.0002	.0197	.0941	.2260	.3942	.5687	.7237	.8672	.9741	.9999
2	.0001	.0078	.0456	.1300	.2623	.4272	.5996	.7868	.9528	.9998
3	.0000	.0031	.0218	.0732	.1700	.3122	.4844	.7006	.9256	.9996
4	.0000	.0012	.0103	.0404	.1078	.2230	.3830	.6133	.8930	.9994
5	.0000	.0005	.0048	.0220	.0671	.1563	.2972	.5288	.8559	.9991
6	.0000	.0002	.0022	.0118	.0411	.1077	.2270	.4497	.8148	.9987
7	.0000	.0001	.0010	.0063	.0249	.0731	.1708	.3778	.7709	.9982
8	.0000	.0000	.0005	.0033	.0148	.0490	.1269	.3138	.7249	.9977
PHI2					PHI1=1.5					
0	.0022	.1365	.4109	.6640	.8331	.9264	.9711	.9925	.9994	1.000
1	.0007	.0613	.2397	.4724	.6833	.8346	.9251	.9778	.9981	1.000
2	.0002	.0271	.1352	.3221	.5375	.7274	.8625	.9545	.9957	1.000
3	.0001	.0118	.0743	.2123	.4085	.6156	.7876	.9224	.9919	1.000
4	.0000	.0051	.0399	.1360	.3015	.5075	.7050	.8819	.9864	1.000
5	.0000	.0022	.0211	.0851	.2170	.4089	.6195	.8342	.9790	1.000
6	.0000	.0009	.0109	.0522	.1528	.3227	.5351	.7807	.9694	1.000
7	.0000	.0004	.0056	.0315	.1056	.2500	.4550	.7229	.9575	1.000
8	.0000	.0002	.0028	.0187	.0717	.1905	.3812	.6627	.9431	.9999
PHI2					PHI1=2.0					
0	.0067	.2957	.6707	.8797	.9629	.9900	.9976	.9997	1.000	1.000
1	.0022	.1525	.4665	.7385	.8956	.9653	.9904	.9985	1.000	1.000
2	.0007	.0764	.3089	.5904	.8051	.9246	.9763	.9959	.9999	1.000
3	.0002	.0374	.1967	.4531	.7007	.8686	.9540	.9913	.9997	1.000
4	.0001	.0179	.1213	.3358	.5921	.8000	.9228	.9838	.9994	1.000
5	.0000	.0084	.0728	.2415	.4870	.7224	.8826	.9729	.9990	1.000
6	.0000	.0039	.0427	.1693	.3909	.6401	.8344	.9582	.9982	1.000
7	.0000	.0018	.0246	.1159	.3069	.5570	.7793	.9391	.9972	1.000
8	.0000	.0008	.0139	.0778	.2362	.4765	.7192	.9156	.9957	1.000
PHI2					PHI1=2.5					
0	.0172	.5048	.8656	.9731	.9955	.9994	.9999	1.000	1.000	1.000
1	.0060	.3024	.7046	.9118	.9797	.9963	.9995	1.000	1.000	1.000
2	.0021	.1731	.5418	.8229	.9493	.9889	.9981	.9999	1.000	1.000
3	.0007	.0957	.3976	.7163	.9029	.9753	.9953	.9996	1.000	1.000
4	.0003	.0513	.2805	.6027	.8415	.9538	.9901	.9991	1.000	1.000
5	.0001	.0269	.1913	.4916	.7679	.9235	.9819	.9982	1.000	1.000
6	.0000	.0138	.1268	.3899	.6863	.8842	.9697	.9966	1.000	1.000
7	.0000	.0070	.0819	.3013	.6010	.8364	.9530	.9943	.9999	1.000
8	.0000	.0035	.0518	.2276	.5162	.7812	.9312	.9908	.9999	1.000
PHI2					PHI1=3.0					
0	.0377	.7080	.9610	.9963	.9997	1.000	1.000	1.000	1.000	1.000
1	.0139	.4915	.8756	.9805	.9978	.9998	1.000	1.000	1.000	1.000
2	.0051	.3217	.7598	.9480	.9923	.9992	.9999	1.000	1.000	1.000
3	.0019	.2010	.6303	.8969	.9811	.9976	.9998	1.000	1.000	1.000
4	.0007	.1209	.5022	.8284	.9620	.9944	.9994	1.000	1.000	1.000
5	.0002	.0705	.3859	.7464	.9336	.9886	.9987	1.000	1.000	1.000
6	.0001	.0400	.2871	.6562	.8952	.9795	.9974	.9999	1.000	1.000
7	.0000	.0222	.2076	.5633	.8471	.9660	.9952	.9998	1.000	1.000
8	.0000	.0121	.1463	.4727	.7902	.9475	.9918	.9996	1.000	1.000

$$f_1 = f_2 = 8$$

U	.02	.10	.18	.26	.34	.42	.50	.60	.75	.95

PHI2   PHI1=0.0

0	.0000	.0027	.0231	.0802	.1837	.3294	.5000	.7102	.9294	.9998
1	.0000	.0008	.0083	.0341	.0916	.1910	.3335	.5532	.8606	.9995
2	.0000	.0003	.0030	.0143	.0448	.1078	.2155	.4173	.7807	.9988
3	.0000	.0001	.0011	.0059	.0215	.0595	.1359	.3067	.6954	.9979
4	.0000	.0000	.0004	.0024	.0102	.0323	.0839	.2207	.6095	.9966
5	.0000	.0000	.0001	.0010	.0048	.0173	.0510	.1559	.5266	.9949
6	.0000	.0000	.0000	.0004	.0022	.0091	.0305	.1085	.4492	.9927
7	.0000	.0000	.0000	.0002	.0010	.0047	.0180	.0745	.3789	.9900
8	.0000	.0000	.0000	.0001	.0005	.0025	.0105	.0505	.3163	.9868

PHI2   PHI1=0.5

0	.0000	.0060	.0450	.1391	.2854	.4613	.6367	.8171	.9648	.9999
1	.0000	.0019	.0175	.0650	.1578	.2969	.4681	.6878	.9239	.9998
2	.0000	.0006	.0067	.0298	.0850	.1851	.3326	.5615	.8718	.9996
3	.0000	.0002	.0026	.0134	.0448	.1125	.2299	.4468	.8111	.9992
4	.0000	.0001	.0010	.0060	.0232	.0669	.1554	.3479	.7449	.9987
5	.0000	.0000	.0004	.0026	.0118	.0391	.1030	.2660	.6759	.9980
6	.0000	.0000	.0001	.0011	.0059	.0225	.0672	.2001	.6066	.9971
7	.0000	.0000	.0000	.0005	.0029	.0128	.0432	.1484	.5389	.9960
8	.0000	.0000	.0000	.0002	.0015	.0072	.0274	.1087	.4743	.9946

PHI2   PHI1=1.0

0	.0001	.0250	.1446	.3481	.5685	.7511	.8753	.9581	.9958	1.000
1	.0000	.0088	.0660	.1975	.3862	.5881	.7611	.9051	.9885	1.000
2	.0000	.0031	.0294	.1082	.2517	.4418	.6390	.8368	.9767	1.000
3	.0000	.0011	.0129	.0576	.1586	.3208	.5205	.7578	.9599	1.000
4	.0000	.0004	.0055	.0300	.0973	.2263	.4130	.6731	.9379	.9999
5	.0000	.0001	.0023	.0153	.0583	.1558	.3202	.5874	.9108	.9999
6	.0000	.0000	.0010	.0077	.0342	.1050	.2432	.5043	.8789	.9998
7	.0000	.0000	.0004	.0038	.0197	.0695	.1815	.4264	.8427	.9997
8	.0000	.0000	.0002	.0019	.0112	.0452	.1332	.3556	.8028	.9996

PHI2   PHI1=1.5

0	.0004	.0909	.3712	.6634	.8533	.9464	.9834	.9970	.9999	1.000
1	.0001	.0369	.2069	.4687	.7097	.8696	.9519	.9898	.9996	1.000
2	.0000	.0147	.1107	.3143	.5622	.7714	.9036	.9766	.9989	1.000
3	.0000	.0058	.0572	.2021	.4274	.6622	.8400	.9560	.9977	1.000
4	.0000	.0022	.0288	.1256	.3136	.5516	.7649	.9274	.9956	1.000
5	.0000	.0008	.0142	.0757	.2232	.4471	.6824	.8908	.9925	1.000
6	.0000	.0003	.0068	.0445	.1546	.3536	.5972	.8468	.9882	1.000
7	.0000	.0001	.0032	.0256	.1046	.2734	.5131	.7963	.9823	1.000
8	.0000	.0000	.0015	.0145	.0693	.2072	.4333	.7409	.9746	1.000

PHI2   PHI1=2.0

0	.0017	.2407	.6642	.8976	.9758	.9953	.9993	.9999	1.000	1.000
1	.0005	.1155	.4567	.7657	.9246	.9812	.9963	.9997	1.000	1.000
2	.0001	.0535	.2958	.6182	.8472	.9540	.9895	.9989	1.000	1.000
3	.0000	.0240	.1827	.4758	.7505	.9121	.9771	.9973	1.000	1.000
4	.0000	.0105	.1084	.3513	.6435	.8556	.9575	.9944	.9999	1.000
5	.0000	.0045	.0623	.2502	.5351	.7867	.9296	.9895	.9998	1.000
6	.0000	.0019	.0348	.1727	.4325	.7090	.8932	.9821	.9997	1.000
7	.0000	.0008	.0190	.1159	.3405	.6264	.8485	.9717	.9995	1.000
8	.0000	.0003	.0101	.0759	.2617	.5429	.7964	.9577	.9991	1.000

PHI2   PHI1=2.5

0	.0057	.4671	.8801	.9830	.9982	.9998	1.000	1.000	1.000	1.000
1	.0017	.2684	.7255	.9376	.9902	.9989	.9999	1.000	1.000	1.000
2	.0005	.1460	.5604	.8631	.9719	.9960	.9996	1.000	1.000	1.000
3	.0002	.0760	.4097	.7653	.9397	.9896	.9988	1.000	1.000	1.000
4	.0000	.0382	.2858	.6539	.8923	.9780	.9970	.9999	1.000	1.000
5	.0000	.0186	.1915	.5396	.8303	.9596	.9938	.9997	1.000	1.000
6	.0000	.0089	.1239	.4309	.7563	.9331	.9883	.9993	1.000	1.000
7	.0000	.0041	.0778	.3340	.6741	.8979	.9800	.9987	1.000	1.000
8	.0000	.0019	.0475	.2518	.5881	.8540	.9680	.9977	1.000	1.000

PHI2   PHI1=3.0

0	.0159	.7001	.9725	.9985	.9999	1.000	1.000	1.000	1.000	1.000
1	.0051	.4800	.9034	.9905	.9994	1.000	1.000	1.000	1.000	1.000
2	.0016	.3066	.7988	.9706	.9974	.9999	1.000	1.000	1.000	1.000
3	.0005	.1852	.6727	.9346	.9926	.9995	1.000	1.000	1.000	1.000
4	.0002	.1069	.5412	.8806	.9829	.9986	.9999	1.000	1.000	1.000
5	.0000	.0594	.4176	.8099	.9665	.9966	.9998	1.000	1.000	1.000
6	.0000	.0319	.3102	.7261	.9415	.9930	.9995	1.000	1.000	1.000
7	.0000	.0167	.2228	.6345	.9070	.9871	.9990	1.000	1.000	1.000
8	.0000	.0085	.1551	.5405	.8627	.9778	.9981	1.000	1.000	1.000

$f_1=f_2=10$

U	.02	.10	.18	.26	.34	.42	.50	.60	.75	.95

PHI2   PHI1=0.0

0	.0000	.0009	.0125	.0571	.1553	.3097	.5000	.7334	.9511	1.000
1	.0000	.0002	.0041	.0226	.0737	.1749	.3313	.5781	.8964	.9999
2	.0000	.0001	.0013	.0087	.0341	.0955	.2113	.4387	.8275	.9997
3	.0000	.0000	.0004	.0033	.0154	.0508	.1307	.3227	.7492	.9995
4	.0000	.0000	.0001	.0013	.0069	.0264	.0789	.2313	.6663	.9991
5	.0000	.0000	.0000	.0005	.0030	.0135	.0466	.1622	.5830	.9986
6	.0000	.0000	.0000	.0002	.0013	.0068	.0270	.1116	.5026	.9978
7	.0000	.0000	.0000	.0001	.0006	.0034	.0154	.0755	.4276	.9968
8	.0000	.0000	.0000	.0000	.0002	.0016	.0087	.0504	.3593	.9955

PHI2   PHI1= .5

0	.0000	.0023	.0278	.1096	.2589	.4528	.6496	.8434	.9786	1.000
1	.0000	.0006	.0098	.0481	.1381	.2876	.4794	.7215	.9498	1.000
2	.0000	.0002	.0034	.0206	.0713	.1757	.3397	.5962	.9095	.9999
3	.0000	.0001	.0012	.0087	.0359	.1040	.2329	.4782	.8590	.9998
4	.0000	.0000	.0004	.0036	.0176	.0600	.1554	.3739	.8004	.9997
5	.0000	.0000	.0001	.0015	.0085	.0339	.1012	.2860	.7364	.9995
6	.0000	.0000	.0000	.0006	.0040	.0188	.0647	.2145	.6692	.9993
7	.0000	.0000	.0000	.0002	.0019	.0102	.0406	.1582	.6013	.9989
8	.0000	.0000	.0000	.0001	.0009	.0055	.0251	.1149	.5345	.9985

PHI2   PHI1=1.0

0	.0000	.0130	.1116	.3202	.5655	.7680	.8971	.9722	.9983	1.000
1	.0000	.0041	.0476	.1756	.3810	.6067	.7928	.9318	.9948	1.000
2	.0000	.0013	.0197	.0923	.2445	.4571	.6747	.8749	.9885	1.000
3	.0000	.0004	.0080	.0470	.1508	.3310	.5550	.8045	.9785	1.000
4	.0000	.0001	.0032	.0232	.0900	.2318	.4430	.7249	.9643	1.000
5	.0000	.0000	.0012	.0112	.0523	.1577	.3443	.6407	.9455	1.000
6	.0000	.0000	.0005	.0053	.0296	.1046	.2613	.5560	.9220	1.000
7	.0000	.0000	.0002	.0025	.0165	.0679	.1942	.4743	.8937	1.000
8	.0000	.0000	.0001	.0011	.0090	.0432	.1415	.3983	.8610	.9999

PHI2   PHI1=1.5

0	.0001	.0618	.3395	.6650	.8708	.9606	.9904	.9988	1.000	1.000
1	.0000	.0230	.1822	.4682	.7343	.8971	.9691	.9953	.9999	1.000
2	.0000	.0084	.0932	.3104	.5870	.8088	.9326	.9880	.9997	1.000
3	.0000	.0030	.0458	.1961	.4479	.7045	.8804	.9753	.9993	1.000
4	.0000	.0010	.0218	.1189	.3283	.5940	.8142	.9560	.9986	1.000
5	.0000	.0004	.0101	.0697	.2323	.4858	.7375	.9293	.9974	1.000
6	.0000	.0001	.0046	.0397	.1593	.3864	.6545	.8949	.9956	1.000
7	.0000	.0000	.0020	.0220	.1063	.2996	.5693	.8531	.9929	1.000
8	.0000	.0000	.0009	.0119	.0692	.2270	.4858	.8047	.9891	1.000

PHI2   PHI1=2.0

0	.0004	.1994	.6612	.9128	.9841	.9978	.9998	1.000	1.000	1.000
1	.0001	.0899	.4514	.7907	.9455	.9898	.9986	.9999	1.000	1.000
2	.0000	.0389	.2877	.6457	.8810	.9722	.9954	.9997	1.000	1.000
3	.0000	.0163	.1736	.5002	.7937	.9418	.9888	.9992	1.000	1.000
4	.0000	.0066	.1001	.3698	.6912	.8972	.9771	.9981	1.000	1.000
5	.0000	.0026	.0555	.2624	.5823	.8388	.9589	.9961	1.000	1.000
6	.0000	.0010	.0298	.1796	.4755	.7685	.9329	.9927	1.000	1.000
7	.0000	.0004	.0156	.1190	.3771	.6899	.8987	.9874	.9999	1.000
8	.0000	.0001	.0079	.0766	.2910	.6068	.8563	.9796	.9998	1.000

PHI2   PHI1=2.5

0	.0019	.4374	.8935	.9893	.9993	1.000	1.000	1.000	1.000	1.000
1	.0005	.2429	.7463	.9561	.9953	.9997	1.000	1.000	1.000	1.000
2	.0001	.1266	.5810	.8950	.9846	.9986	.9999	1.000	1.000	1.000
3	.0000	.0628	.4253	.8077	.9632	.9957	.9997	1.000	1.000	1.000
4	.0000	.0299	.2952	.7018	.9283	.9898	.9991	1.000	1.000	1.000
5	.0000	.0137	.1957	.5873	.8785	.9793	.9979	.9999	1.000	1.000
6	.0000	.0061	.1246	.4743	.8146	.9627	.9957	.9999	1.000	1.000
7	.0000	.0027	.0766	.3704	.7392	.9385	.9919	.9997	1.000	1.000
8	.0000	.0011	.0456	.2803	.6560	.9059	.9858	.9995	1.000	1.000

PHI2   PHI1=3.0

0	.0069	.6964	.9806	.9994	1.000	1.000	1.000	1.000	1.000	1.000
1	.0019	.4737	.9253	.9954	.9998	1.000	1.000	1.000	1.000	1.000
2	.0005	.2974	.8328	.9836	.9992	1.000	1.000	1.000	1.000	1.000
3	.0002	.1751	.7128	.9593	.9972	.9999	1.000	1.000	1.000	1.000
4	.0000	.0978	.5810	.9186	.9926	.9996	1.000	1.000	1.000	1.000
5	.0000	.0523	.4523	.8605	.9837	.9990	1.000	1.000	1.000	1.000
6	.0000	.0269	.3375	.7864	.9686	.9978	.9999	1.000	1.000	1.000
7	.0000	.0134	.2423	.7001	.9457	.9954	.9998	1.000	1.000	1.000
8	.0000	.0065	.1680	.6070	.9137	.9912	.9996	1.000	1.000	1.000

$f_1=f_2=12$

U	.02	.10	.18	.26	.34	.42	.50	.60	.75	.95
PHI2					PHI1=0.0					
0	.0000	.0003	.0068	.0412	.1324	.2924	.5000	.7535	.9657	1.000
1	.0000	.0001	.0020	.0152	.0601	.1613	.3297	.6005	.9225	1.000
2	.0000	.0000	.0006	.0055	.0265	.0856	.2080	.4587	.8639	.9999
3	.0000	.0000	.0002	.0019	.0114	.0440	.1267	.3383	.7935	.9999
4	.0000	.0000	.0000	.0007	.0048	.0221	.0749	.2421	.7152	.9998
5	.0000	.0000	.0000	.0002	.0020	.0108	.0432	.1689	.6336	.9996
6	.0000	.0000	.0000	.0001	.0008	.0052	.0244	.1153	.5521	.9993
7	.0000	.0000	.0000	.0000	.0003	.0025	.0136	.0772	.4740	.9990
8	.0000	.0000	.0000	.0000	.0001	.0012	.0074	.0508	.4014	.9985
PHI2					PHI1=0.5					
0	.0000	.0009	.0174	.0873	.2364	.4455	.6612	.8649	.9869	1.000
1	.0000	.0002	.0057	.0362	.1222	.2798	.4901	.7507	.9667	1.000
2	.0000	.0001	.0018	.0146	.0608	.1680	.3470	.6276	.9360	1.000
3	.0000	.0000	.0006	.0058	.0293	.0973	.2365	.5078	.8948	1.000
4	.0000	.0000	.0002	.0022	.0138	.0547	.1562	.3993	.8444	.9999
5	.0000	.0000	.0001	.0009	.0064	.0300	.1005	.3061	.7865	.9999
6	.0000	.0000	.0000	.0003	.0029	.0161	.0631	.2296	.7234	.9998
7	.0000	.0000	.0000	.0001	.0013	.0085	.0389	.1688	.6572	.9997
8	.0000	.0000	.0000	.0000	.0006	.0044	.0235	.1220	.5902	.9996
PHI2					PHI1=1.0					
0	.0000	.0069	.0872	.2967	.5636	.7833	.9145	.9813	.9993	1.000
1	.0000	.0020	.0349	.1578	.3774	.6244	.8199	.9508	.9977	1.000
2	.0000	.0006	.0136	.0801	.2392	.4724	.7067	.9041	.9943	1.000
3	.0000	.0002	.0051	.0391	.1450	.3420	.5974	.8427	.9886	1.000
4	.0000	.0000	.0019	.0185	.0847	.2384	.4724	.7694	.9797	1.000
5	.0000	.0000	.0007	.0085	.0479	.1608	.3689	.6885	.9671	1.000
6	.0000	.0000	.0002	.0038	.0264	.1055	.2804	.6043	.9504	1.000
7	.0000	.0000	.0001	.0017	.0142	.0674	.2082	.5206	.9292	1.000
8	.0000	.0000	.0000	.0007	.0075	.0422	.1512	.4408	.9035	1.000
PHI2					PHI1=1.5					
0	.0000	.0426	.3130	.6676	.8860	.9709	.9944	.9995	1.000	1.000
1	.0000	.0147	.1625	.4693	.7569	.9186	.9801	.9979	1.000	1.000
2	.0000	.0049	.0799	.3087	.6110	.8404	.9530	.9939	.9999	1.000
3	.0000	.0016	.0376	.1922	.4690	.7424	.9110	.9863	.9998	1.000
4	.0000	.0005	.0171	.1144	.3443	.6339	.8543	.9737	.9996	1.000
5	.0000	.0002	.0075	.0655	.2430	.5238	.7849	.9548	.9991	1.000
6	.0000	.0001	.0032	.0363	.1657	.4200	.7061	.9290	.9984	1.000
7	.0000	.0000	.0013	.0195	.1095	.3274	.6221	.8958	.9972	1.000
8	.0000	.0000	.0006	.0102	.0704	.2487	.5371	.8553	.9954	1.000
PHI2					PHI1=2.0					
0	.0001	.1670	.6601	.9257	.9895	.9990	.9999	1.000	1.000	1.000
1	.0000	.0713	.4485	.8133	.9607	.9945	.9995	1.000	1.000	1.000
2	.0000	.0290	.2825	.6722	.9076	.9833	.9980	.9999	1.000	1.000
3	.0000	.0114	.1673	.5251	.8304	.9619	.9946	.9998	1.000	1.000
4	.0000	.0043	.0942	.3898	.7342	.9278	.9879	.9994	1.000	1.000
5	.0000	.0016	.0508	.2765	.6273	.8797	.9764	.9986	1.000	1.000
6	.0000	.0006	.0264	.1884	.5184	.8183	.9588	.9971	1.000	1.000
7	.0000	.0002	.0133	.1238	.4150	.7460	.9338	.9945	1.000	1.000
8	.0000	.0001	.0065	.0788	.3226	.6660	.9008	.9905	1.000	1.000
PHI2					PHI1=2.5					
0	.0007	.4127	.9055	.9932	.9997	1.000	1.000	1.000	1.000	1.000
1	.0002	.2227	.7662	.9691	.9977	.9999	1.000	1.000	1.000	1.000
2	.0000	.1119	.6019	.9199	.9916	.9995	1.000	1.000	1.000	1.000
3	.0000	.0532	.4424	.8436	.9778	.9983	.9999	1.000	1.000	1.000
4	.0000	.0241	.3068	.7450	.9530	.9954	.9998	1.000	1.000	1.000
5	.0000	.0106	.2021	.6329	.9145	.9897	.9993	1.000	1.000	1.000
6	.0000	.0045	.1274	.5178	.8614	.9798	.9985	1.000	1.000	1.000
7	.0000	.0018	.0771	.4085	.7948	.9640	.9969	.9999	1.000	1.000
8	.0000	.0007	.0451	.3115	.7173	.9412	.9940	.9999	1.000	1.000
PHI2					PHI1=3.0					
0	.0030	.6949	.9863	.9998	1.000	1.000	1.000	1.000	1.000	1.000
1	.0008	.4703	.9424	.9978	1.000	1.000	1.000	1.000	1.000	1.000
2	.0002	.2914	.8617	.9910	.9997	1.000	1.000	1.000	1.000	1.000
3	.0000	.1682	.7496	.9750	.9989	1.000	1.000	1.000	1.000	1.000
4	.0000	.0915	.6198	.9455	.9969	.9999	1.000	1.000	1.000	1.000
5	.0000	.0474	.4880	.8995	.9923	.9997	1.000	1.000	1.000	1.000
6	.0000	.0236	.3670	.8364	.9837	.9993	1.000	1.000	1.000	1.000
7	.0000	.0113	.2645	.7582	.9694	.9984	1.000	1.000	1.000	1.000
8	.0000	.0052	.1834	.6692	.9476	.9967	.9999	1.000	1.000	1.000

Selected Tables in Mathematical Statistics
Volume II, 1974

TABLES OF EXPECTED SAMPLE SIZE

FOR CURTAILED FIXED SAMPLE SIZE TESTS

OF A BERNOULLI PARAMETER

by

Colin R. Blyth[1]

and

David Hutchinson

University of Illinois and Queen's University

ABSTRACT

A fixed sample size n one-sided test of the Bernoulli parameter decides that p is (large), (small) if the number of occurrences in n trials is (at least r), (less than r); in the curtailed test, trials are made one at a time and terminated as soon as it becomes known what this decision will be. Expected sample size is tabled here as a function of p for all curtailed fixed sample size tests up to the fixed sample size n = 50.

Received by the editors September 1969 and in revised form January 1970, November 1971, and September 1972.
AMS (MOS) 1970 Subject Classifications: Primary 62Q05; Secondary 62L99.
1. This work supported in part by NSF Grant GP 28154 and NRC grant A8470.

THE CURTAILED FIXED SAMPLE SIZE TEST

Let $X_1, X_2, \ldots$ be independent Bernoulli random variables

$$P(X_i = 1) = p$$
$$P(X_i = 0) = 1 - p$$

and write Y_m for $(X_1 + \ldots + X_m)$.

For deciding from observed X_i's whether p is large or small, the fixed sample size (n,r) test is

If $Y_n \geq r$, decide "p is large"

If $Y_n < r$, decide "p is small"

In using this test, when the observations $X_1, X_2, \ldots$ are taken sequentially one at a time, we can stop taking observations as soon as we know whether or not $Y_n \geq r$. This procedure, called the curtailed fixed sample size (n,r) test, is

(1)
    If $Y_m = r$, stop and decide "p is large"

    If $Y_m = m-n+r-1$, stop and decide "p is small"

    If $m-n+r-1 < Y_m < r$, observe X_{m+1}

This procedure can be described as stopping when the sample path $(0,0) \to (1,Y_1) \to (2,Y_2) \to \ldots$ first reaches the stopping boundary as shown in Figure 1; deciding "p is large" if the upper boundary is reached, and deciding "p is small" if the lower boundary is. This sequential test procedure is described in [5] and [6]. It appears to have been well known at least as early as 1946. Various modifications of this procedure and possible improvements on it are described in references [1],[2],[3],[4] and in the additional references given in [1] and [3].

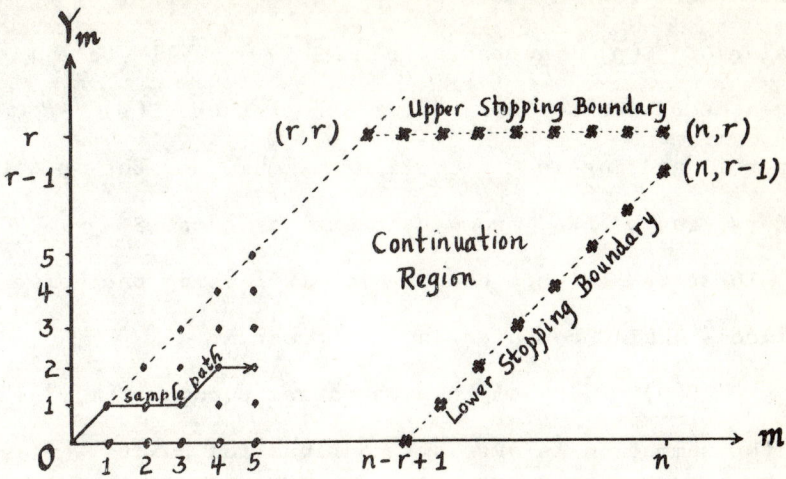

FIGURE 1. The Curtailed Fixed Sample Size Test.

The power function B of this test coincides with that of the corresponding fixed sample size test, since it always reaches the same decision as that test. This power function is given by

$$B(p) = B_{n,r}(p) = P(Y_n \geq r)$$

$$= P(\text{Deciding ``}p\text{ is large''}).$$

Numerical values of $B(p)$ can be read from tables [7], [8] of the Binomial cumulative probability function, and can be found for large n by using the Normal approximation

$$B(p) = 1 - \Phi\left\{\frac{r-np-.5}{\sqrt{np(1-p)}}\right\}$$

where Φ is the Normal(0,1) cumulative probability function. This power $B(p)$ is a strictly increasing function of p .

The sample size N of the curtailed fixed sample size test is a random variable whose expected value

$$S(p) = S_{n,r}(p) = EN$$

is tabled here for $n \leq 50$. As p increases from 0 to 1, the value of $S(p)$ increases from $S(0) = n-r+1$ to a maximum and then decreases to $S(1) = r$; except that $S(p)$ is monotone for $r = 1$ and for $r = n$. This maximum, and the p at which it occurs, can be read from the table for each $S_{n,r}$.

These tables were computed in 1961 using the University of Illinois ILLIAC computer and the program

$$S(p) = \sum P[\text{Sample path passes through } (m,y)]$$

where the summation is over all continuation points (m,y). Besides this expression, we can write $S(p) = \sum c_{ij} p^i (1-p)^j$ where the summation is over all i,j with $i+j \leq n+1$, in various other ways. One such expression, given in [5, pp. 212-214], is

(2) $$S(p) = \frac{r}{p} P(Y_{n+1} \geq r+1) + \frac{n-r+1}{1-p} \{1-P(Y_{n+1} \geq r)\}.$$

If only a few numerical values of $S(p)$ are needed, these can be conveniently found using this formula and tables [7], [8] of the Binomial cumulative probability function. For large n, the Normal approximation to the Binomial can be substituted in (2). This approximation gives a less convenient computing formula, and does not give a simple approximation to the maximum value of $S(p)$ or to the location of this maximum.

USING THE CURTAILED FIXED SAMPLE SIZE TEST

Among all sequential one-sided tests of the Bernoulli parameter, the case is made in [4] for interest in that one for which

max E(Sample size) is smallest, subject to

(3) $\quad$ P(Deciding "p is large") $\leq \alpha$ for $p \leq p_0$

$\quad$ P(Deciding "p is large") $\geq 1-\beta$ for $p \geq p_1$

where $p_0 < p_1$ and α, β are constants chosen by the experimenter. From [1], [2], [4] it appears that the curtailed fixed sample size test (1) with $B(p_0) = \alpha$ and $B(p_1) = 1-\beta$ is a good choice for the problem (3). The Neyman-Pearson Lemma shows that among all tests satisfying the conditions of (3) and whose sample sizes never exceed n, this test always has the smallest sample size. By giving up this important advantage of smallest possible guaranteed bound on sample size and risking larger sample sizes, it may be possible to find tests with smaller maximum expected sample sizes; but such tests are difficult to find explicitly, and the amount of the reduction is often not enough to compensate for the risk taken. Curtailed fixed sample size approximate solutions of a problem (3) are easily found using the following search procedure.

EXAMPLE. $p_0 = .10$, $p_1 = .20$, $\alpha = .10$, $\beta = .30$.
In searching for tests (1) that are approximate solutions of this problem (3) we will treat $\alpha \cong .10$ and $\beta \cong .30$ as only approximately decided upon. (A search could be made treating the α, β values as strict, and randomizing to get them precisely. But it is not easy to establish a practical interest in precise α, β values that is strong enough to justify the additional complexity of the interpolation by randomization.)

Starting with a trial n, use the table [8] to find r values giving $B(.10) \cong .10$; if the resulting $B(.20)$ is not large enough try a larger n; if larger than necessary try a smaller n. Carrying out this search, we find the tests listed in table below, which for each test shows $B(.10)$ and $B(.20)$ from tables [8], and $\max_p S(p)$ from the present tables.

n	r	B(.10)	B(.20)	max S(p)
25	5	.098	.579	22.7
26	5	.112	.617	23.7
27	5	.127	.652	24.7
28	5	.142	.685	25.7
29	5	.158	.716	26.6
30	6	.073	.572	27.4
31	6	.083	.607	28.3
32	6	.094	.640	29.3
33	6	.106	.671	30.3
34	6	.119	.700	31.3
35	6	.132	.728	32.3
36	6	.145	.754	33.2
37	7	.071	.630	34.0
38	7	.080	.660	34.9
39	7	.089	.688	35.9
40	7	.100	.714	37.0

Approximate solutions (1) for the example.

We like the underlined tests, and from among them would decide informally whether the better discrimination given by those later in this list is worth their additional cost. Having chosen a test we can read its power B from the tables [7], [8] and its expected sample size S from the present tables.

REFERENCES

[1] Alling, D.W. "Closed sequential tests for binomial probabilities." Biometrika 53 (1966) pp. 73-84.

[2] Blyth, C.R. and Hutchinson, D.W. "One-sided sequential tests for the Bernoulli parameter." (1961) Unpublished.

[3] Breslow, N. "Sequential modification of the UMP test for binomial probabilities." Journal of the American Statistical Association 65 (1970) pp. 639-648.

[4] Freeman, D. and Weiss, L. "Sampling plans which approximately minimize expected sample size." Journal of the American Statistical Association 59 (1964) pp. 67-88.

[5] Freeman, H.A. et al. Sampling Inspection. New York: McGraw-Hill, 1948.

[6] Girshick, M.A., Mosteller, F. and Savage, L.J. "Unbiased estimation for certain binomial sampling

problems with applications." Annals of Mathematical Statistics 17 (1946) pp. 13-23.

[7] Harvard Computation Laboratory. Tables of the Cumulative Binomial Probability Function. (Vol. 35 in the Annals of the Computation Laboratory of Harvard University.) Cambridge: Harvard University Press, 1955.

[8] National Bureau of Standards. Tables of the Binomial Probability Distribution. Washington: U.S. Government Printing Office, 1949.

USING THESE TABLES OF $S(p)$

1. If $r > (n+1)/2$, look up the table for $n, n-r+1$ and use the symmetry relationship $S_{n,r}(p) = S_{n,n-r+1}(1-p)$.

2. If $n-2r \leq 12$, look up the table for the value of $n-2r$ that you have. If your n,r does not appear, use linear interpolation between values that do appear.

3. If $n-2r > 12$, look up the table for the value of r that you have. If your n,r does not appear, use linear interpolation between values that do appear.

4. The symbol → indicates that all later entries in that row coincide with the preceding entry.

5. The symbol * indicates, for each (n,r), the largest tabled value of $S(p)$.

6. $S(0) = n-r+1$ and $S(1) = r$.

7. The tabled values of $S(p)$ are correct to two places. The combined errors from the necessary linear interpolations in p and in n,r never exceed 1/2 of 1% of the value of $S(p)$, and are usually much less.

$n - 2r = -1$

These are symmetric: $S(p) = S(1-p)$

p\n,r	3, 2	5, 3	7, 4	9, 5	11, 6	15, 8	19,10	29,15	39,20	49,25
.05	2.10	3.16	4.21	5.26	6.32	8.42	10.53	15.79	21.05	26.32
.10	2.18	3.32	4.44	5.55	6.67	8.89	11.11	16.67	22.22	27.78
.15	2.26	3.48	4.68	5.87	7.05	9.41	11.76	17.65	23.53	29.41
.20	2.32	3.63	4.93	6.20	7.47	9.99	12.50	18.75	25.00	31.25
.25	2.38	3.77	5.16	6.54	7.91	10.62	13.31	19.99	26.67	33.33
.30	2.42	3.89	5.38	6.86	8.33	11.26	14.17	21.38	28.55	35.71
.35	2.46	3.99	5.56	7.14	8.72	11.88	15.03	22.86	30.64	38.38
.40	2.48	4.07	5.70	7.35	9.03	12.39	15.78	24.26	32.73	41.18
.42	2.49	4.09	5.74	7.42	9.12	12.55	16.02	24.73	33.46	42.20
.44	2.49	4.10	5.77	7.47	9.19	12.68	16.21	25.12	34.09	43.09
.46	2.50	4.12	5.79	7.51	9.25	12.78	16.36	25.42	34.58	43.79
.48	2.50	4.12	5.81	7.53	9.28	12.84	16.45	25.60	34.88	44.23
.50	2.50	4.13	5.81	7.54	9.29	12.86	16.48	25.67	34.99	44.39

p\n,r	4, 2	6, 3	8, 4	10, 5	12, 6	16, 8	20,10	30,15	40,20	50,25
.05	3.13	4.21	5.26	6.32	7.37	9.47	11.58	16.84	22.11	27.37
.10	3.23	4.41	5.54	6.66	7.78	10.00	12.22	17.78	23.33	28.89
.15	3.30	4.60	5.83	7.04	8.22	10.59	12.94	18.82	24.71	30.59
.20	3.34	4.76	6.11	7.41	8.70	11.23	13.74	20.00	26.25	32.50
.25	3.36*	4.88	6.34	7.77	9.17	11.91	14.62	21.32	28.00	34.67
.30	3.35	4.96	6.53	8.07	9.59	12.59	15.53	22.79	29.97	37.13
.32	3.34	4.98	6.58	8.17	9.74	12.84	15.89	23.40	30.82	38.21
.34	3.33	4.99*	6.63	8.26	9.87	13.07	16.22	24.00	31.69	39.32
.36	3.31	4.99*	6.66	8.33	9.98	13.27	16.53	24.59	32.55	40.46
.38	3.29	4.98	6.68	8.38	10.07	13.45	16.81	25.14	33.40	41.60
.40	3.27	4.97	6.69*	8.41	10.13	13.59	17.04	25.63	34.18	42.68
.42	3.25	4.95	6.68	8.42*	10.17	13.69	17.21	26.04	34.86	43.65
.44	3.22	4.93	6.66	8.42*	10.19*	13.75	17.33	26.35	35.40	44.46
.46	3.19	4.90	6.63	8.39	10.17	13.76*	17.39*	26.53	35.76	45.02
.48	3.16	4.86	6.59	8.35	10.13	13.73	17.38	26.59*	35.92*	45.30*
.50	3.13	4.81	6.54	8.29	10.07	13.66	17.30	26.52	35.86	45.27
.52	3.09	4.76	6.48	8.22	9.98	13.55	17.16	26.32	35.59	44.93
.54	3.05	4.71	6.40	8.12	9.87	13.40	16.96	26.00	35.13	44.31
.56	3.01	4.65	6.32	8.02	9.74	13.21	16.72	25.57	34.50	43.46
.58	2.97	4.58	6.23	7.90	9.59	12.99	16.42	25.07	33.75	42.44
.60	2.93	4.51	6.13	7.77	9.42	12.75	16.10	24.50	32.91	41.32
.65	2.82	4.33	5.86	7.41	8.96	12.07	15.18	22.95	30.69	38.41
.70	2.70	4.13	5.57	7.02	8.46	11.35	14.23	21.41	28.56	35.71
.75	2.58	3.92	5.27	6.62	7.96	10.65	13.32	20.00	26.67	33.33
.80	2.46	3.72	4.98	6.24	7.49	10.00	12.50	18.75	25.00	31.25
.85	2.33	3.52	4.70	5.88	7.06	9.41	11.76	17.65	23.53	29.41
.90	2.22	3.33	4.44	5.56	6.67	8.89	11.11	16.67	22.22	27.78
.95	2.10	3.16	4.21	5.26	6.32	8.42	10.53	15.79	21.05	26.32

$n - 2r = 0$

EXPECTED SAMPLE SIZE

$n - 2r = 1$

p\n,r	3, 1	5, 2	7, 3	9, 4	11, 5	15, 7	19, 9	29,14	39,19	49,24
.05	2.85	4.16	5.25	6.31	7.37	9.47	11.58	16.84	22.11	27.37
.10	2.71	4.25	5.49	6.65	7.77	10.00	12.22	17.78	23.33	28.89
.15	2.57	4.29*	5.69	6.97	8.19	10.58	12.93	18.82	24.71	30.59
.20	2.44	4.27	5.82	7.25	8.60	11.20	13.73	20.00	26.25	32.50
.25	2.31	4.20	5.89*	7.46	8.95	11.80	14.57	21.31	28.00	34.67
.30	2.19	4.11	5.88	7.57	9.20	12.34	15.37	22.73	29.95	37.12
.32	2.14	4.06	5.86	7.59*	9.27	12.51	15.66	23.30	30.78	38.19
.34	2.10	4.01	5.83	7.59*	9.31	12.66	15.92	23.85	31.61	39.28
.36	2.05	3.95	5.78	7.57	9.33*	12.77	16.14	24.36	32.42	40.38
.38	2.00	3.89	5.73	7.54	9.32	12.84	16.31	24.82	33.18	41.45
.40	1.96	3.83	5.67	7.49	9.30	12.88*	16.42	25.19	33.85	42.43
.42	1.92	3.77	5.60	7.43	9.25	12.87	16.48*	25.47	34.40	43.28
.44	1.87	3.71	5.53	7.35	9.17	12.83	16.48*	25.63	34.78	43.92
.46	1.83	3.64	5.45	7.26	9.08	12.74	16.42	25.67*	34.97*	44.30
.48	1.79	3.57	5.36	7.16	8.97	12.62	16.30	25.59	34.96	44.38*
.50	1.75	3.50	5.27	7.05	8.84	12.47	16.12	25.38	34.73	44.16
.52	1.71	3.43	5.17	6.93	8.70	12.28	15.90	25.06	34.32	43.65
.54	1.67	3.36	5.07	6.80	8.54	12.07	15.63	24.64	33.74	42.90
.56	1.63	3.29	4.97	6.66	8.37	11.83	15.32	24.14	33.03	41.96
.58	1.60	3.22	4.86	6.52	8.20	11.58	14.99	23.59	32.23	40.89
.60	1.56	3.15	4.75	6.38	8.02	11.32	14.64	22.99	31.37	39.75
.65	1.47	2.97	4.49	6.02	7.55	10.63	13.73	21.46	29.18	36.89
.70	1.39	2.80	4.23	5.66	7.09	9.96	12.83	19.99	27.14	34.28
.75	1.31	2.64	3.98	5.31	6.65	9.32	11.99	18.67	25.33	32.00
.80	1.24	2.49	3.74	4.99	6.25	8.75	11.25	17.50	23.75	30.00
.85	1.17	2.35	3.53	4.70	5.88	8.24	10.59	16.47	22.35	28.24
.90	1.11	2.22	3.33	4.44	5.56	7.78	10.00	15.56	21.11	26.67
.95	1.05	2.11	3.16	4.21	5.26	7.37	9.47	14.74	20.00	25.26

p\n,r	4, 1	6, 2	8, 3	10, 4	12, 5	16, 7	20, 9	30,14	40,19	50,24
.05	3.71	5.18	6.30	7.37	8.42	10.53	12.63	17.89	23.16	28.42
.10	3.44	5.24*	6.56	7.74	8.88	11.11	13.33	18.89	24.44	30.00
.15	3.19	5.20	6.74	8.09	9.34	11.75	14.11	20.00	25.88	31.76
.20	2.95	5.08	6.82*	8.35	9.76	12.41	14.97	21.25	27.50	33.75
.24	2.78	4.95	6.81	8.47	10.02	12.92	15.67	22.35	28.94	35.53
.26	2.69	4.88	6.78	8.50	10.12	13.14	16.01	22.93	29.72	36.48
.28	2.61	4.79	6.73	8.51*	10.19	13.35	16.34	23.52	30.53	37.49
.30	2.53	4.71	6.67	8.50	10.23	13.52	16.64	24.10	31.36	38.55
.32	2.46	4.61	6.60	8.46	10.25*	13.65	16.90	24.67	32.21	39.64
.34	2.38	4.52	6.51	8.41	10.24	13.74	17.12	25.21	33.04	40.75
.36	2.31	4.42	6.42	8.33	10.19	13.79	17.28	25.69	33.84	41.86
.38	2.24	4.32	6.31	8.24	10.12	13.80*	17.38	26.09	34.56	42.91
.40	2.18	4.22	6.20	8.13	10.03	13.76	17.42*	26.38	35.17	43.84
.42	2.11	4.12	6.08	8.00	9.91	13.67	17.38	26.56	35.62	44.60
.44	2.05	4.02	5.95	7.86	9.76	13.54	17.29	26.61*	35.88	45.11
.46	1.99	3.92	5.82	7.72	9.60	13.36	17.12	26.52	35.92*	45.33*
.48	1.93	3.82	5.69	7.56	9.42	13.16	16.90	26.30	35.75	45.24
.50	1.88	3.72	5.55	7.39	9.23	12.92	16.63	25.96	35.37	44.83
.52	1.82	3.62	5.42	7.22	9.03	12.66	16.31	25.52	34.81	44.15
.55	1.74	3.48	5.21	6.96	8.71	12.23	15.77	24.70	33.69	42.73
.60	1.62	3.25	4.88	6.52	8.16	11.46	14.78	23.11	31.47	39.83
.65	1.52	3.03	4.56	6.09	7.62	10.70	13.78	21.49	29.20	36.90
.70	1.42	2.84	4.26	5.69	7.12	9.98	12.84	19.99	27.14	34.28
.75	1.33	2.66	3.99	5.33	6.66	9.33	12.00	18.67	25.33	32.00
.80	1.25	2.50	3.75	5.00	6.25	8.75	11.25	17.50	23.75	30.00
.85	1.18	2.35	3.53	4.71	5.88	8.23	10.59	16.47	22.35	28.24
.90	1.11	2.22	3.33	4.44	5.56	7.78	10.00	15.56	21.11	26.67
.95	1.05	2.11	3.16	4.21	5.26	7.37	9.47	14.74	20.00	25.26

$n - 2r = 2$

$n - 2r = 3$

p\n,r	5, 1	7, 2	9, 3	11, 4	15, 6	19, 8	23,10	29,13	39,18	49,23
.05	4.52	6.19*	7.35	8.42	10.53	12.63	14.74	17.89	23.16	28.42
.10	4.10	6.18	7.62	8.83	11.10	13.33	15.56	18.89	24.44	30.00
.15	3.71	6.04	7.75	9.18	11.71	14.11	16.47	20.00	25.88	31.76
.18	3.50	5.91	7.77*	9.33	12.06	14.59	17.06	20.73	26.83	32.93
.20	3.36	5.81	7.74	9.40	12.28	14.92	17.47	21.24	27.50	33.75
.22	3.23	5.69	7.70	9.44	12.47	15.24	17.88	21.78	28.20	34.62
.24	3.11	5.57	7.63	9.45*	12.64	15.54	18.30	22.32	28.94	35.52
.26	2.99	5.44	7.55	9.43	12.78	15.82	18.70	22.88	29.71	36.48
.28	2.88	5.31	7.45	9.39	12.87	16.06	19.08	23.43	30.50	37.48
.30	2.77	5.18	7.33	9.31	12.93	16.26	19.42	23.97	31.31	38.53
.32	2.67	5.04	7.20	9.22	12.95*	16.41	19.71	24.47	32.11	39.60
.34	2.57	4.90	7.06	9.10	12.92	16.50	19.94	24.91	32.89	40.67
.36	2.48	4.76	6.91	8.96	12.84	16.53*	20.10	25.27	33.59	41.71
.38	2.39	4.62	6.75	8.80	12.73	16.50	20.17*	25.52	34.19	42.65
.40	2.31	4.49	6.58	8.62	12.57	16.41	20.16	25.67	34.65	43.45
.42	2.22	4.35	6.42	8.44	12.38	16.25	20.06	25.69*	34.93	44.03
.44	2.15	4.22	6.25	8.24	12.17	16.04	19.87	25.58	35.00*	44.35
.46	2.07	4.09	6.07	8.04	11.92	15.77	19.61	25.34	34.87	44.37*
.48	2.00	3.97	5.90	7.83	11.65	15.47	19.28	24.99	34.53	44.08
.50	1.94	3.84	5.73	7.62	11.37	15.13	18.89	24.55	34.01	43.51
.55	1.78	3.56	5.32	7.09	10.64	14.19	17.76	23.13	32.12	41.15
.60	1.65	3.30	4.94	6.59	9.90	13.21	16.53	21.53	29.87	38.21
.65	1.53	3.06	4.59	6.13	9.20	12.27	15.35	19.97	27.67	35.37
.70	1.43	2.85	4.28	5.71	8.56	11.42	14.28	18.57	25.71	32.86
.75	1.33	2.66	3.99	5.33	8.00	10.67	13.33	17.33	24.00	30.67
.80	1.25	2.50	3.75	5.00	7.50	10.00	12.50	16.25	22.50	28.75
.85	1.18	2.35	3.53	4.71	7.06	9.41	11.76	15.29	21.18	27.06
.90	1.11	2.22	3.33	4.44	6.67	8.89	11.11	14.44	20.00	25.56
.95	1.05	2.11	3.16	4.21	6.32	8.42	10.53	13.68	18.95	24.21

p\n,r	6, 1	8, 2	10, 3	12, 4	16, 6	20, 8	24,10	30,13	40,18	50,23
.05	5.30	7.18*	8.39	9.47	11.58	13.68	15.79	18.95	24.21	29.47
.10	4.69	7.09	8.65	9.92	12.21	14.44	16.67	20.00	25.56	31.11
.12	4.46	6.99	8.70	10.07	12.47	14.77	17.04	20.45	26.14	31.82
.14	4.25	6.88	8.72*	10.20	12.73	15.10	17.44	20.93	26.74	32.56
.16	4.05	6.75	8.71	10.29	12.98	15.45	17.85	21.43	27.38	33.33
.18	3.87	6.60	8.66	10.36	13.22	15.79	18.27	21.95	28.05	34.15
.20	3.69	6.43	8.59	10.39*	13.43	16.13	18.70	22.49	28.75	35.00
.22	3.52	6.26	8.49	10.38	13.60	16.45	19.13	23.05	29.48	35.90
.24	3.36	6.09	8.37	10.34	13.74	16.74	19.56	23.62	30.25	36.84
.26	3.21	5.91	8.22	10.27	13.84	17.00	19.96	24.19	31.05	37.83
.28	3.07	5.72	8.06	10.16	13.88*	17.21	20.32	24.75	31.87	38.87
.30	2.94	5.54	7.88	10.02	13.87	17.36	20.63	25.28	32.69	39.94
.32	2.82	5.36	7.69	9.85	13.82	17.45	20.87	25.75	33.50	41.03
.34	2.70	5.18	7.49	9.66	13.71	17.47*	21.04	26.14	34.25	42.11
.36	2.59	5.00	7.28	9.46	13.55	17.42	21.11*	26.43	34.91	43.12
.38	2.48	4.83	7.07	9.23	13.36	17.29	21.09	26.60	35.44	44.02
.40	2.38	4.66	6.86	9.00	13.12	17.10	20.97	26.63*	35.80	44.73
.42	2.29	4.50	6.65	8.76	12.85	16.85	20.76	26.53	35.95*	45.19
.44	2.20	4.35	6.44	8.51	12.56	16.54	20.47	26.29	35.88	45.35*
.46	2.12	4.20	6.24	8.26	12.25	16.19	20.10	25.93	35.59	45.19
.48	2.04	4.05	6.04	8.01	11.92	15.80	19.67	25.46	35.10	44.73
.50	1.97	3.91	5.84	7.76	11.58	15.39	19.20	24.91	34.44	43.99
.55	1.80	3.60	5.39	7.17	10.74	14.32	17.90	23.29	32.29	41.32
.60	1.66	3.32	4.97	6.63	9.94	13.26	16.59	21.58	29.91	38.25
.65	1.54	3.07	4.61	6.14	9.21	12.29	15.37	19.98	27.68	35.38
.70	1.43	2.85	4.28	5.71	8.57	11.43	14.28	18.57	25.71	32.86
.75	1.33	2.67	4.00	5.33	8.00	10.67	13.33	17.33	24.00	30.67

For $p \geq .75$, use the $S(p)$ values in the column immediately above.

$n - 2r = 4$

EXPECTED SAMPLE SIZE

$$\boxed{n - 2r = 5}$$

p\n,r	7, 1	9, 2	11, 3	13, 4	15, 5	19, 7	23, 9	29,12	39,17	49,22
.04	6.21	8.16*	9.35	10.41	11.46	13.54	15.62	18.75	23.96	29.17
.08	5.53	8.06	9.60	10.81	11.94	14.13	16.30	19.57	25.00	30.43
.10	5.22	7.95	9.66	10.99	12.18	14.44	16.67	20.00	25.56	31.11
.12	4.93	7.80	9.68*	11.14	12.41	14.76	17.04	20.45	26.14	31.82
.14	4.66	7.62	9.66	11.25	12.61	15.08	17.43	20.93	26.74	32.56
.16	4.41	7.42	9.60	11.32	12.79	15.39	17.83	21.43	27.38	33.33
.18	4.17	7.20	9.50	11.34*	12.92	15.69	18.24	21.94	28.05	34.15
.20	3.95	6.98	9.36	11.32	13.02	15.97	18.64	22.47	28.75	35.00
.22	3.75	6.75	9.20	11.26	13.06*	16.20	19.02	23.01	29.48	35.90
.24	3.56	6.52	9.01	11.15	13.06*	16.40	19.38	23.56	30.24	36.84
.26	3.38	6.28	8.79	11.01	13.00	16.53	19.69	24.08	31.02	37.82
.28	3.21	6.05	8.57	10.83	12.89	16.60	19.94	24.57	31.81	38.85
.30	3.06	5.82	8.33	10.62	12.74	16.61*	20.12	25.00	32.59	39.90
.32	2.91	5.60	8.08	10.38	12.54	16.54	20.22*	25.34	33.32	40.94
.34	2.78	5.38	7.82	10.12	12.31	16.40	20.22*	25.59	33.96	41.95
.36	2.66	5.17	7.57	9.85	12.04	16.20	20.13	25.72*	34.49	42.86
.38	2.54	4.97	7.31	9.57	11.75	15.95	19.96	25.71	34.85	43.61
.40	2.43	4.78	7.06	9.28	11.44	15.64	19.69	25.58	35.02*	44.14
.42	2.33	4.60	6.82	8.99	11.12	15.29	19.36	25.31	34.97	44.40*
.44	2.23	4.42	6.58	8.70	10.79	14.91	18.96	24.93	34.72	44.35
.46	2.14	4.26	6.35	8.41	10.45	14.50	18.50	24.45	34.26	43.99
.48	2.06	4.10	6.12	8.13	10.12	14.08	18.02	23.89	33.63	43.34
.50	1.98	3.95	5.91	7.86	9.79	13.66	17.51	23.27	32.87	42.47
.55	1.81	3.62	5.42	7.22	9.01	12.61	16.20	21.60	30.61	39.64
.60	1.66	3.33	4.99	6.65	8.31	11.63	14.96	19.95	28.28	36.61
.65	1.54	3.07	4.61	6.15	7.69	10.76	13.84	18.45	26.15	33.84
.70	1.43	2.86	4.28	5.71	7.14	10.00	12.86	17.14	24.29	31.43
.75	1.33	2.67	4.00	5.33	6.67	9.33	12.00	16.00	22.67	29.33
.80	1.25	2.50	3.75	5.00	6.25	8.75	11.25	15.00	21.25	27.50
.85	1.18	2.35	3.53	4.71	5.88	8.24	10.59	14.12	20.00	25.88
.90	1.11	2.22	3.33	4.44	5.56	7.78	10.00	13.33	18.89	24.44
.95	1.05	2.11	3.16	4.21	5.26	7.37	9.47	12.63	17.89	23.16

p\n,r	8, 1	10, 2	12, 3	14, 4	16, 5	20, 7	24, 9	30,12	40,17	50,22
.04	6.97	9.14*	10.38	11.45	12.50	14.58	16.67	19.79	25.00	30.21
.08	6.08	8.95	10.61	11.88	13.02	15.22	17.39	20.65	26.09	31.52
.10	5.70	8.76	10.65*	12.05	13.27	15.55	17.78	21.11	26.67	32.22
.12	5.34	8.54	10.63	12.18	13.50	15.89	18.18	21.59	27.27	32.95
.14	5.01	8.29	10.56	12.27	13.70	16.22	18.59	22.09	27.91	33.72
.16	4.70	8.02	10.43	12.30*	13.86	16.55	19.01	22.61	28.57	34.52
.18	4.42	7.74	10.27	12.28	13.97	16.85	19.44	23.16	29.27	35.37
.20	4.16	7.45	10.06	12.20	14.02*	17.11	19.84	23.71	30.00	36.25
.22	3.92	7.16	9.82	12.07	14.01	17.32	20.23	24.27	30.76	37.18
.24	3.70	6.87	9.56	11.89	13.93	17.47	20.57	24.82	31.55	38.15
.26	3.50	6.58	9.28	11.67	13.80	17.55*	20.84	25.34	32.35	39.17
.28	3.31	6.30	8.99	11.41	13.62	17.55*	21.04	25.81	33.15	40.22
.30	3.14	6.03	8.69	11.13	13.38	17.47	21.16	26.20	33.93	41.29
.32	2.98	5.78	8.38	10.82	13.11	17.32	21.17*	26.48	34.63	42.34
.34	2.84	5.53	8.08	10.49	12.79	17.09	21.08	26.65	35.23	43.33
.36	2.70	5.29	7.78	10.16	12.45	16.80	20.89	26.67*	35.67	44.19
.38	2.57	5.07	7.49	9.82	12.09	16.45	20.61	26.55	35.93	44.85
.40	2.46	4.86	7.20	9.49	11.72	16.06	20.24	26.30	35.96*	45.26
.42	2.35	4.66	6.93	9.15	11.34	15.63	19.80	25.91	35.78	45.36*
.44	2.25	4.47	6.66	8.83	10.96	15.17	19.31	25.41	35.37	45.14
.46	2.16	4.30	6.41	8.51	10.59	14.71	18.78	24.82	34.77	44.61
.48	2.07	4.13	6.17	8.21	10.23	14.24	18.23	24.17	34.01	43.81
.50	1.99	3.97	5.95	7.91	9.87	13.77	17.66	23.47	33.13	42.79
.55	1.82	3.63	5.44	7.24	9.05	12.65	16.26	21.67	30.70	39.74
.60	1.67	3.33	4.99	6.66	8.32	11.65	14.98	19.97	28.30	36.63
.65	1.54	3.08	4.61	6.15	7.69	10.77	13.84	18.46	26.15	33.84
.70	1.43	2.86	4.29	5.71	7.14	10.00	12.86	17.14	24.29	31.43

For p > .70, use the S(p) values in the column immediately above.

$$\boxed{n - 2r = 6}$$

$n - 2r = 7$

p\n,r	9, 1	11, 2	13, 3	15, 4	17, 5	21, 7	25, 9	29,11	39,16	49,21
.02	8.31	10.12*	11.22	12.24	13.27	15.31	17.35	19.39	24.49	29.59
.04	7.69	10.11	11.41	12.49	13.54	15.62	17.71	19.79	25.00	30.21
.08	6.60	9.80	11.61*	12.94	14.10	16.30	18.48	20.65	26.09	31.52
.10	6.13	9.54	11.61*	13.10	14.36	16.66	18.89	21.11	26.67	32.22
.12	5.70	9.24	11.54	13.21	14.59	17.01	19.31	21.59	27.27	32.95
.14	5.30	8.91	11.40	13.26*	14.77	17.36	19.75	22.09	27.91	33.72
.16	4.95	8.56	11.21	13.24	14.90	17.69	20.19	22.61	28.57	34.52
.18	4.62	8.21	10.97	13.16	14.97*	17.98	20.62	23.13	29.27	35.37
.20	4.33	7.85	10.69	13.01	14.96	18.22	21.04	23.66	29.99	36.25
.22	4.06	7.50	10.38	12.80	14.89	18.40	21.41	24.18	30.74	37.18
.24	3.81	7.15	10.04	12.54	14.74	18.49	21.72	24.66	31.51	38.15
.26	3.59	6.82	9.69	12.24	14.53	18.50*	21.95	25.09	32.28	39.15
.28	3.39	6.50	9.33	11.91	14.26	18.43	22.09	25.43	33.03	40.18
.30	3.20	6.20	8.98	11.55	13.94	18.26	22.12*	25.67	33.71	41.21
.32	3.03	5.91	8.62	11.17	13.58	18.01	22.04	25.78*	34.30	42.18
.34	2.87	5.63	8.27	10.79	13.19	17.69	21.85	25.75	34.74	43.06
.36	2.73	5.38	7.93	10.40	12.78	17.30	21.55	25.59	35.00	43.77
.38	2.60	5.14	7.61	10.02	12.36	16.86	21.16	25.29	35.05*	44.24
.40	2.47	4.91	7.30	9.64	11.93	16.39	20.70	24.87	34.88	44.43*
.42	2.36	4.70	7.00	9.27	11.51	15.89	20.17	24.35	34.50	44.31
.44	2.26	4.50	6.72	8.92	11.09	15.38	19.59	23.75	33.93	43.88
.46	2.17	4.32	6.45	8.58	10.68	14.86	18.99	23.08	33.19	43.17
.48	2.08	4.15	6.20	8.25	10.29	14.35	18.38	22.39	32.34	42.22
.50	2.00	3.99	5.97	7.95	9.92	13.85	17.77	21.67	31.40	41.11
.55	1.82	3.63	5.44	7.26	9.07	12.68	16.30	19.92	28.96	38.01
.60	1.67	3.33	5.00	6.66	8.33	11.66	14.99	18.32	26.65	34.98
.65	1.54	3.08	4.61	6.15	7.69	10.77	13.84	16.92	24.61	32.31
.70	1.43	2.86	4.29	5.71	7.14	10.00	12.86	15.71	22.86	30.00
.75	1.33	2.67	4.00	5.33	6.67	9.33	12.00	14.67	21.33	28.00
.80	1.25	2.50	3.75	5.00	6.25	8.75	11.25	13.75	20.00	26.25
.85	1.18	2.35	3.53	4.71	5.88	8.24	10.59	12.94	18.82	24.71
.90	1.11	2.22	3.33	4.44	5.56	7.78	10.00	12.22	17.78	23.33
.95	1.05	2.11	3.16	4.21	5.26	7.37	9.47	11.58	16.84	22.11

p\n,r	10, 1	12, 2	14, 3	16, 4	18, 5	22, 7	26, 9	30,11	40,16	50,21
.02	9.15	11.12*	12.24	13.26	14.29	16.33	18.37	20.41	25.51	30.61
.04	8.38	11.07	12.43	13.53	14.58	16.67	18.75	20.83	26.04	31.25
.08	7.07	10.61	12.59*	13.99	15.17	17.39	19.56	21.74	27.17	32.61
.10	6.51	10.27	12.55	14.14	15.44	17.76	20.00	22.22	27.78	33.33
.12	6.01	9.89	12.41	14.22*	15.66	18.13	20.45	22.73	28.41	34.09
.14	5.56	9.47	12.21	14.22*	15.83	18.49	20.90	23.25	29.07	34.88
.16	5.16	9.05	11.93	14.14	15.92	18.82	21.36	23.79	29.76	35.71
.18	4.79	8.62	11.61	13.98	15.93*	19.10	21.80	24.34	30.48	36.59
.20	4.46	8.20	11.25	13.75	15.86	19.31	22.21	24.88	31.24	37.50
.22	4.17	7.78	10.86	13.46	15.71	19.43	22.56	25.40	32.02	38.46
.24	3.90	7.39	10.45	13.12	15.47	19.46*	22.84	25.87	32.81	39.46
.26	3.66	7.01	10.03	12.74	15.18	19.40	23.01	26.26	33.59	40.49
.28	3.44	6.65	9.62	12.33	14.82	19.23	23.08*	26.55	34.32	41.54
.30	3.24	6.32	9.21	11.90	14.41	18.97	23.02	26.71	34.98	42.57
.32	3.06	6.00	8.80	11.46	13.97	18.62	22.84	26.73*	35.51	43.53
.34	2.90	5.71	8.42	11.02	13.51	18.20	22.54	26.59	35.86	44.35
.36	2.75	5.43	8.05	10.58	13.04	17.72	22.13	26.31	36.01*	44.97
.38	2.61	5.18	7.70	10.16	12.56	17.20	21.64	25.90	35.93	45.33
.40	2.48	4.94	7.36	9.75	12.09	16.65	21.07	25.36	35.62	45.37
.42	2.37	4.72	7.05	9.35	11.62	16.09	20.46	24.73	35.09	45.08
.44	2.27	4.52	6.76	8.98	11.18	15.53	19.81	24.03	34.38	44.48
.46	2.17	4.33	6.48	8.62	10.75	14.97	19.15	23.29	33.52	43.61
.48	2.08	4.16	6.22	8.28	10.34	14.43	18.49	22.53	32.57	42.53
.50	2.00	3.99	5.98	7.97	9.95	13.90	17.84	21.77	31.56	41.31
.55	1.82	3.63	5.45	7.26	9.08	12.70	16.32	19.95	29.00	38.06
.60	1.67	3.33	5.00	6.66	8.33	11.66	14.99	18.32	26.65	34.99
.65	1.54	3.08	4.62	6.15	7.69	10.77	13.84	16.92	24.61	32.31

For p > .65, use the S(p) values in the column immediately above.

$n - 2r = 8$

EXPECTED SAMPLE SIZE

$$n - 2r = 9$$

p\n,r	11, 1	13, 2	15, 3	17, 4	19, 5	21, 6	25, 8	31,11	39,15	49,20
.02	9.96	12.11*	13.25	14.28	15.31	16.33	18.37	21.43	25.51	30.61
.04	9.04	12.01	13.45	14.57	15.62	16.67	18.75	21.87	26.04	31.25
.08	7.50	11.40	13.56*	15.03	16.24	17.37	19.56	22.83	27.17	32.61
.10	6.86	10.96	13.45	15.16	16.51	17.72	19.99	23.33	27.78	33.33
.12	6.29	10.48	13.25	15.20*	16.72	18.04	20.43	23.86	28.41	34.09
.14	5.78	9.98	12.96	15.14	16.85	18.31	20.86	24.41	29.07	34.88
.16	5.33	9.48	12.60	14.99	16.90*	18.51	21.26	24.97	29.76	35.71
.18	4.93	8.98	12.19	14.75	16.85	18.62	21.62	25.54	30.48	36.58
.20	4.57	8.49	11.75	14.44	16.70	18.64*	21.92	26.09	31.22	37.50
.22	4.25	8.02	11.28	14.06	16.46	18.56	22.12	26.60	31.98	38.45
.24	3.96	7.58	10.80	13.64	16.14	18.37	22.21*	27.05	32.73	39.44
.26	3.71	7.16	10.32	13.17	15.75	18.09	22.19	27.40	33.44	40.45
.28	3.48	6.77	9.85	12.69	15.30	17.72	22.04	27.62	34.08	41.45
.30	3.27	6.41	9.39	12.19	14.82	17.28	21.78	27.69*	34.59	42.41
.32	3.08	6.07	8.95	11.69	14.30	16.79	21.40	27.60	34.95	43.25
.34	2.91	5.76	8.53	11.20	13.77	16.25	20.93	27.36	35.10*	43.91
.36	2.76	5.47	8.13	10.72	13.24	15.69	20.38	26.95	35.03	44.34
.38	2.62	5.21	7.76	10.26	12.72	15.12	19.78	26.42	34.73	44.46*
.40	2.49	4.96	7.41	9.82	12.20	14.55	19.14	25.77	34.22	44.27
.42	2.38	4.74	7.08	9.41	11.71	13.99	18.48	25.04	33.52	43.76
.44	2.27	4.53	6.78	9.02	11.24	13.44	17.81	24.26	32.68	42.97
.46	2.17	4.34	6.50	8.65	10.79	12.92	17.16	23.45	31.74	41.96
.48	2.08	4.16	6.23	8.30	10.37	12.43	16.53	22.64	30.74	40.78
.50	2.00	4.00	5.99	7.98	9.97	11.96	15.92	21.84	29.71	39.51
.55	1.82	3.64	5.45	7.27	9.08	10.90	14.53	19.97	27.22	36.28
.60	1.67	3.33	5.00	6.67	8.33	10.00	13.33	18.33	24.99	33.32
.65	1.54	3.08	4.62	6.15	7.69	9.23	12.31	16.92	23.08	30.77
.70	1.43	2.86	4.29	5.71	7.14	8.57	11.43	15.71	21.43	28.57
.75	1.33	2.67	4.00	5.33	6.67	8.00	10.67	14.67	20.00	26.67
.80	1.25	2.50	3.75	5.00	6.25	7.50	10.00	13.75	18.75	25.00
.85	1.18	2.35	3.53	4.71	5.88	7.06	9.41	12.94	17.65	23.53
.90	1.11	2.22	3.33	4.44	5.56	6.67	8.89	12.22	16.67	22.22
.95	1.05	2.11	3.16	4.21	5.26	6.32	8.42	11.58	15.79	21.05

p\n,r	12, 1	14, 2	16, 3	18, 4	20, 5	22, 6	26, 8	32,11	40,15	50,20
.02	10.76	13.10*	14.27	15.30	16.33	17.35	19.39	22.45	26.53	31.63
.04	9.68	12.94	14.47	15.60	16.66	17.71	19.79	22.92	27.08	32.29
.08	7.90	12.15	14.50*	16.06	17.31	18.45	20.65	23.91	28.26	33.70
.10	7.18	11.61	14.33	16.16*	17.57	18.81	21.10	24.44	28.89	34.44
.12	6.54	11.04	14.04	16.15	17.76	19.13	21.55	25.00	29.55	35.23
.14	5.97	10.44	13.67	16.03	17.86*	19.38	21.99	25.57	30.23	36.05
.16	5.48	9.86	13.22	15.80	17.84	19.55	22.40	26.15	30.95	36.90
.18	5.04	9.28	12.72	15.47	17.72	19.61*	22.74	26.73	31.70	37.80
.20	4.66	8.74	12.19	15.07	17.49	19.56	23.00	27.29	32.46	38.75
.22	4.31	8.22	11.64	14.60	17.16	19.39	23.15	27.79	33.24	39.73
.24	4.01	7.73	11.09	14.08	16.74	19.11	23.17*	28.20	33.99	40.74
.26	3.74	7.28	10.55	13.54	16.26	18.73	23.06	28.50	34.70	41.77
.28	3.50	6.86	10.03	12.98	15.72	18.26	22.81	28.64*	35.30	42.78
.30	3.29	6.48	9.53	12.42	15.16	17.73	22.43	28.61	35.75	43.71
.32	3.09	6.12	9.05	11.87	14.57	17.15	21.95	28.41	36.01	44.51
.34	2.92	5.80	8.61	11.34	13.98	16.54	21.38	28.04	36.04*	45.09
.36	2.76	5.50	8.19	10.83	13.40	15.91	20.73	27.51	35.84	45.39*
.38	2.62	5.23	7.80	10.34	12.83	15.28	20.05	26.86	35.40	45.37
.40	2.49	4.98	7.44	9.88	12.29	14.67	19.34	26.11	34.75	45.02
.42	2.38	4.75	7.10	9.45	11.77	14.07	18.62	25.29	33.92	44.34
.44	2.27	4.54	6.79	9.04	11.28	13.50	17.92	24.44	32.97	43.40
.46	2.17	4.34	6.51	8.67	10.82	12.96	17.23	23.58	31.94	42.26
.48	2.08	4.16	6.24	8.32	10.39	12.45	16.57	22.72	30.87	40.98
.50	2.00	4.00	5.99	7.99	9.98	11.97	15.95	21.89	29.79	39.63
.55	1.82	3.64	5.45	7.27	9.09	10.90	14.53	19.98	27.24	36.31
.60	1.67	3.33	5.00	6.67	8.33	10.00	13.33	18.33	25.00	33.33

For p > .60, use the S(p) values in the column immediately above.

$$n - 2r = 10$$

$n - 2r = 11$

p\n,r	13, 1	15, 2	17, 3	19, 4	21, 5	23, 6	27, 8	33,11	39,14	49,19
.02	11.55	14.08*	15.28	16.32	17.35	18.37	20.41	23.47	26.53	31.63
.04	10.29	13.86	15.48	16.64	17.70	18.75	20.83	23.96	27.08	32.29
.06	9.21	13.43	15.53*	16.90	18.05	19.14	21.28	24.47	27.66	32.98
.08	8.27	12.86	15.43	17.08	18.37	19.53	21.74	25.00	28.26	33.70
.10	7.46	12.22	15.18	17.14*	18.63	19.89	22.21	25.55	28.89	34.44
.12	6.75	11.54	14.80	17.07	18.79	20.21	22.68	26.13	29.55	35.23
.14	6.14	10.86	14.33	16.87	18.83*	20.44	23.12	26.73	30.23	36.05
.16	5.60	10.19	13.78	16.56	18.75	20.56*	23.52	27.33	30.94	36.90
.18	5.13	9.55	13.19	16.14	18.55	20.56*	23.84	27.92	31.68	37.80
.20	4.73	8.94	12.57	15.64	18.22	20.43	24.06	28.48	32.42	38.74
.22	4.37	8.38	11.95	15.07	17.79	20.16	24.14*	28.96	33.15	39.71
.24	4.05	7.85	11.34	14.47	17.28	19.78	24.08	29.33	33.83	40.71
.26	3.77	7.37	10.74	13.85	16.70	19.30	23.86	29.55	34.41	41.69
.28	3.52	6.93	10.18	13.23	16.08	18.74	23.51	29.60*	34.85	42.62
.30	3.30	6.53	9.64	12.61	15.44	18.11	23.02	29.47	35.11	43.43
.32	3.10	6.16	9.14	12.02	14.79	17.45	22.43	29.15	35.14*	44.06
.34	2.93	5.82	8.67	11.45	14.15	16.77	21.76	28.65	34.94	44.42
.36	2.77	5.52	8.23	10.90	13.52	16.08	21.03	28.00	34.50	44.49*
.38	2.63	5.24	7.83	10.39	12.92	15.41	20.27	27.24	33.86	44.22
.40	2.50	4.99	7.46	9.92	12.35	14.76	19.50	26.39	33.04	43.63
.42	2.38	4.75	7.12	9.47	11.81	14.14	18.73	25.50	32.09	42.76
.44	2.27	4.54	6.80	9.06	11.31	13.55	17.99	24.58	31.07	41.67
.46	2.17	4.34	6.51	8.68	10.84	12.99	17.28	23.67	30.00	40.43
.48	2.08	4.16	6.24	8.32	10.40	12.47	16.60	22.78	28.92	39.10
.50	2.00	4.00	6.00	7.99	9.99	11.98	15.97	21.93	27.87	37.75
.55	1.82	3.64	5.45	7.27	9.09	10.91	14.54	19.99	25.43	34.51
.60	1.67	3.33	5.00	6.67	8.33	10.00	13.33	18.33	23.33	31.66
.65	1.54	3.08	4.62	6.15	7.69	9.23	12.31	16.92	21.54	29.23
.70	1.43	2.86	4.29	5.71	7.14	8.57	11.43	15.71	20.00	27.14
.75	1.33	2.67	4.00	5.33	6.67	8.00	10.67	14.67	18.67	25.33
.80	1.25	2.50	3.75	5.00	6.25	7.50	10.00	13.75	17.50	23.75
.85	1.18	2.35	3.53	4.71	5.88	7.06	9.41	12.94	16.47	22.35
.90	1.11	2.22	3.33	4.44	5.56	6.67	8.89	12.22	15.56	21.11
.95	1.05	2.11	3.16	4.21	5.26	6.32	8.42	11.58	14.74	20.00

p\n,r	14, 1	16, 2	18, 3	20, 4	22, 5	24, 6	28, 8	34,11	40,14	50,19
.02	12.32	15.06*	16.30	17.34	18.37	19.39	21.43	24.49	27.55	32.65
.04	10.88	14.76	16.49	17.67	18.74	19.79	21.87	25.00	28.12	33.33
.06	9.66	14.23	16.50*	17.94	19.11	20.20	22.34	25.53	28.72	34.04
.08	8.61	13.55	16.33	18.09	19.43	20.61	22.82	26.09	29.35	34.78
.10	7.71	12.79	15.99	18.10*	19.67	20.97	23.31	26.67	30.00	35.56
.12	6.94	12.01	15.52	17.97	19.79*	21.27	23.80	27.27	30.68	36.36
.14	6.28	11.24	14.94	17.68	19.78	21.47	24.25	27.88	31.39	37.21
.16	5.71	10.49	14.29	17.27	19.62	21.54*	24.63	28.50	32.13	38.09
.18	5.21	9.78	13.61	16.75	19.32	21.47	24.92	29.10	32.89	39.02
.20	4.78	9.12	12.91	16.15	18.90	21.25	25.08	29.65	33.65	39.99
.22	4.41	8.51	12.22	15.50	18.37	20.88	25.09*	30.10	34.38	40.99
.24	4.08	7.95	11.54	14.81	17.76	20.40	24.93	30.42	35.04	42.00
.26	3.79	7.44	10.90	14.12	17.09	19.81	24.61	30.56*	35.58	42.99
.28	3.54	6.98	10.29	13.43	16.39	19.15	24.14	30.51	35.96	43.90
.30	3.31	6.56	9.72	12.77	15.67	18.44	23.54	30.26	36.11*	44.66
.32	3.11	6.18	9.20	12.13	14.97	17.70	22.85	29.81	36.02	45.20
.34	2.93	5.84	8.71	11.53	14.28	16.96	22.08	29.19	35.69	45.45*
.36	2.77	5.53	8.26	10.96	13.61	16.22	21.27	28.43	35.11	45.37
.38	2.63	5.25	7.85	10.43	12.99	15.51	20.44	27.56	34.33	44.94
.40	2.50	4.99	7.47	9.94	12.39	14.83	19.62	26.62	33.39	44.19
.42	2.38	4.76	7.13	9.49	11.84	14.18	18.82	25.66	32.34	43.17
.44	2.27	4.54	6.81	9.07	11.33	13.58	18.05	24.69	31.23	41.96
.46	2.17	4.35	6.52	8.68	10.85	13.01	17.31	23.73	30.11	40.62
.48	2.08	4.17	6.25	8.33	10.40	12.48	16.62	22.82	28.99	39.22
.50	2.00	4.00	6.00	8.00	9.99	11.99	15.98	21.95	27.91	37.82
.55	1.82	3.64	5.45	7.27	9.09	10.91	14.54	19.99	25.44	34.52

For p > .55, use the S(p) values in the column immediately above.

$n - 2r = 12$

EXPECTED SAMPLE SIZE

$r = 1, n \geq 15$

p\n,r	15, 1	17, 1	19, 1	22, 1	25, 1	30, 1	35, 1	40, 1	45, 1	50, 1
.01	13.99	15.71	17.38	19.84	22.22	26.03	29.66	33.10	36.38	39.50
.02	13.07	14.53	15.94	17.94	19.83	22.73	25.35	27.71	29.86	31.79
.03	12.22	13.47	14.65	16.28	17.77	19.97	21.85	23.48	24.87	26.06
.04	11.45	12.51	13.49	14.82	15.99	17.65	19.01	20.12	21.02	21.75
.05	10.73	11.64	12.45	13.53	14.45	15.71	16.68	17.43	18.01	18.46
.06	10.08	10.85	11.52	12.39	13.12	14.06	14.76	15.26	15.64	15.91
.07	9.48	10.13	10.69	11.39	11.96	12.67	13.16	13.50	13.74	13.91
.08	8.92	9.47	9.94	10.50	10.95	11.48	11.82	12.05	12.21	12.31
.09	8.41	8.88	9.26	9.72	10.06	10.45	10.70	10.86	10.95	11.01
.10	7.94	8.33	8.65	9.02	9.28	9.58	9.75	9.85	9.91	9.95
.12	7.11	7.38	7.60	7.83	7.99	8.15	8.24	8.28	8.31	8.32
.14	6.40	6.59	6.74	6.88	6.98	7.07	7.11	7.13	7.13	7.14
.16	5.79	5.93	6.02	6.12	6.17	6.22	6.24	6.24	6.25	6.25
.18	5.27	5.37	5.43	5.48	5.52	5.54	5.55	5.55	5.55	5.56
.20	4.82	4.89	4.93	4.96	4.98	4.99	5.00	5.00→		
.22	4.44	4.48	4.50	4.53	4.54	4.54	4.54	4.55→		
.24	4.10	4.13	4.14	4.16	4.16	4.17→				
.26	3.80	3.82	3.83	3.84	3.84	3.85→				
.28	3.55	3.56	3.56	3.57→						
.30	3.32	3.33→								
.32	3.12	3.12→								
.34	2.94	2.94→								
.36	2.77	2.78→								

For $r = 1$ and all $n \geq 15$:

p	S(p)	p	S(p)	p	S(p)
.38	2.63	.46	2.17	.65	1.54
.40	2.50	.50	2.00	.70	1.43
.42	2.38	.55	1.82	.80	1.25
.44	2.27	.60	1.67	.90	1.11

$r = 2, n \geq 17$

p\n,r	17, 2	19, 2	21, 2	23, 2	26, 2	30, 2	35, 2	40, 2	45, 2	50, 2
.01	16.09*	18.08*	20.06*	22.04*	24.99	28.90	33.73	38.50	43.20	47.83
.02	16.04	17.97	19.89	21.78	24.57	28.20	32.58	36.78	40.80	44.63
.03	15.89	17.73	19.54	21.30	23.86	27.12	30.93	34.45	37.70	40.66
.04	15.65	17.39	19.06	20.67	22.97	25.82	29.03	31.89	34.40	36.61
.05	15.35	16.96	18.49	19.94	21.97	24.41	27.06	29.31	31.21	32.79
.06	15.00	16.48	17.86	19.15	20.91	22.97	25.12	26.86	28.25	29.36
.07	14.61	15.96	17.19	18.33	19.84	21.55	23.27	24.58	25.59	26.36
.08	14.20	15.41	16.51	17.49	18.78	20.19	21.54	22.52	23.24	23.76
.09	13.77	14.86	15.82	16.67	17.75	18.90	19.95	20.68	21.18	21.52
.10	13.33	14.30	15.14	15.86	16.77	17.69	18.50	19.03	19.38	19.60
.12	12.44	13.19	13.82	14.34	14.96	15.55	16.01	16.29	16.45	16.54
.14	11.57	12.15	12.61	12.97	13.38	13.74	14.00	14.14	14.21	14.25
.16	10.75	11.18	11.51	11.76	12.02	12.24	12.38	12.44	12.47	12.49
.18	9.98	10.29	10.52	10.69	10.86	10.98	11.06	11.09	11.10	11.11
.20	9.27	9.50	9.65	9.76	9.87	9.94	9.98	9.99	10.00	10.00
.22	8.62	8.78	8.89	8.96	9.02	9.06	9.08	9.09→		
.24	8.03	8.14	8.22	8.26	8.30	8.32	8.33→			
.26	7.50	7.58	7.63	7.65	7.67	7.69→				
.28	7.02	7.07	7.10	7.12	7.13	7.14→				
.30	6.59	6.63	6.65	6.66	6.66	6.67→				
.32	6.20	6.23	6.24	6.24	6.25→					
.34	5.85	5.87	5.88	5.88	5.88→					
.36	5.54	5.55	5.55	5.55	5.56→					
.38	5.25	5.26	5.26→							
.40	4.99	5.00	5.00→							
.42	4.76	4.76	4.76→							
.44	4.54	4.54	4.55→							

For $r = 2$ and all $n \geq 17$:

p	S(p)	p	S(p)	p	S(p)
.46	4.35	.60	3.33	.75	2.67
.50	4.00	.65	3.08	.80	2.50
.55	3.64	.70	2.86	.90	2.22

$r = 3, n \geq 19$

p\n,r	19, 3	21, 3	23, 3	25, 3	28, 3	31, 3	35, 3	40, 3	45, 3	50, 3
.01	17.17	19.19	21.20	23.22	26.24	29.26	33.28	38.30*	43.31*	48.29*
.02	17.31	19.34	21.36	23.38	26.39*	29.38*	33.34*	38.24	43.06	47.80
.03	17.42	19.44	21.44*	23.43*	26.38	29.29	33.09	37.70	42.14	46.40
.04	17.49	19.47*	21.43	23.37	26.20	28.96	32.51	36.71	40.63	44.27
.05	17.50*	19.43	21.33	23.18	25.86	28.43	31.65	35.36	38.70	41.69
.06	17.45	19.32	21.13	22.88	25.37	27.71	30.58	33.76	36.53	38.89
.07	17.36	19.14	20.85	22.48	24.76	26.85	29.35	32.03	34.25	36.07
.08	17.21	18.90	20.49	21.99	24.05	25.89	28.03	30.23	31.98	33.34
.09	17.01	18.60	20.07	21.43	23.26	24.87	26.67	28.45	29.79	30.79
.10	16.77	18.25	19.59	20.82	22.43	23.81	25.30	26.71	27.73	28.45
.12	16.20	17.44	18.53	19.50	20.71	21.68	22.67	23.52	24.08	24.43
.14	15.51	16.53	17.39	18.12	19.00	19.66	20.28	20.78	21.06	21.23
.16	14.76	15.58	16.24	16.78	17.39	17.82	18.20	18.47	18.61	18.68
.18	13.99	14.62	15.11	15.50	15.91	16.18	16.40	16.55	16.61	16.64
.20	13.21	13.69	14.05	14.31	14.59	14.75	14.88	14.95	14.98	14.99
.22	12.45	12.80	13.06	13.24	13.41	13.51	13.58	13.62	13.63	13.63
.24	11.72	11.98	12.15	12.27	12.38	12.44	12.48	12.49	12.50	12.50
.26	11.03	11.21	11.33	11.41	11.48	11.51	11.53	11.54→		
.28	10.39	10.52	10.60	10.64	10.68	10.70	10.71→			
.30	9.79	9.88	9.93	9.96	9.98	9.99	10.00→			
.32	9.24	9.30	9.34	9.35	9.37→					
.34	8.74	8.78	8.80	8.81	8.82→					
.36	8.28	8.31	8.32	8.33→						
.38	7.87	7.88	7.89→							
.40	7.48	7.49	7.50→							
.42	7.13	7.14→								
.44	6.81	6.82→								

For $r = 3$ and all $n \geq 19$:

p	S(p)	p	S(p)	p	S(p)
.46	6.52	.54	5.56	.70	4.29
.48	6.25	.56	5.36	.75	4.00
.50	6.00	.60	5.00	.80	3.75
.52	5.77	.65	4.62	.90	3.33

p\n,r	21, 4	23, 4	25, 4	27, 4	30, 4	33, 4	36, 4	40, 4	45, 4	50, 4
.01	18.18	20.20	22.22	24.24	27.27	30.30	33.33	37.37	42.41	47.46
.02	18.36	20.40	22.44	24.48	27.53	30.58	33.63	37.68	42.73	47.75*
.03	18.54	20.59	22.64	24.69	27.75	30.80	33.83	37.84*	42.79*	47.65
.04	18.71	20.76	22.82	24.86	27.90	30.90*	33.87*	37.76	42.49	47.04
.05	18.85	20.90	22.94	24.96	27.94*	30.87	33.72	37.41	41.79	45.91
.06	18.96	21.00	23.01*	24.98*	27.88	30.68	33.37	36.78	40.74	44.33
.07	19.05	21.05*	23.01*	24.92	27.69	30.33	32.82	35.91	39.37	42.41
.08	19.09*	21.04	22.94	24.77	27.38	29.82	32.09	34.82	37.79	40.28
.09	19.09*	20.98	22.80	24.53	26.96	29.19	31.21	33.58	36.06	38.05
.10	19.05	20.86	22.59	24.21	26.44	28.44	30.21	32.23	34.26	35.82
.12	18.83	20.46	21.97	23.34	25.17	26.72	28.02	29.41	30.69	31.59
.14	18.45	19.88	21.14	22.26	23.68	24.82	25.72	26.63	27.39	27.87
.16	17.94	19.14	20.17	21.05	22.11	22.91	23.51	24.06	24.49	24.72
.18	17.31	18.30	19.11	19.78	20.54	21.08	21.46	21.78	22.01	22.12
.20	16.61	17.40	18.02	18.51	19.04	19.39	19.62	19.80	19.91	19.96
.22	15.87	16.48	16.94	17.29	17.64	17.86	17.99	18.09	18.15	18.17
.24	15.10	15.57	15.90	16.14	16.37	16.50	16.58	16.63	16.65	16.66
.26	14.34	14.68	14.92	15.08	15.23	15.30	15.34	15.37	15.38	15.38
.28	13.60	13.85	14.01	14.11	14.20	14.25	14.27	14.28	14.28	14.29
.30	12.89	13.06	13.17	13.24	13.29	13.31	13.33→			
.32	12.22	12.34	12.41	12.45	12.48	12.49	12.50→			
.34	11.59	11.67	11.71	11.74	11.75	11.76→				
.36	11.00	11.06	11.08	11.10	11.11	11.11→				
.38	10.46	10.49	10.51	10.52	10.52	10.53→				
.40	9.96	9.98	9.99	10.00→						
.42	9.50	9.51	9.52	9.52→						
.44	9.08	9.09	9.09	9.09→						
.46	8.69	8.69	8.69	8.70→						

For $r = 4$ and all $n \geq 21$:

p	S(p)	p	S(p)	p	S(p)
.48	8.33	.56	7.14	.75	5.33
.50	8.00	.60	6.67	.80	5.00
.52	7.69	.65	6.15	.85	4.71
.54	7.41	.70	5.71	.90	4.44

$r = 4, n \geq 21$

EXPECTED SAMPLE SIZE   193

$$r = 5, n \geq 23$$

p\n,r	23, 5	25, 5	27, 5	29, 5	31, 5	34, 5	37, 5	40, 5	45, 5	50, 5
.02	19.39	21.43	23.47	25.51	27.55	30.61	33.67	36.73	41.82	46.91
.03	19.59	21.65	23.71	25.76	27.82	30.91	33.99	37.06	42.17	47.25
.04	19.78	21.86	23.94	26.01	28.08	31.17	34.26	37.32	42.38	47.37*
.05	19.98	22.07	24.15	26.23	28.30	31.39	34.44	37.46*	42.40*	47.18
.06	20.16	22.26	24.35	26.42	28.48	31.52	34.51*	37.44	42.16	46.63
.07	20.33	22.43	24.50	26.56	28.58	31.55*	34.44	37.24	41.64	45.71
.08	20.48	22.56	24.62	26.63*	28.60*	31.47	34.22	36.83	40.86	44.46
.09	20.60	22.66	24.67*	26.63*	28.54	31.27	33.84	36.24	39.84	42.94
.10	20.70	22.72*	24.67*	26.56	28.37	30.94	33.31	35.47	38.63	41.23
.12	20.78*	22.68	24.48	26.18	27.77	29.95	31.86	33.54	35.81	37.53
.14	20.70	22.43	24.04	25.51	26.84	28.59	30.05	31.26	32.79	33.84
.16	20.45	21.99	23.37	24.59	25.65	26.99	28.05	28.87	29.84	30.43
.18	20.05	21.38	22.52	23.49	24.31	25.29	26.02	26.55	27.12	27.44
.20	19.52	20.63	21.54	22.29	22.89	23.58	24.06	24.38	24.70	24.86
.22	18.89	19.78	20.49	21.05	21.48	21.94	22.24	22.43	22.60	22.67
.24	18.18	18.88	19.41	19.81	20.11	20.40	20.59	20.69	20.78	20.81
.26	17.42	17.96	18.35	18.62	18.82	19.00	19.11	19.17	19.21	19.22
.28	16.65	17.04	17.32	17.50	17.63	17.74	17.80	17.83	17.85	17.85
.30	15.87	16.16	16.35	16.47	16.54	16.61	16.64	16.65	16.66	16.67
.32	15.11	15.31	15.44	15.51	15.56	15.60	15.61	15.62	15.62	15.62
.34	14.38	14.52	14.60	14.65	14.67	14.69	14.70	14.70	14.71	14.71
.36	13.69	13.78	13.83	13.86	13.87	13.88	13.89→			
.38	13.03	13.09	13.13	13.14	13.15	13.16→				
.40	12.43	12.46	12.48	12.49	12.50→					
.42	11.86	11.89	11.90→							
.44	11.34	11.35	11.36→							
.46	10.86	10.86	10.87→							
.48	10.41	10.41	10.42→							
.50	10.00	10.00	10.00→							
.52	9.61	9.61	9.62→							

For $r = 5$ and all $n \geq 23$:

p	S(p)	p	S(p)	p	S(p)
.54	9.26	.62	8.06	.80	6.25
.56	8.93	.66	7.58	.85	5.88
.58	8.62	.70	7.14	.90	5.56
.60	8.33	.75	6.67	.95	5.26

p\n,r	25, 6	27, 6	29, 6	31, 6	33, 6	35, 6	38, 6	41, 6	45, 6	50, 6
.02	20.41	22.45	24.49	26.53	28.57	30.61	33.67	36.73	40.81	45.91
.04	20.83	22.91	25.00	27.08	29.16	31.24	34.35	37.46	41.60	46.74
.05	21.05	23.15	25.25	27.35	29.44	31.53	34.66	37.77	41.90	46.99
.06	21.26	23.38	25.50	27.61	29.71	31.80	34.92	38.02	42.08	47.05*
.07	21.47	23.61	25.73	27.84	29.94	32.03	35.12	38.15	42.11*	46.85
.08	21.68	23.82	25.94	28.05	30.13	32.19	35.21*	38.16*	41.93	46.37
.09	21.87	24.01	26.12	28.21	30.26	32.27*	35.20	38.01	41.55	45.61
.10	22.05	24.17	26.26	28.31	30.31*	32.26	35.06	37.70	40.96	44.59
.12	22.33	24.40	26.40*	28.33*	30.17	31.93	34.38	36.61	39.22	41.94
.14	22.49*	24.45*	26.31	28.05	29.68	31.19	33.22	34.98	36.93	38.79
.16	22.49*	24.30	25.97	27.49	28.86	30.10	31.69	33.00	34.35	35.54
.18	22.34	23.95	25.39	26.66	27.78	28.74	29.92	30.84	31.72	32.43
.20	22.02	23.41	24.62	25.64	26.50	27.22	28.05	28.66	29.21	29.60
.22	21.55	22.72	23.69	24.49	25.13	25.63	26.20	26.58	26.90	27.10
.24	20.96	21.91	22.66	23.26	23.71	24.06	24.42	24.65	24.83	24.93
.26	20.27	21.02	21.59	22.01	22.33	22.55	22.78	22.91	23.00	23.05
.28	19.51	20.08	20.50	20.80	21.00	21.15	21.28	21.35	21.40	21.42
.30	18.72	19.14	19.44	19.63	19.77	19.85	19.93	19.97	19.99	20.00
.32	17.91	18.21	18.42	18.54	18.63	18.68	18.72	18.74	18.75	18.75
.34	17.11	17.32	17.45	17.53	17.58	17.61	17.63	17.64	17.65	17.65
.36	16.33	16.47	16.56	16.61	16.63	16.65	16.66	16.66	16.67	16.67
.38	15.58	15.68	15.73	15.76	15.77	15.78	15.79→			
.40	14.88	14.94	14.97	14.98	14.99	15.00	15.00→			
.42	14.21	14.25	14.27	14.28	14.28	14.28	14.29→			
.44	13.60	13.62	13.63	13.63	13.63	13.64→				
.46	13.02	13.03	13.04→							
.48	12.49	12.50→								
.50	11.99	12.00→								

For $r = 6$ and all $n \geq 25$:

p	S(p)	p	S(p)	p	S(p)
.52	11.54	.62	9.68	.80	7.50
.54	11.11	.66	9.09	.85	7.06
.56	10.71	.70	8.57	.90	6.67
.58	10.34	.75	8.00	.95	6.32

$$r = 6, n \geq 25$$

$r = 7,\ n \geq 27$

p\n,r	27, 7	29, 7	31, 7	33, 7	35, 7	37, 7	40, 7	43, 7	46, 7	50, 7
.05	22.10	24.21	26.31	28.42	30.52	32.62	35.77	38.91	42.05	46.22
.07	22.57	24.72	26.86	28.99	31.12	33.25	36.42	39.56	42.67	46.75
.08	22.81	24.97	27.12	29.27	31.40	33.52	36.68	39.78	42.83	46.79*
.09	23.04	25.21	27.37	29.52	31.65	33.75	36.86	39.89*	42.84*	46.61
.10	23.26	25.44	27.60	29.74	31.84	33.92	36.95*	39.88	42.68	46.21
.12	23.67	25.84	27.96	30.04	32.05*	34.01*	36.80	39.41	41.82	44.72
.14	24.00	26.11	28.15*	30.10*	31.96	33.72	36.16	38.34	40.28	42.48
.16	24.21	26.22*	28.11	29.88	31.52	33.03	35.05	36.77	38.22	39.76
.18	24.28*	26.12	27.82	29.37	30.76	31.99	33.57	34.85	35.86	36.87
.20	24.17	25.82	27.30	28.59	29.71	30.68	31.85	32.74	33.41	34.02
.22	23.90	25.33	26.56	27.60	28.47	29.19	30.01	30.60	31.02	31.37
.24	23.46	24.66	25.65	26.46	27.10	27.61	28.17	28.54	28.78	28.97
.26	22.88	23.86	24.63	25.23	25.69	26.03	26.39	26.61	26.74	26.84
.28	22.20	22.96	23.54	23.97	24.28	24.51	24.73	24.85	24.92	24.97
.30	21.43	22.01	22.43	22.73	22.93	23.07	23.20	23.26	23.30	23.32
.32	20.61	21.04	21.33	21.53	21.66	21.74	21.81	21.84	21.86	21.87
.34	19.76	20.07	20.27	20.39	20.47	20.52	20.56	20.58	20.58	20.59
.36	18.92	19.13	19.26	19.34	19.39	19.41	19.43	19.44→		
.38	18.10	18.24	18.32	18.37	18.39	18.41	18.42→			
.40	17.31	17.40	17.45	17.47	17.49	17.49	17.50→			
.42	16.55	16.61	16.64	16.65	16.66	16.66	16.67→			
.44	15.84	15.88	15.90	15.90	15.91→					
.46	15.18	15.20	15.21	15.21	15.22→					
.48	14.56	14.58→								
.50	13.99	14.00→								

For $r = 7$ and all $n \geq 27$:

p	S(p)	p	S(p)	p	S(p)	p	S(p)
.52	13.46	.60	11.67	.68	10.29	.80	8.75
.54	12.96	.62	11.29	.70	10.00	.85	8.24
.56	12.50	.64	10.94	.72	9.72	.90	7.78
.58	12.07	.66	10.61	.76	9.21	.95	7.37

p\n,r	29, 8	31, 8	33, 8	35, 8	37, 8	39, 8	41, 8	44, 8	47, 8	50, 8
.05	23.16	25.26	27.37	29.47	31.58	33.68	35.78	38.94	42.09	45.24
.08	23.91	26.08	28.24	30.40	32.56	34.71	36.86	40.06	43.23	46.36
.09	24.16	26.35	28.53	30.71	32.87	35.03	37.17	40.35	43.47	46.54
.10	24.42	26.62	28.81	30.99	33.16	35.31	37.43	40.56	43.61*	46.57*
.11	24.62	26.88	29.08	31.26	33.41	35.53	37.62	40.67*	43.61*	46.43
.12	24.91	27.13	29.32	31.49	33.61	35.69	37.73*	40.67*	43.46	46.09
.14	25.36	27.56	29.71	31.80	33.83*	35.78*	37.64	40.26	42.66	44.83
.16	25.73	27.87	29.92*	31.88*	33.74	35.48	37.11	39.32	41.25	42.91
.18	25.97	28.00*	29.90	31.68	33.31	34.80	36.14	37.90	39.35	40.54
.20	26.07*	27.93	29.64	31.18	32.55	33.76	34.82	36.13	37.16	37.94
.22	25.99	27.65	29.12	30.41	31.51	32.45	33.23	34.16	34.84	35.33
.24	25.73	27.16	28.39	29.41	30.26	30.95	31.51	32.13	32.55	32.84
.26	25.29	26.49	27.47	28.26	28.89	29.37	29.74	30.14	30.39	30.54
.28	24.71	25.68	26.43	27.01	27.45	27.78	28.02	28.25	28.39	28.47
.30	24.00	24.75	25.32	25.73	26.03	26.23	26.38	26.51	26.59	26.63
.32	23.21	23.77	24.17	24.45	24.64	24.77	24.86	24.93	24.97	24.98
.34	22.35	22.76	23.04	23.22	23.34	23.41	23.46	23.50	23.52	23.52
.36	21.47	21.76	21.94	22.05	22.12	22.17	22.19	22.21	22.22	22.22
.38	20.58	20.78	20.90	20.96	21.00	21.03	21.04	21.05→		
.40	19.72	19.84	19.92	19.96	19.98	19.99	19.99	20.00→		
.42	18.88	18.96	19.00	19.03	19.04	19.04	19.05→			
.44	18.09	18.14	18.16	18.17	18.18→					
.46	17.34	17.37	17.38	17.39	17.39→					
.48	16.64	16.65	16.66	16.66	16.67→					
.50	15.99	15.99	16.00→							
.52	15.38	15.38→								
.54	14.81	14.81→								
.56	14.28	14.29→								

For $r = 8$ and all $n \geq 29$:

p	S(p)	p	S(p)	p	S(p)	p	S(p)
.58	13.79	.64	12.50	.70	11.43	.85	9.41
.60	13.33	.66	12.12	.75	10.67	.90	8.89
.62	12.90	.68	11.76	.80	10.00	.95	8.42

$r = 8,\ n \geq 29$

EXPECTED SAMPLE SIZE

$r = 9, n \geq 31$

p\n,r	31, 9	33, 9	35, 9	37, 9	39, 9	41, 9	43, 9	45, 9	47, 9	50, 9
.05	24.21	26.32	28.42	30.53	32.63	34.74	36.84	38.95	41.05	44.21
.10	25.54	27.76	29.97	32.17	34.37	36.55	38.72	40.88	43.01	46.17
.11	25.82	28.05	30.27	32.49	34.69	36.87	39.03	41.16	43.26	46.35
.12	26.10	28.34	30.57	32.79	34.98	37.14	39.27	41.37	43.41	46.39*
.13	26.37	28.62	30.85	33.06	35.23	37.36	39.45	41.48*	43.45*	46.28
.14	26.63	28.88	31.11	33.29	35.43	37.51	39.53*	41.48*	43.35	46.00
.15	26.88	29.13	31.33	33.48	35.57	37.58*	39.52	41.36	43.11	45.55
.16	27.11	29.34	31.51	33.61	35.63*	37.56	39.39	41.11	42.73	44.93
.18	27.51	29.66	31.72*	33.68*	35.51	37.22	38.80	40.24	41.55	43.27
.20	27.77	29.80*	31.70	33.45	35.05	36.50	37.79	38.93	39.92	41.17
.22	27.88*	29.73	31.42	32.93	34.26	35.42	36.42	37.27	37.98	38.83
.24	27.79	29.44	30.88	32.13	33.19	34.08	34.81	35.40	35.88	36.42
.26	27.52	28.93	30.12	31.11	31.91	32.55	33.06	33.46	33.76	34.08
.28	27.07	28.23	29.17	29.92	30.50	30.95	31.28	31.53	31.71	31.89
.30	26.45	27.38	28.09	28.64	29.04	29.33	29.54	29.69	29.79	29.89
.32	25.70	26.41	26.94	27.32	27.58	27.77	27.89	27.97	28.03	28.08
.34	24.86	25.39	25.76	26.01	26.18	26.29	26.36	26.40	26.43	26.45
.36	23.96	24.34	24.58	24.74	24.85	24.91	24.95	24.97	24.98	24.99
.38	23.03	23.29	23.45	23.55	23.61	23.64	23.66	23.67	23.68	23.68
.40	22.10	22.27	22.37	22.43	22.46	22.48	22.49	22.49	22.50	22.50
.42	21.20	21.30	21.36	21.39	21.41	21.42	21.42	21.43	21.43	21.43
.44	20.32	20.39	20.42	20.44	20.45	20.45	20.45	20.45	20.45	20.45
.46	19.49	19.53	19.55	19.56	19.56	19.56	19.56	19.56	19.57	19.57
.48	18.71	18.73	18.74	18.75→						
.50	17.98	17.99	18.00→							
.52	17.30	17.30	17.31→							
.54	16.66	16.67→								

For $r = 9$ and all $n \geq 31$:

p	S(p)	p	S(p)	p	S(p)
.56	16.07	.64	14.06	.80	11.25
.58	15.52	.66	13.64	.85	10.59
.60	15.00	.70	12.86	.90	10.00
.62	14.52	.75	12.00	.95	9.47

p\n,r	33,10	34,10	36,10	38,10	40,10	42,10	44,10	46,10	48,10	50,10
.05	25.26	26.32	28.42	30.53	32.63	34.74	36.84	38.95	41.05	43.16
.10	26.66	27.77	29.99	32.21	34.42	36.62	38.83	41.02	43.20	45.37
.12	27.25	28.38	30.64	32.89	35.12	37.35	39.55	41.73	43.88	46.00
.13	27.55	28.69	30.96	33.22	35.45	37.67	39.85	42.00	44.11	46.18
.14	27.85	28.99	31.27	33.52	35.75	37.95	40.10	42.20	44.25	46.23*
.15	28.14	29.29	31.56	33.81	36.01	38.17	40.27	42.31*	44.27*	46.15
.16	28.42	29.56	31.83	34.06	36.23	38.33	40.36*	42.31*	44.17	45.92
.17	28.68	29.82	32.07	34.26	36.38	38.41*	40.35	42.19	43.93	45.54
.18	28.93	30.06	32.27	34.41	36.46	38.41*	40.24	41.96	43.55	45.02
.19	29.15	30.26	32.43	34.50	36.47*	38.31	40.02	41.60	43.05	44.35
.20	29.34	30.43	32.54	34.53*	36.39	38.12	39.70	41.13	42.42	43.56
.22	29.61	30.63	32.58*	34.37	36.00	37.46	38.75	39.88	40.86	41.69
.24	29.70*	30.64*	32.37	33.92	35.28	36.45	37.45	38.30	38.99	39.57
.26	29.59	30.42	31.91	33.20	34.28	35.18	35.92	36.51	36.98	37.35
.28	29.28	29.98	31.22	32.24	33.07	33.72	34.24	34.63	34.93	35.15
.30	28.78	29.36	30.34	31.12	31.72	32.17	32.51	32.76	32.94	33.06
.32	28.10	28.56	29.32	29.88	30.30	30.60	30.81	30.96	31.06	31.13
.34	27.30	27.65	28.20	28.60	28.87	29.06	29.19	29.27	29.32	29.36
.36	26.40	26.66	27.05	27.31	27.49	27.60	27.67	27.71	27.74	27.76
.38	25.45	25.63	25.89	26.06	26.16	26.23	26.27	26.29	26.30	26.31
.40	24.47	24.59	24.76	24.86	24.92	24.96	24.98	24.99	24.99	25.00
.42	23.50	23.57	23.68	23.74	23.77	23.79	23.80	23.80	23.81	23.81
.44	22.55	22.60	22.66	22.69	22.71	22.72	22.72	22.73→		
.46	21.64	21.67	21.71	21.72	21.73	21.74→				
.48	20.78	20.80	20.82	20.83→						
.50	19.97	19.98	19.99	20.00→						
.52	19.22	19.22	19.23→							
.54	18.51	18.52→								
.56	17.85	17.86→								

For $r = 10$ and $n \geq 33$:

p	S(p)	p	S(p)	p	S(p)
.58	17.24	.66	15.15	.80	12.50
.60	16.67	.68	14.71	.85	11.76
.62	16.13	.70	14.29	.90	11.11
.64	15.62	.75	13.33	.95	10.53

$r = 10, n \geq 33$

$r = 11, n \geq 35$

p\n,r	35,11	36,11	37,11	38,11	40,11	42,11	44,11	46,11	48,11	50,11
.05	26.32	27.37	28.42	29.47	31.58	33.68	35.79	37.89	40.00	42.11
.10	27.78	28.89	30.00	31.11	33.33	35.54	37.76	39.97	42.18	44.38
.12	28.40	29.53	30.67	31.80	34.06	36.31	38.56	40.79	43.01	45.22
.14	29.04	30.19	31.34	32.49	34.78	37.05	39.29	41.51	43.69	45.84
.15	29.36	30.52	31.68	32.83	35.12	37.38	39.61	41.80	43.94	46.02
.16	29.67	30.84	32.00	33.15	35.43	37.67	39.87	42.01	44.09	46.10*
.17	29.98	31.15	32.30	33.45	35.72	37.93	40.07	42.15	44.14*	46.05
.18	30.28	31.44	32.59	33.73	35.96	38.12	40.20	42.19*	44.08	45.86
.19	30.55	31.71	32.84	33.97	36.15	38.25	40.25*	42.13	43.90	45.55
.20	30.81	31.94	33.06	34.16	36.28	38.30*	40.20	41.96	43.60	45.09
.22	31.22	32.31	33.37	34.40*	36.35*	38.16	39.81	41.30	42.64	43.81
.24	31.47	32.48*	33.46*	34.39	36.12	37.67	39.04	40.24	41.26	42.14
.26	31.52*	32.44	33.30	34.11	35.59	36.86	37.94	38.85	39.59	40.20
.28	31.36	32.16	32.90	33.58	34.78	35.77	36.58	37.23	37.74	38.14
.30	30.99	31.66	32.26	32.81	33.74	34.48	35.06	35.50	35.83	36.07
.32	30.41	30.95	31.43	31.85	32.54	33.07	33.46	33.74	33.94	34.08
.34	29.67	30.08	30.44	30.76	31.25	31.60	31.85	32.02	32.14	32.22
.36	28.79	29.10	29.36	29.58	29.92	30.14	30.29	30.39	30.46	30.50
.38	27.82	28.04	28.23	28.37	28.59	28.73	28.82	28.87	28.90	28.92
.40	26.81	26.96	27.08	27.18	27.31	27.39	27.44	27.47	27.48	27.49
.42	25.78	25.88	25.96	26.01	26.09	26.14	26.16	26.18	26.18	26.19
.44	24.77	24.83	24.87	24.91	24.95	24.98	24.99	24.99	25.00	25.00
.46	23.79	23.82	23.85	23.87	23.89	23.90	23.91	23.91→		
.48	22.85	22.87	22.89	22.90	22.91	22.91	22.91	22.92→		
.50	21.97	21.98	21.99	21.99	22.00→					
.52	21.14	21.14	21.15→							
.54	20.36	20.37	20.37→							
.56	19.64	19.64	19.64→							
.58	18.96	18.96	18.97→							
.60	18.33→									

For $r = 11$ and all $n \geq 35$:

p	S(p)	p	S(p)	p	S(p)
.62	17.74	.70	15.71	.85	12.94
.64	17.19	.75	14.67	.90	12.22
.66	16.67	.80	13.75	.95	11.58

p\n,r	37,12	38,12	39,12	40,12	41,12	42,12	44,12	46,12	48,12	50,12
.05	27.37	28.42	29.47	30.53	31.58	32.63	34.74	36.84	38.95	41.05
.10	28.89	30.00	31.11	32.22	33.33	34.44	36.66	38.88	41.10	43.31
.14	30.22	31.37	32.53	33.69	34.84	35.99	38.28	40.56	42.82	45.06
.16	30.90	32.08	33.25	34.42	35.58	36.74	39.03	41.29	43.51	45.68
.17	31.24	32.42	33.60	34.77	35.93	37.08	39.36	41.59	43.76	45.88
.18	31.58	32.76	33.93	35.10	36.25	37.40	39.64	41.83	43.94	45.97*
.19	31.90	33.08	34.25	35.40	36.54	37.67	39.87	41.99	44.02*	45.95
.20	32.20	33.37	34.53	35.67	36.79	37.90	40.03	42.07*	44.00	45.81
.21	32.48	33.64	34.78	35.90	37.00	38.07	40.12	42.06	43.87	45.54
.22	32.74	33.88	34.99	36.08	37.14	38.17*	40.13*	41.95	43.63	45.15
.24	33.13	34.21	35.25	36.26*	37.23*	38.15	39.88	41.43	42.82	44.03
.26	33.35*	34.33*	35.28*	36.17	37.02	37.82	39.27	40.53	41.61	42.52
.28	33.34	34.22	35.04	35.80	36.52	37.18	38.34	39.31	40.10	40.75
.30	33.10	33.85	34.54	35.17	35.74	36.26	37.15	37.85	38.41	38.83
.32	32.64	33.25	33.80	34.30	34.74	35.12	35.77	36.26	36.62	36.88
.34	31.96	32.45	32.87	33.24	33.57	33.84	34.29	34.60	34.83	34.99
.36	31.13	31.49	31.80	32.07	32.29	32.48	32.77	32.97	33.10	33.19
.38	30.17	30.43	30.65	30.83	30.98	31.10	31.28	31.40	31.47	31.51
.40	29.13	29.31	29.46	29.57	29.67	29.74	29.85	29.91	29.95	29.97
.42	28.05	28.17	28.27	28.34	28.40	28.44	28.50	28.53	28.55	28.56
.44	26.98	27.05	27.11	27.15	27.18	27.21	27.24	27.26	27.26	27.27
.46	25.92	25.97	26.00	26.03	26.04	26.06	26.07	26.08	26.08	26.09
.48	24.92	24.94	24.96	24.97	24.98	24.99	24.99	25.00→		
.50	23.96	23.97	23.98	23.99	23.99	23.99	24.00→			
.52	23.06	23.06	23.07	23.07	23.07	23.07	23.08→			
.54	22.21	22.22→								
.56	21.42	21.43→								
.58	20.69→									
.60	20.00→									
.62	19.35→									

For $r = 12$ and $n \geq 37$:

p	S(p)	p	S(p)	p	S(p)	p	S(p)
.64	18.75	.70	17.14	.80	15.00	.90	13.33
.66	18.18	.75	16.00	.85	14.12	.95	12.63

$r = 12, n \geq 37$

EXPECTED SAMPLE SIZE

$r = 13, n \geq 39$

p\n,r	39,13	40,13	41,13	42,13	43,13	44,13	45,13	46,13	48,13	50,13
.05	28.42	29.47	30.53	31.58	32.63	33.68	34.74	35.79	37.89	40.00
.10	30.00	31.11	32.22	33.33	34.44	35.55	36.67	37.78	40.00	42.22
.15	31.75	32.92	34.09	35.26	36.43	37.59	38.75	39.91	42.22	44.50
.18	32.85	34.04	35.23	36.42	37.59	38.76	39.92	41.07	43.33	45.53
.20	33.55	34.75	35.93	37.11	38.26	39.41	40.53	41.64	43.79	45.85
.21	33.88	35.07	36.25	37.40	38.54	39.66	40.76	41.83	43.90	45.86*
.22	34.19	35.37	36.52	37.66	38.77	39.86	40.92	41.95	43.92*	45.76
.23	34.47	35.63	36.76	37.86	38.94	39.99	41.00*	41.98*	43.84	45.54
.24	34.72	35.85	36.94	38.01	39.05	40.04*	41.00*	41.93	43.65	45.21
.25	34.92	36.01	37.07	38.09	39.08*	40.02	40.92	41.78	43.36	44.76
.26	35.07	36.13	37.14*	38.11*	39.03	39.91	40.75	41.53	42.97	44.22
.27	35.17	36.18*	37.14*	38.05	38.91	39.72	40.48	41.20	42.48	43.58
.28	35.22*	36.17	37.07	37.91	38.71	39.45	40.14	40.78	41.91	42.85
.29	35.20	36.09	36.92	37.70	38.43	39.09	39.71	40.28	41.26	42.07
.30	35.12	35.95	36.71	37.42	38.07	38.67	39.21	39.70	40.55	41.22
.32	34.78	35.46	36.09	36.66	37.17	37.62	38.03	38.39	38.98	39.44
.34	34.20	34.75	35.24	35.67	36.05	36.38	36.67	36.92	37.31	37.60
.36	33.41	33.83	34.20	34.51	34.78	35.01	35.21	35.37	35.62	35.79
.38	32.47	32.78	33.04	33.26	33.44	33.59	33.71	33.81	33.96	34.06
.40	31.42	31.63	31.81	31.95	32.07	32.16	32.24	32.30	32.38	32.43
.42	30.31	30.45	30.56	30.65	30.72	30.78	30.82	30.85	30.90	30.92
.44	29.18	29.27	29.34	29.39	29.43	29.46	29.48	29.50	29.52	29.53
.46	28.06	28.11	28.15	28.18	28.21	28.22	28.23	28.24	28.25	28.26
.48	26.98	27.01	27.03	27.05	27.06	27.07	27.07	27.08→		
.50	25.95	25.96	25.98	25.98	25.99	25.99	26.00→			
.52	24.98	24.98	24.99	24.99	25.00→					
.54	24.06	24.07→								
.56	23.21→									
.58	22.41→									
.60	21.67→									

For $r = 13$ and $n \geq 39$:

p	S(p)	p	S(p)	p	S(p)	p	S(p)
.62	20.97	.70	18.57	.80	16.25	.90	14.44
.65	20.00	.75	17.33	.85	15.29	.95	13.68

p\n,r	41,14	42,14	43,14	44,14	45,14	46,14	47,14	48,14	49,14	50,14
.05	29.47	30.53	31.58	32.63	33.68	34.74	35.79	36.84	37.89	38.95
.10	31.11	32.22	33.33	34.44	35.56	36.67	37.78	38.89	40.00	41.11
.15	32.93	34.11	35.28	36.45	37.62	38.79	39.96	41.13	42.29	43.45
.20	34.87	36.08	37.29	38.48	39.67	40.84	42.00	43.14	44.27	45.39
.22	35.60	36.80	37.99	39.16	40.32	41.45	42.56	43.64	44.70	45.74
.23	35.93	37.12	38.29	39.44	40.57	41.67	42.74	43.78	44.80*	45.78*
.24	36.24	37.41	38.55	39.67	40.76	41.82	42.84	43.84*	44.79	45.71
.25	36.50	37.65	38.76	39.84	40.88	41.89*	42.86*	43.79	44.69	45.53
.26	36.73	37.83	38.90	39.94	40.93*	41.88	42.79	43.66	44.48	45.25
.27	36.90	37.96	38.99	39.96*	40.90	41.79	42.63	43.42	44.17	44.86
.28	37.01	38.03*	39.00*	39.92	40.78	41.60	42.37	43.09	43.76	44.38
.29	37.07*	38.03*	38.93	39.79	40.59	41.33	42.03	42.67	43.26	43.80
.30	37.06	37.96	38.80	39.58	40.31	40.98	41.60	42.16	42.68	43.15
.31	36.99	37.82	38.58	39.29	39.95	40.54	41.09	41.58	42.02	42.42
.32	36.84	37.60	38.30	38.94	39.52	40.04	40.51	40.93	41.31	41.64
.34	36.37	36.98	37.53	38.03	38.47	38.86	39.20	39.49	39.75	39.98
.36	35.65	36.13	36.55	36.91	37.23	37.50	37.73	37.93	38.10	38.24
.38	34.74	35.09	35.40	35.65	35.87	36.05	36.20	36.32	36.42	36.51
.40	33.69	33.94	34.14	34.31	34.45	34.57	34.66	34.73	34.79	34.84
.42	32.55	32.72	32.85	32.96	33.04	33.11	33.16	33.20	33.23	33.26
.44	31.37	31.47	31.56	31.62	31.67	31.71	31.74	31.76	31.77	31.79
.46	30.19	30.25	30.30	30.34	30.36	30.38	30.40	30.41	30.42	30.42
.48	29.04	29.08	29.10	29.12	29.13	29.14	29.15	29.16→		
.50	27.94	27.96	27.97	27.98	27.99	27.99	27.99	28.00→		
.52	26.89	26.90	26.91	26.91	26.92	26.92	26.92→			
.54	25.91	25.92	25.92	25.92	25.92	25.92	25.93→			
.56	24.99	25.00→								
.58	24.14→									
.60	23.33→									
.62	22.58→									

For $r = 14$ and $n \geq 41$:

p	S(p)	p	S(p)	p	S(p)	p	S(p)
.64	21.87	.70	20.00	.80	17.50	.90	15.56
.66	21.21	.75	18.67	.85	16.47	.95	14.74

$r = 14, n \geq 41$

r = 15, n ≥ 43

p\n,r	43,15	44,15	45,15	46,15	47,15	48,15	49,15	50,15	45,16	46,16
.05	30.53	31.58	32.63	33.68	34.74	35.79	36.84	37.89	31.58	32.63
.10	32.22	33.33	34.44	35.56	36.67	37.78	38.89	40.00	33.33	34.44
.15	34.11	35.29	36.46	37.64	38.81	39.98	41.15	42.32	35.29	36.47
.20	36.16	37.39	38.61	39.82	41.02	42.22	43.40	44.58	37.44	38.68
.22	36.97	38.19	39.41	40.61	41.79	42.96	44.11	45.24	38.31	39.55
.24	37.70	38.91	40.09	41.25	42.39	43.50	44.58	45.63	39.14	40.37
.26	38.32	39.47	40.59	41.68	42.73	43.75*	44.72*	45.66*	39.86	41.05
.28	38.74	39.81	40.84*	41.83*	42.76*	43.65	44.50	45.29	40.41	41.53
.30	38.93*	39.89*	40.80	41.65	42.45	43.19	43.88	44.52	40.74	41.75*
.32	38.85	39.67	40.44	41.14	41.79	42.38	42.92	43.40	40.78*	41.67
.34	38.48	39.16	39.77	40.33	40.83	41.27	41.67	42.02	40.53	41.28
.36	37.84	38.38	38.85	39.26	39.63	39.95	40.22	40.46	39.99	40.58
.38	36.98	37.38	37.72	38.02	38.27	38.48	38.66	38.81	39.18	39.62
.40	35.93	36.22	36.46	36.66	36.82	36.96	37.07	37.16	38.16	38.48
.42	34.77	34.97	35.12	35.25	35.35	35.43	35.49	35.55	36.98	37.20
.44	33.55	33.67	33.77	33.85	33.91	33.95	33.99	34.01	35.73	35.87
.46	32.31	32.39	32.44	32.49	32.52	32.54	32.56	32.57	34.43	34.52
.48	31.10	31.14	31.17	31.19	31.21	31.22	31.23	31.24	33.15	33.20
.50	29.92	29.95	29.96	29.97	29.98	29.99→			31.91	31.94
.52	28.81	28.82	28.83	28.84	28.84	28.84→			30.73	30.74
.54	27.76	27.77	27.77	27.77	27.78	27.78→			29.61	29.62
.56	26.78	26.78	26.78	26.78	26.78	26.79→			28.56	28.57
.60	25.00→								26.67→	
.65	23.08→								24.62→	
.70	21.43→								22.86→	
.75	20.00→								21.33→	
.80	18.75→								20.00→	
.85	17.65→								18.82→	
.90	16.67→								17.78→	
.95	15.79→								16.84→	

r = 16

p\n,r	47,16	48,16	49,16	50,16	47,17	48,17	49,17	50,17	49,18	50,18
.05	33.68	34.74	35.79	36.84	32.63	33.68	34.74	35.79	33.68	34.74
.10	35.56	36.67	37.78	38.89	34.44	35.56	36.67	37.78	35.56	36.67
.15	37.64	38.82	39.99	41.17	36.47	37.64	38.82	40.00	37.65	38.82
.20	39.90	41.13	42.35	43.56	38.71	39.95	41.19	42.42	39.98	41.22
.24	41.58	42.77	43.95	45.10	40.54	41.79	43.02	44.25	41.92	43.18
.26	42.21	43.35	44.45	45.52	41.36	42.58	43.78	44.95	42.83	44.07
.28	42.61	43.66*	44.65*	45.61*	42.03	43.19	44.32	45.42	43.61	44.81
.30	42.72*	43.64	44.51	45.32	42.49	43.56	44.58*	45.56*	44.19	45.31
.32	42.50	43.27	43.99	44.65	42.67*	43.62*	44.51	45.34	44.51*	45.51*
.34	41.95	42.57	43.13	43.63	42.54	43.34	44.08	44.76	44.50	45.36
.36	41.10	41.57	41.99	42.35	42.09	42.74	43.32	43.84	44.16	44.85
.38	40.01	40.35	40.64	40.89	41.35	41.84	42.27	42.65	43.48	44.02
.40	38.75	38.98	39.17	39.33	40.35	40.71	41.02	41.28	42.53	42.93
.42	37.38	37.53	37.65	37.74	39.18	39.42	39.63	39.80	41.36	41.63
.44	35.98	36.07	36.14	36.19	37.89	38.05	38.18	38.28	40.05	40.22
.46	34.58	34.63	34.67	34.70	36.55	36.65	36.72	36.78	38.66	38.77
.48	33.24	33.26	33.28	33.30	35.21	35.26	35.30	35.33	37.26	37.32
.50	31.96	31.97	31.98	31.99	33.90	33.93	33.95	33.96	35.88	35.92
.52	30.75	30.76	30.76→		32.65	32.66	32.67	32.68	34.56	34.58
.54	29.62	29.62	29.63→		31.46	31.47	31.47	31.48	33.31	33.32
.56	28.57→				30.35	30.35	30.35	30.36	32.13	32.14
.58	27.59→				29.31→				31.03→	
.62	25.81→				27.42→				29.03→	
.66	24.24→				25.76→				27.27→	
.70	22.86→				24.29→				25.71→	
.75	21.33→				22.67→				24.00→	
.80	20.00→				21.25→				22.50→	
.85	18.82→				20.00→				21.18→	
.90	17.78→				18.89→				20.00→	
.95	16.84→				17.89→				18.95→	

r = 16   r = 17   r = 18

Selected Tables in Mathematical Statistics
Volume II, 1974

ZONAL POLYNOMIALS OF ORDER 1 THROUGH 12.

A.M. Parkhurst   University of Nebraska

A.T. James   University of Adelaide

ABSTRACT

The zonal polynomials up to order 6 are listed as an appendix in James (5). The present paper extends the tables from orders 7 through 12. Tables 1 through 6 are included for convenience. For definitions and properties of hypergeometric functions and a number of multivariate distributions in which they occur, see the previous paper.

INTRODUCTION

Power series expansions of analytic functions of matrix argument are often much simpler when the elements from the matrices of the finite dimensional irreducible representations of the linear group are used as a basis for the homogeneous polynomials. Of especial interest are functions $f(x)$ of an $m \times m$ matrix X which are two-sided invariant under the group $O(n)$ of orthogonal matrices;

$$f(H_1 X H_2) = f(x) \qquad H_1, H_2 \in O(n).$$

Such a function must be a symmetric function of the latent roots of $X'X$ (which, of course, are the same as the latent roots of XX'). The finite dimensional representations of the linear group whose matrices contain such an invariant polynomial are the ones characterized by the partition $\{2\kappa\} = \{2k_1, 2k_2, \ldots\}$ where $\kappa = (k_1, k_2, \ldots)$ is a partition of the integer k (see James (5)). Each such

---

Received by the editors May 1972 and in revised form April 1973.   AMS(MOS) 1970 Subject Classifications: Primary 62Q05; Secondary 62H99.
This research was begun while the authors were at Yale University under NSF Grant No. Gp-0006.

© 1974, American Mathematical Society

representation matrix contains only one such polynomial. It is a symmetric polynomial in the latent roots of the symmetric matrix $A = XX'$, denoted by $C_\kappa(A)$ or $Z_\kappa(A)$ according to the normalization.

Constantine (2) discovered a power series expansion, in terms of zonal polynomials, for the Bessel function of matrix argument of Bochner (1) and the hypergeometric functions of Herz (4), and expressed the distributions of the non-central latent roots and general canonical correlation coefficients using power series in zonal polynomials.

COMPUTATIONAL PROCEDURES

The most recent formulae in terms of monomial symmetric functions are given in James (6).

The following tables of polynomials in terms of sums of powers and elementary symmetric functions were calculated on the IBM 709 and then subsequently on the IBM 7094 and Control Data 1604. The programs were based on the Gramm-Schmidt orthogonalization of the symmetric functions compiled by David and Kendall (3) according to the method described in James (5) paragraph 9, p. 491.

Working with double precision arithmetic but single precision input-output on the 709, we were unable to calculate the polynomials beyond order 9. The double precision input-output available on the IBM 7094 may have improved the accuracy a little, but the main difficulty was due to the fact that the elementary symmetric functions become nearly linearly dependent relative to the metric of the orthogonality relations. For example, for order 10, the square of the length of the orthogonal component which one is trying to find, may be only one billionth of the square of the length of the original elementary symmetric function. Hence nine of the significant squares available in double precision arithmetic are lost in the orthogonalization process.

Having found that the monomial symmetric functions possess marked linear independence even up to order 12, we favored Gramm-Schmidt orthogonalization of them rather than orthogonalization of the elementary symmetric functions. By this means and the additional precision of the CDC 1604, we have calculated

ZONAL POLYNOMIALS OF ORDER 1 THROUGH 12.

the following tables of the zonal polynomials up to order 12.

CHECKS FOR ACCURACY

The calculations confirmed the values up to order 6 given in James (5), which were obtained on a desk computer by other methods. Checks on the polynomials from order 7 to 12 are as follows:

1. The coefficients came out integral (to within computation error).
2. The coefficient of s_1^n was unity.
3. The coefficient of $s_1^{n-2} s_2$ in each polynomial $z_{k_1 \cdots k_p}$ agreed with the theoretical value of

$$\sum_{i=1}^{p} k_i(k_i-1) - \sum_{j=1}^{q} \hat{k}_j(\hat{k}_j-1)/2$$

   where $\hat{k}_1, \ldots, \hat{k}_q$ is the partition of k conjugate to $k_1, \ldots, k_p$.
4. The top polynomial, which is the last one calculated, agrees with the formulae 123, 124 in James (5).
5. The orthogonality relations (James (5), equation 117) hold for the rows and columns (equation 118).
6. When the polynomials are expressed in elementary symmetric functions (or monomial symmetric functions, though this was not tested) the array of coefficients is triangular.

Conditions 5 and 6, if true to a sufficient degree of accuracy, verify the polynomials completely.

7. The polynomials of orders 7, 8, and 9 obtained from Gramm-Schmidt orthogonalization of the elementary symmetric functions agreed with those obtained by orthogonalization of the monomial symmetric functions.

The following tables gave 12 digit-accuracy for the integer coefficients and at least 11 digits for the orthogonality relation.

USE OF THE TABLES

Many multivariate distributions have probability density functions and moments which can be expressed in terms of zonal polynomials. (See James (5) for literature references.) These polynomials have practical applications in such fields as principal components analysis and factor analysis. Most expressions involving zonal polynomials, however, are extremely complicated, e.g. the actual distribution of the sample correlation matrix. This complexity often makes it difficult to illustrate the use of the tables without burdening the reader with secondary calculations. In order to evaluate a zonal polynomial we generally proceed in the following manner:

1. Identify the arguments of the zonal polynomial, i.e. the partition, the matrix and consequently, the order.
2. Determine the latent roots of the matrix.
3. Decide which functions of the latent roots are most convenient to use computationally. Table 1 is in terms of sums of powers of the latent roots; Table 2, in terms of elementary symmetric functions.
4. Compute the appropriate functions of the latent roots.
5. Turn to the chosen table of given order. Find the row which corresponds to the partition of the zonal and read horizontally. Multiply each coefficient in the row by the functions indicated in the column heading. Finally, sum the terms.

As the order of the polynomials increases, it becomes impossible to display all the coefficients on one page. As printed herein the tables are subdivided according to the convention illustrated below. The convention is to proceed across columns, then down rows, e.g.

Table 1		Table 2	
S (1)	S (2)	A (1)	A (2)
S (3)	S (4)		A (3)

The last column in each table is the dimension of the representation $[2\kappa]$ of the symmetric group on $2k$ symbols. In many expressions the zonal polynomials are normalized, that is, each polynomial is weighted by it's dimension divided by the sum of all the dimensions of the given order. The dimensions are provided for the user's convenience.

Example 1

In order to illustrate the use of the tables presented here, we shall evaluate the kth moment of the trace of the inner product matrix XX', distributed in the Wishart distribution where X is an m x n matrix variate whose columns are $N(0,\Sigma)$. (James (5), equation 144.)

$$E_{w(n)}\left[(tr(XX'))^k\right] = 2^k \sum_\kappa (\tfrac{1}{2}n)_\kappa C_\kappa(\Sigma)$$

where $\quad C_\kappa(\Sigma) = \left[X_{2\kappa}(1)/\sum_\kappa X_{2\kappa}(1)\right] Z_\kappa(\Sigma)$

and $\quad (n)_\kappa = \prod_{i=1}^{m} (n-(i-1)/2)_{k_i}$

where $(n)_{k_i} = n(n+1) \ldots (n+k_i-1)$

Let X be a 3 x 10 matrix variate whose columns are $N(0,\Sigma)$ and suppose the three latent roots of Σ are $\sigma_1 = 2$, $\sigma_2 = 3$, $\sigma_3 = 5$, and that we want to evaluate the 3rd moment. Either Table 1 or 2 may be used to evaluate $Z_\kappa(\Sigma)$. Table 1 gives the coefficients of the zonal polynomials in terms of th sums of powers of the latent roots, i.e., $s_r = \sum_{i=1}^{m} \sigma_i^r$. Hence $s_1 = 10$, $s_2 = 38$, $s_3 = 160$.

Table 2 gives the coefficients in terms of the elementary symmetric functions

$$a_1 = \sigma_1 + \sigma_2 + \sigma_3 = 10$$

$$a_2 = \sigma_1\sigma_2 + \sigma_1\sigma_3 + \sigma_2\sigma_3 = 31$$

$$a_3 = \sigma_1\sigma_2\sigma_3 = 30$$

Note that the order of the polynomials desired is 3 and that we are required to sum over all partitions.

$Z(3) = s_1^3 + 6s_1 s_2 + 8s_3 = 4560 = 15a_1^3 - 36a_1 a_2 + 24a_3$

$Z(2\ 1) = s_1^3 + s_1 s_2 - 2s_3 = 1060 = \qquad\qquad 4a_1 a_2 - 6a_3$

$Z(1^3) = s_1^3 - 3s_1 s_2 + 2s_3 = 180 = \qquad\qquad\qquad 6a_3$

$X_{2(3)}(1) = 1 \qquad\qquad (\tfrac{1}{2}n)_3 = (5)_3 = 210$

$X_{2(2\ 1)}(1) = 9 \qquad\qquad (5)_{2\ 1} = 135$

$$\chi_{2(1^3)}(1) = 5 \qquad\qquad (5)_{1^3} = 90$$

$$\sum_{\kappa} \chi_{2\kappa}(1) = 15$$

Hence $\quad E_{w(10)}\left[(tr(XX'))^3\right] = 1240800$

Example 2

Next, we will use the coefficients in table 2 to compute the g-coefficients given by Khatri and Pillai (7). $C_\kappa(\Sigma)C_\lambda(\Sigma) = \sum_\delta g^\delta_{\kappa,\lambda} C_\delta(\Sigma)$ where δ is a partition of $k + 1 = d$ and the g's are constants, independent of Σ. Let $\kappa = 1^3$, $\lambda = 1^4$, then $\delta = (7), (6\ 1), \ldots, (2\ 1^5), (1^7)$.

$$\left[\frac{5}{15}(6\ a_3)\right]\left[\frac{14}{105}(24 a_4)\right] = g^{(7)}_{1^3,1^4} C(7) + g^{(6\ 1)}_{1^3,1^4} C(6\ 1) + \ldots + g^{(2\ 1^5)}_{1^3,1^4} C(2\ 1^5) + g^{(1^7)}_{1^3,1^4} C(1^7)$$

$$\frac{32 a_3 a_4}{5} = g^{(7)}_{1^3,1^4}\left[\frac{1}{135135}\right](135135 a_7^1 + \ldots + 322560 a_7) + g^{(6\ 1)}_{1^3,1^4}\left[\frac{77}{135135}\right](11340 a_1^5 a_2 + \ldots$$

$$-26880 a_2) + \ldots + g^{(2\ 1^5)}_{1^3,1^4}\left[\frac{7007}{135135}\right](960 a_1 a_6 - 1680 a_7)$$

$$+ g^{(1^7)}_{1^3,1^4}\left[\frac{429}{135135}\right](5040 a_7)$$

Equating coefficients of the elementary symmetric functions we get

$$g^{(7)}_{1^3,1^4} = g^{(6\ 1)}_{1^3,1^4} = \ldots = g^{(3\ 1^4)}_{1^3,1^4} = 0$$

$$\frac{32 a_3 a_4}{5} = g^{(2^3)}_{1^3,1^4}\left[\frac{12012}{135135}\right] 720 a_3 a_4, \text{ implies that } g^{(2^3)}_{1^3,1^4} = \frac{1}{10}$$

$$\left[g^{(2^3)}_{1^3,1^4}\left[\frac{12012}{135135}\right](-1080) + g^{(2^2 1^3)}_{1^3,1^4}\left[\frac{21450}{135135}\right](504)\right] a_2 a_5 = 0,$$

implies that $g^{(2^2 1^3)}_{1^3,1^4} = \frac{3}{25}$

$$\left[g^{(2^3)}_{1^3,1^4} \left[\frac{12012}{135135}\right] 360 + g^{(2^2 1^3)}_{1^3,1^4} \left[\frac{21450}{135135}\right] (-840) + g^{(2\ 1^5)}_{1^3,1^4} \left[\frac{7007}{135135}\right] (960) \right] a_1 a_6 = 0,$$

$$\text{implies that } g^{(2\ 1^5)}_{1^3,1^4} = \frac{9}{35}$$

$$\left[g^{(2^3)}_{1^3,1^4} \left[\frac{12012}{135135}\right] (0) + g^{(2^2 1^3)}_{1^3,1^4} \left[\frac{21450}{135135}\right] (336) \right.$$

$$\left. + g^{(2\ 1^5)}_{1^3,1^4} \left[\frac{7007}{135135}\right] (-1680) + g^{(1^7)}_{1^3,1^4} \left[\frac{429}{135135}\right] (5040) \right] a_7 = 0,$$

$$\text{implies that } g^{(1^7)}_{1^3,1^4} = 1$$

REFERENCES

1. Bochner, S. (1952). "Bessel functions and modular relations of higher type and hyperbolic differential equations", Lunds Univ. Matemetiska Seminarium Supplementband dedicated to Marcel Riesz, 12-20.
2. Constantine, A.G. (1963). "Some non-central distribution problems in multivariate analysis", Annals of Mathematical Statistics, 34: 1270-1285.
3. David, F.N. and Kendall, M.G. (1951). "Tables of symmetric functions, Parts II and III", Biometrika 38: 435-462.
   (1953). "Table of symmetric functions, Part IV", Biometrika, 40: 428-446.
   (1955). "Tables of symmetric functions, Part V", Biometrika 42: 223-242.
4. Herz, C.S. (1955). "Bessel functions of matrix argument", Annals of Mathematical Statistics, 61: 474-523.
5. James, A.T. (1964). "Distributions of matrix variates and latent roots derived from normal samples", Annals of Mathematical Statistics, 35: 475-501.
6. James, A.T. (1968). "Calculation of zonal polynomial coefficients by use of the Laplace-Beltrami operator", Annals of Mathematical Statistics, 39: 1711-1718.
7. Khatri, C.G. and Pillai, K.C.S. (1968). "On the non-central distributions of two test criteria in multivariate analysis of variance", Annals of Mathematical Statistics, 39: 215-226.

ZONAL POLYNOMIALS

Order 1 - 12

in terms of

SUMS of POWERS

TABLE 1.1

Z	S_1	X(1)
1	1	1
		1

TABLE 1.2

Z	S_1^2	S_2	X(1)
2	1	2	1
1^2	1	-1	2
			3

TABLE 1.3

Z	S_1^3	$S_1 S_2$	S_3	X(1)
3	1	6	8	1
2 1	1	1	-2	9
1^3	1	-3	2	5
				15

TABLE 1.4

Z	s_1^4	$s_1^2 s_2$	s_2^2	$s_1 s_3$	s_4	X(1)
4	1	12	12	32	48	1
3 1	1	5	-2	4	-8	20
2^2	1	2	7	-8	-2	14
2 1^2	1	-1	-2	-2	4	56
1^4	1	-6	3	8	-6	14
						105

TABLE 1.5

Z	s_1^5	$s_1^3 s_2$	$s_1 s_2^2$	$s_1^2 s_3$	$s_2 s_3$	$s_1 s_4$	s_5	X(1)
5	1	20	60	80	160	240	384	1
4 1	1	11	6	26	-20	24	-48	35
3 2	1	6	11	-4	20	-26	-8	90
3 1^2	1	3	-10	2	-4	-8	16	225
$2^2$1	1	0	5	-10	-10	10	4	252
2 1^3	1	-4	-3	2	10	6	-12	300
1^5	1	-10	15	20	-20	-30	24	42
								945

TABLE 1.6

Z	s_1^6	$s_1^4 s_2$	$s_1^2 s_2^2$	$s_1^3 s_3$	s_2^3	$s_1 s_2 s_3$	$s_1^2 s_4$	s_3^2	$s_2 s_4$	$s_1 s_5$	s_6	X(1)
6	1	30	180	160	120	960	720	640	1440	2304	3840	1
5 1	1	19	48	72	-12	80	192	-64	-144	192	-384	54
4 2	1	12	27	16	30	24	-18	-8	108	-144	-48	275
4 1^2	1	9	-12	22	-12	-60	12	16	-24	-48	96	616
3^2	1	9	33	-8	-27	120	-78	136	-114	-48	-24	132
3 2 1	1	4	3	-8	-2	0	-18	-24	-4	32	16	2673
3 1^3	1	0	-21	4	6	12	-6	16	12	24	-48	1925
2^3	1	0	15	-20	30	-60	30	40	-60	24	0	462
$2^2 1^2$	1	-3	3	-8	-9	0	24	4	24	-24	-12	2640
2 1^4	1	-8	3	12	6	20	-6	-16	-36	-24	48	1485
1^6	1	-15	45	40	-15	-120	-90	40	90	144	-120	132
												10395

ZONAL POLYNOMIALS OF ORDER 1 THROUGH 12

TABLE 1.7 I

Z	s_1^7	$s_1^5 s_2$	$s_1^3 s_2^2$	$s_1^4 s_3$	$s_1 s_2^3$	$s_1^2 s_2 s_3$	$s_1^3 s_4$	$s_2^2 s_3$	$s_1 s_3^2$	X(1)
7	1	42	420	280	840	3360	1680	3360	4480	1
6 1	1	29	160	150	60	760	640	-280	320	77
5 2	1	20	79	60	114	148	118	368	-184	637
5 1^2	1	17	16	66	-84	-56	160	-136	-64	1365
4 3	1	15	69	10	39	228	-102	-42	376	1001
4 2 1	1	10	9	10	14	-42	-22	-52	-64	12012
4 1^3	1	6	-39	22	-18	-78	6	84	112	7644
$3^2 1$	1	7	21	-14	-49	84	-70	14	56	6435
3 2^2	1	4	15	-20	50	-60	-10	80	-40	9009
3 2 1^2	1	1	-9	-8	-13	12	-4	-16	-28	42042
3 1^4	1	-4	-29	12	42	52	-14	-16	32	14014
$2^3 1$	1	-3	15	-20	15	-60	60	-60	100	12012
$2^2 1^3$	1	-7	7	0	-21	28	28	56	-28	21450
2 1^5	1	-13	25	30	15	-20	-50	-70	-40	7007
1^7	1	-21	105	70	-105	-420	-210	210	280	429

TABLE 1.7 II

Z	$s_1 s_2 s_4$	$s_1^2 s_5$	$s_3 s_4$	$s_2 s_5$	$s_1 s_6$	s_7	X(1)
7	10080	8064	13440	16128	26880	46080	1
6 1	720	1824	-1120	-1344	1920	-3840	77
5 2	180	-120	-112	816	-1104	-384	637
5 1^2	-432	96	224	-192	-384	768	1365
4 3	90	-360	588	-504	-264	-144	1001
4 2 1	100	-100	-112	-24	176	96	12012
4 1^3	-36	-36	48	72	144	-288	7644
$3^2 1$	-182	56	-196	168	56	48	6435
3 2^2	-140	104	80	-144	80	0	9009
3 2 1^2	64	44	68	12	-76	-48	42042
3 1^4	-36	24	-112	-48	-96	192	14014
$2^2 1$	0	-36	-60	108	-60	0	12012
$2^2 1^3$	0	-84	-28	-84	84	48	21450
2 1^5	-90	24	140	168	120	-240	7007
1^7	630	504	-420	-504	-840	720	429

135135

TABLE 1.8 I

Z	s_1^8	$s_1^6 s_2$	$s_1^4 s_2^2$	$s_1^5 s_3$	$s_1^2 s_2^3$	$s_1^3 s_2 s_3$	$s_1^4 s_4$	s_2^4	$s_1 s_2^2 s_3$	X(1)
8	1	56	840	448	3360	8960	3360	1680	26880	1
7 1	1	41	390	268	660	2960	1560	-120	1680	104
6 2	1	30	203	136	396	848	526	276	1504	1260
6 1^2	1	27	110	142	-180	440	580	-120	-1400	2640
5 3	1	23	147	52	291	512	-6	-102	1140	3640
5 2 1	1	18	47	52	36	-28	94	-12	40	38220
5 1^3	1	14	-33	64	-180	-184	138	36	-48	23100
4^2	1	20	138	16	156	608	-204	321	-336	1430
4 3 1	1	13	47	2	-19	132	-106	-22	-210	68640
4 2^2	1	10	23	-4	116	-132	-34	116	24	60060
4 2 1^2	1	7	-19	8	-19	-72	-16	-34	-48	262080
4 1^4	1	2	-69	28	36	-52	-6	36	312	76440
$3^2$2	1	7	35	-28	35	0	-70	-70	420	51480
$3^2 1^2$	1	4	2	-16	-100	96	-52	41	-48	150150
3 $2^2$1	1	1	5	-22	35	-60	20	-10	-30	336336
3 2 1^3	1	-3	-19	-2	-9	68	4	6	22	480480
3 1^5	1	-9	-25	28	135	80	-50	-30	-260	91728
2^4	1	-4	30	-32	60	-160	120	165	-480	24024
$2^3 1^2$	1	-7	21	-14	-21	-28	84	-42	42	171600
$2^2 1^4$	1	-12	26	16	-36	32	4	33	112	150150
2 1^6	1	-19	75	58	-15	-220	-150	-30	-210	32032
1^8	1	-28	210	112	-420	-1120	-420	105	1680	1430

TABLE 1.8 II

Z	$s_1^2s_3^2$	$s_1^2s_2s_4$	$s_1^3s_5$	$s_2s_3^2$	$s_2^2s_4$	$s_1s_3s_4$	$s_1s_2s_5$	X(1)
8	17920	40320	21504	35840	40320	107520	129024	1
7 1	3520	7920	7104	-2560	-2880	6720	8064	104
6 2	-176	1320	1120	1312	3192	-3136	1728	1260
6 1^2	160	-480	1504	-320	-1200	-1120	-4032	2640
5 3	496	522	-672	1256	-1260	2184	720	3640
5 2 1	-344	-48	-152	-464	-120	-256	720	38220
5 1^3	160	-792	48	512	360	960	-288	23100
4^2	1504	360	-960	-1888	2412	4704	-4032	1430
4 3 1	216	-18	-232	16	-80	-196	-280	68640
4 2^2	-216	0	-40	112	232	-256	-592	60060
4 2 1^2	-36	216	-64	64	-32	8	104	262080
4 1^4	304	-144	-24	-256	-72	-192	144	76440
$3^2$2	0	-630	224	280	-140	-280	-112	51480
$3^2 1^2$	0	-72	128	-128	100	-160	512	150150
3 $2^2$1	0	0	104	-140	-20	320	-16	336336
3 2 1^3	-56	96	16	124	-12	8	-216	480480
3 1^5	40	-210	64	-80	60	-280	144	91728
2^4	400	0	-96	560	-720	-480	864	24024
$2^3 1^2$	112	0	-168	-28	252	-336	0	171600
$2^2 1^4$	-128	-120	-128	-128	-228	224	0	150150
2 1^6	40	90	264	320	360	420	504	32032
1^8	1120	2520	1344	-1120	-1260	-3360	-4032	1430

TABLE 1.8 III

Z	$s_1^2 s_6$	s_4^2	$s_3 s_5$	$s_2 s_6$	$s_1 s_7$	s_8	X(1)
8	107520	80640	172032	215040	368640	645120	1
7 1	21120	-5760	-12288	-15360	23040	-46080	104
6 2	-1056	-480	-1024	7872	-10752	-3840	1260
6 1^2	960	960	2048	-1920	-3840	7680	2640
5 3	-2568	-144	4128	-3552	-2016	-1152	3640
5 2 1	-768	96	-832	-192	1344	768	38220
5 1^3	-288	-288	384	576	1152	-2304	23100
4^2	-1056	5580	-4224	-1248	-1152	-720	1430
4 3 1	232	-664	-192	768	304	288	68640
4 2^2	544	-160	576	-768	448	0	60060
4 2 1^2	244	272	48	72	-416	-288	262080
4 1^4	144	-288	-192	-288	-576	1152	76440
3^2 2	280	560	-672	0	160	0	51480
$3^2 1^2$	-128	92	384	-384	-128	-144	150150
3 2^2 1	-140	-160	72	240	-200	0	336336
3 2 1^3	-156	-48	-232	-48	264	192	480480
3 1^5	-120	240	512	240	480	-960	91728
2^4	-240	540	-768	240	0	0	24024
$2^3 1^2$	84	0	168	-336	216	0	171600
$2^2 1^4$	384	60	128	384	-384	-240	150150
2 1^6	-120	-360	-768	-960	-720	1440	32032
1^8	-3360	1260	2688	3360	5760	-5040	1430
							2027025

ZONAL POLYNOMIALS OF ORDER 1 THROUGH 12

TABLE 1.9 I

Z	s_1^9	$s_1^7 s_2$	$s_1^5 s_2^2$	$s_1^6 s_3$	$s_1^3 s_2^3$	$s_1^4 s_2 s_3$	$s_1^5 s_4$	$s_1 s_2^4$	X(1)
9	1	72	1512	672	10080	20160	6048	15120	1
8 1	1	55	798	434	2940	8260	3192	840	135
7 2	1	42	447	252	1380	3060	1398	1620	2244
7 1^2	1	39	318	258	60	2340	1464	-1080	4641
6 3	1	33	303	126	993	1440	354	378	9996
6 2 1	1	28	153	126	148	470	474	108	99144
6 1^3	1	24	33	138	-540	90	534	-180	58344
5 4	1	28	258	56	708	1240	-156	633	11934
5 3 1	1	21	111	42	141	288	-30	-270	331500
5 2^2	1	18	63	36	228	-180	54	468	259896
5 2 1^2	1	15	-3	48	-99	-180	84	-126	1099560
5 1^4	1	10	-93	68	-204	-260	114	324	302940
$4^2 1$	1	18	108	6	18	450	-216	243	136136
4 3 2	1	13	63	-14	133	0	-126	98	787644
4 3 1^2	1	10	12	-2	-134	90	-96	-61	2148120

TABLE 1.9 II

Z	s_1^9	$s_1^7 s_2$	$s_1^5 s_2^2$	$s_1^6 s_3$	$s_1^3 s_2^3$	$s_1^4 s_2 s_3$	$s_1^5 s_4$	$s_1 s_2^4$	X(1)
4 2^2 1	1	7	-3	-8	85	-180	-12	50	3007368
4 2 1^3	1	3	-51	12	-15	-36	-12	-54	3978000
4 1^5	1	-3	-93	42	225	0	-42	90	659736
3^3	1	9	63	-42	105	0	-126	-630	87516
3^2 2 1	1	4	18	-32	-20	0	-36	-55	2756754
$3^2 1^3$	1	0	-18	-12	-144	180	-36	189	2382380
3 2^3	1	0	18	-36	120	-180	72	225	1021020
3 $2^2 1^2$	1	-3	-3	-18	15	0	48	-90	6534528
3 2 1^4	1	-8	-18	12	40	140	-12	45	4511052
3 1^6	1	-15	3	54	285	0	-138	-270	556920
2^4 1	1	-8	42	-28	0	-140	168	105	787644
$2^3 1^3$	1	-12	42	0	-84	0	84	-63	1823250
$2^2 1^5$	1	-18	72	42	-90	-90	-72	135	952952
2 1^7	1	-26	168	98	-210	-770	-336	-105	143208
1^9	1	-36	378	168	-1260	-2520	-756	945	4862

TABLE 1.9 III

Z	$s_1^2 s_2^2 s_3$	$s_1^3 s_3^2$	$s_1^3 s_2 s_4$	$s_1^4 s_5$	$s_2^3 s_3$	$s_1 s_2 s_3^2$	X(1)
9	120960	53760	120960	48384	80640	322560	1
8 1	21000	15680	35280	19824	-5040	17920	135
7 2	6960	2160	8760	5784	7440	3360	2244
7 1^2	-3000	2880	4560	6384	-3120	-7680	4641
6 3	5754	720	2478	24	-948	11496	9996
6 2 1	-96	-640	248	884	-568	-1344	99144
6 1^3	-2400	480	-2040	1284	1080	1920	58344
5 4	2424	2720	1368	-1776	2232	-224	11934
5 3 1	366	144	150	-600	-204	168	331500
5 2^2	144	-840	-72	-216	1392	-1584	259896
5 2 1^2	-96	-276	-168	-156	-360	-96	1099560
5 1^4	624	704	-1368	24	240	1024	302940
$4^2$1	-1026	1200	108	-756	-558	-2304	136136
4 3 2	294	0	-602	-56	-28	1176	787644
4 3 1^2	-426	144	172	-116	170	-96	2148120

TABLE 1.9 IV

Z	$s_1^2 s_2^2 s_3$	$s_1^3 s_3^2$	$s_1^3 s_2 s_4$	$s_1^4 s_5$	$s_2^3 s_3$	$s_1 s_2 s_3^2$	X(1)
4 $2^2$1	-120	-180	280	4	-280	0	3007368
4 2 1^3	204	60	312	-60	240	240	3978000
4 1^5	390	600	-510	24	-540	-1680	659736
3^3	1890	0	-1890	504	-420	2520	87516
$3^2$2 1	240	0	-440	304	80	-480	2756754
$3^2 1^3$	-36	-96	72	144	-180	144	2382380
3 2^3	-540	240	0	144	420	0	1021020
3 $2^2 1^2$	30	0	120	24	-60	-60	6534528
3 2 1^4	-60	-160	-40	-16	20	240	4511052
3 1^6	-1110	120	-390	264	300	240	556920
$2^4$1	-420	560	0	-336	-420	1120	787644
$2^3 1^3$	336	0	-168	-336	336	-672	1823250
$2^2 1^5$	90	-240	-180	-36	-450	0	952952
2 1^7	210	560	1260	924	630	1120	143208
1^9	7560	3360	7560	3024	-2520	-10080	4862

ZONAL POLYNOMIALS OF ORDER 1 THROUGH 12

TABLE 1.9 V

Z	$s_1 s_2^2 s_4$	$s_1^2 s_3 s_4$	$s_1^2 s_2 s_5$	$s_1^3 s_6$	s_3^3	$s_2 s_3 s_4$	X(1)
9	362880	483840	580608	322560	143360	967680	1
8 1	20160	84000	100800	94080	-8960	-60480	135
7 2	15480	-3360	14688	12960	-640	26880	2244
7 1^2	-14400	3360	-5184	17280	1280	-6720	4641
6 3	3924	708	4968	-5976	6704	5784	9996
6 2 1	1704	-4032	-432	-1376	-1536	-4256	99144
6 1^3	-1800	960	-7344	480	1280	5280	58344
5 4	2124	14448	-5472	-5856	-3776	3024	11934
5 3 1	-2412	588	1080	-1656	-304	-1176	331500
5 2^2	504	-1152	288	-336	704	-576	259896
5 2 1^2	144	492	972	-492	128	1464	1099560
5 1^4	1224	1632	-288	-192	-512	-3456	302940
4^2 1	2484	2268	-3672	144	944	-756	136136
4 3 2	84	-1092	-1512	1064	-336	2184	787644
4 3 1^2	-36	-468	552	368	48	-516	2148120

TABLE 1.9 VI

Z	$s_1 s_2^2 s_4$	$s_1^2 s_3 s_4$	$s_1^2 s_2 s_5$	$s_1^3 s_6$	s_3^3	$s_2 s_3 s_4$	X(1)
4 2^2 1	240	300	-372	500	0	-840	3007368
4 2 1^3	-288	-132	-36	228	-64	408	3978000
4 1^5	-180	-1020	648	120	320	600	659736
3^3	-1260	-1260	-504	840	3920	-7560	87516
3^2 2 1	-60	240	576	-160	-480	240	2756754
$3^2 1^3$	324	-288	432	-432	368	144	2382380
3 2^3	-1440	720	720	-480	560	0	1021020
3 $2^2 1^2$	360	240	-432	-300	80	240	6534528
3 2 1^4	-420	0	-432	-80	-240	-560	4511052
3 1^6	1260	-420	1080	-360	320	840	556920
2^4 1	0	-1680	1008	0	-560	0	787644
$2^3 1^3$	252	-336	0	672	224	-336	1823250
$2^2 1^5$	-540	1260	648	720	80	1260	952952
2 1^7	1260	-420	-504	-1680	-560	-3780	143208
1^9	-11340	-15120	-18144	-10080	2240	15120	4862

TABLE 1.9 VII

Z	$s_2^2 s_5$	$s_1 s_4^2$	$s_1 s_3 s_5$	$s_1 s_2 s_6$	$s_1^2 s_7$	X(1)
9	580608	725760	1548288	1935360	1658880	1
8 1	-36288	40320	86016	107520	288000	135
7 2	34848	-15840	-33792	20160	-11520	2244
7 1^2	-13248	-5760	-12288	-46080	11520	4641
6 3	-10944	-2448	19488	7200	-24048	9996
6 2 1	-1104	1632	-2432	6720	-7488	99144
6 1^3	3312	1440	8832	-2880	-2880	58344
5 4	5616	19692	6528	-23520	-7488	11934
5 3 1	576	-2736	1824	-2016	1584	331500
5 2^2	2016	-288	-1152	-4320	4032	259896
5 2 1^2	-792	1008	-1392	792	1872	1099560
5 1^4	288	-2592	768	1152	1152	302940
$4^2$1	-1404	2052	-6912	4320	432	136136
4 3 2	-1344	-1008	-672	0	1392	787644
4 3 1^2	708	-492	768	1152	-528	2148120

TABLE 1.9 VIII

Z	$s_2^2 s_5$	$s_1 s_4^2$	$s_1 s_3 s_5$	$s_1 s_2 s_6$	$s_1^2 s_7$	X(1)
4 $2^2$1	168	240	1488	-360	-720	3007368
4 2 1^3	-216	432	-912	-360	-864	3978000
4 1^5	288	-720	768	-720	-720	659736
3^3	4032	5040	-6048	0	720	87516
$3^2$2 1	-48	540	192	0	-480	2756754
$3^2 1^3$	-432	108	288	-1728	432	2382380
3 2^3	-1008	-180	-864	2160	-720	1021020
3 $2^2 1^2$	288	-720	-312	0	360	6534528
3 2 1^4	48	300	-32	960	720	4511052
3 1^6	-288	720	1536	-720	720	556920
$2^4$1	1008	1260	-672	-1680	720	787644
$2^3 1^3$	-1008	252	1344	0	-288	1823250
$2^2 1^5$	1188	-540	-1152	0	-2160	952952
2 1^7	-2268	-1260	-2688	-3360	720	143208
1^9	9072	11340	24192	30240	25920	4862

ZONAL POLYNOMIALS OF ORDER 1 THROUGH 12

TABLE 1.9 IX

Z	S_4S_5	S_3S_6	S_2S_7	S_1S_8	S_9	X(1)
9	2322432	2580480	3317760	5806080	10321920	1
8 1	-145152	-161280	-207360	322560	-645120	135
7 2	-10368	-11520	92160	-126720	-46080	2244
7 1^2	20736	23040	-23040	-46080	92160	4641
6 3	-2592	38304	-33120	-19584	-11520	9996
6 2 1	1728	-7936	-1920	13056	7680	99144
6 1^3	-5184	3840	5760	11520	-23040	58344
5 4	31968	-23616	-8640	-8784	-5760	11934
5 3 1	-4320	-1440	5472	2304	2304	331500
5 2^2	-1152	4224	-5760	3456	0	259896
5 2 1^2	1728	384	576	-3168	-2304	1099560
5 1^4	-1152	-1536	-2304	-4608	9216	302940
$4^2$1	-7992	5904	2160	1296	1440	136136
4 3 2	1568	-2016	-160	896	0	787644
4 3 1^2	1928	144	-1744	-688	-864	2148120

TABLE 1.9 X

Z	S_4S_5	S_3S_6	S_2S_7	S_1S_8	S_9	X(1)
4 $2^2$1	-448	0	1280	-1120	0	3007368
4 2 1^3	-1152	-192	-288	1440	1152	3978000
4 1^5	2592	960	1440	2880	-5760	659736
3^3	2016	-3360	1440	0	0	87516
$3^2$2 1	-1024	1440	-160	-400	0	2756754
$3^2 1^3$	-432	-1296	1296	432	576	2382380
3 2^3	1008	-1680	720	0	0	1021020
3 $2^2 1^2$	432	-240	-720	720	0	6534528
3 2 1^4	432	1040	240	-1200	-960	4511052
3 1^6	-2592	-2880	-1440	-2880	5760	556920
$2^4$1	-1008	1680	-720	0	0	787644
$2^3 1^3$	0	-672	1440	-1008	0	1823250
$2^2 1^5$	-648	-720	-2160	2160	1440	952952
2 1^7	4536	5040	6480	5040	-10080	143208
1^9	-18144	-20160	-25920	-45360	40320	4862
						34459425

TABLE 1.10 I

Z	s_1^{10}	$s_1^8 s_2$	$s_1^6 s_2^2$	$s_1^7 s_3$	$s_1^4 s_2^3$	$s_1^5 s_2 s_3$	$s_1^6 s_4$	$s_1^2 s_2^4$	X(1)
10	1	90	2520	960	25200	40320	10080	75600	1
9 1	1	71	1456	656	9240	19040	5824	11760	170
8 2	1	56	871	416	4290	8360	2974	7260	3705
8 1^2	1	53	700	422	1680	7196	3052	-3360	7600
7 3	1	45	585	240	2805	3960	1170	3960	23256
7 2 1	1	40	375	240	770	2360	1310	540	223839
7 1^3	1	36	207	252	-870	1620	1386	-2340	129675
6 4	1	38	466	128	2112	2672	148	2553	48450
6 3 1	1	31	249	114	635	992	302	-324	1162800
6 2^2	1	28	171	108	482	212	398	1548	872100
6 2 1^2	1	25	75	120	-265	80	440	-360	3627936
6 1^4	1	20	-65	140	-870	-220	490	540	969969
5^2	1	35	430	80	1770	2480	-260	3165	16796
5 4 1	1	26	214	44	420	932	-188	141	1469650
5 3 2	1	21	129	24	405	72	-78	456	5038800
5 3 1^2	1	18	54	36	-132	108	-36	-675	13323750
5 2^2 1	1	15	15	30	105	-360	60	300	16713312
5 2 1^3	1	11	-65	50	-195	-256	76	-108	21318000
5 1^5	1	5	-155	80	-15	-280	70	1080	3325608
4^2 2	1	18	126	-12	252	252	-252	693	2309450
$4^2 1^2$	1	15	60	0	-240	360	-210	75	5643456

ZONAL POLYNOMIALS OF ORDER 1 THROUGH 12

TABLE 1.10 II

Z	S_1^{10}	$S_1^8 S_2$	$S_1^6 S_2^2$	$S_1^7 S_3$	$S_1^4 S_2^3$	$S_1^5 S_2 S_3$	$S_1^6 S_4$	$S_1^2 S_2^4$	X(1)
$4\,3^2$	1	15	105	-30	315	0	-210	-420	2217072
$4\,3\,2\,1$	1	10	30	-20	20	-60	-100	5	55099278
$4\,3\,1^3$	1	6	-30	0	-240	144	-84	57	44089500
$4\,2^3$	1	6	6	-24	240	-360	24	525	12345060
$4\,2^2 1^2$	1	3	-33	-6	69	-144	12	-156	75582000
$4\,2\,1^4$	1	-2	-78	24	104	56	-28	9	47965500
$4\,1^6$	1	-9	-99	66	615	0	-126	-180	5116320
$3^3 1$	1	6	42	-48	0	0	-84	-735	6928350
$3^2 2^2$	1	3	30	-48	90	-144	12	285	13856700
$3^2 2\,1^2$	1	0	0	-30	-90	90	0	-45	72424352
$3^2 1^4$	1	-5	-30	0	-130	320	-40	585	29628144
$3\,2^3 1$	1	-4	16	-34	90	-130	124	75	44341440
$3\,2^2 1^3$	1	-8	0	-6	14	98	56	-189	90698400
$3\,2\,1^5$	1	-14	6	36	140	140	-76	45	37035180
$3\,1^7$	1	-22	70	92	420	-364	-308	-1155	3197700
2^5	1	-10	70	-40	0	-280	280	525	1662804
$2^4 1^2$	1	-13	70	-16	-126	-112	196	21	13856700
$2^3 1^4$	1	-18	90	24	-216	-72	36	81	16166150
$2^2 1^6$	1	-25	160	80	-300	-520	-230	375	5643456
$2\,1^8$	1	-34	322	152	-840	-1960	-644	105	629850
1^{10}	1	-45	630	240	-3150	-5040	-1260	4725	16796

TABLE 1.10 III

z	$s_1^3 s_2^2 s_3$	$s_1^4 s_3^2$	$s_1^4 s_2 s_4$	$s_1^5 s_5$	s_2^5	$s_1 s_2^3 s_3$	X(1)
10	403200	134400	302400	96768	30240	806400	1
9 1	105280	49280	110880	45696	-1680	40320	170
8 2	33280	12680	36180	17616	3720	47520	3705
8 1^2	7000	14000	27720	18480	-1680	-35280	7600
7 3	20520	3000	11430	3888	-900	18480	23256
7 2 1	1280	1000	5620	5168	-120	1120	223839
7 1^3	-8640	3120	180	5832	360	-2640	129675
6 4	13408	4400	4752	-1824	2082	7056	48450
6 3 1	3062	-80	1210	-88	-228	-4172	1162800
6 2^2	128	-1880	172	536	1032	5296	872100
6 2 1^2	-1600	-620	-920	728	-300	-1760	3627936
6 1^4	-2240	1520	-4140	1128	360	6000	969969
5^2	8080	6800	3420	-3552	-2265	22320	16796
5 4 1	412	2120	720	-1608	-78	-252	1469650
5 3 2	912	-480	-570	-528	-228	3168	5038800
5 3 1^2	-396	24	144	-504	162	-948	13323750
5 2^2 1	-210	-840	120	-192	-60	-60	16713312
5 2 1^3	514	80	-360	-168	36	60	21318000
5 1^5	1720	1640	-2430	48	-180	-1200	3325608
4^2 2	-252	840	-1008	-504	882	-1764	2309450
$4^2 1^2$	-1920	1020	390	-552	-375	-120	5643456

ZONAL POLYNOMIALS OF ORDER 1 THROUGH 12

TABLE 1.10 IV

Z	$s_1^3 s_2^2 s_3$	$s_1^4 s_3^2$	$s_1^4 s_2 s_4$	$s_1^5 s_5$	s_2^5	$s_1 s_2^3 s_3$	X(1)
$4\ 3^2$	2310	0	-2310	168	-420	-1260	2217072
$4\ 3\ 2\ 1$	-100	-40	-240	88	-30	-220	55099278
$4\ 3\ 1^3$	-336	120	480	-48	66	960	44089500
$4\ 2^3$	-840	-120	480	96	570	-600	12345060
$4\ 2^2 1^2$	138	-96	600	-24	-156	-276	75582000
$4\ 2\ 1^4$	488	184	160	-64	114	424	47965500
$4\ 1^6$	-450	1080	-1170	216	-180	-2460	5116320
$3^3 1$	1680	0	-1680	672	210	0	6928350
$3^2 2^2$	-240	240	-660	480	-345	2160	13856700
$3^2 2\ 1^2$	270	-60	-180	288	90	-450	72424352
$3^2 1^4$	-160	-320	40	128	-165	-800	29628144
$3\ 2^3 1$	-590	380	180	-24	-30	-150	44341440
$3\ 2^2 1^3$	182	-140	28	-112	42	406	90698400
$3\ 2\ 1^5$	-700	-320	-320	56	-30	-260	37035180
$3\ 1^7$	-2660	560	0	840	210	3780	3197700
2^5	-1400	1400	0	-672	1050	-4200	1662804
$2^4 1^2$	112	560	-252	-672	-273	336	13856700
$2^3 1^4$	792	-240	-432	-432	162	216	16166150
$2^2 1^6$	400	-100	450	408	-195	-1800	5643456
$2\ 1^8$	3640	2240	5040	2352	210	2520	629850
1^{10}	25200	8400	18900	6048	-945	-25200	16796

TABLE 1.10 V

Z	$s_1^2 s_2 s_3^2$	$s_1^2 s_2^2 s_4$	$s_1^3 s_3 s_4$	$s_1^3 s_2 s_5$	$s_1^4 s_6$	X(1)
10	1612800	1814400	1612800	1935360	806400	1
9 1	250880	282240	421120	505344	295680	170
8 2	32480	82440	51520	110784	76080	3705
8 1^2	-11200	-35280	68320	57792	84000	7600
7 3	43920	38880	-2160	27360	840	23256
7 2 1	-9120	3720	-8640	2880	10160	223839
7 1^3	-5760	-29160	5760	-22176	14640	129675
6 4	27008	14940	26176	-1536	-14784	48450
6 3 1	5784	-1356	-2916	3672	-5320	1162800
6 2^2	-7392	5160	-8064	-96	-1984	872100
6 2 1^2	-480	1200	-2160	-2640	-1420	3627936
6 1^4	7040	-360	4480	-11040	240	969969
5^2	-1120	10620	48160	-18240	-14640	16796
5 4 1	-3856	-396	9784	-4848	-3840	1469650
5 3 2	504	-2736	-2016	-768	-360	5038800
5 3 1^2	-144	-2916	360	2736	-1056	13323750
5 2^2 1	-1620	1260	360	840	-60	16713312
5 2 1^3	1172	612	1312	1056	-300	21318000
5 1^5	-1120	2880	1360	480	-120	3325608
4^2 2	1008	3780	-504	-7056	2016	2309450
$4^2 1^2$	-3240	2970	720	-1680	780	5643456

ZONAL POLYNOMIALS OF ORDER 1 THROUGH 12

TABLE 1.10 VI

Z	$s_1^2 s_2 s_3^2$	$s_1^2 s_2^2 s_4$	$s_1^3 s_3 s_4$	$s_1^3 s_2 s_5$	$s_1^4 s_6$	X(1)
$4\ 3^2$	7560	-1260	-3780	-4200	2520	2217072
$4\ 3\ 2\ 1$	240	300	-520	-240	960	55099278
$4\ 3\ 1^3$	432	-108	-1008	1056	240	44089500
$4\ 2^2$	0	-1440	1440	-96	480	12345060
$4\ 2^2 1^2$	324	468	432	-912	372	75582000
$4\ 2\ 1^4$	-336	-1572	-768	-192	272	47965500
$4\ 1^6$	-5040	1620	-2700	2664	-120	5116320
$3^3 1$	0	-1260	0	1344	0	6928350
$3^2 2^2$	-1440	-3060	1440	2112	-720	13856700
$3^2 2\ 1^2$	-720	1080	360	360	-720	72424352
$3^2 1^4$	960	-240	-480	0	-640	29628144
$3\ 2^3 1$	800	-540	40	264	-720	44341440
$3\ 2^2 1^3$	-336	336	168	-1176	-112	90698400
$3\ 2\ 1^5$	960	-780	600	144	80	37035180
$3\ 1^7$	2240	6300	-1400	2352	-1680	3197700
2^5	5600	0	-5600	3360	0	1662804
$2^4 1^2$	224	756	-2912	1344	1008	13856700
$2^3 1^4$	-2016	-324	1008	864	1728	16166150
$2^2 1^6$	1400	-450	2800	1200	300	5643456
$2\ 1^8$	-1120	-1260	-7280	-8736	-6720	629850
1^{10}	-50400	-56700	-50400	-60480	-25200	16796

TABLE 1.10 VII

Z	$s_2^2 s_3^2$	$s_2^3 s_4$	$s_1 s_3^3$	$s_1 s_2 s_3 s_4$	$s_1 s_2^2 s_5$	$s_1^2 s_4^2$	X(1)
10	1612800	1209600	1433600	9676800	5806080	3628800	1
9 1	-89600	-67200	71680	483840	290304	564480	170
8 2	76000	87600	-24320	80640	195264	-18720	3705
8 1^2	-29120	-36960	-8960	-181440	-181440	20160	7600
7 3	14400	-21960	42560	128160	43200	-34560	23256
7 2 1	-10400	-2640	-8960	-2560	18240	-11040	223839
7 1^3	14400	7920	12800	14400	-19872	-4320	129675
6 4	-5648	31800	12544	43488	-23328	45324	48450
6 3 1	-608	-2640	2128	-12568	-14592	-6504	1162800
6 2^2	6112	10320	-2816	-21952	6432	2784	872100
6 2 1^2	-560	-2640	-1280	5600	-1920	6240	3627936
6 1^4	-2240	2160	2560	2880	15840	-4320	969969
5^2	50800	-37140	-37760	30240	56160	98460	16796
5 4 1	-3848	-960	-2912	-4968	4968	9036	1469650
5 3 2	3312	-2280	-352	4032	1728	-6624	5038800
5 3 1^2	-504	1728	-160	-504	1944	-2916	13323750
5 2^2 1	-2520	-600	1760	720	1440	2160	16713312
5 2 1^3	2296	216	-608	2016	-3600	864	21318000
5 1^5	-3680	-1080	-1280	-15840	2880	-8640	3325608
4^2 2	-3528	5040	224	13608	-13608	-756	2309450
$4^2 1^2$	3060	-1950	2720	-5760	1800	720	5643456

ZONAL POLYNOMIALS OF ORDER 1 THROUGH 12

TABLE 1.10 VIII

Z	$s_2^2 s_3^2$	$s_2^3 s_4$	$s_1^3 s_3$	$s_1 s_2 s_3 s_4$	$s_1 s_2^2 s_5$	$s_1^2 s_4^2$	X(1)
$4\ 3^2$	0	-1680	7280	-2520	0	2520	2217072
$4\ 3\ 2\ 1$	-120	-80	-1760	600	-120	-420	55099278
$4\ 3\ 1^3$	-504	-24	992	-144	720	-36	44089500
$4\ 2^3$	1800	-240	1760	-5760	-2016	540	12345060
$4\ 2^2 1^2$	216	312	32	-576	720	0	75582000
$4\ 2\ 1^4$	-824	-408	-608	1184	-480	1020	47965500
$4\ 1^6$	3600	1440	3200	6840	864	-1080	5116320
$3^3 1$	0	840	2240	-10080	6048	6300	6928350
$3^2 2^2$	720	60	-640	1440	-4320	1260	13856700
$3^2 2\ 1^2$	-180	-180	-280	2160	0	-540	72424352
$3^2 1^4$	640	240	640	-2080	-1920	1020	29628144
$3\ 2^3 1$	-1100	60	760	1440	1224	-1260	44341440
$3\ 2^2 1^3$	700	-84	-56	-1456	-336	-924	90698400
$3\ 2\ 1^5$	-800	240	-800	440	2184	1020	37035180
$3\ 1^7$	-560	-1680	1120	-2520	-7560	1260	3197700
2^5	7000	-8400	-5600	0	10080	6300	1662804
$2^4 1^2$	-560	2436	-896	-2016	-2016	3276	13856700
$2^3 1^4$	-720	-1944	1664	3024	-1296	-324	16166150
$2^2 1^6$	2500	2550	-800	0	3240	-3600	5643456
$2\ 1^8$	-5600	-4200	-2240	-15120	-9072	1260	629850
1^{10}	25200	18900	22400	151200	90720	56700	16796

TABLE 1.10 IX

Z	$s_1^2 s_3 s_5$	$s_1^2 s_2 s_6$	$s_1^3 s_7$	$s_3^2 s_4$	$s_2 s_4^2$	$s_2 s_3 s_5$	X(1)
10	7741440	9676800	5529600	6451200	7257600	15482880	1
9 1	1204224	1505280	1443840	-358400	-403200	-860160	170
8 2	-39936	194880	176640	-22400	158400	337920	3705
8 1^2	43008	-67200	234240	44800	-40320	-86016	7600
7 3	8640	57600	-66240	132480	-47520	63360	23256
7 2 1	-43520	-4800	-15360	-30080	-2880	-46080	223839
7 1^3	10368	-83520	5760	23040	8640	57600	129675
6 4	63744	-43872	-51456	-8864	98136	-87168	48450
6 3 1	13792	9888	-15504	-12224	-10224	6912	1162800
6 2^2	-8576	2688	-3456	9856	-10944	-768	872100
6 2 1^2	160	8880	-4800	5440	8640	4800	3627936
6 1^4	21120	-2880	-1920	-12800	-14400	-19200	969969
5^2	32640	-117600	-24960	-66080	-109980	297600	16796
5 4 1	-3648	-12192	96	7216	-3384	-15168	1469650
5 3 2	-288	-9072	7296	-1344	5856	5952	5038800
5 3 1^2	1728	1152	2592	1296	72	-576	13323750
5 2^2 1	-360	-3240	3720	-960	-960	-2640	16713312
5 2 1^3	-4152	1656	1752	-1280	-1440	1104	21318000
5 1^5	3840	1440	960	6400	7200	3840	3325608
4^2 2	-12096	6048	3744	-3024	9576	4032	2309450
$4^2 1^2$	-5760	9720	-960	-1320	-3120	3840	5643456

ZONAL POLYNOMIALS OF ORDER 1 THROUGH 12

TABLE 1.10 X

Z	$s_1^2 s_3 s_5$	$s_1^2 s_2 s_6$	$s_1^3 s_7$	$s_3^2 s_4$	$s_2 s_4^2$	$s_2 s_3 s_5$	$X(1)$
$4\ 3^2$	-10080	0	4080	13440	-11760	-13440	2217072
$4\ 3\ 2\ 1$	2880	960	-800	-1520	-920	320	55099278
$4\ 3\ 1^3$	288	-864	-1248	1200	1560	-1056	44089500
$4\ 2^3$	3744	2160	-2400	2640	-2760	2400	12345060
$4\ 2^2 1^2$	360	-1224	-1416	384	1824	-240	75582000
$4\ 2\ 1^4$	-1760	96	-1056	-656	-2376	480	47965500
$4\ 1^6$	5184	-3600	-720	-1440	2160	-2880	5116320
$3^3 1$	-4032	0	-960	-6720	5880	6720	6928350
$3^2 2^2$	-1152	4320	-1920	2400	2580	-7296	13856700
$3^2 2\ 1^2$	0	-2160	360	1800	-1800	720	72424352
$3^2 1^4$	640	-1920	1920	-3200	900	0	29628144
$3\ 2^3 1$	-2496	960	600	-2360	-360	3120	44341440
$3\ 2^2 1^3$	448	1680	1224	-56	504	-2352	90698400
$3\ 2\ 1^5$	64	2400	480	2560	360	2880	37035180
$3\ 1^7$	2688	-6720	2400	-5600	-2520	-5376	3197700
2^5	-3360	-8400	2400	2800	12600	-23520	1662804
$2^4 1^2$	2688	-3360	384	2464	-3276	2688	13856700
$2^3 1^4$	1728	0	-3456	-2016	1944	1728	16166150
$2^2 1^6$	-7680	-4200	-4800	-1400	-3600	-7680	5643456
$2\ 1^8$	2688	3360	12480	11200	12600	26880	629850
1^{10}	120960	151200	86400	-50400	-56700	-120960	16796

TABLE 1.10 XI

Z	$s_2^2 s_6$	$s_1 s_4 s_5$	$s_1 s_3 s_6$	$s_1 s_2 s_7$	$s_1^2 s_8$	s_5^2	X(1)
10	9676800	23224320	25804800	33177600	29030400	18579456	1
9 1	-537600	1161216	1290240	1658880	4515840	-1032192	170
8 2	456000	-393984	-437760	276480	-149760	-64512	3705
8 1^2	-174720	-145152	-161280	-622080	161280	129024	7600
7 3	-119520	-51840	216960	86400	-276480	-13824	23256
7 2 1	-12480	34560	-28160	76800	-88320	9216	223839
7 1^3	37440	31104	99840	-34560	-34560	-27648	129675
6 4	48480	153792	61056	-203904	-69840	-5760	48450
6 3 1	4800	-21600	16480	-19104	14496	2304	1162800
6 2^2	19200	1152	-11264	-40704	38400	0	872100
6 2 1^2	-7440	5760	-12800	7680	18240	-2304	3627936
6 1^4	2880	-28800	7680	11520	11520	9216	969969
5^2	-83280	319680	-236160	-86400	-43920	395136	16796
5 4 1	960	-10800	-15840	25056	2736	-35136	1469650
5 3 2	-7680	-9600	-960	-384	10176	-5376	5038800
5 3 1^2	2304	2736	-1824	8352	-3600	9792	13323750
5 $2^2$1	480	2400	9120	-2640	-5280	2496	16713312
5 2 1^3	288	-288	-1824	-2736	-6624	-6336	21318000
5 1^5	-1440	5760	-3840	-5760	-5760	9216	3325608
$4^2$2	-10080	-11088	2016	4896	5040	20160	2309450
$4^2 1^2$	4260	-5520	15840	-7680	-960	3936	5643456

TABLE 1.10 XII

Z	$S_2^2 S_6$	$S_1 S_4 S_5$	$S_1 S_3 S_6$	$S_1 S_2 S_7$	$S_1^2 S_8$	S_5^2	X(1)
$4\ 3^2$	13440	16800	-23520	2400	3360	5376	2217072
4 3 2 1	1120	3600	800	-1440	-2320	-3264	55099278
$4\ 3\ 1^3$	-2832	2112	-3744	-3936	1776	-1536	44089500
$4\ 2^3$	-4560	96	-5280	11040	-3840	-2112	12345060
$4\ 2^2 1^2$	672	-4128	-1440	912	1824	2112	75582000
$4\ 2\ 1^4$	912	-288	4000	1632	3984	1152	47965500
$4\ 1^6$	-1440	7776	-3840	4320	4320	-6912	5116320
$3^3 1$	-6720	-5376	6720	960	-1680	-2688	6928350
$3^2 2^2$	1680	-2112	1920	1920	-1200	6144	13856700
$3^2 2\ 1^2$	360	-2520	360	-360	1440	576	72424352
$3^2 1^4$	1920	0	-1280	7680	-1920	576	29628144
$3\ 2^3 1$	840	3096	-2280	-3960	2160	-2592	44341440
$3\ 2^2 1^3$	-1176	3528	1288	120	-1344	0	90698400
$3\ 2\ 1^5$	-240	-3024	160	-5280	-4080	-1152	37035180
$3\ 1^7$	1680	-9072	-10080	4320	-5040	8064	3197700
2^5	8400	-10080	16800	-7200	0	12096	1662804
$2^4 1^2$	-3696	-4032	2688	5760	-3024	0	13856700
$2^3 1^4$	5184	-2592	-6912	0	1296	0	16166150
$2^2 1^6$	-7500	6480	7200	0	14400	2016	5643456
$2\ 1^8$	16800	18144	20160	25920	-5040	-16128	629850
1^{10}	-75600	-181440	-201600	-259200	-226800	72576	16796

TABLE 1.10 XIII

Z	$s_4 s_6$	$s_3 s_7$	$s_2 s_8$	$s_1 s_9$	s_{10}	X(1)
10	38707200	44236800	58060800	103219200	185794560	1
9 1	-2150400	-2457600	-3225600	5160960	-10321920	170
8 2	-134400	-153600	1267200	-1751040	-645120	3705
8 1^2	268800	307200	-322560	-645120	1290240	7600
7 3	-28800	437760	-380160	-230400	-138240	23256
7 2 1	19200	-92160	-23040	153600	92160	223839
7 1^3	-57600	46080	69120	138240	-276480	129675
6 4	276288	-201984	-79776	-85248	-57600	48450
6 3 1	-39552	-13824	51264	22272	23040	1162800
6 2^2	-10752	39936	-55296	33792	0	872100
6 2 1^2	16320	3840	5760	-30720	-23040	3627936
6 1^4	-11520	-15360	-23040	-46080	92160	969969
5^2	-285600	-72960	-48240	-57600	-40320	16796
5 4 1	-11712	34176	15264	9792	11520	1469650
5 3 2	16128	-13824	-1536	6912	0	5038800
5 3 1^2	2880	1152	-12384	-5184	-6912	13323750
5 2^2 1	-5760	0	9600	-8640	0	16713312
5 2 1^3	-1152	-1536	-2304	10944	9216	21318000
5 1^5	5760	7680	11520	23040	-46080	3325608
4^2 2	-24192	3456	-2016	4032	0	2309450
$4^2 1^2$	15480	-14400	-4800	-2880	-4320	5643456

ZONAL POLYNOMIALS OF ORDER 1 THROUGH 12

TABLE 1.10 XIV

Z	S_4S_6	S_3S_7	S_2S_8	S_1S_9	S_{10}	X(1)
$4\ 3^2$	0	-11520	6720	0	0	2217072
$4\ 3\ 2\ 1$	640	4480	-480	-2240	0	55099278
$4\ 3\ 1^3$	-5472	-576	5856	2304	3456	44089500
$4\ 2^3$	7200	-8640	3840	0	0	12345060
$4\ 2^2 1^2$	-1152	0	-3840	4032	0	75582000
$4\ 2\ 1^4$	5088	960	1440	-6528	-5760	47965500
$4\ 1^6$	-14400	-5760	-8640	-17280	34560	5116320
$3^3 1$	0	5760	-3360	0	0	6928350
$3^2 2^2$	-7200	0	1200	0	0	13856700
$3^2 2\ 1^2$	2160	-4320	720	1440	0	72424352
$3^2 1^4$	1920	5760	-5760	-1920	-2880	29628144
$3\ 2^3 1$	1200	3360	-2160	0	0	44341440
$3\ 2^2 1^3$	-1680	1056	3024	-3360	0	90698400
$3\ 2\ 1^5$	-2400	-5760	-1440	6720	5760	37035180
$3\ 1^7$	16800	19200	10080	20160	-40320	3197700
2^5	-16800	4800	0	0	0	1662804
$2^4 1^2$	3360	-6144	3024	0	0	13856700
$2^3 1^4$	0	3456	-7776	5760	0	16166150
$2^2 1^6$	4200	4800	14400	-14400	-10080	5643456
$2\ 1^8$	-33600	-38400	-50400	-40320	80640	629850
1^{10}	151200	172800	226800	403200	-362880	16796

654729075

TABLE 1.11 I

Z	s_1^{11}	$s_1^9 s_2$	$s_1^7 s_2^2$	$s_1^8 s_3$	$s_1^5 s_2^3$	$s_1^6 s_2 s_3$	$s_1^7 s_4$	$s_1^3 s_2^4$	X(1)
11	1	110	3960	1320	55440	73920	15840	277200	1
10 1	1	89	2448	942	23688	38640	9792	65520	209
9 2	1	72	1547	636	11550	19124	5542	29820	5775
9 1^2	1	69	1328	642	6888	17360	5632	-1680	11781
8 3	1	59	1053	402	7143	9660	2682	18120	48279
8 2 1	1	54	773	402	3018	7190	2842	2820	456456
8 1^3	1	50	549	414	-294	5922	2934	-9660	261800
7 4	1	50	810	240	5280	5880	900	11505	149226
7 3 1	1	43	509	226	2039	3164	1082	1544	3357585
7 2^2	1	40	395	220	1310	1940	1190	4220	2462229
7 2 1^2	1	37	263	232	-229	1580	1244	-1600	10138590
7 1^4	1	32	63	252	-1914	900	1314	-2100	2662660
6 5	1	45	710	150	4350	4760	-20	10245	149226
6 4 1	1	36	404	114	1542	2114	88	795	7461300
6 3 2	1	31	269	94	1067	644	218	1880	22383900
6 3 1^2	1	28	164	106	14	554	272	-1861	58198140
6 2^2 1	1	25	95	100	95	-220	380	1040	69837768
6 2 1^3	1	21	-25	120	-693	-244	412	-384	87297210

TABLE 1.11 II

Z	s_1^{11}	$s_1^9 s_2$	$s_1^7 s_2^2$	$s_1^8 s_3$	$s_1^5 s_2^3$	$s_1^6 s_2 s_3$	$s_1^7 s_4$	$s_1^3 s_2^4$	X(1)
6 1^5	1	15	-175	150	-945	-460	430	3000	13180167
5^{2}1	1	33	374	66	1254	2024	-308	1749	2645370
5 4 2	1	26	234	24	792	624	-252	1665	32332300
5 4 1^2	1	23	144	36	-96	684	-198	-921	76602680
5 3^2	1	23	189	6	819	84	-198	504	19399380
5 3 2 1	1	18	74	16	144	-136	-68	-31	443201220
5 3 1^3	1	14	-18	36	-420	36	-36	-867	341976250
5 2^3	1	14	18	12	348	-660	72	1425	87744888
5 2^{2}1^2	1	11	-45	30	-3	-444	72	-24	525275520
5 2 1^4	1	6	-130	60	-108	-244	52	381	320089770
5 1^6	1	-1	-207	102	543	-300	-18	2040	32008977
4^{2}3	1	20	180	-30	630	210	-360	315	14226212
4^{2}2 1	1	15	80	-20	0	140	-230	455	209513304
4^{2}1^3	1	11	0	0	-528	396	-198	231	148140720
4 3^{2}1	1	12	68	-38	126	-70	-176	-805	224478540
4 3 2^2	1	9	38	-38	198	-280	-68	725	366648282
4 3 2 1^2	1	6	-10	-20	-108	-4	-68	-139	1833241410
4 3 1^4	1	1	-70	10	-238	296	-88	641	689424120

TABLE 1.11 III

Z	s_1^{11}	$s_1^9 s_2$	$s_1^7 s_2^2$	$s_1^8 s_3$	$s_1^5 s_2^3$	$s_1^6 s_2 s_3$	$s_1^7 s_4$	$s_1^3 s_2^4$	X(1)
$4\ 2^3 1$	1	2	-18	-24	240	-336	72	165	678978300
$4\ 2^2 1^3$	1	-2	-58	4	140	-28	20	-427	1319051250
$4\ 2\ 1^5$	1	-8	-88	46	410	134	-88	-25	492445800
$4\ 1^7$	1	-16	-72	102	1218	-210	-288	-1785	36581688
$3^3 2$	1	5	54	-66	126	-168	-36	-315	76211850
$3^3 1^2$	1	2	18	-48	-144	120	-36	-855	248958710
$3^2 2^2 1$	1	-1	18	-48	18	-60	72	225	796667872
$3^2 2\ 1^3$	1	-5	-10	-20	-130	260	20	125	1303638336
$3^2 1^5$	1	-11	-22	22	-22	440	-88	1265	311095512
$3\ 2^4$	1	-6	38	-48	168	-280	232	525	128035908
$3\ 2^3 1^2$	1	-9	26	-24	42	-28	160	-231	997682400
$3\ 2^2 1^4$	1	-14	26	16	32	152	20	-271	1018467450
$3\ 2\ 1^6$	1	-21	68	72	228	-100	-218	-285	275769648
$3\ 1^8$	1	-30	194	144	336	-1288	-596	-3255	17587350
$2^5 1$	1	-15	110	-30	-210	-280	340	525	64017954
$2^4 1^3$	1	-19	126	6	-378	-168	180	189	177827650
$2^3 1^5$	1	-25	180	60	-540	-420	-90	675	126742616
$2^2 1^7$	1	-33	308	132	-924	-1540	-506	1155	31744440
$2\ 1^9$	1	-43	558	222	-2394	-4200	-1116	2205	2735810
1^{11}	1	-55	990	330	-6930	-9240	-1980	17325	58786

ZONAL POLYNOMIALS OF ORDER 1 THROUGH 12

TABLE 1.11 IV

Z	$s_1^4 s_2^2 s_3^1$	$s_1^5 s_3^2$	$s_1^5 s_2 s_4$	$s_1^6 s_5$	$s_1 s_2^5$	$s_1^2 s_2^3 s_3$	$\chi(1)$
11	1108800	295680	665280	177408	332640	4435200	1
10 1	367920	126336	284256	92736	15120	624960	209
9 2	129920	43512	111468	42280	29400	253680	5775
9 1^2	71120	45696	96096	43456	-18480	-114240	11781
8 3	66870	12936	41346	14616	5220	119160	48279
8 2 1	17420	10176	28956	16396	1320	6360	456456
8 1^3	-11340	13776	17892	17388	-2520	-66360	261800
7 4	45000	8400	16560	1008	9270	64920	149226
7 3 1	12646	1288	8034	3416	-3036	-152	3357585
7 2^2	1600	-1640	5100	4328	6360	20080	2462229
7 2 1^2	-5360	724	1824	4700	-1740	-6560	10138590
7 1^4	-12960	4704	-5436	5400	3960	14640	2662660
6 5	31100	11760	9300	-4592	4065	71880	149226
6 4 1	8222	3192	3036	-1820	1122	-5934	7461300
6 3 2	3562	-1568	136	-280	852	9496	22383900
6 3 1^2	166	-392	204	-124	-606	-10502	58198140
6 2^2 1	-1700	-2060	-480	428	420	1360	69837768
6 2 1^3	-1696	84	-2400	604	-396	1440	87297210

TABLE 1.11 V

Z	$s_1^4 s_2^2 s_3^1$	$s_1^5 s_3^2$	$s_1^5 s_2 s_4$	$s_1^6 s_5$	$s_1 s_2^5$	$s_1^2 s_2^3 s_3$	X(1)
6 1^5	-550	3480	-7170	1048	900	12600	13180167
5^2 1	3476	5808	2244	-3344	-3531	12408	2645370
5 4 2	1152	1272	-864	-1440	1782	4176	32332300
5 4 1^2	-1944	1788	774	-1404	-711	-2892	76602680
5 3^2	3906	-672	-2646	-504	-3276	8568	19399380
5 3 2 1	-104	-632	-256	-384	-266	968	443201220
5 3 1^3	-324	168	288	-432	990	348	341976250
5 2^3	-1260	-1224	576	-144	2070	-1500	87744888
5 $2^2 1^2$	414	-576	360	-216	-756	-600	525275520
5 2 1^4	1844	744	-960	-176	414	180	320089770
5 1^6	2250	3096	-4194	216	-1980	-9480	32008977
4^2 3	3150	840	-3780	-252	1890	-8190	14226212
4^2 2 1	-1400	700	-490	-252	385	-2380	209513304
$4^2 1^3$	-2376	924	990	-396	-891	3300	148140720
4 3^2 1	1750	-56	-1876	420	-350	-1750	224478540
4 3 2^2	-860	16	-364	336	445	1400	366648282
4 3 2 1^2	4	-56	320	144	-146	-220	1833241410
4 3 1^4	-116	64	600	-16	249	1960	689424120

TABLE 1.11 VI

Z	$s_1^4 s_2^2 s_3^1$	$s_1^5 s_3^2$	$s_1^5 s_2 s_4$	$s_1^6 s_5$	$s_1 s_2^5$	$s_1^2 s_2^3 s_3$	X(1)
$4\ 2^3 1$	-720	72	1008	0	270	-1680	678978300
$4\ 2^2 1^3$	700	-56	672	-112	-210	700	1319051250
$4\ 2\ 1^5$	10	352	-372	20	330	-1010	492445800
$4\ 1^7$	-3150	2016	-1764	756	-630	-2730	36581688
$3^3 2$	1260	336	-2268	1008	-1575	7560	76211850
$3^3 1^2$	1800	-96	-1296	720	1350	-1800	248958710
$3^2 2^2 1$	-360	336	-324	396	-405	900	796667872
$3^2 2\ 1^3$	400	-320	-120	188	195	-1100	1303638336
$3^2 1^5$	-1100	-704	-264	176	-1155	-3080	311095512
$3\ 2^4$	-1960	1176	336	-224	1470	-4200	128035908
$3\ 2^3 1^2$	-280	336	84	-308	-357	1092	997682400
$3\ 2^2 1^4$	40	-464	-336	-208	438	952	1018467450
$3\ 2\ 1^6$	-2200	-324	-294	436	-255	420	275769648
$3\ 1^8$	-3640	2016	2352	2128	2310	19320	17587350
$2^5 1$	-700	1680	-420	-1232	525	-4200	64017954
$2^4 1^3$	1260	336	-756	-1008	-567	1512	177827650
$2^3 1^5$	1800	-420	-270	-252	405	-2700	126742616
$2^2 1^7$	3080	924	3234	1540	-1155	-4620	31744440
$2\ 1^9$	16380	6384	14364	5040	945	-2520	2735810
1^{11}	69300	18480	41580	11088	-10395	-138600	58786

TABLE 1.11 VII

Z	$s_1^3 s_2 s_3^2$	$s_1^3 s_2^2 s_4$	$s_1^4 s_3 s_4$	$s_1^4 s_2 s_5$	$s_1^5 s_6$	$s_2^4 s_3$	X(1)
11	5913600	6652800	4435200	5322240	1774080	2217600	1
10 1	1397760	1572480	1471680	1766016	758016	-110880	209
9 2	274400	444360	338800	515088	261072	174720	5775
9 1^2	143360	94080	374080	395136	274176	-77280	11781
8 3	148560	190080	37980	143496	51096	-20280	48279
8 2 1	-15040	27480	32080	70776	67536	-8880	456456
8 1^3	-26880	-113400	65520	2520	76272	18480	261800
7 4	124800	91260	39600	28800	-18240	46680	149226
7 3 1	22096	17536	-12228	17096	-488	-5624	3357585
7 2^2	-29600	16840	-22800	2960	6160	27520	2462229
7 2 1^2	-12320	-9920	-7020	-11572	8308	-7520	10138590
7 1^4	7680	-42120	13680	-42192	12768	7680	2662660
6 5	58400	48540	95800	-22320	-32400	-330	149226
6 4 1	13472	3396	17284	-2448	-12528	-4812	7461300
6 3 2	-8	-1664	-10236	1592	-4568	-1352	22383900
6 3 1^2	4096	-5204	-2988	4016	-4688	2596	58198140
6 2 1	-8000	6880	-5100	-1300	-1820	-2960	69837768
6 2 1^3	5216	2496	1492	-5364	-1356	2400	87297210

ZONAL POLYNOMIALS OF ORDER 1 THROUGH 12

TABLE 1.11 VIII

Z	$s_1^3 s_2 s_3^2$	$s_1^3 s_2^2 s_4$	$s_1^4 s_3 s_4$	$s_1^4 s_2 s_5$	$s_1^5 s_6$	$s_2^4 s_3$	X (1)
6 1⁵	10400	4800	7900	-14040	120	-6600	13180167
5² 1	-13024	3036	38632	-17424	-11088	66	2645370
5 4 2	-1488	-324	3744	-10368	-1008	6408	32332300
5 4 1²	-7224	-1674	7092	-1044	-2388	-2004	76602680
5 3²	11256	-8064	-7308	-5544	1512	-5544	19399380
5 3 2 1	-944	-2444	-928	1696	112	-104	443201220
5 3 1³	1632	-3132	288	4464	-768	48	341976250
5 2³	-3600	720	2160	1296	336	6720	87744888
5 2² 1²	36	2736	1872	576	84	-1560	525275520
5 2 1⁴	896	156	1312	1296	-96	960	320089770
5 1⁶	-10080	8640	-900	3816	-264	120	32008977
4² 3	16800	3780	-6300	-15120	5040	-1260	14226212
4² 2 1	-1400	5110	-700	-4340	2380	-1820	209513304
4² 1³	-2904	3366	-1188	396	924	2640	148140720
4 3² 1	4480	-980	-2380	-1232	2128	1540	224478540
4 3 2²	-800	-3380	1160	976	976	-230	366648282
4 3 2 1²	256	1636	-448	16	544	160	1833241410
4 3 1⁴	1216	-2144	-2208	1136	64	-1070	689424120

TABLE 1.11 IX

Z	$s_1^3 s_2 s_3^2$	$s_1^3 s_2^2 s_4$	$s_1^4 s_3 s_4$	$s_1^4 s_2 s_5$	$s_1^5 s_6$	$s_2^4 s_3$	X(1)
$4\ 2^3 1$	1440	-720	1440	-1152	192	-1560	678978300
$4\ 2^2 1^3$	-224	-644	0	-2128	448	1456	1319051250
$4\ 2\ 1^5$	-2240	-3260	-1740	848	352	-1700	492445800
$4\ 1^7$	-10080	11340	-6300	7056	-1344	4620	36581688
$3^3 2$	-3360	-8820	2520	5040	-1008	-1890	76211850
$3^3 1^2$	-1920	1620	720	1728	-1152	-360	248958710
$3^2 2^2 1$	-1200	-1080	1260	1836	-1584	720	796667872
$3^2 2\ 1^3$	-800	1900	300	-820	-1040	-500	1303638336
$3^2 1^5$	3520	-1760	0	176	-704	1870	311095512
$3\ 2^4$	5600	-1680	-2240	2016	-1344	2520	128035908
$3\ 2^3 1^2$	560	336	-980	-756	-336	-504	997682400
$3\ 2^2 1^4$	-800	-404	1200	-1216	544	-104	1018467450
$3\ 2\ 1^6$	4520	1290	1900	1836	-324	120	275769648
$3\ 1^8$	5600	17220	-7280	0	-6048	-4200	17587350
$2^5 1$	5600	2100	-9800	5040	1680	-3150	64017954
$2^4 1^3$	-3360	756	-2520	3024	3024	2646	177827650
$2^3 1^5$	-3000	-1350	4500	2700	2700	-2700	126742616
$2^2 1^7$	3080	-2310	1540	-2772	-2772	4620	31744440
$2\ 1^9$	-23520	-26460	-32760	-39312	-19152	-6930	2735810
1^{11}	-184800	-207900	-138600	-166320	-55440	34650	58786

TABLE 1.11 X

Z	$s_1 s_2^2 s_3^2$	$s_1 s_2^3 s_4$	$s_1^2 s_3^3$	$s_1^2 s_2 s_3 s_4$	$s_1^2 s_2^2 s_5$	X(1)
11	17740800	13305600	7884800	53222400	31933440	1
10 1	806400	604800	1111040	7499520	4499712	209
9 2	482720	633360	-31360	873600	1175328	5775
9 1^2	-448000	-470400	35840	-295680	-499968	11781
8 3	360000	117000	124640	627120	486432	48279
8 2 1	-25600	37200	-60160	-115680	46512	456456
8 1^3	20160	-55440	35840	-231840	-365904	261800
7 4	29520	104040	137600	432720	23760	149226
7 3 1	-17856	-53880	20448	36912	7968	3357585
7 2^2	-4320	57360	-28800	-78720	60960	2462229
7 2 1^2	-7920	-11760	-5760	27120	1632	10138590
7 1^4	46080	48240	35840	40320	11232	2662660
6 5	182480	51060	-40000	210480	43920	149226
6 4 1	-29560	22224	5216	-14916	-35460	7461300
6 3 2	32400	7464	-1584	-36816	-8160	22383900
6 3 1^2	-5976	-5280	288	-8628	-15972	58198140
6 2^2 1	-5040	5520	0	-7440	6240	69837768
6 2 1^3	7184	-5616	-2176	18672	-1440	87297210

TABLE 1.11 XI

Z	$s_1 s_2^2 s_3^2$	$s_1 s_2^3 s_4$	$s_1^2 s_3^3$	$s_1^2 s_2 s_3 s_4$	$s_1^2 s_2^2 s_5$	X(1)
6 1⁵	-32800	5400	3200	-37200	50400	13180167
5² 1	24464	-54780	-37312	-5808	58608	2645370
5 4 2	-6840	4104	-4384	26784	-12960	32332300
5 4 1²	-1116	-630	848	-17568	14148	76602680
5 3²	23184	-22680	13328	9072	6048	19399380
5 3 2 1	-2856	-1480	-1792	4992	5568	443201220
5 3 1³	3096	6984	848	1872	-432	341976250
5 2³	-9000	-5040	9680	-10080	432	87744888
5 2² 1²	504	144	1904	3312	-2160	525275520
5 2 1⁴	2264	-2376	-3856	-4368	-7920	320089770
5 1⁶	-7200	-360	3200	-35280	11232	32008977
4² 3	-17640	15120	22400	26460	-34020	14226212
4² 2 1	420	3290	-2800	6720	-9660	209513304
4² 1³	7524	-7326	8624	-11088	5940	148140720
4 3² 1	-840	-1120	2240	-12180	6972	224478540
4 3 2²	6000	-940	-3520	-4080	-8688	366648282
4 3 2 1²	-1416	104	-1936	2832	1680	1833241410
4 3 1⁴	-3456	-816	2304	-1248	-1680	689424120

TABLE 1.11 XII

Z	$s_1 s_2^2 s_3^2$	$s_1 s_2^3 s_4$	$s_1^2 s_3^3$	$s_1^2 s_2 s_3 s_4$	$s_1^2 s_2^2 s_5$	X(1)
$4\ 2^3 1$	1800	1440	3200	-5760	1728	678978300
$4\ 2^2 1^3$	504	-168	-1008	-1680	336	1319051250
$4\ 2\ 1^5$	-2160	480	-720	9660	2748	492445800
$4\ 1^7$	25200	5040	14000	21420	-9828	36581688
$3^3 2$	5040	3780	2240	-15120	-3024	76211850
$3^3 1^2$	-1440	1080	2240	-6480	9072	248958710
$3^2 2^2 1$	-3600	-540	80	9720	-2268	796667872
$3^2 2\ 1^3$	3600	-600	0	-600	-2940	1303638336
$3^2 1^5$	0	2640	0	-5280	-528	311095512
$3\ 2^4$	1400	-13440	-1120	6720	14112	128035908
$3\ 2^3 1^2$	-1456	3948	560	-2856	-252	997682400
$3\ 2^2 1^4$	144	-3192	0	-816	1488	1018467450
$3\ 2\ 1^6$	-1900	3990	-2800	-480	4932	275769648
$3\ 1^8$	-17920	-24360	2240	-28560	-43344	17587350
$2^5 1$	14000	-2100	-11200	-8400	5040	64017954
$2^4 1^3$	-7056	2268	2240	3024	-9072	177827650
$2^3 1^5$	4500	-4050	4400	10800	1620	126742616
$2^2 1^7$	7700	11550	-6160	-18480	2772	31744440
$2\ 1^9$	-25200	-18900	2240	15120	9072	2735810
1^{11}	277200	207900	123200	831600	498960	58786

TABLE 1.11 XIII

Z	$s_1^3 s_4^2$	$s_1^3 s_3 s_5$	$s_1^3 s_2 s_6$	$s_1^4 s_7$	$s_2 s_3^3$	X(1)
11	13305600	28385280	35481600	15206400	15769600	1
10 1	3144960	6709248	8386560	5045760	-788480	209
9 2	346080	738304	1646400	1161600	277760	5775
9 1^2	456960	974848	860160	1282560	-71680	11781
8 3	-109440	-21312	360960	16560	281920	48279
8 2 1	-25440	-106112	39360	137760	-90880	456456
8 1^3	10080	72576	-288960	197280	98560	261800
7 4	44460	149760	-6240	-158400	-127040	149226
7 3 1	-40576	-11072	41472	-58832	-4288	3357585
7 2^2	-9760	-81920	-960	-22400	16640	2462229
7 2 1^2	1760	-32672	-30000	-15920	7040	10138590
7 1^4	-15840	62208	-124800	2880	-28160	2662660
6 5	242940	188800	-267360	-112800	165440	149226
6 4 1	24132	41344	-23712	-33744	-4624	7461300
6 3 2	-15808	5344	-4272	-3824	12896	22383900
6 3 1^2	-4396	14848	19392	-9872	-4048	58198140
6 2^2 1	13280	-5600	6480	-800	-8320	69837768
6 2 1^3	7392	3424	13008	-2928	7040	87297210

TABLE 1.11 XIV

7	$s_1^3 s_4^2$	$s_1^3 s_3 s_5$	$s_1^3 s_2 s_6$	$s_1^4 s_7$	$s_2 s_3^3$	X(1)
6 1^5	-24000	44800	-2400	-1200	-6400	13180167
5^2 1	69564	1408	-87648	-7392	-33088	2645370
5 4 2	-3348	-17856	-18432	12096	-5984	32332300
5 4 1^2	3384	-6912	3432	2448	8272	76602680
5 3^2	-12096	-14112	-21168	16848	25312	19399380
5 3 2 1	-4836	4928	-5728	6368	-5408	443201220
5 3 1^3	-2772	-1728	1920	2448	3232	341976250
5 2^3	5580	4608	-4080	3600	14560	87744888
5 2^2 1^2	3312	-4536	-3432	2952	640	525275520
5 2 1^4	-1428	-7616	3648	1392	-4960	320089770
5 1^6	-20160	16128	-2400	720	14080	32008977
4^2 3	3780	-40320	10080	10800	-20720	14226212
4^2 2 1	-840	-4480	13160	-400	6160	209513304
4^2 1^3	792	-6336	9768	-3168	-9680	148140720
4 3^2 1	5460	-1792	2240	-400	-560	224478540
4 3 2^2	780	7808	7520	-4000	-2240	366648282
4 3 2 1^2	-948	3584	-2752	-2128	1120	1833241410
4 3 1^4	2012	-896	-3072	-1088	320	689424120

TABLE 1.11 XV

Z	$S_1^3 S_4^2$	$S_1^3 S_3 S_5$	$S_1^3 S_2 S_6$	$S_1^4 S_7$	$S_2 S_3^3$	X(1)
$4\ 2^3 1$	-900	864	240	-2880	-2240	678978300
$4\ 2^2 1^3$	140	-896	0	-1520	224	1319051250
$4\ 2\ 1^5$	2660	-896	960	-1520	1760	492445800
$4\ 1^7$	-1260	16128	-16800	720	-12320	36581688
$3^3 2$	11340	-8064	10080	-4320	11200	76211850
$3^3 1^2$	4860	-4032	-5760	0	-4160	248958710
$3^2 2^2 1$	-1620	-4032	720	0	-2240	796667872
$3^2 2\ 1^3$	-1300	1120	-2400	2800	2000	1303638336
$3^2 1^5$	3740	1408	0	3520	-3520	311095512
$3\ 2^4$	-420	-9632	-1680	2400	8960	128035908
$3\ 2^3 1^2$	-1428	-896	2352	2400	224	997682400
$3\ 2^2 1^4$	-868	1984	5952	640	-2176	1018467450
$3\ 2\ 1^6$	840	-3392	-600	-480	4880	275769648
$3\ 1^8$	4620	9856	-16800	12480	-4480	17587350
$2^5 1$	14700	4480	-16800	2400	-11200	64017954
$2^4 1^3$	5292	8064	-6048	-4320	5824	177827650
$2^3 1^5$	-5400	-5760	-5400	-10800	-2000	126742616
$2^2 1^7$	-9240	-19712	-9240	-2640	-6160	31744440
$2\ 1^9$	26460	56448	70560	56160	24640	2735810
1^{11}	207900	443520	554400	237600	-123200	58786

TABLE 1.11 XVI

Z	$s_2^2 s_3 s_4$	$s_2^3 s_5$	$s_1 s_3^2 s_4$	$s_1 s_2 s_4^2$	$s_1 s_2 s_3 s_5$	$X(1)$
11	53222400	21288960	70963200	79833600	170311680	1
10 1	-2661120	-1064448	3225600	3628800	7741440	209
9 2	2022720	1243200	-963200	544320	1161216	5775
9 1^2	-779520	-526848	-358400	-1209600	-2580480	11781
8 3	-58320	-268128	950400	151200	1595520	48279
8 2 1	-145920	-32928	-185600	129600	-34560	456456
8 1^3	241920	98784	322560	-60480	177408	261800
7 4	259200	234720	548640	413640	-270720	149226
7 3 1	-35920	-13920	-3968	-137568	-16256	3357585
7 2^2	84800	114240	-64640	-85440	-204800	2462229
7 2 1^2	-400	-35376	-6080	64320	3520	10138590
7 1^4	-43200	33984	11520	-60480	115200	2662660
6 5	112200	-92400	-345440	177660	708480	149226
6 4 1	-39000	-14424	-30512	56808	-153792	7461300
6 3 2	27920	-24864	-16832	-27552	50368	22383900
6 3 1^2	2120	16680	-7088	1032	28864	58198140
6 2^2 1	-24400	-3120	32320	6720	1600	69837768
6 2 1^3	17520	720	-6080	2880	-5184	87297210

TABLE 1.11 XVII

Z	$s_2^2 s_3 s_4$	$s_2^3 s_5$	$s_1^2 s_3 s_4$	$s_1 s_2 s_4^2$	$s_1 s_2 s_3 s_5$	X(1)
6 1^5	-22800	-10080	-32000	-36000	-80640	13180167
5^{2}1	-22440	18480	-10208	-167508	215424	2645370
5 4 2	8640	12096	2448	52488	1728	32332300
5 4 1^2	7020	-5220	19512	-19008	-26496	76602680
5 3^2	-45360	10080	44352	-6048	-12096	19399380
5 3 2 1	1920	-320	-7888	3752	2944	443201220
5 3 1^3	-4320	-2304	5904	2376	-3168	341976250
5 2^3	-12960	6912	5040	-18360	-7200	87744888
5 2^{2}1^2	8640	-1440	-5760	0	-5904	525275520
5 2 1^4	-12000	2880	400	-6840	13536	320089770
5 1^6	36720	-3168	34560	56160	11520	32008977
4^{2}3	37800	-22680	65520	-22680	-60480	14226212
4^{2}2 1	-10500	700	-18760	2240	17920	209513304
4^{2}1^3	5940	1980	3960	0	6336	148140720
4 3^{2}1	840	3304	-6160	-10360	-2240	224478540
4 3 2^2	11640	-7088	4640	-5860	-10880	366648282
4 3 2 1^2	-2400	1600	3920	1160	-224	1833241410
4 3 1^4	2960	-1680	-5120	2220	-3584	689424120

ZONAL POLYNOMIALS OF ORDER 1 THROUGH 12

TABLE 1.11 XVIII

Z	$s_2^2 s_3 s_4$	$s_2^3 s_5$	$s_1 s_3^2 s_4$	$s_1 s_2 s_4^2$	$s_1 s_2 s_3 s_5$	$X(1)$
$4\, 2^3 1$	-4320	2880	720	3240	13536	678978300
$4\, 2^2 1^3$	1568	-2688	-560	2184	-6944	1319051250
$4\, 2\, 1^5$	1160	3720	2080	-10200	7936	492445800
$4\, 1^7$	-22680	-8568	-30240	7560	-40320	36581688
$3^3 2$	-22680	13104	-10080	41580	-24192	76211850
$3^3 1^2$	8640	-7776	-5760	3240	25920	248958710
$3^2 2^2 1$	540	-108	5040	-4860	0	796667872
$3^2 2\, 1^3$	-1300	1380	400	-3900	-6560	1303638336
$3^2 1^5$	-880	-528	-7040	7260	14080	311095512
$3\, 2^4$	-3360	-9408	-17360	17640	-10080	128035908
$3\, 2^3 1^2$	2940	1428	-5264	-4284	4032	997682400
$3\, 2^2 1^4$	-2560	-672	4576	7656	-1088	1018467450
$3\, 2\, 1^6$	4020	-1428	6760	-8640	-2880	275769648
$3\, 1^8$	6720	11424	-22400	7560	16128	17587350
$2^5 1$	4200	11760	28000	6300	-40320	64017954
$2^4 1^3$	-7560	-9072	2016	-6804	24192	177827650
$2^3 1^5$	13500	11340	-19800	0	-17280	126742616
$2^2 1^7$	-32340	-17556	15400	0	0	31744440
$2\, 1^9$	83160	33264	50400	56700	120960	2735810
1^{11}	-415800	-166320	-554400	-623700	-1330560	58786

TABLE 1.11 XIX

Z	$s_1s_2^2s_6$	$s_1^2s_4s_5$	$s_1^2s_3s_6$	$s_1^2s_2s_7$	$s_1^3s_8$	X(1)
11	106444800	127733760	141926400	182476800	106444800	1
10 1	4838400	17998848	19998720	25712640	25159680	209
9 2	2896320	-508032	-564480	2995200	2768640	5775
9 1^2	-2688000	580608	645120	-1013760	3655680	11781
8 3	568800	-844992	121920	786240	-875520	48279
8 2 1	235200	-274752	-564480	-63360	-203520	456456
8 1^3	-262080	-108864	134400	-1123200	80640	261800
7 4	-234720	375840	692160	-457920	-570960	149226
7 3 1	-160800	-50880	150080	111936	-178176	3357585
7 2^2	73920	78720	-98560	30720	-42240	2462229
7 2 1^2	-21840	90816	1280	99840	-56640	10138590
7 1^4	178560	-31104	238080	-34560	-23040	2662660
6 5	-37680	1205280	-308160	-866880	-218640	149226
6 4 1	87168	17496	35280	-106128	-1776	7461300
6 3 2	23808	-56064	6560	-83328	66624	22383900
6 3 1^2	1920	-10920	-3760	10416	24144	58198140
6 2^2 1	9840	18240	-8320	-29760	35520	69837768
6 2 1^3	-22608	-12096	-23808	16128	17088	87297210

TABLE 1.11 XX

Z	$s_1 s_2^2 s_6$	$s_1^2 s_4 s_5$	$s_1^2 s_3 s_6$	$s_1^2 s_2 s_7$	$s_1^3 s_8$	X(1)
$6\ 1^5$	7200	-60480	9600	14400	9600	13180167
$5^2 1$	-92400	142560	-221760	69696	-8976	2645370
$5\ 4\ 2$	-69552	-57024	-20160	41472	24624	32332300
$5\ 4\ 1^2$	28980	-16200	4080	38016	-4896	76602680
$5\ 3^2$	0	0	-50400	3456	28224	19399380
$5\ 3\ 2\ 1$	-1360	5920	10720	3616	-5136	443201220
$5\ 3\ 1^3$	-2448	9072	-14064	3024	-8784	341976250
$5\ 2^3$	-16560	8208	18960	15120	-17280	87744888
$5\ 2^2 1^2$	5472	-5616	8592	-6912	-10512	525275520
$5\ 2\ 1^4$	3312	3024	1392	-7632	-8112	320089770
$5\ 1^6$	-15840	36288	-21120	-8640	-5760	32008977
$4^2 3$	30240	22680	-65520	19440	15120	14226212
$4^2 2\ 1$	980	-3080	22960	-9920	-3360	209513304
$4^2 1^3$	-5148	-2376	15312	-28512	3168	148140720
$4\ 3^2 1$	12320	19096	-7280	-2000	-5040	224478540
$4\ 3\ 2^2$	-1360	7648	-2240	13120	-8880	366648282
$4\ 3\ 2\ 1^2$	-208	-1136	-4688	-6032	1968	1833241410
$4\ 3\ 1^4$	-5568	4704	-4288	3648	5568	689424120

TABLE 1.11 XXI

Z	$s_1 s_2^2 s_6$	$s_1^2 s_4 s_5$	$s_1^2 s_3 s_6$	$s_1^2 s_2 s_7$	$s_1^3 s_8$	X(1)
$4\ 2^3\ 1$	-3600	-6912	-13440	8640	2880	678978300
$4\ 2^2\ 1^3$	2352	-4368	5264	4944	5712	1319051250
$4\ 2\ 1^5$	2640	168	9680	-240	6000	492445800
$4\ 1^7$	-5040	13608	-31920	23760	5040	36581688
$3^3\ 2$	-15120	-18144	20160	8640	-5040	76211850
$3^3\ 1^2$	-17280	-18144	11520	0	2160	248958710
$3\ 2\ 1$	8640	-2592	-1440	-6480	4320	796667872
$3^2\ 2\ 1^3$	1200	1680	2000	8400	-1200	1303638336
$3^2\ 1^5$	10560	-7392	-3520	10560	-10560	311095512
$3\ 2^4$	21840	6048	3360	-24480	6720	128035908
$3\ 2^3\ 1^2$	-9408	12096	1344	-2448	-1344	997682400
$3\ 2^2\ 1^4$	1632	2976	-2176	-8448	-6384	1018467450
$3\ 2\ 1^6$	-13740	-12312	-720	-15840	-3360	275769648
$3\ 1^8$	53760	-18144	-20160	48960	-18480	17587350
$2^5\ 1$	-8400	-30240	33600	14400	-8400	64017954
$2^4\ 1^3$	9072	-18144	-12096	15552	-3024	177827650
$2^3\ 1^5$	8100	3240	-10800	0	21600	126742616
$2^2\ 1^7$	-23100	49896	55440	31680	36960	31744440
$2\ 1^9$	75600	-18144	-20160	-25920	-105840	2735810
1^{11}	-831600	-997920	-1108800	-1425600	-831600	58786

ZONAL POLYNOMIALS OF ORDER 1 THROUGH 12

TABLE 1.11 XXII

Z	$s_3 s_4^2$	$s_3^2 s_5$	$s_2 s_4 s_5$	$s_2 s_3 s_6$	X(1)
11	106444800	113541120	255467520	283852800	1
10 1	-5322240	-5677056	-12773376	-14192640	209
9 2	-295680	-315392	4499712	4999680	5775
9 1^2	591360	630784	-1161216	-1290240	11781
8 3	740160	1638144	-1161216	831360	48279
8 2 1	-157440	-375296	-72576	-599040	456456
8 1^3	80640	290304	217728	752640	261800
7 4	649440	-570240	907200	-913920	149226
7 3 1	-166592	-51456	-43008	72576	3357585
7 2^2	21760	122880	-188160	-7680	2462229
7 2 1^2	76480	20736	100416	53760	10138590
7 1^4	-126720	-82944	-186624	-215040	2662660
6 5	-616440	330380	332640	918720	149226
6 4 1	-1056	23584	-130032	-4032	7461300
6 3 2	26944	-41856	29568	74688	22383900
6 3 1^2	13408	21024	23952	-43584	58198140
6 2^2 1	-15680	3840	10560	-34560	69837768
6 2 1^3	-10560	-18176	-40896	38400	87297210

TABLE 1.11 XXIII

Z	$s_3s_4^2$	$s_3^2s_5$	$s_2s_4s_5$	$s_2s_3s_6$	X(1)
$6\ 1^5$	52800	56320	126720	-19200	13180167
$5^2\ 1$	123288	-66176	-66528	-183744	2645370
$5\ 4\ 2$	-25056	16704	96768	-38592	32332300
$5\ 4\ 1^2$	-5112	-3456	-9288	44016	76602680
$5\ 3^2$	-4032	88704	-56448	-108864	19399380
$5\ 3\ 2\ 1$	1568	-12736	-14528	15616	443201220
$5\ 3\ 1^3$	-3168	6912	9504	-16032	341976250
$5\ 2^3$	7200	8064	-22176	23520	87744888
$5\ 2^2\ 1^2$	0	5184	15264	-11040	525275520
$5\ 2\ 1^4$	5280	-4736	-10656	11040	320089770
$5\ 1^6$	-31680	-9216	-20736	-19200	32008977
$4^2\ 3$	90720	-70560	-105840	80640	14226212
$4^2\ 2\ 1$	-10360	8960	-9800	-3920	209513304
$4^2\ 1^3$	11880	-6336	13464	-18480	148140720
$4\ 3^2\ 1$	-21280	-2464	38416	4480	224478540
$4\ 3\ 2^2$	3800	7424	2464	-25280	366648282
$4\ 3\ 2\ 1^2$	6560	-256	-4256	4000	1833241410
$4\ 3\ 1^4$	-10760	-576	-2976	7680	689424120

ZONAL POLYNOMIALS OF ORDER 1 THROUGH 12

TABLE 1.11 XXIV

Z	$s_3 s_4^2$	$s_3^2 s_5$	$s_2 s_4 s_5$	$s_2 s_3 s_6$	$X(1)$
$4\,2^3\,1$	-4320	-6912	4032	10560	678978300
$4\,2^2\,1^3$	-2912	2688	-4704	-6048	1319051250
$4\,2\,1^5$	9760	-1152	13872	-2400	492445800
$4\,1^7$	-10080	8064	-27216	16800	36581688
$3^3\,2$	27720	-32256	-14112	20160	76211850
$3^3\,1^2$	4320	14976	-22464	-11520	248958710
$3^2\,2^2\,1$	-10800	5904	3024	7920	796667872
$3^2\,2\,1^3$	400	-8880	9120	-4800	1303638336
$3^2\,1^5$	10120	14784	-11616	0	311095512
$3\,2^4$	16800	-14336	8064	-26880	128035908
$3\,2^3\,1^2$	5712	3472	-7056	-3696	997682400
$3\,2^2\,1^4$	-3488	3072	1344	11904	1018467450
$3\,2\,1^6$	-9480	-15296	-4536	-18000	275769648
$3\,1^8$	36960	39424	36288	40320	17587350
$2^5\,1$	-21000	17920	-10080	33600	64017954
$2^4\,1^3$	1512	-16128	18144	-12096	177827650
$2^3\,1^5$	5400	11520	-22680	-10800	126742616
$2^2\,1^7$	9240	9856	49896	55440	31744440
$2\,1^9$	-83160	-88704	-199584	-221760	2735810
1^{11}	415800	443520	997920	1108800	58786

TABLE 1.11 XXV

Z	$S_2^2S_7$	$S_1S_5^2$	$S_1S_4S_6$	$S_1S_3S_7$	X(1)
11	182476800	204374016	425779200	486604800	1
10 1	-9123840	9289728	19353600	22118400	209
9 2	6935040	-2774016	-5779200	-6604800	5775
9 1^2	-2672640	-1032192	-2150400	-2457600	11781
8 3	-1563840	-317952	-662400	2880000	48279
8 2 1	-167040	211968	441600	-384000	456456
8 1^3	501120	193536	403200	1336320	261800
7 4	535680	-100224	1644480	702720	149226
7 3 1	50496	26112	-238464	184832	3357585
7 2^2	222720	39936	11520	-133120	2462229
7 2 1^2	-85440	-36096	66240	-144640	10138590
7 1^4	34560	-55296	-322560	92160	2662660
6 5	-586080	1673856	604320	-1662720	149226
6 4 1	7488	-176832	98880	-138624	7461300
6 3 2	-69312	-22272	-57600	-8704	22383900
6 3 1^2	21696	52032	-33984	-16768	58198140
6 2^2 1	3840	5376	8640	85760	69837768
6 2 1^3	2880	-29952	38592	-17664	87297210

ZONAL POLYNOMIALS OF ORDER 1 THROUGH 12

TABLE 1.11 XXVI

Z	$S_2^2 S_7$	$S_1 S_5^2$	$S_1 S_4 S_6$	$S_1 S_3 S_7$	X(1)
6 1^5	-14400	101376	-28800	-38400	13180167
5^2 1	117216	139392	-463584	244992	2645370
5 4 2	-50112	-50112	-38880	38016	32332300
5 4 1^2	5616	-23328	40536	38592	76602680
5 3^2	92736	-16128	112896	-142848	19399380
5 3 2 1	4736	8512	21856	-2048	443201220
5 3 1^3	-11232	10368	-15840	-2880	341976250
5 2^3	-33120	7488	-7200	-37440	87744888
5 $2^2 1^2$	7200	-4032	-27648	-5184	525275520
5 2 1^4	-1440	-12672	25632	8256	320089770
5 1^6	8640	27648	-28800	23040	32008977
4^2 3	8640	133056	-120960	-51840	14226212
4^2 2 1	14480	19936	280	3520	209513304
$4^2 1^3$	-15840	3168	16632	-57024	148140720
4 3^2 1	-22720	-21056	4480	27520	224478540
4 3 2^2	8480	-8192	4000	2560	366648282
4 3 2 1^2	-2080	-6272	-8288	1216	1833241410
4 3 1^4	12480	-2112	-4608	16256	689424120

TABLE 1.11 XXVII

Z	$S_2^2 S_7$	$S_1 S_5^2$	$S_1 S_4 S_6$	$S_1 S_3 S_7$	X(1)
$4\ 2^3 1$	2880	-576	12960	-8640	678978300
$4\ 2^2 1^3$	-2784	13440	6048	6464	1319051250
$4\ 2\ 1^5$	-4800	-7296	1440	-21760	492445800
$4\ 1^7$	8640	-24192	-50400	23040	36581688
$3^3 2$	-1440	32256	-50400	23040	76211850
$3^3 1^2$	17280	-3456	17280	-17280	248958710
$3^2 2^2 1$	-4320	6048	0	-8640	796667872
$3^2 2\ 1^3$	-1200	3936	7200	-1600	1303638336
$3^2 1^5$	-10560	-2112	0	7040	311095512
$3\ 2^4$	17280	-4032	-16800	39360	128035908
$3\ 2^3 1^2$	-3456	-10080	1344	8256	997682400
$3\ 2\ 1$	6144	-3840	-17856	-6784	1018467450
$3\ 2\ 1^6$	1440	8928	18600	-960	275769648
$3\ 1^8$	-11520	32256	67200	76800	17587350
$2^5 1$	-21600	32256	-16800	-38400	64017954
$2^4 1^3$	18144	0	18144	-13824	177827650
$2^3 1^5$	-32400	7776	16200	43200	126742616
$2^2 1^7$	55440	-22176	-46200	-52800	31744440
$2\ 1^9$	-142560	-72576	-151200	-172800	2735810
1^{11}	712800	798336	1663200	1900800	58786

ZONAL POLYNOMIALS OF ORDER 1 THROUGH 12

TABLE 1.11 XXVIII

Z	$s_1s_2s_8$	$s_1^2s_9$	s_5s_6	s_4s_7	X(1)
11	638668800	567705600	681246720	729907200	1
10 1	29030400	79994880	-34062336	-36495360	209
9 2	4354560	-2257920	-1892352	-2027520	5775
9 1^2	-9676800	2580480	3784704	4055040	11781
8 3	1209600	-3755520	-354816	-380160	48279
8 2 1	1036800	-1221120	236544	253440	456456
8 1^3	-483840	-483840	-709632	-760320	261800
7 4	-2250720	-800640	-126720	3041280	149226
7 3 1	-221952	164352	50688	-447744	3357585
7 2^2	-468480	445440	0	-122880	2462229
7 2 1^2	90240	215040	-50688	188160	10138590
7 1^4	138240	138240	202752	-138240	2662660
6 5	-740880	-408960	2808960	-1932480	149226
6 4 1	216864	23904	-289344	-107712	7461300
6 3 2	-5376	96384	-48384	146688	22383900
6 3 1^2	79008	-32928	82368	27456	58198140
6 2^2 1	-24960	-49920	23040	-53760	69837768
6 2 1^3	-26496	-64512	-50688	-11520	87297210

TABLE 1.11 XXIX

Z	$s_1s_2s_8$	$s_1^2s_9$	s_5s_6	s_4s_7	$X(1)$
$6\ 1^5$	-57600	-57600	46080	57600	13180167
$5^2 1$	90288	12672	-561792	386496	2645370
$5\ 4\ 2$	26784	36864	72576	-93312	32332300
$5\ 4\ 1^2$	-41472	-6048	102528	12096	76602680
$5\ 3^2$	16128	24192	16128	20736	19399380
$5\ 3\ 2\ 1$	-9952	-16768	-10112	-8064	443201220
$5\ 3\ 1^3$	-28512	12096	-42624	-3456	341976250
$5\ 2^3$	80640	-28800	-14976	51840	87744888
$5\ 2^2 1^2$	6624	13248	6912	0	525275520
$5\ 2\ 1^4$	12384	30528	35712	5760	320089770
$5\ 1^6$	34560	34560	-101376	-34560	32008977
$4^2 3$	30240	10080	60480	-77760	14226212
$4^2 2\ 1$	-17920	-7840	-35840	46080	209513304
$4^2 1^3$	25344	3168	-19008	-47520	148140720
$4\ 3^2 1$	-1120	-7840	-18368	14400	224478540
$4\ 3\ 2^2$	10640	-6400	16384	-20160	366648282
$4\ 3\ 2\ 1^2$	3104	6848	11392	-5760	1833241410
$4\ 3\ 1^4$	17664	-7872	9792	24000	689424120

ZONAL POLYNOMIALS OF ORDER 1 THROUGH 12

TABLE 1.11 XXX

Z	$s_1 s_2 s_8$	$s_1^2 s_9$	$s_5 s_6$	$s_4 s_7$	X(1)
$4\,2^3 1$	-20160	11520	-6912	0	678978300
$4\,2^2 1^3$	-3360	-6720	-8064	4992	1319051250
$4\,2\,1^5$	-9120	-22560	-12672	-27840	492445800
$4\,1^7$	-30240	-30240	88704	95040	36581688
$3^3 2$	-5040	0	16128	-25920	76211850
$3^3 1^2$	-4320	5760	6912	0	248958710
$3^2 2^2 1$	-2160	3600	-14256	19440	796667872
$3^2 2\,1^3$	2400	-6000	-2160	-8400	1303638336
$3^2 1^5$	-42240	10560	-6336	-10560	311095512
$3\,2^4$	-20160	0	21504	-34560	128035908
$3\,2^3 1^2$	13104	-9072	8400	-4752	997682400
$3\,2^2 1^4$	-1056	6528	0	8448	1018467450
$3\,2\,1^6$	34560	27360	14784	15840	275769648
$3\,1^8$	-30240	40320	-118272	-126720	17587350
$2^5 1$	25200	0	-26880	43200	64017954
$2^4 1^3$	-27216	16128	0	-15552	177827650
$2^3 1^5$	0	-7200	0	0	126742616
$2^2 1^7$	0	-110880	-29568	-31680	31744440
$2\,1^9$	-226800	40320	266112	285120	2735810
1^{11}	2494800	2217600	-1330560	-1425600	58786

TABLE 1.11 XXXI

Z	S_3S_8	S_2S_9	S_1S_{10}	S_{11}	X(1)
11	851558400	1135411200	2043740160	3715891200	1
10 1	-42577920	-56770560	92897280	-185794560	209
9 2	-2365440	19998720	-27740160	-10321920	5775
9 1^2	4730880	-5160960	-10321920	20643840	11781
8 3	5921280	-5160960	-3179520	-1935360	48279
8 2 1	-1259520	-322560	2119680	1290240	456456
8 1^3	645120	967680	1935360	-3870720	261800
7 4	-2217600	-910080	-1002240	-691200	149226
7 3 1	-161280	589824	261120	276480	3357585
7 2^2	460800	-645120	399360	0	2462229
7 2 1^2	46080	69120	-360960	-276480	10138590
7 1^4	-184320	-276480	-552960	1105920	2662660
6 5	-607200	-443520	-558720	-403200	149226
6 4 1	295680	142272	94464	115200	7461300
6 3 2	-126720	-16128	67584	0	22383900
6 3 1^2	11520	-115776	-49920	-69120	58198140
6 2^2 1	0	92160	-84480	0	69837768
6 2 1^3	-15360	-23040	105984	92160	87297210

TABLE 1.11 XXXII

Z	S_3S_8	S_2S_9	S_1S_{10}	S_{11}	X(1)
$6\,1^5$	76800	115200	230400	-460800	13180167
$5^2\,1$	121440	88704	63360	80640	2645370
$5\,4\,2$	17280	-16128	31104	0	32332300
$5\,4\,1^2$	-84960	-33696	-21600	-34560	76602680
$5\,3^2$	-80640	48384	0	0	19399380
$5\,3\,2\,1$	31360	-2816	-17280	0	443201220
$5\,3\,1^3$	-4608	41472	17280	27648	341976250
$5\,2^3$	-63360	28800	0	0	87744888
$5\,2^2\,1^2$	0	-28800	31104	0	525275520
$5\,2\,1^4$	7680	11520	-49536	-46080	320089770
$5\,1^6$	-46080	-69120	-138240	276480	32008977
$4^2\,3$	0	20160	0	0	14226212
$4^2\,2\,1$	-5600	1120	-10080	0	209513304
$4^2\,1^3$	47520	15840	9504	17280	148140720
$4\,3^2\,1$	17920	-15680	0	0	224478540
$4\,3\,2^2$	-1760	6400	0	0	366648282
$4\,3\,2\,1^2$	-12800	2560	8064	0	1833241410
$4\,3\,1^4$	2880	-25920	-10176	-17280	689424120

TABLE 1.11 XXXIII

Z	S_3S_8	S_2S_9	S_1S_{10}	S_{11}	X(1)
$4\ 2^3 1$	17280	-11520	0	0	678978300
$4\ 2^2 1^3$	0	16128	-18816	0	1319051250
$4\ 2\ 1^5$	-5760	-8640	36480	34560	492445800
$4\ 1^7$	40320	60480	120960	-241920	36581688
$3^3 2$	10080	0	0	0	76211850
$3^3 1^2$	-17280	11520	0	0	248958710
$3^2 2^2 1$	-2160	-3600	0	0	796667872
$3^2 2\ 1^3$	18000	-3600	-6720	0	1303638336
$3^2 1^5$	-31680	31680	10560	17280	311095512
$3\ 2^4$	13440	0	0	0	128035908
$3\ 2^3 1^2$	-11760	9072	0	0	997682400
$3\ 2^2 1^4$	-5760	-16128	19200	0	1018467450
$3\ 2\ 1^6$	37920	10080	-44640	-40320	275769648
$3\ 1^8$	-147840	-80640	-161280	322560	17587350
$2^5 1$	-16800	0	0	0	64017954
$2^4 1^3$	30240	-16128	0	0	177827650
$2^3 1^5$	-21600	50400	-38880	0	126742616
$2^2 1^7$	-36960	-110880	110880	80640	31744440
$2\ 1^9$	332640	443520	362880	-725760	2735810
1^{11}	-1663200	-2217600	-3991680	3628800	58786
					13749310575

ZONAL POLYNOMIALS OF ORDER 1 THROUGH 12

TABLE 1.12 I

Z	s_1^{12}	$s_1^{10}s_2$	$s_1^8 s_2^2$	$s_1^9 s_3$	$s_1^6 s_2^3$	$s_1^7 s_2 s_3$	$s_1^8 s_4$	$s_1^4 s_2^4$	$\chi(1)$
12	1	132	5940	1760	110880	126720	23760	831600	1
11 1	1	109	3870	1300	52920	71520	15480	252000	252
10 2	1	90	2559	920	27384	38688	9438	108360	8602
10 1^2	1	87	2286	926	19656	36144	9540	30240	17480
9 3	1	75	1779	620	16659	20928	5178	63810	92092
9 2 1	1	70	1419	620	9184	17308	5358	15960	860706
9 1^3	1	66	1131	632	3192	15312	5466	-22680	490314
8 4	1	64	1350	400	11940	12480	2340	41865	389367
8 3 1	1	57	951	386	5661	8364	2550	10890	8460320
8 2^2	1	54	795	380	3840	6540	2670	11160	6124118
8 2 1^2	1	51	621	392	957	5832	2736	-5130	25049024
8 1^4	1	46	351	412	-2688	4572	2826	-14280	6503112
7 5	1	57	1140	260	9630	9120	660	32625	653752
7 4 1	1	48	726	224	4212	4944	804	6489	28029617
7 3 2	1	43	531	204	2707	2624	954	6914	79430868
7 3 1^2	1	40	390	216	748	2312	1020	-3271	204417675
7 2^2 1	1	37	285	210	355	1100	1140	2150	239850072
7 2 1^3	1	33	117	230	-1401	828	1188	-2970	296111200
7 1^5	1	27	-105	260	-2745	240	1230	2250	43835792
6^2	1	54	1065	200	8700	8160	-30	30735	208012
6 5 1	1	43	636	134	3442	4024	-96	6249	28883952
6 4 2	1	36	426	92	2112	1644	-12	4653	204297500
6 4 1^2	1	33	306	104	552	1584	54	-2781	475931456
6 3^2	1	33	351	74	1917	684	54	3834	109830336
6 3 2 1	1	28	186	84	472	164	204	269	2409402996

TABLE 1.12 II

Z	s_1^{12}	$s_1^{10}s_2$	$s_1^8s_2^2$	$s_1^9s_3$	$s_1^6s_2^3$	$s_1^7s_2s_3$	$s_1^8s_4$	$s_1^4s_2^4$	X(1)
6 3 1^3	1	24	54	104	-708	216	252	-3159	1821925105
6 2^3	1	24	90	80	420	-720	360	3645	453050136
6 2^{2}1^2	1	21	-3	98	-333	-564	372	486	2677114440
6 2 1^4	1	16	-138	128	-908	-464	372	1161	1594457865
6 1^6	1	9	-285	170	-495	-660	330	7650	153977824
5^{2}2	1	33	396	44	1782	1584	-396	5049	75716368
5^{2}1^2	1	30	285	56	348	1632	-330	-1161	171609900
5 4 3	1	28	306	4	1512	564	-396	2709	267711444
5 4 2 1	1	23	166	14	292	344	-246	519	3624401088
5 4 1^3	1	19	54	34	-708	576	-198	-1689	2471182560
5 3^{2}1	1	20	130	-4	448	-148	-180	-651	2427054300
5 3 2^2	1	17	76	-4	406	-496	-60	1545	3706773840
5 3 2 1^2	1	14	4	14	-158	-214	-48	-669	18122005440
5 3 1^4	1	9	-96	44	-558	96	-48	-99	6544057520
5 2^{3}1	1	10	-36	10	294	-762	108	915	5930838144
5 2^{2}1^3	1	6	-108	38	42	-414	72	-189	11218384320
5 2 1^5	1	0	-186	80	324	-192	-12	1305	4008235231
5 1^7	1	-8	-234	136	1596	-456	-180	1785	278397405
4^3	1	24	270	-40	1260	360	-540	945	23371634
4^{2}3 1	1	17	130	-40	280	80	-330	-525	1835735616
4^{2}2^2	1	14	85	-40	220	-160	-210	1815	1873980108
4^{2}2 1^2	1	11	22	-22	-308	176	-198	231	8761465440
4^{2}1^4	1	6	-63	8	-708	576	-198	1431	2883046320
4 3^{2}2	1	11	76	-58	322	-328	-144	105	3212537328
4 3^{2}1^2	1	8	22	-40	-116	8	-132	-1335	10039179150

TABLE 1.12 III

Z	s_1^{12}	$s_1^{10}s_2$	$s_1^8 s_2^2$	$s_1^9 s_3$	$s_1^6 s_2^3$	$s_1^7 s_2 s_3$	$s_1^8 s_4$	$s_1^4 s_2^4$	X(1)
$4\ 3\ 2^2 1$	1	5	4	-40	94	-232	-12	465	26235721512
$4\ 3\ 2\ 1^3$	1	1	-48	-12	-158	176	-48	-19	40774512240
$4\ 3\ 1^5$	1	-5	-96	30	-26	488	-132	1805	8896257216
$4\ 2^4$	1	0	-6	-40	444	-552	168	765	2498640144
$4\ 2^3 1^2$	1	-3	-36	-16	294	-216	108	-567	18877089000
$4\ 2^2 1^4$	1	-8	-66	24	364	104	-12	-847	18202907250
$4\ 2\ 1^6$	1	-15	-66	80	924	48	-222	-945	4487353728
$4\ 1^8$	1	-24	6	152	1932	-888	-564	-6615	245402157
3^4	1	6	81	-88	252	-288	-54	-945	140229804
$3^3 2\ 1$	1	1	36	-68	-18	-48	36	-495	5889651768
$3^3 1^3$	1	-3	0	-40	-270	360	0	-675	5830160336
$3^2 2^3$	1	-3	36	-64	126	-216	180	945	3272028760
$3^2 2^2 1^2$	1	-6	15	-40	-60	120	120	135	22844709888
$3^2 2\ 1^4$	1	-11	0	0	-110	440	0	605	18399077424
$3^2 1^6$	1	-18	21	56	156	384	-210	1935	2883046320
$3\ 2^4 1$	1	-11	60	-40	70	-200	300	105	6195607704
$3\ 2^3 1^3$	1	-15	60	-4	-42	48	156	-567	15935205000
$3\ 2^2 1^5$	1	-21	90	50	0	0	-90	-405	9866425184
$3\ 2\ 1^7$	1	-29	186	122	112	-848	-474	-1365	1906340832
$3\ 1^9$	1	-39	396	212	-378	-3168	-1044	-6615	93486536
2^6	1	-18	165	-40	-420	-480	510	1575	140229804
$2^5 1^2$	1	-21	180	-10	-630	-360	360	945	1308811504
$2^4 1^4$	1	-26	225	40	-900	-480	90	1215	1873980108
$2^3 1^6$	1	-33	330	110	-1320	-1320	-330	2475	908596416
$2^2 1^8$	1	-42	537	200	-2436	-3552	-942	4095	171609900
$2\ 1^{10}$	1	-53	900	310	-5670	-8040	-1800	11025	11767536
1^{12}	1	-66	1485	440	-13860	-15840	-2970	51975	208012

TABLE 1.12 IV

Z	$s_1^5 s_2^2 s_3$	$s_1^6 s_3^2$	$s_1^6 s_2 s_4$	$s_1^7 s_5$	$s_1^2 s_2^5$	$s_1^3 s_2^3 s_3$	X(1)
12	2661120	591360	1330560	304128	1995840	17740800	1
11 1	1038240	282240	635040	171648	257040	3830400	252
10 2	412608	116256	283920	87744	161280	1276800	8602
10 1^2	295344	119616	258048	89280	-75600	60480	17480
9 3	201228	42336	120450	37824	70380	709200	92092
9 2 1	92568	38696	97160	40184	10080	70000	660706
9 1^3	24864	44352	76944	41568	-40320	-315840	490314
8 4	127440	20160	51480	10368	46620	384480	389367
8 3 1	47094	9576	33798	13560	-6300	69480	8460320
8 2^2	17400	5160	27240	14808	27360	60720	6124118
8 2 1^2	-2736	9132	19944	15408	-7020	-47040	25049024
8 1^4	-29736	15792	5544	16488	10080	-55440	6503112
7 5	91320	20160	25860	-3072	40005	273600	653752
7 4 1	32640	6048	12504	672	2556	13680	28029617
7 3 2	12780	-1792	6274	2752	6636	37840	79430868
7 3 1^2	3336	464	4456	3088	-8340	-29528	204417675
7 $2^2$1	-5550	-2320	2080	3928	3900	7000	239850072
7 2 1^3	-10314	1752	-2880	4320	-1620	2280	296111200
7 1^5	-14460	8040	-12810	5088	13500	54000	43835792
6^2	74640	23520	18600	-7872	24390	287520	208012
6 5 1	21180	9968	6764	-4528	-1449	33640	28883952
6 4 2	8580	1344	744	-1896	7812	15468	204297500
6 4 1^2	2160	2508	2034	-1728	-1809	-25440	475931456
6 3^2	8910	-2352	-2106	-648	-5724	36360	109830336
6 3 2 1	300	-2032	-296	-248	-204	-380	2409402996

TABLE 1.12 V

Z	$s_1^5 s_2^2 s_3$	$s_1^6 s_3^2$	$s_1^6 s_2 s_4$	$s_1^7 s_5$	$s_1^2 s_2^5$	$s_1^3 s_2^3 s_3$	X(1)
$6\ 3\ 1^3$	-1224	-48	-792	-144	972	-10824	1821925105
$6\ 2^3$	-3600	-3360	0	288	7020	240	453050136
$6\ 2^2 1^2$	-1758	-1584	-1248	312	-2052	1944	2677114440
$6\ 2\ 1^4$	192	1616	-4648	512	828	8944	1594457865
$6\ 1^6$	1830	6600	-11550	1128	-2700	9000	153977824
$5^2 2$	3960	4488	-396	-3168	3861	23760	75716368
$5^2 1^2$	-2064	5184	2136	-3072	-7650	672	171609900
$5\ 4\ 3$	6300	1008	-4536	-1368	756	8820	267711444
$5\ 4\ 2\ 1$	-1560	928	-426	-1168	701	-1120	3624401088
$5\ 4\ 1^3$	-3384	1752	1278	-1224	-423	936	2471182560
$5\ 3^2 1$	2436	-896	-2184	-232	-4060	4172	2427054300
$5\ 3\ 2^2$	-1416	-1064	-252	-160	2645	2480	3706773840
$5\ 3\ 2\ 1^2$	6	-548	348	-304	-568	446	18122005440
$5\ 3\ 1^4$	696	552	168	-384	3537	3456	6544057520
$5\ 2^3 1$	-702	-924	1260	-216	720	-4590	5930838144
$5\ 2^2 1^3$	2142	-84	252	-288	-1512	294	11218384320
$5\ 2\ 1^5$	2928	1776	-2280	-96	540	-5760	4008235231
$5\ 1^7$	504	5376	-6552	720	-8820	-27720	278397405
4^3	7560	1680	-7560	-432	11340	-32760	23371634
$4^2 3\ 1$	1680	700	-3150	128	1295	-11200	1835735616
$4^2 2^2$	-2640	640	-840	128	2510	-1120	1873980108
$4^2 2\ 1^2$	-1848	616	462	-88	-847	-616	8761465440
$4^2 1^4$	-2448	816	1512	-288	-1242	9984	2883046320
$4\ 3^2 2$	924	112	-2436	848	-1225	6440	3212537328
$4\ 3^2 1^2$	1896	-128	-1080	560	620	-3640	10039179150

TABLE 1.12 VI

Z	$s_1^5 s_2^2 s_3$	$s_1^6 s_3^2$	$s_1^6 s_2 s_4$	$s_1^7 s_5$	$s_1^2 s_2^5$	$s_1^3 s_2^3 s_3$	X(1)
$4\ 3\ 2^2 1$	-912	136	420	344	-55	-40	26235721512
$4\ 3\ 2\ 1^3$	552	-184	712	112	-87	784	40774512240
$4\ 3\ 1^5$	-732	-64	280	64	-285	40	8896257216
$4\ 2^4$	-2472	696	1680	-96	3420	-9240	2498640144
$4\ 2^3 1^2$	0	168	1260	-216	-567	168	18877089000
$4\ 2^2 1^4$	840	-112	280	-176	588	1288	18202907250
$4\ 2\ 1^6$	-2352	756	-1050	384	315	-3360	4487353728
$4\ 1^8$	-7896	4032	-1176	1968	1260	14280	245402157
3^4	3024	672	-4536	1728	-9450	30240	140229804
$3^3 2\ 1$	1224	432	-1836	1008	-675	5040	5889651768
$3^3 1^3$	2160	-480	-1080	648	3645	-5400	5830160336
$3^2 2^3$	-2016	1176	-252	360	945	-2520	3272028760
$3^2 2^2 1^2$	-120	180	-240	168	-990	840	22844709888
$3^2 2\ 1^4$	0	-880	-440	88	165	-3080	18399077424
$3^2 1^6$	-3696	-1104	-552	480	-4770	-6720	2883046320
$3\ 2^4 1$	-1680	1400	140	-712	945	-3080	6195607704
$3\ 2^3 1^3$	168	0	-420	-624	-315	4368	15935205000
$3\ 2^2 1^5$	-720	-840	-630	-72	1485	1080	9866425184
$3\ 2\ 1^7$	-3696	392	1274	1448	-315	8680	1906340832
$3\ 1^9$	504	5712	9324	4608	12285	60480	93486536
2^6	-1680	3360	-840	-2112	3150	-16800	140229804
$2^5 1^2$	1260	1680	-1260	-1872	-945	-2520	1308811504
$2^4 1^4$	3600	0	-1080	-1152	-810	-1440	1873980108
$2^3 1^6$	5280	0	1650	528	-495	-13200	908596416
$2^2 1^8$	13776	4032	10920	3840	-4410	-16800	171609900
$2\ 1^{10}$	51660	15120	34020	9648	-945	-63000	11767536
1^{12}	166320	36960	83160	19008	-62370	-554400	208012

TABLE 1.12 VII

Z	$s_1^4 s_2 s_3^2$	$s_1^4 s_2^2 s_4$	$s_1^5 s_3 s_4$	$s_1^5 s_2 s_5$	$s_1^6 s_6$	X(1)
12	17740800	19958400	10644480	12773376	3548160	1
11 1	5376000	6048000	4152960	4983552	1693440	252
10 2	1417920	1930320	1292928	1766016	697536	8602
10 1^2	1088640	1058400	1358784	1524096	717696	17480
9 3	547320	775620	285528	584496	215256	92092
9 2 1	127120	258720	284928	410256	241696	860706
9 1^3	53760	-176400	352128	254016	256704	490314
8 4	400800	383580	93600	171072	14880	389367
8 3 1	78240	115200	10524	106056	44616	8460320
8 2^2	-73200	61920	-7680	65232	56160	6124118
8 2 1^2	-44640	-46800	27288	20376	61044	25049024
8 1^4	-13440	-201600	76608	-63504	70224	6503112
7 5	274800	209700	162480	7776	-50640	653752
7 4 1	84000	52668	20928	19008	-17376	28029617
7 3 2	-3240	20868	-32232	13488	-2536	79430868
7 3 1^2	11328	-4956	-14160	6912	-1216	204417675
7 2^2 1	-37500	9900	-19920	-9024	4820	239850072
7 2 1^3	-180	-21420	792	-28872	7044	296111200
7 1^5	27600	-47700	25080	-63504	11400	43835792
6^2	175200	145620	229920	-53568	-64800	208012
6 5 1	25600	23388	78648	-23472	-28016	28883952
6 4 2	7008	36	4056	-10368	-9648	204297500
6 4 1^2	3600	-5922	12888	1368	-10596	475931456
6 3^2	14760	-13392	-21492	-3672	-3816	109830336
6 3 2 1	-3840	-2772	-8472	3648	-3856	2409402996

TABLE 1.12 VIII

Z	$s_1^4 s_2 s_3^2$	$s_1^4 s_2^2 s_4$	$s_1^5 s_3 s_4$	$s_1^5 s_2 s_5$	$s_1^6 s_6$	X(1)
6 3 1^3	9792	-7164	-1008	4608	-4224	1821925105
6 2^3	-18000	12240	-4320	-288	-1680	453050136
6 $2^2 1^2$	-2076	11340	-240	-3744	-1644	2677114440
6 2 1^4	11584	5100	5280	-8064	-1184	1594457865
6 1^6	2400	19800	9060	-13608	-120	153977824
5^2 2	-11880	1188	26928	-28512	-6336	75716368
$5^2 1^2$	-25152	-2196	32160	-10368	-8256	171609900
5 4 3	23520	-5292	-6552	-24192	3024	267711444
5 4 2 1	-6980	478	3068	-5272	284	3624401088
5 4 1^3	-7068	-2394	4572	3888	-1524	2471182560
5 3^2 1	7168	-8036	-5320	-448	1904	2427054300
5 3 2^2	-4280	-6380	944	3296	896	3706773840
5 3 2 1^2	472	-224	152	3368	176	18122005440
5 3 1^4	3912	-5904	-768	6048	-624	6544057520
5 2^3 1	-360	3420	4248	216	336	5930838144
5 $2^2 1^3$	504	2520	2520	-504	336	11218384320
5 2 1^5	-4800	-180	-192	3456	96	4008235231
5 1^7	-30240	28980	-7056	12096	-1344	278397405
4^3	50400	11340	-15120	-36288	10080	23371634
4^2 3 1	11200	5950	-5320	-10024	5180	1835735616
$4^2 2^2$	-3200	1180	800	-3328	3200	1873980108
4^2 2 1^2	-2156	8470	-1540	-2464	2156	8761465440
$4^2 1^4$	-1296	180	-4320	2016	816	2883046320
4 3^2 2	1120	-11060	728	2576	1904	3212537328
4 $3^2 1^2$	2560	2980	-1648	128	1184	10039179150

ZONAL POLYNOMIALS OF ORDER 1 THROUGH 12

TABLE 1.12 IX

Z	$s_1^4 s_2 s_3^2$	$s_1^4 s_2^2 s_4$	$s_1^5 s_3 s_4$	$s_1^5 s_2 s_5$	$s_1^6 s_6$	X(1)
$4\ 3\ 2^2 1$	40	-980	1448	776	176	26235721512
$4\ 3\ 2\ 1^3$	264	1440	-1200	-1104	176	40774512240
$4\ 3\ 1^5$	2400	-7080	-3792	2016	-64	8896257216
$4\ 2^4$	7440	-2880	1248	-864	-384	2498640144
$4\ 2^3 1^2$	1512	-1260	504	-3528	336	18877089000
$4\ 2^2 1^4$	-2688	-3780	-336	-2688	896	18202907250
$4\ 2\ 1^6$	-4200	-630	-3192	4536	-84	4487353728
$4\ 1^8$	-16800	39060	-15792	12096	-5376	245402157
3^4	-10080	-26460	6048	12096	-2016	140229804
$3^3 2\ 1$	-5280	-4860	3168	5616	-2736	5889651768
$3^3 1^3$	-3600	5400	1080	216	-2160	5830160336
$3^2 2^3$	2520	-3780	504	4536	-3024	3272028760
$3^2 2^2 1^2$	-1500	1440	480	72	-1980	22844709888
$3^2 2\ 1^4$	0	1320	1320	-1848	-880	18399077424
$3^2 1^6$	11760	-1620	1824	2016	-1104	2883046320
$3\ 2^4 1$	7000	420	-5880	1512	-560	6195607704
$3\ 2^3 1^3$	-1680	252	-672	-1008	1008	15935205000
$3\ 2^2 1^5$	900	-270	4500	432	1260	9866425184
$3\ 2\ 1^7$	13300	8610	1428	2016	-2996	1906340832
$3\ 1^9$	0	26460	-29232	-18144	-17136	93486536
2^6	16800	6300	-23520	12096	3360	140229804
$2^5 1^2$	0	3780	-12600	9072	5040	1308811504
$2^4 1^4$	-9600	-540	1440	6912	5760	1873980108
$2^3 1^6$	-3300	-4950	8580	2376	1980	908596416
$2^2 1^8$	-6720	-21420	-12768	-24192	-12096	171609900
$2\ 1^{10}$	-117600	-132300	-103320	-123984	-45360	11767536
1^{12}	-554400	-623700	-332640	-399168	-110880	208012

TABLE 1.12 X

Z	s_2^6	$s_1 s_2^4 s_3$	$s_1^2 s_2^2 s_3^2$	$s_1^2 s_2^3 s_4$	$s_1^3 s_3^3$	X (1)
12	665280	26611200	106444800	79833600	31539200	1
11 1	-30240	1108800	13708800	10281600	6809600	252
10 2	65520	1491840	3239040	3769920	680960	8602
10 1^2	-30240	-997920	-1370880	-1693440	896000	17480
9 3	-11880	386640	2358240	1536120	330560	92092
9 2 1	-1680	30240	-171360	191520	-170240	860706
9 1^3	5040	-80640	-618240	-987840	143360	490314
8 4	25740	262560	911520	653040	531200	389367
8 3 1	-3240	-96120	121920	-75240	44000	8460320
8 2^2	13680	174240	-71520	300960	-160000	6124118
8 2 1^2	-3960	-51840	-48240	-41040	-48640	25049024
8 1^4	5040	137760	221760	70560	143360	6503112
7 5	-12690	278100	636000	465300	195200	653752
7 4 1	-756	1728	-115392	15696	97280	28029617
7 3 2	-1896	46288	74208	20856	-8640	79403868
7 3 1^2	1452	-19280	-53520	-101760	11904	204417675
7 2^2 1	-600	2200	-34800	48000	-24000	239850072
7 2 1^3	360	-1080	43920	-4320	6080	296111200
7 1^5	-1800	-3600	12000	145800	70400	43835792
6^2	37575	-3960	1094880	306360	-160000	208012
6 5 1	-1266	-31482	65808	-14004	-57920	28883952
6 4 2	5580	13752	13728	55800	-5056	204297500
6 4 1^2	-2286	-10152	-52092	13446	6080	475931456
6 3^2	-3816	-38232	170208	-34344	19760	109830336
6 3 2 1	-276	-3992	5808	2856	-3840	2409402996

ZONAL POLYNOMIALS OF ORDER 1 THROUGH 12

TABLE 1.12 XI

Z	s_2^6	$s_1 s_2^4 s_3$	$s_1^2 s_2^2 s_3^2$	$s_1^2 s_2^3 s_4$	$s_1^3 s_3^3$	X(1)
$6\ 3\ 1^3$	684	16848	7920	864	-256	1821925105
$6\ 2^3$	4860	17280	-41040	4320	17600	453050136
$6\ 2^2 1^2$	-1368	-10152	5136	0	1088	2677114440
$6\ 2\ 1^4$	972	7488	-144	-16560	-9152	1594457865
$6\ 1^6$	-1800	-41400	-124800	16200	12800	153977824
$5^2 2$	-5346	60588	-792	-51084	-45760	75716368
$5^2 1^2$	2907	-19080	24000	-68760	-27136	171609900
$5\ 4\ 3$	-756	3528	1008	-10584	35840	267711444
$5\ 4\ 2\ 1$	-166	-782	-12792	4866	-7760	3624401088
$5\ 4\ 1^3$	234	2238	18720	3114	12464	2471182560
$5\ 3^2 1$	812	-3080	6720	-24360	5824	2427054300
$5\ 3\ 2^2$	-1090	14620	-6600	-12060	-320	3706773840
$5\ 3\ 2\ 1^2$	284	-3572	-3180	5964	-2216	18122005440
$5\ 3\ 1^4$	-666	-1332	3720	11664	704	6544057520
$5\ 2^3 1$	-180	-780	-4500	-1980	15080	5930838144
$5\ 2^2 1^3$	252	2268	5796	-3780	-2632	11218384320
$5\ 2\ 1^5$	-180	-1440	-3120	-6480	-7360	4008235231
$5\ 1^7$	1260	21840	30240	10080	29120	278397405
4^3	11340	-15120	-105840	90720	89600	23371634
$4^2 3\ 1$	-910	-1400	-14700	15750	11200	1835735616
$4^2 2^2$	3875	-11240	21120	5640	-12800	1873980108
$4^2 2\ 1^2$	-1078	1078	3696	-2310	-1232	8761465440
$4^2 1^4$	1287	4968	5616	-20520	19328	2883046320
$4\ 3^2 2$	-1330	70	21840	-420	-2240	3212537328
$4\ 3^2 1^2$	620	4720	-7680	0	-320	10039179150

TABLE 1.12 XII

Z	s_2^6	$s_1 s_2^4 s_3$	$s_1^2 s_2^2 s_3^2$	$s_1^2 s_2^3 s_4$	$s_1^3 s_3^3$	X(1)
$4\ 3\ 2^2 1$	-130	-1880	600	420	-2720	26235721512
$4\ 3\ 2\ 1^3$	102	1108	-1464	-1680	-2112	40774512240
$4\ 3\ 1^5$	-330	-6890	-13920	1920	3840	8896257216
$4\ 2^4$	3420	-6480	10200	-13680	8480	2498640144
$4\ 2^3 1^2$	-882	0	2520	8316	2912	18877089000
$4\ 2^2 1^4$	588	2800	-1680	-4704	-2688	18202907250
$4\ 2\ 1^6$	-630	-5040	7980	11970	2240	4487353728
$4\ 1^8$	1260	25200	77280	-20160	42560	245402157
3^4	4095	-22680	30240	22680	8960	140229804
$3^3 2\ 1$	270	-180	-9360	3780	4160	5889651768
$3^3 1^3$	-810	-5400	10800	0	3200	5830160336
$3^2 2^3$	-1890	15120	-12600	-26460	-1120	3272028760
$3^2 2^2 1^2$	585	-1440	-1380	5040	800	22844709888
$3^2 2\ 1^4$	-330	880	10560	-5280	0	18399077424
$3^2 1^6$	1035	14040	-4560	19080	-4480	2883046320
$3\ 2^4 1$	-210	-2520	7560	-3780	-5600	6195607704
$3\ 2^3 1^3$	126	1260	-9408	4284	2240	15935205000
$3\ 2^2 1^5$	-270	-5130	1440	-8370	-400	9866425184
$3\ 2\ 1^7$	210	3150	-15120	8190	-10640	1906340832
$3\ 1^9$	-1890	-56700	-115920	-139860	8960	93486536
2^6	7875	-37800	84000	-12600	-44800	140229804
$2^5 1^2$	-1890	5670	5040	3780	-11200	1308811504
$2^4 1^4$	1215	3240	-11520	-3240	12800	1873980108
$2^3 1^6$	-990	-4950	33000	4950	4400	908596416
$2^2 1^8$	1575	27720	6720	32760	-17920	171609900
$2\ 1^{10}$	-1890	-34650	25200	18900	56000	11767536
1^{12}	10395	415800	1663200	1247400	492800	208012

ZONAL POLYNOMIALS OF ORDER 1 THROUGH 12

TABLE 1.12 XIII

Z	$s_1^3 s_2 s_3 s_4$	$s_1^3 s_2^2 s_5$	$s_1^4 s_4^2$	$s_1^4 s_3 s_5$	$X(1)$
12	212889600	127733760	39916800	85155840	1
11 1	45964800	27578880	12096000	25804800	252
10 2	8171520	7047936	2520000	5376000	8602
10 1^2	4273920	1499904	2782080	5935104	17480
9 3	2773920	2687616	39600	549600	92092
9 2 1	-105280	391776	268800	459200	860706
9 1^3	-994560	-1604736	383040	930048	490314
8 4	2018880	780480	-37620	259200	389367
8 3 1	243120	274464	-132120	-109056	8460320
8 2^2	-367680	223200	-46080	-271680	6124118
8 2 1^2	-156960	-151776	-9360	-104112	25049024
8 1^4	-221760	-485856	-20160	197568	6503112
7 5	1286400	135360	431100	507840	653752
7 4 1	199200	-53856	7308	99456	28029617
7 3 2	-112480	42624	-61392	-52384	79430868
7 3 1^2	38576	-26640	-31140	-6784	204417675
7 2^2 1	-30400	51840	19200	-75160	239850072
7 2 1^3	96480	4608	7920	-1800	296111200
7 1^5	-12000	132480	-61200	157440	43835792
6^2	841920	175680	728820	566400	208012
6 5 1	43760	24144	186828	125696	28883952
6 4 2	-21144	-64728	-5364	10560	204297500
6 4 1^2	-54720	-28656	13968	32976	475931456
6 3^2	-66960	-7776	-42552	-9504	109830336
6 3 2 1	-25000	-2376	-7332	14336	2409402996

TABLE 1.12 XIV

Z	$s_1^3 s_2 s_3 s_4$	$s_1^3 s_2^2 s_5$	$s_1^4 s_4^2$	$s_1^4 s_3 s_5$	X(1)
6 3 1³	11088	-21744	-2340	13824	1821925105
6 2³	-34560	14400	29340	-2880	453050136
6 2² 1²	18624	1152	21312	-7896	2677114440
6 2 1⁴	4544	7872	-1668	10304	1594457865
6 1⁶	-145200	128160	-66600	94080	153977824
5² 2	79200	9504	36828	-41184	75716368
5² 1²	-60864	92160	49860	-15744	171609900
5 4 3	83160	-49896	-12852	-68544	267711444
5 4 2 1	16920	1104	-5832	-9304	3624401088
5 4 1³	-31032	23256	360	-13896	2471182560
5 3² 1	-504	24360	-7140	896	2427054300
5 3 2²	-4320	-1056	-2580	17504	3706773840
5 3 2 1²	13248	5856	-4140	3584	18122005440
5 3 1⁴	-3072	-10944	-2340	-8736	6544057520
5 2³ 1	-9360	-1224	6660	-2880	5930838144
5 2² 1³	-2016	-11088	2772	-12096	11218384320
5 2 1⁵	-12000	-6624	-6660	-6720	4008235231
5 1⁷	-55440	13104	-39060	48384	278397405
4³	105840	-136080	11340	-120960	23371634
4² 3 1	0	-18480	8400	-22960	1835735616
4² 2²	2880	-36480	180	7040	1873980108
4² 2 1²	5544	-1848	-1848	-616	8761465440
4² 1⁴	-20736	5472	4572	-9216	2883046320
4 3² 2	-35280	-10416	13020	4928	3212537328
4 3² 1²	-10800	17808	5340	2240	10039179150

ZONAL POLYNOMIALS OF ORDER 1 THROUGH 12

TABLE 1.12 XV

Z	$s_1^3 s_2 s_3 s_4$	$s_1^3 s_2^2 s_5$	$s_1^4 s_4^2$	$s_1^4 s_3 s_5$	X (1)
$4\ 3\ 2^2 1$	5040	-3864	-2340	6320	26235721512
$4\ 3\ 2\ 1^3$	1184	-1008	-708	3584	40774512240
$4\ 3\ 1^5$	3200	-864	7740	-1120	8896257216
$4\ 2^4$	-10560	19296	-2340	-5280	2498640144
$4\ 2^3 1^2$	-13104	2520	-1764	-1008	18877089000
$4\ 2^2 1^4$	5936	5040	1596	-448	18202907250
$4\ 2\ 1^6$	33600	7056	5040	1680	4487353728
$4\ 1^8$	28560	-77616	1260	43008	245402157
3^4	-60480	-12096	34020	-24192	140229804
$3^3 2\ 1$	4320	3024	7020	-14112	5889651768
$3^3 1^3$	-10800	5400	2700	-2160	5830160336
$3^2 2^3$	35280	10584	-3780	-17136	3272028760
$3^2 2^2 1^2$	7680	-7560	-4320	-3360	22844709888
$3^2 2\ 1^4$	-6160	-3960	-660	4400	18399077424
$3^2 1^6$	-13440	6624	7740	-1536	2883046320
$3\ 2^4 1$	-6160	14280	2940	-6160	6195607704
$3\ 2^3 1^3$	-4704	-3024	-756	4704	15935205000
$3\ 2^2 1^5$	3960	9720	-3240	-1800	9866425184
$3\ 2\ 1^7$	-28840	-7896	-840	-12712	1906340832
$3\ 1^9$	-80640	-133056	26460	56448	93486536
2^6	-33600	20160	44100	13440	140229804
$2^5 1^2$	-5040	-15120	26460	20160	1308811504
$2^4 1^4$	25920	-17280	1620	5760	1873980108
$2^3 1^6$	6600	7920	-19800	-30360	908596416
$2^2 1^8$	-47040	16128	-6300	-13440	171609900
$2\ 1^{10}$	378000	226800	132300	282240	11767536
1^{12}	3326400	1995840	623700	1330560	208012

TABLE 1.12 XVI

Z	$s_1^4 s_2 s_6$	$s_1^5 s_7$	$s_2^3 s_3^2$	$s_2^4 s_4$	X (1)
12	106444800	36495360	70963200	39916800	1
11 1	32256000	14238720	-3225600	-1814400	252
10 2	8507520	4432896	3413760	2590560	8602
10 1^2	6531840	4658688	-1451520	-1149120	17480
9 3	2121120	779616	128160	-480240	92092
9 2 1	1048320	1025856	-271040	-63840	860706
9 1^3	40320	1158912	430080	191520	490314
8 4	389280	-224640	281280	699840	389367
8 3 1	224640	-1872	-54720	-76320	8460320
8 2^2	40320	83520	294720	300960	6124118
8 2 1^2	-148680	112032	-64320	-82080	25049024
8 1^4	-547680	171072	26880	90720	6503112
7 5	-410400	-325440	565200	-363600	653752
7 4 1	6048	-133632	-88704	-18432	28019617
7 3 2	22368	-50592	45856	-41712	79430868
7 3 1^2	35328	-51648	7840	33024	204417675
7 2^2 1	-16800	-20520	-54800	-13200	239850072
7 2 1^3	-54720	-15192	48720	6480	296111200
7 1^5	-169200	1440	-100800	-32400	43835792
6^2	-802080	-270720	-590880	877410	208012
6 5 1	-212832	-77472	-21344	-21972	28883952
6 4 2	-43488	-8928	-1632	75888	204297500
6 4 1^2	11808	-22752	17976	-29052	475931456
6 3^2	-34992	12528	-21024	-45792	109830336
6 3 2 1	6528	288	-1664	-2832	2409402996

ZONAL POLYNOMIALS OF ORDER 1 THROUGH 12

TABLE 1.12 XVII

Z	$s_1^4 s_2 s_6$	$s_1^5 s_7$	$s_2^3 s_3^2$	$s_2^4 s_4$	X (1)
6 3 1^3	29952	-6336	-5856	5184	1821925105
6 2^3	5040	2880	39840	36720	453050136
6 $2^2 1^2$	11232	792	-2448	-8208	2677114440
6 2 1^4	20352	-1728	-5408	4032	1594457865
6 1^6	-7200	-720	43200	0	153977824
$5^2 2$	-99792	19008	121176	-76032	75716368
$5^2 1^2$	-44352	1152	-50880	42534	171609900
5 4 3	-34272	31968	-8064	-9072	267711444
5 4 2 1	-952	10728	-12604	-2112	3624401088
5 4 1^3	13992	1944	16044	1944	2471182560
5 $3^2 1$	-15232	13152	5600	9744	2427054300
5 3 2^2	-2800	5568	12680	-8640	3706773840
5 3 2 1^2	-8368	4824	-2056	1704	18122005440
5 3 1^4	1872	2304	-1656	-4536	6544057520
5 $2^3 1$	-6720	2376	-16440	-1080	5930838144
5 $2^2 1^3$	-1008	2232	13272	1512	11218384320
5 2 1^5	5760	576	-15840	0	4008235231
5 1^7	-23520	1728	26880	0	278397405
4^3	30240	25920	-70560	90720	23371634
4^2 3 1	22400	2400	9800	-6300	1835735616
$4^2 2^2$	30080	-5760	-8320	12990	1873980108
4^2 2 1^2	10472	-4488	5852	-1848	8761465440
$4^2 1^4$	6192	-4608	-17808	1242	2883046320
4 3^2 2	19040	-7008	-4480	-2100	3212537328
4 $3^2 1^2$	-6400	-3072	-3520	0	10039179150

TABLE 1.12 XVIII

Z	$s_1^4 s_2 s_6$	$s_1^5 s_7$	$s_2^3 s_3^2$	$s_2^4 s_4$	X (1)
$4\ 3\ 2^2 1$	1280	-5184	-40	120	26235721512
$4\ 3\ 2\ 1^3$	-6288	-1728	232	-168	40774512240
$4\ 3\ 1^5$	-3840	-384	7360	2100	8896257216
$4\ 2^4$	-720	-3744	21360	-13680	2498640144
$4\ 2^3 1^2$	2016	-2304	-840	4536	18877089000
$4\ 2^2 1^4$	5376	-2304	-5600	-4704	18202907250
$4\ 2\ 1^6$	-5040	-2304	11760	6300	4487353728
$4\ 1^8$	-50400	9792	-53760	-20160	245402157
3^4	30240	-10368	-10080	9450	140229804
$3^3 2\ 1$	1440	-1728	4320	0	5889651768
$3^3 1^3$	-10800	4320	0	0	5830160336
$3^2 2^3$	0	1728	-2520	7560	3272028760
$3^2 2^2 1^2$	180	4320	-1140	-2520	22844709888
$3^2 2\ 1^4$	2640	5280	880	2640	18399077424
$3^2 1^6$	-720	4608	-10320	-7650	2883046320
$3\ 2^4 1$	-3360	5760	-8120	840	6195607704
$3\ 2^3 1^3$	8064	1728	6384	-1008	15935205000
$3\ 2^2 1^5$	7560	-3240	-3780	2160	9866425184
$3\ 2\ 1^7$	-12600	2232	5740	-3360	1906340832
$3\ 1^9$	0	50112	30240	30240	93486536
2^6	-50400	5760	84000	-97650	140229804
$2^5 1^2$	-30240	-4320	-10080	26460	1308811504
$2^4 1^4$	-17280	-17280	-5760	-18630	1873980108
$2^3 1^6$	-19800	-19800	16500	19800	908596416
$2^2 1^8$	20160	21888	-47040	-33390	171609900
$2\ 1^{10}$	352800	177120	100800	56700	11767536
1^{12}	1663200	570240	-554400	-311850	208012

ZONAL POLYNOMIALS OF ORDER 1 THROUGH 12

TABLE 1.12 XIX

Z	$s_1 s_2 s_3^3$	$s_1 s_2^2 s_3 s_4$	$s_1 s_2^3 s_5$	$s_1^2 s_3^2 s_4$	$X(1)$
12	189235200	638668800	255467520	425779200	1
11 1	7884800	26611200	10644480	54835200	252
10 2	1075200	14353920	10031616	-1344000	8602
10 1^2	-2365440	-13305600	-7451136	1612800	17480
9 3	3369600	6023520	1665216	2611200	92092
9 2 1	-537600	174720	522816	-1814400	860706
9 1^3	645120	-322560	-790272	860160	490314
8 4	293120	1699200	581760	4184640	389367
8 3 1	48960	-795600	-549216	307200	8460320
8 2^2	-261120	28800	740160	-647040	6124118
8 2 1^2	-26880	1440	-201312	-8640	25049024
8 1^4	197120	685440	681408	725760	6503112
7 5	230400	2228400	853920	609600	653752
7 4 1	-203904	-89280	134208	230016	28029617
7 3 2	114816	298080	93888	-144384	79430868
7 3 1^2	-16320	-76704	-30240	-37152	204417675
7 2^2 1	0	-12000	54720	38400	239850072
7 2 1^3	30720	48960	-78624	-23040	296111200
7 1^5	-192000	-381600	112320	-76800	43835792
6^2	1985280	1346400	-1108800	-2072640	208012
6 5 1	27456	-215160	-126192	-329184	28883952
6 4 2	13344	61200	-84528	-70464	204297500
6 4 1^2	12576	-49320	13608	-3384	475931456
6 3^2	219936	-49680	-114912	59616	109830336
6 3 2 1	-38304	240	-10512	-2784	2409402996

TABLE 1.12 XX

Z	$s_1 s_2 s_3^3$	$s_1 s_2^2 s_3 s_4$	$s_1 s_2^3 s_5$	$s_1^2 s_3^2 s_4$	X (1)
$6\ 3\ 1^3$	23232	36000	50976	-6048	1821925105
$6\ 2^3$	24960	-230400	17280	119520	453050136
$6\ 2^2 1^2$	0	26784	-15552	26112	2677114440
$6\ 2\ 1^4$	-1920	-13056	4608	-37728	1594457865
$6\ 1^6$	38400	61200	-82080	-4800	153977824
$5^2 2$	-141504	23760	161568	-1584	75716368
$5^2 1^2$	0	13536	-5760	81408	171609900
$5\ 4\ 3$	4256	-15120	21168	203616	267711444
$5\ 4\ 2\ 1$	4816	2700	8968	-26784	3624401088
$5\ 4\ 1^3$	11792	25020	-23184	56592	2471182560
$5\ 3^2 1$	1120	-53424	26320	-4032	2427054300
$5\ 3\ 2^2$	-4160	26640	-13856	-6480	3706773840
$5\ 3\ 2\ 1^2$	-3248	8640	-3344	-4968	18122005440
$5\ 3\ 1^4$	2112	-44640	-9504	4272	6544057520
$5\ 2^3 1$	25520	1440	19296	-9000	5930838144
$5\ 2^2 1^3$	-11760	8064	-9072	-13608	11218384320
$5\ 2\ 1^5$	-1920	-14400	29376	31200	4008235231
$5\ 1^7$	49280	171360	-62496	60480	278397405
4^3	-248640	453600	-272160	393120	23371634
$4^2 3\ 1$	-5600	12600	-11480	-12600	1835735616
$4^2 2^2$	17920	21600	-43520	-34560	1873980108
$4^2 2\ 1^2$	6160	-36036	17248	-11083	8761465440
$4^2 1^4$	-44160	49824	-2592	-8928	2883046320
$4\ 3^2 2$	11200	17640	2128	-10080	3212537328
$4\ 3^2 1^2$	-4160	7200	1696	-2880	10039179150

ZONAL POLYNOMIALS OF ORDER 1 THROUGH 12

TABLE 1.12 XXI

Z	$s_1 s_2 s_3^3$	$s_1 s_2^2 s_3 s_4$	$s_1 s_2^3 s_5$	$s_1^2 s_3^2 s_4$	X (1)
$4\ 3\ 2^2 1$	-10880	3240	-104	21600	26235721512
$4\ 3\ 2\ 1^3$	11520	-3216	-432	2832	40774512240
$4\ 3\ 1^5$	-1920	19200	576	-21600	8896257216
$4\ 2^4$	6720	-48960	-2304	-22800	2498640144
$4\ 2^3 1^2$	-6720	504	1512	-8064	18877089000
$4\ 2^2 1^4$	0	4704	-6048	8736	18202907250
$4\ 2\ 1^6$	10080	-12600	9576	-4200	4487353728
$4\ 1^8$	-120960	-171360	-34272	-168000	245402157
3^4	134400	-272160	157248	-60480	140229804
$3^3 2\ 1$	-6400	-12960	-432	-2880	5889651768
$3^3 1^3$	-2400	27000	-22680	-10800	5830160336
$3^2 2^3$	13440	-7560	-34776	-10080	3272028760
$3^2 2^2 1^2$	1440	7200	11160	480	22844709888
$3^2 2\ 1^4$	-5280	-19800	3960	2640	18399077424
$3^2 1^6$	-1920	12960	-10656	-9120	2883046320
$3\ 2^5 1$	6720	21000	5880	-20160	6195607704
$3\ 2^3 1^3$	0	-10080	-11088	-672	15935205000
$3\ 2^2 1^5$	-3120	18900	10800	9360	9866425184
$3\ 2\ 1^7$	21840	-18060	-27552	25200	1906340832
$3\ 1^9$	13440	257040	187488	-50400	93486536
2^6	-134400	50400	141120	168000	140229804
$2^5 1^2$	-6720	-37800	-15120	70560	1308811504
$2^4 1^4$	28160	21600	0	-46080	1873980108
$2^3 1^6$	-39600	-9900	27720	-52800	908596416
$2^2 1^8$	0	-110880	-88704	134400	171609900
$2\ 1^{10}$	123200	415800	166320	-50400	11767536
1^{12}	-1478400	-4989600	-1995840	-3326400	208012

TABLE 1.12 XXII

Z	$s_1^2s_2s_4^2$	$s_1^2s_2s_3s_5$	$s_1^2s_2^2s_6$	$s_1^3s_4s_5$	X (1)
12	479001600	1021870080	638668800	510935040	1
11 1	61689600	131604480	82252800	110315520	252
10 2	6531840	13934592	19434240	11031552	8602
10 1^2	-2177280	-4644864	-8225280	14515200	17480
9 3	1542240	8871552	7172640	-3017088	92092
9 2 1	-120960	-1628928	685440	-701568	860706
9 1^3	-2177280	-3290112	-5402880	290304	490314
8 4	1898640	2522880	377280	-305280	389367
8 3 1	-233280	902016	105120	-768960	8460320
8 2^2	-51840	-864000	789120	-190080	6124118
8 2 1^2	371520	111168	15120	-66816	25049024
8 1^4	-362880	822528	141120	-233856	6503112
7 5	1773900	1313280	-817200	3162240	653752
7 4 1	130896	-691200	-220608	115776	28029617
7 3 2	-399264	-124800	-58848	-102784	79430868
7 3 1^2	-72528	79488	-226176	23648	204417675
7 2^2 1	62400	-170400	58800	196160	239850072
7 2 1^3	86400	77472	19440	73152	296111200
7 1^5	-280800	34560	496800	-190080	43835792
6^2	1065960	4250880	-226080	4821120	208012
6 5 1	-66204	385920	63792	724896	28883952
6 4 2	147744	-89856	-8784	-161136	204297500
6 4 1^2	22896	-188640	183492	-29664	475931456
6 3^2	-108864	138240	80352	-126144	109830336
6 3 2 1	-3264	87360	31152	-14224	2409402996

TABLE 1.12 XXIII

Z	$s_1^2 s_2 s_4^2$	$s_1^2 s_2 s_3 s_5$	$s_1^2 s_2^2 s_6$	$s_1^3 s_4 s_5$	X (1)
6 3 1^3	12528	36864	-36288	-8928	1821925105
6 2^3	-28080	-14400	-12960	54720	453050136
6 $2^2 1^2$	15552	-22176	-6480	-4032	2677114440
6 2 1^4	-38448	-35136	-41760	-44352	1594457865
6 1^6	43200	-224640	-21600	-60480	153977824
$5^2$2	32076	285120	-446688	-57024	75716368
$5^2 1^2$	-292248	131328	28224	62208	171609900
5 4 3	72576	-120960	-111888	-63504	267711444
5 4 2 1	34176	9360	-25788	-37584	3624401088
5 4 1^3	-28512	-44496	37332	-7488	2471182560
5 $3^2$1	-12768	-4032	19824	37968	2427054300
5 3 2^2	-23460	-22464	-26400	27840	3706773840
5 3 2 1^2	10848	-7056	1752	6552	18122005440
5 3 1^4	108	5184	-12528	24192	6544057520
5 $2^3$1	-12960	4752	-10440	-14328	5930838144
5 $2^2 1^3$	-6048	-7056	22680	-11592	11218384320
5 2 1^5	-2160	67392	4320	24192	4008235231
5 1^7	226800	-48384	-70560	110880	278397405
4^3	-136080	-362880	181440	90720	23371634
$4^2$3 1	-42000	-10080	60900	43680	1835735616
$4^2 2^2$	-13560	11520	-1920	11520	1873980108
$4^2$2 1^2	7392	33264	-4620	-7392	8761465440
$4^2 1^4$	7992	2304	-32400	7488	2883046320
4 $3^2$2	12180	-64512	1680	24864	3212537328
4 $3^2 1^2$	-7440	27072	-3360	1632	10039179150

TABLE 1.12 XXIV

Z	$s_1^2 s_2 s_4^2$	$s_1^2 s_2 s_3 s_5$	$s_1^2 s_2^2 s_6$	$s_1^3 s_4 s_5$	X (1)
$4\ 3\ 2^2\ 1$	-5460	5472	4560	-4608	26235721512
$4\ 3\ 2\ 1^3$	2892	-22656	-1680	-832	40774512240
$4\ 3\ 1^5$	-60	21312	1920	2912	8896257216
$4\ 2^4$	41040	45792	16560	-14688	2498740144
$4\ 2^3\ 1^2$	5292	14112	-15120	-4032	18877089000
$4\ 2^2\ 1^4$	2352	-9408	13440	-5152	18202907250
$4\ 2\ 1^6$	-45360	-6048	-16380	-6048	4487353728
$4\ 1^8$	45360	-145152	70560	18144	245402157
3^4	249480	-145152	-90720	-72576	140229804
$3^3\ 2\ 1$	30780	19008	-15120	-38016	5889651768
$3^3\ 1^3$	-8100	30240	-32400	-21600	5830160336
$3\ 2^2\ 2^3$	11340	-18144	75600	0	3272028760
$3\ 2^2\ 2^2\ 1^2$	-25920	-7200	1260	14400	22844709888
$3\ 2^2\ 1^4$	12540	-5280	18480	1760	18399077424
$3\ 2\ 1^6$	5400	43776	5040	-37440	2883046320
$3\ 2^4\ 1$	11340	-30240	-15120	20160	6195607704
$3\ 2^3\ 1^3$	2268	28224	-13104	16128	15935205000
$3\ 2^2\ 1^5$	12960	-23760	-9180	-4320	9866425184
$3\ 2\ 1^7$	-30240	1008	-36540	-12096	1906340832
$3\ 1^9$	102060	217728	347760	-72576	93486536
2^6	37800	-241920	-50400	-120960	140229804
$2^5\ 1^2$	-11340	0	15120	-90720	1308811504
$2^4\ 1^4$	-22680	34560	51840	-34560	1873980108
$2^3\ 1^6$	0	-71280	-9900	71280	908596416
$2^2\ 1^8$	68040	145152	-20160	145152	171609900
$2\ 1^{10}$	-56700	-120960	-75600	-453600	11767536
1^{12}	-3742200	-7983360	-4989600	-3991680	208012

ZONAL POLYNOMIALS OF ORDER 1 THROUGH 12

TABLE 1.12 XXV

Z	$S_1^3 S_3 S_6$	$S_1^3 S_2 S_7$	$S_1^4 S_8$	S_3^4	$S_2 S_3^2 S_4$	X (1)
12	567705600	729907200	319334400	63078400	851558400	1
11 1	122572800	157593600	96768000	-2867200	-38707200	252
10 2	12257280	28016640	20160000	-143360	12364800	8602
10 1^2	16128000	14653440	22256640	286720	-3225600	17480
9 3	-251520	5523840	316800	1354240	6499200	92092
9 2 1	-1541120	618240	2150400	-322560	-2464000	860706
9 1^3	1075200	-4377600	3064320	286720	2795520	490314
8 4	1923840	11520	-2051280	-384640	-639360	389367
8 3 1	-139200	555840	-776160	-39680	-384000	8460320
8 2^2	-1059840	-11520	-299520	87040	188160	6124118
8 2 1^2	-422400	-403200	-211680	17920	357120	25049024
8 1^4	806400	-1670400	40320	-71680	-967680	6503112
7 5	768000	-2649600	-1184400	-80000	1884000	653752
7 4 1	577920	-247680	-373968	42112	-160512	28029617
7 3 2	73600	-46720	-47488	-19968	344448	79430868
7 3 1^2	117568	214208	-113296	3840	-67392	204417675
7 2^2 1	-75200	72800	-11200	0	-187200	239850072
7 2 1^3	70080	145440	-34560	-5120	118080	296111200
7 1^5	441600	-28800	-14400	25600	-19200	43835792
6^2	-1232640	-3467520	-655920	1152640	1008960	208012
6 5 1	-363200	-479040	-78288	-73728	-284992	28883952
6 4 2	6624	-143712	101808	-7424	16512	204297500
6 4 1^2	29760	-5760	19872	8992	63648	475931456
6 3^2	-73440	-181440	149472	141952	-50112	109830336
6 3 2 1	12640	-56800	58352	-21888	-38592	2409402996

TABLE 1.12 XXVI

Z	$s_1^3 s_3 s_6$	$s_1^3 s_2 s_7$	$s_1^4 s_8$	s_3^4	$s_2 s_3^2 s_4$	X (1)
6 3 1^3	-53184	33984	22896	15616	27072	1821925105
6 2^3	16320	-37440	34560	33280	112320	453050136
6 2^2 1^2	-19392	-26784	28224	4096	23232	2677114440
6 2 1^4	-32192	19776	13584	-13824	-73408	1594457865
6 1^6	-19200	14400	7200	25600	182400	153977824
5^2 2	-253440	190080	52272	37312	-210672	75716368
5^2 1^2	-164352	177408	-17136	4480	185088	171609900
5 4 3	-171360	90720	69552	-60928	157248	267711444
5 4 2 1	35120	45360	-1568	9632	-10632	3624401088
5 4 1^3	-144	17424	-12384	-12064	-41688	2471182560
5 3^2 1	-11872	7008	-2576	-4480	-37632	2427054300
5 3 2^2	32000	36480	-26480	4160	3120	3706773840
5 3 2 1^2	1496	-8136	-13664	1856	21552	18122005440
5 3 1^4	-27264	2304	-10944	-2624	-20208	6544057520
5 2^3 1	10440	10440	-20880	-9280	-23760	5930838144
5 2^2 1^3	22008	-11304	-12096	3136	-11088	11218384320
5 2 1^5	6720	-20160	-7920	2560	58560	4008235231
5 1^7	-100800	14400	-5040	-17920	-241920	278397405
4^3	-262080	77760	45360	138880	-665280	23371634
4^2 3 1	-11200	-9600	-5600	5600	16800	1835735616
4^2 2^2	35840	11520	-19280	-10240	3840	1873980108
4^2 2 1^2	23408	-43824	2464	-2464	-1848	8761465440
4^2 1^4	14208	-36864	13824	10816	28512	2883046320
4 3^2 2	2240	29760	-20720	-4480	47040	3212537328
4 3^2 1^2	-8320	-15360	880	1280	-13440	10039179150

TABLE 1.12 XXVII

Z	$s_1^3 s_3 s_6$	$s_1^3 s_2 s_7$	$s_1^4 s_8$	s_3^4	$s_2 s_3^2 s_4$	X (1)
$4\ 3\ 2^2\ 1$	-21760	1440	2320	2720	-17760	26235721512
$4\ 3\ 2\ 1^3$	-3392	5696	8384	-2304	9072	40774512240
$4\ 3\ 1^5$	-1280	16640	6080	960	-15840	8896257216
$4\ 2^4$	-36960	1440	11520	-1280	54240	2498640144
$4\ 2^3\ 1^2$	-6720	16992	9072	1120	8064	18877089000
$4\ 2^2\ 1^4$	17920	512	7952	0	-12096	18202907250
$4\ 2\ 1^6$	6720	-5760	10080	-2240	3360	4487353728
$4\ 1^8$	-114240	123840	-5040	17920	134400	245402157
3^4	80640	34560	-15120	152320	-423360	140229804
$3^3\ 2\ 1$	23040	-8640	6480	-18880	30240	5889651768
$3^3\ 1^3$	21600	21600	0	13600	-10800	5830160336
$3^2\ 2^3$	0	-47520	15120	14560	-10080	3272028760
$3^2\ 2^2\ 1^2$	2880	1440	1440	1840	3360	22844709888
$3^2\ 2\ 1^4$	-1760	12320	-14080	-5280	-7920	18399077424
$3^2\ 1^6$	-9600	0	-23040	9280	34080	2883046320
$3\ 2^4\ 1$	24640	-19680	-1680	-10080	-17920	6195607704
$3\ 2^3\ 1^3$	-8064	-9792	-11088	3136	1344	15935205000
$3\ 2^2\ 1^5$	-12240	-36720	-4320	2080	16920	9866425184
$3\ 2\ 1^7$	22960	2640	3360	-10080	-65800	1906340832
$3\ 1^9$	-80640	138240	-105840	17920	100800	93486536
2^6	134400	57600	-25200	44800	-33600	140229804
$2^5\ 1^2$	20160	60480	-15120	4480	40320	1308811504
$2^4\ 1^4$	-46080	34560	23760	-10240	-34560	1873980108
$2^3\ 1^6$	39600	39600	79200	8800	6600	908596416
$2^2\ 1^8$	161280	80640	25200	4480	134400	171609900
$2\ 1^{10}$	-504000	-648000	-529200	-44800	-604800	11767536
1^{12}	-4435200	-5702400	-2494800	246400	3326400	208012

TABLE 1.12 XXVIII

Z	$s_2^2 s_4^2$	$s_2^2 s_3 s_5$	$s_2^3 s_6$	$s_1 s_3 s_4^2$	X (1)
12	479001600	1021870080	425779200	1277337600	1
11 1	-21772800	-46448640	-19353600	53222400	252
10 2	14999040	31997952	20482560	-14192640	8602
10 1^2	-5806080	-12386304	-8709120	-5322240	17480
9 3	-2972160	-759168	-3882240	5535360	92092
9 2 1	-322560	-2059008	-483840	-752640	860706
9 1^3	967680	3419136	1451520	2580480	490314
8 4	3514320	368640	2960640	8196480	389367
8 3 1	-341280	-2304	-184320	-815040	8460320
8 2^2	276480	1163520	1474560	-506880	6124118
8 2 1^2	60480	-224064	-456480	305280	25049024
8 1^4	-241920	-209664	443520	-645120	6503112
7 5	-1906200	4582080	-1756800	198000	653752
7 4 1	-83376	-555264	-52992	54144	28029617
7 3 2	6144	145536	-248832	-249216	79430868
7 3 1^2	61008	69504	148608	-100224	204417675
7 2^2 1	-33600	-199200	-43200	211200	239850072
7 2 1^3	-17280	153504	31680	28800	296111200
7 1^5	86400	-253440	-158400	-316800	43835792
6^2	5355180	-7355520	2014560	-7397280	208012
6 5 1	-169416	11136	53568	-221496	28883952
6 4 2	181872	-103104	63648	-12672	204297500
6 4 1^2	-44496	132336	-30312	31824	475931456
6 3^2	-171936	-65664	65088	160704	109830336
6 3 2 1	-8976	15936	6048	46464	2409402996

ZONAL POLYNOMIALS OF ORDER 1 THROUGH 12

TABLE 1.12 XXIX

Z	$s_2^2 s_4^2$	$s_2^2 s_3 s_5$	$s_2^3 s_6$	$s_1 s_3 s_4^2$	X (1)
6 3 1³	9936	-70272	-25344	1152	1821925105
6 2³	-149040	-5760	69120	-63360	453050136
6 2² 1²	63936	27360	-20160	-85248	2677114440
6 2 1⁴	-73584	-21120	31680	54912	1594457865
6 1⁶	151200	126720	-28800	158400	153977824
5² 2	-121176	560736	-147312	80784	75716368
5² 1²	108108	-268416	53568	246816	171609900
5 4 3	-27216	-108864	6048	169344	267711444
5 4 2 1	-11256	-26664	5408	-80896	3624401088
5 4 1³	2376	38088	-6624	7632	2471182560
5 3² 1	34608	41664	-11872	-79744	2427054300
5 3 2²	38280	-10464	-24400	41360	3706773840
5 3 2 1²	-18384	-3552	9296	24512	18122005440
5 3 1⁴	19656	11808	-1584	-44208	6544057520
5 2³ 1	2160	8352	3600	-2880	5930838144
5 2² 1³	-3024	-10080	-5040	4032	11218384320
5 2 1⁵	15120	12672	-2880	28800	4008235231
5 1⁷	-105840	-88704	20160	-282240	278397405
4³	498960	362880	-362880	1088640	23371634
4² 3 1	-42000	-1680	35000	-36400	1835735616
4² 2²	15420	59520	-69760	-29920	1873980108
4² 2 1²	12936	-9240	12320	38192	8761465440
4² 1⁴	-18684	-11520	-12240	-20448	2883046320
4 3² 2	-24360	-55104	42560	6440	3212537328
4 3² 1²	14160	9984	-26560	-8320	10039179150

TABLE 1.12 XXX

Z	$s_2^2 s_4^2$	$s_2^2 s_3 s_5$	$s_2^3 s_6$	$s_1 s_3 s_4^2$	X (1)
$4\ 3\ 2^2 1$	-5640	8112	8000	320	26235721512
$4\ 3\ 2\ 1^3$	1896	-4800	-3600	-1488	40774512240
$4\ 3\ 1^5$	-5880	6432	11520	-5400	8896257216
$4\ 2^4$	-19440	-30528	-21600	11520	2498640144
$4\ 2^3 1^2$	10584	-1008	-2016	-14112	18877089000
$4\ 2^2 1^4$	-10416	10752	8064	2688	18202907250
$4\ 2\ 1^6$	15120	-31248	-22680	25200	4487353728
$4\ 1^8$	15120	153216	60480	40320	245402157
3^4	86940	314496	-131040	332640	140229804
$3^3 2\ 1$	3240	-9504	-8640	-2160	5889651768
$3^3 1^3$	-16200	-2160	32400	21600	5830160336
$3^2 2^3$	22680	-33264	0	-30240	3272028760
$3^2 2^2 1^2$	-4320	8640	-2340	-17280	22844709888
$3^2 2\ 1^4$	9240	-2640	-7920	10560	18399077424
$3^2 1^6$	-11340	-2304	2160	27360	2883046320
$3\ 2^4 1$	-7560	38640	10080	53760	6195607704
$3\ 2^3 1^3$	1512	-30240	-2016	15120	15935205000
$3\ 2^2 1^5$	-3240	29160	4320	-45360	9866425184
$3\ 2\ 1^7$	2520	-27384	10080	-1680	1906340832
$3\ 1^9$	-22680	-48384	-90720	166320	93486536
2^6	283500	-443520	151200	-252000	140229804
$2^5 1^2$	-68040	60480	-60480	-83160	1308811504
$2^4 1^4$	50220	17280	51840	38880	1873980108
$2^3 1^6$	-59400	-91080	-79200	79200	908596416
$2^2 1^8$	117180	249984	141120	-110880	171609900
$2\ 1^{10}$	-340200	-725760	-302400	-415800	11767536
1^{12}	1871100	3991680	1663200	4989600	208012

ZONAL POLYNOMIALS OF ORDER 1 THROUGH 12

TABLE 1.12 XXXI

Z	$s_1s_3^2s_5$	$s_1s_2s_4s_5$	$s_1s_2s_3s_6$	$s_1s_2^2s_7$	X (1)
12	1362493440	3065610240	3406233600	2189721600	1
11 1	56770560	127733760	141926400	91238400	252
10 2	-15138816	17418240	19353600	49213440	8602
10 1^2	-5677056	-38320128	-42577920	-45619200	17480
9 3	13346304	4354560	23443200	8691840	92092
9 2 1	-2630656	3628800	-537600	3536640	860706
9 1^3	4558848	-1741824	2580480	-4008960	490314
8 4	2972160	1693440	-3210240	-2903040	389367
8 3 1	547584	-2032128	-213120	-2116800	8460320
8 2^2	-660480	-1762560	-2626560	1002240	6124118
8 2 1^2	-364032	936576	46080	-293760	25049024
8 1^4	580608	-532224	1505280	2384640	6503112
7 5	-1436160	7439040	28800	-302400	653752
7 4 1	-774912	93312	-824832	926208	28029617
7 3 2	-102912	-419328	676608	271488	79430868
7 3 1^2	71040	347328	54528	14592	204417675
7 $2^2$1	318720	97920	-48000	112800	239850072
7 2 1^3	-168192	-172800	132480	-254880	296111200
7 1^5	-61440	-138240	-1267200	86400	43835792
6^2	3970560	3991680	11024640	-7032960	208012
6 5 1	268928	-731808	293568	-155232	28883952
6 4 2	-34368	272160	117504	-532224	204297500
6 4 1^2	134208	-254448	17568	144288	475931456
6 3^2	183168	-96768	-67392	19008	109830336
6 3 2 1	-76992	57312	14208	-28032	2409402996

TABLE 1.12 XXXII

Z	$s_1 s_3^2 s_5$	$s_1 s_2 s_4 s_5$	$s_1 s_2 s_3 s_6$	$s_1 s_2^2 s_7$	X (1)
6 3 1^3	61056	19008	-133632	27648	1821925105
6 2^3	69120	-51840	-97920	-155520	453050136
6 $2^2 1^2$	-19200	-17280	-44928	61344	2677114440
6 2 1^4	-33280	-74880	223872	-14976	1594457865
6 1^6	307200	691200	-230400	-43200	153977824
5^2 2	-12672	741312	-836352	-171072	75716368
$5^2 1^2$	-192000	-248832	-18432	335232	171609900
5 4 3	197568	-127008	-346752	165888	267711444
5 4 2 1	-8992	35872	95248	2648	3624401088
5 4 1^3	-864	60048	15888	-90072	2471182560
5 3^2 1	42560	-29792	-46592	83072	2427054300
5 3 2^2	-21376	-123968	40960	-18880	3706773840
5 3 2 1^2	-11584	-1712	208	-592	18122005440
5 3 1^4	16896	1728	-12672	-6912	6544057520
5 2^3 1	16704	54000	34800	-19440	5930838144
5 $2^2 1^3$	20160	15120	-41328	15984	11218384320
5 2 1^5	-47616	-34560	28800	-17280	4008235231
5 1^7	-32256	-278208	-67200	103680	278397405
4^3	-846720	-1270080	967680	103680	23371634
4^2 3 1	-78400	19600	128800	-52000	1835735616
$4^2 2^2$	97280	-35840	-189440	133760	1873980108
4^2 2 1^2	12320	-30800	-23408	-3256	8761465440
$4^2 1^4$	-34560	43200	-33408	13824	2883046320
4 3^2 2	-42112	127456	-82880	-40480	3212537328
4 $3^2 1^2$	27008	30400	12160	-39040	10039179150

TABLE 1.12 XXXIII

Z	$s_1 s_3^2 s_5$	$s_1 s_2 s_4 s_5$	$s_1 s_2 s_3 s_6$	$s_1 s_2^2 s_7$	$X\,(1)$
$4\ 3\ 2^2 1$	11744	3040	13600	4160	26235721512
$4\ 3\ 2\ 1^3$	-18240	-14400	4992	7104	40774512240
$4\ 3\ 1^5$	33024	-4320	38400	30720	8896257216
$4\ 2^4$	-105216	60480	14400	77760	2498640144
$4\ 2^3 1^2$	-2016	-30240	-2016	-13824	18877089000
$4\ 2^2 1^4$	21504	20160	-5376	-11904	18202907250
$4\ 2\ 1^6$	-45696	45360	-50400	-17280	4487353728
$4\ 1^8$	204288	-108864	282240	34560	245402157
3^4	-387072	-169344	241920	-17280	140229804
$3^3 2\ 1$	24768	-82944	54720	25920	5889651768
$3^3 1^3$	-4320	-25920	-86400	64800	5830160336
$3^2 2^3$	-2016	54432	-30240	25920	3272028760
$3^2 2^2 1^2$	-4800	25920	-5760	-34560	22844709888
$3^2 2\ 1^4$	-5280	31680	21120	-5280	18399077424
$3^2 1^6$	33024	-105408	-86400	-69120	2883046320
$3\ 2^4 1$	19040	-50400	-43680	-17280	6195607704
$3\ 2^3 1^3$	6720	0	20160	43200	15935205000
$3\ 2^2 1^5$	-7200	-45360	6480	-9720	9866425184
$3\ 2\ 1^7$	-45472	117936	21840	101160	1906340832
$3\ 1^9$	177408	-108864	-120960	-440640	93486536
2^6	215040	-120960	403200	-259200	140229804
$2^5 1^2$	-40320	90720	60480	38880	1308811504
$2^4 1^4$	-46080	0	-138240	-51840	1873980108
$2^3 1^6$	132000	0	118800	-59400	908596416
$2^2 1^8$	-118272	0	0	190080	171609900
$2\ 1^{10}$	-443520	-997920	-1108800	-712800	11767536
1^{12}	5322240	11975040	13305600	8553600	208012

TABLE 1.12 XXXIV

Z	$s_1^2 s_5^2$	$s_1^2 s_4 s_6$	$s_1^2 s_3 s_7$	$s_1^2 s_2 s_8$	X (1)
12	1226244096	2554675200	2919628800	3832012800	1
11 1	157925376	329011200	376012800	493516800	252
10 2	-3870720	-8064000	-9216000	52254720	8602
10 1^2	4644864	9676800	11059200	-17418240	17480
9 3	-5875200	-12240000	1958400	12337920	92092
9 2 1	-1935360	-4032000	-8524800	-967680	860706
9 1^3	-774144	-1612800	2027520	-17418240	490314
8 4	-1085184	4740480	9054720	-5814720	389367
8 3 1	221184	-662400	1958400	1503360	8460320
8 2^2	608256	990720	-1336320	414720	6124118
8 2 1^2	297216	1166400	11520	1330560	25049024
8 1^4	193536	-403200	3179520	-483840	6503112
7 5	4720896	6746400	-2880000	-8974800	653752
7 4 1	-566784	796032	396288	-1176768	28029617
7 3 2	16896	-517248	66048	-945408	79430868
7 3 1^2	149376	-309888	-39168	116160	204417675
7 2^2 1	-11904	158400	-96000	-336000	239850072
7 2 1^3	-210816	8640	-264960	190080	296111200
7 1^5	193536	-950400	115200	172800	43835792
6^2	10043136	3625920	-9976320	-4445280	208012
6 5 1	729216	-305568	-928512	454032	28883952
6 4 2	-407808	-91872	-105984	342144	204297500
6 4 1^2	-156384	146232	-107712	335232	475931456
6 3^2	-117504	101952	-404352	24192	109830336
6 3 2 1	74496	-20448	75648	33792	2409402996

ZONAL POLYNOMIALS OF ORDER 1 THROUGH 12

TABLE 1.12 XXXV

Z	$s_1^2 s_5^2$	$s_1^2 s_4 s_6$	$s_1^2 s_3 s_7$	$s_1^2 s_2 s_8$	X (1)
6 3 1^3	79488	-48384	-64512	29376	1821925105
6 2^3	38016	8640	178560	138240	453050136
6 $2^2 1^2$	-51840	1728	94464	-65664	2677114440
6 2 1^4	-34560	145728	-49536	-74304	1594457865
6 1^6	400896	-172800	-57600	-86400	153977824
5^2 2	-57024	-779328	494208	242352	75716368
$5^2 1^2$	55296	-361728	479232	-90720	171609900
5 4 3	72576	-66528	-283392	145152	267711444
5 4 2 1	-13024	65272	75808	-78848	3624401088
5 4 1^3	-11232	63576	-37152	-100224	2471182560
5 3^2 1	-25984	166432	-61568	-22400	2427054300
5 3 2^2	16064	60160	-45440	90640	3706773840
5 3 2 1^2	6848	-36464	-10592	-32624	18122005440
5 3 1^4	1728	-9504	39168	-13824	6544057520
5 2^3 1	-4320	-56880	-73440	62640	5930838144
5 $2^2 1^3$	0	-9072	15264	27216	11218384320
5 2 1^5	-34560	60480	-5760	43200	4008235231
5 1^7	48384	-221760	138240	60480	278397405
4^3	798336	-725760	-311040	181440	23371634
4^2 3 1	84896	-77000	49600	-22400	1835735616
$4^2 2^2$	25856	14080	17920	-12320	1873980108
4^2 2 1^2	12320	-10472	-50336	9856	8761465440
$4^2 1^4$	0	23328	-78336	124416	2883046320
4 3^2 2	-25984	-39200	87040	22960	3212537328
4 $3^2 1^2$	-55936	-320	23680	3520	10039179150

TABLE 1.12 XXXVI

Z	$s_1^2 s_5^2$	$s_1^2 s_4 s_6$	$s_1^2 s_3 s_7$	$s_1^2 s_2 s_8$	X (1)
$4\ 3\ 2^2\ 1$	-16480	1120	-16640	-10160	26235721512
$4\ 3\ 2\ 1^3$	7680	-5472	27264	24576	40774512240
$4\ 3\ 1^5$	-21120	-11520	23040	-19200	8896257216
$4\ 2^4$	-8640	33120	20160	-120960	2498640144
$4\ 2^3\ 1^2$	18144	42336	12672	-27216	18877089000
$4\ 2^2\ 1^4$	21504	-8064	-25728	-25536	18202907250
$4\ 2\ 1^6$	-30240	-2520	-63360	0	4487353728
$4\ 1^8$	-48384	-100800	230400	-181440	245402157
3^4	193536	-302400	138240	-30240	140229804
$3^3\ 2\ 1$	46656	-21600	-34560	-19440	5889651768
$3^3\ 1^3$	7776	64800	-43200	0	5830160336
$3^2\ 2^3$	18144	-30240	34560	-45360	3272028760
$3^2\ 2^2\ 1^2$	1296	18720	-4320	25920	22844709888
$3^2\ 2\ 1^4$	1056	-15840	-10560	-42240	18399077424
$3^2\ 1^6$	13824	44640	23040	-69120	2883046320
$3\ 2^4\ 1$	-18144	-30240	51840	45360	6195607704
$3\ 2^3\ 1^3$	-36288	-26208	-6912	9072	15935205000
$3\ 2^2\ 1^5$	7776	-18360	12960	51840	9866425184
$3\ 2\ 1^7$	42336	88200	7200	120960	1906340832
$3\ 1^9$	72576	151200	172800	-408240	93486536
2^6	193536	-100800	-230400	151200	140229804
$2^5\ 1^2$	72576	30240	-138240	-45360	1308811504
$2^4\ 1^4$	20736	103680	69120	-90720	1873980108
$2^3\ 1^6$	-9504	-19800	79200	0	908596416
$2^2\ 1^8$	-193536	-403200	-460800	-272160	171609900
$2\ 1^{10}$	72576	151200	172800	226800	11767536
1^{12}	4790016	9979200	11404800	14968800	208012

TABLE 1.12 XXXVII

Z	$s_1^3 s_9$	s_4^3	$s_3 s_4 s_5$	$s_3^2 s_6$	X (1)
12	2270822400	638668800	4087480320	2270822400	1
11 1	490291200	-29030400	-185794560	-103219200	252
10 2	49029120	-1451520	-9289728	-5160960	8602
10 1^2	64512000	2903040	18579456	10321920	17480
9 3	-13409280	-241920	20777472	23946240	92092
9 2 1	-3118080	161280	-4451328	-5519360	860706
9 1^3	1290240	-483840	2322432	4300800	490314
8 4	-7580160	5175360	4608000	-7057920	389367
8 3 1	-2419200	-812160	-2294784	-660480	8460320
8 2^2	-599040	-207360	967680	1566720	6124118
8 2 1^2	-783360	380160	1020672	268800	25049024
8 1^4	-322560	-483840	-1870848	-1075200	6503112
7 5	-2419200	-2354400	2229120	-1507200	653752
7 4 1	-34560	-174528	-649728	777216	28029617
7 3 2	752640	206592	-40448	-359424	79430868
7 3 1^2	276864	52800	468736	57600	204417675
7 2^2 1	412800	-76800	-87680	0	239850072
7 2 1^3	201600	-34560	-358272	-76800	296111200
7 1^5	115200	172800	1105920	384000	43835792
6^2	-1635840	-839160	-11301120	13489920	208012
6 5 1	-94080	325872	559872	-798464	28883952
6 4 2	221760	-98496	100224	-77184	204297500
6 4 1^2	-40320	19872	-37728	46176	475931456
6 3^2	259200	24192	-27648	700416	109830336
6 3 2 1	-45120	-9408	-11648	-65664	2409402996

TABLE 1.12 XXXVIII

Z	$s_1^3 s_9$	s_4^3	$s_3 s_4 s_5$	$s_3^2 s_6$	X (1)
6 3 1^3	-81792	-8640	-71424	31488	1821925105
6 2^3	-161280	60480	-46080	99840	453050136
6 2^{2}1^2	-100224	0	40320	12288	2677114440
6 2 1^4	-79104	14400	92160	-15872	1594457865
6 1^6	-57600	-86400	-552960	-76800	153977824
5^{2}2	126720	28512	-399168	449856	75716368
5^{2}1^2	-9216	-111240	20736	26880	171609900
5 4 3	100800	-36288	508032	-330624	267711444
5 4 2 1	-19520	21312	-76368	28896	3624401088
5 4 1^3	16128	-4320	76176	-43872	2471182560
5 3^{2}1	-34496	6720	-142464	-13440	2427054300
5 3 2^2	-62720	-16800	73536	12480	3706773840
5 3 2 1^2	12448	0	38976	5568	18122005440
5 3 1^4	39168	4320	-57024	-192	6544057520
5 2^{3}1	20160	0	-42048	-27840	5930838144
5 2^{2}1^3	42336	0	-20160	9408	11218384320
5 2 1^5	46080	-8640	41472	-7680	4008235231
5 1^7	40320	60480	112896	53760	278397405
4^3	40320	1270080	-2177280	887040	23371634
4^{2}3 1	-22400	-117600	57120	16800	1835735616
4^{2}2^2	-28160	-24840	96000	-30720	1873980108
4^{2}2 1^2	9856	36960	-18480	-7392	8761465440
4^{2}1^4	-13824	-46440	-23040	37248	2883046320
4 3^{2}2	-22400	72240	-69888	-13440	3212537328
4 3^{2}1^2	12160	10560	54528	3840	10039179150

TABLE 1.12 XXXIX

Z	$s_1^3 s_9$	s_4^3	$s_3 s_4 s_5$	$s_3^2 s_6$	X (1)
$4\ 3\ 2^2 1$	19360	-14400	-18048	8160	26235721512
$4\ 3\ 2\ 1^3$	-7104	-6240	-17600	-6912	40774512240
$4\ 3\ 1^5$	-30720	26160	67072	-2880	8896257216
$4\ 2^4$	34560	43200	-27648	-3840	2498640144
$4\ 2^3 1^2$	-6048	0	40320	3360	18877089000
$4\ 2^2 1^4$	-29568	6720	-8960	0	18202907250
$4\ 2\ 1^6$	-40320	-30240	-66528	6720	4487353728
$4\ 1^8$	-40320	60480	145152	-53760	245402157
3^4	0	-234360	628992	-483840	140229804
$3^3 2\ 1$	14400	-12960	-44928	77760	5889651768
$3^3 1^3$	-7200	0	-17280	-64800	5830160336
$3^2 2^3$	10080	0	72576	-90720	3272028760
$3^2 2^2 1^2$	-15840	17280	11520	-12960	22844709888
$3^2 2\ 1^4$	5280	-10560	14080	47520	18399077424
$3^2 1^6$	69120	-9720	-105984	-90240	2883046320
$3\ 2^4 1$	-23520	-20160	-40320	68320	6195607704
$3\ 2^3 1^3$	4032	-6048	-16128	-28224	15935205000
$3\ 2^2 1^5$	40320	12960	10800	-18720	9866425184
$3\ 2\ 1^7$	26880	10080	130032	108640	1906340832
$3\ 1^9$	161280	-90720	-580608	-322560	93486536
2^6	0	-37800	241920	-268800	140229804
$2^5 1^2$	40320	45360	0	-40320	1308811504
$2^4 1^4$	23040	-22680	34560	92160	1873980108
$2^3 1^6$	-158400	0	-71280	-79200	908596416
$2^2 1^8$	-322560	-22680	-145152	-80640	171609900
$2\ 1^{10}$	1008000	226800	1451520	806400	11767536
1^{12}	8870400	-1247400	-7983360	-4435200	208012

TABLE 1.12 XL

Z	$s_2 s_5^2$	$s_2 s_4 s_6$	$s_2 s_3 s_7$	$s_2^2 s_8$	X (1)
12	2452488192	5109350400	5839257600	3832012800	1
11 1	-111476736	-232243200	-265420800	-174182400	252
10 2	35610624	74188800	84787200	119992320	8602
10 1^2	-9289728	-19353600	-22118400	-46448640	17480
9 3	-8073216	-16819200	12672000	-23777280	92092
9 2 1	-516096	-1075200	-9062400	-2580480	860706
9 1^3	1548288	3225600	11427840	7741440	490314
8 4	-1230336	11439360	-11658240	7110720	389367
8 3 1	801792	-576000	921600	639360	8460320
8 2^2	-884736	-2396160	-92160	3041280	6124118
8 2 1^2	96768	1296000	714240	-1157760	25049024
8 1^4	-387072	-2419200	-2856960	483840	6503112
7 5	9873792	-7228800	9388800	-5983200	653752
7 4 1	-1022976	-154368	-73728	74304	28029617
7 3 2	-208896	509952	842752	-777216	79430868
7 3 1^2	240384	-119040	-479744	250944	204417675
7 2^2 1	198912	19200	-396800	38400	239850072
7 2 1^3	-297216	-172800	437760	34560	296111200
7 1^5	663552	864000	-230400	-172800	43835792
6^2	-10734336	29528640	-14261760	-2563920	208012
6 5 1	-343296	-1304448	-35328	859104	28883952
6 4 2	317952	339264	-175104	-437184	204297500
6 4 1^2	65664	78192	99072	52704	475931456
6 3^2	152064	-667008	-891648	825984	109830336
6 3 2 1	-70656	-17088	93952	43584	2409402996

TABLE 1.12 XLI

Z	$s_2 s_5^2$	$s_2 s_4 s_6$	$s_2 s_3 s_7$	$s_2^2 s_8$	X (1)
$6\ 3\ 1^3$	-6912	13824	-18432	-105408	1821925105
$6\ 2^3$	-20736	-155520	218880	-311040	453050136
$6\ 2^2 1^2$	20736	62208	-69120	69120	2677114440
$6\ 2\ 1^4$	55296	-35712	-19200	-14400	1594457865
$6\ 1^6$	-331776	-172800	115200	86400	153977824
$5^2 2$	627264	218592	-874368	-85536	75716368
$5^2 1^2$	-193536	288000	423936	-217296	171609900
$5\ 4\ 3$	-435456	-36288	248832	108864	267711444
$5\ 4\ 2\ 1$	-38976	-77568	83232	63264	3624401088
$5\ 4\ 1^3$	53568	-3456	-181152	-31968	2471182560
$5\ 3^2 1$	102144	114240	66816	-159936	2427054300
$5\ 3\ 2^2$	-51648	49440	-144000	55200	3706773840
$5\ 3\ 2\ 1^2$	18048	-23136	-12672	-4128	18122005440
$5\ 3\ 1^4$	-41472	26784	91008	50112	6544057520
$5\ 2^3 1$	39744	-4320	57600	21600	5930838144
$5\ 2^2 1^3$	-48384	6048	-5760	-30240	11218384320
$5\ 2\ 1^5$	82944	-17280	-57600	8640	4008235231
$5\ 1^7$	-96768	120960	115200	-60480	278397405
4^3	1016064	-1451520	622080	-181440	23371634
$4^2 3\ 1$	37632	159600	-144000	-16800	1835735616
$4^2 2^2$	56064	-119040	-23040	34320	1873980108
$4^2 2\ 1^2$	-14784	29568	15840	-36960	8761465440
$4^2 1^4$	-13824	-37152	92160	69120	2883046320
$4\ 3^2 2$	29568	-67200	46080	3360	3212537328
$4\ 3^2 1^2$	-59136	-67200	11520	56640	10039179150

TABLE 1.12 XLII

Z	$s_2s_5^2$	$s_2s_4s_6$	$s_2s_3s_7$	$s_2^2s_8$	X (1)
$4\ 3\ 2^2 1$	-8736	36480	28800	-24000	26235721512
$4\ 3\ 2\ 1^3$	25536	-672	-24320	9600	40774512240
$4\ 3\ 1^5$	-15936	1920	-41600	-68160	8896257216
$4\ 2^4$	-38016	89280	-144000	86400	2498640144
$4\ 2^3 1^2$	6048	-60480	-2304	-12096	18877089000
$4\ 2^2 1^4$	-10752	53760	30976	14784	18202907250
$4\ 2\ 1^6$	-12096	-85680	14400	30240	4487353728
$4\ 1^8$	96768	201600	-115200	-60480	245402157
3^4	-387072	302400	276480	-105840	140229804
$3^3 2\ 1$	36288	0	-69120	12960	5889651768
$3^3 1^3$	28512	64800	43200	-64800	5830160336
$3^2 2^3$	54432	-120960	86400	0	3272028760
$3^2 2^2 1^2$	-27216	10080	-18720	12960	22844709888
$3^2 2\ 1^4$	-11616	-36960	24640	5280	18399077424
$3^2 1^6$	41472	70560	0	69120	2883046320
$3\ 2^4 1$	-22176	47040	3840	-40320	6195607704
$3\ 2^3 1^3$	36288	4032	18432	18144	15935205000
$3\ 2^2 1^5$	-20736	-8640	-73440	-38880	9866425184
$3\ 2\ 1^7$	16128	33600	132000	-10080	1906340832
$3\ 1^9$	-145152	-302400	-345600	90720	93486536
2^6	387072	-705600	460800	-75600	140229804
$2^5 1^2$	-72576	120960	-138240	90720	1308811504
$2^4 1^4$	-20736	-103680	69120	-110160	1873980108
$2^3 1^6$	76032	158400	79200	237600	908596416
$2^2 1^8$	-193536	-403200	-460800	-468720	171609900
$2\ 1^{10}$	870912	1814400	2073600	1360800	11767536
1^{12}	-4790016	-9979200	-11404800	-7484400	208012

ZONAL POLYNOMIALS OF ORDER 1 THROUGH 12

TABLE 1.12 XLIII

Z	$S_1S_5S_6$	$S_1S_4S_7$	$S_1S_3S_8$	$S_1S_2S_9$	X (1)
12	8174960640	8758886400	10218700800	13624934400	1
11 1	340623360	364953600	425779200	567705600	252
10 2	-90832896	-97320960	-113541120	77414400	8602
10 1^2	-34062336	-36495360	-42577920	-170311680	17480
9 3	-9225216	-9884160	44282880	19353600	92092
9 2 1	6150144	6589440	-6021120	16128000	860706
9 1^3	5677056	6082560	20643840	-7741440	490314
8 4	-2534400	21288960	9561600	-29813760	389367
8 3 1	658944	-3144960	2465280	-3041280	8460320
8 2^2	1013760	138240	-1843200	-6359040	6124118
8 2 1^2	-912384	898560	-1935360	1244160	25049024
8 1^4	-1419264	-4285440	1290240	1935360	6503112
7 5	16093440	6652800	-16948800	-8121600	653752
7 4 1	-1774080	1064448	-1543680	2391552	28029617
7 3 2	-168960	-655872	-97280	-73728	79430868
7 3 1^2	515328	-377088	-189440	914688	204417675
7 2^2 1	-30720	105600	985600	-288000	239850072
7 2 1^3	-221184	432000	-207360	-311040	296111200
7 1^5	1382400	-345600	-460800	-691200	43835792
6^2	33707520	-23189760	-7286400	-5322240	208012
6 5 1	-908160	-1374912	1716000	772992	28883952
6 4 2	-607104	-120960	320256	224640	204297500
6 4 1^2	190080	-76032	336960	-347328	475931456
6 3^2	-241920	1099008	-1278720	145152	109830336
6 3 2 1	124800	133248	-16640	-91008	2409402996

TABLE 1.12 XLIV

Z	$S_1S_5S_6$	$S_1S_4S_7$	$S_1S_3S_8$	$S_1S_2S_9$	X (1)
$6\ 3\ 1^3$	-76032	48384	-27648	-269568	1821925105
$6\ 2^3$	69120	-69120	-345600	760320	453050136
$6\ 2^2 1^2$	-55296	-210816	-50688	62208	2677114440
$6\ 2\ 1^4$	13824	59904	79872	119808	1594457865
$6\ 1^6$	-276480	172800	230400	345600	153977824
$5^2 2$	-760320	114048	475200	76032	75716368
$5^2 1^2$	-364032	1043712	-524160	-110592	171609900
$5\ 4\ 3$	604800	-611712	-241920	185472	267711444
$5\ 4\ 2\ 1$	178720	-4272	-35840	-111488	3624401088
$5\ 4\ 1^3$	95328	-139536	-163008	136512	2471182560
$5\ 3^2 1$	-113792	35712	152320	-6272	2427054300
$5\ 3\ 2^2$	-25856	-1920	15040	79360	3706773840
$5\ 3\ 2\ 1^2$	-62912	-56256	34432	20992	18122005440
$5\ 3\ 1^4$	-58752	100224	12672	127872	6544057520
$5\ 2^3 1$	-23616	112320	-63360	-146880	5930838144
$5\ 2^2 1^3$	108864	39744	24192	-24192	11218384320
$5\ 2\ 1^5$	13824	-138240	-46080	-69120	4008235231
$5\ 1^7$	-354816	172800	-161280	-241920	278397405
4^3	725760	-933120	0	241920	23371634
$4^2 3\ 1$	-183680	182400	78400	-56000	1835735616
$4^2 2^2$	-81920	111360	-41600	48640	1873980108
$4^2 2\ 1^2$	-71456	1584	-4928	54208	8761465440
$4^2 1^4$	-20736	-55296	248832	-110592	2883046320
$4\ 3^2 2$	63616	-123840	81760	-22400	3212537328
$4\ 3^2 1^2$	38656	3840	-74240	-1280	10039179150

ZONAL POLYNOMIALS OF ORDER 1 THROUGH 12

TABLE 1.12 XLV

Z	$S_1S_5S_6$	$S_1S_4S_7$	$S_1S_3S_8$	$S_1S_2S_9$	X (1)
$4\ 3\ 2^2 1$	34144	-19680	-25760	-13280	26235721512
$4\ 3\ 2\ 1^3$	43584	18624	-3008	-9792	40774512240
$4\ 3\ 1^5$	384	24960	-87680	-97920	8896257216
$4\ 2^4$	2304	-103680	195840	-103680	2498640144
$4\ 2^3 1^2$	-42336	11232	30240	66528	18877089000
$4\ 2^2 1^4$	-86016	-31488	-35840	16128	18202907250
$4\ 2\ 1^6$	88704	-8640	141120	60480	4487353728
$4\ 1^8$	354816	380160	-161280	241920	245402157
3^4	193536	-311040	120960	0	140229804
$3^3 2\ 1$	-39744	77760	-51840	14400	5889651768
$3^3 1^3$	12960	-64800	64800	21600	5830160336
$3^2 2^3$	-42336	38880	30240	-30240	3272028760
$3^2 2^2 1^2$	-31680	17280	28800	4320	22844709888
$3^2 2\ 1^4$	-26400	-36960	8800	-15840	18399077424
$3^2 1^6$	25344	0	-46080	276480	2883046320
$3\ 2^4 1$	77280	-56160	-84000	70560	6195607704
$3\ 2^3 1^3$	44352	-8640	-40320	-60480	15935205000
$3\ 2^2 1^5$	47520	110160	43200	8640	9866425184
$3\ 2\ 1^7$	-125664	-134640	6720	-262080	1906340832
$3\ 1^9$	-532224	-570240	-665280	241920	93486536
2^6	-322560	518400	-201600	0	140229804
$2^5 1^2$	-120960	77760	151200	-120960	1308811504
$2^4 1^4$	0	-103680	86400	161280	1873980108
$2^3 1^6$	-110880	-118800	-316800	0	908596416
$2^2 1^8$	354816	380160	443520	0	171609900
$2\ 1^{10}$	1330560	1425600	1663200	2217600	11767536
1^{12}	-15966720	-17107200	-19958400	-26611200	208012

TABLE 1.12 XLVI

Z	$s_1^2 s_{10}$	s_6^2	$s_5 s_7$	$s_4 s_8$	X (1)
12	12262440960	6812467200	14014218240	15328051200	1
11 1	1579253760	-309657600	-637009920	-696729600	252
10 2	-38707200	-15482880	-31850496	-34836480	8602
10 1^2	46448640	30965760	63700992	69672960	17480
9 3	-58752000	-2580480	-5308416	-5806080	92092
9 2 1	-19353600	1720320	3538944	3870720	860706
9 1^3	-7741440	-5160960	-10616832	-11612160	490314
8 4	-10851840	-806400	-1658880	40193280	389367
8 3 1	2211840	322560	663552	-6013440	8460320
8 2^2	6082560	0	0	-1658880	6124118
8 2 1^2	2972160	-322560	-663552	2557440	25049024
8 1^4	1935360	1290240	2654208	-1935360	6503112
7 5	-4682880	-403200	28823040	-19440000	653752
7 4 1	262656	115200	-3151872	-1223424	28029617
7 3 2	1115136	0	-540672	1652736	79430868
7 3 1^2	-373248	-69120	924672	318720	204417675
7 2^2 1	-576000	0	261120	-614400	239850072
7 2 1^3	-760320	92160	-580608	-138240	296111200
7 1^5	-691200	-460800	552960	691200	43835792
6^2	-3352320	42940800	-30274560	-7166880	208012
6 5 1	107136	-3037440	-1078272	2707776	28883952
6 4 2	349056	-338688	953856	-787968	204297500
6 4 1^2	-52704	636480	217728	115776	475931456
6 3^2	228096	-161280	304128	193536	109830336
6 3 2 1	-157824	103680	-195072	-75264	2409402996

ZONAL POLYNOMIALS OF ORDER 1 THROUGH 12

TABLE 1.12 XLVII

Z	$S_1^2 S_{10}$	S_6^2	$S_5 S_7$	$S_4 S_8$	$X(1)$
$6\ 3\ 1^3$	110592	-281088	-82944	-34560	1821925105
$6\ 2^3$	-276480	0	-138240	483840	453050136
$6\ 2^2 1^2$	124416	-73728	138240	0	2677114440
$6\ 2\ 1^4$	297216	248832	46080	57600	1504457865
$6\ 1^6$	345600	-460800	-276480	-345600	153977824
$5^2 2$	228096	1330560	-1596672	228096	75716368
$5^2 1^2$	-27648	282240	1078272	-920160	171609900
$5\ 4\ 3$	72576	241920	-41472	-290304	267711444
$5\ 4\ 2\ 1$	-56544	-152320	35328	170496	3624401088
$5\ 4\ 1^3$	19872	-85248	-290304	-17280	2471182560
$5\ 3^2 1$	-56448	-44800	-35328	53760	2427054300
$5\ 3\ 2^2$	-48000	-58240	168192	-134400	3706773840
$5\ 3\ 2\ 1^2$	49152	56192	-17664	0	18122005440
$5\ 3\ 1^4$	-53568	47232	158976	17280	6544057520
$5\ 2^3 1$	86400	40320	-89856	0	5930838144
$5\ 2^2 1^3$	-48384	-56448	34560	0	11218384320
$5\ 2\ 1^5$	-172800	-46080	-193536	-34560	4008235231
$5\ 1^7$	-241920	322560	663552	241920	278397405
4^3	0	0	414720	-725760	23371634
$4^2 3\ 1$	-23520	-78400	-28800	168000	1835735616
$4^2 2^2$	-26880	204800	-245760	38880	1873980108
$4^2 2\ 1^2$	22176	19712	84480	-147840	8761465440
$4^2 1^4$	-13824	27072	69120	207360	2883046320
$4\ 3^2 2$	0	35840	8448	-87360	3212537328
$4\ 3^2 1^2$	26880	28160	18432	-42240	10039179150

TABLE 1.12 XLVIII

Z	$s_1^2 s_{10}$	s_6^2	$s_5 s_7$	$s_4 s_8$	X (1)
4 3 2^2 1	19200	-42880	7104	57600	26235721512
4 3 2 1^3	-28224	-10368	-32640	24960	40774512240
4 3 1^5	43200	-17280	-53376	-130560	8896257216
4 2^4	0	-46080	152064	-172800	2498640144
4 $2^3 1^2$	-48384	40320	-22464	0	18877089000
4 $2^2 1^4$	32256	0	39936	-26880	18202907250
4 2 1^6	151200	40320	82944	181440	4487353728
4 1^8	241920	-322560	-663552	-725760	245402157
3^4	0	80640	-110592	30240	140229804
$3^3 2$ 1	0	-34560	10368	51840	5889651768
$3^3 1^3$	-25920	0	-25920	0	5830160336
$3^2 2^3$	0	120960	-139968	0	3272028760
$3^2 2^2 1^2$	-15120	10800	34560	-69120	22844709888
$3^2 2$ 1^4	31680	0	10560	42240	18399077424
$3^2 1^6$	-69120	20160	41472	69120	2883046320
3 $2^4 1$	0	-67200	31680	80640	6195607704
3 $2^3 1^3$	48384	0	-38016	24192	15935205000
3 $2^2 1^5$	-38880	0	0	-51840	9866425184
3 2 1^7	-211680	-53760	-110592	-120960	1906340832
3 1^9	-362880	483840	995328	1088640	93486536
2^6	0	403200	-552960	151200	140229804
$2^5 1^2$	0	0	103680	-181440	1308811504
$2^4 1^4$	-103680	0	0	90720	1873980108
$2^3 1^6$	47520	0	0	0	908596416
$2^2 1^8$	967680	120960	248832	272160	171609900
2 1^{10}	-362880	-1209600	-2488320	-2721600	11767536
1^{12}	-23950080	6652800	13685760	14968800	208012

ZONAL POLYNOMIALS OF ORDER 1 THROUGH 12

TABLE 1.12 XLIX

Z	$S_3 S_9$	$S_2 S_{10}$	$S_1 S_{11}$	S_{12}	X(1)
12	18166579200	24524881920	44590694400	81749606400	1
11 1	-825753600	-1114767360	1857945600	-3715891200	252
10 2	-41287680	356106240	-495452160	-185794560	8602
10 1^2	82575360	-92897280	-185794560	371589120	17480
9 3	92344320	-80732160	-50319360	-30965760	92092
9 2 1	-19783680	-5160960	33546240	20643840	860706
9 1^3	10321920	15482880	30965760	-61931520	490314
8 4	-29306880	-12303360	-13824000	-9676800	389367
8 3 1	-2211840	8017920	3594240	3870720	8460320
8 2^2	6266880	-8847360	5529600	0	6124118
8 2 1^2	645120	967680	-4976640	-3870720	25049024
8 1^4	-2580480	-3870720	-7741440	15482880	6503112
7 5	-6566400	-5045760	-6566400	-4838400	653752
7 4 1	3262464	1631232	1105920	1382400	28029617
7 3 2	-1437696	-196608	798720	0	79430868
7 3 1^2	138240	-1330176	-583680	-829440	204417675
7 2^2 1	0	1075200	-998400	0	239850072
7 2 1^3	-184320	-276480	1244160	1105920	296111200
7 1^5	921600	1382400	2764800	-5529600	43835792
6^2	-4101120	-3559680	-4838400	-3628800	208012
6 5 1	1035264	824832	610560	806400	28883952
6 4 2	142848	-158976	304128	0	204297500
6 4 1^2	-740736	-312768	-207360	-345600	475931456
6 3^2	-746496	456192	0	0	109830336
6 3 2 1	290304	-23808	-168960	0	2409402996

TABLE 1.12 L

Z	s_3s_9	s_2s_{10}	s_1s_{11}	s_{12}	X (1)
$6\ 3\ 1^3$	-46080	387072	165888	276480	1821925105
$6\ 2^3$	-599040	276480	0	0	453050136
$6\ 2^2 1^2$	0	-276480	304128	0	2677114440
$6\ 2\ 1^4$	76800	115200	-479232	-460800	1594457865
$6\ 1^6$	-460800	-691200	-1382400	2764800	153977824
$5^2 2$	25344	-114048	207360	0	75716368
$5^2 1^2$	-322560	-193536	-138240	-241920	171609900
$5\ 4\ 3$	-32256	145152	0	0	267711444
$5\ 4\ 2\ 1$	-21056	10752	-77760	0	3624401088
$5\ 4\ 1^3$	279360	110592	70848	138240	2471182560
$5\ 3^2 1$	125440	-112896	0	0	2427054300
$5\ 3\ 2^2$	-16640	48000	0	0	3706773840
$5\ 3\ 2\ 1^2$	-89600	16512	62208	0	18122005440
$5\ 3\ 1^4$	23040	-183168	-76032	-138240	6544057520
$5\ 2^3 1$	126720	-86400	0	0	5930838144
$5\ 2^2 1^3$	0	120960	-145152	0	11218384320
$5\ 2\ 1^5$	-46080	-69120	276480	276480	4008235231
$5\ 1^7$	322560	483840	967680	-1935360	278397405
4^3	322560	0	0	0	23371634
$4^2 3\ 1$	-22400	-47040	0	0	1835735616
$4^2 2^2$	-20480	26880	0	0	1873980108
$4^2 2\ 1^2$	24640	0	36288	0	8761465440
$4^2 1^4$	-207360	-69120	-41472	-86400	2883046320
$4\ 3^2 2$	44800	0	0	0	3212537328
$4\ 3^2 1^2$	-51200	53760	0	0	10039179150

ZONAL POLYNOMIALS OF ORDER 1 THROUGH 12

TABLE 1.12 LI

Z	S_3S_9	S_2S_{10}	S_1S_{11}	S_{12}	X (1)
$4\ 3\ 2^2\ 1$	-6080	-19200	0	0	26235721512
$4\ 3\ 2\ 1^3$	51840	-13440	-37632	0	40774512240
$4\ 3\ 1^5$	-17280	142080	55680	103680	8896257216
$4\ 2^4$	69120	0	0	0	2498640144
$4\ 2^3\ 1^2$	-60480	48384	0	0	18877089000
$4\ 2^2\ 1^4$	0	-86016	107520	0	18202907250
$4\ 2\ 1^6$	40320	60480	-241920	-241920	4487353728
$4\ 1^8$	-322560	-483840	-967680	1935360	245402157
3^4	0	0	0	0	140229804
$3^3\ 2\ 1$	-28800	0	0	0	5889651768
$3^3\ 1^3$	72000	-51840	0	0	5830160336
$3^2\ 2^3$	20160	0	0	0	3272028760
$3^2\ 2^2\ 1^2$	11520	15120	0	0	22844709888
$3^2\ 2\ 1^4$	-95040	21120	38400	0	18399077424
$3^2\ 1^6$	207360	-207360	-69120	-120960	2883046320
$3\ 2^4\ 1$	-47040	0	0	0	6195607704
$3\ 2^3\ 1^3$	56448	-48384	0	0	15935205000
$3\ 2^2\ 1^5$	37440	103680	-129600	0	9866425184
$3\ 2\ 1^7$	-288960	-80640	342720	322560	1906340832
$3\ 1^9$	1290240	725760	1451520	-2903040	93486536
2^6	0	0	0	0	140229804
$2^5\ 1^2$	80640	0	0	0	1308811504
$2^4\ 1^4$	-184320	103680	0	0	1873980108
$2^3\ 1^6$	158400	-380160	302400	0	908596416
$2^2\ 1^8$	322560	967680	-967680	-725760	171609900
$2\ 1^{10}$	-3225600	-4354560	-3628800	7257600	11767536
1^{12}	17740800	23950080	43545600	-39916800	208012
					316234143225

ZONAL POLYNOMIALS

Order 1 - 12

in terms of

ELEMENTARY SYMMETRIC FUNCTIONS

TABLE 2.1

Z	A_1	X(1)
1	1	1
		1

TABLE 2.2

Z	A_1^2	A_2	X(1)
2	3	-4	1
1^2		2	2
			3

TABLE 2.3

Z	A_1^3	$A_1 A_2$	A_3	X(1)
3	15	-36	24	1
2 1		4	-6	9
1^3			6	5
				15

ZONAL POLYNOMIALS OF ORDER 1 THROUGH 12

TABLE 2.4

Z	A_1^4	$A_1^2 A_2$	A_2^2	$A_1 A_3$	A_4	X(1)
4	105	-360	144	288	-192	1
3 1		18	-24	-20	32	20
2^2			24	-32	8	14
2 1^2				10	-16	56
1^4					24	14
						105

TABLE 2.5

Z	A_1^5	$A_1^3 A_2$	$A_1 A_2^2$	$A_1^2 A_3$	$A_2 A_3$	$A_1 A_4$	A_5	X(1)
5	945	-4200	3600	3600	-2880	-2880	1920	1
4 1		120	-288	-126	360	144	-240	35
3 2			72	-96	-80	144	-40	90
3 1^2				42	-56	-48	80	225
2^2 1					40	-60	20	252
2 1^3						36	-60	300
1^5							120	42
								945

TABLE 2.6 I

Z	A_1^6	$A_1^4 A_2$	$A_1^2 A_2^2$	$A_1^3 A_3$	A_2^3	$A_1 A_2 A_3$	X(1)
6	10395	-56700	75600	50400	-14400	-86400	1
5 1		1050	-3600	-1080	1440	5472	54
4 2			432	-576	-576	432	275
4 1^2				270	0	-648	616
3^2					720	-1728	132
3 2 1						112	2673

TABLE 2.6 II

Z	$A_1^2 A_4$	A_3^2	$A_2 A_4$	$A_1 A_5$	A_6	X(1)
6	-43200	17280	34560	34560	-23040	1
5 1	1152	-1728	-3456	-1344	2304	54
4 2	648	-216	576	-1008	288	275
4 1^2	-288	432	384	336	-576	616
3^2	1152	1152	-1056	-384	144	132
3 2 1	-168	-168	64	256	-96	2673
3 1^3	144	0	-192	-168	288	1925
2^3		360	-480	120	0	462
$2^2 1^2$			120	-192	72	2640
2 1^4				168	-288	1485
1^6					720	132
						10395

TABLE 2.7 I

Z	A_1^7	$A_1^5 A_2$	$A_1^3 A_2^2$	$A_1^4 A_3$	$A_1 A_2^3$	X(1)
7	135135	-873180	1587600	793800	-705600	1
6 1		11340	-50400	-11550	43200	77
5 2			3600	-4800	-8640	637
5 1^2				2310	0	1365
4 3					2880	1001

TABLE 2.7 II

Z	$A_1^2 A_2 A_3$	$A_1^3 A_4$	$A_2^2 A_3$	$A_1 A_3^2$	X(1)
7	-2116800	-705600	604800	604800	1
6 1	82800	12000	-50400	-31680	77
5 2	8928	5088	9216	-9000	637
5 1^2	-7920	-2400	3168	6336	1365
4 3	-6912	4608	-3024	8640	1001
4 2 1	648	-972	-864	-720	12012
4 1^3		900	0	0	7644
3^2			1008	-1344	6435
3 2^2				840	9009

ZONAL POLYNOMIALS OF ORDER 1 THROUGH 12

TABLE 2.7 III

z	$A_1 A_2 A_4$	$A_1^2 A_5$	$A_3 A_4$	$A_2 A_5$	$A_1 A_6$	A_7	$X(1)$
7	1209600	604800	-483840	-483840	-483840	322560	1
6 1	-63360	-12960	40320	40320	15360	-26880	77
5 2	-3744	-5832	4032	-5472	9312	-2688	637
5 1^2	5760	2592	-8064	-3456	-3072	5376	1365
4 3	-864	-6912	-6048	6048	2592	-1008	1001
4 2 1	1616	1108	672	-432	-1728	672	12012
4 1^3	-2160	-972	1440	1296	1152	-2016	7644
3^2 1	-1120	1792	2016	-2016	-672	336	6435
3 2^2	-1120	280	-960	1440	-480	0	9009
3 2 1^2	320	-512	-480	216	792	-336	42042
3 1^4		648	0	-864	-768	1344	14014
2^3			720	-1080	360	0	12012
2^2 1^3			504	-840	336		21450
2 1^5				960	-1680		7007
1^7					5040		429
							135135

TABLE 2.8 I

z	A_1^8	$A_1^6 A_2$	$A_1^4 A_2^2$	$A_1^5 A_3$	$A_1^2 A_2^3$	$A_1^3 A_2 A_3$	$X(1)$
8	2027025	-15135120	34927200	13970880	-25401600	-50803200	1
7 1		145530	-793800	-147420	1058400	1360800	104
6 2			37800	-50400	-129600	146400	1260
6 1^2				24570	0	-109200	2640
5 3					21600	-51840	3640
5 2 1						5280	38220

TABLE 2.8 II

z	$A_1^4 A_4$	A_2^4	$A_1 A_2 A_3^2$	$A_1^2 A_3^2$	$A_1^2 A_2 A_4$	X(1)
8	-12700800	2822400	33868800	16934400	33868800	1
7 1	151200	-201600	-1771200	-561600	-1123200	104
6 2	52200	51840	97920	-151344	-96768	1260
6 1^2	-25200	0	93600	93600	86400	2640
5 3	34560	-28800	53568	55296	-60480	3640
5 2 1	-7920	0	-12672	-5544	21600	38220
5 1^3	7560	0	0	0	-25920	23100
4^2		40320	-138240	55296	110592	1430
4 3 1			3888	-5184	-4320	68640
4 2^2				4536	-6048	60060
4 2 1^2					1800	262080

TABLE 2.8 III

z	$A_1^3 A_5$	$A_2 A_3^2$	$A_2^2 A_4$	$A_1 A_3 A_4$	$A_1 A_2 A_5$	X(1)
8	11289600	-9676800	-9676800	-19353600	-19353600	1
7 1	-158400	691200	691200	864000	864000	104
6 2	-55968	-24768	-107136	205056	40320	1260
6 1^2	26400	-74880	-34560	-144000	-63360	2640
5 3	-39168	-54000	74304	-50976	6048	3640
5 2 1	8472	15840	-3456	-9216	-14112	38220
5 1^3	-7920	0	10368	20736	19008	23100
4^2	-73728	110592	-107136	-152064	138240	1430
4 3 1	6912	-4320	384	19744	-10272	68640
4 2^2	1512	-6048	8064	-3584	3360	60060
4 2 1^2	-2880	0	-2400	-2000	4896	262080
4 1^4	3960	0	0	0	-9504	76440
3^2 2		5040	-6720	-5600	10080	51480
3^2 1^2			2688	-3584	-3072	150150
3 2^2 1				1600	-2400	336336
3 2 1^3					1296	480480

ZONAL POLYNOMIALS OF ORDER 1 THROUGH 12

TABLE 2.8 IV

Z	$A_1^2 A_6$	A_4^2	$A_3 A_5$	$A_2 A_6$	$A_1 A_7$	A_8	X(1)
8	-9676800	3870720	7741440	7741440	7741440	-5160960	1
7 1	172800	-276480	-552960	-552960	-207360	368640	104
6 2	65088	-23040	-46080	63744	-105984	30720	1260
6 1^2	-28800	46080	92160	38400	34560	-61440	2640
5 3	60048	-6912	52704	-51840	-23328	9216	3640
5 2 1	-9792	4608	-6336	3840	15552	-6144	38220
5 1^3	8640	-13824	-12672	-11520	-10368	18432	23100
4^2	27648	86400	-69120	-20736	-13824	5760	1430
4 3 1	-10432	-9472	-576	11520	4432	-2304	68640
4 2^2	-1792	-2560	8640	-9216	3136	0	60060
4 2 1^2	3320	3200	-1584	-1440	-5216	2304	262080
4 1^4	-4320	0	6336	5760	5184	-9216	76440
3^2 2	-2800	8960	-10080	0	1120	0	51480
3^2 1^2	5120	896	4608	-5760	-2048	1152	150150
3 2^2 1	800	-2560	1080	2880	-1400	0	336336
3 2 1^3	-2160	0	-1944	960	3384	-1536	480480
3 1^5	3600	0	0	-4800	-4320	7680	91728
2^4 1		8640	-11520	2880	0	0	24024
2^3 1^2			2520	-4032	1512	0	171600
2^2 1^4				2688	-4608	1920	150150
2 1^6					6480	-11520	32032
1^6						40320	1430
							2027025

TABLE 2.9 I

Z	A_1^9	$A_1^7 A_2$	$A_1^5 A_2^2$	$A_1^6 A_3$	$A_1^3 A_2^3$	X(1)
9	34459425	-291891600	817296480	272432160	-838252800	1
8 1		2162160	-13970880	-2182950	25401600	135
7 2			476280	-635040	-2116800	2244
7 1^2				311850	0	4641
6 3					216000	9996

TABLE 2.9 II

z	$A_1^4 A_2 A_3$	$A_1^5 A_4$	$A_1 A_2^4$	$A_1^2 A_2^2 A_3$	$A_1^3 A_3^2$	X(1)
9	-1257379200	-251475840	228614400	1371686400	457228800	1
8 1	24607800	2222640	-11289600	-4974480	-10584000	135
7 2	2494800	650160	1814400	518400	-2581200	2244
7 1^2	-1701000	-317520	0	2268000	1512000	4641
6 3	-518400	345600	-518400	1101600	535680	9996
6 2 1	54600	-81900	0	-187200	-56160	99144
6 1^3		79380	0	0	0	58344
5 4			201600	-691200	276480	11934
5 3 1				28512	-38016	331500
5 2^2					35640	259896

TABLE 2.9 III

z	$A_1^3 A_2 A_4$	$A_1^4 A_5$	$A_2^3 A_3$	$A_1 A_2 A_3^2$	$A_1 A_2^2 A_4$	X(1)
9	914457600	228614400	-203212800	-609638400	-609638400	1
8 1	-21168000	-2293200	12700800	27820800	27820800	135
7 2	-1886400	-678600	-1900800	1425600	-1382400	2244
7 1^2	1411200	327600	-432000	-2592000	-1209600	4641
6 3	-987840	-368640	535680	-1964736	753408	9996
6 2 1	307680	85380	74880	284544	-176832	99144
6 1^3	-352800	-81900	0	0	302400	58344
5 4	552960	-368640	-207360	1050624	-317952	11934
5 3 1	-31680	50688	-38016	28512	44928	331500
5 2^2	-47520	11880	0	-85536	114048	259896
5 2 1^2	14400	-23040	0	0	-34560	1099560
5 1^4		32760	0	0	0	302940
4^2 1			51840	-124416	-54432	136136
4 3 2				18144	-24192	787644
4 3 1^2					10080	2148120

TABLE 2.9 IV

z	$A_1^2 A_3 A_4$	$A_1^2 A_2 A_5$	$A_1^3 A_6$	A_3^3	$A_2 A_3 A_4$	X(1)
9	-609638400	-609638400	-203212800	58060800	348364800	1
8 1	17539200	17539200	2419200	-3628800	-21772800	135
7 2	4060800	1252800	734400	-259200	691200	2244
7 1^2	-2505600	-1123200	-345600	518400	2004480	4641
6 3	146880	641088	423360	491184	105408	9996
6 2 1	-192960	-232992	-92160	-89856	-99072	99144
6 1^3	302400	280800	86400	0	-241920	58344
5 4	-1382400	442368	552960	-331776	62208	11934
5 3 1	117504	-138240	-57888	-14256	-22464	331500
5 2^2	-25920	10368	-12960	57024	-41472	259896
5 2 1^2	-15120	63720	24840	0	43200	1099560
5 1^4	0	-112320	-34560	0	0	302940
4^2 1	155520	62208	-103680	82944	-15552	136136
4 3 2	-20160	36288	-10080	-27216	45248	787644
4 3 1^2	-13440	-11520	19200	0	-11200	2148120
4 2^2 1	8400	-12600	4200	0	-11200	3007368
4 2 1^3		7128	-11880	0	0	3978000
4 1^5			21600	0	0	659736
3^3				75600	-181440	87516
3^2 2 1					8960	2756754

TABLE 2.9 V

z	$A_2^2 A_5$	$A_1 A_4^2$	$A_1 A_3 A_5$	$A_1 A_2 A_6$	$A_1^2 A_7$	X(1)
9	174182400	174182400	348364800	348364800	174182400	1
8 1	-10886400	-6773760	-13547520	-13547520	-2661120	135
7 2	1468800	-1382400	-2764800	-518400	-864000	2244
7 1^2	449280	967680	1935360	829440	380160	4641
6 3	-812160	-273024	565920	-51840	-660528	9996
6 2 1	37440	182016	97920	153600	107712	99144
6 1^3	-112320	-241920	-224640	-207360	-95040	58344
5 4	259200	867456	138240	-1002240	-235008	11934
5 3 1	65664	-100224	-25056	86400	88560	331500
5 2^2	-51840	-13824	63360	-28800	15552	259896
5 2 1^2	-11232	17280	-46224	-42336	-28944	1099560
5 1^4	44928	0	89856	82944	38016	302940
4^2 1	-64800	-108864	-120960	224640	41472	136136
4 3 2	-13440	18816	-7840	-31360	15792	787644
4 3 1^2	1248	20160	31616	-29056	-29184	2148120
4 2^2 1	16800	-9600	4400	4640	-5040	3007368
4 2 1^3	-9504	0	-7920	20448	13824	3978000
4 1^5	0	0	0	-51840	-23760	659736
3^3	120960	120960	-110880	-40320	15120	87516
3^2 2 1	-13440	-13440	5120	20480	-7680	2756754
3^2 1^3	10368	0	-13824	-12096	20736	2382380
3 2^3		17280	-23040	5760	0	1021020
3 2^2 1^2			5400	-8640	3240	6534528
3 2 1^4				6720	-11520	4511052
3 1^6					23760	556920

TABLE 2.9 VI

Z	$A_4\ A_5$	$A_3\ A_6$	$A_2\ A_7$	$A_1\ A_8$	A_9	$X(1)$
9	-139345920	-139345920	-139345920	-139345920	92897280	1
8 1	8709120	8709120	8709120	3225600	-5806080	135
7 2	622080	622080	-875520	1428480	-414720	2244
7 1^2	-1244160	-1244160	-506880	-460800	829440	4641
6 3	155520	-585792	567360	260352	-103680	9996
6 2 1	-103680	73728	-42240	-173568	69120	99144
6 1^3	311040	138240	126720	115200	-207360	58344
5 4	-587520	476928	172800	122112	-51840	11934
5 3 1	65664	5184	-97344	-39168	20736	331500
5 2^2	23040	-76032	80640	-27648	0	259896
5 2 1^2	-13824	13824	12672	46080	-20736	1099560
5 1^4	-59904	-55296	-50688	-46080	82944	302940
4^2 1	146880	-119232	-43200	-23328	12960	136136
4 3 2	-31360	36288	2240	-7168	0	787644
4 3 1^2	-30784	5184	32192	13280	-7776	2148120
4 2^2 1	8960	0	-17920	8960	0	3007368
4 2 1^3	12672	-6912	-6336	-21888	10368	3978000
4 1^5	0	34560	31680	28800	-51840	659736
3^3	-40320	60480	-20160	0	0	87516
3^2 2 1	20480	-25920	2240	3200	0	2756754
3^2 1^3	3456	18144	-23328	-8640	5184	2382380
3 2^3 1	-20160	30240	-10080	0	0	1021020
3 2^2 1^2	-8640	4320	10080	-5760	0	6534528
3 2 1^4	0	-10080	5280	18240	-8640	4511052
3 1^6	0	0	-31680	-28800	51840	556920

TABLE 2.9 VII

z	$A_4 A_5$	$A_3 A_6$	$A_2 A_7$	$A_1 A_8$	A_9	X(1)
$2^4\ 1$	20160	-30240	10080	0	0	787644
$2^3\ 1^3$		12096	-20160	8064	0	1823250
$2^2\ 1^5$			17280	-30240	12960	952952
$2\ 1^7$				50400	-90720	143208
1^9					362880	4862
						34459425

TABLE 2.10 I

z	A_1^{10}	$A_1^8 A_2$	$A_1^6 A_2^2$	$A_1^7 A_3$	X(1)
10	654729075	-6202696500	20432412000	5837832000	1
9 1		36486450	-272432160	-36756720	170
8 2			6985440	-9313920	3705
8 1^2				4594590	7600

TABLE 2.10 II

z	$A_1^4 A_2^3$	$A_1^5 A_2 A_3$	$A_1^6 A_4$	$A_1^2 A_2^4$	X(1)
10	-27243216000	-32691859200	-5448643200	12573792000	1
9 1	628689600	488980800	37255680	-457228800	170
8 2	-38102400	46040400	9472680	50803200	3705
8 1^2	0	-29688120	-4656960	0	7600
7 3	2646000	-6350400	4233600	-9072000	23256
7 2 1		680400	-1020600	0	223839
7 1^3			997920	0	129675
6 4				1814400	48450

ZONAL POLYNOMIALS OF ORDER 1 THROUGH 12

TABLE 2.10 III

z	$A_1^3 A_2^2 A_3$	$A_1^4 A_3^2$	$A_1^4 A_2 A_4$	$A_1^5 A_5$	X(1)
10	50295168000	12573792000	25147584000	5029516800	1
9 1	-1346284800	-215913600	-431827200	-38102400	170
8 2	-12700800	-47514600	-37195200	-9752400	3705
8 1^2	53978400	26989200	25401600	4762800	7600
7 3	20088000	6480000	-16524000	-4406400	23256
7 2 1	-3024000	-693000	4872000	1050000	223839
7 1^3	0	0	-5443200	-1020600	129675
6 4	-6220800	2488320	4976640	-3317760	48450
6 3 1	280800	-374400	-312000	499200	1162800
6 2^2		360360	-480480	120120	872100
6 2 1^2			147000	-235200	3627936
6 1^4				340200	969969

TABLE 2.10 IV

z	A_2^5	$A_1 A_2^3 A_3$	$A_1^2 A_2 A_3^2$	$A_1^2 A_2^2 A_4$	X(1)
10	-914457600	-18289152000	-27433728000	-27433728000	1
9 1	50803200	801561600	880588800	880588800	170
8 2	-9676800	-63302400	67348800	-9763200	3705
8 1^2	0	-23990400	-71971200	-33868800	7600
7 3	3628800	2592000	-37908000	16848000	23256
7 2 1	0	2592000	4968000	-5040000	223839
7 1^3	0	0	0	7257600	129675
6 4	-2419200	7027200	4700160	-10126080	48450
6 3 1	0	-673920	696384	776448	1162800
6 2^2	0	0	-1235520	1647360	872100
6 2 1^2	0	0	0	-504000	3627936
6 1^4	0	0	0	0	969969
5^2	3628800	-16128000	13824000	13824000	16796
5 4 1		253440	-608256	-266112	1469650
5 3 2			128304	-171072	5038800
5 3 1^2				72576	13323750

TABLE 2.10 V

Z	$A_1^3 A_3 A_4$	$A_1^3 A_2 A_5$	$A_1^4 A_6$	$A_2^2 A_3^2$	X(1)
10	-18289152000	-18289152000	-4572288000	6096384000	1
9 1	372556800	372556800	39513600	-338688000	170
8 2	79660800	28252800	10245600	22896000	3705
8 1^2	-46569600	-21168000	-4939200	20563200	7600
7 3	6955200	12571200	4741200	3888000	23256
7 2 1	-3513600	-3945600	-1101600	-3024000	223839
7 1^3	4838400	4536000	1058400	0	129675
6 4	-10644480	9123840	3778560	-7264512	48450
6 3 1	1108800	-1887552	-535680	718848	1162800
6 2^2	-253440	-31680	-126720	494208	872100
6 2 1^2	-151200	892800	246600	0	3627936
6 1^4	0	-1512000	-352800	0	969969
5^2	-11059200	-11059200	7372800	13824000	16796
5 4 1	760320	304128	-506880	-266112	1469650
5 3 2	-142560	256608	-71280	-171072	5038800
5 3 1^2	-96768	-82944	138240	0	13323750
5 2^2 1	64800	-97200	32400	0	16713312
5 2 1^3		56160	-93600	0	21318000
5 1^5			176400	0	3325608
4^2 2				217728	2309450

ZONAL POLYNOMIALS OF ORDER 1 THROUGH 12

TABLE 2.10 VI

z	$A_2^3 A_4$	$A_1 A_3^2$	$A_1 A_2 A_3 A_4$	$A_1 A_2^2 A_5$	$X(1)$
10	4064256000	4064256000	24385536000	12192768000	1
9 1	-225792000	-164505600	-987033600	-493516800	170
8 2	29952000	-21945600	-43545600	22291200	3705
8 1^2	6451200	20563200	79833600	18144000	7600
7 3	-13132800	14644800	15759360	-9642240	23256
7 2 1	460800	-1900800	1059840	2269440	223839
7 1^3	-1382400	0	-8294400	-3888000	129675
6 4	8994816	-1188864	4727808	-9497088	48450
6 3 1	-36864	-702000	-2211264	1429632	1162800
6 2^2	-658944	988416	-709632	-747648	872100
6 2 1^2	201600	0	766080	-529920	3627936
6 1^4	0	0	0	1296000	969969
5^2	-13593600	-11059200	-11612160	21565440	16796
5 4 1	9216	760320	487296	-347328	1469650
5 3 2	228096	-142560	435456	-425088	5038800
5 3 1^2	-96768	0	72576	119232	13323750
5 2^2 1	0	0	-155520	233280	16713312
5 2 1^3	0	0	0	-134784	21318000
5 1^5	0	0	0	0	3325608
4^2 2	-290304	-290304	217728	326592	2309450
4^2 1^2	129600	0	-311040	-138240	5643456
4 3^2		226800	-544320	362880	2217072
4 3 2 1			31360	-47040	55099278
4 3 1^3				38016	44089500

TABLE 2.10 VII

z	$A_1^2 A_4^2$	$A_1^2 A_3 A_5$	$A_1^2 A_2 A_6$	$A_1^3 A_7$	X(1)
10	6096384000	12192768000	12192768000	4064256000	1
9 1	-154828800	-309657600	-309657600	-41932800	170
8 2	-31449600	-62899200	-18835200	-11174400	3705
8 1^2	19353600	38707200	16934400	5241600	7600
7 3	-10160640	-1788480	-8190720	-5503680	23256
7 2 1	3479040	2465280	3006720	1198080	223839
7 1^3	-4147200	-3888000	-3628800	-1123200	129675
6 4	9628416	1465344	-4465152	-5741568	48450
6 3 1	-782208	669024	1461888	617904	1162800
6 2^2	-129024	733824	-110592	139392	872100
6 2 1^2	161280	-735840	-682560	-267840	3627936
6 1^4	0	1296000	1209600	374400	969969
5^2	7741440	15482880	-21012480	-2949120	16796
5 4 1	-952128	-1437696	1289088	762624	1469650
5 3 2	145152	-102816	-50112	82944	5038800
5 3 1^2	108864	193536	-380160	-158976	13323750
5 2^2 1	-69120	32760	-5760	-35640	16713312
5 2 1^3	0	-58968	260928	101592	21318000
5 1^5	0	0	-604800	-187200	3325608
4^2 2	-108864	290304	-508032	145152	2309450
4^2 1^2	207360	184320	161280	-276480	5643456
4 3^2	362880	-332640	-120960	45360	2217072
4 3 2 1	-47040	17920	71680	-26880	55099278
4 3 1^3	0	-50688	-44352	76032	44089500

TABLE 2.10 VIII

z	$A_1^2 A_4^2$	$A_1^2 A_3 A_5$	$A_1^2 A_2 A_6$	$A_1^3 A_7$	X(1)
4 2^3	86400	-115200	28800	0	12345060
4 2^2 1^2		27720	-44352	16632	75582000
4 2 1^4			36288	-62208	47965500
4 1^6				140400	5116320

ZONAL POLYNOMIALS OF ORDER 1 THROUGH 12

TABLE 2.10 IX

z	$A_3^2 A_4$	$A_2 A_4^2$	$A_2 A_3 A_5$	$A_2^2 A_6$	$X(1)$
10	-3483648000	-3483648000	-6967296000	-3483648000	1
9 1	193536000	193536000	387072000	193536000	170
8 2	12096000	-5529600	-11059200	-23155200	3705
8 1^2	-24192000	-15482880	-30965760	-6773760	7600
7 3	-12234240	6635520	-1555200	10679040	23256
7 2 1	1866240	-1105920	1382400	-483840	223839
7 1^3	1658880	3317760	3110400	1451520	129675
6 4	1821312	-8557056	9573120	-2626560	48450
6 3 1	974592	635904	-1313280	-691200	1162800
6 2^2	-1064448	1050624	69120	552960	872100
6 2 1^2	-241920	-483840	259200	120960	3627936
6 1^4	0	0	-1036800	-483840	969969
5^2	7741440	11162880	-25574400	6600960	16796
5 4 1	-952128	152064	1019520	-241920	1469650
5 3 2	145152	-562176	405120	15360	5038800
5 3 1^2	-36288	96768	-160128	177408	13323750
5 2^2 1	103680	92160	-199200	-96000	16713312
5 2 1^3	0	0	168480	-48384	21318000
5 1^5	0	0	0	241920	3325608
4^2 2	326592	290304	-1169280	564480	2309450
4^2 1^2	207360	-190080	153600	-168000	5643456
4 3^2	-241920	322560	268800	-430080	2217072
4 3 2 1	-47040	17920	67200	-26880	55099278
4 3 1^3	0	0	-42240	5376	44089500

TABLE 2.10 X

z	$A_3^2 A_4$	$A_2 A_4^2$	$A_2 A_3 A_5$	$A_2^2 A_6$	$X(1)$
4 2^3	0	-115200	153600	-38400	12345060
4 2^2 1^2	0	0	-36960	59136	75582000
4 2 1^4	0	0	0	-48384	47965500
4 1^6	0	0	0	0	5116320
3^3 1	120960	-161280	-134400	215040	6928350
3^2 2^2		80640	-107520	26880	13856700
3^2 2 1^2			28800	-46080	72424352
3^2 1^4				51840	29628144

TABLE 2.10 XI

Z	$A_1 A_4 A_5$	$A_1 A_3 A_6$	$A_1 A_2 A_7$	$A_1^2 A_8$	A_5^2	X(1)
10	-6967296000	-6967296000	-6967296000	-3483648000	1393459200	1
9 1	239984640	239984640	239984640	46448640	-77414400	170
8 2	42992640	42992640	7741440	13271040	-4838400	3705
8 1^2	-29998080	-29998080	-12579840	-5806080	9676800	7600
7 3	7257600	-7568640	518400	8709120	-1036800	23256
7 2 1	-4838400	-1244160	-1996800	-1413120	691200	223839
7 1^3	6428160	2903040	2695680	1244160	-2073600	129675
6 4	-7499520	-1569024	10291968	2540160	-432000	48450
6 3 1	604800	281664	-923712	-956928	172800	1162800
6 2^2	-69120	-681984	311808	-168960	0	872100
6 2 1^2	345600	495360	456960	314880	-172800	3627936
6 1^4	-1036800	-967680	-898560	-414720	691200	969969
5^2	-17971200	13962240	4838400	1658880	9676800	16796
5 4 1	1935360	-470016	-1631232	-347328	-820800	1469650
5 3 2	11520	-141696	258048	-131328	-134400	5038800
5 3 1^2	-428544	124416	241920	243648	210240	13323750
5 2^2 1	43200	51840	-38880	43200	62400	16713312
5 2 1^3	67392	-190080	-175392	-119232	-112320	21318000
5 1^5	0	483840	449280	207360	0	3325608
4^2 2	-241920	435456	-145152	-60480	504000	2309450
4^2 1^2	-345600	-241920	599040	115200	76800	5643456
4 3^2	-604800	665280	100800	-80640	134400	2217072
4 3 2 1	96000	-103680	-46080	42560	-81600	55099278
4 3 1^3	76032	120960	-116352	-116352	-21120	44089500

TABLE 2.10 XII

z	$A_1 A_4 A_5$	$A_1 A_3 A_6$	$A_1 A_2 A_7$	$A_1^2 A_8$	A_5^2	$X(1)$
$4\ 2^3$	-69120	103680	-34560	0	-52800	12345060
$4\ 2^2\ 1^2$	-31680	17280	12384	-20160	52800	75582000
$4\ 2\ 1^4$	0	-40320	107904	72960	0	47965500
$4\ 1^6$	0	0	-336960	-155520	0	5116320
$3^3\ 1$	241920	-241920	-80640	40320	-67200	6928350
$3^2\ 2^2$	-92160	138240	-46080	0	153600	13856700
$3^2\ 2\ 1^2$	-43200	19440	71280	-30240	14400	72424352
$3^2\ 1^4$	0	-69120	-61440	107520	0	29628144
$3\ 2^3\ 1$	38880	-58320	19440	0	-64800	44341440
$3\ 2^2\ 1^3$		25200	-42000	16800	0	90698400
$3\ 2\ 1^5$			42240	-73920	0	37035180
$3\ 1^7$				181440	0	3197700
2^5					302400	1662804

TABLE 2.10 XIII

Z	$A_4\ A_6$	$A_3\ A_7$	$A_2\ A_8$	$A_1\ A_9$	A_{10}	X(1)
10	2786918400	2786918400	2786918400	2786918400	-1857945600	1
9 1	-154828800	-154828800	-154828800	-56770560	103219200	170
8 2	-9676800	-9676800	13824000	-22210560	6451200	3705
8 1^2	19353600	19353600	7741440	7096320	-12902400	7600
7 3	-2073600	7810560	-7464960	-3456000	1382400	23256
7 2 1	1382400	-1013760	552960	2304000	-921600	223839
7 1^3	-4147200	-1797120	-1658880	-1520640	2764800	129675
6 4	6054912	-4817664	-1852416	-1343232	576000	48450
6 3 1	-718848	-59904	1050624	430848	-230400	1162800
6 2^2	-258048	838656	-884736	304128	0	872100
6 2 1^2	161280	-149760	-138240	-506880	230400	3627936
6 1^4	645120	599040	552960	506880	-921600	969969
5^2	-7257600	-1935360	-1175040	-921600	403200	16796
5 4 1	-165888	832896	359424	203328	-115200	1469650
5 3 2	387072	-290304	-24576	62208	0	5038800
5 3 1^2	0	-44928	-267264	-115776	69120	13323750
5 2^2 1	-138240	0	153600	-77760	0	16713312
5 2 1^3	64512	59904	55296	190656	-92160	21318000
5 1^5	-322560	-299520	-276480	-253440	460800	3325608
4^2 2	-580608	72576	-32256	36288	0	2309450
$4^2\ 1^2$	328320	-345600	-120000	-69120	43200	5643456
4 3^2	0	-241920	107520	0	0	2217072
4 3 2 1	15360	94080	-7680	-20160	0	55099278
4 3 1^3	-96768	22464	128256	55296	-34560	44089500

TABLE 2.10 XIV

Z	$A_4 A_6$	$A_3 A_7$	$A_2 A_8$	$A_1 A_9$	A_{10}	X(1)
$4\ 2^3$	172800	-181440	61440	0	0	12345060
$4\ 2^2\ 1^2$	-27648	0	-61440	36288	0	75582000
$4\ 2\ 1^4$	64512	-37440	-34560	-116352	57600	47965500
$4\ 1^6$	0	224640	207360	190080	-345600	5116320
$3^3\ 1$	0	120960	-53760	0	0	6928350
$3^2\ 2^2$	-172800	0	19200	0	0	13856700
$3^2\ 2\ 1^2$	51840	-90720	11520	12960	0	72424352
$3^2\ 1^4$	17280	92160	-120960	-46080	28800	29628144
$3\ 2^3\ 1$	28800	70560	-34560	0	0	44341440
$3\ 2^2\ 1^3$	-40320	22176	48384	-30240	0	90698400
$3\ 2\ 1^5$	0	-63360	34560	118080	-57600	37035180
$3\ 1^7$	0	0	-241920	-221760	403200	3197700
2^5	-403200	100800	0	0	0	1662804
$2^4\ 1^2$	80640	-129024	48384	0	0	13856700
$2^3\ 1^4$		72576	-124416	51840	0	16166150
$2^2\ 1^6$			129600	-230400	100800	5643456
$2\ 1^8$				443520	-806400	629850
1^{10}					3628800	16796
						654729075

TABLE 2.11 I

Z	A_1^{11}	$A_1^9 A_2$	$A_1^7 A_2^2$	$A_1^8 A_3$	X(1)
11	13749310575	-144040396500	545837292000	136459323000	1
10 1		689188500	-5837832000	-693242550	209
9 2			116756640	-155675520	5775
9 1^2				77026950	11781

TABLE 2.11 II

z	$A_1^5 A_2^3$	$A_1^6 A_2 A_3$	$A_1^7 A_4$	X(1)
11	-899026128000	-899026128000	-128432304000	1
10 1	16345929600	10624854240	700539840	209
9 2	-754427520	926735040	157671360	5775
9 1^2	0	-575134560	-77837760	11781
8 3	38102400	-91445760	60963840	48279
8 2 1		9896040	-14844060	456456
8 1^3			14594580	261800

TABLE 2.11 III

z	$A_1^3 A_2^4$	$A_1^4 A_2^2 A_3^1$	$A_1^5 A_3^2$	X(1)
11	599350752000	1798052256000	359610451200	1
10 1	-16765056000	-37092686400	-4778040960	209
9 2	1371686400	-711244800	-953671320	5775
9 1^2	0	1327233600	530893440	11781
8 3	-169344000	382611600	92715840	48279
8 2 1	0	-53978400	-10024560	456456
8 1^3	0	0	0	261800
7 4	21168000	-72576000	29030400	149226
7 3 1		3402000	-4536000	3357585
7 2^2			4422600	2462229

ZONAL POLYNOMIALS OF ORDER 1 THROUGH 12

TABLE 2.11 IV

Z	$A_1^5 A_2 A_4$	$A_1^6 A_5$	$A_1 A_2^5$	$X(1)$
11	719220902400	119870150400	-110649369600	1
10 1	-9556081920	-712514880	4572288000	209
9 2	-779194080	-161035560	-609638400	5775
9 1^2	502951680	79168320	0	11781
8 3	-300373920	-62657280	145152000	48279
8 2 1	85866480	15154020	0	456456
8 1^3	-94303440	-14844060	0	261800
7 4	58060800	-38707200	-50803200	149226
7 3 1	-3780000	6048000	0	3357585
7 2^2	-5896800	1474200	0	2462229
7 2 1^2	1814400	-2903040	0	10138590
7 1^4		4241160	0	2662660
6 5			21772800	149226

TABLE 2.11 V

Z	$A_1^2 A_2^3 A_3$	$A_1^3 A_2 A_3^2$	$A_1^3 A_2^2 A_4$	$X(1)$
11	-1106493696000	-1106493696000	-1106493696000	1
10 1	36121075200	26519270400	26519270400	209
9 2	-1591833600	2228990400	177811200	5775
9 1^2	-965260800	-1930521600	-914457600	11781
8 3	-121564800	-736257600	420422400	48279
8 2 1	71971200	92534400	-129729600	456456
8 1^3	0	0	171460800	261800
7 4	160704000	20736000	-181440000	149226
7 3 1	-11664000	13176000	13305600	3357585
7 2^2	0	-19656000	26208000	2462229
7 2 1^2	0	0	-8064000	10138590
7 1^4	0	0	0	2662660
6 5	-96768000	82944000	82944000	149226
6 4 1	2246400	-5391360	-2358720	7461300
6 3 2		1235520	-1647360	22383900
6 3 1^2			705600	58198140

TABLE 2.11 VI

z	$A_1^4 A_3 A_4$	$A_1^4 A_2 A_5$	$A_1^5 A_6$	$A_2^4 A_3$	X(1)
11	-553246848000	-553246848000	-110649369600	100590336000	1
10 1	8458732800	8458732800	731566080	-5029516800	209
9 2	1657454400	631864800	166592160	632217600	5775
9 1^2	-939859200	-431827200	-81285120	107251200	11781
8 3	167248800	244360800	65616480	-148780800	48279
8 2 1	-66679200	-72349200	-15664320	-13708800	456456
8 1^3	85730400	80967600	15240960	0	261800
7 4	-120268800	149299200	41472000	51840000	149226
7 3 1	13207200	-29066400	-6324000	4665600	3357585
7 2^2	-3057600	-1965600	-1528800	0	2462229
7 2 1^2	-1848000	13973400	2999640	0	10138590
7 1^4	0	-23133600	-4354560	0	2662660
6 5	-66355200	-66355200	44236800	-22176000	149226
6 4 1	6739200	2695680	-4492800	-2995200	7461300
6 3 2	-1372800	2471040	-686400	0	22383900
6 3 1^2	-940800	-806400	1344000	0	58198140
6 2^2 1	646800	-970200	323400	0	69837768
6 2 1^3		567000	-945000	0	87297210
6 1^5			1814400	0	13180167
5^2 1				4435200	2645370

TABLE 2.11 VII

Z	$A_1 A_2^2 A_3^2$	$A_1 A_2^3 A_4$	$A_1^2 A_3^3$	$A_1^2 A_2 A_3 A_4$	X(1)
11	603542016000	402361344000	201180672000	1207084032000	1
10 1	-23775897600	-15850598400	-5791564800	-34749388800	209
9 2	334454400	1134604800	-846115200	-2341785600	5775
9 1^2	1287014400	406425600	643507200	2506291200	11781
8 3	508550400	-365990400	311623200	184291200	48279
8 2 1	-120441600	39225600	-38188800	82771200	456456
8 1^3	0	-76204800	0	-228614400	261800
7 4	-303264000	134784000	31104000	307929600	149226
7 3 1	8812800	-6013440	-13620960	-44975232	3357585
7 2^2	16848000	-22464000	16848000	-11980800	2462229
7 2 1^2	0	6912000	0	13248000	10138590
7 1^4	0	0	0	0	2662660
6 5	158976000	-58752000	-96768000	-185241600	149226
6 4 1	5571072	3227904	5750784	-6300288	7461300
6 3 2	-2965248	3953664	-1297296	5556672	22383900
6 3 1^2	0	-1693440	0	1749888	58198140
6 2^2 1	0	0	0	-2217600	69837768
6 2 1^3	0	0	0	0	87297210
6 1^5	0	0	0	0	13180167
5^2 1	-15206400	-4561920	6082560	23113728	2645370
5 4 2	1026432	-1368576	-1368576	1026432	32332300
5 4 1^2		622080	0	-1492992	76602680
5 3^2			1496880	-3592512	19399380
5 3 2 1				217728	443201220

TABLE 2.11 VIII

z	$A_1^2 A_2^2 A_5$	$A_1^3 A_4^2$	$A_1^3 A_3 A_5$	$A_1^3 A_2 A_6$	X(1)
11	603542016000	201180672000	402361344000	402361344000	1
10 1	-17374694400	-3657830400	-7315660800	-7315660800	209
9 2	196560000	-696729600	-1393459200	-481824000	5775
9 1^2	575769600	406425600	812851200	361267200	11781
8 3	-249350400	-218246400	-102340800	-186796800	48279
8 2 1	74865600	66873600	52099200	58867200	456456
8 1^3	-107956800	-76204800	-71971200	-67737600	261800
7 4	-156038400	95904000	-55296000	-113702400	149226
7 3 1	34207488	-8938752	15356736	23917824	3357585
7 2^2	-10108800	-1536000	10368000	403200	2462229
7 2 1^2	-14731200	1920000	-12160800	-11390400	10138590
7 1^4	30844800	0	20563200	19353600	2662660
6 5	105062400	82944000	165888000	-97689600	149226
6 4 1	-6616512	-7226496	-10347264	16918272	7461300
6 3 2	-6728832	1398144	-1054944	392832	22383900
6 3 1^2	2023488	997248	1817856	-5112576	58198140
6 2^2 1	3326400	-672000	324000	-417600	69837768
6 2 1^3	-1944000	0	-583200	3608640	87297210
6 1^5	0	0	0	-8064000	13180167
5^2 1	4866048	-7299072	-14598144	-5677056	2645370
5 4 2	1539648	-513216	1368576	-2395008	32332300
5 4 1^2	-663552	995328	884736	774144	76602680
5 3^2	2395008	2395008	-2195424	-798336	19399380
5 3 2 1	-326592	-326592	124416	497664	443201220

TABLE 2.11 IX

z	$A_1^2 A_2^2 A_5$	$A_1^3 A_4^2$	$A_1^3 A_3 A_5$	$A_1^3 A_2 A_6$	X(1)
5 3 1^3	269568	0	-359424	-314496	341976250
5 2^3		648000	-864000	216000	87744888
5 2^2 1^2			210600	-336960	525275520
5 2 1^4				282240	320089770

ZONAL POLYNOMIALS OF ORDER 1 THROUGH 12

TABLE 2.11 X

z	$A_1^4 A_7$	$A_2 A_3^3$	$A_2^2 A_3 A_4$	$A_2^3 A_5$	$X(1)$
11	100590336000	-89413632000	-268240896000	-89413632000	1
10 1	-762048000	4470681600	13412044800	4470681600	209
9 2	-175996800	-12096000	-817689600	-533030400	5775
9 1^2	84672000	-367718400	-716083200	-109670400	11781
8 3	-71118000	-188438400	161740800	200793600	48279
8 2 1	16524000	47001600	25228800	-6854400	456456
8 1^3	-15876000	0	65318400	20563200	261800
7 4	-47692800	117158400	-77137920	-59857920	149226
7 3 1	6833616	-2229120	-1787904	-7893504	3357585
7 2^2	1622400	-13478400	13777920	6289920	2462229
7 2 1^2	-3162000	0	-8064000	1468800	10138590
7 1^4	4536000	0	0	-5875200	2662660
6 5	-66355200	-60825600	34974720	24837120	149226
6 4 1	5142528	-5616000	4243968	3541248	7461300
6 3 2	745008	3706560	-5651712	1064448	22383900
6 3 1^2	-1449984	0	1806336	-117504	58198140
6 2^2 1	-343200	0	887040	-1330560	69837768
6 2 1^3	995760	0	0	777600	87297210
6 1^5	-1890000	0	0	0	13180167
5^2 1	9732096	12165120	-6994944	-4967424	2645370
5 4 2	684288	-1140480	1617408	-145152	32332300
5 4 1^2	-1327104	0	-653184	29376	76602680
5 3^2	299376	-1995840	4790016	-3193344	19399380
5 3 2 1	-186624	0	-290304	435456	443201220

TABLE 2.11 XI

z	$A_1^4 A_7$	$A_2 A_3^3$	$A_2^2 A_3 A_4$	$A_2^3 A_5$	$X(1)$
5 3 1^3	539136	0	0	-359424	341976250
5 2^3	0	0	0	0	87744888
5 2^2 1^2	126360	0	0	0	525275520
5 2 1^4	-483840	0	0	0	320089770
5 1^6	1134000	0	0	0	32008977
4^2 3		1814400	-4354560	2903040	14226212
4^2 2 1			362880	-544320	209513304
4^2 1^3				475200	148140720

TABLE 2.11 XII

Z	$A_1 A_3^2 A_4$	$A_1 A_2 A_4^2$	$A_1 A_2 A_3 A_5$	$A_1 A_2^2 A_6$	X(1)
11	-268240896000	-268240896000	-536481792000	-268240896000	1
10 1	9754214400	9754214400	19508428800	9754214400	209
9 2	1158796800	377395200	754790400	-404006400	5775
9 1^2	-1083801600	-696729600	-1393459200	-309657600	11781
8 3	-393465600	161740800	-249350400	144115200	48279
8 2 1	20390400	-76723200	-13478400	-33868800	456456
8 1^3	65318400	130636800	123379200	58060800	261800
7 4	-120061440	-192844800	266664960	119854080	149226
7 3 1	37751040	24754176	-22526208	-18104832	3357585
7 2^2	-21864960	21657600	-3317760	9515520	2462229
7 2 1^2	-5068800	-10137600	14428800	6768000	10138590
7 1^4	0	0	-35251200	-16588800	2662660
6 5	198512640	60134400	-235560960	-18938880	149226
6 4 1	-6703776	3182976	9274176	-13588992	7461300
6 3 2	-1305216	-5796864	8366976	1801728	22383900
6 3 1^2	-1764000	-733824	-4943808	3875328	58198140
6 2^2 1	1774080	1612800	-3438720	-1215360	69837768
6 2 1^3	0	0	2954880	-2180736	87297210
6 1^5	0	0	0	6912000	13180167
5^2 1	-30412800	1368576	16422912	11708928	2645370
5 4 2	4230144	-808704	-7962624	3483648	32332300
5 4 1^2	1866240	-186624	1389312	-896832	76602680
5 3^2	-1088640	-1741824	4136832	-870912	19399380
5 3 2 1	-241920	542976	178432	-827392	443201220

ZONAL POLYNOMIALS OF ORDER 1 THROUGH 12

TABLE 2.11 XIII

z	$A_1 A_3^2 A_4$	$A_1 A_2 A_4^2$	$A_1 A_2 A_3 A_5$	$A_1 A_2^2 A_6$	$X(1)$
$5\ 3\ 1^3$	0	0	269568	456192	341976250
$5\ 2^3$	0	-1555200	2073600	-518400	87744888
$5\ 2^2\ 1^2$	0	0	-505440	808704	525275520
$5\ 2\ 1^4$	0	0	0	-677376	320089770
$5\ 1^6$	0	0	0	0	32008977
$4^2\ 3$	-1905120	5443200	-544320	-4354560	14226212
$4^2\ 2\ 1$	-483840	-403200	904960	620480	209513304
$4^2\ 1^3$	0	0	-1140480	-513216	148140720
$4\ 3^2\ 1$	352800	-470400	-392000	627200	224478540
$4\ 3\ 2^2$		268800	-358400	89600	366648282
$4\ 3\ 2\ 1^2$			98560	-157696	1833241410
$4\ 3\ 1^4$				186624	689424120

TABLE 2.11 XIV

Z	$A_1^2 A_4 A_5$	$A_1^2 A_3 A_6$	$A_1^2 A_2 A_7$	$A_1^3 A_8$	X(1)
11	-268240896000	-268240896000	-268240896000	-89413632000	1
10 1	6096384000	6096384000	6096384000	812851200	209
9 2	1103639040	1103639040	322237440	193213440	5775
9 1^2	-677376000	-677376000	-290304000	-90316800	11781
8 3	311558400	25142400	122083200	83289600	48279
8 2 1	-106617600	-36633600	-45100800	-18086400	456456
8 1^3	127008000	58060800	54432000	16934400	261800
7 4	-79418880	-20113920	55365120	73336320	149226
7 3 1	-5342976	-8413056	-18654336	-7948800	3357585
7 2^2	-2833920	-9377280	1428480	-1797120	2462229
7 2 1^2	7948800	9388800	8755200	3456000	10138590
7 1^4	-17625600	-16588800	-15552000	-4838400	2662660
6 5	-211230720	25989120	184135680	30228480	149226
6 4 1	21909312	-2611008	-13110336	-7793568	7461300
6 3 2	-252288	-1585728	526464	-874368	22383900
6 3 1^2	-3139776	3121344	3991104	1680480	58198140
6 2^2 1	380160	887040	63360	380160	69837768
6 2 1^3	622080	-2979072	-2778624	-1087488	87297210
6 1^5	0	6912000	6480000	2016000	13180167
5^2 1	20680704	11556864	-31021056	-4055040	2645370
5 4 2	93312	404352	1275264	-1047168	32332300
5 4 1^2	-3856896	-2094336	3400704	2004480	76602680
5 3^2	-2975616	3374784	-72576	-362880	19399380
5 3 2 1	576384	-657216	64704	218880	443201220

TABLE 2.11 XV

z	$A_1^2 A_4 A_5$	$A_1^2 A_3 A_6$	$A_1^2 A_2 A_7$	$A_1^3 A_8$	X(1)
$5\ 3\ 1^3$	404352	728352	-1490400	-623808	341976250
$5\ 2^3$	-475200	712800	-237600	0	87744888
$5\ 2^2\ 1^2$	-224640	127008	-65664	-139968	525275520
$5\ 2\ 1^4$	0	-296352	1355616	528192	320089770
$5\ 1^6$	0	0	-3888000	-1209600	32008977
$4^2\ 3$	-3810240	3810240	1632960	-635040	14226212
$4^2\ 2\ 1$	376320	-241920	-967680	376320	209513304
$4^2\ 1^3$	760320	684288	608256	-1064448	148140720
$4\ 3^2\ 1$	705600	-705600	-235200	117600	224478540
$4\ 3\ 2^2$	-307200	460800	-153600	0	366648282
$4\ 3\ 2\ 1^2$	-147840	66528	243936	-103488	1833241410
$4\ 3\ 1^4$	0	-248832	-221184	387072	689424120
$4\ 2^3\ 1$	190080	-285120	95040	0	678978300
$4\ 2^2\ 1^3$		127008	-211680	84672	1319051250
$4\ 2\ 1^5$			224640	-393120	492445800
$4\ 1^7$				1058400	36581688

TABLE 2.11 XVI

z	$A_3 A_4^2$	$A_3^2 A_5$	$A_2 A_4 A_5$	$A_2 A_3 A_6$	X(1)
11	76640256000	76640256000	153280512000	153280512000	1
10 1	-3832012800	-3832012800	-7664025600	-7664025600	209
9 2	-212889600	-212889600	199342080	199342080	5775
9 1^2	425779200	425779200	541900800	541900800	11781
8 3	74649600	189216000	-203212800	25920000	48279
8 2 1	-1382400	-29376000	33868800	-22118400	456456
8 1^3	-52254720	-24675840	-101606400	-46448640	261800
7 4	82114560	-88387200	86054400	-121512960	149226
7 3 1	-19427328	-2384640	3962880	16962048	3357585
7 2^2	3133440	16588800	-22579200	-829440	2462229
7 2 1^2	6451200	-1762560	2926080	-3317760	10138590
7 1^4	0	7050240	14100480	13271040	2662660
6 5	-95420160	38016000	26611200	85916160	149226
6 4 1	1748736	5084640	-11802240	3366144	7461300
6 3 2	3879936	-5650560	3548160	-2094336	22383900
6 3 1^2	790272	1697760	593280	-2426112	58198140
6 2^2 1	-2257920	518400	1267200	1105920	69837768
6 2 1^3	0	-933120	-1866240	1105920	87297210
6 1^5	0	0	0	-5529600	13180167
5^2 1	19084032	-7603200	-5322240	-17183232	2645370
5 4 2	-3608064	2255040	3144960	912384	32332300
5 4 1^2	-1306368	-1036800	1676160	1254528	76602680
5 3^2	-580608	2298240	-322560	-4499712	19399380
5 3 2 1	225792	27840	-1160960	960768	443201220

TABLE 2.11 XVII

z	$A_3 A_4^2$	$A_3^2 A_5$	$A_2 A_4 A_5$	$A_2 A_3 A_6$	$X(1)$
$5\ 3\ 1^3$	0	-134784	359424	-611712	341976250
$5\ 2^3$	1036800	-1382400	633600	-604800	87744888
$5\ 2^2\ 1^2$	0	336960	299520	-708480	525275520
$5\ 2\ 1^4$	0	0	0	846720	320089770
$5\ 1^6$	0	0	0	0	32008977
$4^2\ 3$	2177280	-2268000	-4233600	5080320	14226212
$4^2\ 2\ 1$	725760	-268800	-156800	-1330560	209513304
$4^2\ 1^3$	0	760320	-696960	570240	148140720
$4\ 3^2\ 1$	-403200	43680	1106560	-241920	224478540
$4\ 3\ 2^2$	-403200	537600	140800	-345600	366648282
$4\ 3\ 2\ 1^2$	0	-147840	56320	224640	1833241410
$4\ 3\ 1^4$	0	0	0	-207360	689424120
$4\ 2^3\ 1$	0	0	-253440	380160	678978300
$4\ 2^2\ 1^3$	0	0	0	-169344	1319051250
$4\ 2\ 1^5$	0	0	0	0	492445800
$4\ 1^7$	0	0	0	0	36581688
$3^3\ 2$	725760	-967680	-806400	1451520	76211850
$3^3\ 1^2$		362880	-483840	-414720	248958710
$3^2\ 2^2\ 1$			172800	-259200	796667872
$3^2\ 2\ 1^3$				129600	1303638336

TABLE 2.11 XVIII

Z	$A_2^2 A_7$	$A_1 A_5^2$	$A_1 A_4 A_6$	$A_1 A_3 A_7$	X(1)
11	76640256000	76640256000	153280512000	153280512000	1
10 1	-3832012800	-2368880640	-4737761280	-4737761280	209
9 2	412231680	-378362880	-756725760	-756725760	5775
9 1^2	116121600	263208960	526417920	526417920	11781
8 3	-163296000	-55779840	-111559680	117573120	48279
8 2 1	7257600	37186560	74373120	18385920	456456
8 1^3	-21772800	-49351680	-98703360	-43545600	261800
7 4	33592320	-18921600	95592960	21461760	149226
7 3 1	8803584	6520320	-8045568	-3832320	3357585
7 2^2	-7096320	2995200	829440	8816640	2462229
7 2 1^2	-1555200	-7269120	-4354560	-6355200	10138590
7 1^4	6220800	14100480	13271040	12441600	2662660
6 5	-55883520	118886400	30205440	-118056960	149226
6 4 1	2529792	-11361600	-5844096	4648320	7461300
6 3 2	-177408	-1670400	1949184	1559040	22383900
6 3 1^2	-1852416	2761920	404352	-1326720	58198140
6 2^2 1	1013760	403200	-1451520	-549120	69837768
6 2 1^3	518400	-725760	2170368	2025216	87297210
6 1^5	-2592000	0	-5529600	-5184000	13180167
5^2 1	11176704	-12165120	-14750208	21288960	2645370
5 4 2	-2999808	1080000	-1057536	-1088640	32332300
5 4 1^2	-660096	2004480	3411072	-1866240	76602680
5 3^2	3757824	80640	3773952	-4354560	19399380
5 3 2 1	-30976	-176960	-177408	311040	443201220

ZONAL POLYNOMIALS OF ORDER 1 THROUGH 12

TABLE 2.11 XIX

z	$A_2^2 A_7$	$A_1 A_5^2$	$A_1 A_4 A_6$	$A_1 A_3 A_7$	$X(1)$
$5\ 3\ 1^3$	687744	-628992	-974592	513216	341976250
$5\ 2^3$	316800	-262080	829440	-855360	87744888
$5\ 2^2\ 1^2$	-316800	262080	-145152	202176	525275520
$5\ 2\ 1^4$	-259200	0	338688	-990144	320089770
$5\ 1^6$	1555200	0	0	3110400	32008977
$4^2\ 3$	-483840	5140800	-3265920	-3265920	14226212
$4^2\ 2\ 1$	1070720	-627200	120960	1128960	209513304
$4^2\ 1^3$	-633600	-253440	-1026432	-912384	148140720
$4\ 3^2\ 1$	-716800	-1077440	-40320	1411200	224478540
$4\ 3\ 2^2$	70400	286720	23040	-552960	366648282
$4\ 3\ 2\ 1^2$	-92800	225280	62208	-362304	1833241410
$4\ 3\ 1^4$	28800	0	373248	600576	689424120
$4\ 2^3\ 1$	-126720	-221760	103680	233280	678978300
$4\ 2^2\ 1^3$	282240	0	-145152	87360	1319051250
$4\ 2\ 1^5$	-299520	0	0	-249600	492445800
$4\ 1^7$	0	0	0	0	36581688
$3^3\ 2$	-403200	1290240	-1451520	0	76211850
$3^3\ 1^2$	691200	120960	622080	-777600	248958710
$3^2\ 2^2\ 1$	86400	-276480	116640	311040	796667872
$3^2\ 2\ 1^3$	-216000	0	-194400	96000	1303638336
$3^2\ 1^5$	316800	0	0	-422400	311095512
$3\ 2^4$		544320	-725760	181440	128035908
$3\ 2^3\ 1^2$			151200	-241920	997682400
$3\ 2^2\ 1^4$				147840	1018467450

TABLE 2.11 XX

Z	$A_1 A_2 A_8$	$A_1^2 A_9$	$A_5 A_6$	$A_4 A_7$	X(1)
11	153280512000	76640256000	-61312204800	-61312204800	1
10 1	-4737761280	-905748480	3065610240	3065610240	209
9 2	-131604480	-231275520	170311680	170311680	5775
9 1^2	216760320	100638720	-340623360	-340623360	11781
8 3	-5806080	-133332480	31933440	31933440	48279
8 2 1	30136320	21496320	-21288960	-21288960	456456
8 1^3	-40642560	-18869760	63866880	63866880	261800
7 4	-130844160	-33022080	11404800	-77552640	149226
7 3 1	11888640	12440064	-4561920	9495552	3357585
7 2^2	-4055040	2196480	0	3440640	2462229
7 2 1^2	-5898240	-4093440	4561920	-2227200	10138590
7 1^4	11612160	5391360	-18247680	-8294400	2662660
6 5	-48867840	-17694720	-79833600	58544640	149226
6 4 1	16606080	3707424	7413120	1748736	7461300
6 3 2	-2741760	1398144	1451520	-4107264	22383900
6 3 1^2	-2563200	-2597856	-1710720	-8448	58198140
6 2^2 1	414720	-464640	-691200	1505280	69837768
6 2 1^3	1880064	1285632	506880	-691200	87297210
6 1^5	-4838400	-2246400	3686400	3456000	13180167
5^2 1	8363520	2433024	15966720	-11708928	2645370
5 4 2	864000	497664	-2177280	2612736	32332300
5 4 1^2	-4285440	-953856	-2695680	41472	76602680
5 3^2	-806400	653184	-483840	-580608	19399380
5 3 2 1	369920	-349056	303360	225792	443201220

ZONAL POLYNOMIALS OF ORDER 1 THROUGH 12

TABLE 2.11 XXI

Z	$A_1\ A_2\ A_8$	$A_1^2\ A_9$	$A_5\ A_6$	$A_4\ A_7$	$X(1)$
$5\ 3\ 1^3$	960768	959040	974592	-207360	341976250
$5\ 2^3$	288000	0	449280	-1451520	87744888
$5\ 2^2\ 1^2$	-101376	171072	-207360	0	525275520
$5\ 2\ 1^4$	-919296	-623808	-564480	345600	320089770
$5\ 1^6$	2903040	1347840	0	-2073600	32008977
$4^2\ 3$	846720	272160	-1814400	2177280	14226212
$4^2\ 2\ 1$	-501760	-161280	1075200	-1290240	209513304
$4^2\ 1^3$	2306304	456192	380160	1140480	148140720
$4\ 3^2\ 1$	129920	-211680	551040	-403200	224478540
$4\ 3\ 2^2$	243200	0	-491520	564480	366648282
$4\ 3\ 2\ 1^2$	-130816	165312	-341760	161280	1833241410
$4\ 3\ 1^4$	-596736	-595968	-103680	-481920	689424120
$4\ 2^3\ 1$	-115200	0	207360	0	678978300
$4\ 2^2\ 1^3$	48384	-103488	241920	-139776	1319051250
$4\ 2\ 1^5$	685440	464160	0	399360	492445800
$4\ 1^7$	-2540160	-1179360	0	0	36581688
$3^3\ 2$	161280	0	-483840	725760	76211850
$3^3\ 1^2$	-276480	155520	-207360	0	248958710
$3^2\ 2^2\ 1$	-151200	0	427680	-544320	796667872
$3^2\ 2\ 1^3$	338400	-153600	64800	235200	1303638336
$3^2\ 1^5$	-380160	675840	0	105600	311095512
$3\ 2^4$	0	0	-645120	967680	128035908
$3\ 2^3\ 1^2$	90720	0	-252000	133056	997682400
$3\ 2^2\ 1^4$	-253440	105600	0	-236544	1018467450

TABLE 2.11 XXII

Z	$A_1\ A_2\ A_8$	$A_1^2\ A_9$	$A_5\ A_6$	$A_4\ A_7$	X(1)
$3\ 2\ 1^6$	311040	-552960	0	0	275769648
$3\ 1^8$		1572480	0	0	17587350
$2^5\ 1$			806400	-1209600	64017954
$2^4\ 1^3$				435456	177827650

TABLE 2.11 XXIII

Z	$A_3\ A_8$	$A_2\ A_9$	$A_1\ A_{10}$	A_{11}	X(1)
11	-61312204800	-61312204800	-61312204800	40874803200	1
10 1	3065610240	3065610240	1114767360	-2043740160	209
9 2	170311680	-246435840	390942720	-113541120	5775
$9\ 1^2$	-340623360	-134184960	-123863040	227082240	11781
8 3	-120821760	114186240	53084160	-21288960	48279
8 2 1	16035840	-8386560	-35389440	14192640	456456
$8\ 1^3$	27095040	25159680	23224320	-42577920	261800
7 4	60825600	23984640	17625600	-7603200	149226
7 3 1	829440	-13658112	-5652480	3041280	3357585
$7\ 2^2$	-11059200	11612160	-3993600	0	2462229
$7\ 2\ 1^2$	1935360	1797120	6650880	-3041280	10138590
$7\ 1^4$	-7741440	-7188480	-6635520	12165120	2662660
6 5	19008000	12418560	10022400	-4435200	149226
6 4 1	-8363520	-3828096	-2211840	1267200	7461300
6 3 2	3041280	290304	-675840	0	22383900
$6\ 3\ 1^2$	483840	2844288	1259520	-760320	58198140
$6\ 2^2\ 1$	0	-1658880	844800	0	69837768
$6\ 2\ 1^3$	-645120	-599040	-2073600	1013760	87297210
$6\ 1^5$	3225600	2995200	2764800	-5068800	13180167
$5^2\ 1$	-3801600	-2483712	-1520640	887040	2645370
5 4 2	-414720	290304	-311040	0	32332300
$5\ 4\ 1^2$	2419200	986688	596160	-380160	76602680
$5\ 3^2$	1935360	-870912	0	0	19399380
5 3 2 1	-752640	50688	172800	0	443201220

ZONAL POLYNOMIALS OF ORDER 1 THROUGH 12

TABLE 2.11 XXIV

z	$A_3 A_8$	$A_2 A_9$	$A_1 A_{10}$	A_{11}	$X(1)$
$5\ 3\ 1^3$	-193536	-1050624	-476928	304128	341976250
$5\ 2^3$	1520640	-518400	0	0	87744888
$5\ 2^2\ 1^2$	0	518400	-311040	0	525275520
$5\ 2\ 1^4$	322560	299520	1002240	-506880	320089770
$5\ 1^6$	-1935360	-1797120	-1658880	3041280	32008977
$4^2\ 3$	0	-362880	0	0	14226212
$4^2\ 2\ 1$	134400	-20160	100800	0	209513304
$4^2\ 1^3$	-1330560	-475200	-285120	190080	148140720
$4\ 3^2\ 1$	-430080	282240	0	0	224478540
$4\ 3\ 2^2$	42240	-115200	0	0	366648282
$4\ 3\ 2\ 1^2$	307200	-46080	-80640	0	1833241410
$4\ 3\ 1^4$	120960	656640	291840	-190080	689424120
$4\ 2^3\ 1$	-414720	207360	0	0	678978300
$4\ 2^2\ 1^3$	0	-290304	188160	0	1319051250
$4\ 2\ 1^5$	-241920	-224640	-744960	380160	492445800
$4\ 1^7$	1693440	1572480	1451520	-2661120	36581688
$3^3\ 2$	-241920	0	0	0	76211850
$3^3\ 1^2$	414720	-207360	0	0	248958710
$3^2\ 2^2\ 1$	51840	64800	0	0	796667872
$3^2\ 2\ 1^3$	-432000	64800	67200	0	1303638336
$3^2\ 1^5$	570240	-760320	-295680	190080	311095512
$3\ 2^4$	-322560	0	0	0	128035908
$3\ 2^3\ 1^2$	282240	-163296	0	0	997682400
$3\ 2^2\ 1^4$	138240	290304	-192000	0	1018467450

TABLE 2.11 XXV

z	$A_3 A_8$	$A_2 A_9$	$A_1 A_{10}$	A_{11}	$X(1)$
$3\ 2\ 1^6$	-466560	262080	889920	-443520	275769648
$3\ 1^8$	0	-2096640	-1935360	3548160	17587350
$2^5\ 1$	403200	0	0	0	64017954
$2^4\ 1^3$	-725760	290304	0	0	177827650
$2^3\ 1^5$	518400	-907200	388800	0	126742616
$2^2\ 1^7$		1108800	-1995840	887040	31744440
$2\ 1^9$			4354560	-7983360	2735810
1^{11}				39916800	58786
					13749310575

TABLE 2.12 I

z	A_1^{12}	$A_1^{10} A_2$	$A_1^8 A_2^2$	$A_1^9 A_3$	X(1)
12	316234143224	-3629817991696	15556362822000	3456969516000	1
11 1		14404039650	-136459323000	-14472958500	252
10 2			2189187000	-2918916000	8602
10 1^2				1447295850	17480

TABLE 2.12 II

z	$A_1^6 A_2^3$	$A_1^7 A_2 A_3$	$A_1^8 A_4$	X(1)
12	-30566888350000	-26200190016000	-3275023752000	1
11 1	449513064000	251026776000	14594580000	252
10 2	-16345929600	20315655360	2948105160	8602
10 1^2	0	-12259447200	-1459458000	17480
9 3	628689600	-1508855040	1005903360	92092
9 2 1		164324160	-246486240	860706
9 1^3			243243000	490314

TABLE 2.12 III

z	$A_1^4 A_2^4$	$A_1^5 A_2^2 A_3$	$A_1^6 A_3^2$	$A_1^6 A_2 A_4$	X(1)
12	26970783840000	64729881216000	10788313536000	21576627072000	1
11 1	-599350752000	-1062485424000	-114421507200	-228843014400	252
10 2	37721376000	-25650535680	-20851538400	-17547425280	8602
10 1^2	0	34326452160	11442150720	10897286400	17480
9 3	-3429216000	7841473920	1524096000	-5976996480	92092
9 2 1	0	-1061786880	-165904200	1674177120	860706
9 1^3	0	0	0	-1816214400	490314
8 4	296352000	-1016064000	406425600	812851200	389367
8 3 1		48580560	-64774080	-53978400	8460320
8 2^2			63617400	-84823200	6124118
8 2 1^2				26195400	25049024

ZONAL POLYNOMIALS OF ORDER 1 THROUGH 12

TABLE 2.12 IV

Z	$A_1^7 A_5$	$A_1^2 A_2^5$	$A_1^3 A_2^3 A_3$	$X(1)$
12	3082375296000	-8630650829200	-57537672192000	1
11 1	-14789174400	276623424000	1458559872000	252
10 2	-2995755840	-27433728000	-35663846400	8602
10 1^2	1478917440	0	-35206617600	17480
9 3	-1026224640	4572288000	-6197990400	92092
9 2 1	250394760	0	1930521600	860706
9 1^3	-246486240	0	0	490314
8 4	-541900800	-1016064000	3302208000	389367
8 3 1	86365440	0	-215913600	8460320
8 2^2	21205800	0	0	6124118
8 2 1^2	-41912640	0	0	25049024
8 1^4	61621560	0	0	6503112
7 5		228614400	-1016064000	653752
7 4 1			25920000	28029617

TABLE 2.12 V

Z	$A_1^4 A_2 A_3^2$	$A_1^4 A_2^2 A_4$	$A_1^5 A_3 A_4$	$X(1)$
12	-43153254144000	-43153254144000	-17261301657600	1
11 1	804722688000	804722688000	206210188800	252
10 2	68470012800	12726201600	37096496640	8602
10 1^2	-52809926400	-25147584000	-20621018880	17480
9 3	-15236197200	10916337600	3823575840	92092
9 2 1	1870192800	-3340310400	-1361525760	860706
9 1^3	0	4191264000	1676505600	490314
8 4	-145152000	-3383856000	-1661990400	389367
8 3 1	254469600	244944000	186973920	8460320
8 2^2	-347004000	462672000	-43545600	6124118
8 2 1^2	0	-142884000	-26535600	25049024
8 1^4	0	0	0	6503112
7 5	870912000	870912000	-696729600	653752
7 4 1	-62208000	-27216000	77760000	28029617
7 3 2	14742000	-19656000	-16380000	79430868
7 3 1^2		8467200	-11289600	204417675
7 2^2 1			7862400	239850072

TABLE 2.12 VI

z	$A_1^5 A_2 A_5$	$A_1^6 A_6$	A_2^6	X(1)
12	-17261301657600	-2876883609600	442597478400	1
11 1	206210188800	15088550400	-20118067200	252
10 2	14798972160	3071053440	3048192000	8602
10 1^2	-9556081920	-1508855040	0	17480
9 3	5054283360	1059564240	-870912000	92092
9 2 1	-1448526240	-256556160	0	860706
9 1^3	1592680320	251475840	0	490314
8 4	2656281600	566092800	406425600	389367
8 3 1	-502679520	-89087040	0	8460320
8 2^2	-50349600	-21772800	0	6124118
8 2 1^2	244127520	42933240	0	25049024
8 1^4	-398170080	-62868960	0	6503112
7 5	-696729600	464486400	-304819200	653752
7 4 1	31104000	-51840000	0	28029617
7 3 2	29484000	-8190000	0	79430868
7 3 1^2	-9676800	16128000	0	204417675
7 2^2 1	-11793600	3931200	0	239850072
7 2 1^3	6940080	-11566800	0	296111200
7 1^5		22453200	0	43835792
6^2			479001600	208012

ZONAL POLYNOMIALS OF ORDER 1 THROUGH 12

TABLE 2.12 VII

z	$A_1 A_2^4 A_3$	$A_1^2 A_2^2 A_3^2$	$A_1^2 A_2^3 A_4$	$A_1^3 A_3^3$	X(1)
12	13277924352000	39833773056000	26555848704000	8851949568000	1
11 1	-498379392000	-1179650304000	-786433536000	-192036096000	252
10 2	40236134400	-12649996800	32107622400	-27941760000	8602
10 1^2	9601804800	57610828800	18289152000	19203609600	17480
9 3	-4615833600	20798467200	-10748505600	6725592000	92092
9 2 1	-858009600	-3780604800	1879718400	-804384000	860706
9 1^3	0	0	-3048192000	0	490314
8 4	-145152000	-6119712000	3587328000	902016000	389367
8 3 1	185068800	52876800	-222912000	-263282400	8460320
8 2^2	0	462672000	-616896000	308448000	6124118
8 2 1^2	0	0	190512000	0	25049024
8 1^4	0	0	0	0	6503112
7 5	1197504000	248832000	-1855872000	-912384000	653752
7 4 1	-62208000	132192000	66355200	64281600	28029617
7 3 2	0	-50544000	67392000	-15163200	79430868
7 3 1^2	0	0	-29030400	0	204417675
7 2^2 1	0	0	0	0	239850072
7 2 1^3	0	0	0	0	296111200
7 1^5	0	0	0	0	43835792
6^2	-2612736000	3483648000	2322432000	-663552000	208012
6 5 1	26208000	-89856000	-26956800	35942400	28883952
6 4 2		8895744	-11860992	-11860992	204297500
6 4 1^2			5443200	0	475931456
6 3^2				13899600	109830336

TABLE 2.12 VIII

z	$A_1^3 A_2 A_3 A_4$	$A_1^3 A_2^2 A_5$	$A_1^4 A_4^2$	$A_1^4 A_3 A_5$	$X(1)$
12	53111697408000	26555848704000	6638962176000	13277924352000	1
11 1	-1152216576000	-576108288000	-91445760000	-182891520000	252
10 2	-86568652800	-2743372800	-16155417600	-32310835200	8602
10 1^2	74985523200	17374694400	9144576000	18289152000	17480
9 3	-83980800	-7074604800	-4701369600	-2809663200	92092
9 2 1	3014323200	2188771200	1371686400	1124020800	860706
9 1^3	-6096384000	-2895782400	-1524096000	-1447891200	490314
8 4	6998400000	-3727296000	1289001600	-1431820800	389367
8 3 1	-888796800	819590400	-124416000	313632000	8460320
8 2^2	-217728000	-136080000	-21772800	169646400	6124118
8 2 1^2	244944000	-373766400	27216000	-219013200	25049024
8 1^4	0	723945600	0	361972800	6503112
7 5	-622080000	2115072000	746496000	1492992000	653752
7 4 1	-159252480	-109486080	-80714880	-114255360	28029617
7 3 2	82767360	-110672640	16623360	-12835680	79430868
7 3 1^2	32793600	34272000	11692800	21504000	204417675
7 2^2 1	-34944000	52416000	-8064000	3927000	239850072
7 2 1^3	0	-30844800	0	-7068600	296111200
7 1^5	0	0	0	0	43835792
6^2	-3981312000	-1990656000	796262400	1592524800	208012
6 5 1	136581120	28753920	-43130880	-86261760	28883952
6 4 2	8895744	13343616	-4447872	11860992	204297500
6 4 1^2	-13063680	-5806080	8709120	7741440	475931456
6 3^2	-33359040	22239360	22239360	-20386080	109830336

TABLE 2.12 IX

z	$A_1^3 A_2 A_3 A_4$	$A_1^3 A_2^2 A_5$	$A_1^4 A_4^2$	$A_1^4 A_3 A_5$	$X(1)$
6 3 2 1	2069760	-3104640	-3104640	1182720	2409402996
6 3 1^3		2592000	0	-3456000	1821925105
6 2^3			6350400	-8467200	453050136
6 2^2 1^2				2079000	2677114440

ZONAL POLYNOMIALS OF ORDER 1 THROUGH 12

TABLE 2.12 X

z	$A_1^4 A_2 A_6$	$A_1^5 A_7$	$A_2^3 A_3^2$	$A_2^4 A_4$	X(1)
12	13277924352000	2655584870400	-4828336128000	-2414168064000	1
11 1	-182891520000	-15545779200	219469824000	109734912000	252
10 2	-12040358400	-3190440960	-16053811200	-12531456000	8602
10 1^2	8230118400	1554577920	-8534937600	-2032128000	17480
9 3	-4128278400	-1115480160	656812800	4040064000	92092
9 2 1	1224921600	266293440	965260800	-112896000	860706
9 1^3	-1371686400	-259096320	0	338688000	490314
8 4	-2180908800	-610675200	902016000	-1928448000	389367
8 3 1	428198400	93629520	-193881600	6912000	8460320
8 2^2	29030400	22680000	-88128000	117504000	6124118
8 2 1^2	-206690400	-44543520	0	-36288000	25049024
8 1^4	342921600	64774080	0	0	6503112
7 5	-1741824000	-530841600	-1238976000	1458432000	653752
7 4 1	249557760	55779840	64281600	-1382400	28029617
7 3 2	13802880	8629920	20217600	-26956800	79430868
7 3 1^2	-77884800	-16934400	0	11612160	204417675
7 2^2 1	-9240000	-4095000	0	0	239850072
7 2 1^3	55944000	11997720	0	0	296111200
7 1^5	-122472000	-23133600	0	0	43835792
6^2	1592524800	-1061683200	2322432000	-2298240000	208012
6 5 1	-33546240	57507840	-26956800	460800	28883952
6 4 2	-20756736	5930496	-11860992	15814656	204297500
6 4 1^2	6773760	-11612160	0	-7257600	475931456
6 3^2	-7413120	2779920	0	0	109830336

TABLE 2.12 XI

z	$A_1^4 A_2 A_6$	$A_1^5 A_7$	$A_2^3 A_3^2$	$A_2^4 A_4$	X(1)
6 3 2 1	4730880	-1774080	0	0	2409402996
6 3 1^3	-3024000	5184000	0	0	1821925105
6 2^3	2116800	0	0	0	453050136
6 2^2 1^2	-3326400	1247400	0	0	2677114440
6 2 1^4	2822400	-4838400	0	0	1594457865
6 1^6		11566800	0	0	153977824
5^2 2			17107200	-22809600	75716368
5^2 1^2				10644480	171609900

TABLE 2.12 XII

z	$A_1\ A_2\ A_3^3$	$A_1\ A_2^2\ A_3\ A_4$	$A_1\ A_2^3\ A_5$	$X(1)$
12	-9656672256000	-28970016768000	-9656672256000	1
11 1	345461760000	1036385280000	345461760000	252
10 2	13412044800	-13818470400	-22624358400	8602
10 1^2	-25604812800	-49990348800	-7722086400	17480
9 3	-12505363200	-511142400	6304089600	92092
9 2 1	2114380800	19353600	-662054400	860706
9 1^3	0	4064256000	1287014400	490314
8 4	3478464000	-933120000	864000000	389367
8 3 1	145411200	387763200	-362534400	8460320
8 2^2	-528768000	539136000	219456000	6124118
8 2 1^2	0	-318816000	117158400	25049024
8 1^4	0	0	-321753600	6503112
7 5	684288000	300672000	-1966464000	653752
7 4 1	-235768320	-46946304	78852096	28029617
7 3 2	76826880	-140235264	63438336	79430868
7 3 1^2	0	21934080	-15897600	204417675
7 2^2 1	0	29952000	-44928000	239850072
7 2 1^3	0	0	26438400	296111200
7 1^5	0	0	0	43835792
6^2	-3981312000	-82944000	3926016000	208012
6 5 1	136581120	13464576	-30587904	28883952
6 4 2	8895744	-1824768	-19008000	204297500
6 4 1^2	0	13499136	8004096	475931456
6 3^2	-33359040	80061696	-53374464	109830336

TABLE 2.12 XIII

Z	$A_1 A_2 A_3^3$	$A_1 A_2^2 A_3 A_4$	$A_1 A_2^3 A_5$	$X(1)$
6 3 2 1	0	-4967424	7451136	2409402996
6 3 1^3	0	0	-6220800	1821925105
6 2^3	0	0	0	453050136
6 2^2 1^2	0	0	0	2677114440
6 2 1^4	0	0	0	1594457865
6 1^6	0	0	0	153977824
5^2 2	-41057280	42425856	24178176	75716368
5^2 1^2	0	-36495360	-11059200	171609900
5 4 3	7983360	-19160064	12773376	267711444
5 4 2 1		1679616	-2519424	3624401088
5 4 1^3			2246400	2471182560

TABLE 2.12 XIV

z	$A_1^2\ A_3^2\ A_4$	$A_1^2\ A_2\ A_4^2$	$A_1^2\ A_2\ A_3\ A_5$	X(1)
12	-14485008384000	-14485008384000	-28970016768000	1
11 1	377975808000	377975808000	755951616000	252
10 2	49787136000	22759833600	45519667200	8602
10 1^2	-37797580800	-24385536000	-48771072000	17480
9 3	-7672320000	7062681600	-3456172800	92092
9 2 1	-84672000	-2835302400	-1352332800	860706
9 1^3	2032128000	4064256000	3861043200	490314
8 4	-4564512000	-5436979200	4019673600	389367
8 3 1	820627200	543283200	-694137600	8460320
8 2^2	-430272000	427161600	-156556800	6124118
8 2 1^2	-101088000	-202176000	461635200	25049024
8 1^4	0	0	-965260800	6503112
7 5	1658880000	782784000	-2882304000	653752
7 4 1	57583872	145152000	304860672	28029617
7 3 2	-35463168	-83773440	145873152	79430868
7 3 1^2	-33901056	-21676032	-92321280	204417675
7 2^2 1	29952000	27648000	-58392000	239850072
7 2 1^3	0	0	50673600	296111200
7 1^5	0	0	0	43835792
6^2	4810752000	66355200	132710400	208012
6 5 1	-297381888	-21841920	36605952	28883952
6 4 2	29367360	4333824	-77894784	204297500
6 4 1^2	13934592	-15240960	-165888	475931456
6 3^2	-9237888	-41057280	59190912	109830336

TABLE 2.12 XV

Z	$A_1^2 A_3^2 A_4$	$A_1^2 A_2 A_4^2$	$A_1^2 A_2 A_3 A_5$	X(1)
6 3 2 1	-2173248	8467200	254592	2409402996
6 3 1^3	0	0	6428160	1821925105
6 2^3	0	-21772800	29030400	453050136
6 2^2 1^2	0	0	-7128000	2677114440
6 2 1^4	0	0	0	1594457865
6 1^6	0	0	0	153977824
5^2 2	43794432	-42768000	-17791488	75716368
5^2 1^2	14598144	29196288	26542080	171609900
5 4 3	-8382528	23950080	-2395008	267711444
5 4 2 1	-2239488	-1866240	4188672	3624401088
5 4 1^3	0	0	-5391360	2471182560
5 3^2 1	2286144	-3048192	-2540160	2427054300
5 3 2^2		1814400	-2419200	3706773840
5 3 2 1^2			673920	18122005440

TABLE 2.12 XVI

Z	$A_1^2 A_2^2 A_6$	$A_1^3 A_4 A_5$	$A_1^3 A_3 A_6$	X(1)
12	-14485008384000	-9656672256000	-9656672256000	1
11 1	377975808000	158505984000	158505984000	252
10 2	-4267468800	27230515201	27230515200	8602
10 1^2	-10973491200	-15850598400	-15850598400	17480
9 3	4216147200	7577971200	1717459200	92092
9 2 1	-1267660800	-2320012800	-880588800	860706
9 1^3	1828915200	2641766400	1219276800	490314
8 4	2283033600	35596800	799372800	389367
8 3 1	-503884800	-188179200	-225763200	8460320
8 2^2	149299200	-65318400	-153446400	6124118
8 2 1^2	217987200	162086400	179884800	25049024
8 1^4	-457228800	-321753600	-304819200	6503112
7 5	2130624000	-2695680000	269568000	653752
7 4 1	-295363584	209723904	-123462144	28029617
7 3 2	24581376	-3411456	-26751744	79430868
7 3 1^2	91938816	-35123712	55521792	204417675
7 2^2 1	-13248000	4368000	14976000	239850072
7 2 1^3	-59616000	7344000	-48729600	296111200
7 1^5	163296000	0	108864000	43835792
6^2	-4678041600	-2256076800	-2256076800	208012
6 5 1	73046016	215875584	162349056	28883952
6 4 2	56111616	-2166912	7641216	204297500
6 4 1^2	-16723584	-27565056	-15634944	475931456
6 3^2	1368576	-25888896	29595456	109830336

ZONAL POLYNOMIALS OF ORDER 1 THROUGH 12

TABLE 2.12 XVII

z	$A_1^2 A_2^2 A_6$	$A_1^3 A_4 A_5$	$A_1^3 A_3 A_6$	X(1)
6 3 2 1	-12916224	5280384	-6102144	2409402996
6 3 1^3	7630848	3663360	6759936	1821925105
6 2^3	-7257600	-4492800	6739200	453050136
6 2^2 1^2	11404800	-2160000	1244160	2677114440
6 2 1^4	-9676800	0	-2903040	1594457865
6 1^6	0	0	0	153977824
5^2 2	-27713664	19160064	-26002944	75716368
5^2 1^2	11943936	-37158912	-15925248	171609900
5 4 3	-19160064	-16765056	16765056	267711444
5 4 2 1	2871936	1741824	-1119744	3624401088
5 4 1^3	-2426112	3594240	3234816	2471182560
5 3^2 1	4064256	4572288	-4572288	2427054300
5 3 2^2	604800	-2073600	3110400	3706773840
5 3 2 1^2	-1078272	-1010880	454896	18122005440
5 3 1^4	1306368	0	-1741824	6544057520
5 2^3 1		1404000	-2106000	5930838144
5 2^2 1^3			952560	11218384320

TABLE 2.12 XVIII

z	$A_1^3 A_2 A_7$	$A_1^4 A_8$	A_3^4	$A_2 A_3^2 A_4$	X(1)
12	-9656672256000	-2414168064000	536481792000	6437781504000	1
11 1	158505984000	16257024000	-24385536000	-292626432000	252
10 2	9212313600	3386880000	-1219276800	812851200	8602
10 1^2	-6909235200	-1625702400	2438553600	21598617600	17480
9 3	3168633600	1216512000	1471219200	4928947200	92092
9 2 1	-1000742400	-282240000	-275788800	-1267660800	860706
9 1^3	1151539200	270950400	0	-1161216000	490314
8 4	1668902400	708048000	-521769600	-1343692800	389367
8 3 1	-354153600	-101779200	-26438400	-153446400	8460320
8 2^2	-5875200	-24192000	105753600	203212800	6124118
8 2 1^2	169171200	47174400	0	124416000	25049024
8 1^4	-287884800	-67737600	0	0	6503112
7 5	1168128000	801792000	-124416000	151372800	653752
7 4 1	-210110976	-64319616	58942080	97873920	28029617
7 3 2	-4920576	-9424896	-24261120	2995200	79430868
7 3 1^2	64441344	18375168	0	-5548032	204417675
7 2^2 1	5304000	4368000	0	-23961600	239850072
7 2 1^3	-45835200	-12700800	0	0	296111200
7 1^5	102816000	24192000	0	0	43835792
6^2	4069785600	442368000	796262400	66355200	208012
6 5 1	-205848576	-86409216	-43130880	-21841920	28883952
6 4 2	-2547072	-6861888	-4447872	4333824	204297500
6 4 1^2	43905024	13353984	0	-13608000	475931456
6 3^2	-4219776	-3079296	22239360	-41057280	109830336

ZONAL POLYNOMIALS OF ORDER 1 THROUGH 12

TABLE 2.12 XIX

z	$A_1^3 A_2 A_7$	$A_1^4 A_8$	A_3^4	$A_2 A_3^2 A_4$	$X(1)$
6 3 2 1	2769024	1936704	0	6209280	2409402996
6 3 1^3	-19795968	-5619456	0	0	1821925105
6 2^3	-2246400	0	0	0	453050136
6 2^2 1^2	-2030400	-1330560	0	0	2677114440
6 2 1^4	18547200	5120640	0	0	1594457865
6 1^6	-51408000	-12096000	0	0	153977824
5^2 2	44250624	-12773376	27371520	-47900160	75716368
5^2 1^2	-14155776	24772608	0	29196288	171609900
5 4 3	7185024	-2794176	-11975040	32659200	267711444
5 4 2 1	-4478976	1741824	0	-1866240	3624401088
5 4 1^3	2875392	-5031936	0	0	2471182560
5 3^2 1	-1524096	762048	0	-3048192	2427054300
5 3 2^2	-1036800	0	0	0	3706773840
5 3 2 1^2	1667952	-707616	0	0	18122005440
5 3 1^4	-1548288	2709504	0	0	6544057520
5 2^3 1	702000	0	0	0	5930838144
5 2^2 1^3	-1587600	635040	0	0	11218384320
5 2 1^5	1728000	-3024000	0	0	4008235231
5 1^7		8467200	0	0	278397405
4^3			38102400	-130636800	23371634
4^2 3 1				2721600	1835735616

TABLE 2.12 XX

z	$A_2^2 A_4^2$	$A_2^2 A_3 A_5$	$A_2^3 A_6$	$A_1 A_3 A_4^2$	X(1)
12	3218890752000	6437781504000	2145927168000	6437781504000	1
11 1	-146313216000	-292626432000	-97542144000	-212502528000	252
10 2	8128512000	16257024000	10567065600	-22759833600	8602
10 1^2	6967296000	13934592000	2090188800	21250252800	17480
9 3	-3898368000	-2773440000	-3491942400	1895270400	92092
9 2 1	387072000	-459648000	116121600	851558400	860706
9 1^3	-1161216000	-1103155200	-348364800	-2322432000	490314
8 4	2543063040	-1329592320	905748480	4240097280	389367
8 3 1	-116121600	420940800	116121600	-729907200	8460320
8 2^2	-311869440	-107412480	-92897280	72990720	6124118
8 2 1^2	124416000	-68947200	-21772800	155520000	25049024
8 1^4	0	275788800	87091200	0	6503112
7 5	-1770854400	2685312000	-928972800	-1296000000	653752
7 4 1	-15593472	-192927744	28532736	-116785152	28029617
7 3 2	94445568	-60931584	-2064384	89008128	79430868
7 3 1^2	-23998464	20643840	-20809728	45932544	204417675
7 2^2 1	-11059200	41328000	11289600	-46080000	239850072
7 2 1^3	0	-30844800	6220800	0	296111200
7 1^5	0	0	-31104000	0	43835792
6^2	2761205760	-5152481280	1524510720	-3858554880	208012
6 5 1	1548288	66963456	-4644864	310203648	28883952
6 4 2	-35417088	58931712	-26707968	-35500032	204297500
6 4 1^2	18724608	-8636544	8833536	-12845952	475931456
6 3^2	-16422912	21897216	21897216	32099328	109830336

TABLE 2.12 XXI

z	$A_2^2 A_4^2$	$A_2^2 A_3 A_5$	$A_2^3 A_6$	$A_1 A_3 A_4^2$	$X(1)$
6 3 2 1	-1354752	-9091584	2082816	-3612672	2409402996
6 3 1^3	0	6635520	-497664	0	1821925105
6 2^3	8709120	-11612160	2903040	17418240	453050136
6 2^2 1^2	0	2851200	-4561920	0	2677114440
6 2 1^4	0	0	3870720	0	1594457865
6 1^6	0	0	0	0	153977824
5^2 2	58848768	-67060224	28740096	-40372992	75716368
5^2 1^2	-28283904	11612160	-12192768	-40144896	171609900
5 4 3	-5225472	-23514624	6967296	-13934592	267711444
5 4 2 1	165888	2794176	-290304	8529408	3624401088
5 4 1^3	0	-2358720	124416	0	2471182560
5 3^2 1	4064256	3386880	-5419008	-1806336	2427054300
5 3 2^2	-2419200	3225600	-806400	-2016000	3706773840
5 3 2 1^2	0	-898560	1437696	0	18122005440
5 3 1^4	0	0	-1741824	0	6544057520
5 2^3 1	0	0	0	0	5930838144
5 2^2 1^3	0	0	0	0	11218384320
5 2 1^5	0	0	0	0	4008235231
5 1^7	0	0	0	0	278397405
4^3	52254720	104509440	-69672960	104509440	23371634
4^2 3 1	-3628800	-3024000	4838400	-3024000	1835735616
4^2 2^2	2903040	-3870720	967680	-3870720	1873980108
4^2 2 1^2		1108800	-1774080	0	8761465440
4^2 1^4			2280960	0	2883046320
4 3^2 2				2016000	3212537328

TABLE 2.12 XXII

Z	$A_1 A_3^2 A_5$	$A_1 A_2 A_4 A_5$	$A_1 A_2 A_3 A_6$	$A_1 A_2^2 A_7$	X(1)
12	6437781504000	12875563008000	12875563008000	6437781504000	1
11 1	-212502528000	-425005056000	-425005056000	-212502528000	252
10 2	-22759833600	-14631321600	-14631321600	8128512000	8602
10 1^2	21250252801	27172454400	27172454400	5922201600	17480
9 3	6918566400	-5586278400	4460313600	-2458252800	92092
9 2 1	-382233600	2661120000	193536000	575769600	860706
9 1^3	-1103155200	-4528742400	-2090188800	-987033600	490314
8 4	-663344640	809533440	-3956428800	-1780807680	389367
8 3 1	-177811200	37324800	332812800	268012800	8460320
8 2^2	430064640	-465315840	49766400	-141419520	6124118
8 2 1^2	-113011200	-70502400	-213580800	-100569600	25049024
8 1^4	275788800	551577600	522547200	246758400	6503112
7 5	-406425600	2475878400	-1082419200	213580800	653752
7 4 1	-2757888	-249080832	317011968	168542208	28029617
7 3 2	-66221568	-20477952	-36099072	-22758912	79430868
7 3 1^2	48873600	72184320	-72262656	-48817152	204417675
7 2^2 1	10771200	25459200	10598400	15350400	239850072
7 2 1^3	-19388160	-38776320	58890240	27734400	296111200
7 1^5	0	0	-186624000	-88128000	43835792
6^2	411402240	-1074954240	7464960000	-2909675520	208012
6 5 1	61350912	-170629632	-312049152	118603008	28883952
6 4 2	5914944	76951296	-30357504	-12275712	204297500
6 4 1^2	-3276288	9341568	22094208	-35188992	475931456
6 3^2	-19191168	34587648	-80186112	19346688	109830336

ZONAL POLYNOMIALS OF ORDER 1 THROUGH 12

TABLE 2.12 XXIII

Z	$A_1 A_3^2 A_5$	$A_1 A_2 A_4 A_5$	$A_1 A_2 A_3 A_6$	$A_1 A_2^2 A_7$	$X(1)$
6 3 2 1	2077632	-15121152	22791168	1778688	2409402996
6 3 1^3	-6480000	-2695680	-18496512	15012864	1821925105
6 2^3	-23224320	10782720	-10368000	5391360	453050136
6 2^2 1^2	5702400	5184000	-12109824	-3680640	2677114440
6 2 1^4	0	0	14708736	-11335680	1594457865
6 1^6	0	0	0	44064000	153977824
5^2 2	2737152	4105728	127277568	-95116032	75716368
5^2 1^2	-33177600	39813120	2985984	29196288	171609900
5 4 3	21010752	-16111872	3483648	12192768	267711444
5 4 2 1	-2389248	-5727872	-9411072	6498368	3624401088
5 4 1^3	6739200	-673920	5038848	-3364416	2471182560
5 3^2 1	235200	-1191680	4967424	-1103872	2427054300
5 3 2^2	2688000	3596800	-6067200	1798400	3706773840
5 3 2 1^2	-748800	1680640	527808	-2783296	18122005440
5 3 1^4	0	0	1306368	2260224	6544057520
5 2^3 1	0	-3369600	5054400	-1684800	5930838144
5 2^2 1^3	0	0	-2286144	3810240	11218384320
5 2 1^5	0	0	0	-4147200	4008235231
5 1^7	0	0	0	0	278397405
4^3	-101243520	-143700480	130636800	26127360	23371634
4^2 3 1	268800	13820800	-7190400	-7302400	1835735616
4^2 2^2	5160960	-2293760	2150400	-1146880	1873980108
4^2 2 1^2	-1478400	-1232000	3015936	2045120	8761465440
4^2 1^4	0	0	-5474304	-2488320	2883046320
4 3^2 2	-2688000	-2240000	4032000	-1120000	3212537328

TABLE 2.12 XXIV

Z	$A_1 A_3^2 A_5$	$A_1 A_2 A_4 A_5$	$A_1 A_2 A_3 A_6$	$A_1 A_2^2 A_7$	$X(1)$
4 3^2 1^2	1034880	-1379840	-1182720	1971200	10039179150
4 3 2^2 1		563200	-844800	281600	26235721512
4 3 2 1^3			435456	-725760	40774512240
4 3 1^8				1123200	8896257216

TABLE 2.12 XXV

Z	$A_1^2 A_5^2$	$A_1^2 A_4 A_6$	$A_1^2 A_3 A_7$	$A_1^2 A_2 A_8$	X(1)
12	3218890752000	6437781504000	6437781504000	6437781504000	1
11 1	-66189312000	-132378624000	-132378624000	-132378624000	252
10 2	-10810920960	-21621841920	-21621841920	-6177669120	8602
10 1^2	6618931200	13237862400	13237862400	5573836800	17480
9 3	-2712476160	-5424952320	-401656320	-2076088320	92092
9 2 1	927037440	1854074880	620282880	770273280	860706
9 1^3	-1103155200	-2206310400	-987033600	-928972800	490314
8 4	-663033600	1194393600	323688960	-807874560	389367
8 3 1	240537600	76723200	123379200	277862400	8460320
8 2^2	70502400	41472000	139760640	-21565440	6124118
8 2 1^2	-157075200	-117158400	-139449600	-130636800	25049024
8 1^4	275788800	261273600	246758400	232243200	6503112
7 5	1633996800	599270400	-290304000	-2204236800	653752
7 4 1	-152616960	-56153088	31186944	164146176	28029617
7 3 2	-15413760	37112832	20289024	-6764544	79430868
7 3 1^2	25211520	-27542016	-39442176	-50600448	204417675
7 2^2 1	4406400	-21196800	-11232000	-806400	239850072
7 2 1^3	-7931520	40227840	37843200	35458560	296111200
7 1^5	0	-93312000	-88128000	-82944000	43835792
6^2	1327104000	2654208000	-3039068160	-1141309440	208012
6 5 1	-138792960	-222386688	111089664	272733696	28883952
6 4 2	5028480	-23286528	19014912	-12731904	204297500
6 4 1^2	23639040	45453312	-23556096	-34323264	475931456
6 3^2	1866240	22021632	-23607936	746496	109830336

ZONAL POLYNOMIALS OF ORDER 1 THROUGH 12

TABLE 2.12 XXVI

Z	$A_1^2 A_5^2$	$A_1^2 A_4 A_6$	$A_1^2 A_3 A_7$	$A_1^2 A_2 A_8$	$X(1)$
6 3 2 1	-2021760	-730368	-38016	-681984	2409402996
6 3 1^3	-4199040	-7423488	12275712	15552000	1821925105
6 2^3	-2332800	7257600	-7413120	2488320	453050136
6 2^2 1^2	2332800	-1327104	3421440	705024	2677114440
6 2 1^4	0	3096576	-15327360	-14363136	1594457865
6 1^6	0	0	44064000	41472000	153977824
5^2 2	-13685760	19844352	-35582976	25318656	75716368
5^2 1^2	26542080	31186944	21233664	-78962688	171609900
5 4 3	17418240	7402752	-33094656	-1741824	267711444
5 4 2 1	-1269760	-1496448	6315264	829696	3624401088
5 4 1^3	-5391360	-8615808	-7734528	12960000	2471182560
5 3^2 1	-5205760	-112896	6943104	-777728	2427054300
5 3 2^2	2124800	-806400	-2534400	1216000	3706773840
5 3 2 1^2	1152320	559872	-2249568	486400	18122005440
5 3 1^4	0	1959552	3566592	-7516800	6544057520
5 2^3 1	-1516320	725760	1568160	-777600	5930838144
5 2^2 1^3	0	-1016064	635040	-435456	11218384320
5 2 1^5	0	0	-1814400	8501760	4008235231
5 1^7	0	0	0	-29030400	278397405
4^3	81648000	-65318400	-19595520	-13063680	23371634
4^2 3 1	-6630400	-403200	8064000	3102400	1835735616
4^2 2^2	-1638400	5529600	-5898240	2007040	1873980108
4^2 2 1^2	1971200	-975744	-887040	-3213056	8761465440
4^2 1^4	0	3649536	3317760	2985984	2883046320
4 3^2 2	3584000	-4032000	0	448000	3212537328

TABLE 2.12 XXVII

Z	$A_1^2 A_5^2$	$A_1^2 A_4 A_6$	$A_1^2 A_3 A_7$	$A_1^2 A_2 A_8$	X(1)
4 3^2 1^2	344960	1774080	-2217600	-788480	10039179150
4 3 2^2 1	-901120	380160	1013760	-492800	26235721512
4 3 2 1^3	0	-653184	322560	1137024	40774512240
4 3 1^5	0	0	-1497600	-1347840	8896257216
4 2^4	2566080	-3421440	855360	0	2498640144
4 2^3 1^2		725760	-1161216	435456	18877089000
4 2^2 1^4			733824	-1257984	18202907250
4 2 1^6				1632960	4487353728

TABLE 2.12 XXVIII

Z	$A_1^3 A_9$	A_4^3	$A_3 A_4 A_5$	$A_3^2 A_6$	X(1)
12	2145927168000	-613122048000	-3678732288000	-1839366144000	1
11 1	-17418240000	27869184000	167215104000	83607552000	252
10 2	-3739115520	1393459200	8360755200	4180377600	8602
10 1^2	1741824000	-2786918400	-16721510400	-8360755200	17480
9 3	-1435345920	232243200	-2625177600	-3321907200	92092
9 2 1	310625280	-154828800	58060800	522547200	860706
9 1^3	-290304000	464486400	1811496960	418037760	490314
8 4	-1100044800	-935608320	-481075200	1317565440	389367
8 3 1	119232000	132710400	273715200	37324800	8460320
8 2^2	26956800	39813120	-174182400	-253808640	6124118
8 2 1^2	-51840000	-49766400	-44375040	26127360	25049024
8 1^4	72576000	0	-220631040	-104509440	6503112
7 5	-381542400	481075200	-227059200	331257600	653752
7 4 1	98267904	25214976	67184640	-150792192	28029617
7 3 2	11142144	-39665664	7280640	58226688	79430868
7 3 1^2	-21439872	-5160960	-54512640	5598720	204417675
7 2^2 1	-4867200	14745600	15782400	0	239850072
7 2 1^3	13944960	0	24675840	-7464960	296111200
7 1^5	-25920000	0	0	37324800	43835792
6^2	-265420800	182891520	2164838400	-2120048640	208012
6 5 1	41140224	-67405824	-129807360	114835968	28883952
6 4 2	10549440	18911232	-18040320	12503808	204297500
6 4 1^2	-20238336	-1741824	19232640	-1259712	475931456
6 3^2	3763584	-4644864	4976640	-11860992	109830336

TABLE 2.12 XXIX

z	$A_1^3 A_9$	A_4^3	$A_3 A_4 A_5$	$A_3^2 A_6$	$X(1)$
6 3 2 1	-2287296	1806336	2096640	-8024832	2409402996
6 3 1^3	6542208	0	2903040	6345216	1821925105
6 2^3	0	-11612160	8294400	10782720	453050136
6 2^2 1^2	1482624	0	-7257600	1990656	2677114440
6 2 1^4	-5619456	0	0	-4644864	1594457865
6 1^6	12960000	0	0	0	153977824
5^2 2	5474304	-5474304	71850240	-72876672	75716368
5^2 1^2	-10616832	22809600	4976640	0	171609900
5 4 3	4463424	6967296	-18869760	10015488	267711444
5 4 2 1	-2681856	-4091904	-1541760	4491648	3624401088
5 4 1^3	7630848	0	-4717440	-3763584	2471182560
5 3^2 1	-931392	-1290240	4677120	-1048320	2427054300
5 3 2^2	0	3225600	-5548800	1872000	3706773840
5 3 2 1^2	835488	0	698880	95616	18122005440
5 3 1^4	-3151872	0	0	-653184	6544057520
5 2^3 1	0	0	2246400	-3369600	5930838144
5 2^2 1^3	-707616	0	0	1524096	11218384320
5 2 1^5	3317760	0	0	0	4008235231
5 1^7	-9072000	0	0	0	278397405
4^3	5443200	-69672960	130636800	-56609280	23371634
4^2 3 1	-1612800	4838400	-7190400	2520000	1835735616
4^2 2^2	0	967680	2150400	-5160960	1873980108
4^2 2 1^2	1419264	0	2217600	-975744	8761465440
4^2 1^4	-5308416	0	0	3649536	2883046320
4 3^2 2	0	-3225600	5483520	-1774080	3212537328

TABLE 2.12 XXX

Z	$A_1^3 A_9$	A_4^3	$A_3 A_4 A_5$	$A_3^2 A_6$	X(1)
$4\ 3^2\ 1^2$	443520	0	-1182720	161280	10039179150
$4\ 3\ 2^2\ 1$	0	0	-844800	1267200	26235721512
$4\ 3\ 2\ 1^3$	-516096	0	0	-653184	40774512240
$4\ 3\ 1^5$	2396160	0	0	0	8896257216
$4\ 2^4$	0	0	0	0	2498640144
$4\ 2^3\ 1^2$	0	0	0	0	18877089000
$4\ 2^2\ 1^4$	524160	0	0	0	18202907250
$4\ 2\ 1^6$	-2903040	0	0	0	4487353728
$4\ 1^8$	9072000	0	0	0	245402157
3^4		14515200	-34836480	23224320	140229804
$3^3\ 2\ 1$			1451520	-2177280	5889651768
$3^3\ 1^3$				1555200	5830160336

ZONAL POLYNOMIALS OF ORDER 1 THROUGH 12

TABLE 2.12 XXXI

Z	$A_2 A_5^2$	$A_2 A_4 A_6$	$A_2 A_3 A_7$	$A_2^2 A_8$	X(1)
12	-1839366144000	-3678732288000	-3678732288000	-1839366144000	1
11 1	83607552000	167215104000	167215104000	83607552000	252
10 2	-1997291520	-3994583040	-3994583040	-8174960640	8602
10 1^2	-5295144960	-10590289920	-10590289920	-2229534720	17480
9 3	1768366080	3536732160	-481904640	2840002560	92092
9 2 1	-294174720	-588349440	398684160	-123863040	860706
9 1^3	882524160	1765048320	789626880	371589120	490314
8 4	358732800	-1298903040	1817303040	-508446720	389367
8 3 1	-189941760	-56401920	-255467520	-131051520	8460320
8 2^2	132710400	345047040	11612160	106168320	6124118
8 2 1^2	55157760	-47278080	49351680	23224320	25049024
8 1^4	-220631040	-209018880	-197406720	-92897280	6503112
7 5	-1393977600	1215129600	-1008806400	661478400	653752
7 4 1	128563200	-27537408	-40476672	-32016384	28029617
7 3 2	31334400	-73433088	26277888	2359296	79430868
7 3 1^2	-21127680	47001600	30563328	23427072	204417675
7 2^2 1	-29836800	-2764800	-13977600	-12902400	239850072
7 2 1^3	24675840	-14929920	-14100480	-6635520	296111200
7 1^5	0	74649600	70502400	33177600	43835792
6^2	1675468800	-4121487360	1927618560	311454720	208012
6 5 1	36979200	158810112	-24579072	-96989184	28883952
6 4 2	-47692800	36495360	-26707968	29776896	204297500
6 4 1^2	-3628800	-38734848	22768128	6863616	475931456
6 3^2 2	-22809600	28311552	37836288	-38651904	109830336

TABLE 2.12 XXXII

Z	$A_2 A_5^2$	$A_2 A_4 A_6$	$A_2 A_3 A_7$	$A_2^2 A_8$	X(1)
6 3 2 1	10598400	-3760128	-4480512	285696	2409402996
6 3 1^3	-3939840	6303744	-9455616	-7133184	1821925105
6 2^3	3110400	-13547520	6289920	-3317760	453050136
6 2^2 1^2	-3110400	7852032	3594240	3317760	2677114440
6 2 1^4	0	-9289728	5875200	2764800	1594457865
6 1^6	0	0	-35251200	-16588800	153977824
5^2 2	25660800	-111310848	94203648	1368576	75716368
5^2 1^2	-23224320	4976640	-37158912	28449792	171609900
5 4 3	21772800	-9289728	-11031552	-1741824	267711444
5 4 2 1	604800	9019392	-4378752	-4967424	3624401088
5 4 1^3	4717440	1327104	4696704	-2571264	2471182560
5 3^2 1	-2741760	-1720320	-2698752	6515712	2427054300
5 3 2^2	-3784320	5160960	-349440	-576000	3706773840
5 3 2 1^2	-449280	-3265536	3239424	-198144	18122005440
5 3 1^4	0	1741824	-3027456	3442176	6544057520
5 2^3 1	2021760	-967680	-967680	1036800	5930838144
5 2^2 1^3	0	1354752	-3386880	-1451520	11218384320
5 2 1^5	0	0	5184000	-1658880	4008235231
5 1^7	0	0	0	11612160	278397405
4^3	-65318400	92897280	-49351680	17418240	23371634
4^2 3 1	-403200	-6451200	8601600	-1209600	1835735616
4^2 2^2	5529600	-10813440	9584640	-2257920	1873980108
4^2 2 1^2	-2217600	1892352	-4287360	3548160	8761465440
4^2 1^4	0	-3345408	2764800	-3110400	2883046320
4 3^2 2	-1774080	3440640	-3440640	1290240	3212537328

TABLE 2.12 XXXIII

Z	$A_2 A_5^2$	$A_2 A_4 A_6$	$A_2 A_3 A_7$	$A_2^2 A_8$	$X(1)$
$4\ 3^2\ 1^2$	1774080	1474560	-821760	-2211840	10039179150
$4\ 3\ 2^2\ 1$	380160	-122880	-910080	230400	26235721512
$4\ 3\ 2\ 1^3$	0	248832	1032960	-437760	40774512240
$4\ 3\ 1^5$	0	0	-1248000	184320	8896257216
$4\ 2^4$	-3421440	4561920	-1140480	0	2498640144
$4\ 2^3\ 1^2$	0	-967680	1548288	-580608	18877089000
$4\ 2^2\ 1^4$	0	0	-978432	1677312	18202907250
$4\ 2\ 1^6$	0	0	0	-2177280	4487353728
$4\ 1^8$	0	0	0	0	245402157
3^4	23224320	-21288960	-7741440	2903040	140229804
$3^3\ 2\ 1$	-2177280	829440	3317760	-1244160	5889651768
$3^3\ 1^3$	0	-2073600	-1814400	3110400	5830160336
$3^2\ 2^3$	2177280	-2903040	725760	0	3272028760
$3^2\ 2^2\ 1^2$		648000	-1036800	388800	22844709888
$3^2\ 2\ 1^4$			739200	-1267200	18399077424
$3^2\ 1^6$				2280960	2883046320

TABLE 2.12 XXXIV

Z	$A_1\ A_5\ A_6$	$A_1\ A_4\ A_7$	$A_1\ A_3\ A_8$	$A_1\ A_2\ A_9$	$X(1)$
12	-3678732288000	-3678732288000	-3678732288000	-3678732288000	1
11 1	103115980800	103115980800	103115980800	103115980800	252
10 2	14863564800	14863564800	14863564800	2508226560	8602
10 1^2	-10311598080	-10311598080	-10311598080	-4180377600	17480
9 3	1945036800	1945036800	-2073600000	69672960	92092
9 2 1	-1296691200	-1296691200	-309657600	-517386240	860706
9 1^3	1718599680	1718599680	743178240	696729600	490314
8 4	576460800	-1439907840	-340070400	1958307840	389367
8 3 1	-198650880	124830720	60549120	-178329600	8460320
8 2^2	-91238400	-11612160	-132710400	61378560	6124118
8 2 1^2	221460480	63866880	94832640	88473600	25049024
8 1^4	-429649920	-197406720	-185794560	-174182400	6503112
7 5	-1274227200	-384652800	1394496000	612748800	653752
7 4 1	109900800	74317824	-57231360	-209101824	28029617
7 3 2	15206400	-24385536	-20520960	35291136	79430868
7 3 1^2	-16519680	-5677056	16942080	32733696	204417675
7 2^2 1	2764800	18547200	6988800	-5337600	239850072
7 2 1^3	-19906560	-27578880	-25850880	-24122880	296111200
7 1^5	74649600	70502400	66355200	62208000	43835792
6^2	-2903040000	2078576640	655257600	418037760	208012
6 5 1	257610240	-36481536	-181854720	-84432384	28883952
6 4 2	5868288	-8128512	10326528	-8066304	204297500
6 4 1^2	-48574080	1378944	18783360	43082496	475931456
6 3^2	8225280	-47609856	44651520	8418816	109830336

ZONAL POLYNOMIALS OF ORDER 1 THROUGH 12

TABLE 2.12 XXXV

Z	$A_1 A_5 A_6$	$A_1 A_4 A_7$	$A_1 A_3 A_8$	$A_1 A_2 A_9$	$X(1)$
6 3 2 1	-2522880	7363584	-3171840	-3865344	2409402996
6 3 1^3	16962048	-5806080	-5446656	-10105344	1821925105
6 2^3	2764800	-8709120	8985600	-3041280	453050136
6 2^2 1^2	-1216512	-2280960	-2128896	1064448	2677114440
6 2 1^4	-3612672	11197440	10497024	9796608	1594457865
6 1^6	0	-35251200	-33177600	-31104000	153977824
5^2 2	-19388160	43110144	-21669120	-2052864	75716368
5^2 1^2	-39813120	-30191616	58060800	21897216	171609900
5 4 3	-34110720	27869184	15966720	-5370624	267711444
5 4 2 1	5224320	-5717376	-3171840	3215616	3624401088
5 4 1^3	9341568	10523520	-7174656	-16308864	2471182560
5 3^2 1	7875840	-1483776	-8762880	-1016064	2427054300
5 3 2^2	-917760	-1532160	4389120	-1939200	3706773840
5 3 2 1^2	-2224512	1509120	908544	1026816	18122005440
5 3 1^4	-3048192	-4769280	2674944	4893696	6544057520
5 2^3 1	950400	0	-1900800	950400	5930838144
5 2^2 1^3	1185408	-725760	1016064	-387072	11218384320
5 2 1^5	0	2073600	-6220800	-5806080	4008235231
5 1^7	0	0	23224320	21772800	278397405
4^3	-36288000	34836480	14515200	-13063680	23371634
4^2 3 1	12163200	-9475200	-6652800	2553600	1835735616
4^2 2^2	-3686400	4239360	307200	-860160	1873980108
4^2 2 1^2	-2631552	1330560	3784704	-2040192	8761465440
4^2 1^4	-1216512	-4976640	-4478976	11501568	2883046320
4 3^2 2	-4784640	5967360	-376320	-806400	3212537328

TABLE 2.12 XXXVI

Z	$A_1 A_5 A_6$	$A_1 A_4 A_7$	$A_1 A_3 A_8$	$A_1 A_2 A_9$	X(1)
$4\ 3^2\ 1^2$	-3832320	599040	4515840	330240	10039179150
$4\ 3\ 2^2\ 1$	1814400	-1540800	-1060800	787200	26235721512
$4\ 3\ 2\ 1^3$	995328	236160	-1712256	-540672	40774512240
$4\ 3\ 1^5$	0	2246400	3648000	-3713280	8896257216
$4\ 2^4$	-2073600	3110400	-1036800	0	2498640144
$4\ 2^3\ 1^2$	-846720	471744	907200	-532224	18877089000
$4\ 2^2\ 1^4$	0	-838656	537600	247296	18202907250
$4\ 2\ 1^6$	0	0	-1814400	5080320	4487353728
$4\ 1^8$	0	0	0	-21772800	245402157
3^4	-7741440	11612160	-3870720	0	140229804
$3^3\ 2\ 1$	3317760	-4199040	362880	518400	5889651768
$3^3\ 1^3$	518400	2721600	-3499200	-1296000	5830160336
$3^2\ 2^3$	-2540160	3810240	-1270080	0	3272028760
$3^2\ 2^2\ 1^2$	-1036800	518400	1209600	-691200	22844709888
$3^2\ 2\ 1^4$	0	-1108800	580800	2006400	18399077424
$3^2\ 1^6$	0	0	-3041280	-2764800	2883046320
$3\ 2^4\ 1$	1411200	-2116800	705600	0	6195607704
$3\ 2^3\ 1^3$		798336	-1330560	532224	15935205000
$3\ 2^2\ 1^5$			1036800	-1814400	9866425184
$3\ 2\ 1^7$				2620800	1906340832

ZONAL POLYNOMIALS OF ORDER 1 THROUGH 12

TABLE 2.12 XXXVII

Z	$A_1^2 A_{10}$	A_6^2	$A_5 A_7$	$A_4 A_8$	$X(1)$
12	-1839366144000	735746457600	1471492915200	1471492915200	1
11 1	19508428800	-33443020800	-66886041600	-66886041600	252
10 2	4505518080	-1672151040	-3344302080	-3344302080	8602
10 1^3	-1950842880	3344302080	6688604160	6688604160	17480
9 3	2319943680	-278691840	-557383680	-557383680	92092
9 2 1	-371589120	185794560	371589120	371589120	860706
9 1^3	325140480	-557383680	-1114767360	-1114767360	490314
8 4	499737600	-87091200	-174182400	1170063360	389367
8 3 1	-188282880	34836480	69672960	-145981440	8460320
8 2^2	-33177600	0	0	-53084160	6124118
8 2 1^2	61793280	-34836480	-69672960	35389440	25049024
8 1^4	-81285120	139345920	278691840	123863040	6503112
7 5	227577600	-43545600	950745600	-680140800	653752
7 4 1	-47692800	12441600	-93726720	-22560768	28029617
7 3 2	-17971200	0	-18923520	52887552	79430868
7 3 1^2	33408000	-7464960	22410240	245760	204417675
7 2^2 1	5990400	0	9139200	-19660800	239850072
7 2 1^3	-16588800	9953280	-7050240	8847360	296111200
7 1^5	29030400	-49766400	-47001600	-44236800	43835792
6^2	165888000	1524096000	-1103155200	-272885760	208012
6 5 1	-25712640	-104509440	-28062720	96325632	28883952
6 4 2	-5246208	-12192768	33384960	-25214976	204297500
6 4 1^2	10082880	20839680	3473280	-442368	475931456
6 3^2	-6842880	-5806080	10644480	6193152	109830336

TABLE 2.12 XXXVIII

Z	$A_1^2 A_{10}$	A_6^2	$A_5 A_7$	$A_4 A_8$	$X(1)$
6 3 2 1	3674880	3732480	-6827520	-2408448	2409402996
6 3 1^3	-10119168	-8460288	414720	2211840	1821925105
6 2^3	0	0	-4838400	15482880	453050136
6 2^2 1^2	-1824768	-2654208	4838400	0	2677114440
6 2 1^4	6676992	6193152	-3916800	-3686400	1594457865
6 1^6	-14515200	0	23500800	22118400	153977824
5^2 2	-3421440	47900160	-55883520	7299072	75716368
5^2 1^2	6635520	8709120	34836480	-32348160	171609900
5 4 3	-2177280	8709120	-1451520	-9289728	267711444
5 4 2 1	1313280	-5483520	1236480	5455872	3624401088
5 4 1^3	-3742848	-2239488	-8501760	1105920	2471182560
5 3^2 1	1693440	-1612800	-1236480	1720320	2427054300
5 3 2^2	0	-2096640	5886720	-4300800	3706773840
5 3 2 1^2	-1340928	2022912	-618240	0	18122005440
5 3 1^4	4862592	870912	3905280	-1105920	6544057520
5 2^3 1	0	1451520	-3144960	0	5930838144
5 2^2 1^3	870912	-2032128	1209600	0	11218384320
5 2 1^5	-3939840	0	-3456000	2211840	4008235231
5 1^7	10160640	0	0	-15482880	278397405
4^3	0	0	14515200	-23224320	23371634
4^2 3	705600	-2822400	-1008000	5376000	1835735616
4^2 2^2	0	7372800	-8601600	1244160	1873980108
4^2 2	-620928	709632	2956800	-4730880	8761465440
4^2 1^4	2322432	456192	1382400	5598720	2883046320
4 3^2 2	0	1290240	295680	-2795520	3212537328

TABLE 2.12 XXXIX

z	$A_1^2 A_{10}$	A_6^2	$A_5 A_7$	$A_4 A_8$	X(1)
$4\ 3^2\ 1^2$	-806400	1013760	645120	-1351680	10039179150
$4\ 3\ 2^2\ 1$	0	-1543680	248640	1843200	26235721512
$4\ 3\ 2\ 1^3$	830592	-373248	-1142400	798720	40774512240
$4\ 3\ 1^5$	-3709440	0	-624000	-2933760	8896257216
$4\ 2^4$	0	-1658880	5322240	-5529600	2498640144
$4\ 2^3\ 1^2$	0	1451520	-786240	0	18877089000
$4\ 2^2\ 1^4$	-645120	0	1397760	-860160	18202907250
$4\ 2\ 1^6$	3447360	0	0	2903040	4487353728
$4\ 1^8$	-10160640	0	0	0	245402157
3^4	0	2903040	-3870720	967680	140229804
$3^3\ 2\ 1$	0	-1244160	362880	1658880	5889651768
$3^3\ 1^3$	777600	0	-907200	0	5830160336
$3^2\ 2^3$	0	4354560	-4898880	0	3272028760
$3^2\ 2^2\ 1^2$	0	388800	1209600	-2211840	22844709888
$3^2\ 2\ 1^4$	-950400	0	369600	1351680	18399077424
$3^2\ 1^6$	4976640	0	0	760320	2883046320
$3\ 2^4\ 1$	0	-2419200	1108800	2580480	6195607704
$3\ 2^3\ 1^3$	0	0	-1330560	774144	15935205000
$3\ 2^2\ 1^5$	777600	0	0	-1658880	9866425184
$3\ 2\ 1^7$	-4717440	0	0	0	1906340832
$3\ 1^9$	15240960	0	0	0	93486536
2^6		14515200	-19353600	4838400	140229804
$2^5\ 1^2$			3628800	-5806080	1308811504
$2^4\ 1^4$				2903040	1873980108

TABLE 2.12 XL

z	$A_3\ A_9$	$A_2\ A_{10}$	$A_1\ A_{11}$	A_{12}	X(1)
12	1471492915200	1471492915200	1471492915200	-980995276800	1
11 1	-66886041600	-66886041600	-24153292800	44590694400	252
10 2	-3344302080	4892590080	-7679508480	2229534720	8602
10 1^2	6688604160	2601123840	2415329280	-4459069440	17480
9 3	2121707520	-1986232320	-925102080	371589120	92092
9 2 1	-286433280	144506880	616734720	-247726080	860706
9 1^3	-464486400	-433520640	-402554880	743178240	490314
8 4	-907407360	-362188800	-268185600	116121600	389367
8 3 1	-13271040	206807040	85985280	-46448640	8460320
8 2^2	169205760	-176947200	60825600	0	6124118
8 2 1^2	-29030400	-27095040	-101191680	46448640	25049024
8 1^4	116121600	108380160	100638720	-185794560	6503112
7 5	-235353600	-158976000	-130291200	58060800	653752
7 4 1	104675328	49213440	28753920	-16588800	28029617
7 3 2	-38817792	-3932160	8785920	0	79430868
7 3 1^2	-6220800	-36556800	-16373760	9953280	204417675
7 2^2 1	0	21504000	-10982400	0	239850072
7 2 1^3	8294400	7741440	26956800	-13271040	296111200
7 1^5	-41472000	-38707200	-35942400	66355200	43835792
6^2	-154275840	-114739200	-96768000	43545600	208012
6 5 1	37628928	26173440	16392960	-9676800	28883952
6 4 2	3856896	-3179520	3345408	0	204297500
6 4 1^2	-24147072	-10402560	-6428160	4147200	475931456
6 3^2	-20155392	9123840	0	0	109830336

ZONAL POLYNOMIALS OF ORDER 1 THROUGH 12

TABLE 2.12 XLI

Z	$A_3\ A_9$	$A_2\ A_{10}$	$A_1\ A_{11}$	A_{12}	$X(1)$
$6\ 3\ 2\ 1$	7838208	-476160	-1858560	0	2409402996
$6\ 3\ 1^3$	2073600	11059200	5142528	-3317760	1821925105
$6\ 2^3$	-16174080	5529600	0	0	453050136
$6\ 2^2\ 1^2$	0	-5529600	3345408	0	2677114440
$6\ 2\ 1^4$	-3456000	-3225600	-10801152	5529600	1594457865
$6\ 1^6$	20736000	19353600	17971200	-33177600	153977824
$5^2\ 2$	684288	-2280960	2280960	0	75716368
$5^2\ 1^2$	-11612160	-6773760	-4423680	2903040	171609900
$5\ 4\ 3$	-870912	2903040	0	0	267711444
$5\ 4\ 2\ 1$	-568512	215040	-855360	0	3624401088
$5\ 4\ 1^3$	9201600	3870720	2438208	-1658880	2471182560
$5\ 3^2\ 1$	3386880	-2257920	0	0	2427054300
$5\ 3\ 2^2$	-449280	960000	0	0	3706773840
$5\ 3\ 2\ 1^2$	-2419200	330240	684288	0	18122005440
$5\ 3\ 1^4$	-1036800	-5322240	-2495232	1658880	6544057520
$5\ 2^3\ 1$	3421440	-1728000	0	0	5930838144
$5\ 2^2\ 1^3$	0	2419200	-1596672	0	11218384320
$5\ 2\ 1^5$	2073600	1935360	6359040	-3317760	4008235231
$5\ 1^7$	-14515200	-13547520	-12579840	23224320	278397405
4^3	8709120	0	0	0	23371634
$4^2\ 3\ 1$	-604800	-940800	0	0	1835735616
$4^2\ 2^2$	-552960	537600	0	0	1873980108
$4^2\ 2\ 1^2$	665280	0	399168	0	8761465440
$4^2\ 1^4$	-6635520	-2419200	-1492992	1036800	2883046320
$4\ 3^2\ 2$	1209600	0	0	0	3212537328

TABLE 2.12 XLII

Z	$A_3\ A_9$	$A_2\ A_{10}$	$A_1\ A_{11}$	A_{12}	$X(1)$
$4\ 3^2\ 1^2$	-1382400	1075200	0	0	10039179150
$4\ 3\ 2^2\ 1$	-164160	-384000	0	0	26235721512
$4\ 3\ 2\ 1^3$	1399680	-268800	-413952	0	40774512240
$4\ 3\ 1^5$	777600	4085760	1856640	-1244160	8896257216
$4\ 2^4$	1866240	0	0	0	2498640144
$4\ 2^3\ 1^2$	-1632960	967680	0	0	18877089000
$4\ 2^2\ 1^4$	0	-1720320	1182720	0	18202907250
$4\ 2\ 1^6$	-1814400	-1693440	-5564160	2903040	4487353728
$4\ 1^8$	14515200	13547520	12579840	-23224320	245402157
3^4	0	0	0	0	140229804
$3^3\ 2\ 1$	-777600	0	0	0	5889651768
$3^3\ 1^3$	1944000	-1036800	0	0	5830160336
$3^2\ 2^3$	544320	0	0	0	3272028760
$3^2\ 2^2\ 1^2$	311040	302400	0	0	22844709888
$3^2\ 2\ 1^4$	-2566080	422400	422400	0	18399077424
$3^2\ 1^6$	4147200	-5598720	-2211840	1451520	2883046320
$3\ 2^4\ 1$	-1270080	0	0	0	6195607704
$3\ 2^3\ 1^3$	1524096	-967680	0	0	15935205000
$3\ 2^2\ 1^5$	1010880	2073600	-1425600	0	9866425184
$3\ 2\ 1^7$	-3931200	2257920	7640640	-3870720	1906340832
$3\ 1^9$	0	-20321280	-18869760	34836480	93486536
2^6	0	0	0	0	140229804
$2^5\ 1^2$	2177280	0	0	0	1308811504
$2^4\ 1^4$	-4976640	2073600	0	0	1873980108

TABLE 2.12 XLIII

Z	$A_3\ A_9$	$A_2\ A_{10}$	$A_1\ A_{11}$	A_{12}	$X(1)$
$2^3\ 1^6$	4276800	-7603200	3326400	0	908596416
$2^2\ 1^8$		10644480	-19353600	8709120	171609900
$2\ 1^{10}$			47174400	-87091200	11767536
1^{12}				479001600	208012
					316234143225

Ref
QA
276.25
H37
v.2